N. BOURBAKI

ÉLÉMENTS DE MATHÉMATIQUE

N. BOURBAKI

ÉLÉMENTS DE
MATHÉMATIQUE

THÉORIE
DES ENSEMBLES

Springer

Réimpression inchangée de l'édition originale de 1970

ISBN-10 3-540-34034-3 Springer Berlin Heidelberg New York
ISBN-13 978-3-540-34034-8 Springer Berlin Heidelberg New York

Springer est membre du Springer Science+Business Media
springer.com

Maquette de couverture: *design & production*, Heidelberg
Imprimé sur papier non acide 41/3100/YL - 5 4 3 2 1 0 -

Mode d'emploi de ce traité

NOUVELLE ÉDITION

1. Le traité prend les mathématiques à leur début, et donne des démonstrations complètes. Sa lecture ne suppose donc, en principe, aucune connaissance mathématique particulière, mais seulement une certaine habitude du raisonnement mathématique et un certain pouvoir d'abstraction. Néanmoins, le traité est destiné plus particulièrement à des lecteurs possédant au moins une bonne connaissance des matières enseignées dans la première ou les deux premières années de l'Université.

2. Le mode d'exposition suivi est axiomatique et procède le plus souvent du général au particulier. Les nécessités de la démonstration exigent que les chapitres se suivent, en principe, dans un ordre logique rigoureusement fixé. L'utilité de certaines considérations n'apparaîtra donc au lecteur qu'à la lecture de chapitres ultérieurs, à moins qu'il ne possède déjà des connaissances assez étendues.

3. Le traité est divisé en Livres et chaque Livre en chapitres. Les Livres actuellement publiés, en totalité ou en partie, sont les suivants:

Théorie des Ensembles	désigné par	E
Algèbre	„	A
Topologie générale	„	TG
Fonctions d'une variable réelle	„	FVR
Espaces vectoriels topologiques	„	EVT
Intégration	„	INT
Algèbre commutative	„	AC
Variétés différentielles et analytiques	„	VAR
Groupes et algèbres de Lie	„	LIE
Théories spectrales	„	TS

Dans les *six premiers* Livres (pour l'ordre indiqué ci-dessus), chaque énoncé ne fait appel qu'aux définitions et résultats exposés précédemment dans ce Livre ou dans les Livres *antérieurs*. A partir du septième Livre, le lecteur trouvera éventuellement, au début de chaque Livre ou chapitre, l'indication précise des autres Livres ou chapitres utilisés (les six premiers Livres étant toujours supposés connus).

4. Cependant, quelques passages font exception aux règles précédentes. Ils sont placés entre deux astérisques: * . . . *. Dans certains cas, il s'agit seulement de faciliter la compréhension du texte par des exemples qui se réfèrent à des faits que le lecteur peut déjà connaître par ailleurs. Parfois aussi, on utilise, non seulement les résultats supposés connus dans tout le chapitre en cours, mais des résultats démontrés ailleurs dans le traité. Ces passages seront employés librement dans les parties qui supposent connus les chapitres où ces passages sont insérés et les chapitres auxquels ces passages font appel. Le lecteur pourra, nous l'espérons, vérifier l'absence de tout cercle vicieux.

5. A certains Livres (soit publiés, soit en préparation) sont annexés des *fascicules de résultats*. Ces fascicules contiennent l'essentiel des définitions et des résultats du Livre, mais aucune démonstration.

6. L'armature logique de chaque chapitre est constituée par les *définitions*, les *axiomes* et les *théorèmes* de ce chapitre; c'est là ce qu'il est principalement nécessaire de retenir en vue de ce qui doit suivre. Les résultats moins importants, ou qui peuvent être facilement retrouvés à partir des théorèmes, figurent sous le nom de « propositions », « lemmes », « corollaires », « remarques », etc.; ceux qui peuvent être omis en première lecture sont imprimés en petits caractères. Sous le nom de « scholie », on trouvera quelquefois un commentaire d'un théorème particulièrement important.

Pour éviter des répétitions fastidieuses, on convient parfois d'introduire certaines notations ou certaines abréviations qui ne sont valables qu'à l'intérieur d'un seul chapitre ou d'un seul paragraphe (par exemple, dans un chapitre où tous les anneaux considérés sont commutatifs, on peut convenir que le mot « anneau » signifie toujours « anneau commutatif »). De telles conventions sont explicitement mentionnées à la tête du *chapitre* dans lequel elles s'appliquent.

7. Certains passages sont destinés à prémunir le lecteur contre des erreurs graves, où il risquerait de tomber; ces passages sont signalés en marge par le signe ☡ (« tournant dangereux »).

8. Les exercices sont destinés, d'une part, à permettre au lecteur de vérifier qu'il a bien assimilé le texte; d'autre part, à lui faire connaître des résultats qui n'avaient pas leur place dans le texte; les plus difficiles sont marqués du signe ¶.

9. La terminologie suivie dans ce traité a fait l'objet d'une attention particulière. *On s'est efforcé de ne jamais s'écarter de la terminologie reçue sans de très sérieuses raisons.*

10. On a cherché à utiliser, sans sacrifier la simplicité de l'exposé, un langage rigoureusement correct. Autant qu'il a été possible, les *abus de*

langage ou de notation, sans lesquels tout texte mathématique risque de devenir pédantesque et même illisible, ont été signalés au passage.

11. Le texte étant consacré à l'exposé dogmatique d'une théorie, on n'y trouvera qu'exceptionnellement des références bibliographiques; celles-ci sont groupées dans des *Notes historiques*. La bibliographie qui suit chacune de ces Notes ne comporte le plus souvent que les livres et mémoires originaux qui ont eu le plus d'importance dans l'évolution de la théorie considérée; elle ne vise nullement à être complète.

Quant aux exercices, il n'a pas été jugé utile en général d'indiquer leur provenance, qui est très diverse (mémoires originaux, ouvrages didactiques, recueils d'exercices).

12. Dans la nouvelle édition, les renvois à des théorèmes, axiomes, définitions, remarques, etc. sont donnés en principe en indiquant successivement le Livre (par l'abréviation qui lui correspond dans la liste donnée au n° 3), le chapitre et la page où ils se trouvent. A l'intérieur d'un même Livre, la mention de ce Livre est supprimée; par exemple, dans le Livre d'Algèbre,

E, III, p. 32, cor. 3

renvoie au corollaire 3 se trouvant au Livre de Théorie des Ensembles, chapitre III, page 32 de ce chapitre;

II, p. 23, *Remarque* 3

renvoie à la Remarque 3 du Livre d'Algèbre, chapitre II, page 23 de ce chapitre.

Les fascicules de résultats sont désignés par la lettre R; par exemple: EVT, R signifie « fascicule de résultats du Livre sur les Espaces vectoriels topologiques ».

Comme certains Livres doivent seulement être publiés plus tard dans la nouvelle édition, les renvois à ces Livres se font en indiquant successivement le Livre, le chapitre, le paragraphe et le numéro où se trouve le résultat en question; par exemple:

AC, III, § 4, n° 5, cor. de la prop. 6.

Au cas où le Livre cité a été modifié au cours d'éditions successives, on indique en outre l'édition.

INTRODUCTION

Depuis les Grecs, qui dit mathématique dit démonstration; certains doutent même qu'il se trouve, en dehors des mathématiques, des démonstrations au sens précis et rigoureux que ce mot a reçu des Grecs et qu'on entend lui donner ici. On a le droit de dire que ce sens n'a pas varié, car ce qui était une démonstration pour Euclide en est toujours une à nos yeux; et, aux époques où la notion a menacé de s'en perdre et où de ce fait la mathématique s'est trouvée en danger, c'est chez les Grecs qu'on en a recherché les modèles. Mais à ce vénérable héritage sont venues s'ajouter depuis un siècle d'importantes conquêtes.

En effet, l'analyse du mécanisme des démonstrations dans des textes mathématiques bien choisis a permis d'en dégager la structure, du double point de vue du vocabulaire et de la syntaxe. On arrive ainsi à la conclusion qu'un texte mathématique suffisamment explicite pourrait être exprimé dans une langue conventionnelle ne comportant qu'un petit nombre de « mots » invariables assemblés suivant une syntaxe qui consisterait en un petit nombre de règles inviolables: un tel texte est dit *formalisé*. La description d'une partie d'échecs au moyen de la notation usuelle, une table de logarithmes, sont des textes formalisés; les formules du calcul algébrique ordinaire en seraient aussi, si l'on avait complètement codifié les règles gouvernant l'emploi des parenthèses et qu'on s'y conformât strictement, alors qu'en fait certaines de ces règles ne s'apprennent guère qu'à l'usage, et que l'usage autorise à y faire certaines dérogations.

La vérification d'un texte formalisé ne demande qu'une attention en quelque sorte mécanique, les seules causes d'erreur possibles étant dues à la longueur ou à la complication du texte; c'est pourquoi un mathématicien fait le plus souvent confiance à un confrère qui lui transmet le résultat d'un calcul algébrique, pour peu qu'il sache que ce calcul n'est pas trop long et a été fait avec soin. Par contre, dans un texte non formalisé, on est exposé aux fautes de raisonnement que risquent d'entraîner, par exemple, l'usage abusif de l'intuition, ou le raisonnement par analogie. En fait, le mathématicien qui désire s'assurer de la parfaite correction, ou, comme on dit, de la « rigueur » d'une démonstration ou d'une théorie, ne recourt guère à l'une des formalisations complètes dont on dispose aujourd'hui, ni même le plus souvent aux formalisations partielles et incomplètes fournies par le calcul algébrique et d'autres similaires; il se contente en général d'amener l'exposé à un point où son expérience et son flair de mathématicien lui enseignent que la traduction en langage formalisé ne serait plus qu'un exercice de patience (sans doute fort pénible). Si, comme il arrive mainte et mainte fois, des doutes viennent à s'élever, c'est en définitive sur la possibilité d'aboutir sans ambiguïté à une telle formalisation qu'ils portent, soit qu'un même mot soit employé en des sens variables suivant le contexte, soit que les règles de la syntaxe aient été violées par l'emploi inconscient de modes de raisonnement non spécifiquement autorisés par elles, soit encore qu'une erreur matérielle ait été commise. Ce dernier cas mis à part, le redressement se fait invariablement, tôt ou tard, par la rédaction de textes se rapprochant de plus en plus d'un texte formalisé, jusqu'à ce que, de l'avis général des mathématiciens, il soit devenu superflu de pousser ce travail plus loin; autrement dit, c'est par une comparaison, plus ou moins explicite, avec les règles d'un langage formalisé, que se fait l'essai de la correction d'un texte mathématique.

La *méthode axiomatique* n'est à proprement parler pas autre chose que cet art de rédiger des textes dont la formalisation est facile à concevoir. Ce n'est pas là une invention nouvelle; mais son emploi systématique comme instrument de découverte est l'un des traits originaux de la mathématique contemporaine. Peu importe en effet, s'il s'agit d'écrire ou de lire un texte formalisé, qu'on attache aux mots ou signes de ce texte telle ou telle signification, ou même qu'on ne leur en attache aucune; seule importe l'observation correcte des règles de la syntaxe. C'est ainsi qu'un même calcul algébrique, comme chacun sait, peut servir à résoudre des problèmes portant sur des kilogrammes ou des francs, sur des paraboles ou des mouvements uniformément accélérés. Ce même avantage s'attache, et pour les mêmes raisons, à tout texte rédigé suivant la méthode axiomatique: une fois établis les théorèmes de la Topologie générale, on peut les appliquer à volonté à l'espace ordinaire, à l'espace de Hilbert, à bien d'autres encore. Cette faculté de donner des contenus multiples aux mots ou notions premières d'une théorie est même une importante source d'enrichissement de l'intuition du mathématicien, qui n'est pas nécessairement de nature spatiale ou sensible comme on le croit parfois, mais qui est plutôt une certaine connaissance du comportement des êtres mathématiques, aidée souvent par des images de nature très variée, mais fondée avant tout sur leur fréquentation journalière. On est souvent amené ainsi à étudier avec fruit, dans une théorie, des propriétés traditionnellement négligées dans celle-ci, mais étudiées systématiquement dans une théorie axiomatique générale dont elle est une particularisation (par exemple des propriétés ayant leur origine historique dans une autre particularisation de cette théorie générale). De plus, et c'est ce qui nous importe particulièrement en ce Traité, la méthode axiomatique permet, lorsqu'on a affaire à des êtres mathématiques complexes, d'en dissocier les propriétés et de les regrouper autour d'un petit nombre de notions, c'est-à-dire, pour employer un mot qui sera défini plus loin avec précision (chap. IV), de les classer suivant les *structures* auxquelles elles appartiennent (une même structure pouvant intervenir, bien entendu, à propos d'êtres mathématiques divers); c'est ainsi que, parmi les propriétés de la sphère, les unes sont topologiques, d'autres sont algébriques, d'autres encore peuvent être considérées comme relevant de la géométrie différentielle ou de la théorie des groupes de Lie. Quelque artificiel que puisse devenir parfois ce principe de classification dès que s'enchevêtrent les structures, c'est lui qui est à la base de la répartition en Livres des matières formant l'objet de ce Traité.

De même que l'art de parler correctement une langue préexiste à la grammaire, de même la méthode axiomatique a été pratiquée bien avant l'invention des langages formalisés; mais sa pratique consciente ne peut reposer que sur une connaissance des principes généraux gouvernant ces langages et de leurs relations avec les textes mathématiques courants. Nous nous proposons en ce Livre de donner d'abord la description d'un tel langage, et même l'exposé de principes généraux qui pourraient s'appliquer à beaucoup d'autres semblables. Un seul de ces langages suffira toutefois à notre objet. En effet, alors qu'autrefois on a pu croire que chaque branche des mathématiques dépendait d'intuitions particulières qui lui fournissaient notions et vérités premières, ce qui eût entraîné pour chacune la nécessité d'un langage formalisé qui lui appartînt en propre, on sait aujour d'hui qu'il est possible, logiquement parlant, de faire dériver toute la mathématique actuelle d'une source unique, la Théorie des Ensembles. Il nous suffira donc d'exposer les principes d'un langage formalisé unique, d'indiquer comment on pourrait rédiger en ce langage la Théorie des Ensembles, puis de faire voir comment s'insèrent dans celle-ci les diverses branches des mathématiques, au fur et à mesure que notre attention se portera sur elles. Ce faisant, nous ne prétendons pas légiférer pour l'éternité. Il se peut qu'un jour les mathématiciens s'accordent à utiliser des modes de raisonnement non formalisables dans le langage exposé ici; il faudrait alors, sinon changer complètement de langage, tout au moins élargir les règles de la syntaxe. C'est à l'avenir qu'il appartiendra de décider.

Il va de soi que la description du langage formalisé se fait en langage courant, comme celle des règles du jeu d'échecs; nous n'entrerons pas dans la discussion des problèmes psychologiques ou métaphysiques que soulève la validité de l'emploi du langage courant en de telles circonstances (par exemple la possibilité de reconnaître qu'une lettre de l'alphabet est « la même » à deux endroits différents d'une page, etc.). Il n'est guère possible non plus d'entreprendre une telle description sans faire usage de la numération; bien que de bons esprits aient pu sembler embarrassés de ce fait, jusqu'à y voir une pétition de principes, il est clair qu'en l'occurrence les chiffres ne sont utilisés que comme repères (que l'on pourrait d'ailleurs remplacer par d'autres signes tels que des couleurs ou des lettres), et qu'on ne fait aucun raisonnement mathématique lorsqu'on dénombre les signes qui figurent dans une formule explicitée. Nous ne discuterons pas de la possibilité d'enseigner les principes du langage formalisé à des êtres dont le développement intellectuel n'irait pas jusqu'à savoir lire, écrire et compter.

Si la mathématique formalisée était aussi simple que le jeu d'échecs, une fois décrit le langage formalisé que nous avons choisi, il n'y aurait plus qu'à rédiger nos démonstrations dans ce langage, comme l'auteur d'un traité d'échecs écrit dans sa notation les parties qu'il se propose d'enseigner, en les accompagnant au besoin de commentaires. Mais les choses sont loin d'être aussi faciles, et point n'est besoin d'une longue pratique pour s'apercevoir qu'un tel projet est absolument irréalisable; la moindre démonstration du début de la Théorie des Ensembles exigerait déjà des centaines de signes pour être complètement formalisée. Dès le Livre I de ce Traité s'impose donc la nécessité impérieuse d'abréger le texte formalisé par l'introduction de mots nouveaux (dits « symboles abréviateurs ») et des règles de syntaxe additionnelles (dites « critères déductifs ») en assez grand nombre. Ce faisant, on obtient des langages beaucoup plus maniables que le langage formalisé proprement dit, et dont un mathématicien tant soit peu expérimenté a la conviction qu'ils peuvent être considérés comme des transcriptions sténographiques de celui-ci. Mais on n'a déjà plus la certitude que le passage de l'un de ces langages à l'autre pourrait se faire d'une manière purement mécanique; du moins faudrait-il, pour qu'on en fût assuré, compliquer les règles de syntaxe gouvernant l'emploi des mots nouveaux à tel point que leur utilité deviendrait illusoire; là, comme en calcul algébrique et dans l'emploi de presque toutes les notations dont se servent ordinairement les mathématiciens, on préfère un instrument maniable à un autre théoriquement plus parfait, mais par trop incommode.

Comme le verra le lecteur, l'introduction de ce langage condensé s'accompagne de « raisonnements » d'un type particulier, qui appartiennent à ce qu'on appelle la *Métamathématique*. Cette discipline, faisant complètement abstraction de toute signification qu'on aura pu à l'origine attribuer aux mots ou phrases des textes mathématiques formalisés, considère ces textes comme des objets particulièrement simples, assemblages d'objets préalablement donnés dont seul importe l'ordre qu'on leur assigne. Et, de même par exemple qu'un traité de chimie annonce d'avance le résultat d'une expérience effectuée dans des conditions données, les

« raisonnements » métamathématiques affirmeront d'ordinaire qu'après une succession d'opérations sur un texte d'un type donné, le texte final sera d'un autre type donné. Dans les cas les plus simples, ces affirmations sont à vrai dire de purs truismes (qu'on pourrait par exemple comparer au suivant : « quand, dans un sac de billes contenant des billes noires et des billes blanches, on remplace toutes les billes noires par des billes blanches, il ne reste plus dans le sac que des billes blanches »; cf. I, p. 17). Mais on rencontre très tôt (cf. I, p. 20) des exemples où l'argumentation prend une tournure typiquement mathématique, avec emploi prédominant d'entiers arbitraires et du raisonnement par récurrence. Si nous avons écarté ci-dessus l'objection contre l'emploi de la numération dans la description d'un langage formalisé, il n'est plus possible ici de nier le danger d'une pétition de principes, puisque, dès le début, on semble faire usage de toutes les ressources de l'arithmétique, alors qu'on se propose, entre autres, d'en exposer les fondements. A cela certains pensent pouvoir répondre que, dans ce genre de raisonnements, ils ne font que décrire des opérations susceptibles d'être effectuées et contrôlées, et pour cette raison ils y puisent une conviction d'un autre ordre que celle qu'ils accordent à la mathématique proprement dite. Il semble plus simple de dire qu'on *pourrait* se passer de ces raisonnements métamathématiques si la mathématique formalisée était effectivement écrite : au lieu d'utiliser les « critères déductifs », on recommencerait chaque fois les suites d'opérations qu'ils ont pour but d'abréger en prédisant leur résultat. Mais la mathématique formalisée ne peut être écrite tout entière; force est donc, en définitive, de faire confiance à ce qu'on peut appeler le sens commun du mathématicien; confiance analogue à celle qu'un comptable ou un ingénieur accorde à une formule ou une table numérique sans soupçonner l'existence des axiomes de Peano, et qui finalement se fonde sur ce qu'elle n'a jamais été démentie par les faits.

Nous abandonnerons donc très tôt la Mathématique formalisée, mais non sans avoir pris soin de tracer avec précision le chemin par lequel on y pourrait revenir. Les facilités qu'apportent les premiers « abus de langage » ainsi introduits nous permettront d'écrire le reste de ce Traité (et en particulier le fascicule de résultats du Livre I) comme le sont en pratique tous les textes mathématiques, c'est-à-dire en partie en langage courant et en partie au moyen de formules constituant des formalisations partielles, particulières et incomplètes, et dont celles du calcul algébrique fournissent l'exemple le plus connu. Souvent même on se servira du langage courant d'une manière bien plus libre encore, par des abus de langage volontaires, par l'omission pure et simple des passages qu'on présume pouvoir être restitués aisément par un lecteur tant soit peu exercé, par des indications intraduisibles en langage formalisé et destinées à faciliter cette restitution. D'autres passages également intraduisibles contiendront des commentaires destinés à rendre plus claire la marche des idées, au besoin par un appel à l'intuition du lecteur; l'emploi des ressources de la rhétorique devient dès lors légitime, pourvu que demeure inchangée la possibilité de formaliser le texte. Les premiers exemples en seront donnés, dès ce Livre, au chapitre III, qui expose la théorie des entiers et des cardinaux.

Ainsi, rédigé suivant la méthode axiomatique, et conservant toujours présente, comme une sorte d'horizon, la possibilité d'une formalisation totale, notre Traité vise à une rigueur parfaite; prétention que ne démentent point les considérations qui précèdent, ni les feuillets d'*errata* au moyen desquels nous corrigeons les erreurs qui se glissent de temps à autre dans le texte. Du fait que nous cherchons à nous tenir constamment aussi près d'un texte formalisé qu'il semble possible sans longueurs insupportables, la vérification, en principe, est aisée; les erreurs (inévitables dans une pareille entreprise) peuvent être localisées sans excessive perte de temps, et le risque de les voir entacher de nullité un chapitre ou un Livre entier demeure très faible.

C'est dans le même esprit réaliste que nous envisageons ici la question de la non-contradiction, l'une de celles qui ont le plus préoccupé les logiciens modernes, et qui sont en partie à l'origine de la création des langages formalisés (cf. Note historique des chap. I à IV). On dit qu'une théorie mathématique est contradictoire si l'on y a démontré à la fois un théorème et sa négation; des règles de raisonnement usuelles, qui sont à la base des règles de la syntaxe des langages formalisés, il résulte alors que tout théorème est à la fois vrai et faux dans cette théorie, qui perd en ce cas tout intérêt. Si donc on a abouti involontairement à une contradiction, on ne peut la laisser subsister sans que soit rendue vaine la théorie où elle s'insère.

Peut-on acquérir la certitude que cela n'arrivera jamais? Sans entrer à ce propos dans un débat hors de notre compétence sur la notion même de certitude, observons que la métamathématique peut se proposer d'examiner les problèmes de non-contradiction par ses méthodes propres. Qu'une théorie soit contradictoire revient en effet à dire qu'elle comporte une démonstration formalisée correcte aboutissant à la conclusion $0 \neq 0$. Or la métamathématique peut chercher, par des procédés de raisonnement empruntés à la mathématique, à approfondir la structure de ce texte formalisé supposé écrit, pour arriver enfin à « démontrer » l'impossibilité d'un tel texte. En fait, on a donné de telles « démonstrations » pour certains langages formalisés partiels, moins riches que celui que nous nous proposons d'introduire, mais assez riches pour qu'on y puisse écrire une bonne partie de la mathématique classique. On peut se demander, il est vrai, ce qu'on a « démontré » ainsi; car, si la mathématique était contradictoire, certaines de ses applications aux objets matériels, donc en particulier aux textes formalisés, risqueraient de devenir illusoires; il faudrait, pour échapper à ce dilemme, que la non-contradiction d'un langage formalisé pût être « démontrée » par des raisonnements formalisables dans un langage moins riche et partant plus digne de confiance; or un théorème célèbre de métamathématique, dû à Gödel, dit que cela est impossible s'il s'agit d'un langage du type de celui que nous décrirons, et suffisamment riche en axiomes pour permettre de formuler les résultats de l'arithmétique classique.

Au contraire, dans les démonstrations de non-contradiction « relative » (c'est-à-dire celles qui établissent la non-contradiction d'une théorie en supposant qu'une autre théorie, par exemple celle des ensembles, n'est pas contradictoire), la partie métamathématique du raisonnement (cf. I, p. 30) est tellement simple qu'il ne semble guère possible de la mettre en doute sans renoncer à tout emploi rationnel de nos facultés intellectuelles. Puisque les diverses théories mathématiques sont maintenant rattachées logiquement à la Théorie des Ensembles, il s'ensuit que toute contradiction rencontrée dans une de ces théories donnerait lieu à une contradiction dans la Théorie des Ensembles elle-même. Ce n'est évidemment pas là un argument permettant de conclure à la non-contradiction de la Théorie des Ensembles. Toutefois, depuis 50 ans qu'on a formulé avec assez de précision les axiomes de cette théorie et qu'on s'est appliqué à en tirer des conséquences dans les domaines les plus variés des mathématiques, on n'a jamais rencontré de contradiction, et on est fondé à espérer qu'il ne s'en produira jamais.

S'il en était autrement, c'est que la contradiction observée serait inhérente aux principes mêmes qu'on a mis à la base de la Théorie des Ensembles; ceux-ci seraient donc à modifier, sans compromettre si possible les parties de la mathématique auxquelles on tient le plus; il est clair qu'on y parviendrait d'autant plus facilement que l'usage de la méthode axiomatique et d'un langage formalisé aura permis de formuler plus distinctement ces principes et d'en séparer plus nettement les conséquences. C'est d'ailleurs à peu près ce qui s'est passé à date récente, lorsqu'on a éliminé les « paradoxes » de la Théorie des Ensembles par l'adoption d'un langage formalisé essentiellement équivalent à celui que nous décrivons ici; c'est une révision semblable qu'il faudrait entreprendre si ce dernier à son tour se révélait contradictoire.

En résumé, nous croyons que la mathématique est destinée à survivre, et qu'on ne verra jamais les parties essentielles de ce majestueux édifice s'écrouler du fait d'une contradiction soudain manifestée; mais nous ne prétendons pas que cette opinion repose sur autre chose que sur l'expérience. C'est peu, diront certains. Mais voilà vingt-cinq siècles que les mathématiciens ont l'habitude de corriger leurs erreurs et d'en voir leur science enrichie, non appauvrie; cela leur donne le droit d'envisager l'avenir avec sérénité.

CHAPITRE I

Description de la mathématique formelle

§ 1. TERMES ET RELATIONS

1. Signes et assemblages

Les *signes* d'une théorie mathématique $\mathcal{T}$ [1] sont les suivants:

1° Les *signes logiques* [2]: $\square$, τ, $\vee$, $\neg$.

2° Les lettres.

Nous entendons par là les lettres majuscules et minuscules latines, affectées d'accents. Ainsi, A, A′, A″, A‴, . . ., sont des lettres. A tout endroit du texte, il est possible d'introduire des lettres autres que celles qui figuraient dans les raisonnements antérieurs.

3° Les *signes spécifiques*, qui dépendent de la théorie considérée.

En Théorie des Ensembles, nous n'utiliserons que les deux signes spécifiques: $=$, $\in$.

Un *assemblage* de $\mathcal{T}$ est une succession de signes de $\mathcal{T}$ écrits les uns à côté des autres, certains signes distincts des lettres pouvant être joints deux à deux par des traits qui courent au-dessus de la ligne et qu'on appelle des *liens*. * Ainsi, dans la théorie des ensembles, où $\in$ est une signe spécifique,

$$\tau \vee \neg \in \square A' \in \square A''$$

est un assemblage. *

L'usage exclusif des assemblages conduirait à des difficultés typographiques et mentales insurmontables. C'est pourquoi les textes courants utilisent des symboles abréviateurs (notamment des mots du langage ordinaire), qui n'appartiennent pas à

[1] Le sens de cette expression se précisera progressivement au cours de ce chapitre.

[2] Pour la signification intuitive de ces signes, voir I, p. 18, *Remarque*.

la mathématique formelle. L'introduction de ces symboles est l'objet des *définitions*. Leur emploi *n'est pas théoriquement indispensable*, et prête souvent à des confusions que seule une certaine habitude permet d'éviter.

Exemples. — 1) L'assemblage $\vee \neg$ se représente par $\Rightarrow$.

2) Les symboles suivants représentent des assemblages (d'ailleurs fort longs) :

« 3 et 4 »

$\varnothing$

$\mathbf{N}$

$\mathbf{Z}$

« la droite numérique »

« la fonction Γ »

$f \circ g$

$\pi = \sqrt{2} + \sqrt{3}$

$1 \in 2$

« tout corps fini est commutatif »

« les zéros de $\zeta(s)$ autres que $-2, -4, -6, \ldots$ sont sur la droite $\mathscr{R}(s) = \frac{1}{2}$ ».

En général, le symbole qu'on utilise pour représenter un assemblage contient toutes les lettres qui figurent dans cet assemblage. Parfois cependant, on peut enfreindre ce principe sans grand risque de confusion. * Par exemple « la complétion de E » représente un assemblage qui contient la lettre E, mais qui contient aussi la lettre représentant l'ensemble des entourages de la structure uniforme de E. Par contre $\int_0^1 f(x)\,dx$ représente un assemblage où ne figure pas la lettre x (ni la lettre d) ; les assemblages représentés par $\mathbf{N}$, $\mathbf{Z}$, « la fonction Γ » ne contiennent aucune lettre. *

Une *théorie mathématique* (ou simplement *théorie*) comporte des règles permettant de dire que certains assemblages de signes sont des *termes* ou des *relations* de la théorie, et d'autres règles permettant de dire que certains assemblages sont des *théorèmes* de la théorie.

La description de ces règles, qui va être faite dans ce chapitre, *n'appartient pas* à la mathématique formelle; il y intervient des assemblages plus ou moins indéterminés, par exemple des lettres indéterminées. Pour alléger l'exposé, il est commode de désigner ces assemblages par des symboles peu encombrants. Nous utiliserons notamment des combinaisons de signes (d'une théorie mathématique), de lettres italiques grasses (éventuellement affectées d'indices ou d'accents) et de symboles particuliers, dont on va donner quelques exemples. *Comme on veut seulement éviter des circonlocutions* (cf. note [1] de I, p. 25), on n'énoncera pas de règles strictes et générales relatives à l'emploi de ces symboles; le lecteur pourra reconstituer sans peine, dans chaque cas particulier, l'assemblage dont il s'agit. Par abus de langage, on dira souvent que les symboles employés *sont* des assemblages, au lieu de dire qu'ils *désignent* des assemblages; des expressions telles que « l'assemblage $\boldsymbol{A}$ » ou « la lettre $\boldsymbol{x}$ », dans l'énoncé des règles qui suivent, devraient donc être remplacées par « l'assemblage désigné par $\boldsymbol{A}$ » ou « la lettre désignée par $\boldsymbol{x}$ ».

Soient $\boldsymbol{A}$ et $\boldsymbol{B}$ des assemblages. On désignera par $\boldsymbol{AB}$ l'assemblage obtenu en écrivant l'assemblage $\boldsymbol{B}$ à la droite de l'assemblage $\boldsymbol{A}$. On désignera par $\vee \neg \boldsymbol{A} \boldsymbol{B}$ l'assemblage obtenu en écrivant de gauche à droite le signe $\vee$, l'assemblage $\boldsymbol{A}$, le signe $\neg$, l'assemblage $\boldsymbol{B}$. Etc.

Soient $\boldsymbol{A}$ un assemblage, et $\boldsymbol{x}$ une lettre. On désignera par $\tau_{\boldsymbol{x}}(\boldsymbol{A})$ l'assemblage obtenu de la manière suivante: on forme l'assemblage τA, on joint par un lien chaque occurrence de x dans A au τ écrit à la gauche de A, et on remplace x, en chacune de ses occurrences, par un $\square$. L'assemblage désigné par $\tau_x(A)$ *ne contient donc pas* x.

Exemple. — Le symbole $\tau_x(\in xy)$ représente l'assemblage $\tau \in \square y$.

Soient A et B des assemblages, et x une lettre. L'assemblage obtenu en remplaçant x, en chacune de ses occurrences dans A, par l'assemblage B, se désigne par $(B \mid x)A$ (lire: B remplace x dans A). Si x ne figure pas dans A, $(B \mid x)A$ est donc identique à A; en particulier $(B \mid x)\tau_x(A)$ est identique à $\tau_x(A)$.

Exemple. — Lorsque dans l'assemblage

$$\vee \in xy = xx$$

on remplace x par $\square$ en chacune de ses occurrences, on obtient l'assemblage

$$\vee \in \square y = \square\square.$$

Lorsque, étant donné un assemblage A, on s'intéresse particulièrement à une lettre x, ou à deux lettres distinctes x et y (qui peuvent ou non figurer dans A), on écrit souvent $A\{x\}$ ou $A\{x, y\}$. Dans ce cas, on écrit $A\{B\}$ au lieu de $(B \mid x)A$. On désigne par $A\{B, C\}$ l'assemblage obtenu en remplaçant *simultanément* x par B et y par C en toutes leurs occurrences dans A (on notera que x et y peuvent figurer dans B et dans C); si x' et y' sont des lettres distinctes de x et de y et distinctes entre elles, ne figurant ni dans A, ni dans B, ni dans C, $A\{B, C\}$ n'est autre que $(B \mid x')(C \mid y')(x' \mid x)(y' \mid y)A$.

Remarque. — Quand on introduit, par une définition, un symbole abréviateur Σ pour représenter un certain assemblage, on convient (en général de façon tacite) de représenter l'assemblage obtenu par la substitution à une lettre x d'un assemblage B dans l'assemblage initial, par le symbole obtenu en remplaçant la lettre x dans Σ par l'assemblage B (ou plus fréquemment par un symbole abréviateur représentant l'assemblage B).

* Par exemple, après avoir précisé quel assemblage représente le symbole $\mathrm{E} \otimes \mathrm{F}$, où E et F sont des lettres, — assemblage qui, d'ailleurs, contient d'autres lettres que E et F — on utilisera sans explications le symbole $\mathbf{Z} \otimes \mathrm{F}$.*

Cette règle peut conduire à des confusions qu'on évite par des artifices typographiques variés, dont le plus fréquent consiste à remplacer x par (B) au lieu de B.

* Par exemple, $\mathrm{M} \cap \mathrm{N}$ désigne un assemblage contenant la lettre N. Si on substitue à N l'assemblage représenté par $\mathrm{P} \cup \mathrm{Q}$ on obtient un assemblage que l'on désigne par $\mathrm{M} \cap (\mathrm{P} \cup \mathrm{Q})$.*

2. Critères de substitution

La mathématique formelle ne comporte que des assemblages explicitement écrits. Cependant, même avec l'usage des symboles abréviateurs, un développement de la mathématique strictement conforme à ce principe conduirait à des raisonnements extrêmement longs. Aussi allons-nous établir dans ce Livre des *critères*, concernant des assemblages indéterminés, et dont chacun décrira une fois pour toutes le résultat final d'une succession déterminée de manipulations sur ces assemblages. Ces critères ne sont donc pas théoriquement indispensables; leur justification appartient à la *métamathématique.*

Le développement de la métamathématique nécessite lui-même pratiquement l'usage de symboles abréviateurs, dont certains ont déjà été indiqués. La plupart de ces symboles seront aussi utilisés en mathématique.

On se servira des critères suivants, appelés *critères de substitution*:

CS1. *Soient* A *et* B *des assemblages,* x *et* x' *des lettres. Si* x' *ne figure pas dans* A, $(B \mid x)A$ *est identique à* $(B \mid x')(x' \mid x)A$.

CS2. *Soient* A, B *et* C *des assemblages,* x *et* y *des lettres distinctes*[1]. *Si* y *ne figure pas dans* B, $(B \mid x)(C \mid y)A$ *est identique à* $(C' \mid y)(B \mid x)A$, *où* C' *est l'assemblage* $(B \mid x)C$.

CS3. *Soient* A *un assemblage,* x *et* x' *des lettres. Si* x' *ne figure pas dans* A, $\tau_x(A)$ *est identique à* $\tau_{x'}(A')$, *où* A' *est l'assemblage* $(x' \mid x)A$.

CS4. *Soient* A *et* B *des assemblages,* x *et* y *des lettres distinctes. Si* x *ne figure pas dans* B, $(B \mid y)\tau_x(A)$ *est identique à* $\tau_x(A')$, *où* A' *est l'assemblage* $(B \mid y)A$.

CS5. *Soient* A, B, C *des assemblages,* x *une lettre. Les assemblages* $(C \mid x)(\neg A)$, $(C \mid x)(\vee AB)$, $(C \mid x)(\Rightarrow AB)$, $(C \mid x)(sAB)$ *(s signe spécifique) sont identiques respectivement à* $\neg A'$, $\vee A'B'$, $\Rightarrow A'B'$, $sA'B'$, *où* A', B' *sont respectivement* $(C \mid x)A$, $(C \mid x)B$.

Indiquons par exemple le principe de la vérification de CS2. Comparons l'opération qui fait passer de A à $(B \mid x)(C \mid y)A$ à l'opération qui fait passer de A à $(C' \mid y)(B \mid x)A$. Dans les deux opérations, aucun signe figurant dans A et distinct de x et de y n'est modifié. A chaque endroit où figure x dans A, on doit substituer B à x dans la première comme dans la seconde opération: c'est évident pour la première, et pour la seconde cela résulte de ce que y ne figure pas dans B. Enfin, à chaque endroit où figure y dans A, la première opération consiste à substituer C à y, puis B à x à chaque endroit où figure x dans C; mais il est clair que cela revient à substituer à y, à chaque endroit où il figure dans A, l'assemblage $(B \mid x)C$.

3. Constructions formatives

A chaque signe spécifique est associé un nombre entier, appelé son *poids* (pratiquement toujours le nombre 2).

Un assemblage est dit de *première espèce* s'il commence par un τ, ou s'il se réduit à une lettre, de *deuxième espèce* dans les autres cas.

Une *construction formative* d'une théorie $\mathcal{T}$ est une suite d'assemblages qui

[1] Conformément à ce qui a été signalé (I, p. 15), la phrase « x et y sont des lettres distinctes » est un abus de langage pour dire que x et y *désignent* des lettres distinctes dans les assemblages que l'on considère.

possède la propriété suivante: pour chaque assemblage A de la suite, l'une des conditions ci-dessous est vérifiée:

a) A est une lettre.

b) Il y a, dans la suite, un assemblage de deuxième espèce B précédant A, tel que A soit $\neg B$.

c) Il y a deux assemblages de deuxième espèce B et C précédant A (distincts ou non) tels que A soit $\vee BC$.

d) Il y a un assemblage de deuxième espèce B précédant A et une lettre x tels que A soit $\tau_x(B)$.

e) Il y a un signe spécifique s de poids n[1] de $\mathscr{T}$, et n assemblages de première espèce $A_1, A_2, \ldots, A_n$ précédant A, tels que A soit $sA_1A_2\ldots A_n$.

On appelle *termes* (resp. *relations*) de $\mathscr{T}$ les assemblages de première espèce (resp. de deuxième espèce) *figurant dans les constructions formatives de* $\mathscr{T}$.

Exemple. — * Dans la théorie des ensembles, où $\in$ est un signe spécifique de poids 2, la suite des assemblages que voici est une construction formative:

$$\mathrm{A}$$
$$\mathrm{A}'$$
$$\mathrm{A}''$$
$$\in \mathrm{A}\mathrm{A}'$$
$$\in \mathrm{A}\mathrm{A}''$$
$$\neg \in \mathrm{A}\mathrm{A}'$$
$$\vee \neg \in \mathrm{A}\mathrm{A}' \in \mathrm{A}\mathrm{A}''$$
$$\tau \vee \neg \in \square \mathrm{A}' \in \square \mathrm{A}''.$$

Donc l'assemblage donné en exemple au n° 1 est un terme de la théorie des ensembles.*

Remarque. — Intuitivement, les termes sont des assemblages qui représentent des *objets*, les relations sont des assemblages qui représentent des *assertions* que l'on peut faire sur des objets. La condition *a*) signifie que les lettres représentent des objets. La condition *b*) signifie que, si B est une assertion, $\neg B$, qu'on appelle la *négation* de B, est une assertion (qui se lit: non B). La condition *c*) signifie que, si B et C sont des assertions, $\vee BC$, qu'on appelle la *disjonction* de B et C, est une assertion (qui se lit: B ou C) ; ainsi $\Rightarrow BC$ est une assertion (qui se lit: « non B ou C », ou « B implique C », ou « B entraîne C»). La condition *d*) signifie que, si B est une assertion et x une lettre, $\tau_x(B)$ est un objet; considérons l'assertion B comme exprimant une propriété de l'objet x; alors, s'il existe un objet possédant la propriété en question, $\tau_x(B)$ représente un objet privilégié qui possède cette propriété; sinon, $\tau_x(B)$ représente un objet dont on ne peut rien dire. Enfin, la condition *e*) signifie que, si $A_1, A_2, \ldots, A_n$ sont des objets, et s un signe spécifique de poids n, $sA_1A_2\ldots A_n$ est une assertion relative aux objets $A_1, \ldots, A_n$.

Exemples. — Les symboles $\varnothing$, $\mathbf{N}$, « la droite numérique », « la fonction Γ », $f \circ g$, représentent des termes. Les symboles $\pi = \sqrt{2} + \sqrt{3}$, $1 \in 2$, « tout corps fini est commutatif », « les zéros de $\zeta(s)$ autres que $-2, -4, -6, \ldots$, sont sur la droite $\mathscr{R}(s) = \frac{1}{2}$ », représentent des relations. Le symbole « 3 et 4 » ne représente ni un terme, ni une relation.

[1] Comme il a été dit ci-dessus, on pourrait, pour développer les théories mathématiques actuelles, se borner à ne considérer que des signes spécifiques de poids 2, et par conséquent ne pas utiliser l'expression « nombre entier n » dans la définition d'une construction formative.

Le signe initial d'une relation est $\vee$, $\neg$ ou un signe spécifique; le signe initial d'un terme est τ, à moins que le terme ne se réduise à une lettre. En effet, l'assertion relative aux termes résulte de ce qu'un terme est un assemblage de première espèce. Si A est une relation, A figure dans une construction formative, n'est pas une lettre et ne commence pas par un τ; donc trois cas sont possibles: 1) A est précédé d'un assemblage B tel que A soit $\neg B$; 2) A est précédé par deux assemblages B et C tels que A soit $\vee BC$; 3) A est précédé par des assemblages $A_1, A_2, \ldots, A_n$ tels que A soit $sA_1A_2\ldots A_n$, s étant un signe spécifique.

4. Critères formatifs

CF1. *Si A et B sont des relations d'une théorie $\mathcal{T}$, $\vee AB$ est une relation de $\mathcal{T}$.*

En effet, considérons deux constructions formatives (de $\mathcal{T}$) dont l'une contient A et l'autre B. Considérons la suite d'assemblages obtenue en écrivant d'abord les assemblages de la première construction, puis les assemblages de la deuxième, puis $\vee AB$. Comme A et B sont de deuxième espèce, on vérifie aussitôt que cette suite est une construction formative de $\mathcal{T}$. L'assemblage $\vee AB$ est de deuxième espèce, donc est une relation de $\mathcal{T}$.

On établit de façon analogue les trois critères suivants:

CF2. *Si A est une relation d'une théorie $\mathcal{T}$, $\neg A$ est une relation de $\mathcal{T}$.*

CF3. *Si A est une relation d'une théorie $\mathcal{T}$, et x une lettre, $\tau_x(A)$ est un terme de $\mathcal{T}$.*

CF4. *Si $A_1, A_2, \ldots, A_n$ sont des termes d'une théorie $\mathcal{T}$, et s un signe spécifique de poids n de $\mathcal{T}$, $sA_1A_2\ldots A_n$ est une relation de $\mathcal{T}$.*

Ces critères entraînent aussitôt le suivant:

CF5. *Si A et B sont des relations d'une théorie $\mathcal{T}$, $\Rightarrow AB$ est une relation de $\mathcal{T}$.*

CF6. *Soit $A_1, A_2, \ldots, A_n$ une construction formative d'une théorie $\mathcal{T}$, x et y des lettres. Supposons que y ne figure pas dans les A_i. Alors, $(y \mid x)A_1$, $(y \mid x)A_2, \ldots$, $(y \mid x)A_n$ est une construction formative de $\mathcal{T}$.*

En effet, soit A'_i l'assemblage $(y \mid x)A_i$. Si A_i est une lettre, A'_i est une lettre. Si A_i est de la forme $\neg A_j$, où A_j est un assemblage de deuxième espèce qui précède A_i dans la construction, A'_i est identique à $\neg A'_j$ d'après CS5, et A'_j est un assemblage de deuxième espèce. On raisonne de façon analogue si A_i est de la forme $\vee A_jA_k$ ou $sA_{j_1}A_{j_2}\ldots A_{j_m}$, s étant un signe spécifique de $\mathcal{T}$. Si enfin A_i est de la forme $\tau_z(A_j)$, où A_j est un assemblage de deuxième espèce précédant A_i dans la construction, plusieurs cas peuvent se présenter:

a) z est une lettre distincte de x et de y; alors A'_i est identique à $\tau_z(A'_j)$ d'après CS4, et A'_j est un assemblage de deuxième espèce;

b) z est identique à x: alors A_i ne contient pas x, donc A'_i est identique à A_i, c'est-à-dire à $\tau_x(A_j)$; comme y ne figure pas dans A_j, $\tau_x(A_j)$ est identique à $\tau_y(A'_j)$ d'après CS3;

c) z est identique à y: alors A_i est l'assemblage τA_j puisque y ne figure pas dans A_j; donc A'_i est l'assemblage $\tau A'_j$, c'est-à-dire $\tau_u(A'_j)$, u étant une lettre qui ne figure pas dans A'_j.

CF7. *Soient* A *une relation* (resp. *un terme*) *d'une théorie* $\mathcal{T}$, x *et* y *des lettres. Alors* $(y \mid x)A$ *est une relation* (resp. *un terme*) *de* $\mathcal{T}$.

Soit $A_1, A_2, \ldots, A_n$ une construction formative où figure A. Montrons de proche en proche que, si A_i est une relation (resp. un terme), $(y \mid x)A_i$, que nous désignerons par A'_i, est une relation (resp. un terme). Supposons ce point établi pour $A_1, A_2, \ldots, A_{i-1}$ et établissons-le pour A_i. Si A_i est une lettre, A'_i est une lettre. Si A_i est précédé dans la construction par une relation A_j telle que A_i soit $\neg A_j$, A'_i est identique à $\neg A'_j$, d'après CS5, et $\neg A'_j$ est une relation d'après CF2. On procède de façon analogue si A_i est précédé par des relations A_j, A_k telles que A_i soit $\vee A_j A_k$, ou par des termes $A_{j_1}, \ldots, A_{j_m}$ tels que A_i soit $sA_{j_1} \ldots A_{j_m}$, où s est une signe spécifique de $\mathcal{T}$ de poids m. Si enfin A_i est précédé par une relation A_j telle que A_i soit $\tau_z(A_j)$, plusieurs cas peuvent se présenter:

a) z est distinct de x et de y: alors A'_i est identique à $\tau_z(A'_j)$ d'après CS4, et on sait déjà que A'_j est une relation, donc A'_i est un terme d'après CF3;

b) z est identique à x: alors A_i ne contient pas x, donc A'_i est identique à A_i, et par suite est un terme;

c) z est identique à y. Soit alors u une lettre distincte de x et de y, et qui ne figure pas dans $A_1, A_2, \ldots, A_j$; d'après CF6, la suite d'assemblages $(u \mid y)A_1, \ldots, (u \mid y)A_j$, que nous désignerons par $A''_1, \ldots, A''_j$, constitue une construction formative de $\mathcal{T}$; comme y ne figure plus dans cette nouvelle construction, $(y \mid x)A''_1, \ldots, (y \mid x)A''_j$ est une construction formative en vertu de CF6, de sorte que $(y \mid x)A''_j$ est une relation de $\mathcal{T}$; par suite, $\tau_u((y \mid x)A''_j)$ est un terme de $\mathcal{T}$. Mais ce terme est identique à $(y \mid x)\tau_u(A''_j)$ d'après CS4, donc à $(y \mid x)\tau_y(A_j)$ d'après CS3, donc à A'_i.

CF8. *Soient* A *une relation* (resp. *un terme*) *d'une théorie* $\mathcal{T}$, x *une lettre et* T *un terme de* $\mathcal{T}$. *Alors* $(T \mid x)A$ *est une relation* (resp. *un terme*) *de* $\mathcal{T}$.

Soit $A_1, A_2, \ldots, A_n$ une construction formative où figure A. Soient $x_1, x_2, \ldots, x_p$ les lettres distinctes qui figurent dans T. Associons à chaque lettre x_i une lettre x'_i distincte de $x_1, \ldots, x_p$ et des lettres figurant dans $A_1, \ldots, A_n$, de façon que les lettres $x'_1, \ldots, x'_p$ soient deux à deux distinctes. L'assemblage

$$(x'_1 \mid x_1)(x'_2 \mid x_2) \ldots (x'_p \mid x_p) T$$

est une terme T' d'après CF7, et $(T \mid x)A$ est identique à

$$(x_1 \mid x'_1)(x_2 \mid x'_2) \ldots (x_p \mid x'_p)(T' \mid x)A$$

par application de CS1. Il suffit donc de montrer que $(T' \mid x)A$ est une relation (resp. un terme): autrement dit, on peut supposer désormais que les lettres qui figurent dans T ne figurent pas dans $A_1, \ldots, A_n$.

Montrons alors de proche en proche que, si A_i est une relation (resp. un terme), $(\boldsymbol{T} \mid \boldsymbol{x})\boldsymbol{A}_i$, que nous désignerons par $\boldsymbol{A}'_i$, est une relation (resp. un terme). Supposons ce point établi pour $\boldsymbol{A}_1, \boldsymbol{A}_2, \ldots, \boldsymbol{A}_{i-1}$ et établissons-le pour $\boldsymbol{A}_i$. Si $\boldsymbol{A}_i$ est une lettre, $\boldsymbol{A}'_i$ est, soit cette lettre, soit $\boldsymbol{T}$, donc un terme. Si $\boldsymbol{A}_i$ est de la forme $\neg\boldsymbol{A}_j$, $\boldsymbol{A}_j$ étant une relation qui précède $\boldsymbol{A}_i$ dans la construction, $\boldsymbol{A}'_i$ est identique à $\neg\boldsymbol{A}'_j$ d'après CS5, et on sait déjà que $\boldsymbol{A}'_j$ est une relation, donc $\boldsymbol{A}'_i$ est une relation d'après CF2. On procède de façon analogue si $\boldsymbol{A}_i$ est de la forme $\vee\boldsymbol{A}_j\boldsymbol{A}_k$, ou $s\boldsymbol{A}_{j_1}\ldots\boldsymbol{A}_{j_m}$. Si enfin $\boldsymbol{A}_i$ est de la forme $\tau_{\boldsymbol{z}}(\boldsymbol{A}_j)$, où $\boldsymbol{A}_j$ est une relation qui précède $\boldsymbol{A}_i$ dans la construction, plusieurs cas peuvent se présenter:

a) $\boldsymbol{z}$ est distinct de $\boldsymbol{x}$ et des lettres figurant dans $\boldsymbol{T}$; alors $\boldsymbol{A}'_i$ est identique à $\tau_{\boldsymbol{z}}(\boldsymbol{A}'_j)$ d'après CS4, et on sait déjà que $\boldsymbol{A}'_j$ est une relation; donc $\boldsymbol{A}'_i$ est un terme d'après CF3;

b) $\boldsymbol{z}$ est identique à $\boldsymbol{x}$: alors $\boldsymbol{A}_i$ ne contient pas $\boldsymbol{x}$, donc $\boldsymbol{A}'_i$ est identique à $\boldsymbol{A}_i$, et est par suite un terme;

c) $\boldsymbol{z}$ figure dans $\boldsymbol{T}$; alors $\boldsymbol{z}$ ne figure pas dans $\boldsymbol{A}_j$, de sorte que $\boldsymbol{A}_i$ est identique à $\tau\boldsymbol{A}_j$, donc $\boldsymbol{A}'_i$ à $\tau\boldsymbol{A}'_j$; or, on sait déjà que $\boldsymbol{A}'_j$ est une relation, et $\tau\boldsymbol{A}'_j$ est identique à $\tau_{\boldsymbol{u}}(\boldsymbol{A}'_j)$, $\boldsymbol{u}$ étant une lettre qui ne figure pas dans $\boldsymbol{A}'_j$; il en résulte que $\boldsymbol{A}'_i$ est un terme d'après CF3.

Intuitivement, si $\boldsymbol{A}$ est une relation de $\mathscr{T}$, que nous pouvons considérer comme exprimant une propriété de l'objet $\boldsymbol{x}$, affirmer $(\boldsymbol{B} \mid \boldsymbol{x})\boldsymbol{A}$ revient à dire que l'objet $\boldsymbol{B}$ possède cette propriété. Si $\boldsymbol{A}$ est un terme de $\mathscr{T}$, il représente un objet qui dépend d'une certaine manière de l'objet désigné par $\boldsymbol{x}$; le terme $(\boldsymbol{B} \mid \boldsymbol{x})\boldsymbol{A}$ représente ce que devient l'objet $\boldsymbol{A}$ quand on prend pour $\boldsymbol{x}$ l'objet $\boldsymbol{B}$.

§ 2. THÉORÈMES

Pour faciliter la lecture de ce qui suit, nous écrirons désormais, si **A** *est une relation,* non(**A**) *au lieu de* $\neg$**A**. *Si* **A** *et* **B** *sont des relations, nous écrirons* « (**A**) ou (**B**) » *au lieu de* $\vee$ **AB**, *et* (**A**) $\Rightarrow$ (**B**) *au lieu de* $\Rightarrow$**AB**. *Parfois, nous supprimerons les parenthèses. Le lecteur pourra déterminer sans peine, dans chaque cas, de quel assemblage il s'agit.*

1. Axiomes

La donnée des signes spécifiques définit, nous l'avons vu, les termes et les relations d'une théorie $\mathscr{T}$. Pour achever de construire $\mathscr{T}$, on fait ce qui suit:

1° On écrit d'abord un certain nombre de relations de $\mathscr{T}$; on dit que ce sont les *axiomes explicites* de $\mathscr{T}$; les lettres qui figurent dans les axiomes explicites sont appelées les *constantes* de $\mathscr{T}$.

2° On se donne une ou plusieurs règles,[1] qu'on appelle les *schémas* de $\mathscr{T}$, et qui doivent présenter les particularités suivantes: *a*) l'application d'une telle règle $\mathscr{R}$

[1] Ces règles seront exprimées en utilisant, pour abréger, les symboles dont nous avons parlé (et notamment les lettres italiques grasses) (I, p. 15); mais il serait facile de se passer complètement de l'emploi de ces symboles pour les formuler (voir I, p. 25, note [1]).

fournit une relation de $\mathcal{T}$; *b*) si T est un terme de $\mathcal{T}$, x une lettre, R une relation de $\mathcal{T}$ construite par application du schéma $\mathcal{R}$, la relation $(T \mid x)R$ peut encore se construire par application de $\mathcal{R}$.

Dans tous les cas que nous envisagerons, la vérification de ces conditions sera toujours facile.

Toute relation, formée par application d'un schéma de $\mathcal{T}$, est appelée *axiome implicite* de $\mathcal{T}$.

Intuitivement, les axiomes représentent, soit des assertions évidentes, soit des hypothèses dont on s'apprête à tirer des conséquences; les constantes représentent des objets bien déterminés, pour lesquels les propriétés exprimées par les axiomes explicites sont supposées vraies. Au contraire, si la lettre x n'est pas une constante, elle représente un objet complètement indéterminé; si une propriété de l'objet x est supposée vraie par un axiome, cet axiome est nécessairement implicite, de sorte que la propriété est encore vraie d'un objet T quelconque.

2. Démonstrations

Un *texte démonstratif* d'une théorie $\mathcal{T}$ comporte:

1° Une construction formative auxiliaire de relations et de termes de $\mathcal{T}$.

2° Une *démonstration de* $\mathcal{T}$, c'est-à-dire une suite de relations de $\mathcal{T}$ figurant dans la construction formative auxiliaire, telles que, pour chaque relation R de la suite, l'une au moins des conditions suivantes soit vérifiée:

a_1) R est un axiome explicite de $\mathcal{T}$;

a_2) R résulte de l'application d'un schéma de $\mathcal{T}$ à des termes ou relations figurant dans la construction formative auxiliaire;

b) il y a dans la suite deux relations S, T précédant R, telles que T soit $S \Rightarrow R$.

Un *théorème* de $\mathcal{T}$ est une relation *figurant dans une démonstration de* $\mathcal{T}$.

Cette notion est donc essentiellement relative à l'état de la théorie considérée, au moment où on la décrit: une relation d'une théorie $\mathcal{T}$ *devient* un théorème de $\mathcal{T}$ lorsqu'on a réussi à l'insérer dans une démonstration de $\mathcal{T}$. Dire qu'une relation de $\mathcal{T}$ « n'est pas un théorème de $\mathcal{T}$ » ne peut avoir de sens *en Mathématique* si on ne précise pas le stade du développement de $\mathcal{T}$ auquel on se réfère.

Au lieu de « théorème de $\mathcal{T}$ », on dit aussi « relation *vraie* dans $\mathcal{T}$ » (ou « proposition », « lemme », « corollaire », etc.). Soit R une relation de $\mathcal{T}$, x une lettre, T un terme de $\mathcal{T}$; si $(T \mid x)R$ est un théorème de $\mathcal{T}$, on dit que T *vérifie dans* $\mathcal{T}$ *la relation* R (ou est une *solution de* R), quand R est considérée comme relation en x.

Dans les mathématiques courantes, on omet le plus souvent de préciser que les relations écrites constituent une démonstration.

Une relation est dite *fausse* dans $\mathcal{T}$ si sa négation est un théorème de $\mathcal{T}$. On dit qu'une théorie $\mathcal{T}$ est *contradictoire* quand on a écrit une relation qui est à la fois vraie et fausse dans $\mathcal{T}$.

Ici encore, il s'agit bien entendu d'une notion relative à un stade déterminé du développement d'une théorie. On se gardera de la confusion (malheureusement suggérée par le sens intuitif du mot « faux ») qui consisterait à croire que, lorsqu'on a prouvé qu'une relation $\mathbf{R}$ est fausse dans $\mathscr{T}$, on a par là même établi que $\mathbf{R}$ « n'est pas vraie » dans $\mathscr{T}$ (cette dernière phrase n'ayant à proprement parler aucun sens précis *en Mathématique*, comme on l'a vu plus haut).

Nous donnerons dans ce qui suit des critères métamathématiques dits *critères déductifs*, qui permettent d'abréger les démonstrations. Ces critères seront désignés par la lettre C suivie d'un numéro.

C1 (*syllogisme*). *Soient* $\mathbf{A}$ *et* $\mathbf{B}$ *des relations d'une théorie* $\mathscr{T}$. *Si* $\mathbf{A}$ *et* $\mathbf{A} \Rightarrow \mathbf{B}$ *sont des théorèmes de* $\mathscr{T}$, $\mathbf{B}$ *est un théorème de* $\mathscr{T}$.

En effet, soit $\mathbf{R}_1, \mathbf{R}_2, \ldots, \mathbf{R}_n$ une démonstration de $\mathscr{T}$ où figure $\mathbf{A}$, et $\mathbf{S}_1, \mathbf{S}_2, \ldots, \mathbf{S}_p$ une démonstration de $\mathscr{T}$ où figure $\mathbf{A} \Rightarrow \mathbf{B}$. Il est évident que $\mathbf{R}_1, \mathbf{R}_2, \ldots, \mathbf{R}_n, \mathbf{S}_1, \mathbf{S}_2, \ldots, \mathbf{S}_p$ est une démonstration de $\mathscr{T}$ où figurent $\mathbf{A}$ et $\mathbf{A} \Rightarrow \mathbf{B}$. Donc

$$\mathbf{R}_1, \mathbf{R}_2, \ldots, \mathbf{R}_n, \mathbf{S}_1, \mathbf{S}_2, \ldots, \mathbf{S}_p, \mathbf{B}$$

est une démonstration de $\mathscr{T}$, ce qui prouve que $\mathbf{B}$ est un théorème de $\mathscr{T}$.

3. Substitutions dans une théorie

Soient $\mathscr{T}$ une théorie, $\mathbf{A}_1, \mathbf{A}_2, \ldots, \mathbf{A}_n$ ses axiomes explicites, x une lettre, $\mathbf{T}$ un terme de $\mathscr{T}$. Soit $(\mathbf{T} \mid x)\mathscr{T}$ la théorie dont les signes et les schémas sont les mêmes que ceux de $\mathscr{T}$, et dont les axiomes explicites sont $(\mathbf{T} \mid x)\mathbf{A}_1, (\mathbf{T} \mid x)\mathbf{A}_2, \ldots, (\mathbf{T} \mid x)\mathbf{A}_n$.

C2. *Soient* $\mathbf{A}$ *un théorème d'une théorie* $\mathscr{T}$, $\mathbf{T}$ *un terme de* $\mathscr{T}$, x *une lettre. Alors* $(\mathbf{T} \mid x)\mathbf{A}$ *est un théorème de* $(\mathbf{T} \mid x)\mathscr{T}$.

En effet, soit $\mathbf{R}_1, \mathbf{R}_2, \ldots, \mathbf{R}_n$ une démonstration de $\mathscr{T}$ où figure $\mathbf{A}$. Considérons la suite $(\mathbf{T} \mid x)\mathbf{R}_1, (\mathbf{T} \mid x)\mathbf{R}_2, \ldots, (\mathbf{T} \mid x)\mathbf{R}_n$, qui est une suite de relations de $\mathscr{T}$ d'après CF8 (I, p. 20). On va voir que c'est une démonstration de $(\mathbf{T} \mid x)\mathscr{T}$, ce qui établira le critère. Si $\mathbf{R}_k$ est un axiome implicite de $\mathscr{T}$, $(\mathbf{T} \mid x)\mathbf{R}_k$ est encore un axiome implicite de $\mathscr{T}$ (I, p. 22), donc de $(\mathbf{T} \mid x)\mathscr{T}$. Si $\mathbf{R}_k$ est un axiome explicite de $\mathscr{T}$, $(\mathbf{T} \mid x)\mathbf{R}_k$ est un axiome explicite de $(\mathbf{T} \mid x)\mathscr{T}$. Enfin, se $\mathbf{R}_k$ est précédée des relations $\mathbf{R}_i$ et $\mathbf{R}_j$, $\mathbf{R}_j$ étant $\mathbf{R}_i \Rightarrow \mathbf{R}_k$, $(\mathbf{T} \mid x)\mathbf{R}_k$ est précédée de $(\mathbf{T} \mid x)\mathbf{R}_i$ et de $(\mathbf{T} \mid x)\mathbf{R}_j$, et cette dernière relation est identique à $(\mathbf{T} \mid x)\mathbf{R}_i \Rightarrow (\mathbf{T} \mid x)\mathbf{R}_k$ (critère CS5).

C3. *Soient* $\mathbf{A}$ *un théorème d'une théorie* $\mathscr{T}$, $\mathbf{T}$ *un terme de* $\mathscr{T}$, *et* x *une lettre qui n'est pas une constante de* $\mathscr{T}$. *Alors* $(\mathbf{T} \mid x)\mathbf{A}$ *est un théorème de* $\mathscr{T}$.

Cela résulte aussitôt de C2, puisque x ne figure pas dans les axiomes explicites de $\mathscr{T}$.

Plus particulièrement, si $\mathscr{T}$ ne comporte pas d'axiomes explicites, ou si les axiomes explicites ne contiennent pas de lettres, le critère C3 s'applique sans restriction sur la lettre x.

4. Comparaison des théories

Une théorie $\mathcal{T}'$ est dite *plus forte* qu'une théorie $\mathcal{T}$ si tous les signes de $\mathcal{T}$ sont des signes de $\mathcal{T}'$, si tous les axiomes explicites de $\mathcal{T}$ sont des théorèmes de $\mathcal{T}'$, et si les schémas de $\mathcal{T}$ sont des schémas de $\mathcal{T}'$.

C4. *Si une théorie $\mathcal{T}'$ est plus forte qu'une théorie $\mathcal{T}$, tous les théorèmes de $\mathcal{T}$ sont des théorèmes de $\mathcal{T}'$.*

Soit $R_1, R_2, \ldots, R_n$ une démonstration de $\mathcal{T}$. On va voir de proche en proche que chaque R_i est un théorème de $\mathcal{T}'$, ce qui établira le critère. Supposons notre assertion établie pour les relations précédant R_k et établissons-la pour R_k. Si R_k est un axiome de $\mathcal{T}$, c'est un théorème de $\mathcal{T}'$ par hypothèse. Si R_k est précédée par des relations R_i et $R_i \Rightarrow R_k$, on sait déjà que R_i et $R_i \Rightarrow R_k$ sont des théorèmes de $\mathcal{T}'$, donc R_k est un théorème de $\mathcal{T}'$ d'après C1.

Si chacune des deux théories $\mathcal{T}$ et $\mathcal{T}'$ est plus forte que l'autre, on dit que $\mathcal{T}$ et $\mathcal{T}'$ sont *équivalentes*. Alors, tout théorème de $\mathcal{T}$ est un théorème de $\mathcal{T}'$ et vice-versa.

C5. *Soient $\mathcal{T}$ une théorie, $A_1, A_2, \ldots, A_n$ ses axiomes explicites, $a_1, a_2, \ldots, a_h$ ses constantes, $T_1, T_2, \ldots, T_h$ des termes de $\mathcal{T}$. Supposons que*

$$(T_1 \mid a_1)(T_2 \mid a_2)\ldots(T_h \mid a_h)A_i$$

(pour $i = 1, 2, \ldots, n$) soient des théorèmes d'une théorie $\mathcal{T}'$, que les signes de $\mathcal{T}$ soient des signes de $\mathcal{T}'$, et que les schémas de $\mathcal{T}$ soient des schémas de $\mathcal{T}'$. Alors, si A est un théorème de $\mathcal{T}$, $(T_1 \mid a_1)\ldots(T_h \mid a_h)A$ est un théorème de $\mathcal{T}'$.

En effet, $\mathcal{T}'$ est plus forte que la théorie $(T_1 \mid a_1)\ldots(T_h \mid a_h)\mathcal{T}$, et il suffit d'appliquer C2 et C4.

Quand on déduit, par ce procédé, un théorème de $\mathcal{T}'$ d'un théorème de $\mathcal{T}$, on dit qu'*on applique dans $\mathcal{T}'$ les résultats de $\mathcal{T}$*. Intuitivement, les axiomes de $\mathcal{T}$ expriment des propriétés de $a_1, a_2, \ldots, a_h$, et A exprime une propriété qui est une conséquence de ces axiomes. Si des objets $T_1, T_2, \ldots, T_h$ possèdent dans $\mathcal{T}'$ les propriétés exprimées par les axiomes de $\mathcal{T}$, ils possèdent aussi la propriété A.

* Par exemple, dans la théorie des groupes $\mathcal{T}$, les axiomes explicites contiennent deux constantes G et μ (le groupe et la loi de composition). Dans la théorie des ensembles $\mathcal{T}'$, on définit deux termes : la droite numérique et l'addition des nombres réels. Si on substitue ces termes respectivement à G et μ dans les axiomes explicites de $\mathcal{T}$, on obtient des théorèmes de $\mathcal{T}'$. D'autre part, les schémas et les signes de $\mathcal{T}$ et $\mathcal{T}'$ sont les mêmes. On peut donc « appliquer à l'addition des nombres réels les résultats de la théorie des groupes ». On dit qu'on a construit pour la théorie des groupes un *modèle* dans la théorie des ensembles. (On observera que, la théorie des groupes étant plus forte que la théorie des ensembles, on peut aussi appliquer à la théorie des groupes les résultats de la théorie des ensembles). *

Remarque. — Sous les hypothèses de C5, si la théorie $\mathcal{T}$ s'avérait contradictoire, il en serait de même de $\mathcal{T}'$. En effet, si A et « non A » sont des théorèmes de $\mathcal{T}$,

$(T_1 \mid a_1)\ldots(T_h \mid a_h)A$, et non$(T_1 \mid a_1)\ldots(T_h \mid a_h)A$ sont des théorèmes de $\mathcal{T}'$. * Par exemple, si la théorie des groupes était contradictoire, la théorie des ensembles le serait aussi. *

§ 3. THÉORIES LOGIQUES

1. Les axiomes

On appelle *théorie logique* toute théorie $\mathcal{T}$ dans laquelle les schémas S1 à S4 ci-dessous fournissent des axiomes implicites.

S1. *Si* A *est une relation de* $\mathcal{T}$, *la relation* $(A$ ou $A) \Rightarrow A$ *est un axiome de* $\mathcal{T}$.[1]

S2. *Si* A *et* B *sont des relations de* $\mathcal{T}$, *la relation* $A \Rightarrow (A$ ou $B)$ *est un axiome de* $\mathcal{T}$.

S3. *Si* A *et* B *sont des relations de* $\mathcal{T}$, *la relation* $(A$ ou $B) \Rightarrow (B$ ou $A)$ *est un axiome de* $\mathcal{T}$.

S4. *Si* A, B *et* C *sont des relations de* $\mathcal{T}$, *la relation*

$$(A \Rightarrow B) \Rightarrow ((C \text{ ou } A) \Rightarrow (C \text{ ou } B))$$

est un axiome de $\mathcal{T}$.

Ces règles sont effectivement des schémas; vérifions-le par exemple pour S2. Soit R une relation obtenue par application de S2: il y a donc des relations A, B de $\mathcal{T}$ telles que R soit la relation $A \Rightarrow (A$ ou $B)$; soient T un terme de $\mathcal{T}$ et x une lettre; soient A' et B' les relations $(T \mid x)A$ et $(T \mid x)B$; alors $(T \mid x)R$ est identique à $A' \Rightarrow (A'$ ou $B')$, donc s'obtient par application de S2.

Intuitivement, les règles S1 à S4 ne font qu'exprimer le sens qu'on attache aux mots « ou » et « implique » dans le langage mathématique usuel.[2]

Si une théorie logique $\mathcal{T}$ est contradictoire, *toute relation de* $\mathcal{T}$ *est un théorème de* $\mathcal{T}$. En effet, soit A une relation de $\mathcal{T}$ telle que A et « non A » soient des théorèmes de $\mathcal{T}$, et soit B une relation quelconque de $\mathcal{T}$. D'après S2, (non A) $\Rightarrow$ ((non A) ou B) est un théorème de $\mathcal{T}$, donc, d'après C1 (I, p. 23) « (non A) ou B », c'est-à-dire $A \Rightarrow B$, est un théorème de $\mathcal{T}$. Une nouvelle application de C1 montre que B est un théorème de $\mathcal{T}$.

Dans toute la suite, $\mathcal{T}$ *désignera une théorie logique.*

2. Premières conséquences

C6. *Soient* A, B, C *des relations de* $\mathcal{T}$. *Si* $A \Rightarrow B$ *et* $B \Rightarrow C$ *sont des théorèmes de* $\mathcal{T}$, $A \Rightarrow C$ *est un théorème de* $\mathcal{T}$.

[1] L'expression de ce schéma n'utilisant pas la lettre A ni le symbole abréviateur $\Rightarrow$ est la suivante: *Lorsqu'on a une relation, on obtient un théorème en écrivant de gauche à droite* $\vee$, $\neg$, $\vee$, *puis trois fois de suite la relation donnée.* Le lecteur pourra s'exercer à traduire de même l'expression des autres schémas.

[2] Dans le langage courant, le mot « ou » peut avoir deux sens distincts suivant le contexte: lorsqu'on relie deux affirmations par le mot « ou », on peut vouloir affirmer, soit l'une au moins des deux (et éventuellement toutes les deux à la fois), soit l'une à l'exclusion de l'autre.

En effet, $(\mathbf{B} \Rightarrow \mathbf{C}) \Rightarrow ((\mathbf{A} \Rightarrow \mathbf{B}) \Rightarrow (\mathbf{A} \Rightarrow \mathbf{C}))$ est un axiome de $\mathscr{T}$, d'après S4 où on remplace **A** par **B**, **B** par **C**, et **C** par « non **A** ». D'après C1 (I, p. 23), $(\mathbf{A} \Rightarrow \mathbf{B}) \Rightarrow (\mathbf{A} \Rightarrow \mathbf{C})$ est un théorème de $\mathscr{T}$. On conclut par une nouvelle application de C1.

C7. *Si **A** et **B** sont des relations de $\mathscr{T}$, $\mathbf{B} \Rightarrow (\mathbf{A}$ ou $\mathbf{B})$ est un théorème de $\mathscr{T}$.*

En effet, $\mathbf{B} \Rightarrow (\mathbf{B}$ ou $\mathbf{A})$, et $(\mathbf{B}$ ou $\mathbf{A}) \Rightarrow (\mathbf{A}$ ou $\mathbf{B})$ sont des axiomes de $\mathscr{T}$ d'après S2 et S3. On conclut par application de C6.

C8. *Si **A** est une relation de $\mathscr{T}$, $\mathbf{A} \Rightarrow \mathbf{A}$ est un théorème de $\mathscr{T}$.*

En effet, $\mathbf{A} \Rightarrow (\mathbf{A}$ ou $\mathbf{A})$, et $(\mathbf{A}$ ou $\mathbf{A}) \Rightarrow \mathbf{A}$ sont des axiomes d'après S2 et S1. On conclut par application de C6.

C9. *Si **A** est une relation, et **B** un théorème de $\mathscr{T}$, $\mathbf{A} \Rightarrow \mathbf{B}$ est un théorème de $\mathscr{T}$.*

En effet, $\mathbf{B} \Rightarrow ((\text{non } \mathbf{A})$ ou $\mathbf{B})$ est un théorème d'après C7, donc

« (non **A**) ou **B** », c'est-à-dire $\mathbf{A} \Rightarrow \mathbf{B}$,

est un théorème d'après C1.

C10. *Si **A** est une relation de $\mathscr{T}$, « **A** ou (non **A**) » est un théorème de $\mathscr{T}$.*

En effet, « (non **A**) ou **A** » est un théorème d'après C8. On conclut par S3 et C1.

C11. *Si **A** est une relation de $\mathscr{T}$, « $\mathbf{A} \Rightarrow$ (non non $\mathbf{A}$) » est un théorème de $\mathscr{T}$.*

En effet, cette relation n'est autre que « (non **A**) ou (non non **A**) » et le critère résulte de C10.

C12. *Soient **A** et **B** deux relations de $\mathscr{T}$. La relation*

$$(\mathbf{A} \Rightarrow \mathbf{B}) \Rightarrow ((\text{non } \mathbf{B}) \Rightarrow (\text{non } \mathbf{A}))$$

est un théorème de $\mathscr{T}$.

En effet,

$$((\text{non } \mathbf{A}) \text{ ou } \mathbf{B}) \Rightarrow ((\text{non } \mathbf{A}) \text{ ou } (\text{non non } \mathbf{B}))$$

est un théorème d'après C11, S4 et C1. D'autre part,

$$((\text{non } \mathbf{A}) \text{ ou } (\text{non non } \mathbf{B})) \Rightarrow ((\text{non non } \mathbf{B}) \text{ ou } (\text{non } \mathbf{A}))$$

est un axiome d'après S3. Donc

$$((\text{non } \mathbf{A}) \text{ ou } \mathbf{B}) \Rightarrow ((\text{non non } \mathbf{B}) \text{ ou } (\text{non } \mathbf{A}))$$

est un théorème d'après C6. Or, c'est la relation à établir.

C13. *Soient **A**, **B**, **C** des relations de $\mathscr{T}$. Si $\mathbf{A} \Rightarrow \mathbf{B}$ est un théorème de $\mathscr{T}$,*

$$(\mathbf{B} \Rightarrow \mathbf{C}) \Rightarrow (\mathbf{A} \Rightarrow \mathbf{C})$$

est un théorème de $\mathscr{T}$.

En effet, $(\text{non } \mathbf{B}) \Rightarrow (\text{non } \mathbf{A})$ est un théorème d'après C12 et C1. Donc $(\mathbf{C}$ ou $(\text{non } \mathbf{B})) \Rightarrow (\mathbf{C}$ ou $(\text{non } \mathbf{A}))$ est un théorème d'après S4 et C1. Par double application de S3 et de C6, on en conclut que $((\text{non } \mathbf{B})$ ou $\mathbf{C}) \Rightarrow ((\text{non } \mathbf{A})$ ou $\mathbf{C})$ est un théorème. Or, ceci est la relation à démontrer.

Désormais, nous emploierons le plus souvent les règles C1 *et* C6 *sans nous y référer explicitement.*

3. Méthodes de démonstration

I. *Méthode de l'hypothèse auxiliaire.* — Elle repose sur la règle suivante:

C14 (*critère de la déduction*). *Soient* A *une relation de* $\mathcal{T}$, *et* $\mathcal{T}'$ *la théorie obtenue en adjoignant* A *aux axiomes de* $\mathcal{T}$. *Si* B *est un théorème de* $\mathcal{T}'$, $A \Rightarrow B$ *est un théorème de* $\mathcal{T}$.

Soit $B_1, B_2, \ldots, B_n$ une démonstration de $\mathcal{T}'$ dans laquelle figure B. Nous allons montrer de proche en proche que les relations $A \Rightarrow B_k$ sont des théorèmes de $\mathcal{T}$. Supposons ceci établi pour les relations qui précèdent B_i, et prouvons que $A \Rightarrow B_i$ est un théorème de $\mathcal{T}$. Si B_i est un axiome de $\mathcal{T}'$, B_i est, soit un axiome de $\mathcal{T}$, soit A. Dans les deux cas, $A \Rightarrow B_i$ est un théorème de $\mathcal{T}$, par application de C9 ou de C8. Si B_i est précédée des relations B_j et $B_j \Rightarrow B_i$, on sait que $A \Rightarrow B_j$ et $A \Rightarrow (B_j \Rightarrow B_i)$ sont des théorèmes de $\mathcal{T}$. Alors $(B_j \Rightarrow B_i) \Rightarrow (A \Rightarrow B_i)$ est un théorème de $\mathcal{T}$ d'après C13. Donc, d'après C6, $A \Rightarrow (A \Rightarrow B_i)$, c'est-à-dire « (non A) ou $(A \Rightarrow B_i)$ » est un théorème de $\mathcal{T}$, et par suite aussi

$$« (A \Rightarrow B_i) \text{ ou } (\text{non } A)) »$$

d'après S3. Or, (non A) $\Rightarrow$ ((non A) ou B_i), c'est-à-dire (non A) $\Rightarrow (A \Rightarrow B_i)$ est un théorème de $\mathcal{T}$ d'après S2. Par application de S4, on voit que

$$((A \Rightarrow B_i) \text{ ou } (\text{non } A)) \Rightarrow ((A \Rightarrow B_i) \text{ ou } (A \Rightarrow B_i))$$

est un théorème de $\mathcal{T}$, donc que « $(A \Rightarrow B_i)$ ou $(A \Rightarrow B_i)$ » est un théorème de $\mathcal{T}$. Par S1, on conclut que $A \Rightarrow B_i$ est un théorème de $\mathcal{T}$.

En pratique, on indique qu'on va employer ce critère par une phrase du genre suivant: « Supposons que A soit vraie ». Cette phrase signifie qu'on va raisonner pour un moment dans la théorie $\mathcal{T}'$. On reste dans $\mathcal{T}'$ jusqu'à ce que l'on y ait démontré la relation B. Ceci fait, il est établi que $A \Rightarrow B$ est un théorème de $\mathcal{T}$, et on continue (s'il y a lieu) à raisonner dans $\mathcal{T}$ sans indiquer en général qu'on abandonne $\mathcal{T}'$. La relation A que l'on a introduite comme nouvel axiome s'appelle l'*hypothèse auxiliaire*. * Par exemple, quand on dit: « Soit x un nombre réel », on construit une théorie dans laquelle la relation « x est un nombre réel » est une hypothèse auxiliaire.*

II. *Méthode de réduction à l'absurde.* — Elle repose sur la règle suivante:

C15. *Soient* A *une relation de* $\mathcal{T}$, *et* $\mathcal{T}'$ *la théorie obtenue en adjoignant l'axiome* « non A » *aux axiomes de* $\mathcal{T}$. *Si* $\mathcal{T}'$ *est contradictoire,* A *est un théorème de* $\mathcal{T}$.

En effet, A est un théorème de $\mathcal{T}'$. Par suite (méthode de l'hypothèse auxiliaire), (non A) $\Rightarrow A$ est un théorème de $\mathcal{T}$. D'après S4,

$$(A \text{ ou } (\text{non } A)) \Rightarrow (A \text{ ou } A)$$

est un théorème de $\mathcal{T}$. D'après C10, « A ou A » est un théorème de $\mathcal{T}$. On conclut par application de S1.

En pratique, on indique qu'on va employer ce critère par une phrase du genre suivant: « Supposons que A soit fausse ». Cette phrase signifie qu'on va raisonner pour un moment dans $\mathcal{T}'$. On reste dans $\mathcal{T}'$ jusqu'à ce que l'on ait établi deux théorèmes de la forme $\boldsymbol{B}$ et « non $\boldsymbol{B}$ ». Ceci fait, il est établi que $\boldsymbol{A}$ est un théorème de $\mathcal{T}$, ce qu'on indique en général par une phrase du genre suivant: « Or ceci (à savoir, dans les notations précédentes, $\boldsymbol{B}$ et « non $\boldsymbol{B}$ ») est absurde; donc $\boldsymbol{A}$ est vrai ». On revient alors à la théorie $\mathcal{T}$ dont on s'occupait précédemment.

Comme premières applications de ces méthodes, démontrons les critères suivants:

C16. *Si $\boldsymbol{A}$ est une relation de $\mathcal{T}$,* (non non $\boldsymbol{A}$) $\Rightarrow$ $\boldsymbol{A}$ *est un théorème de $\mathcal{T}$.*

En effet, supposons « non non $\boldsymbol{A}$ » vraie; il faut prouver $\boldsymbol{A}$. Supposons $\boldsymbol{A}$ fausse. Dans la théorie ainsi fondée, « non non $\boldsymbol{A}$ » et « non $\boldsymbol{A}$ » sont des théorèmes. Ceci est absurde; donc $\boldsymbol{A}$ est vraie.

C17. *Si $\boldsymbol{A}$ et $\boldsymbol{B}$ sont des relations de $\mathcal{T}$,*

$$((\text{non } \boldsymbol{B}) \Rightarrow (\text{non } \boldsymbol{A})) \Rightarrow (\boldsymbol{A} \Rightarrow \boldsymbol{B})$$

est un théorème de $\mathcal{T}$.

En effet, supposons (non $\boldsymbol{B}$) $\Rightarrow$ (non $\boldsymbol{A}$) vraie. Il faut prouver que $\boldsymbol{A} \Rightarrow \boldsymbol{B}$ est vraie. Or, supposons $\boldsymbol{A}$ vraie et prouvons que $\boldsymbol{B}$ est vraie. Supposons « non $\boldsymbol{B}$ » vraie. Alors, « non $\boldsymbol{A}$ » est vraie, ce qui est absurde.

III. *Méthode de disjonction des cas.* — Elle repose sur la règle suivante:

C18. *Soient $\boldsymbol{A}$, $\boldsymbol{B}$, $\boldsymbol{C}$ des relations de $\mathcal{T}$. Si* « $\boldsymbol{A}$ ou $\boldsymbol{B}$ », $\boldsymbol{A} \Rightarrow \boldsymbol{C}$, $\boldsymbol{B} \Rightarrow \boldsymbol{C}$ *sont des théorèmes de $\mathcal{T}$, alors $\boldsymbol{C}$ est un théorème de $\mathcal{T}$.*

En effet, d'après S4, ($\boldsymbol{A}$ ou $\boldsymbol{B}$) $\Rightarrow$ ($\boldsymbol{A}$ ou $\boldsymbol{C}$), et ($\boldsymbol{C}$ ou $\boldsymbol{A}$) $\Rightarrow$ ($\boldsymbol{C}$ ou $\boldsymbol{C}$) sont des théorèmes de $\mathcal{T}$. Compte tenu de S3 et S1, ($\boldsymbol{A}$ ou $\boldsymbol{B}$) $\Rightarrow$ $\boldsymbol{C}$ est un théorème de $\mathcal{T}$; d'où la règle.

Pour démontrer $\boldsymbol{C}$, il suffit donc, quand on dispose d'un théorème « $\boldsymbol{A}$ ou $\boldsymbol{B}$ », de démontrer $\boldsymbol{C}$ en adjoignant $\boldsymbol{A}$ aux axiomes de $\mathcal{T}$, puis de démontrer $\boldsymbol{C}$ en adjoignant $\boldsymbol{B}$ aux axiomes de $\mathcal{T}$. L'intérêt de cette méthode provient du fait que, si « $\boldsymbol{A}$ ou $\boldsymbol{B}$ » est vraie, rien ne permet en général d'affirmer que l'une des relations $\boldsymbol{A}$, $\boldsymbol{B}$ soit vraie.

En particulier, d'après C10, si $\boldsymbol{A} \Rightarrow \boldsymbol{C}$, et (non $\boldsymbol{A}$) $\Rightarrow$ $\boldsymbol{C}$, sont toutes deux des théorèmes de $\mathcal{T}$, $\boldsymbol{C}$ est un théorème de $\mathcal{T}$.

IV. *Méthode de la constante auxiliaire.* — Elle repose sur la règle suivante:

C19. *Soient x une lettre, $\boldsymbol{A}$ et $\boldsymbol{B}$ des relations de $\mathcal{T}$ telles que:*

1° *La lettre x n'est pas une constante de $\mathcal{T}$ et ne figure pas dans $\boldsymbol{B}$.*

2° *On connaît un terme $\boldsymbol{T}$ de $\mathcal{T}$ tel que $(\boldsymbol{T} \mid x)\boldsymbol{A}$ soit un théorème de $\mathcal{T}$.*

Soit $\mathcal{T}'$ la théorie obtenue en adjoignant $\boldsymbol{A}$ aux axiomes de $\mathcal{T}$. Si $\boldsymbol{B}$ est un théorème de $\mathcal{T}'$, $\boldsymbol{B}$ est un théorème de $\mathcal{T}$.

En effet, $\boldsymbol{A} \Rightarrow \boldsymbol{B}$ est un théorème de $\mathcal{T}$ (critère de la déduction). Puisque x n'est pas une constante de $\mathcal{T}$, $(\boldsymbol{T} \mid x)(\boldsymbol{A} \Rightarrow \boldsymbol{B})$ est un théorème de $\mathcal{T}$ d'après C3. Comme x ne figure pas dans $\boldsymbol{B}$, $(\boldsymbol{T} \mid x)(\boldsymbol{A} \Rightarrow \boldsymbol{B})$ est identique, d'après CS5 (I, p. 17), à $((\boldsymbol{T} \mid x)\boldsymbol{A}) \Rightarrow \boldsymbol{B}$. Enfin, $(\boldsymbol{T} \mid x)\boldsymbol{A}$ est un théorème de $\mathcal{T}$, donc aussi $\boldsymbol{B}$.

Intuitivement, la méthode consiste à utiliser, pour démontrer $\boldsymbol{B}$, un objet arbitraire x (la *constante auxiliaire*) qu'on suppose doué de certaines propriétés qui sont exprimées par A. * Par exemple, dans une démonstration de géométrie où il s'agit, entre autres choses, d'une droite D, on peut « prendre » un point x sur cette droite; la relation A est alors $x \in D$.* Pour qu'on puisse se servir, au cours d'une démonstration, d'un objet doué de certaines propriétés, il faut évidemment qu'il existe de tels objets. Le théorème $(T \mid x)A$, dit *théorème de légitimation*, garantit cette existence.

En pratique, on indique qu'on va utiliser cette méthode par une phrase du genre suivant : « Soit x un objet tel que A ». Contrairement à ce qui se passe dans la méthode de l'hypothèse auxiliaire, la conclusion du raisonnement ne concerne pas x.

4. La conjonction

Soient A, B des assemblages. L'assemblage

$$\text{non }((\text{non } A) \text{ ou } (\text{non } B))$$

sera désigné par « A et B ».

CS6. *Soient A, B, T des assemblages, x une lettre. L'assemblage* $(T \mid x)(A \text{ et } B)$ *est identique à* « $(T \mid x)A$ et $(T \mid x)B$ ».

Ceci résulte aussitôt de CS5 (I, p. 17).

CF9. *Si A, B sont des relations de $\mathcal{T}$,* « A et B » *est une relation de $\mathcal{T}$* (appelée *conjonction* de A et de B).

Ceci résulte aussitôt de CF1 et CF2 (I, p. 19).

C20. *Si A, B sont des théorèmes de $\mathcal{T}$,* « A et B » *est un théorème de $\mathcal{T}$.*

Supposons « A et B » fausse, c'est-à-dire

$$\text{non non }((\text{non } A) \text{ ou } (\text{non } B))$$

vraie. D'après C16, « (non A) ou (non B) », c'est-à-dire $A \Rightarrow (\text{non } B)$, est vraie, donc « non B » est vraie. Or, ceci est absurde. Donc « A et B » est vraie.

C21. *Si A, B sont des relations de $\mathcal{T}$,* $(A \text{ et } B) \Rightarrow A$, $(A \text{ et } B) \Rightarrow B$ *sont des théorèmes de $\mathcal{T}$.*

En effet, les relations

$$(\text{non } A) \Rightarrow ((\text{non } A) \text{ ou } (\text{non } B)),$$
$$(\text{non } B) \Rightarrow ((\text{non } A) \text{ ou } (\text{non } B))$$

sont des théorèmes de $\mathcal{T}$ d'après S2 et C7. Or

$$((\text{non } A) \text{ ou } (\text{non } B)) \Rightarrow \text{non } (A \text{ et } B)$$

est un théorème de $\mathcal{T}$ d'après C11. Donc

$$(\text{non } A) \Rightarrow \text{non}(A \text{ et } B),$$
$$(\text{non } B) \Rightarrow \text{non}(A \text{ et } B)$$

sont des théorèmes de $\mathcal{T}$. On conclut par application de C17.

On convient de désigner par « A et B et C » (resp. « A ou B ou C ») la relation

« A et (B et C) » (resp. « A ou (B ou C) »). Plus généralement, si on a des relations $A_1, A_2, \ldots, A_h$, on désigne par « A_1 et A_2 et ... et A_h » une relation qui se construit de proche en proche par la convention que « A_1 et A_2 et ... et A_h » désigne la même relation que « A_1 et (A_2 et ... et A_h) ». On définit de même « A_1 ou A_2 ou ... ou A_h ». La relation « A_1 et A_2 et ... et A_h » est un théorème de $\mathcal{T}$ si et seulement si chacune des relations $A_1, A_2, \ldots, A_h$ est un théorème de $\mathcal{T}$.

Il en résulte que toute théorie logique $\mathcal{T}$ est équivalente à une théorie logique $\mathcal{T}'$ possédant au plus un axiome explicite. C'est évident si $\mathcal{T}$ ne possède aucun axiome explicite. Si $\mathcal{T}$ possède les axiomes explicites $A_1, A_2, \ldots, A_h$, soit $\mathcal{T}'$ la théorie qui admet les mêmes signes et les mêmes schémas que $\mathcal{T}$, et l'axiome explicite « A_1 et A_2 et ... et A_h ». On voit aussitôt que tout axiome de $\mathcal{T}$ (resp. $\mathcal{T}'$) est un théorème de $\mathcal{T}'$ (resp. $\mathcal{T}$).

Soit $\mathcal{T}_0$ la théorie sans axiome explicite qui admet les mêmes signes que $\mathcal{T}$ et les seuls schémas S1, S2, S3, S4. L'étude de $\mathcal{T}$ se ramène, en principe, à l'étude de $\mathcal{T}_0$: pour que la relation A soit un théorème de $\mathcal{T}$, il faut et il suffit qu'il y ait des axiomes $A_1, A_2, \ldots, A_h$ de $\mathcal{T}$ tels que (A_1 et A_2 et ... et A_h) $\Rightarrow A$ soit un théorème de $\mathcal{T}_0$. En effet, la condition est évidemment suffisante. Supposons d'autre part que A soit un théorème de $\mathcal{T}$, et soient $A_1, A_2, \ldots, A_h$ les axiomes de $\mathcal{T}$ qui figurent dans une démonstration de $\mathcal{T}$ contenant A. Soit $\mathcal{T}'$ (resp. $\mathcal{T}''$) la théorie déduite de $\mathcal{T}_0$ par adjonction des axiomes $A_1, A_2, \ldots, A_h$ (resp. de l'axiome « A_1 et A_2 et ... et A_h »). La démonstration de A dans $\mathcal{T}$ est une démonstration de A dans $\mathcal{T}'$, donc A est un théorème de $\mathcal{T}'$ et par suite de $\mathcal{T}''$, puisqu'on a vu ci-dessus que $\mathcal{T}'$ et $\mathcal{T}''$ sont équivalentes. D'après le critère de la déduction,

$$(A_1 \text{ et } A_2 \text{ et} \ldots \text{et } A_h) \Rightarrow A$$

est un théorème de $\mathcal{T}_0$.

Si $\mathcal{T}$ est contradictoire, il existe d'après ce qui précède une conjonction A d'axiomes de $\mathcal{T}$ et une relation R de $\mathcal{T}$ telles que $A \Rightarrow$ (R et (non R)) soit un théorème de $\mathcal{T}_0$. Donc

$$((\text{non } R) \text{ ou } (\text{non non } R)) \Rightarrow (\text{non } A)$$

est un théorème de $\mathcal{T}_0$, et comme « (non R) ou (non non R) » est un théorème de $\mathcal{T}_0$, « non A » est un théorème de $\mathcal{T}_0$. Réciproquement, s'il existe une conjonction A d'axiomes de $\mathcal{T}$ telle que « non A » soit un théorème de $\mathcal{T}_0$, A et « non A » sont des théorèmes de $\mathcal{T}$, de sorte que $\mathcal{T}$ est contradictoire.

5. L'équivalence

Soient A et B des assemblages. L'assemblage

$$(A \Rightarrow B) \text{ et } (B \Rightarrow A)$$

sera désigné par $A \Leftrightarrow B$.

CS7. *Soient A, B, T des assemblages, x une lettre. L'assemblage $(T \mid x)(A \Leftrightarrow B)$ est identique à $(T \mid x)A \Leftrightarrow (T \mid x)B$.*

Ceci résulte aussitôt de CS5 (I, p. 17) et CS6 (I, p. 29).

CF10. *Si A et B sont des relations de $\mathcal{T}$, $A \Leftrightarrow B$ est une relation de $\mathcal{T}$.*

Ceci résulte aussitôt de CF5 (I, p. 19) et CF9 (I, p. 29).

Si $A \Leftrightarrow B$ est un théorème de $\mathcal{T}$, nous dirons que A et B sont *équivalentes* dans $\mathcal{T}$; si x est une lettre qui n'est pas une constante de $\mathcal{T}$, et si A et B sont considérées comme relations en x, tout terme de $\mathcal{T}$ qui vérifie l'une vérifie aussi l'autre.

Il résulte des critères C20 et C21 que, pour démontrer dans $\mathcal{T}$ un théorème de la forme $A \Leftrightarrow B$, il faut et il suffit qu'on puisse démontrer $A \Rightarrow B$ et $B \Rightarrow A$ dans $\mathcal{T}$. Cela se fait souvent en démontrant B dans la théorie déduite de $\mathcal{T}$ par adjonction de l'axiome A, puis en démontrant A dans la théorie déduite de $\mathcal{T}$ par adjonction de l'axiome B. Ces remarques permettent d'établir aussitôt les critères suivants, dont nous laissons la démonstration au lecteur.

C22. *Soient* A, B, C *des relations de* $\mathcal{T}$. *Si* $A \Leftrightarrow B$ *est un théorème de* $\mathcal{T}$, $B \Leftrightarrow A$ *est un théorème de* $\mathcal{T}$. *Si* $A \Leftrightarrow B$ *et* $B \Leftrightarrow C$ *sont des théorèmes de* $\mathcal{T}$, $A \Leftrightarrow C$ *est un théorème de* $\mathcal{T}$.

C23. *Soient* A *et* B *des relations équivalentes dans* $\mathcal{T}$, *et* C *une relation de* $\mathcal{T}$. *Alors, on a dans* $\mathcal{T}$ *les théorèmes suivants :*

$$(\text{non } A) \Leftrightarrow (\text{non } B); \qquad (A \Rightarrow C) \Leftrightarrow (B \Rightarrow C); \qquad (C \Rightarrow A) \Leftrightarrow (C \Rightarrow B);$$
$$(A \text{ et } C) \Leftrightarrow (B \text{ et } C); \qquad (A \text{ ou } C) \Leftrightarrow (B \text{ ou } C).$$

C24. *Soient* A, B, C *des relations de* $\mathcal{T}$; *on a dans* $\mathcal{T}$ *les théorèmes suivants :*

$$(\text{non non } A) \Leftrightarrow A; \qquad (A \Rightarrow B) \Leftrightarrow ((\text{non } B) \Rightarrow (\text{non } A));$$
$$(A \text{ et } A) \Leftrightarrow A; \qquad (A \text{ et } B) \Leftrightarrow (B \text{ et } A);$$
$$(A \text{ et } (B \text{ et } C)) \Leftrightarrow ((A \text{ et } B) \text{ et } C);$$
$$(A \text{ ou } B) \Leftrightarrow \text{non } ((\text{non } A) \text{ et } (\text{non } B));$$
$$(A \text{ ou } A) \Leftrightarrow A; \qquad (A \text{ ou } B) \Leftrightarrow (B \text{ ou } A);$$
$$(A \text{ ou } (B \text{ ou } C)) \Leftrightarrow ((A \text{ ou } B) \text{ ou } C);$$
$$(A \text{ et } (B \text{ ou } C)) \Leftrightarrow ((A \text{ et } B) \text{ ou } (A \text{ et } C));$$
$$(A \text{ ou } (B \text{ et } C)) \Leftrightarrow ((A \text{ ou } B) \text{ et } (A \text{ ou } C));$$
$$(A \text{ et } (\text{non } B)) \Leftrightarrow \text{non } (A \Rightarrow B); \qquad (A \text{ ou } B) \Leftrightarrow ((\text{non } A) \Rightarrow B).$$

C25. *Si* A *est un théorème de* $\mathcal{T}$ *et* B *une relation de* $\mathcal{T}$, $(A \text{ et } B) \Leftrightarrow B$ *est un théorème de* $\mathcal{T}$. *Si* « non A » *est un théorème de* $\mathcal{T}$, $(A \text{ ou } B) \Leftrightarrow B$ *est un théorème de* $\mathcal{T}$.

En principe, dans tout le reste de ce Traité, les critères C1 *à* C25 *seront désormais utilisés sans référence.*

§ 4. THÉORIES QUANTIFIÉES

1. Définition des quantificateurs

Dans le § 3, les seuls signes logiques qui aient joué un rôle sont $\neg$ et $\vee$; les règles qui vont être énoncées concernent essentiellement l'emploi des signes logiques τ et $\square$.

Si $\boldsymbol{R}$ est un assemblage, et x une lettre, l'assemblage $(\tau_x(\boldsymbol{R}) \mid x)\boldsymbol{R}$ se désigne par « il existe un x tel que $\boldsymbol{R}$ », ou par $(\exists x)\boldsymbol{R}$. L'assemblage non$((\exists x)(\text{non } \boldsymbol{R}))$ se désigne par « pour tout x, $\boldsymbol{R}$ », ou par « quel que soit x, $\boldsymbol{R}$ », ou par $(\forall x)\boldsymbol{R}$. Les symboles abréviateurs $\exists$ et $\forall$ s'appellent respectivement *quantificateur existentiel* et *quantificateur universel*. La lettre x ne figure pas dans l'assemblage désigné par $\tau_x(\boldsymbol{R})$; *elle ne figure donc pas* dans les assemblages désignés par $(\exists x)\boldsymbol{R}$ et $(\forall x)\boldsymbol{R}$.

CS8. *Soient $\boldsymbol{R}$ un assemblage, x et x' des lettres. Si x' ne figure pas dans $\boldsymbol{R}$, $(\exists x)\boldsymbol{R}$ et $(\forall x)\boldsymbol{R}$ sont identiques respectivement à $(\exists x')\boldsymbol{R}'$ et $(\forall x')\boldsymbol{R}'$, où $\boldsymbol{R}'$ est $(x' \mid x)\boldsymbol{R}$.*

En effet $(\tau_x(\boldsymbol{R}) \mid x)\boldsymbol{R}$ est identique à $(\tau_x(\boldsymbol{R}) \mid x')\boldsymbol{R}'$ d'après CS1 (I, p. 17), et $\tau_x(\boldsymbol{R})$ est identique à $\tau_{x'}(\boldsymbol{R}')$ d'après CS3 (I, p. 17). Donc $(\exists x)\boldsymbol{R}$ est identique à $(\exists x')\boldsymbol{R}'$. Il en résulte que $(\forall x)\boldsymbol{R}$ est identique à $(\forall x')\boldsymbol{R}'$.

CS9. *Soient $\boldsymbol{R}$ et $\boldsymbol{U}$ des assemblages, x et y des lettres distinctes. Si x ne figure pas dans $\boldsymbol{U}$, $(\boldsymbol{U} \mid y)(\exists x)\boldsymbol{R}$ et $(\boldsymbol{U} \mid y)(\forall x)\boldsymbol{R}$ sont identiques respectivement à $(\exists x)\boldsymbol{R}'$ et $(\forall x)\boldsymbol{R}'$, où $\boldsymbol{R}'$ est $(\boldsymbol{U} \mid y)\boldsymbol{R}$.*

En effet $(\boldsymbol{U} \mid y)(\tau_x(\boldsymbol{R}) \mid x)\boldsymbol{R}$ est identique, d'après CS2 (I, p. 17), à $(\boldsymbol{T} \mid x)(\boldsymbol{U} \mid y)\boldsymbol{R}$, où $\boldsymbol{T}$ est $(\boldsymbol{U} \mid y)\tau_x(\boldsymbol{R})$, c'est-à-dire $\tau_x(\boldsymbol{R}')$ d'après CS4. D'où l'identité de $(\boldsymbol{U} \mid y)(\exists x)\boldsymbol{R}$ avec $(\exists x)\boldsymbol{R}'$, et par suite celle de $(\boldsymbol{U} \mid y)(\forall x)\boldsymbol{R}$ avec $(\forall x')\boldsymbol{R}'$.

CF11. *Si $\boldsymbol{R}$ est une relation d'une théorie $\mathcal{T}$ et x une lettre, $(\exists x)\boldsymbol{R}$ et $(\forall x)\boldsymbol{R}$ sont des relations de $\mathcal{T}$.*

Ceci résulte aussitôt de CF3, CF8 et CF2 (I, p. 19–20).

Intuitivement, considérons $\boldsymbol{R}$ comme exprimant une propriété de l'objet désigné par x. D'après la signification intuitive du terme $\tau_x(\boldsymbol{R})$, affirmer $(\exists x)\boldsymbol{R}$ revient à dire qu'il y a un objet possédant la propriété $\boldsymbol{R}$. Affirmer « non$(\exists x)(\text{non } \boldsymbol{R})$ », c'est dire qu'il n'existe aucun objet ayant la propriété « non $\boldsymbol{R}$ »; c'est donc dire que tout objet possède la propriété $\boldsymbol{R}$.

Si, dans une théorie logique $\mathcal{T}$, on dispose d'un théorème de la forme $(\exists x)\boldsymbol{R}$, où la lettre x n'est pas une constante de $\mathcal{T}$, ce théorème peut servir de théorème de légitimation dans la méthode de la constante auxiliaire (I, p. 28), puisqu'il est identique à $(\tau_x(\boldsymbol{R}) \mid x)\boldsymbol{R}$. Soit alors $\mathcal{T}'$ la théorie obtenue par adjonction de $\boldsymbol{R}$ aux axiomes de $\mathcal{T}$. Si on peut démontrer dans $\mathcal{T}'$ une relation $\boldsymbol{S}$ où x ne figure pas, $\boldsymbol{S}$ est un théorème de $\mathcal{T}$.

C26. *Soient $\mathcal{T}$ une théorie logique, $\boldsymbol{R}$ une relation de $\mathcal{T}$ et x une lettre. Les relations $(\forall x)\boldsymbol{R}$ et $(\tau_x(\text{non } \boldsymbol{R}) \mid x)\boldsymbol{R}$ sont équivalentes dans $\mathcal{T}$.*

En effet, $(\forall x)\boldsymbol{R}$ est identique à « non$(\tau_x(\text{non } \boldsymbol{R}) \mid x)(\text{non } \boldsymbol{R})$ », donc à « non non$(\tau_x(\text{non } \boldsymbol{R}) \mid x)\boldsymbol{R}$ ».

C27. *Si $\boldsymbol{R}$ est un théorème d'une théorie logique $\mathcal{T}$ dont la lettre x n'est pas une constante, $(\forall x)\boldsymbol{R}$ est un théorème de $\mathcal{T}$.*

En effet, $(\tau_x(\text{non } \boldsymbol{R}) \mid x)\boldsymbol{R}$ est un théorème de $\mathcal{T}$, d'après C3 (I, p. 23).

Par contre, si x est une constante de $\mathcal{T}$, la vérité de R dans $\mathcal{T}$ n'entraîne pas celle de $(\forall x)R$. Intuitivement, le fait que R soit une propriété vraie de x, qui est, dans $\mathcal{T}$, un objet déterminé, n'entraîne évidemment pas que R soit une propriété vraie de tout objet.

C28. *Soient* $\mathcal{T}$ *une théorie logique,* R *une relation de* $\mathcal{T}$ *et* x *une lettre. Les relations* « non $(\forall x)R$ » *et* $(\exists x)$(non R) *sont équivalentes dans* $\mathcal{T}$.

En effet, « non$(\forall x)R$ » est identique à « non non$(\exists x)$(non R) ».

2. Axiomes des théories quantifiées

On appelle *théorie quantifiée* toute théorie $\mathcal{T}$ dans laquelle les schémas S1 à S4 (I, p. 25) et le schéma S5 ci-dessous fournissent des axiomes implicites.

S5. *Si* R *est une relation de* $\mathcal{T}$, T *un terme de* $\mathcal{T}$, *et* x *une lettre, la relation* $(T \mid x)R \Rightarrow (\exists x)R$ est un axiome.

Cette règle est bien un schéma. En effet, soit A un axiome de $\mathcal{T}$ obtenu par application de S5: il y a donc une relation R de $\mathcal{T}$, un terme T de $\mathcal{T}$ et une lettre x tels que A soit $(T \mid x)R \Rightarrow (\exists x)R$. Soient U un terme de $\mathcal{T}$, y une lettre; on va montrer que $(U \mid y)A$ s'obtient encore par application de S5. Par utilisation de CS1 (I, p. 17), et CS8 (I, p. 32), on peut se ramener au cas où x est distincte de y et ne figure pas dans U. Soient alors R' la relation $(U \mid y)R$ et T' le terme $(U \mid y)T$. Les critères CS2 (I, p. 17) et CS9 (I, p. 32) montrent que $(U \mid y)A$ est identique à $(T' \mid x)R' \Rightarrow (\exists x)R'$.

Le schéma S5 exprime que s'il y a un objet T pour lequel la relation R, considérée comme exprimant une propriété de x, est vraie, alors R est vraie pour l'objet $\tau_x(R)$; ce qui est en accord avec la signification intuitive que nous avons attribuée à $\tau_x(R)$ (I, p. 18, *Remarque*).

3. Propriétés des quantificateurs

Nous n'aurons désormais à considérer que des théories quantifiées. Dans toute la fin de ce paragraphe, on désigne par $\mathcal{T}$ une telle théorie, et par $\mathcal{T}_0$ la théorie sans axiomes explicites qui possède les mêmes signes que $\mathcal{T}$ et les seuls schémas S1 à S5; $\mathcal{T}$ est plus forte que $\mathcal{T}_0$.

C29. *Soient* R *une relation de* $\mathcal{T}$, *et* x *une lettre. Les relations* « non$(\exists x)R$ » *et* $(\forall x)$(non R) *sont équivalentes dans* $\mathcal{T}$.

En effet, il suffit d'établir le critère dans la théorie $\mathcal{T}_0$, dont x n'est pas une constante. Le théorème $R \Leftrightarrow$ (non non R) donne par C3 (I, p. 23), les théorèmes

$$(\exists x)R \Rightarrow (\tau_x(R) \mid x)(\text{non non } R)$$

et

$$(\exists x)(\text{non non } R) \Rightarrow (\tau_x(\text{non non } R) \mid x)R.$$

Appliquant S5, on en déduit dans $\mathcal{T}_0$ les théorèmes

$$(\exists x)R \Rightarrow (\exists x)(\text{non non } R),$$

et

$$(\exists x)(\text{non non } R) \Rightarrow (\exists x)R,$$

d'où le théorème $(\exists x)R \Leftrightarrow (\exists x)(\text{non non } R)$. Or, $(\exists x)(\text{non non } R)$ est équivalente dans $\mathcal{T}_0$ à « non non$(\exists x)(\text{non non } R)$ » c'est-à-dire à « non$(\forall x)(\text{non } R)$ ». D'où le critère.

Les critères C28 et C29 permettent de déduire les propriétés d'un des quantificateurs de celles de l'autre.

C30. *Soient R une relation de $\mathcal{T}$, T un terme de $\mathcal{T}$, x une lettre. La relation $(\forall x)R \Rightarrow (T \mid x)R$ est un théorème de $\mathcal{T}$.*

D'après S5, $(T \mid x)(\text{non } R) \Rightarrow (\tau_x(\text{non } R) \mid x)(\text{non } R)$ est un axiome. Cette relation est identique à

$$(\text{non } (T \mid x)R) \Rightarrow (\text{non } (\tau_x(\text{non } R) \mid x)R).$$

Donc $(\tau_x(\text{non } R) \mid x)R \Rightarrow (T \mid x)R$ est un théorème de $\mathcal{T}$. On conclut par application de C26 (I, p. 32).

Soit R une relation de $\mathcal{T}$. D'après C26, C27 et C30, il revient au même (lorsque la lettre x n'est pas une constante de $\mathcal{T}$) d'énoncer dans $\mathcal{T}$ le théorème R, ou le théorème $(\forall x)R$, ou enfin d'énoncer la règle métamathématique: si T est un terme quelconque de $\mathcal{T}$, $(T \mid x)R$ est un théorème de $\mathcal{T}$.

C31. *Soient R et S des relations de $\mathcal{T}$, et x une lettre qui n'est pas une constante de $\mathcal{T}$. Si $R \Rightarrow S$* (resp. $R \Leftrightarrow S$) *est un théorème de $\mathcal{T}$, $(\forall x)R \Rightarrow (\forall x)S$ et $(\exists x)R \Rightarrow (\exists x)S$* (resp. $(\forall x)R \Leftrightarrow (\forall x)S$ *et* $(\exists x)R \Leftrightarrow (\exists x)S$) *sont des théorèmes de $\mathcal{T}$.*

En effet, supposons que $R \Rightarrow S$ soit un théorème de $\mathcal{T}$. Adjoignons l'hypothèse $(\forall x)R$ (où x ne figure pas). Alors R, donc S, donc aussi $(\forall x)S$, sont vraies. Par suite $(\forall x)R \Rightarrow (\forall x)S$ est un théorème de $\mathcal{T}$. Il en résulte que, si $R \Leftrightarrow S$ est un théorème de $\mathcal{T}$, il en est de même de $(\forall x)R \Leftrightarrow (\forall x)S$. Les règles relatives à $\exists$ s'en déduisent par emploi de C29.

C32. *Soient R et S des relations de $\mathcal{T}$, et x une lettre. Les relations*

$$(\forall x)(R \text{ et } S) \Leftrightarrow ((\forall x)R \text{ et } (\forall x)S)$$
$$(\exists x)(R \text{ ou } S) \Leftrightarrow ((\exists x)R \text{ ou } (\exists x)S)$$

sont des théorèmes de $\mathcal{T}$.

En effet, il suffit d'établir ces critères dans $\mathcal{T}_0$, dont x n'est pas une constante. Si $(\forall x)(R \text{ et } S)$ est vraie, « R et S » est vraie, donc chacune des relations R, S est vraie; par suite chacune des relations $(\forall x)R$, $(\forall x)S$ est vraie, donc

$$« (\forall x)R \text{ et } (\forall x)S »$$

est vraie. On voit de même que, si « $(\forall x)R$ et $(\forall x)S$ » est vraie, $(\forall x)(R \text{ et } S)$ est vraie. D'où le premier théorème. Le deuxième s'en déduit par emploi de C29.

On aura soin de noter que si $(\forall x)(R \text{ ou } S)$ est un théorème de $\mathcal{T}$, on ne peut en conclure que $((\forall x)R \text{ ou } (\forall x)S)$ soit un théorème de $\mathcal{T}$. Intuitivement, dire que la relation $(\forall x)(R \text{ ou } S)$ est vraie signifie que, pour tout objet x, l'une au moins des relations R, S est vraie; mais, en général, une seule des deux sera vraie, et suivant le choix de x, ce pourra être l'une ou l'autre des relations R, S. On voit de même que si $((\exists x)R \text{ et } (\exists x)S)$ est un théorème de $\mathcal{T}$, on ne peut en conclure que $(\exists x)(R \text{ et } S)$ soit un théorème de $\mathcal{T}$. On a toutefois le critère suivant:

C33. *Soient* R *et* S *des relations de* $\mathcal{T}$, *et* x *une lettre qui ne figure pas dans* R. *Les relations*

$$(\forall x)(R \text{ ou } S) \Leftrightarrow (R \text{ ou } (\forall x)S)$$
$$(\exists x)(R \text{ et } S) \Leftrightarrow (R \text{ et } (\exists x)S)$$

sont des théorèmes de $\mathcal{T}$.

En effet, il suffit d'établir le critère dans $\mathcal{T}_0$, dont x n'est pas une constante. Soit $\mathcal{T}'$ la théorie obtenue en adjoignant $(\forall x)(R \text{ ou } S)$ aux axiomes de $\mathcal{T}_0$. Dans $\mathcal{T}'$, « R ou S », donc $(\text{non } R) \Rightarrow S$, sont des théorèmes. Si « non R » est vraie (hypothèse où x ne figure pas), S, donc aussi $(\forall x)S$, sont vraies. Donc $(\text{non } R) \Rightarrow (\forall x)S$ est un théorème de $\mathcal{T}'$, et par suite $(\forall x)(R \text{ ou } S) \Rightarrow (R \text{ ou } (\forall x)S)$ est un théorème de $\mathcal{T}_0$. De même, si « R ou $(\forall x)S$ » est vraie, « R ou S », donc $(\forall x)(R \text{ ou } S)$, sont vraies. Par suite $(R \text{ ou } (\forall x)S) \Rightarrow (\forall x)(R \text{ ou } S)$ est un théorème de $\mathcal{T}_0$. La règle relative à $\exists$ s'en déduit par emploi de C29.

C34. *Soient* R *une relation,* x *et* y *des lettres. Les relations*

$$(\forall x)(\forall y)R \Leftrightarrow (\forall y)(\forall x)R$$
$$(\exists x)(\exists y)R \Leftrightarrow (\exists y)(\exists x)R$$
$$(\exists x)(\forall y)R \Rightarrow (\forall y)(\exists x)R$$

sont des théorèmes de $\mathcal{T}$.

En effet, il suffit d'établir le critère dans $\mathcal{T}_0$, dont x, y ne sont pas des constantes. Si $(\forall x)(\forall y)R$ est vraie, $(\forall y)R$, donc R, donc $(\forall x)R$, donc $(\forall y)(\forall x)R$ sont vraies. De même, si $(\forall y)(\forall x)R$ est vraie, $(\forall x)(\forall y)R$ est vraie. D'où le premier théorème. Le deuxième s'en déduit par emploi de C29. Enfin, puisque $(\forall y)R \Rightarrow R$ est un théorème de $\mathcal{T}_0$, il en est de même de $(\exists x)(\forall y)R \Rightarrow (\exists x)R$ d'après C31; si $(\exists x)(\forall y)R$ est vraie, $(\exists x)R$ est donc vraie, et par suite aussi $(\forall y)(\exists x)R$. D'où le troisième théorème.

Par contre, si $(\forall y)(\exists x)R$ est un théorème de $\mathcal{T}$, on ne peut en conclure que $(\exists x)(\forall y)R$ est un théorème de $\mathcal{T}$. Intuitivement, dire que la relation $(\forall y)(\exists x)R$ est vraie signifie qu'étant donné un objet y quelconque, il y a un objet x tel que R soit une relation vraie entre les objets x et y. Mais l'objet x dépendra en général du choix de l'objet y. Au contraire, dire que $(\exists x)(\forall y)R$ est vraie signifie qu'il y a un objet *fixe* x tel que R soit une relation vraie entre cet objet et tout objet y.

4. Quantificateurs typiques

Soient A et R des assemblages, et x une lettre. On désigne l'assemblage $(\exists x)(A \text{ et } R)$ par $(\exists_A x)R$, et l'assemblage « non $(\exists_A x)(\text{non } R)$ » par $(\forall_A x)R$. Les symboles abréviateurs $\exists_A$ et $\forall_A$ sont appelés *quantificateurs typiques*. On notera que la lettre x ne figure pas dans les assemblages désignés par

$$(\exists_A x)R, \quad (\forall_A x)R.$$

CS10. *Soient A et R des assemblages, x et x' des lettres. Si x' ne figure ni dans R ni dans A, $(\exists_A x)R$ et $(\forall_A x)R$ sont identiques respectivement à $(\exists_{A'} x')R'$ et $(\forall_{A'} x')R'$, où R' est $(x' \mid x)R$, et où A' est $(x' \mid x)A$.*

CS11. *Soient A, R, U des assemblages, x et y des lettres distinctes. Si x ne figure pas dans U, les assemblages $(U \mid y)(\exists_A x)R$ et $(U \mid y)(\forall_A x)R$ sont identiques respectivement à $(\exists_{A'} x)R'$ et $(\forall_{A'} x)R'$, où R' est $(U \mid y)R$ et où A' est $(U \mid y)A$.*

Ces règles résultent aussitôt des critères CS8, CS9 (I, p. 32), CS5 (I, p. 17) et CS6 (I, p. 29).

CF12. *Soient A et R des relations de $\mathcal{T}$, et x une lettre. Alors, $(\exists_A x)R$ et $(\forall_A x)R$ sont des relations de $\mathcal{T}$.*

Cela résulte aussitôt de CF11 (I, p. 32), CF9 (I, p. 29) et CF2 (I, p. 19).

Intuitivement, considérons A et R comme exprimant des propriétés de x. Il peut arriver que, dans une série de démonstrations, on ne s'intéresse qu'aux objets vérifiant A. Dire qu'il existe un objet vérifiant A tel que R, c'est dire qu'il existe un objet tel que « A et R »: d'où la définition de $\exists_A$. Dire que tous les objets vérifiant A ont la propriété R, c'est dire qu'il n'existe pas d'objets vérifiant A et tels que « non R »; d'où la définition de $\forall_A$. Dans la pratique, ces signes sont remplacés par des phrases assez diverses suivant la nature de la relation A. * On dira par exemple: « quel que soit l'entier x, R », « il existe un élément x de l'ensemble E tel que R », etc.*

C35. *Soient A et R des relations de $\mathcal{T}$, x une lettre. Les relations $(\forall_A x)R$ et $(\forall x)(A \Rightarrow R)$ sont équivalentes dans $\mathcal{T}$.*

En effet, la relation $(\forall_A x)R$ est identique à

« non $(\exists x)(A$ et $(\text{non } R))$ ».

Or, « A et (non R) » est équivalente dans $\mathcal{T}_0$ à non$(A \Rightarrow R)$, donc

« non $(\exists x)(A$ et $(\text{non } R))$ »

est équivalente dans $\mathcal{T}_0$ à « non $(\exists x)(\text{non } (A \Rightarrow R))$ » d'après C31 (I, p. 34), et cette dernière relation est identique à $(\forall x)(A \Rightarrow R)$. Le critère est donc établi dans $\mathcal{T}_0$, et par suite dans $\mathcal{T}$.

On a souvent à démontrer des relations de la forme $(\forall_A x)R$. On le fait généralement en s'aidant d'un des deux critères suivants:

C36. *Soient A et R des relations de $\mathcal{T}$, x une lettre. Soit $\mathcal{T}'$ la théorie obtenue en adjoignant A aux axiomes de $\mathcal{T}$. Si x n'est pas une constante de $\mathcal{T}$, et si R est un théorème de $\mathcal{T}'$, $(\forall_A x)R$ est un théorème de $\mathcal{T}$.*

En effet, $A \Rightarrow R$ est un théorème de $\mathcal{T}$ d'après le critère de la déduction, donc $(\forall_A x)R$ est un théorème de $\mathcal{T}$ d'après C27 (I, p. 32) et C35.

En pratique, on indique qu'on va employer cette règle par une phrase du genre suivant: « Soit x un élément quelconque tel que A ». Dans la théorie $\mathcal{T}'$ ainsi constituée, on cherche à démontrer R. On ne peut naturellement affirmer que R soit elle-même un théorème de $\mathcal{T}$.

C37. *Soient* A *et* R *des relations de* $\mathcal{T}$, x *une lettre. Soit* $\mathcal{T}'$ *la théorie obtenue en adjoignant les relations* A *et* « non R » *aux axiomes de* $\mathcal{T}$. *Si* x *n'est pas une constante de* $\mathcal{T}$, *et si* $\mathcal{T}'$ *est contradictoire,* $(\forall_A x)R$ *est un théorème de* $\mathcal{T}$.

En effet, la théorie $\mathcal{T}'$ est équivalente à la théorie obtenue en adjoignant « non $(A \Rightarrow R)$ » aux axiomes de $\mathcal{T}$. D'après la méthode de réduction à l'absurde, $A \Rightarrow R$ est un théorème de $\mathcal{T}$, donc aussi $(\forall_A x)R$ d'après C27 (I, p. 32) et C35.

En pratique, on dit: « Supposons qu'il existe un objet x vérifiant A, pour lequel R soit fausse », et on cherche à établir une contradiction.

Les propriétés des quantificateurs typiques sont analogues à celles des quantificateurs:

C38. *Soient* A *et* R *des relations de* $\mathcal{T}$, x *une lettre. Les relations*

$$\text{non}(\forall_A x)R \Leftrightarrow (\exists_A x)(\text{non } R),$$
$$\text{non}(\exists_A x)R \Leftrightarrow (\forall_A x)(\text{non } R)$$

sont des théorèmes de $\mathcal{T}$.

C39. *Soient* A, R *et* S *des relations de* $\mathcal{T}$, *et* x *une lettre qui n'est pas une constante de* $\mathcal{T}$. *Si la relation* $A \Rightarrow (R \Rightarrow S)$ (resp. $A \Rightarrow (R \Leftrightarrow S)$) *est un théorème de* $\mathcal{T}$, *les relations*

$$(\exists_A x)R \Rightarrow (\exists_A x)S, \qquad (\forall_A x)R \Rightarrow (\forall_A x)S$$
$$(\text{resp. } (\exists_A x)R \Leftrightarrow (\exists_A x)S, \qquad (\forall_A x)R \Leftrightarrow (\forall_A x)S)$$

sont des théorèmes de $\mathcal{T}$.

C40. *Soient* A, R *et* S *des relations de* $\mathcal{T}$, *et* x *une lettre. Les relations*

$$(\forall_A x)(R \text{ et } S) \Leftrightarrow ((\forall_A x)R \text{ et } (\forall_A x)S)$$
$$(\exists_A x)(R \text{ ou } S) \Leftrightarrow ((\exists_A x)R \text{ ou } (\exists_A x)S)$$

sont des théorèmes de $\mathcal{T}$.

C41. *Soient* A, R *et* S *des relations de* $\mathcal{T}$, *et* x *une lettre qui ne figure pas dans* R. *Les relations*

$$(\forall_A x)(R \text{ ou } S) \Leftrightarrow (R \text{ ou } (\forall_A x)S)$$
$$(\exists_A x)(R \text{ et } S) \Leftrightarrow (R \text{ et } (\exists_A x)S)$$

sont des théorèmes de $\mathcal{T}$.

C42. *Soient* A, B, R *des relations de* $\mathcal{T}$, x *et* y *des lettres. Si* x *ne figure pas dans* B, *et si* y *ne figure pas dans* A, *les relations*

$$(\forall_A x)(\forall_B y)R \Leftrightarrow (\forall_B y)(\forall_A x)R$$
$$(\exists_A x)(\exists_B y)R \Leftrightarrow (\exists_B y)(\exists_A x)R$$
$$(\exists_A x)(\forall_B y)R \Rightarrow (\forall_B y)(\exists_A x)R$$

sont des théorèmes de $\mathcal{T}$.

A titre d'exemple, démontrons une partie de C42. La relation $(\exists_A x)(\exists_B y)R$ est identique à $(\exists x)(A$ et $(\exists y)(B$ et $R))$, donc est équivalente dans $\mathcal{T}_0$ (puisque y ne figure pas dans A) à $(\exists x)(\exists y)(A$ et $(B$ et $R))$, d'après C33 et C31. De même, $(\exists_B y)(\exists_A x)R$ est équivalente à $(\exists y)(\exists x)(B$ et $(A$ et $R))$. On conclut par application de C31 et C34 (I, p. 35).

* Comme exemple d'application des critères précédents, considérons la relation suivante: « la suite de fonctions numériques (f_n) converge uniformément vers 0 dans $(0, 1)$ », ce qui signifie: « pour tout $\varepsilon > 0$, il existe un entier n tel que, pour tout $x \in (0, 1)$ et pour tout entier $m \geqslant n$, on ait $|f_m(x)| \leqslant \varepsilon$ ». Supposons qu'on veuille prendre la négation de cette relation (par exemple pour faire un raisonnement par l'absurde); le critère C38 montre que cette négation est équivalente à la relation suivante: « il existe un $\varepsilon > 0$ tel que, pour tout entier n, il existe un $x \in (0, 1)$ et un $m \geqslant n$ pour lesquels $|f_m(x)| > \varepsilon$ ».*

§ 5. THÉORIES ÉGALITAIRES

1. Les axiomes

On appelle *théorie égalitaire* une théorie $\mathcal{T}$ dans laquelle figure un signe relationnel de poids 2 noté $=$ (qui se lit « égale »), et dans laquelle les schémas S1 à S5 (I, p. 25 et p. 33) ainsi que les schémas S6 et S7 ci-dessous fournissent des axiomes implicites; si T et U sont des termes de $\mathcal{T}$, l'assemblage $= TU$ est une relation de $\mathcal{T}$ (dite *relation d'égalité*) d'après CF4; on la désigne pratiquement par $T = U$ ou $(T) = (U)$.

S6. *Soient x une lettre, T et U des termes de $\mathcal{T}$, et $R\{x\}$ une relation de $\mathcal{T}$; la relation $(T = U) \Rightarrow (R\{T\} \Leftrightarrow R\{U\})$ est un axiome.*

S7. *Si R et S sont des relations de $\mathcal{T}$ et x une lettre, la relation*

$$(\forall x)(R \Leftrightarrow S)) \Rightarrow (\tau_x(R) = \tau_x(S))$$

est un axiome.

La règle S6 est bien un schéma. Soit en effet A un axiome de $\mathcal{T}$, obtenu par application de S6: il y a une relation R de $\mathcal{T}$, des termes T et U de $\mathcal{T}$, et une lettre x, tels que A soit $(T = U) \Rightarrow ((T \mid x)R \Leftrightarrow (U \mid x)R)$. On va voir que, si y est une lettre et V un terme de $\mathcal{T}$, la relation $(V \mid y)A$ s'obtient encore par application de S6. Par utilisation de CS1 (I, p. 17), on peut se ramener au cas où x est distinct de y et ne figure pas dans V. Désignons par T', U', R' les assemblages $(V \mid y)T$, $(V \mid y)U$, $(V \mid y)R$. D'après CS2 et CS5 (I, p. 17), $(V \mid y)A$ est identique à

$$(T' = U') \Rightarrow ((T' \mid x)R' \Leftrightarrow (U' \mid x)R'),$$

ce qui établit notre assertion. On vérifie de façon analogue que S7 est un schéma.

Intuitivement, le schéma S6 signifie que, si deux objets sont égaux, ils ont les mêmes propriétés. Le schéma S7 est plus éloigné de l'intuition courante; il signifie que, lorsque deux propriétés $\boldsymbol{R}$ et $\boldsymbol{S}$ d'un objet $\boldsymbol{x}$ sont équivalentes, alors les objets privilégiés $\tau_x(\boldsymbol{R})$ et $\tau_x(\boldsymbol{S})$ (choisis respectivement parmi ceux qui vérifient $\boldsymbol{R}$, et parmi ceux qui vérifient $\boldsymbol{S}$, s'il y a de tels objets) sont égaux. Le lecteur notera que la présence dans S7 du quantificateur $\forall \boldsymbol{x}$ est essentielle (cf. exerc. 7).

La négation de la relation $= \boldsymbol{T}\boldsymbol{U}$ se désigne par $\boldsymbol{T} \neq \boldsymbol{U}$, ou $(\boldsymbol{T}) \neq (\boldsymbol{U})$ (où le signe $\neq$ se lit « différent de »).

On déduit de S6 le critère suivant:

C43. *Soient $\boldsymbol{x}$ une lettre, $\boldsymbol{T}$ et $\boldsymbol{U}$ des termes de $\mathcal{T}$, et $\boldsymbol{R}\{\boldsymbol{x}\}$ une relation de $\mathcal{T}$; les relations* $(\boldsymbol{T} = \boldsymbol{U}$ et $\boldsymbol{R}\{\boldsymbol{T}\})$ *et* $(\boldsymbol{T} = \boldsymbol{U}$ et $\boldsymbol{R}\{\boldsymbol{U}\})$ *sont équivalentes.*

En effet, si on adjoint les hypothèses $\boldsymbol{T} = \boldsymbol{U}$ et $\boldsymbol{R}\{\boldsymbol{T}\}$, $\boldsymbol{R}\{\boldsymbol{U}\}$ est vraie d'après S6, donc $(\boldsymbol{T} = \boldsymbol{U}$ et $\boldsymbol{R}\{\boldsymbol{U}\})$ est vraie.

Par abus de langage, lorsqu'on a démontré une relation de la forme $\boldsymbol{T} = \boldsymbol{U}$ dans une théorie $\mathcal{T}$, on dit souvent que les termes $\boldsymbol{T}$ et $\boldsymbol{U}$ sont « les mêmes » ou sont « identiques ». De même, lorsque $\boldsymbol{T} \neq \boldsymbol{U}$ est vraie dans $\mathcal{T}$, on dit que $\boldsymbol{T}$ et $\boldsymbol{U}$ sont « distincts » au lieu de dire que $\boldsymbol{T}$ est différent de $\boldsymbol{U}$.

2. Propriétés de l'égalité

Nous ne considérerons plus désormais que des théories égalitaires. Soit $\mathcal{T}$ une telle théorie. Soit $\mathcal{T}_0$ la théorie dont les signes sont ceux de $\mathcal{T}$, et dont les axiomes sont fournis par les seuls schémas S1 à S7. La théorie $\mathcal{T}_0$ est moins forte que $\mathcal{T}$ (I, p. 24) et ne possède pas de constantes. Les trois théorèmes qui suivent sont des théorèmes de $\mathcal{T}_0$.

THÉORÈME 1. — $x = x$.

Désignons par $\boldsymbol{S}$ la relation $x = x$ de $\mathcal{T}_0$. D'après C27 (I, p. 32), pour toute relation $\boldsymbol{R}$ de $\mathcal{T}_0$, $(\forall x)(\boldsymbol{R} \Leftrightarrow \boldsymbol{R})$ est un théorème de $\mathcal{T}_0$, donc, d'après S7, $\tau_x(\boldsymbol{R}) = \tau_x(\boldsymbol{R})$, c'est-à-dire $(\tau_x(\boldsymbol{R}) \mid x)\boldsymbol{S}$, est un théorème de $\mathcal{T}_0$. En prenant pour $\boldsymbol{R}$ la relation « non $\boldsymbol{S}$ », et tenant compte de C26 (I, p. 32), on voit que $(\forall x)\boldsymbol{S}$ est un théorème de $\mathcal{T}_0$. D'après C30 (I, p. 34), $\boldsymbol{S}$ est donc un théorème de $\mathcal{T}_0$.

La relation $(\forall x)(x = x)$ est aussi un théorème de $\mathcal{T}_0$; et si $\boldsymbol{T}$ est une terme de $\mathcal{T}_0$, $\boldsymbol{T} = \boldsymbol{T}$ est un théorème de $\mathcal{T}_0$ (cf. I, p. 34). Il est possible de transformer de la même façon les théorèmes ultérieurs en des théorèmes où ne figure aucune lettre, ou en des critères métamathématiques. Nous ne ferons plus désormais ces transformations mais nous les utiliserons souvent implicitement.

THÉORÈME 2. — $(x = y) \Leftrightarrow (y = x)$.

Supposons que la relation $x = y$ soit vraie. D'après S6, la relation

$$(x = y) \Rightarrow ((x \mid y)(y = x) \Leftrightarrow (y \mid y)(y = x)),$$

c'est-à-dire $(x = y) \Rightarrow ((x = x) \Leftrightarrow (y = x))$ est vraie. Donc $(x = x) \Leftrightarrow (y = x)$ est vraie. En vertu du théorème 1, $y = x$ est vraie, ce qui établit le théorème.

THÉORÈME 3. — $((x = y) \text{ et } (y = z)) \Rightarrow (x = z)$.

Adjoignons les hypothèses $x = y, y = z$ aux axiomes de $\mathscr{T}_0$. D'après S6, la relation $(x = y) \Rightarrow ((x = z) \Leftrightarrow (y = z))$ est vraie. Donc $(x = z) \Leftrightarrow (y = z)$, et par suite $x = z$, sont vraies, ce qui établit le théorème.

C44. *Soient $\mathbf{x}$ une lettre, $\mathbf{T}$, $\mathbf{U}$, $\mathbf{V}\{\mathbf{x}\}$ des termes de $\mathscr{T}_0$. La relation*

$$(\mathbf{T} = \mathbf{U}) \Rightarrow (\mathbf{V}\{\mathbf{T}\} = \mathbf{V}\{\mathbf{U}\})$$

est un théorème de $\mathscr{T}_0$.

En effet, soient $\mathbf{y}$ et $\mathbf{z}$ deux lettres distinctes entre elles, distinctes de $\mathbf{x}$ et des lettres qui figurent dans $\mathbf{T}$, $\mathbf{U}$, $\mathbf{V}$. Adjoignons l'hypothèse $\mathbf{y} = \mathbf{z}$. Alors, d'après S6,

$$((\mathbf{y} \mid \mathbf{z})(\mathbf{V}\{\mathbf{y}\} = \mathbf{V}\{\mathbf{z}\})) \Leftrightarrow (\mathbf{V}\{\mathbf{y}\} = \mathbf{V}\{\mathbf{z}\})$$

c'est-à-dire $(\mathbf{V}\{\mathbf{y}\} = \mathbf{V}\{\mathbf{y}\}) \Leftrightarrow (\mathbf{V}\{\mathbf{y}\} = \mathbf{V}\{\mathbf{z}\})$ est vraie. Or, $\mathbf{V}\{\mathbf{y}\} = \mathbf{V}\{\mathbf{y}\}$ est vraie d'après le th. 1. Donc $\mathbf{V}\{\mathbf{y}\} = \mathbf{V}\{\mathbf{z}\}$ est vraie. De tout ceci résulte que $(\mathbf{y} = \mathbf{z}) \Rightarrow (\mathbf{V}\{\mathbf{y}\} = \mathbf{V}\{\mathbf{z}\})$ est un théorème de $\mathscr{T}_0$, soit $\mathbf{A}$. Or, $(\mathbf{T} \mid \mathbf{y})(\mathbf{U} \mid \mathbf{z})\mathbf{A}$ n'est autre que $(\mathbf{T} = \mathbf{U}) \Rightarrow (\mathbf{V}\{\mathbf{T}\} = \mathbf{V}\{\mathbf{U}\})$.

On dit qu'une relation de la forme $\mathbf{T} = \mathbf{U}$, où $\mathbf{T}$ et $\mathbf{U}$ sont des termes de $\mathscr{T}$, est une *équation*; une *solution* (dans $\mathscr{T}$) de la relation $\mathbf{T} = \mathbf{U}$, considérée comme équation en une lettre $\mathbf{x}$, est donc (I, p. 22) un terme $\mathbf{V}$ de $\mathscr{T}$ tel que $\mathbf{T}\{\mathbf{V}\} = \mathbf{U}\{\mathbf{V}\}$ soit un théorème de $\mathscr{T}$.

Soient $\mathbf{T}$ et $\mathbf{U}$ deux termes de $\mathscr{T}$, $\mathbf{x}_1, \mathbf{x}_2, \ldots, \mathbf{x}_n$ les lettres figurant dans $\mathbf{T}$ et non dans $\mathbf{U}$. Si la relation $(\exists \mathbf{x}_1) \ldots (\exists \mathbf{x}_n)(\mathbf{T} = \mathbf{U})$ est un théorème de $\mathscr{T}$, on dit que $\mathbf{U}$ *se met sous la forme* $\mathbf{T}$ (dans $\mathscr{T}$). Soient $\mathbf{R}$ une relation de $\mathscr{T}$, $\mathbf{y}$ une lettre. Soit $\mathbf{V}$ une solution (dans $\mathscr{T}$) de $\mathbf{R}$, considérée comme relation en $\mathbf{y}$. Si toute solution (dans $\mathscr{T}$) de $\mathbf{R}$, considérée comme relation en $\mathbf{y}$, peut se mettre sous la forme $\mathbf{V}$, on dit que $\mathbf{V}$ est *solution complète* (ou *solution générale*) de $\mathbf{R}$ (dans $\mathscr{T}$).

3. Relations fonctionnelles

Soient $\mathbf{R}$ un assemblage, $\mathbf{x}$ une lettre. Soient $\mathbf{y}$, $\mathbf{z}$ des lettres distinctes entre elles, distinctes de $\mathbf{x}$ et ne figurant pas dans $\mathbf{R}$. Soient $\mathbf{y}'$, $\mathbf{z}'$ deux autres lettres ayant les mêmes propriétés. En vertu de CS8, CS9 (I, p. 32), CS2, CS5 (I, p. 17), CS6 (I, p. 29), les assemblages

$$(\forall \mathbf{y})(\forall \mathbf{z})(((\mathbf{y} \mid \mathbf{x})\mathbf{R} \text{ et } (\mathbf{z} \mid \mathbf{x})\mathbf{R}) \Rightarrow (\mathbf{y} = \mathbf{z}))$$

et

$$(\forall \mathbf{y}')(\forall \mathbf{z}')(((\mathbf{y}' \mid \mathbf{x})\mathbf{R} \text{ et } (\mathbf{z}' \mid \mathbf{x})\mathbf{R}) \Rightarrow (\mathbf{y}' = \mathbf{z}'))$$

sont identiques. Si $\mathbf{R}$ est une relation de $\mathscr{T}$, l'assemblage ainsi défini est une relation de $\mathscr{T}$ qui se désigne par « il existe au plus un $\mathbf{x}$ tel que $\mathbf{R}$ »; la lettre $\mathbf{x}$ n'y figure pas. Lorsque cette relation est un théorème de $\mathscr{T}$, on dit que $\mathbf{R}$ est *univoque* en $\mathbf{x}$ dans $\mathscr{T}$. Pour prouver que $\mathbf{R}$ est univoque en $\mathbf{x}$ dans $\mathscr{T}$, il suffit de prouver $\mathbf{y} = \mathbf{z}$ dans la théorie déduite de $\mathscr{T}$ par adjonction des axiomes $(\mathbf{y} \mid \mathbf{x})\mathbf{R}$ et $(\mathbf{z} \mid \mathbf{x})\mathbf{R}$,

y et z étant des lettres distinctes entre elles, distinctes de x, ne figurant ni dans R, ni dans les axiomes explicites de $\mathcal{T}$.

C45. *Soient* R *une relation de* $\mathcal{T}$, *et* x *une lettre qui n'est pas une constante de* $\mathcal{T}$. *Si* R *est univoque en* x *dans* $\mathcal{T}$, $R \Rightarrow (x = \tau_x(R))$ *est un théorème de* $\mathcal{T}$. *Réciproquement, si, pour un terme* T *de* $\mathcal{T}$ *ne contenant pas* x, $R \Rightarrow (x = T)$ *est un théorème de* $\mathcal{T}$, R *est univoque en* x *dans* $\mathcal{T}$.

Supposons que R soit univoque en x dans $\mathcal{T}$, et prouvons que $R \Rightarrow (x = \tau_x(R))$ est un théorème de $\mathcal{T}$. Adjoignons l'hypothèse R. Alors, $(\tau_x(R) \mid x)R$ est vraie d'après S5, donc « R et $(\tau_x(R) \mid x)R$ » est vraie. Or, comme R est univoque en x,

$$(R \text{ et } (\tau_x(R) \mid x)R) \Rightarrow (x = \tau_x(R))$$

est un théorème de $\mathcal{T}$ d'après C30 (I, p. 34). Donc $x = \tau_x(R)$ est vraie.

Réciproquement, supposons que $R \Rightarrow (x = T)$ soit un théorème de $\mathcal{T}$. Soient y, z des lettres distinctes entre elles et distinctes de x, ne figurant ni dans R, ni dans les axiomes explicites de $\mathcal{T}$. Comme x n'est pas une constante de $\mathcal{T}$ et ne figure pas dans T, les relations $(y \mid x)R \Rightarrow (y = T)$ et $(z \mid x)R \Rightarrow (z = T)$ sont des théorèmes de $\mathcal{T}$. Adjoignons les hypothèses $(y \mid x)R$ et $(z \mid x)R$. Alors $y = T$ et $z = T$ sont vraies, donc $y = z$ est vraie.

Soit R une relation de $\mathcal{T}$. La relation

$$\text{« } (\exists x)R \text{ et il existe au plus un } x \text{ tel que } R \text{ »}$$

se désigne par « il existe un x et un seul tel que R ». Si cette relation est un théorème de $\mathcal{T}$, on dit que R est une *relation fonctionnelle en* x *dans* $\mathcal{T}$.

C46. *Soient* R *une relation de* $\mathcal{T}$, *et* x *une lettre qui n'est pas une constante de* $\mathcal{T}$. *Si* R *est fonctionnelle en* x *dans* $\mathcal{T}$, $R \Leftrightarrow (x = \tau_x(R))$ *est un théorème de* $\mathcal{T}$. *Réciproquement, si, pour un terme* T *de* $\mathcal{T}$ *ne contenant pas* x, $R \Leftrightarrow (x = T)$ *est un théorème de* $\mathcal{T}$, R *est fonctionnelle en* x *dans* $\mathcal{T}$.

Supposons que R soit fonctionnelle en x dans $\mathcal{T}$. Alors, $R \Rightarrow (x = \tau_x(R))$ est un théorème de $\mathcal{T}$ d'après C45. D'autre part, $(\exists x)R$ est un théorème de $\mathcal{T}$. D'après S6, la relation

$$(x = \tau_x(R)) \Rightarrow (R \Leftrightarrow (\exists x)R)$$

est un théorème de $\mathcal{T}$. Si nous adjoignons l'hypothèse $x = \tau_x(R)$, on voit que R est vraie. Donc $(x = \tau_x(R)) \Rightarrow R$ est un théorème de $\mathcal{T}$.

Réciproquement, si $R \Leftrightarrow (x = T)$ est un théorème de $\mathcal{T}$, R est univoque en x dans $\mathcal{T}$ d'après C45. En outre, $(T \mid x)R \Leftrightarrow (T = T)$ est un théorème de $\mathcal{T}$, donc $(T \mid x)R$, et par suite $(\exists x)R$, sont des théorèmes de $\mathcal{T}$.

Lorsqu'une relation R est fonctionnelle en x dans $\mathcal{T}$, R est donc équivalente à la relation, souvent plus maniable, $x = \tau_x(R)$. Aussi introduit-on généralement un symbole abréviateur Σ pour représenter le terme $\tau_x(R)$. Un tel symbole s'appelle *symbole fonctionnel* dans $\mathcal{T}$.

Intuitivement, Σ représente l'objet unique qui possède la propriété définie par $\boldsymbol{R}$. * Par exemple, dans une théorie où « y est un nombre réel $\geqslant 0$ » est un théorème, la relation « x est un nombre réel $\geqslant 0$ et $y = x^2$ » est fonctionnelle en x. On prend comme symbole fonctionnel correspondant $\sqrt{y}$ ou $y^{1/2}$. *

C47. *Soient $\boldsymbol{x}$ une lettre qui n'est pas une constante de $\mathscr{T}$, $\boldsymbol{R}\{\boldsymbol{x}\}$ et $\boldsymbol{S}\{\boldsymbol{x}\}$ deux relations de $\mathscr{T}$. Si $\boldsymbol{R}\{\boldsymbol{x}\}$ est fonctionnelle en $\boldsymbol{x}$ dans $\mathscr{T}$, la relation $\boldsymbol{S}\{\boldsymbol{\tau_x}(\boldsymbol{R})\}$ est équivalente à* $(\exists \boldsymbol{x})(\boldsymbol{R}\{\boldsymbol{x}\}$ et $\boldsymbol{S}\{\boldsymbol{x}\})$.

En effet, il résulte de C46 et C43 que $(\boldsymbol{R}\{\boldsymbol{x}\}$ et $\boldsymbol{S}\{\boldsymbol{x}\})$ est équivalente à $(\boldsymbol{R}\{\boldsymbol{x}\}$ et $\boldsymbol{S}\{\boldsymbol{\tau_x}(\boldsymbol{R})\})$; comme $\boldsymbol{S}\{\boldsymbol{\tau_x}(\boldsymbol{R})\}$ ne contient pas $\boldsymbol{x}$, $(\exists \boldsymbol{x})(\boldsymbol{R}\{\boldsymbol{x}\}$ et $\boldsymbol{S}\{\boldsymbol{\tau_x}(\boldsymbol{R})\})$est équivalente à

$$\boldsymbol{S}\{\boldsymbol{\tau_x}(\boldsymbol{R})\} \text{ et } (\exists \boldsymbol{x})\boldsymbol{R}$$

d'après C33 (I, p. 35); on conclut en remarquant que $(\exists \boldsymbol{x})\boldsymbol{R}$ est vraie, puisque $\boldsymbol{R}$ est fonctionnelle en $\boldsymbol{x}$.

APPENDICE

CARACTÉRISATION DES TERMES ET DES RELATIONS

La métamathématique, lorsqu'elle dépasse le niveau très élémentaire du présent chapitre, utilise largement les résultats de la mathématique; nous l'avons signalé dans l'Introduction. Le but de cet Appendice est de donner un exemple simple de ce genre de raisonnements. Nous commencerons par établir certains résultats qui se rattachent à la théorie mathématique des *monoïdes libres* (A, I, § 7, n° 2); nous en ferons ensuite l' « application » métamathématique à la caractérisation des termes et relations d'une théorie.

1. Signes et mots

* Soit S un ensemble non vide, dont les élements seront appelés *signes* dans ce qui suit (cette terminologie étant appropriée à l'application métamathématique que nous avons en vue). Soit $L_0(S)$ le monoïde libre construit sur S (A, I, § 7, n° 2) dont les éléments (appelés *mots*) sont identifiés aux suites finies $A = (s_i)_{0 \leqslant i \leqslant n}$ d'éléments de S; nous noterons multiplicativement la loi de composition dans $L_0(S)$, AB étant donc la suite obtenue par juxtaposition de A et de B. Le mot vide $\varnothing$ est élément neutre de $L_0(S)$. Rappelons que la *longueur* $l(A)$ d'un mot $A \in L_0(S)$ est le nombre d'éléments de la suite A; on a $l(AB) = l(A) + l(B)$; les mots de longueur 1 sont les signes. Nous désignerons par L(S) l'ensemble des mots non vides de $L_0(S)$.

Supposons en outre donnée une application $s \mapsto n(s)$ de S dans l'ensemble $\mathbf{N}$ des entiers $\geqslant 0$; pour tout mot non vide $A = (s_i)_{0 \leqslant i \leqslant k}$ de L(S), on pose $n(A) =$

$\sum_{i=0}^{k} n(s_i)$, et $n(\varnothing) = 0$; on dit que $n(A)$ est le *poids* de A. On a évidemment $n(AB) = n(A) + n(B)$.

Si $A = A'BA''$, on dit que le mot B est un *segment* de A (segment *propre* si en outre $B \neq A$). Si A' (resp. A'') est vide, on dit que B est un segment *initial* (resp. *final*) de A. Si $l(A') = k$, on dit que B commence à la $(k + 1)$-ème place.

Si $A = BCDEF$ (où les mots B, C, D, E, F peuvent être vides), on dit que les segments C et E de A sont *disjoints*.

2. Mots significatifs

Nous appellerons *suite significative* toute suite $(A_j)_{1 \leqslant j \leqslant n}$ de mots de $L_0(S)$ qui possède la propriété suivante: pour chaque mot A_i de la suite, l'une des deux conditions suivantes est vérifiée:

1° A_i est un signe de poids 0.

2° Il existe p mots $A_{i_1}, A_{i_2}, \ldots, A_{i_p}$ de la suite, d'indices $< i$, et un signe f de poids p, tels que $A_i = fA_{i_1}A_{i_2}\ldots A_{i_p}$.

On appelle *mots significatifs* les mots qui figurent dans les suites significatives. On a immédiatement le résultat suivant:

PROPOSITION 1. — *Si $A_1, A_2, \ldots, A_p$ sont p mots significatifs et f un signe de poids p, le mot $fA_1A_2\ldots A_p$ est significatif.*

3. Caractérisation des mots significatifs

Un mot $A \in L_0(S)$ est dit *équilibré* s'il possède les deux propriétés suivantes:

1° $l(A) = n(A) + 1$ (ce qui implique que A n'est pas vide).

2° Pour tout segment initial propre B de A, on a $l(B) \leqslant n(B)$.

PROPOSITION 2. — *Pour qu'un mot soit significatif, il faut et il suffit qu'il soit équilibré.*

En effet, soit A un mot significatif, figurant dans une suite significative $A_1, A_2, \ldots, A_n$; nous allons montrer, par récurrence sur k, que chacun de ces A_k est équilibré. Supposons ceci établi pour les A_j d'indice $j < k$, et prouvons-le pour A_k. Si A_k est un signe de poids 0 (ce qui est la seule hypothèse possible pour $k = 1$), A_k est équilibré puisque $l(A_k) = 1$ et $n(A_k) = 0$. Sinon, $A_k = fB_1B_2\ldots B_p$ où f est un signe de poids p, et les B_j sont de la forme A_{i_j}, avec $i_j < k$, donc sont des mots équilibrés par hypothèse. On a

$$\begin{aligned} l(A_k) &= 1 + l(B_1) + l(B_2) + \cdots + l(B_p) \\ &= 1 + (n(B_1) + 1) + (n(B_2) + 1) + \cdots + (n(B_p) + 1) \\ &= 1 + p + n(B_1) + n(B_2) + \cdots + n(B_p) = 1 + n(A_k). \end{aligned}$$

Soit d'autre part C un segment initial propre de A_k, et soit q le plus grand des entiers $m < p$ tels que B_m soit un segment de C; on a donc $C = fB_1B_2\ldots B_qD$, où D est un segment initial propre de B_{q+1}. Donc

$$\begin{aligned} l(C) &= 1 + l(B_1) + \cdots + l(B_q) + l(D) \\ &\leqslant 1 + (n(B_1) + 1) + \cdots + (n(B_q) + 1) + n(D) \\ &\leqslant p + n(B_1) + \cdots + n(B_q) + n(D) = n(C). \end{aligned}$$

Donc A_k est équilibré.

Pour prouver que, réciproquement, tout mot équilibré est significatif, nous avons besoin des deux lemmes suivants:

Lemme 1. — *Soit A un mot équilibré. Pour tout entier k tel que $0 \leqslant k < l(A)$, il existe un segment équilibré S de A et un seul qui commence à la $(k + 1)$-ème place.*

L'unicité de S résulte aussitôt de la remarque suivante: si T est un mot équilibré, aucun segment initial propre de T n'est équilibré par définition. Prouvons l'existence de S. Posons $A = BC$ où $l(B) = k$. Pour tout i tel que $0 \leqslant i \leqslant q = l(C)$, soit C_i le segment initial de C de longueur i. Comme B est un segment initial propre de A, on a

$$l(C_q) = l(A) - l(B) \geqslant n(A) + 1 - n(B) = n(C_q) + 1.$$

D'autre part, on a $0 = l(C_0) \leqslant n(C_0) = 0$. Soit i le plus grand des entiers $j < q$ tels que $l(C_h) \leqslant n(C_h)$ pour $0 \leqslant h \leqslant j$; on a donc $l(C_i) \leqslant n(C_i)$ et $l(C_{i+1}) \geqslant n(C_{i+1}) + 1$. Montrons que C_{i+1} est équilibré. La condition relative aux segments initiaux propres est vérifiée en raison de la définition de i. D'autre part, on a

$$n(C_{i+1}) + 1 \leqslant l(C_{i+1}) = l(C_i) + 1 \leqslant n(C_i) + 1 \leqslant n(C_{i+1}) + 1$$

donc $l(C_{i+1}) = n(C_{i+1}) + 1$, ce qui achève la démonstration.

Lemme 2. — *Tout mot équilibré A peut se mettre sous la forme $A = fA_1A_2\ldots A_p$, où les A_i sont équilibrés et où $n(f) = p$.*

En effet, soit f le signe initial de A. D'après le lemme 1, A peut s'écrire $fA_1A_2\ldots A_p$, où les A_i sont équilibrés: il suffit de définir par récurrence A_i comme étant le segment équilibré de A commençant à la $k(i)$-ème place, où $k(i) = 2 + \sum_{j<i} l(A_j)$. On a en outre

$$\begin{aligned} 1 + l(A_1) + \cdots + l(A_p) &= l(A) = n(A) + 1 \\ &= n(f) + n(A_1) + \cdots + n(A_p) + 1 \\ &= n(f) + (l(A_1) - 1) + \cdots + (l(A_p) - 1) + 1 \end{aligned}$$

d'où $n(f) = p$.

Ces lemmes étant établis, on voit aussitôt, par récurrence sur la longueur de A, que tout mot équilibré A est significatif, en raison du lemme 2 et de la prop. 1.

Corollaire 1. — *Soit A un mot significatif. Pour tout entier k tel que $0 \leqslant k < l(A)$, il existe un segment significatif de A et un seul qui commence à la $(k + 1)$-ème place.*

COROLLAIRE 2. — *Tout mot significatif A peut se mettre, d'une manière et d'une seule, sous la forme $fA_1A_2\ldots A_p$, où les A_i sont significatifs et où $n(f) = p$.* ⁎

4. Application aux assemblages d'une théorie mathématique

Supposons que l'ensemble S soit l'ensemble des signes d'une théorie mathématique $\mathcal{T}$. Nous poserons $n(\square) = 0$, $n(\tau) = n(\neg) = 1$, $n(\vee) = 2$, $n(x) = 0$ pour toute lettre x; enfin, pour tout signe spécifique s de $\mathcal{T}$, $n(s)$ est le poids de s, fixé par la donnée de $\mathcal{T}$.

Soit A un assemblage de $\mathcal{T}$. Nous désignerons par A^* le mot obtenu en effaçant les liens de A, et nous dirons que A est *équilibré* si A^* est équilibré (dans $L_0(S)$). Nous appellerons *segment* de A tout assemblage obtenu en munissant un segment S de A^* des liens qui, dans A, joignent deux signes de S.

CRITÈRE 1. — *Si A est un terme ou une relation de $\mathcal{T}$, A est équilibré.*

Soit en effet $A_1, A_2, \ldots, A_n$ une construction formative de $\mathcal{T}$ où figure A. Raisonnant par récurrence, supposons démontré que les A_j d'indice $j < i$ sont équilibrés, et prouvons que A_i est équilibré. Cela s'établit comme dans la première partie de la démonstration de la prop. 2, sauf lorsque A_i est de la forme $\tau_x(B)$, avec $B = A_j$, $j < i$. Dans ce cas, soit C l'assemblage obtenu en remplaçant x, en chacune de ses occurrences dans B, par $\square$; le mot A_i^* est identique à τC^*; or B^* est équilibré, donc C^* est équilibré (puisque $n(\square) = n(x) = 0$); par suite A_i^* est équilibré.

Nous avons donc obtenu une condition nécessaire pour qu'un assemblage de $\mathcal{T}$ soit un terme ou une relation. Cette condition, on va le voir, n'est pas suffisante.

Soit A un assemblage équilibré de $\mathcal{T}$. Si A commence par une lettre ou un $\square$, A se réduit nécessairement à ce signe initial (cor. 2 de la prop. 2). Dans tous les autres cas, nous allons définir le ou les assemblages *antécédents* à A.

1° Si A commence par un $\neg$, ou un $\vee$, ou un signe spécifique, A^* se met de manière unique sous la forme $fB_1B_2\ldots B_p$, f étant un signe de poids $p \geqslant 1$ et les B_i étant équilibrés (cor. 2 de la prop. 2). Nous appellerons assemblages antécédents à A les segments $A_1, A_2, \ldots, A_p$ de A qui correspondent aux segments $B_1, B_2, \ldots, B_p$ de A^*. En outre, nous dirons que A est *parfaitement équilibré* si A est identique à $fA_1A_2\ldots A_p$, autrement dit si, dans A, aucun lien ne joint f à l'un des B_i, ou deux des B_i distincts entre eux.

2° Si A commence par un τ, A^* est de la forme τB, B étant équilibré (cor. 2 de la prop. 2). Nous appellerons assemblage antécédent à A l'un quelconque des assemblages A_1 définis de la façon suivante: on remplace les $\square$ de B qui sont liés dans A au τ initial par une lettre x distincte des autres lettres figurant dans B, et on rétablit les liens qui joignent, dans A, deux signes de B. (Si, au lieu de x, on substitue une lettre y qui ne figure pas non plus dans B, on obtient un assemblage qui n'est autre que $(y \mid x)A_1$.) En outre, nous dirons que A est *parfaitement* *équilibré* si A est identique à $\tau_x(A_1)$, autrement dit si aucun lien ne joint le τ initial à des signes de B autres que des $\square$.

On peut alors énoncer le critère suivant:

CRITÈRE 2. — *Soit* A *un assemblage équilibré de* $\mathcal{T}$.

Pour que A *soit un terme, il faut et il suffit que l'une des conditions suivantes soit vérifiée:* 1) A *se réduit à une lettre;* 2) A *commence par un* τ, *est parfaitement équilibré, et les assemblages antécédents sont des relations* (d'après CF8, il suffit de vérifier qu'*un* assemblage antécédent est une relation).

Pour que A *soit une relation, il faut et il suffit que l'une des conditions suivantes soit vérifiée:* 1) A *commence par un* $\vee$ *ou un* $\neg$, *est parfaitement équilibré, et les assemblages antécédents sont des relations;* 2) A *commence par un signe spécifique, est parfaitement équilibré, et les assemblages antécédents sont des termes.*

Les conditions sont suffisantes d'après les critères CF1 à CF4 (I, p. 19). Montrons qu'elles sont nécessaires. Si A est une relation, on a vu (I, p. 19) que A commence par un $\vee$, ou un $\neg$, ou un signe spécifique. On raisonne de façon analogue dans les trois cas. Si par exemple A commence par un $\vee$, A est de la forme $\vee BC$, où B et C sont des relations, de sorte que B, C sont les assemblages antécédents à A; A est donc parfaitement équilibré. Si A est un terme, ou bien il se réduit à une lettre, ou bien il commence par un τ. Si A commence par un τ, la définition d'une construction formative prouve que A est de la forme $\tau_x(B)$, où B est une relation et x une lettre, de sorte qu'on peut prendre B pour assemblage antécédent à A et que A est parfaitement équilibré.

Lorsqu'on veut savoir si un assemblage donné A (non réduit à une lettre) est une relation (resp. un terme) de $\mathcal{T}$, on vérifie d'abord que A est équilibré, et qu'il commence par un $\vee$, un $\neg$ ou un signe spécifique (resp. un τ). On forme le ou les assemblages antécédents, et on vérifie s'il y a lieu que A est parfaitement équilibré. Ceci fait, on est ramené à un problème analogue, mais concernant des assemblages plus courts. De proche en proche, on est ramené à des assemblages dont chacun est réduit à un signe, pour lesquels la solution est immédiate.

Remarque—Sauf pour certaines théories mathématiques particulièrement pauvres en axiomes (I, p. 50, exerc. 7), on ne dispose pas, en général, d'un procédé du type précédent, permettant de savoir si une relation donnée R d'une théorie $\mathcal{T}$ est un théorème de $\mathcal{T}$.

Exercices

§ 1

1) Soit $\mathcal{T}$ une théorie sans signe spécifique. Aucun assemblage de $\mathcal{T}$ n'est une relation. Les seuls assemblages de $\mathcal{T}$ qui soient des termes sont les assemblages réduits à une lettre.

2) Soit $\boldsymbol{A}$ un terme ou une relation d'une théorie $\mathcal{T}$. Montrer que dans $\boldsymbol{A}$, chaque signe $\square$, s'il y en a, est lié à un seul signe τ, situé à sa gauche. Montrer que dans $\boldsymbol{A}$, chaque signe τ, s'il y en a, est, ou bien non lié, ou bien lié à certains signes $\square$ situés à sa droite. Aucun autre signe figurant dans $\boldsymbol{A}$ n'est lié.

3) Soit $\boldsymbol{A}$ un terme ou une relation d'une théorie $\mathcal{T}$. Montrer que dans $\boldsymbol{A}$, chaque signe spécifique, s'il y en a, est suivi par un $\square$, ou par un τ, ou par une lettre.

4) Soient $\boldsymbol{A}$ un terme ou une relation d'une théorie $\mathcal{T}$, $\boldsymbol{B}$ un assemblage de $\mathcal{T}$. Montrer que $\boldsymbol{AB}$ n'est ni un terme, ni une relation de $\mathcal{T}$. (Raisonner par récurrence sur le nombre de signes de $\boldsymbol{A}$.)

5) Soient $\boldsymbol{A}$ un assemblage d'une théorie $\mathcal{T}$, x une lettre. Si $\tau_x(\boldsymbol{A})$ est un terme de $\mathcal{T}$, $\boldsymbol{A}$ est une relation de $\mathcal{T}$.

6) Soient $\boldsymbol{A}$ et $\boldsymbol{B}$ des assemblages d'une théorie $\mathcal{T}$. Si $\boldsymbol{A}$ et $\Rightarrow\boldsymbol{AB}$ sont des relations de $\mathcal{T}$, $\boldsymbol{B}$ est une relation de $\mathcal{T}$ (utiliser l'exercice 4).

§ 2

1) Soient $\mathcal{T}$ une théorie, $\boldsymbol{A}_1, \boldsymbol{A}_2, \ldots, \boldsymbol{A}_n$ ses axiomes explicites, $a_1, a_2, \ldots, a_h$ ses constantes.
a) Soit $\mathcal{T}'$ la théorie dont les signes et les schémas sont ceux de $\mathcal{T}$, et dont les axiomes explicites sont $\boldsymbol{A}_1, \boldsymbol{A}_2, \ldots, \boldsymbol{A}_{n-1}$. On dit que $\boldsymbol{A}_n$ est *indépendant* des autres axiomes de $\mathcal{T}$ si $\mathcal{T}'$ n'est pas équivalente à $\mathcal{T}$. Pour qu'il en soit ainsi, il faut et il suffit que $\boldsymbol{A}_n$ ne soit pas un théorème de $\mathcal{T}'$.
b) Soit $\mathcal{T}''$ une théorie dont les signes et les schémas sont les mêmes que ceux de $\mathcal{T}$. Soient $\boldsymbol{T}_1, \boldsymbol{T}_2, \ldots, \boldsymbol{T}_h$ des termes de $\mathcal{T}$ tels que $(\boldsymbol{T}_1 \mid a_1)(\boldsymbol{T}_2 \mid a_2)\ldots(\boldsymbol{T}_h \mid a_h)\boldsymbol{A}_i$ soit un théorème de $\mathcal{T}''$ pour $i = 1, 2, \ldots, n-1$, et tels que non$(\boldsymbol{T}_1 \mid a_1)(\boldsymbol{T}_2 \mid a_2)\ldots(\boldsymbol{T}_h \mid a_h)\boldsymbol{A}_n$ soit un théorème de $\mathcal{T}''$. Alors $\boldsymbol{A}_n$ est indépendant des autres axiomes de $\mathcal{T}$, ou $\mathcal{T}''$ est contradictoire.

§ 3

1) Soient $\boldsymbol{A}, \boldsymbol{B}, \boldsymbol{C}$ des relations d'une théorie logique $\mathcal{T}$. Montrer que les relations suivantes sont des théorèmes de $\mathcal{T}$:

$$\boldsymbol{A} \Rightarrow (\boldsymbol{B} \Rightarrow \boldsymbol{A})$$
$$(\boldsymbol{A} \Rightarrow \boldsymbol{B}) \Rightarrow ((\boldsymbol{B} \Rightarrow \boldsymbol{C}) \Rightarrow (\boldsymbol{A} \Rightarrow \boldsymbol{C}))$$
$$\boldsymbol{A} \Rightarrow ((\text{non } \boldsymbol{A}) \Rightarrow \boldsymbol{B})$$
$$(\boldsymbol{A} \text{ ou } \boldsymbol{B}) \Leftrightarrow ((\boldsymbol{A} \Rightarrow \boldsymbol{B}) \Rightarrow \boldsymbol{B})$$
$$(\boldsymbol{A} \Leftrightarrow \boldsymbol{B}) \Leftrightarrow ((\boldsymbol{A} \text{ et } \boldsymbol{B}) \text{ ou } ((\text{non } \boldsymbol{A}) \text{ et } (\text{non } \boldsymbol{B})))$$
$$\text{non}((\text{non } \boldsymbol{A}) \Leftrightarrow \boldsymbol{B}) \Leftrightarrow (\boldsymbol{A} \Leftrightarrow \boldsymbol{B})$$
$$(\boldsymbol{A} \Rightarrow (\boldsymbol{B} \text{ ou } (\text{non } \boldsymbol{C}))) \Leftrightarrow ((\boldsymbol{C} \text{ et } \boldsymbol{A}) \Rightarrow \boldsymbol{B})$$
$$(\boldsymbol{A} \Rightarrow (\boldsymbol{B} \text{ ou } \boldsymbol{C})) \Leftrightarrow (\boldsymbol{B} \text{ ou } (\boldsymbol{A} \Rightarrow \boldsymbol{C}))$$
$$(\boldsymbol{A} \Rightarrow \boldsymbol{B}) \Rightarrow ((\boldsymbol{A} \Rightarrow \boldsymbol{C}) \Rightarrow (\boldsymbol{A} \Rightarrow (\boldsymbol{B} \text{ et } \boldsymbol{C})))$$
$$(\boldsymbol{A} \Rightarrow \boldsymbol{C}) \Rightarrow ((\boldsymbol{B} \Rightarrow \boldsymbol{C}) \Rightarrow ((\boldsymbol{A} \text{ ou } \boldsymbol{B}) \Rightarrow \boldsymbol{C}))$$
$$(\boldsymbol{A} \Rightarrow \boldsymbol{B}) \Rightarrow ((\boldsymbol{A} \text{ et } \boldsymbol{C}) \Rightarrow (\boldsymbol{B} \text{ et } \boldsymbol{C}))$$
$$(\boldsymbol{A} \Rightarrow \boldsymbol{B}) \Rightarrow ((\boldsymbol{A} \text{ ou } \boldsymbol{C}) \Rightarrow (\boldsymbol{B} \text{ ou } \boldsymbol{C})).$$

2) Soit A une relation d'une théorie logique $\mathcal{T}$. Si $A \Leftrightarrow (\text{non } A)$ est un théorème de $\mathcal{T}$, $\mathcal{T}$ est contradictoire.

3) Soient $A_1, A_2, \ldots, A_n$ des relations d'une théorie logique $\mathcal{T}$.
a) Pour démontrer la relation « A_1 ou A_2 ou ... ou A_n » dans $\mathcal{T}$, il suffit de démontrer A_n dans la théorie obtenue en adjoignant à $\mathcal{T}$ les axiomes non A_1, non $A_2, \ldots$, non A_{n-1}.
b) Si « A_1 ou A_2 ou ... ou A_n » est un théorème de $\mathcal{T}$, et si on veut démontrer qu'une relation A de $\mathcal{T}$ est un théorème de $\mathcal{T}$, il suffit de démontrer les théorèmes $A_1 \Rightarrow A$, $A_2 \Rightarrow A, \ldots, A_n \Rightarrow A$.

4) Soient A et B des relations d'une théorie logique $\mathcal{T}$. Désignons par $A \mid B$ la relation « (non A) ou (non B) ». Prouver dans $\mathcal{T}$ les théorèmes suivants:

$$(\text{non } A) \Leftrightarrow (A \mid A)$$
$$(A \text{ ou } B) \Leftrightarrow ((A \mid A) \mid (B \mid B))$$
$$(A \text{ et } B) \Leftrightarrow ((A \mid B) \mid (A \mid B))$$
$$(A \Rightarrow B) \Leftrightarrow (A \mid (B \mid B))$$

5) Soient $\mathcal{T}$ une théorie logique, $A_1, A_2, \ldots, A_n$ ses axiomes explicites. Pour que A_n soit indépendant des autres axiomes de $\mathcal{T}$ (I, p. 47, exerc. 1), il faut et il suffit que la théorie dont les signes et les schémas sont ceux de $\mathcal{T}$, et les axiomes explicites $A_1, A_2, \ldots, A_{n-1}$, (non A_n) soit non contradictoire.

§ 4

Dans tous ces exercices, $\mathcal{T}$ désigne une théorie quantifiée.

1) Soient A et B des relations de $\mathcal{T}$, x une lettre ne figurant pas dans A. Alors $(\forall x)(A \Rightarrow B) \Leftrightarrow (A \Rightarrow (\forall x)B)$ est un théorème de $\mathcal{T}$.

2) Soient A et B des relations de $\mathcal{T}$, x une lettre distincte des constantes de $\mathcal{T}$ et ne figurant pas dans A. Si $B \Rightarrow A$ est un théorème de $\mathcal{T}$, $((\exists x)B) \Rightarrow A$ est un théorème de $\mathcal{T}$.

3) Soient A une relation de $\mathcal{T}$, x et y des lettres. Les relations $(\forall x)(\forall y)A \Rightarrow (\forall x)((x \mid y)A)$, $(\exists x)((x \mid y)A) \Rightarrow (\exists x)(\exists y)A$ sont des théorèmes de $\mathcal{T}$.

4) Soient A et B des relations de $\mathcal{T}$, x une lettre. Montrer que les relations

$$(\forall x)(A \text{ ou } B) \Rightarrow ((\forall x)A \text{ ou } (\exists x)B)$$
$$((\exists x)A \text{ et } (\forall x)B) \Rightarrow (\exists x)(A \text{ et } B)$$

sont des théorèmes de $\mathcal{T}$.

5) Soient A et B des relations de $\mathcal{T}$, x et y des lettres. Si x ne figure pas dans B et si y ne figure pas dans A,

$$(\forall x)(\forall y)(A \text{ et } B) \Leftrightarrow ((\forall x)A \text{ et } (\forall y)B)$$

est un théorème de $\mathcal{T}$.

6) Soient A et R des relations de $\mathcal{T}$, x une lettre. Les relations

$$(\exists_A x)R \Rightarrow (\exists x)R, \qquad (\forall x)R \Rightarrow (\forall_A x)R$$

sont des théorèmes de $\mathcal{T}$.

7) Soient A et R des relations de $\mathcal{T}$, x une lettre distincte des constantes de $\mathcal{T}$. Si $R \Rightarrow A$ est un théorème de $\mathcal{T}$, $(\exists x)R \Leftrightarrow (\exists_A x)R$ est un théorème de $\mathcal{T}$. Si (non R) $\Rightarrow A$ est un théorème de $\mathcal{T}$, $(\forall x)R \Leftrightarrow (\forall_A x)R$ est un théorème de $\mathcal{T}$. En particulier, si A est un théorème de $\mathcal{T}$, $(\exists x)R \Leftrightarrow (\exists_A x)R$ et $(\forall x)R \Leftrightarrow (\forall_A x)R$ sont des théorèmes de $\mathcal{T}$.

8) Soient A et R des relations de $\mathcal{T}$, T un terme de $\mathcal{T}$, x une lettre. Si $(T \mid x)A$ est un théorème de $\mathcal{T}$, $(T \mid x)R \Rightarrow (\exists_A x)R$, et $(\forall_A x)R \Rightarrow (T \mid x)R$ sont des théorèmes de $\mathcal{T}$.

§ 5

Dans tous ces exercices, $\mathcal{T}$ désigne une théorie égalitaire.

1) La relation $x = y$ est fonctionnelle en x dans $\mathcal{T}$.

2) Soient $\boldsymbol{R}$ une relation de $\mathcal{T}$, x et y des lettres distinctes. Alors les relations $(\exists x)(x = y \text{ et } \boldsymbol{R})$, $(y \mid x)\boldsymbol{R}$ sont équivalentes dans $\mathcal{T}$.

3) Soient $\boldsymbol{R}$ et $\boldsymbol{S}$ des relations de $\mathcal{T}$, $\boldsymbol{T}$ un terme de $\mathcal{T}$, x et y des lettres distinctes. On suppose que y n'est pas une constante de $\mathcal{T}$ et que x ne figure pas dans $\boldsymbol{T}$. Soit $\mathcal{T}'$ la théorie obtenue en adjoignant $\boldsymbol{S}$ aux axiomes de $\mathcal{T}$. Si $\boldsymbol{R}$ est fonctionnelle en x dans $\mathcal{T}'$, et si $(\boldsymbol{T} \mid y)\boldsymbol{S}$ est un théorème de $\mathcal{T}$, alors la relation $(\boldsymbol{T} \mid y)\boldsymbol{R}$ est fonctionnelle en x dans $\mathcal{T}$.

4) Soient $\boldsymbol{R}$ et $\boldsymbol{S}$ des relations de $\mathcal{T}$, x une lettre qui n'est pas une constante de $\mathcal{T}$. Si $\boldsymbol{R}$ est fonctionnelle en x dans $\mathcal{T}$, et si $\boldsymbol{R} \Leftrightarrow \boldsymbol{S}$ est un théorème de $\mathcal{T}$, $\boldsymbol{S}$ est fonctionnelle en x dans $\mathcal{T}$.

5) Soient $\boldsymbol{R}$, $\boldsymbol{S}$, $\boldsymbol{T}$ des relations de $\mathcal{T}$, x une lettre. Si $\boldsymbol{R}$ est fonctionnelle en x dans $\mathcal{T}$, montrer que les relations suivantes sont des théorèmes de $\mathcal{T}$:

$$(\text{non } (\exists x)(\boldsymbol{R} \text{ et } \boldsymbol{S})) \Leftrightarrow (\exists x)(\boldsymbol{R} \text{ et } (\text{non } \boldsymbol{S}))$$
$$(\exists x)(\boldsymbol{R} \text{ et } (\boldsymbol{S} \text{ et } \boldsymbol{T})) \Leftrightarrow ((\exists x)(\boldsymbol{R} \text{ et } \boldsymbol{S}) \text{ et } (\exists x)(\boldsymbol{R} \text{ et } \boldsymbol{T}))$$
$$(\exists x)(\boldsymbol{R} \text{ et } (\boldsymbol{S} \text{ ou } \boldsymbol{T})) \Leftrightarrow ((\exists x)(\boldsymbol{R} \text{ et } \boldsymbol{S}) \text{ ou } (\exists x)(\boldsymbol{R} \text{ et } \boldsymbol{T})).$$

6) Montrer que dans $\mathcal{T}$, la règle $(\exists x)\boldsymbol{R} \Rightarrow \boldsymbol{R}$ n'est pas un schéma. (Soient x, y des lettres distinctes, $\boldsymbol{R}$ une relation où figurent x et y, $\boldsymbol{A}$ la relation $(\exists x)\boldsymbol{R} \Rightarrow \boldsymbol{R}$. Montrer que $(y \mid x)\boldsymbol{A}$ ne peut être de la forme $(\exists_z)\boldsymbol{R}' \Rightarrow \boldsymbol{R}'$), en utilisant le cor. 2 de la prop. 2 de l'Appendice).

7) Montrer que dans $\mathcal{T}$, la règle $(\boldsymbol{R} \Leftrightarrow \boldsymbol{S}) \Rightarrow (\tau_x(\boldsymbol{R}) = \tau_x(\boldsymbol{S}))$ n'est pas un schéma (même méthode que dans l'exerc. 6).

Appendice

1) Soient S un ensemble de signes, A un mot de $L_0(S)$, B et C deux segments significatifs de A. Alors, ou bien B est un segment de C, ou bien C est un segment de B, ou bien B et C sont disjoints.

2) Soient S un ensemble de signes, A un mot significatif de $L_0(S)$, qui se met sous la forme $A'BA''$, où B est significatif. Soit C un mot significatif; alors le mot $A'CA''$ est significatif (utiliser l'exerc. 1).

3) Soient E un ensemble, f une application de $E \times E$ dans E (« loi de composition », cf. A, I, § 1, nº 1). Soit S un ensemble de signes somme de E et d'un ensemble réduit à l'élément f; on pose $n(f) = 2$, $n(x) = 0$ pour tout $x \in E$.
a) Soit M l'ensemble des mots significatifs de $L_0(S)$; montrer qu'il existe une application et une seule v de M dans E satisfaisant aux conditions suivantes : 1) $v(x) = x$ pour tout $x \in E$; 2) si A et B sont deux mots significatifs, $v(fAB) = f(v(A), v(B))$.
b) Pour tout mot $A = (s_i)_{0 \leqslant i \leqslant n}$ de $L_0(S)$, soit A^* le mot (s_{i_k}), où les i_k sont les indices i tels que $s_i \neq f$, rangés par ordre croissant. Deux mots A, B de $L_0(S)$ sont dits semblables si $A^* = B^*$. Montrer que, si la loi de composition f est associative (c'est-à-dire si $f(f(x, y), z) = f(x, f(y, z))$), on a $v(A) = v(B)$ pour deux mots significatifs semblables (« théorème général d'associativité »). (Un mot significatif $A = (s_i)_{0 \leqslant i \leqslant 2n}$ est dit normal si $s_i = f$ pour $i = 0, 2, 4, \ldots, 2n - 2$, $s_i \neq f$ pour les autres indices. Montrer que tout mot significatif A est semblable à un mot normal et un seul A', et prouver que $v(A) = v(A')$ par récurrence sur la longueur de A.)

¶ 4) Soit $\boldsymbol{A}$ un terme ou une relation d'une théorie $\mathcal{T}$. Considérons la suite d'assemblages définie de la façon suivante. On écrit d'abord $\boldsymbol{A}$; si $\boldsymbol{A}$ se réduit à une lettre, la construction est terminée. Sinon, on écrit le ou les assemblages antécédents à $\boldsymbol{A}$ (si $\boldsymbol{A}$ commence par un $\boldsymbol{\tau}$, on choisit arbitrairement *un* des assemblages antécédents). Puis on écrit, s'il y a lieu, le ou les assemblages antécédents à ceux des assemblages précédents qui ne sont pas réduits à des lettres. Etc.

a) Si on renverse l'ordre de cette suite d'assemblages, on obtient une construction formative.

b) Soit $\boldsymbol{B}$ un segment de $\boldsymbol{A}$, équilibré et tel qu'aucun signe de $\boldsymbol{B}$ ne soit lié *dans* $\boldsymbol{A}$ à un signe extérieur à $\boldsymbol{B}$. Montrer que $\boldsymbol{B}$ est un terme ou une relation (utiliser *a*) et l'exerc. 1).

c) On remplace $\boldsymbol{B}$ dans $\boldsymbol{A}$ par un terme (resp. une relation) si $\boldsymbol{B}$ est un terme (resp. une relation). Montrer que l'assemblage obtenu est un terme si $\boldsymbol{A}$ est un terme, une relation si $\boldsymbol{A}$ est une relation.

5) Soient $\boldsymbol{A}$ un assemblage d'une théorie $\mathscr{T}$, $\boldsymbol{T}$ un terme de $\mathscr{T}$, $\boldsymbol{x}$ une lettre. Si $(\boldsymbol{T} \mid \boldsymbol{x})\boldsymbol{A}$ est un terme (resp. une relation), $\boldsymbol{A}$ est un terme (resp. une relation). (Utiliser l'exerc. 4.)

6) Une relation d'une théorie $\mathscr{T}$ est dite *logiquement irréductible* si elle commence par un signe spécifique. Soient $\boldsymbol{R}_1, \boldsymbol{R}_2, \ldots, \boldsymbol{R}_n$ des relations logiquement irréductibles distinctes de $\mathscr{T}$. On appelle *construction logique* de base $\boldsymbol{R}_1, \boldsymbol{R}_2, \ldots, \boldsymbol{R}_n$, toute suite $\boldsymbol{A}_1, \boldsymbol{A}_2, \ldots, \boldsymbol{A}_p$ d'assemblages de $\mathscr{T}$ tels que, pour chaque $\boldsymbol{A}_i$, l'une des conditions suivantes soit vérifiée: 1° $\boldsymbol{A}_i$ est l'une des relations $\boldsymbol{R}_1, \boldsymbol{R}_2, \ldots, \boldsymbol{R}_n$; 2° il existe un assemblage $\boldsymbol{A}_j$ précédant $\boldsymbol{A}_i$ tel que $\boldsymbol{A}_i$ soit $\neg\boldsymbol{A}_j$; 3° il existe deux assemblages $\boldsymbol{A}_j$ et $\boldsymbol{A}_k$ précédant $\boldsymbol{A}_i$ tels que $\boldsymbol{A}_i$ soit $\vee\boldsymbol{A}_j\boldsymbol{A}_k$.

a) Montrer que les assemblages d'une construction logique de base $\boldsymbol{R}_1, \boldsymbol{R}_2, \ldots, \boldsymbol{R}_n$ sont des relations de $\mathscr{T}$. On appelle relation *logiquement construite* sur $\boldsymbol{R}_1, \boldsymbol{R}_2, \ldots, \boldsymbol{R}_n$ une relation qui figure dans une construction logique de base $\boldsymbol{R}_1, \boldsymbol{R}_2, \ldots, \boldsymbol{R}_n$.

b) Si $\boldsymbol{R}$ et $\boldsymbol{S}$ sont logiquement construites sur $\boldsymbol{R}_1, \boldsymbol{R}_2, \ldots, \boldsymbol{R}_n$, il en est de même de $\neg\boldsymbol{R}$, $\vee\boldsymbol{R}\boldsymbol{S}$, $\Rightarrow\boldsymbol{R}\boldsymbol{S}$, « $\boldsymbol{R}$ et $\boldsymbol{S}$ », $\boldsymbol{R} \Leftrightarrow \boldsymbol{S}$.

c) Soit $\boldsymbol{R}$ une relation de $\mathscr{T}$. On considère la suite des relations définie de la façon suivante. On écrit d'abord $\boldsymbol{R}$; si $\boldsymbol{R}$ est logiquement irréductible, la construction est terminée. Sinon, on écrit le ou les assemblages antécédents à $\boldsymbol{R}$ (qui sont des *relations* bien déterminées). Puis on écrit, s'il y a lieu, le ou les assemblages antécédents à ceux des assemblages précédents qui ne sont pas logiquement irréductibles. Etc. Soient $\boldsymbol{R}_1, \boldsymbol{R}_2, \ldots, \boldsymbol{R}_n$ les relations logiquement irréductibles distinctes que fournit cette construction: on les appelle les *composantes logiques* de $\boldsymbol{R}$. Montrer que $\boldsymbol{R}$ est logiquement construite sur ses composantes logiques, mais que, si on ôte de la suite $\boldsymbol{R}_1, \boldsymbol{R}_2, \ldots, \boldsymbol{R}_n$ une relation, $\boldsymbol{R}$ n'est pas logiquement construite sur les relations restantes.

d) Soient $\boldsymbol{R}$ une relation, $\boldsymbol{R}_1, \boldsymbol{R}_2, \ldots, \boldsymbol{R}_n$ des relations logiquement irréductibles distinctes telles que: 1° $\boldsymbol{R}$ est logiquement construite sur $\boldsymbol{R}_1, \boldsymbol{R}_2, \ldots, \boldsymbol{R}_n$; 2° si on ôte une relation de la suite $\boldsymbol{R}_1, \boldsymbol{R}_2, \ldots, \boldsymbol{R}_n$, $\boldsymbol{R}$ n'est pas logiquement construite sur les relations restantes. Montrer que $\boldsymbol{R}_1, \boldsymbol{R}_2, \ldots, \boldsymbol{R}_n$ sont les composantes logiques de $\boldsymbol{R}$.

¶ 7) Soient $\boldsymbol{R}_1, \boldsymbol{R}_2, \ldots, \boldsymbol{R}_n$ des relations logiquement irréductibles distinctes (exerc. 6) d'une théorie $\mathscr{T}$. Soit $\boldsymbol{A}_1, \boldsymbol{A}_2, \ldots, \boldsymbol{A}_m$ une construction logique de base $\boldsymbol{R}_1, \boldsymbol{R}_2, \ldots, \boldsymbol{R}_n$. Supposons chaque $\boldsymbol{R}_j$ affecté de l'un des signes 0, 1. On affecte alors à chaque $\boldsymbol{A}_i$ l'un des signes 0, 1 par la règle suivante: 1° Si $\boldsymbol{A}_i$ est identique à $\boldsymbol{R}_j$, on affecte à $\boldsymbol{A}_i$ le même signe qu'à $\boldsymbol{R}_j$; 2° si $\boldsymbol{A}_i$ est identique à $\neg\boldsymbol{A}_j$, $\boldsymbol{A}_j$ précédant $\boldsymbol{A}_i$, on affecte à $\boldsymbol{A}_i$ le signe 1 (resp. 0) si $\boldsymbol{A}_j$ est affecté du signe 0 (resp. 1); 3° si $\boldsymbol{A}_i$ est identique à $\vee\boldsymbol{A}_j\boldsymbol{A}_k$, on affecte à $\boldsymbol{A}_i$ le signe 1 si $\boldsymbol{A}_j$ et $\boldsymbol{A}_k$ sont tous deux affectés du signe 1, le signe 0 dans les autres cas. (On dit qu'on applique la « règle symbolique » suivante: $\neg 0 = 1$, $\neg 1 = 0$, $\vee 11 = 1$, $\vee 10 = \vee 01 = \vee 00 = 0$.)

a) Montrer qu'il n'y a qu'une seule manière d'attribuer un signe à chaque $\boldsymbol{A}_i$, conformément à la règle précédente.

b) Si $\boldsymbol{R}$ est logiquement construite sur $\boldsymbol{R}_1, \boldsymbol{R}_2, \ldots, \boldsymbol{R}_n$, le signe affecté à $\boldsymbol{R}$ ne dépend que de la construction logique de base $\boldsymbol{R}_1, \boldsymbol{R}_2, \ldots, \boldsymbol{R}_n$ où figure $\boldsymbol{R}$.

c) Si $\boldsymbol{R}$ et $\boldsymbol{S}$ sont logiquement construites sur $\boldsymbol{R}_1, \boldsymbol{R}_2, \ldots, \boldsymbol{R}_n$ et si les signes affectés à $\boldsymbol{R}$ et $\Rightarrow\boldsymbol{R}\boldsymbol{S}$ sont 0, le signe affecté à $\boldsymbol{S}$ est 0.

d) Supposons désormais que les axiomes de $\mathscr{T}$ soient fournis par les *seuls* schémas S1 à S4. Soit $\boldsymbol{R}$ un théorème de $\mathscr{T}$, $\boldsymbol{R}_1, \boldsymbol{R}_2, \ldots, \boldsymbol{R}_n$ ses composantes logiques. Montrer que, quelle que soit la manière d'affecter l'un des signes 0 ou 1 à $\boldsymbol{R}_1, \boldsymbol{R}_2, \ldots, \boldsymbol{R}_n$, le signe correspondant affecté à $\boldsymbol{R}$ est 0 (établir d'abord ceci quand $\boldsymbol{R}$ est un axiome de $\mathcal{T}$; dans le cas général, considérer une démonstration de $\boldsymbol{R}$, et appliquer *c*)).

e) Soit $\boldsymbol{R}$ une relation logiquement irréductible de $\mathcal{T}$. Montrer que ni $\boldsymbol{R}$, ni « non $\boldsymbol{R}$ » ne sont des théorèmes de $\mathcal{T}$. En particulier, $\mathcal{T}$ est non contradictoire (utiliser *d*)).

f) Soient $\boldsymbol{R}_1, \boldsymbol{R}_2, \ldots, \boldsymbol{R}_n$ des relations logiquement irréductibles distinctes de $\mathcal{T}$. On considère toutes les relations de la forme « $\boldsymbol{R}'_1$ ou $\boldsymbol{R}'_2$ ou ... ou $\boldsymbol{R}'_n$ », où, pour chaque i, $\boldsymbol{R}'_i$ est l'une des deux relations $\boldsymbol{R}_i$, « non $\boldsymbol{R}_i$ ». Soient $\boldsymbol{S}_1, \boldsymbol{S}_2, \ldots, \boldsymbol{S}_p$ ces relations. Soient $\boldsymbol{T}_1, \boldsymbol{T}_2, \ldots, \boldsymbol{T}_q$ les relations de la forme « $\boldsymbol{S}_{i_1}$ et $\boldsymbol{S}_{i_2}$ et ... et $\boldsymbol{S}_{i_r}$ », où $i_1, i_2, \ldots, i_r$ est une suite strictement croissante quelconque d'indices. Soit enfin $\boldsymbol{T}_0$ la relation « $\boldsymbol{R}_1$ ou (non $\boldsymbol{R}_1$) » qui est un théorème de $\mathcal{T}$. Montrer que toute relation logiquement construite sur $\boldsymbol{R}_1, \boldsymbol{R}_2, \ldots, \boldsymbol{R}_n$ est équivalente dans $\mathcal{T}$ à une et une seule des relations $\boldsymbol{T}_0, \boldsymbol{T}_1, \ldots, \boldsymbol{T}_q$. (Démontrer d'abord que chaque relation $\boldsymbol{R}_i$ est équivalente dans $\mathcal{T}$ à l'une des relations $\boldsymbol{T}_0, \boldsymbol{T}_1, \ldots, \boldsymbol{T}_q$; si $\boldsymbol{R}$ est logiquement construite sur $\boldsymbol{R}_1, \boldsymbol{R}_2, \ldots, \boldsymbol{R}_n$, raisonner de proche en proche sur une construction logique de base $\boldsymbol{R}_1, \boldsymbol{R}_2, \ldots, \boldsymbol{R}_n$ contenant $\boldsymbol{R}$; pour l'unicité, utiliser *d*).)

g) Soient $\boldsymbol{R}$ une relation de $\mathcal{T}$, $\boldsymbol{R}_1, \boldsymbol{R}_2, \ldots, \boldsymbol{R}_n$ ses composantes logiques. Pour que $\boldsymbol{R}$ soit un théorème de $\mathcal{T}$, il faut et il suffit que, pour toute manière d'affecter l'un des signes 0 ou 1 à $\boldsymbol{R}_1, \boldsymbol{R}_2, \ldots, \boldsymbol{R}_n$, le signe correspondant affecté à $\boldsymbol{R}$ soit 0.

¶ 8) Soient $\boldsymbol{R}_1, \boldsymbol{R}_2, \ldots, \boldsymbol{R}_n$ des relations logiquement irréductibles d'une théorie $\mathcal{T}$ (exerc. 6). Affectons à chacune des $\boldsymbol{R}_i$ l'un des signes 0, 1, 2. A toute relation d'une construction logique de base $\boldsymbol{R}_1, \boldsymbol{R}_2, \ldots, \boldsymbol{R}_n$ on affecte alors l'un des signes 0, 1, 2 par la règle symbolique (exerc. 7) suivante:

$$\neg 0 = 1, \quad \neg 1 = 0, \quad \neg 2 = 2;$$
$$\vee 00 = \vee 01 = \vee 02 = \vee 10 = \vee 20 = \vee 22 = 0,$$
$$\vee 11 = 1, \quad \vee 12 = \vee 21 = 2.$$

a) Si $\boldsymbol{R}$ est logiquement construite sur $\boldsymbol{R}_1, \boldsymbol{R}_2, \ldots, \boldsymbol{R}_n$ le signe ainsi affecté à $\boldsymbol{R}$ est indépendant de la construction logique de base $\boldsymbol{R}_1, \boldsymbol{R}_2, \ldots, \boldsymbol{R}_n$ où figure $\boldsymbol{R}$.

b) Supposons que les axiomes de $\mathcal{T}$ soient fournis par les seuls schémas S2, S3, S4. Soit $\boldsymbol{R}$ un théorème de $\mathcal{T}$. Montrer que, quelle que soit la manière d'affecter l'un des signes 0, 1, 2 aux composantes logiques de $\boldsymbol{R}$, le signe correspondant affecté à $\boldsymbol{R}$ est 0. Par contre, si $\boldsymbol{S}$ est logiquement irréductible et affectée du signe 2, le signe affecté à $(\boldsymbol{S}$ ou $\boldsymbol{S}) \Rightarrow \boldsymbol{S}$ est 2. En déduire que $\mathcal{T}$ est non équivalente à la théorie ayant mêmes signes que $\mathcal{T}$, et dont les axiomes sont fournis par les schémas S1, S2, S3, S4.

c) Établir un résultat analogue pour des théories basées sur les seuls schémas S1, S3, S4, ou sur les seuls schémas S1, S2, S4. (On utilisera respectivement les règles suivantes:

$$\neg 0 = 1, \quad \neg 1 = 0, \quad \neg 2 = 2, \quad \vee 00 = \vee 01 = \vee 10 = \vee 02 = \vee 20 = 0,$$
$$\vee 11 = 1, \quad \vee 12 = \vee 21 = 1, \quad \vee 22 = 1;$$
$$\neg 0 = 1, \quad \neg 1 = 2, \quad \neg 2 = 0,$$
$$\vee 00 = \vee 01 = \vee 10 = \vee 02 = \vee 20 = \vee 21 = 0,$$
$$\vee 11 = \vee 12 = 1, \quad \vee 22 = 2.)$$

d) Établir un résultat analogue pour une théorie basée sur les seuls schémas S1, S2, S3. (On utilisera quatre signes 0, 1, 2, 3, et la règle suivante:

$$\neg 0 = 1, \quad \neg 1 = 0, \quad \neg 2 = 3, \quad \neg 3 = 0,$$
$$\vee 00 = \vee 01 = \vee 10 = \vee 02 = \vee 20 = \vee 03 = \vee 30 = \vee 23 = \vee 32 = 0,$$
$$\vee 11 = 1, \quad \vee 12 = \vee 21 = \vee 22 = 2, \quad \vee 13 = \vee 31 = \vee 33 = 3.)$$

CHAPITRE II

Théorie des ensembles

§ 1. RELATIONS COLLECTIVISANTES

1. La théorie des ensembles

La *théorie des ensembles* est une théorie dans laquelle figurent les signes spécifiques $=$, $\in$, de poids 2; elle comporte, outre les schémas S1 à S7, donnés au chap. I, le schéma S8 qui sera introduit au nº 6 (II, p. 4), et les axiomes explicites A1 (II, p. 2), A2 (II, p. 4), A3 (II, p. 30), et A4 (III, p. 45). Ces axiomes explicites ne contiennent pas de lettres; autrement dit, la théorie des ensembles est une théorie *sans constantes*.

Puisque la théorie des ensembles est un théorie égalitaire, les résultats du chap. I lui sont applicables.

Désormais, et sauf mention expresse du contraire, nous raisonnerons toujours dans une théorie plus forte (I, p. 24) que la théorie des ensembles; quand la théorie n'est pas mentionnée explicitement, c'est de la théorie des ensembles qu'il s'agit. Il sera évident dans bien des cas qu'une telle hypothèse n'est pas nécessaire, et le lecteur déterminera sans peine dans quelle théorie moins forte que la théorie des ensembles les résultats énoncés sont valables.

Si T et U sont des termes, l'assemblage $\in TU$ est une relation (dite *relation d'appartenance*) que nous noterons pratiquement de l'une quelconque des manières suivantes: $T \in U$, $(T) \in (U)$, « T appartient à U », « T est élément de U ». La relation « non$(T \in U)$ » se note $T \notin U$.

Du point de vue « naïf », beaucoup d'êtres mathématiques peuvent être considérés comme des collections ou « ensembles » d'objets. Nous ne chercherons pas à formaliser cette notion, et dans l'interprétation formaliste de ce qui suit, le mot « ensemble » doit être considéré comme strictement synonyme de « terme »; en particulier, des phrases telles que « soit X un ensemble » sont, en principe, totalement superflues, puisque toute lettre est un terme; de telles phrases ne sont introduites que pour faciliter l'interprétation intuitive du texte.

2. L'inclusion

DÉFINITION 1. — *La relation désignée par* $(\forall z)((z \in x) \Rightarrow (z \in y))$ *dans laquelle ne figurent que les lettres x et y, se note de l'une quelconque des manières suivantes:* $x \subset y$, $y \supset x$, *« x est contenu dans y », « y contient x », « x est une partie de y », « x est un sous-ensemble de y ». La relation* $\text{non}(x \subset y)$ *se note* $x \not\subset y$ *ou* $y \not\supset x$.

Conformément aux usages signalés dans I, p. 16, cette définition entraîne la convention métamathématique suivante: soient T et U des assemblages; si, dans l'assemblage $x \subset y$, on substitue simultanément T à x et U à y, on obtient un assemblage qui sera désigné par $T \subset U$; si on désigne par $\mathbf{x}$, $\mathbf{y}$ des lettres quelconques distinctes de x et de y, distinctes entre elles, et ne figurant ni dans T, ni dans U, l'assemblage $T \subset U$ est donc identique à $(T \mid \mathbf{x})(U \mid \mathbf{y})(\mathbf{x} \mid x)(\mathbf{y} \mid y)(x \subset y)$, donc, d'après CS8, CS9 (I, p. 32) et CS5 (I, p. 17), à $(\forall \mathbf{z})((\mathbf{z} \in T) \Rightarrow (\mathbf{z} \in U))$, à condition que $\mathbf{z}$ soit une lettre ne figurant ni dans T, ni dans U.

Désormais, quand on posera une définition mathématique, on ne signalera plus la convention métamathématique qui en résulte.

CS12. *Soient T, U, V des assemblages, et $\mathbf{x}$ une lettre. L'assemblage* $(V \mid \mathbf{x})(T \subset U)$ *est identique à* $(V \mid \mathbf{x})T \subset (V \mid \mathbf{x})U$.

Ceci résulte aussitôt de CS9 (I, p. 32) et CS5 (I, p. 17).

CF13. *Si T et U sont des termes, $T \subset U$ est une relation.*

Ceci résulte aussitôt de CF8 (I, p. 20).

Toute relation de la forme $T \subset U$ (où T et U sont des termes) est dite *relation d'inclusion.*

Désormais, nous n'expliciterons plus les critères de substitution et les critères formatifs qui devraient suivre les définitions. On notera cependant que ces critères seront souvent utilisés implicitement dans les démonstrations.

Pour démontrer dans une théorie $\mathcal{T}$ la relation $x \subset y$, il suffit, d'après C27 (I, p. 32), de démontrer $\mathbf{z} \in y$ dans la théorie obtenue en adjoignant $\mathbf{z} \in x$ aux axiomes de $\mathcal{T}$, $\mathbf{z}$ étant une lettre distincte de x, de y et des constantes de la théorie. En pratique on dit: « soit $\mathbf{z}$ un élément de x »; et on cherche à démontrer $\mathbf{z} \in y$.

PROPOSITION 1. — $x \subset x$.

Cette proposition est immédiate.

On dit que x est la *partie pleine de x.*

PROPOSITION 2. — $(x \subset y \text{ et } y \subset z) \Rightarrow (x \subset z)$.

Adjoignons les hypothèses $x \subset y$, $y \subset z$ et $u \in x$. Alors les relations

$$(u \in x) \Rightarrow (u \in y), \qquad (u \in y) \Rightarrow (u \in z)$$

sont vraies, donc la relation $u \in z$ est vraie.

3. L'axiome d'extensionalité

On appelle *axiome d'extensionalité* l'axiome suivant:

A1. $(\forall x)(\forall y)((x \subset y \text{ et } y \subset x) \Rightarrow (x = y))$.

Intuitivement, cet axiome exprime que deux ensembles ayant les mêmes éléments sont égaux.

Pour démontrer $x = y$, il suffit donc de démontrer $z \in y$ dans la théorie obtenue en adjoignant l'hypothèse $z \in x$, et $z \in x$ dans la théorie obtenue en adjoignant l'hypothèse $z \in y$, z étant une lettre distincte de x, de y et des constantes.

C48. *Soient* $\mathbf{R}$ *une relation,* x *une lettre,* y *une lettre distincte de* x *et ne figurant pas dans* $\mathbf{R}$. *La relation* $(\forall x)((x \in y) \Leftrightarrow \mathbf{R})$ *est univoque en* y.

En effet, soit z une lettre distincte de x et ne figurant pas dans $\mathbf{R}$. Adjoignons les hypothèses $(\forall x)((x \in y) \Leftrightarrow \mathbf{R})$ et $(\forall x)((x \in z) \Leftrightarrow \mathbf{R})$. Alors, on a successivement les théorèmes

$$(\forall x)(((x \in y) \Leftrightarrow \mathbf{R}) \text{ et } ((x \in z) \Leftrightarrow \mathbf{R})), \qquad (\forall x)((x \in y) \Leftrightarrow (x \in z)),$$
$$y \subset z, \; z \subset y.$$

D'après A1, on a $y = z$. Ceci établit C48.

4. Relations collectivisantes

Soient $\mathbf{R}$ une relation, x une lettre. Si y et y' désignent des lettres distinctes de x *et ne figurant pas dans* $\mathbf{R}$, les relations $(\exists y)(\forall x)((x \in y) \Leftrightarrow \mathbf{R})$ et $(\exists y')(\forall x)((x \in y') \Leftrightarrow \mathbf{R})$ sont identiques d'après CS8 (I, p. 32). La relation ainsi définie (qui ne contient pas x) se désigne par $\mathrm{Coll}_x \mathbf{R}$.

Lorsque $\mathrm{Coll}_x \mathbf{R}$ est un théorème d'une théorie $\mathcal{T}$, on dit que $\mathbf{R}$ est *collectivisante en* x dans $\mathcal{T}$. S'il en est ainsi, on peut introduire une constante auxiliaire a, distincte de x, des constantes de $\mathcal{T}$, et ne figurant pas dans $\mathbf{R}$, avec l'axiome introducteur $(\forall x)((x \in a) \Leftrightarrow \mathbf{R})$, ou, ce qui revient au même si x n'est pas une constante de $\mathcal{T}$, $(x \in a) \Leftrightarrow \mathbf{R}$.

Intuitivement, dire que $\mathbf{R}$ est collectivisante en x, c'est dire qu'il existe un ensemble a tel que les objets x possédant la propriété $\mathbf{R}$ soient précisément les éléments de a.

Exemples

1) La relation $x \in y$ est évidemment collectivisante en x.

2) La relation $x \notin x$ *n'est pas collectivisante* en x; autrement dit, (non $\mathrm{Coll}_x(x \notin x)$) est un théorème. Raisonnons par l'absurde en supposant $x \notin x$ collectivisante. Soit a une constante auxiliaire, distincte de x et des constantes de la théorie, avec l'axiome introducteur $(\forall x)((x \notin x) \Leftrightarrow (x \in a))$. Alors, la relation $(a \notin a) \Leftrightarrow (a \in a)$ est vraie d'après C30 (I, p. 34). La méthode de disjonction de cas (I, p. 28) prouve d'abord que la relation $a \notin a$ est vraie, puis que la relation $a \in a$ est vraie, ce qui est absurde.

C49. *Soient* $\mathbf{R}$ *une relation et* x *une lettre. Si* $\mathbf{R}$ *est collectivisante en* x, *la relation*

$(\forall \boldsymbol{x})((\boldsymbol{x} \in \boldsymbol{y}) \Leftrightarrow \boldsymbol{R})$, où $\boldsymbol{y}$ est une lettre distincte de $\boldsymbol{x}$ et ne figurant pas dans $\boldsymbol{R}$, est fonctionnelle en $\boldsymbol{y}$.

Ceci résulte aussitôt de C48.

Très fréquemment, dans la suite, on disposera d'un théorème de la forme $\mathrm{Coll}_{\boldsymbol{x}}\boldsymbol{R}$. On introduira alors, pour représenter le terme $\tau_{\boldsymbol{y}}(\forall \boldsymbol{x})((\boldsymbol{x} \in \boldsymbol{y}) \Leftrightarrow \boldsymbol{R})$, qui ne dépend pas du choix de la lettre $\boldsymbol{y}$ (distincte de $\boldsymbol{x}$ et ne figurant pas dans $\boldsymbol{R}$) un symbole fonctionnel; dans ce qui suit, nous utiliserons le symbole $\{\boldsymbol{x} \mid \boldsymbol{R}\}$; le terme correspondant ne contient pas $\boldsymbol{x}$. C'est de ce terme qu'il s'agira quand on parlera de « *l'ensemble des $\boldsymbol{x}$ tels que $\boldsymbol{R}$* ». Par définition (I, p. 32) la relation $(\forall \boldsymbol{x})((\boldsymbol{x} \in \{\boldsymbol{x} \mid \boldsymbol{R}\}) \Leftrightarrow \boldsymbol{R})$ est *identique* à $\mathrm{Coll}_{\boldsymbol{x}}\boldsymbol{R}$; par suite la relation $\boldsymbol{R}$ est *équivalente* à $\boldsymbol{x} \in \{\boldsymbol{x} \mid \boldsymbol{R}\}$.

C50. *Soient $\boldsymbol{R}$, $\boldsymbol{S}$ deux relations et $\boldsymbol{x}$ une lettre. Si $\boldsymbol{R}$ et $\boldsymbol{S}$ sont collectivisantes en $\boldsymbol{x}$, la relation $(\forall \boldsymbol{x})(\boldsymbol{R} \Rightarrow \boldsymbol{S})$ est équivalente à $\{\boldsymbol{x} \mid \boldsymbol{R}\} \subset \{\boldsymbol{x} \mid \boldsymbol{S}\}$; la relation $(\forall \boldsymbol{x})(\boldsymbol{R} \Leftrightarrow \boldsymbol{S})$ est équivalente à $\{\boldsymbol{x} \mid \boldsymbol{R}\} = \{\boldsymbol{x} \mid \boldsymbol{S}\}$.*

Cela résulte aussitôt de la remarque qui précède, de la déf. 1 et de l'axiome A1.

5. L'axiome de l'ensemble à deux éléments

A2. $$(\forall x)(\forall y)\mathrm{Coll}_{z}(z = x \text{ ou } z = y).$$

Cet axiome exprime que, si x et y sont des objets, il existe un ensemble dont les seuls éléments sont x et y.

DÉFINITION 2. — *L'ensemble $\{z \mid z = x$ ou $z = y\}$, dont les seuls éléments sont x et y, se note $\{x, y\}$.*

La relation $z \in \{x, y\}$ est donc équivalente à « $z = x$ ou $z = y$ »; il résulte de C50 que l'on a $\{y, x\} = \{x, y\}$.

Soit $\boldsymbol{R}\{\boldsymbol{z}\}$ une relation, $\boldsymbol{x}$ et $\boldsymbol{y}$ des lettres distinctes de $\boldsymbol{z}$. Des critères C32, C33 (I, p. 35) et C43 (I, p. 39) il résulte aisément que la relation $(\exists \boldsymbol{z})((\boldsymbol{z} \in \{\boldsymbol{x}, \boldsymbol{y}\})$ et $\boldsymbol{R}\{\boldsymbol{z}\})$ est équivalente à « $\boldsymbol{R}\{\boldsymbol{x}\}$ ou $\boldsymbol{R}\{\boldsymbol{y}\}$ »; on en déduit que la relation $(\forall \boldsymbol{z})((\boldsymbol{z} \in \{\boldsymbol{x}, \boldsymbol{y}\}) \Rightarrow \boldsymbol{R}\{\boldsymbol{z}\})$ est équivalente à « $\boldsymbol{R}\{\boldsymbol{x}\}$ et $\boldsymbol{R}\{\boldsymbol{y}\}$ ».

L'ensemble $\{x, x\}$, qu'on désigne simplement par $\{x\}$, s'appelle *l'ensemble dont le seul élément est x* (ou *l'ensemble réduit au seul élément x*); la relation $z \in \{x\}$ est équivalente à $z = x$; la relation $x \in \mathrm{X}$ est équivalente à $\{x\} \subset \mathrm{X}$.

6. Le schéma de sélection et réunion

On appelle *schéma de sélection et réunion* le schéma suivant:

S8. *Soient $\boldsymbol{R}$ une relation, $\boldsymbol{x}$ et $\boldsymbol{y}$ des lettres distinctes, $\boldsymbol{X}$ et $\boldsymbol{Y}$ des lettres distinctes de $\boldsymbol{x}$ et $\boldsymbol{y}$ et ne figurant pas dans $\boldsymbol{R}$. La relation*

(1) $$(\forall \boldsymbol{y})(\exists \boldsymbol{X})(\forall \boldsymbol{x})(\boldsymbol{R} \Rightarrow (\boldsymbol{x} \in \boldsymbol{X})) \Rightarrow (\forall \boldsymbol{Y})\ \mathrm{Coll}_{\boldsymbol{x}}((\exists \boldsymbol{y})((\boldsymbol{y} \in \boldsymbol{Y}) \text{ et } \boldsymbol{R}))$$

est un axiome.

Montrons d'abord que cette règle est bien un schéma. En effet, désignons par S la relation (1), et, dans S, substituons un terme T à une lettre z; d'après CS8 (I, p. 32), on peut supposer x, y, X, Y distincts de z et ne figurant pas dans T. Alors $(T \mid z)S$ est identique à

$$(\forall y)(\exists X)(\forall x)(R' \Rightarrow (x \in X)) \Rightarrow (\forall Y)\text{Coll}_x((\exists y)((y \in Y) \text{ et } R'))$$

où R' est $(T \mid z)R$.

Intuitivement, la relation $(\forall y)(\exists X)(\forall x)(R \Rightarrow (x \in X))$ signifie que, pour tout objet y, il existe un ensemble X (qui peut dépendre de y), tel que les objets x qui sont dans la relation R avec l'objet y donné soient des éléments de X (sans constituer nécessairement tout l'ensemble X). Le schéma de sélection et réunion affirme que, s'il en est ainsi, et si Y est un ensemble quelconque, il existe un ensemble dont les éléments sont exactement tous les objets x se trouvant dans la relation R avec un objet y au moins de l'ensemble Y.

C51. *Soient P une relation, A un ensemble et x une lettre ne figurant pas dans A. La relation* « P et $x \in A$ » *est collectivisante en x.*

Désignons par R la relation « P et $x = y$ », où y est une lettre distincte de x et ne figurant ni dans P ni dans A. La relation $(\forall x)(R \Rightarrow (x \in \{y\}))$ est vraie d'après C27 (I, p. 32). Soit X une lettre distincte de x et de y et ne figurant pas dans P. La relation précédente est identique à $(\{y\} \mid X)((\forall x)(R \Rightarrow (x \in X)))$ (notamment parce que x est distincte de y), donc la relation $(\forall y)(\exists X)(\forall x)(R \Rightarrow (x \in X))$ est vraie en vertu de S5 et de C27 (I, p. 33 et p. 32). Il résulte de S8 et de C30 (I, p. 34) que la relation $(A \mid Y)\text{Coll}_x(\exists y)(y \in Y \text{ et } R)$ (où Y est une lettre ne figurant pas dans R) est vraie, et cette relation est identique à $\text{Coll}_x(\exists y)(y \in A \text{ et } R)$ (notamment parce que ni x, ni y ne figurent dans A). Enfin, la relation « $y \in A$ et R » est équivalente à « $x = y$ et $x \in A$ et P » d'après C43 (I, p. 39); comme y ne figure ni dans P ni dans A, la relation $(\exists y)(x = y \text{ et } x \in A \text{ et } P)$ est équivalente à « $((\exists y)(x = y))$ et $x \in A$ et P » d'après C33 (I, p. 35) donc à « P et $x \in A$ » puisque $(\exists y)(x = y)$ est vraie.

L'ensemble $\{x \mid P \text{ et } x \in A\}$ est appelé *l'ensemble des $x \in A$ tels que P* et se note parfois $\{x \in A \mid P\}$ *(c'est ainsi qu'on parlera de l'ensemble des nombres réels tels que P)*.

C52. *Soient R une relation, A un ensemble, x une lettre ne figurant pas dans A. Si la relation $R \Rightarrow (x \in A)$ est un théorème, R est collectivisante en x.*

En effet, R est alors équivalente à « R et $x \in A$ ».

Remarque. — Soient R une relation collectivisante en x, et S une relation telle que $(\forall x)(S \Rightarrow R)$ soit un théorème. Alors S est collectivisante en x, car R est équivalente à $x \in \{x \mid R\}$, donc $S \Rightarrow (x \in \{x \mid R\})$ est un théorème et il suffit d'appliquer C52. On notera en outre que, dans ce cas, on a $\{x \mid S\} \subset \{x \mid R\}$ d'après C50.

C53. *Soient T un terme, A un ensemble, x et y des lettres distinctes. On suppose que x*

ne figure pas dans A, *et que* y *ne figure ni dans* T *ni dans* A. *La relation*

$$(\exists x)(y = T \text{ et } x \in A)$$

est collectivisante en y.

Soit R la relation $y = T$. La relation $(\forall y)(R \Rightarrow (y \in \{T\}))$ est vraie, donc il en est de même de $(\forall x)(\exists X)(\forall y)(R \Rightarrow (y \in X))$, où X est une lettre distincte de y et ne figurant pas dans R. En vertu de S8, la relation $(\exists x)(x \in A \text{ et } R)$ est collectivisante en y, ce qui démontre C53.

La relation $(\exists x)(y = T \text{ et } x \in A)$ se lit souvent: « y peut se mettre sous la forme T pour un x appartenant à A ». L'ensemble $\{y \mid (\exists x)(y = T \text{ et } x \in A)\}$ est généralement appelé *l'ensemble des objets de la forme* T *pour* $x \in A$. L'assemblage ainsi désigné ne contient ni x ni y, et ne dépend pas du choix de la lettre y vérifiant les conditions de C53.

7. Complémentaire d'un ensemble. L'ensemble vide

La relation $(x \notin \mathrm{A} \text{ et } x \in \mathrm{X})$ est collectivisante en x d'après C51.

DÉFINITION 3. — *Soit* A *une partie d'un ensemble* X. *On appelle complémentaire de* A *par rapport à* X, *et on désigne par* $\complement_{\mathrm{X}}\mathrm{A}$ *ou* $\mathrm{X} - \mathrm{A}$ (ou par $\complement\mathrm{A}$ lorsqu'il n'y a pas de confusion à craindre) *l'ensemble des éléments de* X *qui n'appartiennent pas à* A, *c'est-à-dire l'ensemble* $\{x \mid x \notin \mathrm{A} \text{ et } x \in \mathrm{X}\}$.

Soit A une partie d'un ensemble X; les relations « $x \in \mathrm{X}$ et $x \notin \mathrm{A}$ » et $x \in \complement_{\mathrm{X}}\mathrm{A}$ sont donc équivalentes. Par suite, la relation « $x \in \mathrm{X}$ et $x \notin \complement_{\mathrm{X}}\mathrm{A}$ » est équivalente à « $x \in \mathrm{X}$ et $(x \notin \mathrm{X}$ ou $x \in \mathrm{A})$ », donc à $x \in \mathrm{A}$. Autrement dit, $\mathrm{A} = \complement_{\mathrm{X}}(\complement_{\mathrm{X}}\mathrm{A})$ est une relation vraie. On voit de même que, si B est une partie de X, les relations $\mathrm{A} \subset \mathrm{B}$ et $\complement_{\mathrm{X}}\mathrm{B} \subset \complement_{\mathrm{X}}\mathrm{A}$ sont équivalentes.

THÉORÈME 1. — *La relation* $(\forall x)(x \notin \mathrm{X})$ *est fonctionnelle en* X.

En effet, la relation $(\forall x)(x \notin \mathrm{X})$ entraîne $(\forall \mathrm{Y})(\mathrm{X} \subset \mathrm{Y})$; en vertu de l'axiome d'extensionalité, la relation $(\forall x)(x \notin \mathrm{X})$ est donc univoque en X. D'autre part, la relation $(\forall x)(x \notin \complement_{\mathrm{Y}}\mathrm{Y})$ est vraie, ce qui prouve que $(\exists \mathrm{X})(\forall x)(x \notin \mathrm{X})$ est vraie.

Le terme $\tau_{\mathrm{X}}((\forall x)(x \notin \mathrm{X}))$ correspondant à cette relation fonctionnelle se représente par le symbole fonctionnel $\varnothing$, qu'on appelle *l'ensemble vide*[1]; la relation $(\forall x)(x \notin \mathrm{X})$, qui est équivalente à $\mathrm{X} = \varnothing$, se lit: « *l'ensemble* X *est vide* ». On a les théorèmes $x \notin \varnothing$, $\varnothing \subset \mathrm{X}$, $\complement_{\mathrm{X}}\mathrm{X} = \varnothing$, $\complement_{\mathrm{X}}\varnothing = \mathrm{X}$; la relation $\mathrm{X} \subset \varnothing$ est équivalente à $\mathrm{X} = \varnothing$. Si $R\{x\}$ est une relation, la relation $(\forall x)((x \in \varnothing) \Rightarrow R\{x\})$ est vraie.

Remarque. — Il n'existe pas d'ensemble dont tous les objets soient éléments; autrement dit, « non $(\exists \mathrm{X})(\forall x)(x \in \mathrm{X})$ » est un théorème. En effet, s'il existait un tel ensemble,

[1] Le terme désigné par $\varnothing$ est donc .

toute relation serait collectivisante d'après C52. Or, nous avons vu (II, p. 3) que la relation $x \notin x$ n'est pas collectivisante.

§ 2. COUPLES

1. Définition des couples

PROPOSITION 1. — *La relation* $\{\{x\}, \{x, y\}\} = \{\{x'\}, \{x', y'\}\}$ *est équivalente à* «$x = x'$ et $y = y'$».

Il suffit de prouver que la première de ces relations entraîne la seconde. Or, si l'on avait $x \neq x'$, on en déduirait que $\{x\} \neq \{x'\}$ (II, p. 4), donc (*loc. cit.*) $\{x\} = \{x', y'\}$, donc $x' = x$, contrairement à l'hypothèse. On a donc nécessairement $x = x'$ et $\{x, y\} = \{x, y'\}$; mais cela entraîne $y = x$ ou $y = y'$; dans le premier cas, on a $\{x, y'\} = \{x\}$, donc $y' = x$; comme $x = y$, on a $y' = y$ dans tous les cas. CQFD.

On dit que le terme $\{\{x\}, \{x, y\}\}$ est le *couple formé de x et de y*, et on le note de façon abrégée (x, y), de sorte que la relation $(x, y) = (x', y')$ est équivalente à «$x = x'$ et $y = y'$».

La relation $(\exists x)(\exists y)(z = (x, y))$ se désigne par « *z est un couple* ». Si z est un couple, les relations $(\exists y)(z = (x, y))$ et $(\exists x)(z = (x, y))$ sont fonctionnelles par rapport à x et y respectivement, comme il résulte aussitôt de la prop. 1.

On désigne les termes $\tau_x((\exists y)(z = (x, y)))$ et $\tau_y((\exists x)(z = (x, y)))$ par $\mathrm{pr}_1 z$ et $\mathrm{pr}_2 z$ respectivement; on les appelle respectivement *première coordonnée* (ou *première projection*) et *seconde coordonnée* (ou *seconde projection*) de z. Si z est un couple, la relation $(\exists y)(z = (x, y))$ est donc équivalente à $x = \mathrm{pr}_1 z$ et la relation $(\exists x)(z = (x, y))$ à $y = \mathrm{pr}_2 z$ (I, p. 41).

La relation $z = (x, y)$ est équivalente à « z est un couple et $x = \mathrm{pr}_1 z$ et $y = \mathrm{pr}_2 z$ »; en effet, cette dernière relation est équivalente à

$$(\exists x')(\exists y')(\exists x'')(\exists y'')(z = (x', y') \text{ et } z = (x, y'') \text{ et } z = (x'', y));$$

d'après la prop. 1, « $z = (x', y')$ et $z = (x, y'')$ et $z = (x'', y)$ » est équivalente à « $z = (x, y)$ et $x = x'$ et $x = x''$ et $y = y'$ et $y = y''$ »; donc « z est un couple et $x = \mathrm{pr}_1 z$ et $y = \mathrm{pr}_2 z$ » est équivalente, d'après C33 (I, p. 35), à

$$z = (x, y) \text{ et } (\exists x')(\exists y')(\exists x'')(\exists y'')(x = x' \text{ et } x = x'' \text{ et } y = y' \text{ et } y = y'')$$

ce qui établit notre assertion. On a évidemment $\mathrm{pr}_1(x, y) = x$, $\mathrm{pr}_2(x, y) = y$, et la relation $z = (\mathrm{pr}_1(z), \mathrm{pr}_2(z))$ est équivalente à « z est un couple ».

Soient $\mathbf{R}\{\mathbf{x}, \mathbf{y}\}$ une relation, les lettres $\mathbf{x}$ et $\mathbf{y}$ étant distinctes et figurant dans $\mathbf{R}$. Soit $\mathbf{z}$ une lettre distincte de $\mathbf{x}$ et de $\mathbf{y}$ et ne figurant pas dans $\mathbf{R}$. Désignons par $\mathbf{S}\{\mathbf{z}\}$ la relation $(\exists \mathbf{x})(\exists \mathbf{y})(\mathbf{z} = (\mathbf{x}, \mathbf{y})$ et $\mathbf{R}\{\mathbf{x}, \mathbf{y}\})$; c'est une relation qui contient une lettre de moins que $\mathbf{R}$, et qui est *équivalente* à « $\mathbf{z}$ est un couple et $\mathbf{R}\{\mathrm{pr}_1 \mathbf{z}, \mathrm{pr}_2 \mathbf{z}\}$ »: cela résulte de ce que $\mathbf{z} = (\mathbf{x}, \mathbf{y})$ est équivalente à « $\mathbf{z}$ est un couple et $\mathbf{x} = \mathrm{pr}_1 \mathbf{z}$ et $\mathbf{y} = \mathrm{pr}_2 \mathbf{z}$ », et des critères C33 (I, p. 35) et C47 (I,

p. 42). On en déduit aussitôt que $R\{x, y\}$ est équivalente à $S\{(x, y)\}$, et aussi à $(\exists z)(z = (x, y)$ et $S\{z\})$ d'après C47.

Cela signifie qu'on peut interpréter une relation entre les objets x et y comme une propriété du couple formé par ces objets.

2. Produit de deux ensembles

THÉORÈME 1. — *La relation*

$$(\forall X)(\forall Y)(\exists Z)(\forall z)((z \in Z) \Leftrightarrow (\exists x)(\exists y)(z = (x, y) \text{ et } x \in X \text{ et } y \in Y))$$

est vraie. Autrement dit, quels que soient X *et* Y, *la relation « z est un couple et* $\mathrm{pr}_1 z \in X$ *et* $\mathrm{pr}_2 z \in Y$ *» est collectivisante en z.*

En effet, désignons par A_y l'ensemble des objets de la forme (x, y) pour $x \in X$ (II, p. 5, critère C53). Soit R la relation $z \in A_y$, qui est équivalente à $(\exists x)(z = (x, y)$ et $x \in X)$. Il est clair que la relation $(\forall y)(\exists A)(\forall z)(R \Rightarrow (z \in A))$ est vraie en vertu de S5 (I, p. 33). Il résulte alors de S8 que la relation $(\exists y)(y \in Y$ et $R)$ est collectivisante en z. Or, cette relation est équivalente à $(\exists x)(\exists y)(y \in Y$ et $x \in X$ et $z = (x, y))$; d'où le théorème.

DÉFINITION 1. — *Etant donnés deux ensembles* X *et* Y, *l'ensemble*

$$\{z \mid (\exists x)(\exists y)(z = (x, y) \text{ et } x \in X \text{ et } y \in Y)\}$$

s'appelle le produit de X *et de* Y *et se désigne par* $X \times Y$.

La relation $z \in X \times Y$ est donc équivalente à « z est un couple et $\mathrm{pr}_1 z \in X$ et $\mathrm{pr}_2 z \in Y$ ». Les ensembles X et Y sont appelés le *premier* et le *second ensemble facteur* de $X \times Y$.

PROPOSITION 2. — *Si* A', B' *sont des ensembles non vides, la relation* $A' \times B' \subset A \times B$ *est équivalente à «* $A' \subset A$ et $B' \subset B$ *».*

En premier lieu, la relation $z \in A' \times B'$ est équivalente à « z est un couple et $\mathrm{pr}_1 z \in A'$ et $\mathrm{pr}_2 z \in B'$ »; donc, sans hypothèse sur A' et B', la relation « $A' \subset A$ et $B' \subset B$ » entraîne $A' \times B' \subset A \times B$. Réciproquement, montrons d'abord que, si $B' \neq \varnothing$ (sans hypothèse sur A'), la relation $A' \times B' \subset A \times B$ entraîne $A' \subset A$. Soit x un élément de A'; puisque $B' \neq \varnothing$, il y a un objet y qui est élément de B'; on a $(x, y) \in A' \times B'$, d'où $(x, y) \in A \times B$ et par suite $x \in A$; cela montre que $A' \subset A$. On voit de même que si $A' \neq \varnothing$, la relation $A' \times B' \subset A \times B$ entraîne $B' \subset B$, d'où la proposition.

PROPOSITION 3. — *Soient* A *et* B *deux ensembles. La relation* $A \times B = \varnothing$ *est équivalente à «* $A = \varnothing$ ou $B = \varnothing$ *».*

En effet, la relation $z \in A \times B$ entraîne $\mathrm{pr}_1 z \in A$ et $\mathrm{pr}_2 z \in B$, donc $A \neq \varnothing$ et $B \neq \varnothing$; inversement, la relation « $x \in A$ et $y \in B$ » entraîne $(x, y) \in A \times B$, donc $A \times B \neq \varnothing$. Autrement dit, la relation $A \times B \neq \varnothing$ est équivalente à « $A \neq \varnothing$ et $B \neq \varnothing$ »; d'où la proposition.

Si A, B, C sont des ensembles, on pose

$$(A \times B) \times C = A \times B \times C;$$

un élément $((x, y), z)$ de $A \times B \times C$ s'écrit aussi (x, y, z) et s'appelle un *triplet*. De même, si A, B, C, D sont des ensembles, on pose $(A \times B \times C) \times D = A \times B \times C \times D$. Etc.

§ 3. CORRESPONDANCES

1. Graphes et correspondances

Définition 1. — *On dit que* G *est un graphe si tout élément de* G *est un couple, autrement dit si la relation*

$$(\forall z)(z \in G \Rightarrow (z \text{ est un couple}))$$

est vraie.

Si G est un graphe, la relation $(x, y) \in G$ s'exprime encore en disant que « y correspond à x par G ».

Soit $\boldsymbol{R}\{\boldsymbol{x}, \boldsymbol{y}\}$ une relation, $\boldsymbol{x}$ et $\boldsymbol{y}$ étant des lettres distinctes. Soit $\boldsymbol{G}$ une lettre distincte de $\boldsymbol{x}$ et de $\boldsymbol{y}$ et ne figurant pas dans $\boldsymbol{R}$. Si la relation

$$(\exists \boldsymbol{G})(\boldsymbol{G} \text{ est un graphe et } (\forall \boldsymbol{x})(\forall \boldsymbol{y})(\boldsymbol{R} \Leftrightarrow ((\boldsymbol{x}, \boldsymbol{y}) \in \boldsymbol{G})))$$

est vraie, on dit que $\boldsymbol{R}$ *admet un graphe* (par rapport aux lettres $\boldsymbol{x}$ et $\boldsymbol{y}$). Le graphe $\boldsymbol{G}$ est alors unique en vertu de l'axiome d'extensionalité, et s'appelle le *graphe* de $\boldsymbol{R}$ (ou l'*ensemble représentatif* de $\boldsymbol{R}$) par rapport à $\boldsymbol{x}$ et $\boldsymbol{y}$.

Soit $\boldsymbol{Z}$ une lettre distincte de $\boldsymbol{x}$ et de $\boldsymbol{y}$ et ne figurant pas dans $\boldsymbol{R}$. Si la relation

$$(\exists \boldsymbol{Z})(\forall \boldsymbol{x})(\forall \boldsymbol{y})(\boldsymbol{R} \Rightarrow ((\boldsymbol{x}, \boldsymbol{y}) \in \boldsymbol{Z}))$$

est vraie, $\boldsymbol{R}$ admet un graphe: il suffit en effet de prendre pour ce graphe l'ensemble des couples $\boldsymbol{z}$ tels que $\boldsymbol{z} \in \boldsymbol{Z}$ et $\boldsymbol{R}\{\mathrm{pr}_1 \boldsymbol{z}, \mathrm{pr}_2 \boldsymbol{z}\}$ ($\boldsymbol{z}$ étant une lettre distincte de $\boldsymbol{x}$, $\boldsymbol{y}$, $\boldsymbol{Z}$ et ne figurant pas dans $\boldsymbol{R}$). Cette condition est remplie si on connaît un terme $\boldsymbol{T}$, où ne figurent ni $\boldsymbol{x}$ ni $\boldsymbol{y}$, tel que $\boldsymbol{R} \Rightarrow ((\boldsymbol{x}, \boldsymbol{y}) \in \boldsymbol{T})$ soit vraie.

Proposition 1. — *Soit* G *un graphe. Il existe un ensemble* A *et un seul, et un ensemble* B *et un seul, qui possèdent les propriétés suivantes:* 1) *la relation* $(\exists y)((x, y) \in G)$ *est équivalente à* $x \in A$; 2) *la relation* $(\exists x)((x, y) \in G)$ *est équivalente à* $y \in B$.

Il suffit en effet de prendre pour A (resp. B) l'ensemble des objets de la forme $\mathrm{pr}_1 z$ (resp. $\mathrm{pr}_2 z$) pour $z \in G$ (II, p. 6): de façon précise, on a $A = \{x \mid (\exists y)((x, y) \in G)\}$ et $B = \{y \mid (\exists x)((x, y) \in G)\}$.

Ces ensembles s'appellent respectivement *la première* et *la seconde projection* du graphe G, ou encore *l'ensemble de définition* et *l'ensemble des valeurs* de G; on les désigne par $\mathrm{pr}_1 \langle G \rangle$ et $\mathrm{pr}_2 \langle G \rangle$ (ou $\mathrm{pr}_1 G$ et $\mathrm{pr}_2 G$ lorsqu'aucune confusion n'en résulte). On vérifie aussitôt que $G \subset (\mathrm{pr}_1 G) \times (\mathrm{pr}_2 G)$: tout ensemble de couples est donc une partie d'un produit, et réciproquement. Si l'un des deux ensembles $\mathrm{pr}_1 G$, $\mathrm{pr}_2 G$ est vide, on a donc $G = \varnothing$ (II, p. 8, prop. 2).

Remarque. — La relation $x = y$ n'admet pas de graphe; car la première projection de ce graphe, s'il existait, serait l'ensemble de tous les objets (cf. II, p. 6, *Remarque*).

DÉFINITION 2. — *On appelle correspondance entre un ensemble* A *et un ensemble* B *un triplet* (II, p. 9) $\Gamma = (G, A, B)$ *où* G *est un graphe tel que* $\mathrm{pr}_1 G \subset A$ *et* $\mathrm{pr}_2 G \subset B$. *On dit que* G *est le graphe de* Γ, A *l'ensemble de départ et* B *l'ensemble d'arrivée de* Γ.

Si $(x, y) \in G$, on dit encore que « y correspond à x par la correspondance Γ ». Pour tout $x \in \mathrm{pr}_1 G$, on dit que la correspondance Γ est *définie pour l'objet* x, et $\mathrm{pr}_1 G$ est appelé *l'ensemble de définition* (ou *domaine*) *de* Γ; pour tout $y \in \mathrm{pr}_2 G$, on dit que y est *une valeur prise par* Γ et $\mathrm{pr}_2 G$ est appelé *l'ensemble des valeurs* (ou *image*) *de* Γ.

Si $\boldsymbol{R}\{\boldsymbol{x}, \boldsymbol{y}\}$ est une relation admettant un graphe $\boldsymbol{G}$ (par rapport aux lettres $\boldsymbol{x}$ et $\boldsymbol{y}$), et si $\boldsymbol{A}$ et $\boldsymbol{B}$ sont deux ensembles tels que $\mathrm{pr}_1 \boldsymbol{G} \subset \boldsymbol{A}$ et $\mathrm{pr}_2 \boldsymbol{G} \subset \boldsymbol{B}$, on dit que $\boldsymbol{R}$ est une *relation entre un élément de* $\boldsymbol{A}$ *et un élément de* $\boldsymbol{B}$ (relativement aux lettres $\boldsymbol{x}, \boldsymbol{y}$). On dit que la correspondance $\Gamma = (\boldsymbol{G}, \boldsymbol{A}, \boldsymbol{B})$ est la correspondance entre $\boldsymbol{A}$ et $\boldsymbol{B}$ *définie par la relation* $\boldsymbol{R}$ (par rapport à $\boldsymbol{x}$ et $\boldsymbol{y}$).

Soient G un graphe et X un ensemble. La relation « $x \in X$ et $(x, y) \in G$ » entraîne $(x, y) \in G$ et admet par suite un graphe G′. La seconde projection de G′ se compose évidemment de tous les objets qui correspondent par G à des objets de X.

DÉFINITION 3. — *Soient* G *un graphe et* X *un ensemble. L'ensemble des objets qui correspondent par* G *à des éléments de* X *s'appelle l'image de* X *par* G *et se désigne par* $G\langle X\rangle$ *ou* $G(X)$.

Soient $\Gamma = (G, A, B)$ *une correspondance, et* X *une partie de* A. *L'ensemble* $G\langle X\rangle$ *se note encore* $\Gamma\langle X\rangle$ *ou* $\Gamma(X)$ *et s'appelle l'image de* X *par* Γ.

Remarques. — 1) D'une manière précise, $G\langle X\rangle$ désigne l'ensemble

$$\{y \mid (\exists x)(x \in X \text{ et } (x, y) \in G)\}.$$

Nous ne ferons plus que rarement désormais la traduction des définitions en langage formel.

2) Les notations $G(X)$ et $\Gamma(X)$ peuvent parfois conduire à des confusions avec des notations introduites ultérieurement (cf. II, p. 14, *Remarque*).

Soit G un graphe. Comme la relation $(x, y) \in G$ entraîne $y \in \mathrm{pr}_2 G$, on a $G\langle X\rangle \subset \mathrm{pr}_2 G$ pour tout ensemble X; comme $(x, y) \in G$ entraîne $x \in \mathrm{pr}_1 G$, on a $G\langle \mathrm{pr}_1 G\rangle = \mathrm{pr}_2 G$. On a $G\langle \varnothing\rangle = \varnothing$, puisque $x \notin \varnothing$ est un théorème. Si $X \subset \mathrm{pr}_1 G$ et $X \neq \varnothing$, on a $G\langle X\rangle \neq \varnothing$.

PROPOSITION 2. — *Soient* G *un graphe,* X *et* Y *deux ensembles; la relation* $X \subset Y$ *entraîne* $G\langle X\rangle \subset G\langle Y\rangle$.

La proposition est évidente à partir des définitions et de C50 (II, p. 4).

COROLLAIRE. — *Si* $A \supset pr_1 G$, *on a* $G\langle A\rangle = pr_2 G$.

DÉFINITION 4. — *Soient* G *un graphe et* x *un objet. On appelle coupe de* G *suivant* x *l'ensemble* $G\langle\{x\}\rangle$ (qu'on désigne aussi parfois par $G(x)$, par abus de notation).

Il résulte aussitôt de C43 (I, p. 39) que la relation $y \in G\langle\{x\}\rangle$ est équivalente à $(x, y) \in G$. Si G et G′ sont deux graphes, la relation $G \subset G'$ est donc équivalente à $(\forall x)(G\langle\{x\}\rangle \subset G'\langle\{x\}\rangle)$.

Si $\Gamma = (G, A, B)$ est une correspondance entre A et B, pour tout $x \in A$ la coupe de G suivant x s'appelle encore la *coupe* de Γ suivant x et se note également $\Gamma\langle\{x\}\rangle$ (ou $\Gamma(x)$).

2. Correspondance réciproque d'une correspondance

Soient G un graphe, $A = pr_1 G$, $B = pr_2 G$ ses projections. La relation $(y, x) \in G$ entraîne $(x, y) \in B \times A$; cette relation admet donc un graphe qui se compose des couples (x, y) tels que $(y, x) \in G$.

DÉFINITION 5. — *Soient* G *un graphe. Le graphe dont les éléments sont les couples* (x, y) *tels que* $(y, x) \in G$ *s'appelle le graphe réciproque de* G *et se désigne par* $\overset{-1}{G}$ *ou* G^{-1}.

Pour tout ensemble X, $\overset{-1}{G}\langle X\rangle$ s'appelle *l'image réciproque de* X *par* G.

Il est évident que le graphe réciproque de $\overset{-1}{G}$ est G, et que l'on a $pr_1 \overset{-1}{G} = pr_2 G$, $pr_2 \overset{-1}{G} = pr_1 G$. En particulier, si X et Y sont deux ensembles, on a $\overset{-1}{\widehat{X \times Y}} = Y \times X$. On dit qu'un graphe G est *symétrique* si $\overset{-1}{G} = G$.

Soit $\Gamma = (G, A, B)$ une correspondance entre A et B. Comme $pr_1 \overset{-1}{G} \subset B$ et $pr_2 \overset{-1}{G} \subset A$, le triplet $(\overset{-1}{G}, B, A)$ est une *correspondance entre* B *et* A, qu'on appelle la *correspondance réciproque* de Γ et qu'on note $\overset{-1}{\Gamma}$ ou Γ^{-1}. Pour toute partie Y de B, l'image $\overset{-1}{\Gamma}\langle Y\rangle$ de Y par $\overset{-1}{\Gamma}$ s'appelle encore *l'image réciproque de* Y *par* Γ. Il est évident que la correspondance réciproque de $\overset{-1}{\Gamma}$ est Γ.

3. Composée de deux correspondances

Soient G et G′ deux graphes. Désignons par A l'ensemble $pr_1 G$ et par C l'ensemble $pr_2 G'$. La relation $(\exists y)((x, y) \in G$ et $(y, z) \in G')$ entraîne $(x, z) \in A \times C$; elle admet donc un graphe par rapport à x et z.

DÉFINITION 6. — *Soient* G *et* G′ *des graphes. On appelle composé de* G′ *et de* G, *et on désigne par* $G' \circ G$ (ou parfois par $G'G$), *le graphe par rapport à* x *et* z *de la relation* $(\exists y)((x, y) \in G$ et $(y, z) \in G')$.

PROPOSITION 3. — *Soient* G *et* G' *deux graphes. Le graphe réciproque de* $G' \circ G$ *est* $\overset{-1}{G} \circ \overset{-1}{G'}$.

En effet, la relation « $(x, y) \in G$ et $(y, z) \in G'$ » est équivalente à « $(z, y) \in \overset{-1}{G'}$ et $(y, x) \in \overset{-1}{G}$ ».

PROPOSITION 4. — *Soient* G_1, G_2, G_3 *des graphes. On a alors* $(G_3 \circ G_2) \circ G_1 = G_3 \circ (G_2 \circ G_1)$.

En effet, la relation $(x, t) \in (G_3 \circ G_2) \circ G_1$ est équivalente à la relation

$$(\exists y)((x, y) \in G_1 \text{ et } (\exists z)((y, z) \in G_2 \text{ et } (z, t) \in G_3))$$

donc (notamment d'après C33 (I, p. 35)) à la relation

(1) $$(\exists y)(\exists z)((x, y) \in G_1 \text{ et } (y, z) \in G_2 \text{ et } (z, t) \in G_3).$$

On voit de même que la relation $(x, t) \in G_3 \circ (G_2 \circ G_1)$ est équivalente à

(2) $$(\exists z)(\exists y)((x, y) \in G_1 \text{ et } (y, z) \in G_2 \text{ et } (z, t) \in G_3).$$

Or on sait que les relations (1) et (2) sont équivalentes, ce qui démontre la prop. 4.

Le graphe $G_3 \circ (G_2 \circ G_1)$ se désigne par $G_3 \circ G_2 \circ G_1$. De même, si G_1, G_2, G_3, G_4 sont des graphes, on pose

$$G_4 \circ (G_3 \circ G_2 \circ G_1) = G_4 \circ G_3 \circ G_2 \circ G_1, \quad \text{etc.}$$

PROPOSITION 5. — *Soient* G *et* G' *des graphes et* A *un ensemble. On a*

$$(G' \circ G)\langle A \rangle = G'\langle G\langle A \rangle \rangle.$$

En effet, en vertu de C33 (I, p. 35), la relation $z \in (G' \circ G)\langle A \rangle$ est équivalente à

$$(\exists y)((\exists x)(x \in A \text{ et } (x, y) \in G) \text{ et } (y, z) \in G')$$

donc à $(\exists y)(y \in G\langle A \rangle \text{ et } (y, z) \in G')$, ce qui démontre la proposition.

Si G et G' sont deux graphes, on a $\mathrm{pr}_1 (G' \circ G) = \overset{-1}{G}\langle \mathrm{pr}_1 G' \rangle$, et $\mathrm{pr}_2 (G' \circ G) = G'\langle \mathrm{pr}_2 G \rangle$. Pour démontrer par exemple la seconde de ces relations, il suffit de remarquer que la relation $z \in \mathrm{pr}_2 (G' \circ G)$ équivaut à $(\exists x)((x, z) \in G' \circ G)$, donc à

$$(\exists y)((\exists x)((x, y) \in G) \text{ et } (y, z) \in G');$$

mais cette dernière est équivalente à $z \in G'\langle \mathrm{pr}_2 G \rangle$.

Si G est un graphe, X un ensemble tel que $X \subset \mathrm{pr}_1 G$, on a $X \subset \overset{-1}{G}\langle G\langle X \rangle \rangle$. En effet, la relation $x \in X$ entraîne par hypothèse $(\exists y)((x, y) \in G)$; mais $(x, y) \in G$ est équivalente à $(y, x) \in \overset{-1}{G}$, et d'autre part $(x, y) \in G$ entraîne

$$(\exists z)(z \in X \text{ et } (z, y) \in G);$$

donc $x \in X$ entraîne $(\exists y)((\exists z)(z \in X$ et $(z, y) \in G)$ et $(y, x) \in \overset{-1}{G})$, c'est-à-dire $x \in \overset{-1}{G}\langle G\langle X\rangle\rangle$.

Il est clair que si G_1, G_2, G'_1, G'_2 sont des graphes, les relations $G_1 \subset G_2$ et $G'_1 \subset G'_2$ entraînent $G'_1 \circ G_1 \subset G'_2 \circ G_2$.

Soient maintenant $\Gamma = (G, A, B)$ et $\Gamma' = (G', B, C)$ deux correspondances telles que l'ensemble d'arrivée de Γ soit identique à l'ensemble de départ de Γ'. D'après ce qui précède, on a $\mathrm{pr}_1 (G' \circ G) \subset \mathrm{pr}_1 G \subset A$ et

$$\mathrm{pr}_2 (G' \circ G) \subset \mathrm{pr}_2 G' \subset C;$$

on peut donc poser la définition suivante:

DÉFINITION 7. — *Soient* $\Gamma = (G, A, B)$ *et* $\Gamma' = (G', B, C)$ *deux correspondances telles que l'ensemble d'arrivée de* Γ *soit identique à l'ensemble de départ de* Γ'. *On appelle composée de* Γ' *et de* Γ, *et on note* $\Gamma' \circ \Gamma$ (ou parfois $\Gamma'\Gamma$), *la correspondance* $(G' \circ G, A, C)$.

Il résulte aussitôt de la prop. 5 que, si X est une partie de A, on a $(\Gamma' \circ \Gamma)\langle X\rangle = \Gamma'\langle\Gamma\langle X\rangle\rangle$. En outre, comme l'ensemble d'arrivée de $\overset{-1}{\Gamma'}$ est identique à l'ensemble de départ de $\overset{-1}{\Gamma}$, la correspondance réciproque de $\Gamma' \circ \Gamma$ est $\overset{-1}{\Gamma} \circ \overset{-1}{\Gamma'}$, en vertu de la prop. 3.

DÉFINITION 8. — *Si* A *est un ensemble, l'ensemble* Δ_A *des objets de la forme* (x, x), *pour* $x \in A$, *s'appelle la diagonale de* $A \times A$.

Il est clair que l'on a $\mathrm{pr}_1 \Delta_A = \mathrm{pr}_2 \Delta_A = A$. La correspondance $\mathrm{Id}_A = (\Delta_A, A, A)$ est appelée la *correspondance identique* de A; elle est sa propre réciproque.

Si Γ est une correspondance entre A et B, Id_A la correspondance identique de A, Id_B la correspondance identique de B, on a $\Gamma \circ \mathrm{Id}_A = \mathrm{Id}_B \circ \Gamma = \Gamma$.

4. Fonctions

DÉFINITION 9. — *On dit qu'un graphe* F *est un graphe fonctionnel si, pour tout* x, *il existe au plus un objet correspondant à* x *par* F (I, p. 40). *On dit qu'une correspondance* $f = (F, A, B)$ *est une fonction si son graphe* F *est un graphe fonctionnel, et si son ensemble de départ* A *est égal à son ensemble de définition* $\mathrm{pr}_1 F$. *Autrement dit, une correspondance* $f = (F, A, B)$ *est une fonction si, pour tout* x *appartenant à l'ensemble de départ* A *de* f, *la relation* $(x, y) \in F$ *est fonctionnelle en* y (I, p. 41); *l'objet unique correspondant à* x *par* f *s'appelle la valeur de* f *pour l'élément* x *de* A, *et se désigne par* $f(x)$ *ou* f_x (ou $F(x)$, ou F_x).

Si f est une fonction, F son graphe et x un élément de l'ensemble de définition de f, la relation $y = f(x)$ est donc équivalente à $(x, y) \in F$ (I, p. 41, critère C46).

Remarque. — Il faut prendre garde aux confusions que risque d'entraîner l'emploi simultané de la notation $f(x)$ et de la notation $f(\mathrm{X})$ (synonyme de $f\langle \mathrm{X}\rangle$) introduite dans la déf. 3 (cf. II, p. 50, exerc. 11).

Soient A et B deux ensembles; on appelle *application de* A *dans* B une fonction f dont l'ensemble de départ (égal à l'ensemble de définition) est égal à A et dont l'ensemble d'arrivée est égal à B; on dit aussi qu'une telle fonction est *définie dans* A *et prend ses valeurs dans* B.

Au lieu de dire « soit f une application de A dans B », on emploiera souvent les phrases suivantes: « soit une application $f\colon \mathrm{A} \rightarrow \mathrm{B}$ » ou même « soit $f\colon \mathrm{A} \rightarrow \mathrm{B}$ ». Pour faciliter la lecture d'un raisonnement où interviennent plusieurs applications, on fera usage de *diagrammes* tels que

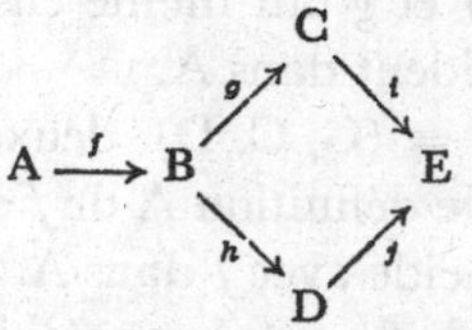

où un groupe de signes tel que $\mathrm{A} \xrightarrow{f} \mathrm{B}$ doit s'interpréter comme signifiant que f est une application de A dans B.

On dit encore qu'une fonction f définie dans A *transforme* x *en* $f(x)$ (pour tout $x \in \mathrm{A}$), ou que $f(x)$ est le *transformé de* x *par* f, ou (par abus de langage) l'*image* de x par f.

Dans certains cas, un graphe fonctionnel s'appelle aussi une *famille*; l'ensemble de définition s'appelle alors l'*ensemble des indices*, et l'ensemble des valeurs s'appelle, par abus de langage, l'*ensemble des éléments* de la famille; c'est surtout dans ce cas qu'on utilise la notation indicielle f_x pour désigner la valeur de f pour l'élément x. Lorsque l'ensemble des indices est le produit de deux ensembles, on dit souvent qu'il s'agit d'une *famille double*.

De même, une fonction dont l'ensemble d'arrivée est E s'appelle parfois une *famille d'éléments de* E. Lorsque tout élément de E est une partie d'un ensemble F, on dit aussi qu'on a une *famille de parties de* F.

Nous emploierons souvent, dans la suite de ce Traité, le mot « fonction » à la place de « graphe fonctionnel ».

Exemples de fonctions. — 1) L'ensemble vide est un graphe fonctionnel; toute fonction dont le graphe est vide a pour ensemble de définition et pour ensemble des valeurs l'ensemble vide; celle de ces fonctions dont l'ensemble d'arrivée est vide (autrement dit la fonction $(\varnothing, \varnothing, \varnothing)$) est appelée la *fonction vide*.

2) Soit A un ensemble; la correspondance identique de A (II, p. 13) est une fonction qu'on appelle l'*application identique de* A.

A tout ensemble A est ainsi associée une famille, constituée par l'application identique de A, dont A est l'ensemble des indices et l'ensemble des éléments. Par abus de langage, on désigne parfois un ensemble sous le nom de « famille »; c'est alors de la famille ainsi associée à l'ensemble considéré qu'il est question.

On dit qu'une fonction f est *constante* si, quels que soient x et x' dans l'ensemble de définition de f, on a $f(x) = f(x')$.

Soit f une application de l'ensemble E dans l'ensemble E. On dit qu'un élément x de E est *invariant par* f si $f(x) = x$.

5. Restrictions et prolongements de fonctions

On dit que deux fonctions f et g *coïncident dans un ensemble* E si E est contenu dans les ensembles de définition de f et de g, et si $f(x) = g(x)$ pour tout $x \in$ E. Deux fonctions ayant même graphe coïncident dans leur ensemble de définition. Dire que $f = g$ revient à dire que f et g ont même ensemble de définition A, même ensemble d'arrivée B, et coïncident dans A.

Soient $f = (\mathrm{F}, \mathrm{A}, \mathrm{B})$ et $g = (\mathrm{G}, \mathrm{C}, \mathrm{D})$ deux fonctions. Dire que $\mathrm{F} \subset \mathrm{G}$ revient à dire que l'ensemble de définition A de f est contenu dans l'ensemble de définition C de g, et que g coïncide avec f dans A. Si en outre $\mathrm{B} \subset \mathrm{D}$, on dit que g est un *prolongement* de f (ou, de façon plus précise, un prolongement de f à C), ou que g prolonge f (à C). Lorsque g est appelée une famille d'éléments de D, on dit aussi que f est une *sous-famille* de g.

Soient f une fonction, X une partie de l'ensemble de définition A de f. Il est immédiat que la relation « $x \in \mathrm{X}$ et $y = f(x)$ » admet un graphe G par rapport à x et y, que ce graphe est fonctionnel et que X est son ensemble de définition; on dit que la fonction de graphe G, qui a le même ensemble d'arrivée que f, est la *restriction de* f *à* X, et on la note parfois $f \mid \mathrm{X}$. Une fonction est un prolongement d'une quelconque de ses restrictions. Si deux fonctions f, g ont même ensemble d'arrivée et coïncident dans un ensemble E, leurs restrictions à E sont égales.

*Avec les notations précédentes, si $f = (\mathrm{F}, \mathrm{A}, \mathrm{B})$, $f \mid \mathrm{X}$ est égal à $(\mathrm{F} \cap (\mathrm{X} \times \mathrm{B}), \mathrm{X}, \mathrm{B})$, (II, p. 26); on dit encore que $f \mid \mathrm{X}$ est *déduite de f par passage au sous-ensemble* X *de* A. Soit Y une partie de B contenant $f(\mathrm{X})$; on dit que la fonction

$$(\mathrm{F} \cap (\mathrm{X} \times \mathrm{B}), \mathrm{X}, \mathrm{Y})$$

est *déduite de* f *par passage aux sous-ensembles* X *de* A *et* Y *de* B.*

6. Définition d'une fonction par un terme

C54. *Soient* $\boldsymbol{T}$ *et* $\boldsymbol{A}$ *deux termes,* $\boldsymbol{x}$ *et* $\boldsymbol{y}$ *des lettres distinctes. On suppose que* $\boldsymbol{x}$ *ne figure pas dans* $\boldsymbol{A}$, *et que* $\boldsymbol{y}$ *ne figure ni dans* $\boldsymbol{T}$ *ni dans* $\boldsymbol{A}$. *Soit* $\boldsymbol{R}$ *la relation* « $\boldsymbol{x} \in \boldsymbol{A}$ *et* $\boldsymbol{y} = \boldsymbol{T}$ ». *La relation* $\boldsymbol{R}$ *admet un graphe* $\boldsymbol{F}$ *par rapport aux lettres* $\boldsymbol{x}$ *et* $\boldsymbol{y}$. *Ce graphe est fonctionnel; sa première projection est* $\boldsymbol{A}$, *sa deuxième projection est l'ensemble des objets de la forme* $\boldsymbol{T}$ *pour* $\boldsymbol{x} \in \boldsymbol{A}$ (II, p. 6). *Pour tout* $\boldsymbol{x} \in \boldsymbol{A}$, *on a* $\boldsymbol{F}(\boldsymbol{x}) = \boldsymbol{T}$.

En effet, soit $\boldsymbol{B}$ l'ensemble des objets de la forme $\boldsymbol{T}$ pour $\boldsymbol{x} \in \boldsymbol{A}$. On a $\boldsymbol{R} \Rightarrow ((\boldsymbol{x}, \boldsymbol{y}) \in \boldsymbol{A} \times \boldsymbol{B})$; comme l'assemblage désigné par $\boldsymbol{A} \times \boldsymbol{B}$ ne contient ni $\boldsymbol{x}$, ni $\boldsymbol{y}$, $\boldsymbol{R}$ admet un graphe $\boldsymbol{F}$ par rapport aux lettres $\boldsymbol{x}$ et $\boldsymbol{y}$ (II, p. 9). Il est clair que la relation « $(\boldsymbol{x}, \boldsymbol{y}) \in \boldsymbol{F}$ et $(\boldsymbol{x}, \boldsymbol{y}') \in \boldsymbol{F}$ » entraîne $\boldsymbol{y} = \boldsymbol{y}'$, donc $\boldsymbol{F}$ est un graphe fonctionnel. Le reste du critère est évident.

Si $\boldsymbol{C}$ est un ensemble contenant l'ensemble $\boldsymbol{B}$ des objets de la forme $\boldsymbol{T}$ pour $\boldsymbol{x} \in \boldsymbol{A}$ ($\boldsymbol{y}$ ne figurant pas dans $\boldsymbol{C}$), la fonction $(\boldsymbol{F}, \boldsymbol{A}, \boldsymbol{C})$ se désigne aussi par la notation $\boldsymbol{x} \mapsto \boldsymbol{T}$ ($\boldsymbol{x} \in \boldsymbol{A}$, $\boldsymbol{T} \in \boldsymbol{C}$); l'assemblage correspondant de la mathématique formelle ne contient ni $\boldsymbol{x}$ ni $\boldsymbol{y}$ et ne dépend pas du choix de la lettre $\boldsymbol{y}$ vérifiant les conditions précédentes. Quand le contexte est suffisamment explicite, on se contente des notations $\boldsymbol{x} \mapsto \boldsymbol{T}$ ($\boldsymbol{x} \in \boldsymbol{A}$), $(\boldsymbol{T})_{\boldsymbol{x} \in \boldsymbol{A}}$, ou $\boldsymbol{x} \mapsto \boldsymbol{T}$, et parfois simplement $\boldsymbol{T}$ ou $(\boldsymbol{T})$. * Ainsi, on peut parler de « la fonction x^3 », si le contexte indique clairement qu'il s'agit de l'application $x \mapsto x^3$ de l'ensemble des nombres complexes dans lui-même.*

Exemples

1) Si f est une application de A dans B, la fonction f est égale à la fonction $x \mapsto f(x)$ ($x \in \mathrm{A}$, $f(x) \in \mathrm{B}$), qu'on écrit simplement $x \mapsto f(x)$, ou aussi $(f_x)_{x \in \mathrm{A}}$ (c'est surtout quand on utilise la dernière notation qu'on parle de « famille d'éléments » au lieu de « fonction »).

2) Soit G un ensemble de couples. Les fonctions

$$z \mapsto \mathrm{pr}_1 z \ (z \in \mathrm{G}, \mathrm{pr}_1 z \in \mathrm{pr}_1 \mathrm{G}) \quad \text{et} \quad z \mapsto \mathrm{pr}_2 z \ (z \in \mathrm{G}, \mathrm{pr}_2 z \in \mathrm{pr}_2 \mathrm{G})$$

s'appellent respectivement *la première* et *la seconde fonction coordonnée* sur G; on les désigne par pr_1 et pr_2 quand il n'en résulte pas de confusion.

7. Composée de deux fonctions. Fonction réciproque

PROPOSITION 6. — *Si f est une application de* A *dans* B, *et g une application de* B *dans* C, *$g \circ f$ est une application de* A *dans* C.

Soient F et G les graphes de f et g; montrons que $\mathrm{G} \circ \mathrm{F}$ est un graphe fonctionnel. Soient x, z, z' des objets tels que $(x, z) \in \mathrm{G} \circ \mathrm{F}$, $(x, z') \in \mathrm{G} \circ \mathrm{F}$. Il existe des objets y, y' tels que $(x, y) \in \mathrm{F}$, $(x, y') \in \mathrm{F}$, $(y, z) \in \mathrm{G}$, $(y', z') \in \mathrm{G}$. Puisque F est un graphe fonctionnel, on a $y = y'$, donc $(y, z') \in \mathrm{G}$. Puisque G est un graphe fonctionnel, on en déduit que $z = z'$, ce qui prouve notre assertion. D'autre part, l'ensemble de définition de $g \circ f$ est évidemment A, ce qui achève la démonstration.

La fonction $g \circ f$ s'écrit aussi $x \mapsto g(f(x))$ (II, p. 16), et parfois gf lorsqu'il ne peut en résulter de confusion.

DÉFINITION 10. — *Soit f une application de* A *dans* B. *On dit que f est une injection, ou que f est une application injective, si deux éléments distincts de* A *ont des images distinctes par f. On dit que f est une surjection, ou que f est une application surjective, si* $f(\mathrm{A}) = \mathrm{B}$.

On dit que f est une bijection, ou que f est une application bijective, si f est à la fois injective et surjective.

Au lieu de dire que f est injective, on dit aussi que f est *biunivoque*. Au lieu de dire que f est surjective, on dit aussi que f est une application de A *sur* B, ou une *représentation paramétrique de* B *au moyen de* A (dans ce dernier cas, A s'appelle l'*ensemble des paramètres* de cette représentation, et ses éléments prennent le nom de *paramètres*). Si f est bijective, on dit aussi que f *met* A *et* B *en correspondance biunivoque*. Une bijection de A sur A s'appelle aussi une *permutation* de A.

Exemples

1) Si $A \subset B$, l'application de A dans B dont le graphe est la diagonale de A est injective et s'appelle l'*application canonique* ou l'*injection canonique* (ou simplement l'*injection*) de A dans B.

2) Soit A un ensemble. L'application $x \mapsto (x, x)$ de A dans $A \times A$ est une application injective appelée *application diagonale* de A.

3) Soit G un ensemble de couples. L'application pr_1 (resp. pr_2) de G dans $pr_1 G$ (resp. $pr_2 G$) est surjective; pour que pr_1 soit injective, il faut et il suffit que G soit un graphe fonctionnel.

4) Soit G un ensemble de couples. L'application $z \mapsto (pr_2 z, pr_1 z)$ de G dans $\overset{-1}{G}$ est une bijection (dite *canonique*).

5) Soient A un ensemble, b un objet. L'application $x \mapsto (x, b)$ de A dans $A \times \{b\}$ est une bijection.

6) Si f est une application de A dans B, l'application déduite de f par passage aux sous-ensembles A et $f(A)$ est surjective.

Proposition 7. — *Soit f une application de* A *dans* B. *Pour que $\overset{-1}{f}$ soit une fonction, il faut et il suffit que f soit bijective.*

En effet, si $\overset{-1}{f}$ est une fonction, son ensemble de départ B est égal à son ensemble de définition, c'est-à-dire à $f(A)$. D'autre part, soient x et y deux éléments de A tels que $f(x) = f(y)$. Si F désigne le graphe de f, on a $(f(x), x) \in \overset{-1}{F}$ et $(f(y), y) \in \overset{-1}{F}$, donc $(f(x), y) \in \overset{-1}{F}$, donc $x = y$, de sorte que f est injective, et par suite bijective. Réciproquement, si f est bijective, il est immédiat que $\overset{-1}{F}$ est fonctionnel, et que l'ensemble de définition de $\overset{-1}{f}$ est égal à B.

Lorsque f est bijective, $\overset{-1}{f}$ est appelée l'*application réciproque* de f; $\overset{-1}{f}$ est bijective, $\overset{-1}{f} \circ f$ est l'application identique de A et $f \circ \overset{-1}{f}$ est l'application identique de B.

Si une permutation est identique à la permutation réciproque, elle est dite *involutive*.

Remarque. — Soit f une application de A dans B; pour toute partie X de A, on a vu (II, p. 12) que l'on a $X \subset \overset{-1}{f}\langle f\langle X\rangle\rangle$. En outre, pour toute partie Y de B, on a $f\langle \overset{-1}{f}\langle Y\rangle\rangle \subset Y$: en effet, la relation $y \in \overset{-1}{f}\langle f\langle Y\rangle\rangle$ équivaut à

$$(\exists x)((\exists z)(z \in Y \text{ et } z = f(x)) \text{ et } y = f(x))$$

et elle entraîne donc la relation $(\exists z)(z \in Y \text{ et } y = z)$, et par suite aussi la relation $y \in Y$.

Si f est une *surjection*, on a $f\langle \overset{-1}{f}\langle Y\rangle\rangle = Y$ pour toute partie Y de B, car la relation $y \in Y \subset B$ entraîne par hypothèse la relation $(\exists x)(y = f(x))$, donc aussi $(\exists x)(y \in Y \text{ et } y = f(x))$; mais « $y \in Y$ et $y = f(x)$ » entraîne $(\exists z)(z \in Y \text{ et } z = f(x))$, d'où notre assertion.

Si f est une *injection*, pour toute partie X de A, on a $\overset{-1}{f}\langle f\langle X\rangle\rangle = X$. En effet, la relation $x \in \overset{-1}{f}\langle f\langle X\rangle\rangle$ équivaut à $f(x) \in f\langle X\rangle$, donc à $(\exists z)(z \in X \text{ et } f(z) = f(x))$; mais l'hypothèse signifie que $f(z) = f(x)$ entraîne $z = x$, donc $x \in \overset{-1}{f}\langle f\langle X\rangle\rangle$ entraîne $x \in X$.

8. Rétractions et sections

PROPOSITION 8. — *Soit f une application de* A *dans* B. *S'il existe une application r* (resp. s) *de* B *dans* A *telle que $r \circ f$* (resp. $f \circ s$) *soit l'application identique de* A (resp. B), *f est injective* (resp. *surjective*). *Réciproquement, si f est surjective, il existe une application s de* B *dans* A *telle que $f \circ s$ soit l'application identique de* B. *Si f est injective et si* $A \neq \varnothing$, *il existe une application r de* B *dans* A *telle que $r \circ f$ soit l'application identique de* A.

En effet, s'il existe une application r de B dans A telle que $r \circ f$ soit l'application identique de A, l'égalité $f(x) = f(y)$, où $x \in A$ et $y \in A$, entraîne $x = r(f(x)) = r(f(y)) = y$, donc f est injective. S'il existe une application s de B dans A telle que $f \circ s$ soit l'application identique de B, on a $B = f(s(B)) \subset f(A) \subset B$, donc f est surjective. Si f est surjective, désignons par T le terme $\tau_y(y \in A \text{ et } f(y) = x)$; on a $f(T) = x$ pour $x \in B$; si on désigne par s l'application $x \mapsto T$ $(x \in B, T \in A)$, $f \circ s$ est l'application identique de B. Enfin, supposons f injective et $A \neq \varnothing$; soit a un élément de A; la relation

$$« (y \in A \text{ et } x = f(y)) \text{ ou } (y = a \text{ et } x \in B - f(A)) »$$

entraîne $(x, y) \in B \times A$, donc admet un graphe R par rapport aux lettres x et y. Ce graphe est fonctionnel en raison de l'hypothèse faite sur f, et a pour ensemble de définition B; enfin on a $R(x) = a$ si $x \in B - f(A)$ et $f(R(x)) = x$ si $x \in f(A)$. Donc la fonction $r = (R, B, A)$ est telle que $r \circ f$ soit l'application identique de A.

COROLLAIRE. — *Soient* A *et* B *des ensembles, f une application de* A *dans* B, *g une application de* B *dans* A. *Si $g \circ f$ est l'application identique de* A *et $f \circ g$ l'application identique de* B, *f et g sont bijectives et on a* $g = \overset{-1}{f}$.

DÉFINITION 11. — *Soit f une application injective* (resp. *surjective*) *de* A *dans* B. *Toute application r* (resp. s) *de* B *dans* A *telle que $r \circ f$* (resp. $f \circ s$) *soit l'application identique de* A (resp. B) *est appelée une rétraction* (resp. *section*) *associée à f.*

Au lieu de rétraction (resp. section), on dit parfois *inverse à gauche* (resp. *à droite*).

Si f est injective (resp. surjective), et si r (resp. s) est une rétraction (resp. section) associée à f, f est une section (resp. rétraction) associée à r (resp. s). Donc une rétraction est surjective, une section est injective.

Si f est surjective, et si s, s' sont deux sections associées à f, telles que $s(\mathrm{B}) = s'(\mathrm{B})$, on a $s = s'$; en effet, si $x \in \mathrm{B}$, il existe un $y \in \mathrm{B}$ que $s(x) = s'(y)$, et on a $x = f(s(x)) = f(s'(y)) = y$, donc $s(x) = s'(x)$, de sorte que $s = s'$. Ainsi une section s est déterminée de manière unique par l'ensemble $s(\mathrm{B})$, de sorte que, par abus de langage, l'ensemble $s(\mathrm{B})$ lui-même s'appelle parfois une *section* associée à f.

Théorème 1. — *Soient f une application de* A *dans* B, *f' une application de* B *dans* C, *et $f'' = f' \circ f$. Alors:*

a) *Si f et f' sont des injections, f'' est une injection; si r, r' sont des rétractions associées à f et f', $r \circ r'$ est une rétraction associée à f''.*

b) *Si f et f' sont des surjections, f'' est une surjection; si s, s' sont des sections associées à f et f', $s \circ s'$ est une section associée à f''.*

c) *Si f'' est une injection, f est une injection; si r'' est une rétraction associée à f'', $r'' \circ f'$ est une rétraction associée à f.*

d) *Si f'' est une surjection, f' est une surjection; si s'' est une section associée à f'', $f \circ s''$ est une section associée à f'.*

e) *Si f'' est une surjection et f' une injection, f est une surjection; si s'' est une section associée à f'', $s'' \circ f'$ est une section associée à f.*

f) *Si f'' est une injection et f une surjection, f' est une injection; si r'' est une rétraction associée à f'', $f \circ r''$ est une rétraction associée à f'.*

Pour tout ensemble E, désignons par Id_{E} l'application identique de E.

a) On a $r \circ f = \mathrm{Id}_{\mathrm{A}}$ et $r' \circ f' = \mathrm{Id}_{\mathrm{B}}$, donc

$$(r \circ r') \circ (f' \circ f) = r \circ \mathrm{Id}_{\mathrm{B}} \circ f = r \circ f = \mathrm{Id}_{\mathrm{A}}.$$

Si f et f' sont des injections, f'' est donc une injection, d'après la prop. 8 si $\mathrm{A} \neq \varnothing$, et de façon évidente si $\mathrm{A} = \varnothing$.

b) On a $f \circ s = \mathrm{Id}_{\mathrm{B}}$ et $f' \circ s' = \mathrm{Id}_{\mathrm{C}}$, donc

$$(f' \circ f) \circ (s \circ s') = f' \circ \mathrm{Id}_{\mathrm{B}} \circ s' = f' \circ s' = \mathrm{Id}_{\mathrm{C}}.$$

Si f et f' sont des surjections, f'' est donc une surjection d'après la prop. 8.

c) On a $r'' \circ f'' = \mathrm{Id}_{\mathrm{A}}$, donc $(r'' \circ f') \circ f = r'' \circ f'' = \mathrm{Id}_{\mathrm{A}}$. Si f'' est une injection, f est donc une injection, d'après la prop. 8 si $\mathrm{A} \neq \varnothing$, et de façon évidente si $\mathrm{A} = \varnothing$.

d) On a $f'' \circ s'' = \mathrm{Id}_{\mathrm{C}}$, donc $f' \circ (f \circ s'') = f'' \circ s'' = \mathrm{Id}_{\mathrm{C}}$. Si f'' est une surjection, f' est donc une surjection d'après la prop. 8.

e) On a $f'' \circ s'' = \mathrm{Id}_C$, et f' est une bijection d'après *d*). Donc

$$f \circ (s'' \circ f') = (\overset{-1}{f'} \circ f') \circ f \circ (s'' \circ f') = \overset{-1}{f'} \circ (f'' \circ s'') \circ f'$$
$$= \overset{-1}{f'} \circ \mathrm{Id}_C \circ f' = \overset{-1}{f'} \circ f' = \mathrm{Id}_B.$$

Si f'' est une surjection et f' une injection, f est donc une surjection d'après la prop. 8.

f) On a $r'' \circ f'' = \mathrm{Id}_A$, et f est une bijection d'après *c*). Donc

$$(f \circ r'') \circ f' = (f \circ r'') \circ f' \circ (f \circ \overset{-1}{f}) = f \circ (r'' \circ f'') \circ \overset{-1}{f} = f \circ \mathrm{Id}_A \circ \overset{-1}{f} = f \circ \overset{-1}{f} = \mathrm{Id}_B.$$

Si f'' est une injection et f une surjection, f' est donc une injection, d'après la prop. 8 si $A \neq \varnothing$, et de façon évidente si $A = \varnothing$ (car on a alors $B = f\langle A\rangle = \varnothing$).

PROPOSITION 9. — a) *Soient* E, F, G *des ensembles*, g *une application de* E *sur* F, f *une application de* E *dans* G. *Pour qu'il existe une application* h *de* F *dans* G *telle que* $f = h \circ g$ (fig. 1), *il faut et il suffit que la relation* $g(x) = g(y)$ (*où* $x \in E$, $y \in E$) *entraîne la relation* $f(x) = f(y)$. *L'application* h *est uniquement déterminée; si* s *est une section associée à* g, *on a* $h = f \circ s$.

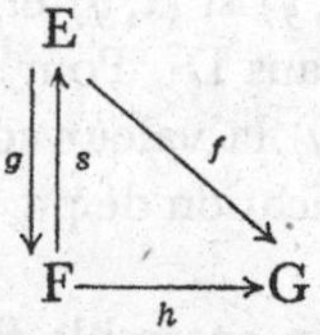

Fig. 1

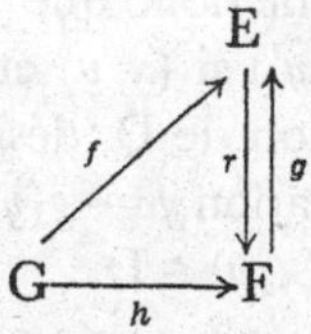

Fig. 2

b) *Soient* E, F, G *des ensembles*, g *une application* injective *de* F *dans* E, f *une application de* G *dans* E. *Pour qu'il existe une application* h *de* G *dans* F *telle que* $f = g \circ h$ (fig. 2), *il faut et il suffit que* $f(G) \subset g(F)$. *L'application* h *est uniquement déterminée*; *si* r *est une rétraction associée à* g, *on a* $h = r \circ f$.

a) Si $f = h \circ g$, la relation $g(x) = g(y)$ (où $x \in E$, $y \in E$) entraîne évidemment $f(x) = f(y)$. Et l'on a, pour toute section s associée à g, $h = h \circ (g \circ s)$, ce qui montre que h est uniquement déterminée par f. Réciproquement, supposons que la relation $g(x) = g(y)$ entraîne $f(x) = f(y)$; soit s une section associée à g, et posons $h = f \circ s$; pour tout $x \in E$, on a $g(s(g(x))) = g(x)$, donc $f(s(g(x))) = f(x)$, c'est-à-dire $h(g(x)) = f(x)$; on a donc bien $f = h \circ g$.

b) Si $f = g \circ h$, on a évidemment $f(G) \subset g(F)$, et pour toute rétraction r associée à g, $h = (r \circ g) \circ h = r \circ f$, ce qui montre que h est uniquement déterminée par f. Réciproquement, supposons que $f(G) \subset g(F)$; soit r une rétraction associée à g, et posons $h = r \circ f$; pour tout $x \in G$, il existe un $y \in F$ tel que $f(x) =$

$g(y)$, donc on a $g(h(x)) = g(r(f(x))) = g(r(g(y))) = g(y) = f(x)$; on a donc bien $f = g \circ h$.

9. Fonctions de deux arguments

On appelle *fonction de deux arguments* une fonction dont l'ensemble de définition est un ensemble de couples (ou, ce qui revient au même, une partie d'un produit). Soit f une telle fonction; si (x, y) est un élément de l'ensemble de définition de f, la valeur $f((x, y))$ de f au point (x, y) se désigne en général par $f(x, y)$.

Soient f une fonction de deux arguments, D son ensemble de définition, C son ensemble d'arrivée. Pour tout y, soit A_y l'ensemble des x tels que $(x, y) \in D$ (c'est-à-dire la coupe de $\overset{-1}{D}$ suivant y (n° 1)). L'application $x \mapsto f(x, y)$ $(x \in A_y, f(x, y) \in C)$ s'appelle *l'application partielle déterminée par f, relative à la valeur y du second argument*, et on la désigne par $f(\,.\,, y)$ ou $f(\;, y)$ (ou parfois f_y); on a $f(\,.\,, y)(x) = f(x, y)$ pour $(x, y) \in D$. De même, pour tout x, soit B_x l'ensemble des y tels que $(x, y) \in D$. L'application $y \mapsto f(x, y)$ $(y \in B_x, f(x, y) \in C)$ s'appelle *l'application partielle déterminée par f, relative à la valeur x du premier argument*, et on la désigne par $f(x, .)$ ou $f(x, \;)$ (ou parfois f_x); on a $f(x, .)(y) = f(x, y)$ pour $(x, y) \in D$.

Si, pour tout y (resp. x), l'application partielle $f(\,.\,, y)$ (resp. $f(x, .)$) est une application constante, on dit que *f ne dépend pas* de son premier (resp. second) argument; cela signifie donc que $f(x, y) = f(x', y)$ si (x, y) et (x', y) sont dans D (resp. $f(x, y) = f(x, y')$ si (x, y) et (x, y') sont dans D). Pour tout y appartenant à la seconde projection de D, désignons par $g(y)$ la valeur commune des $f(x, y)$ pour $x \in A_y$; l'application $y \mapsto g(y)$ est une application de pr_2 D dans C, telle que $g(y) = f(x, y)$ pour $(x, y) \in D$.

Réciproquement, soit g une application d'un ensemble B dans un ensemble C, et soit A un ensemble quelconque. L'application $(x, y) \mapsto g(y)$ de $A \times B$ dans C ne dépend pas de son premier argument.

Soient u une application de A dans C, v une application de B dans D. L'application $z \mapsto (u(\mathrm{pr}_1 z), v(\mathrm{pr}_2 z))$ de $A \times B$ dans $C \times D$ s'appelle l'*extension canonique* (ou simplement *extension*) *de u et v aux ensembles produits*, ou encore *produit de u et v* (si aucune confusion n'est à craindre) et se désigne parfois par la notation $u \times v$ ou (u, v); l'ensemble de ses valeurs est $u\langle A \rangle \times v\langle B \rangle$. Si u et v sont des applications injectives (resp. surjectives), $u \times v$ est une application injective (resp. surjective). Si u et v sont bijectives, $u \times v$ est bijective et l'application réciproque de $u \times v$ est $\overset{-1}{u} \times \overset{-1}{v}$. Si u' est une application de C dans E, v' une application de D dans F, on a

$$(u' \times v') \circ (u \times v) = (u' \circ u) \times (v' \circ v).$$

Si U et V sont les graphes respectifs de u et v, le graphe W de $u \times v$ est l'ensemble des couples $((x, y), (z, t))$ de $(A \times B) \times (C \times D)$ tels que $(x, z) \in U$ et $(y, t) \in V$; on le met en correspondance biunivoque avec le produit $U \times V$ (partie de $(A \times C) \times (B \times D)$) par l'application $((x, y), (z, t)) \mapsto ((x, z), (y, t))$ (cf. II, p. 35).

§ 4. RÉUNION ET INTERSECTION D'UNE FAMILLE D'ENSEMBLES

1. Définition de la réunion et de l'intersection d'une famille d'ensembles

Soient X une famille (II, p. 14), I son ensemble d'indices; pour faciliter l'interprétation intuitive de ce qui suit, nous dirons que X est une *famille d'ensembles*.

Si (X, I, $\mathfrak{G}$) est une *famille de parties d'un ensemble* E (c'est-à-dire une famille d'éléments dont l'ensemble d'arrivée $\mathfrak{G}$ est tel que la relation $Y \in \mathfrak{G}$ entraîne $Y \subset E$), nous la noterons $(X_\iota)_{\iota \in I}$ $(X_\iota \in \mathfrak{G})$, ou simplement $(X_\iota)_{\iota \in I}$ (II, p. 16); par abus de notation, nous noterons aussi $(X_\iota)_{\iota \in I}$ une famille d'ensembles quelconque, ayant I pour ensemble d'indices.

Comme la relation $(\forall x)((\iota \in I \text{ et } x \in X_\iota) \Rightarrow (x \in X_\iota))$ est vraie, il résulte de S5 (I, p. 33) que la relation

$$(\forall \iota)(\exists Z)(\forall x)((\iota \in I \text{ et } x \in X_\iota) \Rightarrow (x \in Z))$$

est vraie. En vertu du schéma S8 (II, p. 4), la relation $(\exists \iota)(\iota \in I \text{ et } x \in X_\iota)$ est donc *collectivisante* en x.

DÉFINITION 1. — *Soit* $(X_\iota)_{\iota \in I}$ *une famille d'ensembles* (resp. *une famille de parties d'un ensemble* E). *On appelle réunion de cette famille, et on désigne par* $\bigcup_{\iota \in I} X_\iota$ *l'ensemble* $\{x \mid (\exists \iota)(\iota \in I \text{ et } x \in X_\iota)\}$, *c'est-à-dire l'ensemble des x qui appartiennent à un ensemble au moins de la famille* $(X_\iota)_{\iota \in I}$.[1]

Si $(X_\iota)_{\iota \in I}$ est une famille de parties d'un ensemble E, sa réunion est une partie de E; on observera qu'elle ne dépend pas de E, ni de l'ensemble d'arrivée $\mathfrak{G}$ de l'application $\iota \mapsto X_\iota$.

Il est immédiat que si $I = \varnothing$, on a $\bigcup_{\iota \in I} X_\iota = \varnothing$, puisque la relation $(\exists \iota)(\iota \in I \text{ et } x \in X_\iota)$ est alors fausse.

Supposons maintenant $I \neq \varnothing$. Si α est un élément de I, la relation $(\forall \iota)((\iota \in I) \Rightarrow (x \in X_\iota))$ entraîne $x \in X_\alpha$, donc, en vertu de C52 (II, p. 5), cette relation est *collectivisante en x*.

DÉFINITION 2. — *Soit* $(X_\iota)_{\iota \in I}$ *une famille d'ensembles dont l'ensemble d'indices* I *n'est pas vide. On appelle intersection de cette famille, et on désigne par* $\bigcap_{\iota \in I} X_\iota$, *l'ensemble*

$$\{x \mid (\forall \iota)((\iota \in I) \Rightarrow (x \in X_\iota))\},$$

c'est-à-dire l'ensemble des x qui appartiennent à tous les ensembles de la famille $(X_\iota)_{\iota \in I}$.

Si $I = \varnothing$, la relation $(\forall \iota)((\iota \in I) \Rightarrow (x \in X_\iota))$ n'est pas collectivisante en x: en effet, c'est une relation vraie et il n'existe pas d'ensemble Y tel que $x \in Y$ soit une relation vraie, car ce serait l'ensemble de tous les objets (cf. II, p. 6, *Remarque*).

[1] Le schéma S8 permet donc de définir la réunion d'une famille d'ensembles sans supposer *a priori* que ces ensembles soient des parties d'un même ensemble (hypothèse introduite dans la définition de la réunion donnée dans *Ens.* R, p. 4 et 16).

Si $(X_\iota)_{\iota \in I}$ est une famille de parties d'un ensemble E, et si $I \neq \varnothing$, la relation « $x \in E$ et $(\forall\iota)((\iota \in I) \Rightarrow (x \in X_\iota))$ » est équivalente à $(\forall\iota)((\iota \in I) \Rightarrow (x \in X_\iota))$; par suite elle est collectivisante en x et l'ensemble des x vérifiant cette relation est égal à $\bigcap_{\iota \in I} X_\iota$. Lorsque $I = \varnothing$, la relation « $x \in E$ et $(\forall\iota)((\iota \in I) \Rightarrow (x \in X_\iota))$ » est équivalente à $x \in E$; elle est donc encore collectivisante en x, et l'ensemble des x vérifiant cette relation est E. On pose par suite la définition suivante:

DÉFINITION 3. — *Soit* $(X_\iota)_{\iota \in I}$ *une famille de parties d'un ensemble* E. *On appelle intersection de cette famille, et on désigne par* $\bigcap_{\iota \in I} X_\iota$, *l'ensemble*

$$\{x \mid x \in E \text{ et } (\forall\iota)((\iota \in I) \Rightarrow (x \in X_\iota))\},$$

autrement dit l'ensemble des x qui appartiennent à E *et à tous les ensembles de la famille* $(X_\iota)_{\iota \in I}$.

Pour une famille $(X_\iota)_{\iota \in \varnothing}$ de parties de E, on a donc $\bigcap_{\iota \in \varnothing} X_\iota = E$. Mais pour une famille $(X_\iota)_{\iota \in I}$ de parties de E dont l'ensemble d'indices n'est pas vide, l'intersection $\bigcap_{\iota \in I} X$ ne dépend ni de E, ni de l'ensemble d'arrivée de $\iota \mapsto X_\iota$, ce qui justifie l'emploi de la même notation dans les déf. 2 et 3.

PROPOSITION 1. — *Soit* $(X_\iota)_{\iota \in I}$ *une famille d'ensembles, et soit f une application d'un ensemble* K *sur* I. *On a alors* $\bigcup_{\kappa \in K} X_{f(\kappa)} = \bigcup_{\iota \in I} X_\iota$, *et, si* $I \neq \varnothing$, $\bigcap_{\kappa \in K} X_{f(\kappa)} = \bigcap_{\iota \in I} X_\iota$.

Soit x un élément de $\bigcup_{\iota \in I} X_\iota$. Il existe un indice $\iota \in I$ tel que $x \in X_\iota$. Puisque $f\langle K \rangle = I$, il existe un indice $\kappa \in K$ tel que $\iota = f(\kappa)$, d'où $x \in X_{f(\kappa)}$, et par suite $x \in \bigcup_{\kappa \in K} X_{f(\kappa)}$. Réciproquement, si $x \in \bigcup_{\kappa \in K} X_{f(\kappa)}$, il existe un $\kappa \in K$ tel que $x \in X_{f(\kappa)}$, d'où, puisque $f(\kappa) \in I$, $x \in \bigcup_{\iota \in I} X_\iota$. On a donc $\bigcup_{\kappa \in K} X_{f(\kappa)} = \bigcup_{\iota \in I} X_\iota$.

Supposons maintenant $I \neq \varnothing$, et soit x un élément de $\bigcap_{\iota \in I} X_\iota$. Pour tout élément κ de K, on a $f(\kappa) \in I$, d'où $x \in X_{f(\kappa)}$ et $x \in \bigcap_{\kappa \in K} X_{f(\kappa)}$. Soit réciproquement x un élément de $\bigcap_{\kappa \in K} X_{f(\kappa)}$. Si ι est un élément quelconque de I, il existe un élément κ de K tel que $\iota = f(\kappa)$, d'où $x \in X_\iota$, et par suite $x \in \bigcap_{\iota \in I} X_\iota$. On a donc $\bigcap_{\kappa \in K} X_{f(\kappa)} = \bigcap_{\iota \in I} X_\iota$.

Pour les familles de parties d'un ensemble donné, il est clair que la seconde partie de la prop. 1 est encore valable sans la restriction $I \neq \varnothing$.

COROLLAIRE. — *Soit* $(X_\iota)_{\iota \in I}$ *une famille d'ensembles telle que* $X_\iota = X_\kappa$ *pour tout couple d'indices* (ι, κ). *Alors, pour tout* $\alpha \in I$, *on a* $\bigcup_{\iota \in I} X_\iota = X_\alpha$, *et (si* $I \neq \varnothing$*)* $\bigcap_{\iota \in I} X_\iota = X_\alpha$.

Il suffit d'appliquer la prop. 1 à l'application constante $\iota \mapsto \alpha$ de I sur $\{\alpha\}$.

DÉFINITION 4. — *Soit* $\mathfrak{F}$ *un ensemble d'ensembles, et soit* Φ *la famille d'ensembles* *constituée par l'application identique de $\mathfrak{F}$. La réunion des ensembles de Φ, et (si $\mathfrak{F}$ est non vide) l'intersection des ensembles de Φ, s'appellent respectivement la réunion et l'intersection des ensembles de $\mathfrak{F}$, et se désignent par* $\bigcup_{X\in\mathfrak{F}} X$ *et* $\bigcap_{X\in\mathfrak{F}} X$.

Il résulte tout de suite de la prop. 1 que, si $(X_\iota)_{\iota\in I}$ est une famille d'ensembles, la réunion et (si $I \neq \varnothing$) l'intersection de cette famille sont respectivement égales à la réunion et à l'intersection des ensembles de l'ensemble des éléments de cette famille.

2. Propriétés de la réunion et de l'intersection

Si $(X_\iota)_{\iota\in I}$ et $(Y_\iota)_{\iota\in I}$ sont des familles d'ensembles ayant le même ensemble d'indices I, et si on a $Y_\iota \subset X_\iota$ pour tout $\iota\in I$, il est immédiat que l'on a $\bigcup_{\iota\in I} Y_\iota \subset \bigcup_{\iota\in I} X_\iota$, et (si $I \neq \varnothing$) $\bigcap_{\iota\in I} Y_\iota \subset \bigcap_{\iota\in I} X_\iota$.

Soit $(X_\iota)_{\iota\in I}$ une famille d'ensembles. Si $J \subset I$, on a $\bigcup_{\iota\in J} X_\iota \subset \bigcup_{\iota\in I} X_\iota$, et (si $J \neq \varnothing$) $\bigcap_{\iota\in J} X_\iota \supset \bigcap_{\iota\in I} X_\iota$.

Proposition 2. — *Soit $(X_\iota)_{\iota\in I}$ une famille d'ensembles dont l'ensemble d'indices I est réunion d'une famille $(J_\lambda)_{\lambda\in L}$ d'ensembles. On a alors*

$$\bigcup_{\iota\in I} X_\iota = \bigcup_{\lambda\in L}\Big(\bigcup_{\iota\in J_\lambda} X_\iota\Big)$$

et (si $L \neq \varnothing$ et $J_\lambda \neq \varnothing$ pour tout $\lambda\in L$)

$$\bigcap_{\iota\in I} X_\iota = \bigcap_{\lambda\in L}\Big(\bigcap_{\iota\in J_\lambda} X_\iota\Big)$$

(« associativité » de la réunion et de l'intersection).

Soit x un élément de $\bigcup_{\iota\in I} X_\iota$. Il existe un indice $\iota\in I$ tel que $x\in X_\iota$. Puisque I est la réunion de la famille $(J_\lambda)_{\lambda\in L}$, il existe un indice $\lambda\in L$ tel que $\iota\in J_\lambda$, d'où $x\in\bigcup_{\iota\in J_\lambda} X_\iota$, et par suite $x\in\bigcup_{\lambda\in L}\big(\bigcup_{\iota\in J_\lambda} X_\iota\big)$. Soit inversement x un élément de l'ensemble $\bigcup_{\lambda\in L}\big(\bigcup_{\iota\in J_\lambda} X_\iota\big)$. Il existe un indice $\lambda\in L$ tel que $x\in\bigcup_{\iota\in J_\lambda} X_\iota$, d'où il résulte qu'il existe un indice $\iota\in J_\lambda$ (donc $\iota\in I$) tel que $x\in X_\iota$; on en conclut que $x\in\bigcup_{\iota\in I} X_\iota$.

Supposons maintenant que $L \neq \varnothing$ et $J_\lambda \neq \varnothing$ pour tout $\lambda\in L$; alors $I \neq \varnothing$. Soit x un élément de $\bigcap_{\iota\in I} X_\iota$. Si $\lambda\in L$, on a $x\in X_\iota$ pour tout $\iota\in J_\lambda$ (puisque $J_\lambda \subset I$), d'où $x\in\bigcap_{\iota\in J_\lambda} X_\iota$. Ceci étant vrai pour tout $\lambda\in L$, on en conclut que x appartient à $\bigcap_{\lambda\in L}\big(\bigcap_{\iota\in J_\lambda} X_\iota\big)$. Soit réciproquement x un élément de ce dernier ensemble, et soit ι un élément quelconque de I. Il existe un $\lambda\in L$ tel que $\iota\in J_\lambda$; puisque $x\in\bigcap_{\iota\in J_\lambda} X_\iota$, on a $x\in X_\iota$. Ceci étant vrai pour tout $\iota\in I$, on a $x\in\bigcap_{\iota\in I} X_\iota$. La prop. 2 est donc démontrée.

Pour les familles de parties d'un ensemble, la seconde partie de la prop. 2 est encore valable sans les restrictions sur L et J_λ.

3. Images d'une réunion et d'une intersection

PROPOSITION 3. — *Soient* $(X_\iota)_{\iota \in I}$ *une famille de parties d'un ensemble* A, *et* Γ *une correspondance entre* A *et* B. *On a alors* $\Gamma\langle \bigcup_{\iota \in I} X_\iota \rangle = \bigcup_{\iota \in I} \Gamma\langle X_\iota \rangle$, *et*

$$\Gamma\langle \bigcap_{\iota \in I} X_\iota \rangle \subset \bigcap_{\iota \in I} \Gamma\langle X_\iota \rangle.$$

La relation $(\exists x)(x \in \bigcup_{\iota \in I} X_\iota$ et $y \in \Gamma(x))$ est équivalente à $(\exists x)(\exists \iota)(\iota \in I$ et $x \in X_\iota$ et $y \in \Gamma(x))$, donc à $(\exists \iota)(\iota \in I$ et $y \in \Gamma\langle X_\iota \rangle)$, c'est-à-dire à $y \in \bigcup_{\iota \in I} \Gamma\langle X_\iota \rangle$, ce qui démontre la première formule. D'autre part, pour tout $\iota \in I$, on a $\bigcap_{\iota \in I} X_\iota \subset X_\iota$, d'où (II, p. 10, prop. 2) $\Gamma\langle \bigcap_{\iota \in I} X_\iota \rangle \subset \Gamma\langle X_\iota \rangle$, et par suite

$$\Gamma\langle \bigcap_{\iota \in I} X_\iota \rangle \subset \bigcap_{\iota \in I} \Gamma\langle X_\iota \rangle.$$

Si Γ est une correspondance quelconque (et en particulier une fonction quelconque), la formule $\Gamma\langle \bigcap_{\iota \in I} X_\iota \rangle = \bigcap_{\iota \in I} \Gamma\langle X_\iota \rangle$ est en général fausse.

* Par exemple, dans le plan $\mathbf{R}^2$, les premières projections des droites $y = x$ et $y = x + 1$ sont identiques à $\mathbf{R}$, mais l'intersection de ces droites est vide, et par suite aussi la première projection de cette intersection.[1] *

On a cependant l'important résultat suivant:

PROPOSITION 4. — *Soient* f *une application de* A *dans* B, *et* $(Y_\iota)_{\iota \in I}$ *une famille de parties de* B. *On a alors* $\overset{-1}{f}\langle \bigcap_{\iota \in I} Y_\iota \rangle = \bigcap_{\iota \in I} \overset{-1}{f}\langle Y_\iota \rangle$.

En effet, soit x un élément de $\bigcap_{\iota \in I} \overset{-1}{f}\langle Y_\iota \rangle$. On a $f(x) \in Y_\iota$ pour tout $\iota \in I$, d'où $f(x) \in \bigcap_{\iota \in I} Y_\iota$, et par suite $x \in \overset{-1}{f}\langle \bigcap_{\iota \in I} Y_\iota \rangle$. Donc $\bigcap_{\iota \in I} \overset{-1}{f}\langle Y_\iota \rangle \subset \overset{-1}{f}\langle \bigcap_{\iota \in I} Y_\iota \rangle$, ce qui, avec la prop. 3, achève la démonstration.

COROLLAIRE. — *Si* f *est une injection de* A *dans* B *et si* $(X_\iota)_{\iota \in I}$ *est une famille de parties de* A *dont l'ensemble d'indices n'est pas vide, on a* $f\langle \bigcap_{\iota \in I} X_\iota \rangle = \bigcap_{\iota \in I} f\langle X_\iota \rangle$.

On peut en effet écrire $f = i \circ g$, où i est l'injection canonique de $f\langle A \rangle$ dans B et g une bijection de A sur $f\langle A \rangle$. Alors, pour toute partie X de A, on a $f\langle X \rangle = \overset{-1}{h}\langle X \rangle$, en désignant par h l'application réciproque de g; on est donc ramené à la prop. 4.

[1] Une erreur célèbre provenant de l'application de la formule précédente est celle commise par H. Lebesgue dans sa tentative pour démontrer que la projection sur un axe d'un ensemble borélien du plan est encore un ensemble borélien (résultat depuis reconnu inexact, et dont la discussion est à l'origine de la théorie des ensembles « sousliniens »): il écrit que la projection de l'intersection d'une suite décroissante d'ensembles est égale à l'intersection de leurs projections (*Journal de Mathématiques*, (6), t, I (1905), p. 191–192).

4. Complémentaire d'une réunion ou d'une intersection

PROPOSITION 5. — *Pour toute famille* $(X_\iota)_{\iota\in I}$ *de parties d'un ensemble* E, *on a*

$$\complement_E(\bigcup_{\iota\in I} X_\iota) = \bigcap_{\iota\in I} (\complement_E X_\iota) \quad \textit{et} \quad \complement_E(\bigcap_{\iota\in I} X_\iota) = \bigcup_{\iota\in I} (\complement_E X_\iota).$$

Soit $x \in \complement_E(\bigcup_{\iota\in I} X_\iota)$. On a $x \in E$, et, pour tout $\iota \in I$, $x \notin X_\iota$, donc $x \in \complement_E X_\iota$; par suite $x \in \bigcap_{\iota\in I} (\complement_E X_\iota)$. Réciproquement, soit $x \in \bigcap_{\iota\in I} (\complement_E X_\iota)$; par définition de l'intersection (II, p. 23, déf. 3), on a $x \in E$. En outre, si on avait $x \in \bigcup_{\iota\in I} X_\iota$, il existerait $\kappa \in I$ tel que $x \in X_\kappa$, ce qui est contraire à l'hypothèse $x \in \bigcap_{\iota\in I} (\complement_E X_\iota)$; donc $x \in \complement_E(\bigcup_{\iota\in I} X_\iota)$. Ceci achève la démonstration de la première formule. La seconde en résulte immédiatement, compte tenu de la relation $\complement_E(\complement_E X) = X$ pour toute partie X de E.

5. Réunion et intersection de deux ensembles

Si A et B sont des ensembles, on pose

$$A \cup B = \bigcup_{X\in\{A,B\}} X, \qquad A \cap B = \bigcap_{X\in\{A,B\}} X.$$

Il est clair que $A \cup B$ est l'ensemble des objets qui appartiennent soit à A, soit à B (et éventuellement à tous deux), tandis que $A \cap B$ est l'ensemble des objets qui appartiennent à la fois à A et à B. En particulier $\{x, y\} = \{x\} \cup \{y\}$.

Posons $\{x, y, z\} = \{x, y\} \cup \{z\}$. L'ensemble $\{x, y, z\}$ est l'ensemble dont les seuls éléments sont x, y et z. On pose de même $\{x, y, z, t\} = \{x, y, z\} \cup \{t\}$. Etc.

Si maintenant A, B, C, D sont des ensembles, on pose

$$A \cup B \cup C = \bigcup_{X\in\{A,B,C\}} X, \qquad A \cap B \cap C = \bigcap_{X\in\{A,B,C\}} X$$

$$A \cup B \cup C \cup D = \bigcup_{X\in\{A,B,C,D\}} X, \qquad A \cap B \cap C \cap D = \bigcap_{X\in\{A,B,C,D\}} X. \text{ Etc.}$$

Soient A, B, C des ensembles. Les prop. 1 et 2 entraînent les formules

$$A \cup B = B \cup A, \qquad A \cap B = B \cap A$$
$$A \cup (B \cup C) = (A \cup B) \cup C = A \cup B \cup C$$
$$A \cap (B \cap C) = (A \cap B) \cap C = A \cap B \cap C.$$

Ces formules sont d'ailleurs des conséquences immédiates de théorèmes énoncés dans le critère C24 (I, p. 31); on démontre de la même façon les formules

$$A \cup (B \cap C) = (A \cup B) \cap (A \cup C), \qquad A \cap (B \cup C) = (A \cap B) \cup (A \cap C)$$

(« distributivité » de la réunion par rapport à l'intersection et de l'intersection par rapport à la réunion; cf. II, p. 35).

La relation $A \subset B$ est équivalente à $A \cup B = B$ et à $A \cap B = A$. Si A et B sont des parties d'un ensemble E, on déduit de la prop. 5 (ou du critère C24) les formules

$$\complement_E(A \cup B) = (\complement_E A) \cap (\complement_E B), \qquad \complement_E(A \cap B) = (\complement_E A) \cup (\complement_E B);$$

on a en outre

$$A \cup (\complement_E A) = E, \qquad A \cap (\complement_E A) = \varnothing.$$

Si Γ est une correspondance entre E et F, A et B des parties de E, on déduit de la prop. 3 (II, p. 25) que

$$\Gamma\langle A \cup B\rangle = \Gamma\langle A\rangle \cup \Gamma\langle B\rangle, \qquad \Gamma\langle A \cap B\rangle \subset \Gamma\langle A\rangle \cap \Gamma\langle B\rangle$$

et si f est une application de F dans E

$$\overset{-1}{f}\langle A \cap B\rangle = \overset{-1}{f}\langle A\rangle \cap \overset{-1}{f}\langle B\rangle$$

en vertu de la prop. 4.

Notons aussi la proposition correspondante pour les complémentaires:

Proposition 6. — *Soit f une application de* A *dans* B; *pour toute partie* Y *de* B, *on a* $\overset{-1}{f}\langle B - Y\rangle = \overset{-1}{f}\langle B\rangle - \overset{-1}{f}\langle Y\rangle$.

En effet, pour que x appartienne à $\overset{-1}{f}\langle B - Y\rangle$, il faut et il suffit que $f(x)$ appartienne à B mais non à Y, c'est-à-dire que x appartienne à $\overset{-1}{f}\langle B\rangle$, mais non à $\overset{-1}{f}\langle Y\rangle$.

Corollaire. — *Soit f une injection de* A *dans* B; *pour toute partie* X *de* A, *on a* $f\langle A - X\rangle = f\langle A\rangle - f\langle X\rangle$.

En écrivant $f = i \circ g$, où i est l'injection canonique de $f\langle A\rangle$ dans B, on se ramène à la prop. 6 appliquée à $\overset{-1}{g}$.

L'intersection $X \cap A$ s'appelle quelquefois *trace* de X sur A. Si $\mathfrak{F}$ est une famille d'ensembles, on appelle encore *trace* de $\mathfrak{F}$ sur A l'ensemble des traces sur A des ensembles appartenant à $\mathfrak{F}$.

6. Recouvrements

Définition 5. — *On dit qu'une famille d'ensembles* $(X_\iota)_{\iota \in I}$ *est un recouvrement d'un ensemble* E *si* $E \subset \bigcup_{\iota \in I} X_\iota$. *Si* $(X_\iota)_{\iota \in I}$ *et* $(Y_\kappa)_{\kappa \in K}$ *sont des recouvrements de* E, *on dit que le second de ces recouvrements est plus fin que le premier* (*ou que le premier est moins fin que le second*) *si, pour tout* $\kappa \in K$, *il existe un* $\iota \in I$ *tel que* $Y_\kappa \subset X_\iota$.

Un ensemble d'ensembles $\mathfrak{R}$ est un recouvrement de E si la famille d'ensembles constituée par l'application identique de $\mathfrak{R}$ est un recouvrement de E, autrement dit si $E \subset \bigcup_{X \in \mathfrak{R}} X$.

Si $\mathfrak{R}$, $\mathfrak{R}'$, $\mathfrak{R}''$ sont trois recouvrements de E tels que $\mathfrak{R}'$ soit plus fin que $\mathfrak{R}$, et $\mathfrak{R}''$ plus fin que $\mathfrak{R}'$, il est clair que $\mathfrak{R}''$ est plus fin que $\mathfrak{R}$.

Soit $(X_\iota)_{\iota\in I}$ un recouvrement de E; si J est une partie de I telle que $(X_\iota)_{\iota\in J}$ soit encore un recouvrement de E, ce recouvrement est évidemment plus fin que $(X_\iota)_{\iota\in I}$.

Soient $(X_\iota)_{\iota\in I}$ et $(Y_\kappa)_{\kappa\in K}$ des recouvrements d'un ensemble E. La famille d'ensembles $(X_\iota \cap Y_\kappa)_{(\iota,\kappa)\in I\times K}$ est encore un recouvrement de E. En effet, si $x \in E$, il existe des indices $\iota \in I$ et $\kappa \in K$ tels que $x \in X_\iota$ et $x \in Y_\kappa$, d'où $x \in X_\iota \cap Y_\kappa$. De plus, il est clair que le recouvrement $(X_\iota \cap Y_\kappa)_{(\iota,\kappa)\in I\times K}$ est plus fin que chacun des recouvrements $(X_\iota)_{\iota\in I}$, $(Y_\kappa)_{\kappa\in K}$. Soit réciproquement $(Z_\lambda)_{\lambda\in L}$ un recouvrement de E qui est plus fin que chacun des recouvrements $(X_\iota)_{\iota\in I}$ et $(Y_\kappa)_{\kappa\in K}$; si $\lambda \in L$, il existe alors des indices $\iota \in I$ et $\kappa \in K$ tels que $Z_\lambda \subset X_\iota$ et $Z_\lambda \subset Y_\kappa$, d'où $Z_\lambda \subset X_\iota \cap Y_\kappa$, ce qui montre que le recouvrement $(Z_\lambda)_{\lambda\in L}$ est plus fin que le recouvrement $(X_\iota \cap Y_\kappa)_{(\iota,\kappa)\in I\times K}$.

Soit $(X_\iota)_{\iota\in I}$ un recouvrement d'un ensemble A, et soit f une application de A *sur* un ensemble B. La famille $(f\langle X_\iota\rangle)_{\iota\in I}$ est alors un recouvrement de B (II, p. 25, prop. 3) qui s'appelle *l'image du recouvrement* $(X_\iota)_{\iota\in I}$ *par* f. Si g est une application d'un ensemble C dans l'ensemble A, la famille $(\overset{-1}{g}\langle X_\iota\rangle)_{\iota\in I}$ est un recouvrement de C, qu'on appelle *l'image réciproque du recouvrement* $(X_\iota)_{\iota\in I}$ *par* g.

Soient E et F des ensembles, $(X_\iota)_{\iota\in I}$ un recouvrement de E et $(Y_\kappa)_{\kappa\in K}$ un recouvrement de F. La famille $(X_\iota \times Y_\kappa)_{(\iota,\kappa)\in I\times K}$ est alors un recouvrement de $E \times F$ qu'on appelle le *produit* des recouvrements $(X_\iota)_{\iota\in I}$ de E et $(Y_\kappa)_{\kappa\in K}$ de F.

PROPOSITION 7. — 1° *Soient* E *un ensemble et* $(X_\iota)_{\iota\in I}$ *un recouvrement de* E. *Si deux fonctions* f, g, *ayant* E *pour ensemble de définition, sont telles que, pour tout* $\iota \in I$, f *et* g *coïncident dans* $E \cap X_\iota$, *alors* f *et* g *coïncident dans* E.

2° *Soient* $(X_\iota)_{\iota\in I}$ *une famille d'ensembles,* $(f_\iota)_{\iota\in I}$ *une famille de fonctions ayant même ensemble d'arrivée* F, *telle que, pour tout* $\iota \in I$, *l'ensemble de définition de* f_ι *soit* X_ι, *et que, pour tout couple* $(\iota, \kappa) \in I \times I$, f_ι *et* f_κ *coïncident dans* $X_\iota \cap X_\kappa$. *Il existe alors une fonction* f *et une seule, ayant* $A = \bigcup_{\iota\in I} X_\iota$ *pour ensemble de définition et* F *pour ensemble d'arrivée, et qui prolonge toutes les fonctions* f_ι $(\iota \in I)$.

1° Soit x un élément quelconque de E; il existe un $\iota \in I$ tel que $x \in X_\iota$, d'où $f(x) = g(x)$ par hypothèse.

2° Soit G_ι le graphe de f_ι, et $G = \bigcup_{\iota\in I} G_\iota$; montrons que G est un graphe fonctionnel. En effet, si $(x, y) \in G$ et $(x, y') \in G$, il existe deux indices ι, κ dans I tels que $(x, y) \in G_\iota$ et $(x, y') \in G_\kappa$. Cela entraîne $x \in X_\iota$, $x \in X_\kappa$, $y = f_\iota(x)$, $y' = f_\kappa(x)$; mais comme $x \in X_\iota \cap X_\kappa$, on a $f_\iota(x) = f_\kappa(x)$, c'est à dire $y = y'$. Le graphe G a pour ensemble de définition $\mathrm{pr}_1 G = \bigcup_{\iota\in I} \mathrm{pr}_1 G_\iota = A$; la fonction $f = (G, A, F)$ répond donc à la question. Son unicité résulte de la première partie de la proposition.

7. Partitions

DÉFINITION 6. — *On dit que deux ensembles* A, B *sont disjoints* (ou *sans élément commun*) *si* $A \cap B = \varnothing$ *; s'il n'en est pas ainsi, on dit que* A *et* B *se rencontrent. Soit* $(X_\iota)_{\iota \in I}$ *une famille d'ensembles ; on dit que les ensembles de cette famille sont mutuellement* (ou *deux à deux*) *disjoints si les conditions* $\iota \in I$, $\kappa \in I$, $\iota \neq \kappa$ *entraînent* $X_\iota \cap X_\kappa = \varnothing$.

Soit f une application de A dans B, $(Y_\iota)_{\iota \in I}$ une famille de parties de B, mutuellement disjointes; la prop. 4 (II, p. 25) montre que les ensembles de la famille $(\overset{-1}{f}\langle Y_\iota \rangle)_{\iota \in I}$ de parties de A sont mutuellement disjoints. Par contre, si $(X_\iota)_{\iota \in I}$ est une famille de parties de A, mutuellement disjointes, les ensembles de la famille $(f\langle X_\iota \rangle)_{\iota \in I}$ ne sont pas en général mutuellement disjoints.

PROPOSITION 8. — *Soient* $(X_\iota)_{\iota \in I}$ *une famille d'ensembles mutuellement disjoints,* $(f_\iota)_{\iota \in I}$ *une famille de fonctions ayant même ensemble d'arrivée* F, *et telles que, pour tout* $\iota \in I$, *l'ensemble de définition de* f_ι *soit* X_ι. *Il existe alors une fonction* f *et une seule, ayant* $\bigcup_{\iota \in I} X_\iota$ *pour ensemble de définition et* F *pour ensemble d'arrivée, et qui prolonge toutes les fonctions* f_ι $(\iota \in I)$.

C'est un corollaire immédiat de la prop. 7 (II, p. 28), puisque f_ι et f_κ coïncident évidemment dans $X_\iota \cap X_\kappa = \varnothing$ lorsque $\iota \neq \kappa$.

DÉFINITION 7. — *On appelle partition d'un ensemble* E *une famille de parties mutuellement disjointes de* E, *qui est un recouvrement de* E.

Exemple. — Pour tout ensemble non vide A, la famille $(\{x\})_{x \in A}$ des parties de A réduites à un seul élément est une partition de A.

Si $(X_\iota)_{\iota \in I}$ est une partition d'un ensemble E formée d'ensembles *non vides*, l'application $\iota \mapsto X_\iota$ de I sur l'ensemble $\mathfrak{F}$ des éléments X_ι de la partition est bijective. La donnée de $\mathfrak{F}$ définit donc la partition à une bijection près des ensembles d'indices. Lorsqu'on parle d'une partition en ensembles non vides, c'est de l'ensemble des éléments de la partition qu'il est question le plus souvent.

8. Somme d'une famille d'ensembles

PROPOSITION 9. — *Soit* $(X_\iota)_{\iota \in I}$ *une famille d'ensembles. Il existe un ensemble* X *possédant la propriété suivante :* X *est réunion d'une famille* $(X'_\iota)_{\iota \in I}$ *d'ensembles mutuellement disjoints, telle que, pour tout* $\iota \in I$, *il existe une application bijective de* X_ι *sur* X'_ι.

Soit $A = \bigcup_{\iota \in I} X_\iota$. Si $\iota \in I$, l'application $x \mapsto (x, \iota)$ $(x \in X_\iota)$ est une application bijective de X_ι sur une partie X'_ι de $A \times I$. De plus, l'image de X'_ι par la seconde fonction coordonnée sur $A \times I$ est contenue dans l'ensemble $\{\iota\}$; il en résulte que $X'_\iota \cap X'_\kappa = \varnothing$ si $\iota \neq \kappa$. Il suffit alors de poser $X = \bigcup_{\iota \in I} X'_\iota$.

DÉFINITION 8. — *Soit* $(X_\iota)_{\iota \in I}$ *une famille d'ensembles. On appelle somme de cette famille d'ensembles la réunion de la famille des ensembles* $X_\iota \times \{\iota\}$ $(\iota \in I)$.

PROPOSITION 10. — *Soit* $(X_\iota)_{\iota \in I}$ *une famille d'ensembles mutuellement disjoints. Soient* A *sa réunion et* S *sa somme. Il existe une application bijective de* A *sur* S.

Pour tout $\iota \in I$, soit f_ι une bijection de X_ι sur $X_\iota \times \{\iota\}$. En vertu de la prop. 8 (II, p. 29), il existe une application f de A dans S qui prolonge toutes les applications f_κ. On vérifie aussitôt que f est une application bijective de A sur S.

Par abus de langage, on dit qu'un ensemble E est *somme* d'une famille d'ensembles $(X_\iota)_{\iota \in I}$ lorsqu'il existe une bijection de E sur la somme de cette famille définie par la déf. 8.

On notera que, si $(X_\iota)_{\iota \in I}$ est une famille d'ensembles quelconque, le raisonnement de la prop. 10 montre qu'il existe une application de la somme S de cette famille *sur* sa réunion A.

On dit encore qu'un ensemble somme d'un ensemble X et d'un ensemble $\{a\}$ réduit à un élément est obtenu par *adjonction* de a à X.

§ 5. PRODUIT D'UNE FAMILLE D'ENSEMBLES

1. L'axiome de l'ensemble des parties

A3. $$(\forall X)\ \mathrm{Coll}_Y(Y \subset X).$$

Cet axiome signifie que, pour tout ensemble X, il existe un ensemble dont les éléments sont toutes les parties de X, savoir l'ensemble $\{Y \mid (Y \subset X)\}$ (II, p. 3); on le désigne par $\mathfrak{P}(X)$, et on l'appelle l'*ensemble des parties de* X. Il est clair que, si $X \subset X'$, on a $\mathfrak{P}(X) \subset \mathfrak{P}(X')$.

Soient A et B deux ensembles, Γ une correspondance entre A et B. La *fonction* $X \mapsto \Gamma\langle X\rangle$ $(X \in \mathfrak{P}(A), \Gamma\langle X\rangle \in \mathfrak{P}(B))$ s'appelle l'*extension canonique* (ou simplement *extension*) *de* Γ *aux ensembles de parties*, et se note $\hat{\Gamma}$; c'est une application de $\mathfrak{P}(A)$ dans $\mathfrak{P}(B)$. Si Γ' est une correspondance entre B et un ensemble C, la formule $(\Gamma' \circ \Gamma)\langle X\rangle = \Gamma'\langle\Gamma\langle X\rangle\rangle$ montre que l'extension de $\Gamma' \circ \Gamma$ aux ensembles de parties est l'application $\hat{\Gamma}' \circ \hat{\Gamma}$.

PROPOSITION 1. — 1° *Si f est une surjection d'un ensemble* E *sur un ensemble* F, *l'extension canonique* $\hat{f}$ *est une surjection de* $\mathfrak{P}(E)$ *sur* $\mathfrak{P}(F)$.

2° *Si f est une injection de* E *dans* F, *l'extension canonique* $\hat{f}$ *est une injection de* $\mathfrak{P}(E)$ *dans* $\mathfrak{P}(F)$.

1° Si s est une section associée à f, $f \circ s$ est l'application identique de F, donc $\hat{f} \circ \hat{s}$ est l'application identique de $\mathfrak{P}(F)$, ce qui montre que $\hat{f}$ est une surjection et $\hat{s}$ une section associée (II, p. 18).

2° La proposition est immédiate si $E = \varnothing$, puisqu'alors $\mathfrak{P}(E) = \{\varnothing\}$. Si $E \neq \varnothing$ et si r est une rétraction associée à f, $r \circ f$ est l'application identique de E, donc $\hat{f} \circ f$ est l'application identique de $\mathfrak{P}(E)$, ce qui montre que f est une injection et $\hat{f}$ une rétraction associée (II, p. 18).

2. Ensemble des applications d'un ensemble dans un ensemble

Soient E et F des ensembles. Le graphe d'une application de E dans F est une partie de $E \times F$. L'ensemble des éléments de $\mathfrak{P}(E \times F)$ qui possèdent la propriété d'être des graphes d'applications de E dans F est donc une partie de $\mathfrak{P}(E \times F)$ que l'on désigne par F^E. L'ensemble des triplets $f = (G, E, F)$, pour $G \in F^E$ est donc l'*ensemble des applications* de E dans F; on le désigne par $\mathscr{F}(E; F)$. Il est clair que $G \mapsto (G, E, F)$ est une bijection (dite *canonique*) de F^E sur $\mathscr{F}(E; F)$. L'existence de cette bijection permet de traduire aussitôt toute proposition relative à l'ensemble F^E en une proposition relative à $\mathscr{F}(E; F)$, et vice-versa.

Soient E, E', F, F' des ensembles. Soient u une application de E' dans E, et v une application de F dans F'. La fonction $f \mapsto v \circ f \circ u$ $(f \in \mathscr{F}(E; F))$ est une application de $\mathscr{F}(E; F)$ dans $\mathscr{F}(E'; F')$.

PROPOSITION 2. — 1° *Si u est une surjection de* E' *sur* E, *et v une injection de* F *dans* F', *l'application $f \mapsto v \circ f \circ u$ est injective.*

2° *Si u est une injection de* E' *dans* E, *et v une surjection de* F *sur* F', *l'application $f \mapsto v \circ f \circ u$ est surjective.*

Bornons-nous au cas où les ensembles E', F sont non vides, la proposition se vérifiant trivialement dans les autres cas.

1° Soient s une section associée à u, r une rétraction associée à v (II, p. 18, déf. 11). On a $r \circ (v \circ f \circ u) \circ s = \mathrm{Id}_F \circ f \circ \mathrm{Id}_E = f$, ce qui montre que $f \mapsto v \circ f \circ u$ est injective.

2° Soient r' une rétraction associée à u, s' une section associée à v. Pour toute application $f' : E' \to F'$, on a $v \circ (s' \circ f' \circ r') \circ u = f'$, ce qui montre que $f \mapsto v \circ f \circ u$ est surjective.

COROLLAIRE. — *Si u est une bijection de* E' *sur* E *et v une bijection de* F *sur* F', *$f \mapsto v \circ f \circ u$ est bijective.*

Soient A, B, C trois ensembles, et f une application de $B \times C$ dans A. Pour tout $y \in C$, soit f_y l'application partielle $x \mapsto f(x, y)$ de B dans A (II, p. 21); la fonction $y \mapsto f_y$ est une application de C dans $\mathscr{F}(B; A)$. Inversement, pour toute application g de C dans $\mathscr{F}(B; A)$, il existe une application et une seule f de $B \times C$ dans A telle que $g(y) = f_y$ pour tout $y \in C$, savoir l'application $(x, y) \mapsto (g(y))(x)$. Donc:

PROPOSITION 3. — *Si, pour toute application f de* $B \times C$ *dans* A, *on désigne par $\tilde{f}$ l'application $y \mapsto f_y$ de* C *dans* $\mathscr{F}(B; A)$, *la fonction $f \mapsto \tilde{f}$ est une bijection* (dite *canonique*) *de* $\mathscr{F}(B \times C; A)$ *sur* $\mathscr{F}(C; \mathscr{F}(B; A))$.

On définit de la même manière une bijection (dite canonique) de $\mathscr{F}(B \times C; A)$ sur $\mathscr{F}(B; \mathscr{F}(C; A))$. En raison de la correspondance biunivoque entre applications et graphes fonctionnels, les bijections précédentes fournissent des bijections (dites canoniques) de $A^{B \times C}$ sur $(A^B)^C$ (resp. $(A^C)^B$).

3. Définition du produit d'une famille d'ensembles

Soient $(X_\iota)_{\iota \in I}$ une famille d'ensembles, F un graphe fonctionnel ayant I pour ensemble de définition, et tel que, pour tout $\iota \in I$, on ait $F(\iota) \in X_\iota$; on en déduit que, pour tout $\iota \in I$, on a $F(\iota) \in A = \bigcup_{\iota \in I} X_\iota$, et par suite que F est un élément de $\mathfrak{P}(I \times A)$. Les graphes fonctionnels ayant la propriété précédente forment donc une partie de $\mathfrak{P}(I \times A)$.

DÉFINITION 1. — *Soit* $(X_\iota)_{\iota \in I}$ *une famille d'ensembles. L'ensemble des graphes fonctionnels* F, *ayant* I *pour ensemble de définition, et tels que* $F(\iota) \in X_\iota$ *pour tout* $\iota \in I$, *s'appelle le produit de la famille d'ensembles* $(X_\iota)_{\iota \in I}$ *et se désigne par* $\prod_{\iota \in I} X_\iota$. *Pour tout* $\iota \in I$, X_ι *s'appelle le facteur d'indice* ι *du produit* $\prod_{\iota \in I} X_\iota$; *l'application*

$$F \mapsto F(\iota) \quad \left(F \in \prod_{\iota \in I} X_\iota, F(\iota) \in X_\iota\right)$$

s'appelle la fonction coordonnée (ou *projection*) *d'indice* ι, *et se note* pr_ι.

On dit que $F(\iota)$ est la *coordonnée d'indice* ι (ou *projection d'indice* ι) de F; l'image $\mathrm{pr}_\iota\langle A\rangle$ d'une partie A de $\prod_{\iota \in I} X_\iota$ par la fonction coordonnée d'indice ι s'appelle la *projection d'indice* ι de A; on vérifie aisément que $A \subset \prod_{\iota \in I} \mathrm{pr}_\iota\langle A\rangle$.

On utilise souvent la notation $(x_\iota)_{\iota \in I}$ pour désigner les éléments de $\prod_{\iota \in I} X_\iota$ (II, p. 16).

Si $I = \varnothing$, l'ensemble $\prod_{\iota \in I} X_\iota$ ne possède qu'un seul élément, savoir l'ensemble vide (II, p. 14, *Exemple* 1).

Lorsque tous les facteurs X_ι du produit $\prod_{\iota \in I} X_\iota$ sont égaux à un même ensemble E, on a $\prod_{\iota \in I} X_\iota = E^I$, comme il résulte aussitôt des définitions.

Si $(X_\iota)_{\iota \in I}$ est une famille d'ensembles quelconque, E un ensemble tel que $\bigcup_{\iota \in I} X_\iota \subset E$, la déf. 1 montre que $\prod_{\iota \in I} X_\iota \subset E^I$; il y a donc correspondance biunivoque entre $\prod_{\iota \in I} X_\iota$ et un ensemble d'applications de I dans E (partie de $\mathscr{F}(I; E)$).

Si $I = \{\alpha\}$ est un ensemble à un seul élément, on a $\prod_{\iota \in I} X_\iota = X_\alpha^{\{\alpha\}}$; l'application

$F \mapsto F(\alpha)$ est alors une application bijective de $\prod_{\iota \in \{\alpha\}} X_\iota$ sur X_α (dite *canonique*, ainsi que l'application réciproque).

Soient A et B des ensembles, et soient α, β deux objets distincts (il en existe, par exemple $\varnothing$ et $\{\varnothing\}$). Considérons le graphe $\{(\alpha, A), (\beta, B)\}$, qui est évidemment fonctionnel, et n'est autre que la famille $(X_\iota)_{\iota \in \{\alpha, \beta\}}$ telle que $X_\alpha = A$, $X_\beta = B$. Pour tout couple $(x, y) \in A \times B$, soit $f_{x,y}$ le graphe fonctionnel $\{(\alpha, x), (\beta, y)\}$. Il est immédiat que la fonction $(x, y) \mapsto f_{x,y}$ est une application bijective de $A \times B$ sur $\prod_{\iota \in \{\alpha, \beta\}} X_\iota$, dont l'application réciproque est $g \mapsto (g(\alpha), g(\beta))$; ces deux applications sont dites *canoniques*. Nous utiliserons dans la suite cette correspondance biunivoque pour démontrer des propriétés du produit de deux ensembles à partir de propriétés du produit d'une famille d'ensembles.

Soit $(X_\iota)_{\iota \in I}$ une famille d'ensembles dont chacun est un ensemble à un seul élément, soit $X_\iota = \{a_\iota\}$; alors le produit $\prod_{\iota \in I} X_\iota$ est un ensemble réduit au seul élément $(a_\iota)_{\iota \in I}$.

Soit E un ensemble; les graphes des applications *constantes* $\iota \mapsto x$ de I dans E forment une partie Δ du produit E^I appelée *diagonale*; si $\bar{x}$ désigne le graphe de l'application $\iota \mapsto x$ (pour $x \in E$), l'application $x \mapsto \bar{x}$ est une injection de E dans E^I dite *application diagonale*.

Proposition 4. — *Soient* $(X_\iota)_{\iota \in I}$ *une famille d'ensembles, u une bijection d'un ensemble* K *sur l'ensemble* I, U *son graphe. L'application* $F \mapsto F \circ U$ *de* $\prod_{\iota \in I} X_\iota$ *dans* $\prod_{\kappa \in K} X_{u(\kappa)}$ *est bijective.*

Soit $A = \bigcup_{\iota \in I} X_\iota = \bigcup_{\kappa \in K} X_{u(\kappa)}$ (II, p. 22, prop. 1). L'application $F \mapsto F \circ U$ $(F \in A^I)$ est une application bijective de A^I sur A^K (II, p. 31, prop. 2). Il est évident que la condition « pour tout $\iota \in I$, $F(\iota) \in X_\iota$ » est équivalente à « pour tout $\kappa \in K$, $(F \circ U)(\kappa) \in X_{u(\kappa)}$ », ce qui démontre la proposition.

4. Produits partiels

Soient $(X_\iota)_{\iota \in I}$ une famille d'ensembles, et J une partie de I; on dit que $\prod_{\iota \in J} X_\iota$ est un *produit partiel* de $\prod_{\iota \in I} X_\iota$. Si f est une fonction de graphe $F \in \prod_{\iota \in I} X_\iota$, $F \circ \Delta_J$ (où Δ_J est la diagonale de $J \times J$) est le graphe de la *restriction* de f à J. On a évidemment $F \circ \Delta_J \in \prod_{\iota \in J} X_\iota$; l'application $F \mapsto F \circ \Delta_J$ de $\prod_{\iota \in I} X_\iota$ dans $\prod_{\iota \in J} X_\iota$ s'appelle la *projection d'indice* J et se note pr_J.

Proposition 5. — *Soient* $(X_\iota)_{\iota \in I}$ *une famille d'ensembles, et* J *une partie de* I. *Si, pour tout* $\iota \in I$, *on a* $X_\iota \neq \varnothing$, *la projection* pr_J *est une application de* $\prod_{\iota \in I} X_\iota$ *sur* $\prod_{\iota \in J} X_\iota$.

D'après les remarques faites ci-dessus, il revient au même de démontrer la proposition suivante :

PROPOSITION 6. — *Soit* $(X_\iota)_{\iota \in I}$ *une famille d'ensembles telle que* $X_\iota \neq \varnothing$ *pour tout* $\iota \in I$. *Etant donnée une application* g *de* $J \subset I$ *dans* $A = \bigcup_{\iota \in I} X_\iota$, *telle que* $g(\iota) \in X_\iota$ *pour tout* $\iota \in J$, *il existe un prolongement* f *de* g *à* I, *tel que* $f(\iota) \in X_\iota$ *pour tout* $\iota \in I$.

En effet, pour tout $\iota \in I - J$, désignons par T_ι le terme $\tau_y(y \in X_\iota)$. Comme $X_\iota \neq \varnothing$ par hypothèse, on a $T_\iota \in X_\iota$ pour tout $\iota \in I - J$ (I, p. 32). Si G est le graphe de g, le graphe $G \cup (\bigcup_{\iota \in I - J} \{(\iota, T_\iota)\})$ est le graphe d'une fonction f répondant à la question, comme on le vérifie aussitôt.

COROLLAIRE 1. — *Soit* $(X_\iota)_{\iota \in I}$ *une famille d'ensembles telle que, pour tout* $\iota \in I$, *on ait* $X_\iota \neq \varnothing$. *Alors, pour tout* $\alpha \in I$, *la projection* pr_α *est une application de* $\prod_{\iota \in I} X_\iota$ *sur* X_α.

Il suffit d'appliquer la prop. 5 à la partie $J = \{\alpha\}$ de I, et de remarquer que pr_α est composée de l'application canonique de $X_\alpha^{\{\alpha\}}$ sur X_α et de l'application $\mathrm{pr}_{\{\alpha\}}$.

COROLLAIRE 2. — *Soit* $(X_\iota)_{\iota \in I}$ *une famille d'ensembles. Pour que* $\prod_{\iota \in I} X_\iota = \varnothing$, *il faut et il suffit qu'il existe un* $\iota \in I$ *tel que* $X_\iota = \varnothing$.

En effet, si, pour tout $\iota \in I$, on a $X_\iota \neq \varnothing$, on a aussi $\prod_{\iota \in I} X_\iota \neq \varnothing$ comme il résulte du cor. 1; inversement, si $\prod_{\iota \in I} X_\iota \neq \varnothing$, la relation $\mathrm{pr}_\alpha(\prod_{\iota \in I} X_\iota) \subset X_\alpha$ montre que l'on a $X_\alpha \neq \varnothing$ pour tout $\alpha \in I$.

On voit donc que, si on a une famille $(X_\iota)_{\iota \in I}$ d'ensembles non vides, on peut introduire (à titre de constante auxiliaire) une fonction f dont I est l'ensemble de définition, et qui est telle que $f(\iota) \in X_\iota$ pour tout $\iota \in I$. On dira en pratique : « Prenons dans chaque ensemble X_ι un élément x_ι ». Intuitivement, on a donc « choisi » un élément x_ι dans chacun des X_ι; l'introduction du signe logique τ et des critères qui en gouvernent l'emploi nous a dispensés d'avoir à formuler ici un « axiome de choix » pour légitimer cette opération (cf. *Ens.* R, p. 21).

COROLLAIRE 3. — *Soient* $(X_\iota)_{\iota \in I}$ *et* $(Y_\iota)_{\iota \in I}$ *deux familles d'ensembles ayant le même ensemble d'indices* I. *Si, pour tout* $\iota \in I$, *on a* $X_\iota \subset Y_\iota$, *on a aussi* $\prod_{\iota \in I} X_\iota \subset \prod_{\iota \in I} Y_\iota$. *Réciproquement, si* $\prod_{\iota \in I} X_\iota \subset \prod_{\iota \in I} Y_\iota$ *et si, pour tout* $\iota \in I$, *on a* $X_\iota \neq \varnothing$, *on a* $X_\iota \subset Y_\iota$ *pour tout* $\iota \in I$.

La première assertion est évidente, et la seconde résulte du cor. 1 de la prop. 6, car on a alors, pour tout $\alpha \in I$,

$$X_\alpha = \mathrm{pr}_\alpha(\prod_{\iota \in I} X_\iota) \subset \mathrm{pr}_\alpha(\prod_{\iota \in I} Y_\iota) = Y_\alpha.$$

5. Associativité des produits d'ensembles

PROPOSITION 7. — *Soit* $(X_\iota)_{\iota \in I}$ *une famille d'ensembles. Soit* $(J_\lambda)_{\lambda \in L}$ *une partition de* I; *l'application* $f \mapsto (\mathrm{pr}_{J_\lambda} f)_{\lambda \in L}$ *de* $\prod_{\iota \in I} X_\iota$ *dans l'ensemble produit* $\prod_{\lambda \in L} (\prod_{\iota \in J_\lambda} X_\iota)$ *est bijective* (« associativité » des produits d'ensembles).

D'après l'interprétation de $\mathrm{pr}_{J_\lambda} f$ comme graphe de la restriction d'une fonction de graphe f (II, p. 33), dire que l'application $f \mapsto (\mathrm{pr}_{J_\lambda} f)_{\lambda \in L}$ est bijective signifie que, pour toute famille $(v_\lambda)_{\lambda \in L}$, où v_λ est une application de J_λ dans $\bigcup_{\iota \in I} X_\iota$, il existe une application et une seule u de I dans $\bigcup_{\iota \in I} X_\iota$ telle que, pour tout $\lambda \in L$, v_λ soit la restriction de u à J_λ; or, cela résulte de ce que $(J_\lambda)_{\lambda \in L}$ est une partition de I (II, p. 29, prop. 8).

L'application définie dans la prop. 7 et sa réciproque sont dites *canoniques*.

Remarques. — 1) Soient α, β deux objets distincts, et $(J_\lambda)_{\lambda \in \{\alpha, \beta\}}$ une partition de I en deux ensembles J_α, J_β. On obtient une application bijective (dite encore *canonique*) du produit $\prod_{\iota \in I} X_\iota$ sur $(\prod_{\iota \in J_\alpha} X_\iota) \times (\prod_{\iota \in J_\beta} X_\iota)$ en composant l'application canonique de $\prod_{\in \{\alpha, \beta\}} (\prod_{\iota \in J_\lambda} X_\iota)$ sur $(\prod_{\iota \in J_\alpha} X_\iota) \times (\prod_{\iota \in J_\beta} X_\iota)$ et l'application canonique de $\prod_{\iota \in I} X_\iota$ sur $\prod_{\lambda \in \{\alpha, \beta\}} (\prod_{\iota \in J_\lambda} X_\iota)$. Lorsque, pour tout $\iota \in J_\beta$, X_ι est un ensemble à *un seul élément*, on en déduit que pr_{J_α} est une application bijective de $\prod_{\iota \in I} X_\iota$ sur $\prod_{\iota \in J_\alpha} X_\iota$.

2) Soient α, β, γ des objets deux à deux distincts (il en existe, par exemple $\varnothing$, $\{\varnothing\}$ et $\{\{\varnothing\}\}$), et soient A, B, C des ensembles. Considérons le graphe fonctionnel $\{(\alpha, A), (\beta, B), (\gamma, C)\}$, c'est-à-dire la famille d'ensembles $(X_\iota)_{\iota \in \{\alpha, \beta, \gamma\}}$ telle que $X_\alpha = A$, $X_\beta = B$, $X_\gamma = C$. A la partition de $\{\alpha, \beta, \gamma\}$ formée des deux ensembles $\{\alpha, \beta\}$ et $\{\gamma\}$ correspond une bijection canonique de $\prod_{\iota \in \{\alpha, \beta, \gamma\}} X_\iota$ sur le produit $(\prod_{\iota \in \{\alpha, \beta\}} X_\iota) \times X_\gamma^{\{\gamma\}}$, et par suite une bijection (qu'on appelle encore *canonique*) de $\prod_{\iota \in \{\alpha, \beta, \gamma\}} X_\iota$ sur $A \times B \times C$ (II, p. 9), faisant correspondre à tout graphe $f \in \prod_{\iota \in \{\alpha, \beta, \gamma\}} X_\iota$ l'élément $(f(\alpha), f(\beta), f(\gamma))$ de $A \times B \times C$. Tenant compte de la prop. 4 (II, p. 33), on peut ainsi mettre en correspondance biunivoque deux quelconques des ensembles $A \times B \times C$, $B \times C \times A$, $C \times A \times B$, $B \times A \times C$, $A \times C \times B$, $C \times B \times A$.

6. Formules de distributivité

PROPOSITION 8. — *Soit* $((X_{\lambda, \iota})_{\iota \in J_\lambda})_{\lambda \in L}$ *une famille (admettant* L *pour ensemble d'indices) de familles d'ensembles. On suppose* $L \neq \varnothing$ *et* $J_\lambda \neq \varnothing$ *pour tout* $\lambda \in L$. *Soit* $I = \prod_{\lambda \in L} J_\lambda \neq \varnothing$. *On a*

$$\bigcup_{\lambda \in L} (\bigcap_{\iota \in J_\lambda} X_{\lambda, \iota}) = \bigcap_{f \in I} (\bigcup_{\lambda \in L} X_{\lambda, f(\lambda)})$$

et

$$\bigcap_{\lambda \in L} (\bigcup_{\iota \in J_\lambda} X_{\lambda, \iota}) = \bigcup_{f \in I} (\bigcap_{\lambda \in L} X_{\lambda, f(\lambda)})$$

(« distributivité » de la réunion par rapport à l'intersection et de l'intersection par rapport à la réunion).

Soit x un élément de $\bigcup_{\lambda \in L} (\bigcap_{\iota \in J_\lambda} X_{\lambda,\iota})$. Soit f un élément quelconque de I. Il existe un indice λ tel que $x \in \bigcap_{\iota \in J_\lambda} X_{\lambda,\iota}$; on a par suite $x \in X_{\lambda, f(\lambda)}$, d'où $x \in \bigcup_{\lambda \in L} X_{\lambda, f(\lambda)}$. Ceci étant vrai pour tout $f \in I$, on a $x \in \bigcap_{f \in I} (\bigcup_{\lambda \in L} X_{\lambda, f(\lambda)})$. Soit maintenant x un objet qui n'appartient pas à l'ensemble $\bigcup_{\lambda \in L} (\bigcap_{\iota \in J_\lambda} X_{\lambda,\iota})$. Il en résulte que, pour tout $\lambda \in L$, on a $x \notin \bigcap_{\iota \in J_\lambda} X_{\lambda,\iota}$, ce qui signifie que, pour tout $\lambda \in L$, l'ensemble J'_λ des $\iota \in J_\lambda$ tels que $x \notin X_{\lambda,\iota}$ est non vide. D'après le cor. 2 de la prop. 5 (II, p. 34), il existe un graphe fonctionnel f dont l'ensemble de définition est L et qui est tel que, pour tout $\lambda \in L$, $f(\lambda) \in J'_\lambda$. On a donc $f \in I$ et, pour tout $\lambda \in L$, $x \notin X_{\lambda, f(\lambda)}$. On en déduit que $x \notin \bigcup_{\lambda \in L} X_{\lambda, f(\lambda)}$, et par suite $x \notin \bigcap_{f \in I} (\bigcup_{\lambda \in L} X_{\lambda, f(\lambda)})$.

La première formule est donc démontrée. La seconde s'en déduit, en appliquant la première formule à la famille $((\complement_A X_{\lambda,\iota})_{\iota \in J_\lambda})_{\lambda \in L}$, où A désigne la réunion $\bigcup_{\lambda \in L} (\bigcup_{\iota \in J_\lambda} X_{\lambda,\iota})$.

COROLLAIRE. — *Soient* $(X_\iota)_{\iota \in I}$ *et* $(Y_\kappa)_{\kappa \in K}$ *deux familles d'ensembles dont les ensembles d'indices sont non vides. On a*

$$(\bigcap_{\iota \in I} X_\iota) \cup (\bigcap_{\kappa \in K} Y_\kappa) = \bigcap_{(\iota,\kappa) \in I \times K} (X_\iota \cup Y_\kappa)$$

et

$$(\bigcup_{\iota \in I} X_\iota) \cap (\bigcup_{\kappa \in K} Y_\kappa) = \bigcup_{(\iota,\kappa) \in I \times K} (X_\iota \cap Y_\kappa).$$

Soient α et β deux objets distincts; il suffit d'appliquer les formules de la prop. 8 au cas où $L = \{\alpha, \beta\}$, $J_\alpha = I$, $J_\beta = K$, et à la famille $((Z_{\lambda,\mu})_{\mu \in J_\lambda})_{\lambda \in L}$ telle que $Z_{\alpha,\iota} = X_\iota$ pour tout $\iota \in I$ et $Z_{\beta,\kappa} = Y_\kappa$ pour tout $\kappa \in K$; tenant compte de l'existence de la bijection canonique de $\prod_{\lambda \in L} J_\lambda$ sur $I \times K$ (II, p. 33) et de la prop. 1 de II, p. 30, on obtient les formules énoncées.

PROPOSITION 9. — *Soit* $((X_{\lambda,\iota})_{\iota \in J_\lambda})_{\lambda \in L}$ *une famille (admettant* L *comme ensemble d'indices) de familles d'ensembles. Soit* $I = \prod_{\lambda \in L} J_\lambda$. *On a*

$$\prod_{\lambda \in L} (\bigcup_{\iota \in J_\lambda} X_{\lambda,\iota}) = \bigcup_{f \in I} (\prod_{\lambda \in L} X_{\lambda, f(\lambda)})$$

et (si $L \neq \varnothing$ *et* $J_\lambda \neq \varnothing$ *pour tout* $\lambda \in L$)

$$\prod_{\lambda \in L} (\bigcap_{\iota \in J_\lambda} X_{\lambda,\iota}) = \bigcap_{f \in I} (\prod_{\lambda \in L} X_{\lambda, f(\lambda)}).$$

(« distributivité » du produit par rapport à la réunion et à l'intersection).

La première formule est immédiate si $L = \varnothing$ ou si $J_\lambda = \varnothing$ pour un indice

$\lambda \in L$. Sinon, soit g un élément de $\prod_{\lambda \in L} (\bigcup_{\iota \in J_\lambda} X_{\lambda,\iota})$; pour tout $\lambda \in L$, il existe donc un $\iota \in J_\lambda$ tel que $g(\lambda) \in X_{\lambda,\iota}$; autrement dit, l'ensemble H_λ des $\iota \in J_\lambda$ tels que $g(\lambda) \in X_{\lambda,\iota}$ n'est pas vide. D'après II, p. 34, cor. 2, il existe donc un graphe fonctionnel f dont l'ensemble de définition est L et qui est tel que, pour tout $\lambda \in L$, $f(\lambda) \in H_\lambda$, ce qui signifie que $g(\lambda) \in X_{\lambda, f(\lambda)}$. On a donc $g \in \prod_{\lambda \in L} X_{\lambda, f(\lambda)}$, et par suite $g \in \bigcup_{f \in I} (\prod_{\lambda \in L} X_{\lambda, f(\lambda)})$. Inversement, si $g \in \bigcup_{f \in I} (\prod_{\lambda \in L} X_{\lambda, f(\lambda)})$, il existe un graphe fonctionnel $f \in I$ tel que, pour tout $\lambda \in L$, on ait $g(\lambda) \in X_{\lambda, f(\lambda)}$ et *a fortiori* $g(\lambda) \in \bigcup_{\iota \in J_\lambda} X_{\lambda,\iota}$, ce qui achève de démontrer la première formule. La seconde se démontre de façon analogue mais plus simple encore, comme nous laissons au lecteur le soin de le vérifier.

Corollaire 1. — *Si, pour chaque indice* $\lambda \in L$, *la famille* $(X_{\lambda,\iota})_{\iota \in J_\lambda}$ *est une partition de* $X_\lambda = \bigcup_{\iota \in J_\lambda} X_{\lambda,\iota}$, *la famille* $(\prod_{\lambda \in L} X_{\lambda, f(\lambda)})_{f \in I}$ *est une partition de* $\prod_{\lambda \in L} X_\lambda$.

Si on pose $P_f = \prod_{\lambda \in L} X_{\lambda, f(\lambda)}$, il suffit, en vertu de la première des formules de la prop. 9, de démontrer que, si f et g sont des éléments distincts de I, $P_f \cap P_g = \varnothing$. Or, il existe alors un $\lambda \in L$ tel que $f(\lambda) \neq g(\lambda)$, d'où, en vertu de l'hypothèse, $X_{\lambda, f(\lambda)} \cap X_{\lambda, g(\lambda)} = \varnothing$. Il en résulte qu'il n'y a aucun graphe appartenant à $P_f \cap P_g$; en effet, pour un tel graphe G, on devrait avoir

$$G(\lambda) \in X_{\lambda, f(\lambda)} \cap X_{\lambda, g(\lambda)} = \varnothing,$$

ce qui est absurde.

Corollaire 2. — *Soient* $(X_\iota)_{\iota \in I}$ *et* $(Y_\kappa)_{\kappa \in K}$ *deux familles d'ensembles. On a*

$$(\bigcup_{\iota \in I} X_\iota) \times (\bigcup_{\kappa \in K} Y_\kappa) = \bigcup_{(\iota,\kappa) \in I \times K} (X_\iota \times Y_\kappa)$$

et (si I *et* K *sont non vides)*

$$(\bigcap_{\iota \in I} X_\iota) \times (\bigcap_{\kappa \in K} Y_\kappa) = \bigcap_{(\iota,\kappa) \in I \times K} (X_\iota \times Y_\kappa).$$

Il suffit de raisonner comme dans la démonstration du corollaire de la prop. 8 (II, p. 36).

Proposition 10. — *Soit* $(X_{\iota,\kappa})_{(\iota,\kappa) \in I \times K}$ *une famille d'ensembles dont l'ensemble d'indices est le produit de deux ensembles* I *et* K. *Si* $K \neq \varnothing$, *on a*

$$\bigcap_{\kappa \in K} (\prod_{\iota \in I} X_{\iota,\kappa}) = \prod_{\iota \in I} (\bigcap_{\kappa \in K} X_{\iota,\kappa}).$$

Les deux membres de l'égalité qu'il s'agit de démontrer sont des ensembles de graphes fonctionnels. Pour qu'un tel graphe f appartienne au premier membre, il faut et il suffit que, pour tout $\kappa \in K$, $f \in \prod_{\iota \in I} X_{\iota,\kappa}$, c'est-à-dire que, pour tout

$(\iota, \kappa) \in I \times K$, $f(\iota)$ appartienne à $X_{\iota,\kappa}$. Pour que f appartienne au second membre, il faut et il suffit que, pour tout $\iota \in I$, on ait $f(\iota) \in \bigcap_{\kappa \in K} X_{\iota,\kappa}$, c'est-à-dire encore que, pour tout $(\iota, \kappa) \in I \times K$, $f(\iota)$ appartienne à $X_{\iota,\kappa}$. La proposition est donc démontrée.

COROLLAIRE. — *Soient* $(X_\iota)_{\iota \in I}$ *et* $(Y_\iota)_{\iota \in I}$ *deux familles d'ensembles ayant même ensemble d'indices* $I \neq \varnothing$. *On a*

$$\Big(\prod_{\iota \in I} X_\iota\Big) \cap \Big(\prod_{\iota \in I} Y_\iota\Big) = \prod_{\iota \in I} (X_\iota \cap Y_\iota)$$

et

$$\Big(\bigcap_{\iota \in I} X_\iota\Big) \times \Big(\bigcap_{\iota \in I} Y_\iota\Big) = \bigcap_{\iota \in I} (X_\iota \times Y_\iota).$$

Il suffit d'appliquer la prop. 10 au cas où K (resp. I) est un ensemble à deux éléments distincts.

7. Extension d'applications aux produits

DÉFINITION 2. — *Soient* $(X_\iota)_{\iota \in I}$, $(Y_\iota)_{\iota \in I}$ *deux familles d'ensembles, et* $(g_\iota)_{\iota \in I}$ *une famille de fonctions, admettant le même ensemble d'indices, et telles que, pour tout* $\iota \in I$, g_ι *soit une application de* X_ι *dans* Y_ι. *Pour tout* $f \in \prod_{\iota \in I} X_\iota$, *soit* u_f *le graphe de la fonction* $\iota \mapsto g_\iota(f(\iota))$ $(\iota \in I)$, *qui est un élément de* $\prod_{\iota \in I} Y_\iota$. *On appelle extension canonique* (ou simplement *extension*) *de la famille d'applications* $(g_\iota)_{\iota \in I}$ *aux produits, l'application* $f \mapsto u_f$ *de* $\prod_{\iota \in I} X_\iota$ *dans* $\prod_{\iota \in I} Y_\iota$ *; on dit aussi parfois que c'est le produit de la famille d'applications* $(g_\iota)_{\iota \in I}$.

Quand on utilise la notation indicielle, le produit de la famille $(g_\iota)_{\iota \in I}$ est donc la fonction $(x_\iota)_{\iota \in I} \mapsto (g_\iota(x_\iota))_{\iota \in I}$; on la désigne parfois encore par $(g_\iota)_{\iota \in I}$.

Si $I = \{\alpha, \beta\}$, où α et β sont distincts, l'extension aux produits de la famille d'applications $(g_\iota)_{\iota \in I}$ n'est autre que $\psi \circ (g_\alpha \times g_\beta) \circ \varphi$, où φ désigne l'application canonique de $\prod_{\iota \in I} X_\iota$ sur $X_\alpha \times X_\beta$ (II, p. 33) et ψ l'application canonique de $Y_\alpha \times Y_\beta$ sur $\prod_{\iota \in I} Y_\iota$.

PROPOSITION 11. — *Soient* $(X_\iota)_{\iota \in I}$, $(Y_\iota)_{\iota \in I}$, $(Z_\iota)_{\iota \in I}$ *trois familles d'ensembles,* $(g_\iota)_{\iota \in I}$, $(g'_\iota)_{\iota \in I}$ *deux familles de fonctions, admettant le même ensemble d'indices, et telles que, pour tout* $\iota \in I$, g_ι *soit une application de* X_ι *dans* Y_ι *et* g'_ι *une application de* Y_ι *dans* Z_ι. *Soient* g *et* g' *les extensions des familles* $(g_\iota)_{\iota \in I}$ *et* $(g'_\iota)_{\iota \in I}$ *aux produits; alors l'extension aux produits de la famille* $(g'_\iota \circ g_\iota)_{\iota \in I}$ *est égale à* $g' \circ g$.

La proposition découle immédiatement de la déf. 2.

COROLLAIRE. — *Soient* $(X_\iota)_{\iota \in I}$, $(Y_\iota)_{\iota \in I}$ *deux familles d'ensembles,* $(g_\iota)_{\iota \in I}$ *une famille de fonctions. Si, pour tout* $\iota \in I$, g_ι *est une injection* (resp. *surjection*) *de* X_ι *dans* Y_ι, *alors l'extension* g *de* $(g_\iota)_{\iota \in I}$ *aux ensembles produits est une injection* (resp. *une surjection*) *de* $\prod_{\iota \in I} X_\iota$ *dans* $\prod_{\iota \in I} Y_\iota$.

1° Bornons-nous au cas où $X_\iota \neq \varnothing$ pour tout $\iota \in I$, le résultat étant trivial dans le cas contraire. Supposons que, pour tout $\iota \in I$, g_ι soit une injection, et soit r_ι une rétraction associée à g_ι (II, p. 18, déf. 11), de sorte que $r_\iota \circ g_\iota$ est l'application identique de X_ι. Soit r l'extension aux produits de la famille $(r_\iota)_{\iota \in I}$; comme $r \circ g$ est l'extension aux produits de la famille des applications identiques Id_{X_ι}, $r \circ g$ est l'application identique de $\prod_{\iota \in I} X_\iota$, donc g est une injection (II, p. 18, prop. 8).

2° Supposons que, pour tout $\iota \in I$, g_ι soit une surjection de X_ι sur Y_ι, et soit s_ι une section associée à g_ι (II, p. 18, déf. 11), de sorte que $g_\iota \circ s_\iota$ est l'application identique de Y_ι. Si s est l'extension aux produits de la famille $(s_\iota)_{\iota \in I}$, $g \circ s$ est l'extension aux produits de la famille des applications identiques Id_{Y_ι}, donc est l'application identique de $\prod_{\iota \in I} Y_\iota$, ce qui prouve que g est une surjection (II, p. 18, prop. 8).

Soit $(X_\iota)_{\iota \in I}$ une famille d'ensembles, et soit E un ensemble. Pour toute application f de E dans $\prod_{\iota \in I} X_\iota$, $\mathrm{pr}_\iota \circ f$ est une application de E dans X_ι; si $\bar{f}$ est l'extension aux produits de cette famille d'applications, et d l'application diagonale (II, p. 33) de E dans E^I, on voit aussitôt que l'on a $f = \bar{f} \circ d$. Inversement, soit $(f_\iota)_{\iota \in I}$ une famille de fonctions telle que, pour tout $\iota \in I$, f_ι soit une application de E dans X_ι, et soit $\bar{f}$ l'extension aux produits de cette famille; on a alors, pour tout $\iota \in I$, $\mathrm{pr}_\iota \circ (\bar{f} \circ d) = f_\iota$. Par abus de langage, l'application $\bar{f} \circ d$ se note encore $(f_\iota)_{\iota \in I}$. On définit ainsi une application bijective (dite *canonique*, ainsi que son application réciproque) de l'ensemble $\prod_{\iota \in I} X_\iota^E$ sur l'ensemble $\left(\prod_{\iota \in I} X_\iota\right)^E$.

§ 6. RELATIONS D'ÉQUIVALENCE

En principe, nous cesserons désormais d'utiliser des lettres italiques grasses pour désigner des assemblages indéterminés; le contexte permettra au lecteur de discerner sans peine les assertions qui s'appliquent à des lettres ou des relations indéterminées.

1. Définition d'une relation d'équivalence

Soit $R\{x, y\}$ une relation, x et y étant des lettres distinctes. On dit que la relation R est *symétrique* (par rapport aux lettres x et y) si l'on a $R\{x, y\} \Rightarrow R\{y, x\}$. S'il en est ainsi, en substituant à x et y deux lettres x', y', distinctes entre elles et distinctes de toutes les lettres figurant dans R, puis en substituant y et x à x' et y' respectivement, on voit que l'on a $R\{y, x\} \Rightarrow R\{x, y\}$; donc $R\{x, y\}$ et $R\{y, x\}$ sont équivalentes.

Soit z une lettre ne figurant pas dans R. On dit que la relation R est *transitive* (par rapport aux lettres x et y) si l'on a $(R\{x, y\}$ et $R\{y, z\}) \Rightarrow R\{x, z\}$.

Exemples. — La relation $x = y$ est symétrique et transitive. La relation $X \subset Y$ est transitive, mais non symétrique. La relation $X \cap Y = \varnothing$ est symétrique, mais non transitive.

Si $R\{x, y\}$ est à la fois symétrique et transitive, on dit que $R\{x, y\}$ est une *relation d'équivalence* (par rapport aux lettres x et y). Dans ce cas, la notation $x \equiv y \pmod{R}$ est parfois employée comme synonyme de $R\{x, y\}$; elle se lit « *x est équivalent à y modulo* R (ou *suivant* R) ». Si R est une relation d'équivalence, on a

$$R\{x, y\} \Rightarrow (R\{x, x\} \text{ et } R\{y, y\}),$$

car $R\{x, y\}$ entraîne $R\{y, x\}$, et ($R\{x, y\}$ et $R\{y, x\}$) entraîne ($R\{x, x\}$ et $R\{y, y\}$), en vertu des définitions.

Soient $R\{x, y\}$ une relation, E un terme. On dit que la relation R est *réflexive dans* E (par rapport aux lettres x et y ne figurant pas dans E) si la relation $R\{x, x\}$ est équivalente à $x \in E$. S'il n'y a pas de confusion possible sur E, on dit simplement, par abus de langage, que R est réflexive.

On appelle *relation d'équivalence dans* E une relation d'équivalence réflexive dans E. Si $R\{x, y\}$ est une relation d'équivalence dans E, on a

$$R\{x, y\} \Rightarrow ((x, y) \in E \times E),$$

donc R admet un graphe (par rapport aux lettres x et y). Réciproquement, supposons que la relation d'équivalence $R\{x, y\}$ admette un graphe G; remarquons que la relation $R\{x, x\}$ est équivalente à la relation $(\exists y)R\{x, y\}$; en effet, elle entraîne cette dernière (I, p. 33, schéma S5), et d'autre part, comme $R\{x, y\}$ entraîne $R\{x, x\}$, $(\exists y)R\{x, y\}$ entraîne $(\exists y)R\{x, x\}$, donc aussi $R\{x, x\}$. On voit donc que $R\{x, x\}$ est équivalente à $x \in \mathrm{pr}_1 G$, de sorte que R est une relation d'équivalence dans $\mathrm{pr}_1 G$.

On appelle *équivalence* dans un ensemble E une correspondance admettant E pour ensemble d'arrivée et pour ensemble de départ, et dont le graphe F est tel que la relation $(x, y) \in F$ soit une relation d'équivalence dans E.

Exemples

1) La relation $x = y$ est une relation d'équivalence qui n'admet pas de graphe, car la première projection de ce graphe serait l'ensemble de tous les objets.

2) La relation « $x = y$ et $x \in E$ » est une relation d'équivalence dans E dont le graphe est la diagonale de $E \times E$.

3) La relation « il existe une bijection de X sur Y » est une relation d'équivalence qui n'admet pas de graphe (cf. III, p. 30).

4) La relation « $x \in E$ et $y \in E$ » est un relation d'équivalence dans E dont le graphe est $E \times E$.

5) Supposons $A \subset E$. La relation

$$(x \in E - A \text{ et } y = x) \text{ ou } (x \in A \text{ et } y \in A)$$

est une relation d'équivalence dans E.

6) * La relation « $x \in \mathbf{Z}$ et $y \in \mathbf{Z}$ et $x - y$ est divisible par 4 » est une relation d'équivalence dans $\mathbf{Z}$.*

PROPOSITION 1. — *Pour qu'une correspondance* Γ *entre* X *et* X *soit une équivalence dans* X, *il faut et il suffit que les conditions suivantes soient vérifiées*: a) X *est l'ensemble de définition de* Γ; b) *on a* $\Gamma = \overset{-1}{\Gamma}$; c) *on a* $\Gamma \circ \Gamma = \Gamma$.

Soient Γ une correspondance entre X et X, et G son graphe. Si Γ est une équivalence dans X, on a $(x, x) \in G$ pour tout $x \in X$, donc X est l'ensemble de définition de Γ. La relation $(x, y) \in G$ est équivalente à $(y, x) \in G$, donc à $(x, y) \in \overset{-1}{G}$, de sorte que $G = \overset{-1}{G}$, donc $\Gamma = \overset{-1}{\Gamma}$. Les relations $(x, y) \in G$ et $(y, z) \in G$ entraînent $(x, z) \in G$, ce qui montre que $G \circ G \subset G$; par ailleurs, la relation $(x, y) \in G$ entraîne $(x, x) \in G$, donc $(x, y) \in G \circ G$ de sorte que $G \subset G \circ G$; on a donc $G = G \circ G$, et par suite $\Gamma = \Gamma \circ \Gamma$.

Réciproquement, supposons les conditions *a*), *b*), *c*) vérifiées. La relation $(x, y) \in G$ est symétrique en vertu de *b*) en transitive en vertu de *c*); c'est donc une relation d'équivalence, et il résulte de *a*) que c'est une relation d'équivalence dans X.

2. Classes d'équivalence; ensemble quotient

Soient f une fonction, E son ensemble de définition, F son graphe. La relation « $x \in E$ et $y \in E$ et $f(x) = f(y)$ » est une relation d'équivalence dans E; nous dirons que cette relation est la relation d'équivalence *associée* à f. Elle est équivalente à la relation $(\exists z)((x, z) \in F$ et $(y, z) \in F)$, c'est-à-dire à

$$(\exists z)((x, z) \in F \text{ et } (z, y) \in \overset{-1}{F});$$

son graphe est donc $\overset{-1}{F} \circ F$.

Nous allons maintenant montrer que toute relation d'équivalence R dans un ensemble E est du type précédent. Soit en effet G le graphe de R. Pour tout $x \in E$, l'ensemble (non vide) $G(x) \subset E$ s'appelle la *classe d'équivalence de* x *suivant* R: c'est donc l'ensemble des $y \in E$ tels que $R\{x, y\}$; tout ensemble qui peut se mettre sous la forme $G(x)$ pour un $x \in E$ est appelé une classe d'équivalence (suivant R). Un élément d'une classe d'équivalence est encore appelé un *représentant* de cette classe. L'ensemble des classes d'équivalence suivant R (c'est-à-dire l'ensemble des objets de la forme $G(x)$, pour $x \in E$) s'appelle *l'ensemble quotient* de E par R et se désigne par E/R; l'application $x \mapsto G(x)$ $(x \in E)$ dont l'ensemble de définition est E et l'ensemble d'arrivée E/R, s'appelle l'*application canonique* de E sur E/R. On a alors le critère suivant:

C55. *Soient* R *une relation d'équivalence dans un ensemble* E, *et* p *l'application canonique de* E *sur* E/R. *On a*

$$R\{x, y\} \Leftrightarrow (p(x) = p(y)).$$

En effet (avec les notations précédentes), soient x et y des éléments de E tels que $(x, y) \in G$. On a d'abord $x \in E$ et $y \in E$; montrons que $G(x) = G(y)$. Puisque $y \in G(x)$, on a (II, p. 41, prop. 1) $G(y) \subset (G \circ G)(x) = G(x)$. Par ailleurs, on a aussi $(y, x) \in G$, d'où $G(x) \subset G(y)$ et par suite $G(x) = G(y)$, c'est-à-dire $p(x) = p(y)$. Réciproquement, si $G(x) = G(y)$, on a $y \in G(y) = G(x)$, d'où $(x, y) \in G$, ce qui démontre le critère.

Une section associée à l'application canonique p de E sur E/R (II, p. 18, déf. 11) s'appelle plus brièvement une *section* de E (pour la relation R).

Exemples

1) Soit R la relation d'équivalence « $x \in E$ et $y \in E$ et $x = y$ » dans un ensemble E; la classe d'équivalence de $x \in E$ est alors l'ensemble $\{x\}$, et l'application canonique $x \mapsto \{x\}$ de E sur E/R est bijective.

2) Soient E et F deux ensembles tels que $F \neq \varnothing$, et R la relation d'équivalence dans $E \times F$ associée à l'application pr_1 de $E \times F$ sur E. Les classes d'équivalence pour R sont les ensembles de la forme $\{x\} \times F$, où $x \in E$; l'application $x \mapsto \{x\} \times F$ est une bijection de E sur $(E \times F)/R$.

Soit R une relation d'équivalence dans un ensemble E. L'ensemble quotient E/R est une partie de $\mathfrak{P}(E)$, et l'application identique de E/R est une *partition de* E (II, p. 29); en effet, si G est le graphe de R, et si deux classes d'équivalences $G(x)$ et $G(y)$ ont un élément commun z, on a $R\{x, z\}$ et $R\{z, y\}$, donc $R\{x, y\}$, et par suite $G(x) = G(y)$. En outre la relation

$$(\exists X)(X \in E/R \text{ et } x \in X \text{ et } y \in X)$$

est équivalente à $R\{x, y\}$.

Réciproquement, soit $(X_\iota)_{\iota \in I}$ une partition d'un ensemble E en ensembles non vides; on vérifie aussitôt que la relation $(\exists \iota)(\iota \in I \text{ et } x \in X_\iota \text{ et } y \in X_\iota)$ est une relation d'équivalence R dans E; les classes d'équivalence suivant R ne sont autres que les ensembles X_ι de la partition, et l'application $\iota \mapsto X_\iota$ est une bijection de I sur E/R. Toute partie S de E telle que, pour tout $\iota \in I$, l'ensemble $S \cap X_\iota$ soit réduit à un élément, s'appelle un *système de représentants* des classes d'équivalence suivant R. On désigne aussi sous ce nom toute injection d'un ensemble K dans E, telle que l'image de K par cette injection soit un système de représentants des classes d'équivalence suivant R; il en est ainsi, en particulier, de toute *section* de E pour la relation R.

3. Relations compatibles avec une relation d'équivalence

Soient $R\{x, x'\}$ une relation d'équivalence, et $P\{x\}$ une relation. On dit que $P\{x\}$ est *compatible avec la relation d'équivalence* $R\{x, x'\}$ (par rapport à x) si, y désignant une lettre qui ne figure ni dans P, ni dans R, on a

$$(P\{x\} \text{ et } R\{x, y\}) \Rightarrow P\{y\}.$$

Par exemple, il résulte de C43 (I, p. 39) que n'importe quelle relation $P\{x\}$ est compatible avec la relation d'équivalence $x = x'$.

C56. *Soient* $R\{x, x'\}$ *une relation d'équivalence dans un ensemble* E, $P\{x\}$ *une relation où ne figure pas la lettre* x', *compatible (par rapport à* x*) avec la relation d'équivalence* $R\{x, x'\}$; *alors, si* t *ne figure pas dans* $P\{x\}$, *la relation* « $t \in E/R$ et $(\exists x)(x \in t$ et $P\{x\})$ » *est équivalente à la relation* « $t \in E/R$ et $(\forall x)((x \in t) \Rightarrow P\{x\})$ ».

En effet, soit $t \in E/R$. S'il existe un $a \in t$ tel que $P\{a\}$, alors, pour tout $x \in t$, on a $R\{a, x\}$, donc $P\{x\}$. Donc $(\exists x)(x \in t$ et $P\{x\})$ entraîne $(\forall x)((x \in t) \Rightarrow P\{x\})$. La réciproque est évidente, puisque $t \in E/R$ implique $t \neq \varnothing$.

On dit que la relation

$$t \in E/R \text{ et } (\exists x)(x \in t \text{ et } P\{x\})$$

est la relation *déduite de* $P\{x\}$ *par passage au quotient* (par rapport à x) pour la relation R. Si on désigne cette relation par $P'\{t\}$, et si f est l'application canonique de E sur E/R, la relation ($y \in E$ et $P'\{f(y)\}$) (où y ne figure pas dans $P\{x\}$) est *équivalente* à ($y \in E$ et $P\{y\}$) comme on le vérifie aussitôt.

4. Parties saturées

Soient $R\{x, y\}$ une relation d'équivalence dans un ensemble E, et A une partie de E. On dit que A est *saturée pour* R si la relation $x \in A$ est compatible (par rapport à x) avec $R\{x, y\}$; il revient au même de dire que, *pour tout* $x \in A$, *la classe d'équivalence de* x *est contenue dans* A. En d'autres termes, pour qu'un ensemble soit saturé pour R, il faut et il suffit qu'il soit *réunion d'un ensemble de classes d'équivalence suivant* R.

Soit f l'application canonique de E sur E/R; si A est saturé pour R, la classe d'équivalence de tout élément $x \in A$, qui n'est autre que $\overset{-1}{f}\langle\{f(x)\}\rangle$, est contenue dans A, donc on a $\overset{-1}{f}\langle f\langle A\rangle\rangle \subset A$; comme par ailleurs $A \subset \overset{-1}{f}\langle f\langle A\rangle\rangle$, on a $A = \overset{-1}{f}\langle f\langle A\rangle\rangle$. Réciproquement, si $A = \overset{-1}{f}\langle f\langle A\rangle\rangle$, alors pour tout $x \in A$ la classe d'équivalence $K = f(x)$ de x pour R est un élément de $f\langle A\rangle$, et comme $K = \overset{-1}{f}\langle\{K\}\rangle$, on a $K \subset \overset{-1}{f}\langle f\langle A\rangle\rangle = A$. On voit donc que les parties de E saturées pour R sont les parties A de E telles que $A = \overset{-1}{f}\langle f\langle A\rangle\rangle$. On peut dire aussi que ce sont les parties de E de la forme $\overset{-1}{f}\langle B\rangle$, où $B \subset E/R$; en effet, la relation $A = \overset{-1}{f}\langle B\rangle$ entraîne $B = f\langle A\rangle$, d'où $A = \overset{-1}{f}\langle f\langle A\rangle\rangle$.

Si $(X_\iota)_{\iota \in I}$ est une famille de parties saturées de E, les ensembles $\bigcup_{\iota \in I} X_\iota$ et $\bigcap_{\iota \in I} X_\iota$ sont saturés (II, p. 25, prop. 3 et 4). Si $A = \overset{-1}{f}\langle B\rangle$ est une partie saturée de E, il en est de même de $\complement_E A = \overset{-1}{f}\langle E/R\rangle - \overset{-1}{f}\langle B\rangle$ (II, p. 27, prop. 6).

Soit maintenant A une partie quelconque de E. L'ensemble $\overset{-1}{f}\langle f\langle A\rangle\rangle$

contient A et est saturé. Réciproquement, si une partie saturée A′ de E contient A, on a $f\langle A' \rangle \supset f\langle A \rangle$, d'où $A' = \overset{-1}{f}\langle f\langle A' \rangle\rangle \supset \overset{-1}{f}\langle f\langle A \rangle\rangle$. On peut donc dire que $\overset{-1}{f}\langle f\langle A \rangle\rangle$ est « la plus petite » partie saturée de E contenant A (cf. III, p. 8); cet ensemble est appelé le *saturé* de A pour la relation R; il est immédiat que c'est la réunion des classes d'équivalence des éléments de A. Si $(X_\iota)_{\iota \in I}$ est une famille de parties de E, A_ι le saturé de X_ι pour R, alors le saturé de $\bigcup_{\iota \in I} X_\iota$ est $\bigcup_{\iota \in I} A_\iota$ (II, p. 25, prop. 3).

5. Applications compatibles avec des relations d'équivalence

Soient R une relation d'équivalence dans un ensemble E, et f une fonction dont l'ensemble de définition est E. On dit que f est *compatible avec la relation* R si la relation $y = f(x)$ est compatible (par rapport à x) avec la relation $R\{x, x'\}$.

Il revient au même, comme on le voit aussitôt, de dire que la restriction de f à toute classe d'équivalence est une application constante; on dit encore dans ce cas que *f est constante sur toute classe d'équivalence suivant* R. Si g est l'application canonique de E sur E/R, cela signifie aussi que la relation $g(x) = g(x')$ entraîne $f(x) = f(x')$; par suite (II, p. 20, prop. 9), on a le critère suivant:

C57. *Soient* R *une relation d'équivalence dans un ensemble* E, *et g l'application canonique de* E *sur* E/R. *Pour qu'une application f de* E *dans* F *soit compatible avec* R, *il faut et il suffit que f puisse se mettre sous la forme $h \circ g$, h étant une application de* E/R *dans* F. *L'application h est uniquement déterminée par f; si s est une section associée à g, on a $h = f \circ s$.*

On dit que h est *l'application déduite de f par passage au quotient* suivant R.

Soit f une application d'un ensemble E dans un ensemble F, et soit $A = f\langle E \rangle \subset F$. Soit R la relation d'équivalence associée à f (II, p. 41); il est clair que f est compatible avec R. En outre, l'application h déduite de f par passage au quotient est une application *injective* de E/R dans F; en effet, si t et t' sont des classes d'équivalence suivant R, telles que $h(t) = h(t')$, on a $f(x) = f(x')$ pour $x \in t$ et $x' \in t'$, ce qui entraîne $t = t'$ par définition de R. Soit k l'application de E/R sur A déduite de h par passage aux sous-ensembles E/R et A; k est donc *bijective*. Si j est l'injection canonique de A dans F et g l'application canonique de E sur E/R, on peut écrire $f = j \circ k \circ g$; cette relation est appelée *décomposition canonique de f*.

Soient f une application d'un ensemble E dans un ensemble F, R une relation d'équivalence dans E, S une relation d'équivalence dans F. Soient u l'application canonique de E sur E/R, v l'application canonique de F sur F/S. On dit que f est *compatible avec les relations d'équivalence* R *et* S si $v \circ f$ est compatible avec R; cela signifie que la relation $x \equiv x'$ (mod R) *entraîne* $f(x) \equiv f(x')$ (mod. S). L'application h de E/R dans F/S déduite de $v \circ f$ par passage au quotient suivant R s'appelle alors *l'application déduite de f par passage aux quotients suivant* R *et* S; elle est caractérisée par la relation $v \circ f = h \circ u$ (fig. 3).

$$\begin{array}{ccc} E & \xrightarrow{f} & F \\ {\scriptstyle u}\downarrow & & \downarrow{\scriptstyle v} \\ E/R & \xrightarrow[h]{} & F/S \end{array}$$

Fig. 3

6. Image réciproque d'une relation d'équivalence; relation d'équivalence induite

Soient φ une application d'un ensemble E dans un ensemble F, et S une relation d'équivalence dans F. Si u est l'application canonique de F sur F/S, la relation d'équivalence associée à l'application $u \circ \varphi$ de E dans F/S s'appelle *l'image réciproque* de S par φ; si R est cette relation, $R\{x, y\}$ est équivalente à $S\{\varphi(x), \varphi(y)\}$; les classes d'équivalence suivant R sont les images réciproques par φ des classes d'équivalence suivant S qui rencontrent $\varphi\langle E\rangle$.

En particulier, considérons une relation d'équivalence R dans un ensemble E, et soit A une partie de E; l'image réciproque de R par l'injection j de A dans E s'appelle la relation d'équivalence *induite* par R dans A, et se note R_A.

Les classes d'équivalence suivant R_A sont les *traces* sur A des classes d'équivalence suivant R qui rencontrent A. L'injection j est évidemment compatible avec les relations R_A et R; l'application h de A/R_A dans E/R déduite de j par passage aux quotients suivant R_A et R est une application *injective* de A/R_A dans E/R: en effet, si f est l'application canonique de E sur E/R, g celle de A sur A/R_A, la relation $h(g(x)) = h(g(x'))$, pour $x \in A$ et $x' \in A$, équivaut à $f(x) = f(x')$, donc à $g(x) = g(x')$. L'image $h\langle A/R_A\rangle$ est égale à $f\langle A\rangle$; si k est l'application bijective de A/R_A sur $f\langle A\rangle$ déduite de h par passage aux sous-ensembles A/R_A et $f\langle A\rangle$, k et son application réciproque sont dites *canoniques*.

7. Quotients de relations d'équivalence

Soient R et S deux relations d'équivalence, par rapport à deux lettres x, y. Nous dirons que S est *plus fine* que R (ou que R est *moins fine* que S) si la relation $S \Rightarrow R$ est vraie. Si R et S sont des relations d'équivalence dans un même ensemble E, dire que S est plus fine que R signifie que le graphe de S est contenu dans celui de R, ou encore que toute classe d'équivalence suivant S est contenue dans une classe d'équivalence suivant R; il revient au même de dire que toute classe d'équivalence suivant R est saturée pour S.

Exemples. — 1) La relation « $x \in E$ et $y \in E$ et $x = y$ » est plus fine que toute relation d'équivalence dans E; la relation « $x \in E$ et $y \in E$ » est moins fine que toute relation d'équivalence dans E.

2) * La relation d'équivalence « $x \in \mathbf{Z}$ et $y \in \mathbf{Z}$ et $x - y$ est divisible par 4 » est plus fine que la relation d'équivalence « $x \in \mathbf{Z}$ et $y \in \mathbf{Z}$ et $x - y$ est divisible par 2 ». *

Soient R et S deux relations d'équivalence dans un même ensemble E, telles que S soit plus fine que R. Soient f et g les applications canoniques de E sur E/R et de E sur E/S. La fonction f est compatible avec S; soit h la fonction déduite de f par passage au quotient suivant S; c'est une application de E/S sur E/R. La relation d'équivalence associée à h dans E/S s'appelle le *quotient de* R *par* S et se désigne par R/S; la relation $x \equiv y$ (mod. R) est équivalente à $g(x) \equiv g(y)$ (mod. R/S); les classes d'équivalence suivant R/S sont les images par g des classes d'équivalence suivant R. Soit $h = j \circ h_2 \circ h_1$ la décomposition canonique (II, p. 44) de l'application h; h_1 est donc l'application canonique de E/S sur (E/S)/(R/S), j est l'application identique de E/R, et h_2 est une application bijective de (E/S)/(R/S) sur E/R. L'application h_2 et son application réciproque sont dites *canoniques*.

Considérons inversement une relation d'équivalence quelconque T dans l'ensemble E/S, et soit R la relation d'équivalence dans E, image réciproque par g de la relation T (II, p. 45); comme la relation $x \equiv y$ (mod. R) est équivalente à $g(x) \equiv g(y)$ (mod. T), on voit que T est équivalente à R/S.

8. Produit de deux relations d'équivalence

Soient R$\{x, y\}$ et R'$\{x', y'\}$ deux relations d'équivalence. Désignons par S$\{u, v\}$ la relation

$$(\exists x)(\exists y)(\exists x')(\exists y')(u = (x, x') \text{ et } v = (y, y') \text{ et } \mathrm{R}\{x, y\} \text{ et } \mathrm{R}'\{x', y'\});$$

on vérifie aisément que S$\{u, v\}$ est une relation d'équivalence, que l'on appelle *produit* de R et R' et qu'on désigne par R × R'. Supposons que R soit une relation d'équivalence dans un ensemble E, et R' une relation d'équivalence dans un ensemble E'. La relation S$\{u, u\}$ est alors équivalente à

$$(\exists x)(\exists x')(u = (x, x') \text{ et } \mathrm{R}\{x, x\} \text{ et } \mathrm{R}'\{x', x'\})$$

c'est-à-dire à $(\exists x)(\exists x')(u = (x, x')$ et $x \in \mathrm{E}$ et $x' \in \mathrm{E}')$, donc à $u \in \mathrm{E} \times \mathrm{E}'$; il en résulte que R × R' est une relation d'équivalence dans E × E'. Si $u = (x, x')$ est un élément de E × E', la relation S$\{u, v\}$ est équivalente à

$$(\exists y)(\exists y')(v = (y, y') \text{ et } \mathrm{R}\{x, y\} \text{ et } \mathrm{R}'\{x', y'\});$$

si G et G' sont les graphes de R et R', cette relation est encore équivalente à $v \in \mathrm{G}(x) \times \mathrm{G}'(x')$. *Toute classe d'équivalence suivant* R × R' *est donc le produit d'une classe d'équivalence suivant* R *et d'une classe d'équivalence suivant* R', *et réciproquement.*

Soient f et f' les applications canoniques de E sur E/R et de E' sur E'/R', et soit $f \times f'$ l'extension canonique de f et f' aux ensembles produits (II, p. 21); on a donc $(f \times f')(x, x') = (f(x), f'(x'))$ pour $(x, x') \in \mathrm{E} \times \mathrm{E}'$. L'image réciproque par $f \times f'$ d'une élément (u, u') de $(E/R) \times (E'/R')$ n'est autre que le produit $u \times u'$ de la classe d'équivalence u suivant R et de la classe d'équivalence u' suivant R'; il en résulte que la relation d'équivalence associée à $f \times f'$ est équivalente à $R \times R'$. L'application $f \times f'$ peut donc se mettre sous la forme $h \circ g$, où g est l'application canonique de $E \times E'$ sur $(E \times E')/(R \times R')$ et où h est une application bijective de $(E \times E')/(R \times R')$ sur $(E/R) \times (E'/R')$; cette application et son application réciproque sont dites *canoniques*.

Remarque. — Soit $P\{x, x'\}$ une relation où ne figurent pas les lettres y et y'; on dit que P est *compatible* avec les relations d'équivalence $R\{x, y\}$ et $R'\{x', y'\}$ (par rapport à x et x') si la relation ($P\{x, x'\}$ et $R\{x, y\}$ et $R'\{x', y'\}$) entraîne $P\{y, y'\}$. Soit $Q\{u\}$ la relation $(\exists x)(\exists x')(u = (x, x')$ et $P\{x, x'\})$; il revient au même de dire que $Q\{u\}$ est compatible (par rapport à u) avec la relation d'équivalence $S\{u, v\}$, produit de R et de R'.

9. Classes d'objets équivalents

Soit $R\{x, y\}$ une relation d'équivalence ne possédant pas nécessairement de graphe. Il est immédiat que si x, x', y sont trois lettres distinctes, la relation $R\{x, x'\}$ entraîne $R\{x, y\} \Leftrightarrow R\{x', y\}$, donc aussi la relation $(\forall y)(R\{x, y\} \Leftrightarrow R\{x', y\})$. Compte tenu du schéma S7 (I, p. 38) on voit que, si on pose $\theta\{x\} = \tau_y(R\{x, y\})$, la relation $R\{x, x'\}$ implique $\theta\{x\} = \theta\{x'\}$. Notons d'autre part que, par définition, $R\{x, \theta\{x\}\}$ n'est autre que la relation $(\exists y)R\{x, y\}$, donc (II, p. 40) est équivalente à $R\{x, x\}$. On en conclut que la relation ($R\{x, x\}$ et $R\{x', x'\}$ et $\theta\{x\} = \theta\{x'\}$) est *équivalente* à $R\{x, x'\}$; en effet, elle entraîne, par S6 (I, p. 38) la relation

$$(R\{x, x\} \text{ et } R\{x', x'\} \text{ et } R\{x', \theta\{x\}\} \Leftrightarrow R\{x', \theta\{x'\}\}),$$

donc aussi ($R\{x, \theta\{x\}\}$ et $R\{x', \theta\{x\}\}$) et finalement $R\{x, x'\}$ par transitivité et symétrie; comme on sait d'autre part que $R\{x, x'\}$ entraîne ($R\{x, x\}$ et $R\{x', x'\}$), notre assertion est démontrée. On dit que le terme $\theta\{x\}$ est *la classe d'objets équivalents à x* (pour la relation R).

Supposons maintenant que T soit un terme ne contenant pas x, tel que la relation

$$(1) \qquad (\forall y)(R\{y, y\} \Rightarrow (\exists x)(x \in T \text{ et } R\{x, y\}))$$

soit vraie. Alors, la relation $(\exists x)(R\{x, x\}$ et $z = \theta\{x\})$ est *collectivisante en z*. On peut en effet supposer que $x \in T$ implique $R\{x, x\}$; il suffit de remplacer T par l'ensemble des $x \in T$ tels que $R\{x, x\}$ (en observant que $R\{x, y\}$ entraîne $R\{x, x\}$). Soit alors Θ l'ensemble des objets de la forme $\theta\{x\}$ pour $x \in T$ (II, p. 6). Supposons que $R\{y, y\}$ soit vraie; alors il existe $x \in T$ tel que l'on ait $R\{x, y\}$, donc $\theta\{y\} = \theta\{x\} \in \Theta$. On dit que Θ est *l'ensemble des classes d'objets équivalents* suivant R, et pour tout x tel que $R\{x, x\}$, $\theta\{x\}$ est l'*unique* élément $z \in \Theta$ tel que l'on ait $R\{x, z\}$.

Sous les mêmes hypothèses, soit $A\{x\}$ un terme tel que $R\{x, y\}$ entraîne $A\{x\} = A\{y\}$. Alors la relation $(\exists x)(R\{x, x\}$ et $z = A\{x\})$ est aussi collectivisante en z, car $R\{x, x\}$, etant équivalente à $R\{x, \theta\{x\}\}$, entraîne $A\{x\} = A\{\theta\{x\}\}$, et par suite, si E est l'ensemble des objets de la forme $A\{t\}$ pour $t \in \Theta$, $R\{x, x\}$ entraîne $A\{x\} \in E$. Si f est la fonction $t \mapsto A\{t\}$ ($t \in \Theta$, $A\{t\} \in E$), on voit donc que la relation $R\{x, x\}$ entraîne $A\{x\} = f(\theta\{x\})$.

En particulier, si R est une relation d'équivalence *dans un ensemble* F, on peut prendre pour $A\{x\}$ la *classe d'équivalence de x suivant* R (II, p. 41), et la fonction f est alors une *bijection* de Θ sur l'ensemble quotient F/R, ce qui justifie la terminologie introduite.

* *Exemple.* — Soit $R\{x, y\}$ la relation d'équivalence « x et y sont deux espaces vectoriels de même dimension finie sur $\mathbf{C}$ », qui n'admet pas de graphe. Elle vérifie la condition (1) en prenant pour T l'ensemble des sous-espaces vectoriels de $\mathbf{C}^{(\mathbf{N})}$, ou le sous-ensemble T′ de T formé des $\mathbf{C}^n$ ($n \in \mathbf{N}$), où on convient que $\mathbf{C}^0$ est réduit au point 0 de $\mathbf{C}^{(\mathbf{N})}$, et $\mathbf{C}^n$ pour $n > 0$ est la somme des n premiers composants de la somme directe $\mathbf{C}^{(\mathbf{N})}$. *

Exercices

§ 1

1) Montrer que la relation

$$(x = y) \Leftrightarrow (\forall X)((x \in X) \Rightarrow (y \in X))$$

est un théorème.

2) Montrer que $\varnothing \neq \{x\}$ est un théorème; en déduire qu'il en est de même de $(\exists x)(\exists y)(x \neq y)$.

3) Soient A et B deux parties d'un ensemble X. Montrer que la relation $B \subset \complement A$ est équivalente à $A \subset \complement B$, et que la relation $\complement B \subset A$ est équivalente à $\complement A \subset B$.

4) Démontrer que la relation $X \subset \{x\}$ est équivalente à « $X = \{x\}$ ou $X = \varnothing$ ».

5) Démontrer que l'on a $\varnothing = \tau_X(\tau_x(x \in X) \notin X)$.

6) Soit $\mathscr{T}$ une théorie égalitaire dans laquelle figure le signe $\in$, et qui comporte l'axiome suivant:

A1′ $$(\forall y)(y = \tau_x((\forall z)(z \in x \Leftrightarrow z \in y)))$$

(autrement dit: « tout terme est égal à l'ensemble de ses éléments »). Montrer que l'axiome d'extensionalité A1 est un théorème de $\mathscr{T}$.

§ 2

1) Soient $\boldsymbol{R}\{\boldsymbol{x}, \boldsymbol{y}\}$ une relation, les lettres $\boldsymbol{x}$ et $\boldsymbol{y}$ étant distinctes; soit $\boldsymbol{z}$ une lettre distincte de $\boldsymbol{x}$ et de $\boldsymbol{y}$ et ne figurant pas dans $\boldsymbol{R}\{\boldsymbol{x}, \boldsymbol{y}\}$. Montrer que la relation $(\exists \boldsymbol{x})(\exists \boldsymbol{y})\boldsymbol{R}\{\boldsymbol{x}, \boldsymbol{y}\}$ est équivalente à

$$(\exists \boldsymbol{z})(\boldsymbol{z} \text{ est un couple et } \boldsymbol{R}\{\mathrm{pr}_1 \boldsymbol{z}, \mathrm{pr}_2 \boldsymbol{z}\})$$

et que la relation $(\forall \boldsymbol{x})(\forall \boldsymbol{y})\boldsymbol{R}\{\boldsymbol{x}, \boldsymbol{y}\}$ est équivalente à

$$(\forall \boldsymbol{z})((\boldsymbol{z} \text{ est un couple}) \Rightarrow \boldsymbol{R}\{\mathrm{pr}_1 \boldsymbol{z}, \mathrm{pr}_2 \boldsymbol{z}\}).$$

§ 3

1) Montrer que les relations $x \in y$, $x \subset y$, $x = \{y\}$ n'admettent pas de graphe par rapport à x et y.

2) Soit G un graphe. Montrer que la relation $X \subset \mathrm{pr}_1 G$ est équivalente à $X \subset \overset{-1}{G}\langle G\langle X\rangle\rangle$.

3) Soient G et H deux graphes. Montrer que la relation $\mathrm{pr}_1 H \subset \mathrm{pr}_1 G$ est équivalente à $H \subset H \circ \overset{-1}{G} \circ G$; en déduire que l'on a $G \subset G \circ \overset{-1}{G} \circ G$.

4) Si G est un graphe, montrer que $\varnothing \circ G = G \circ \varnothing = \varnothing$. Pour que $\overset{-1}{G} \circ G = \varnothing$, il faut et il suffit que $G = \varnothing$.

5) Soient A et B deux ensembles, G un graphe. Montrer que l'on a $(A \times B) \circ G = \overset{-1}{G}\langle A\rangle \times B$ et $G \circ (A \times B) = A \times G\langle B\rangle$.

6) Pour tout graphe G, soit G′ le graphe $((\mathrm{pr}_1 G) \times (\mathrm{pr}_2 G)) - G$. Montrer que l'on a $(\overset{-1}{G})' = (G')^{-1}$ et

$$G \circ (\overset{-1}{G})' \subset \Delta'_B, \qquad (\overset{-1}{G})' \circ G \subset \Delta'_A$$

si $A \supset pr_1 G$ et $B \supset pr_2 G$. Pour que l'on ait $G = (pr_1 G) \times (pr_2 G)$, il faut et il suffit que $G \circ (\overset{-1}{G})' \circ G = \varnothing$.

7) Pour qu'un graphe G soit fonctionnel, il faut et il suffit que, pour tout ensemble X, on ait $G\langle \overset{-1}{G}\langle X \rangle\rangle \subset X$.

8) Soient A et B deux ensembles, Γ une correspondance entre A et B, Γ' une correspondance entre B et A. Montrer que, si $\Gamma'(\Gamma(x)) = \{x\}$ pour tout $x \in A$ et $\Gamma(\Gamma'(y)) = \{y\}$ pour tout $y \in B$, Γ est une bijection de A sur B, et Γ' la bijection réciproque.

9) Soient A, B, C, D des ensembles, f une application de A dans B, g une application de B dans C, h une application de C dans D. Montrer que, si $g \circ f$ et $h \circ g$ sont des bijections, f, g, h sont toutes trois des bijections.

10) Soient A, B, C trois ensembles, f une application de A dans B, g une application de B dans C, h une application de C dans A. Montrer que si, parmi les applications $h \circ g \circ f$, $g \circ f \circ h$, $f \circ h \circ g$, deux sont des surjections et la troisième une injection, ou deux sont des injections et la troisième une surjection, alors f, g, h sont des bijections.

* 11) Déceler l'erreur dans le raisonnement suivant: soit **N** l'ensemble des entiers naturels, A l'ensemble des entiers $n > 2$ pour lesquels il existe trois entiers x, y, z strictement positifs et tels que $x^n + y^n = z^n$. L'ensemble A n'est pas vide (autrement dit, le « grand théorème de Fermat » est faux). En effet, soit $B = \{A\}$ et $C = \{\mathbf{N}\}$; comme B et C sont des ensembles à un seul élément, il existe une bijection f de B sur C. On a $f(A) = \mathbf{N}$; si A était vide, on aurait $\mathbf{N} = f(\varnothing) = \varnothing$, ce qui est absurde $_*$.

§ 4

1) Soit G un graphe. Montrer que les trois propositions suivantes sont équivalentes:
a) G est un graphe fonctionnel;
b) quels que soient les ensembles X, Y, $\overset{-1}{G}(X \cap Y) = \overset{-1}{G}(X) \cap \overset{-1}{G}(Y)$;
c) la relation $X \cap Y = \varnothing$ entraîne $\overset{-1}{G}(X) \cap \overset{-1}{G}(Y) = \varnothing$.

2) Soit G un graphe. Montrer que, pour tout ensemble X, on a

$$G(X) = pr_2(G \cap (X \times pr_2 G)) = G(X \cap pr_1 G).$$

3) Soient X, Y, Y', Z quatre ensembles. Montrer que si $Y \cap Y' = \varnothing$, on a $(Y' \times Z) \circ (X \times Y) = \varnothing$, et si $Y \cap Y' \neq \varnothing$, on a $(Y' \times Z) \circ (X \times Y) = X \times Z$.

4) Soit $(G_\iota)_{\iota \in I}$ une famille de graphes. Montrer que, pour tout ensemble X, on a $(\bigcup_{\iota \in I} G_\iota)\langle X\rangle = \bigcup_{\iota \in I} G_\iota\langle X\rangle$, et pour tout objet x, $(\bigcap_{\iota \in I} G_\iota)\langle\{x\}\rangle = \bigcap_{\iota \in I} G_\iota\langle\{x\}\rangle$. Donner un exemple de deux graphes G, H et d'un ensemble X tels que $(G \cap H)\langle X\rangle \neq G\langle X\rangle \cap H\langle X\rangle$.

5) Soient $(G_\iota)_{\iota \in I}$ une famille de graphes, H un graphe. Montrer que l'on a

$$(\bigcup_{\iota \in I} G_\iota) \circ H = \bigcup_{\iota \in I} (G_\iota \circ H) \quad \text{et} \quad H \circ (\bigcup_{\iota \in I} G_\iota) = \bigcup_{\iota \in I} (H \circ G_\iota).$$

6) Pour qu'un graphe G soit fonctionnel, il faut et il suffit que, pour tout couple de graphes H, H', on ait

$$(H \cap H') \circ G = (H \circ G) \cap (H' \circ G).$$

7) Soient G, H, K trois graphes. Démontrer la relation

$$(H \circ G) \cap K \subset (H \cap (K \circ \overset{-1}{G})) \circ (G \cap (\overset{-1}{H} \circ K)).$$

8) Soient $\mathfrak{R} = (X_\iota)_{\iota \in I}$ et $\mathfrak{S} = (Y_\kappa)_{\kappa \in K}$ deux recouvrements d'un ensemble E.

a) Montrer que si $\mathfrak{S}$ est une partition de E et si $\mathfrak{R}$ est un recouvrement plus fin que $\mathfrak{S}$, alors, pour tout $\kappa \in K$, il existe $\iota \in I$ tel que $X_\iota \subset Y_\kappa$.
b) Donner un exemple de deux recouvrements $\mathfrak{R}$, $\mathfrak{S}$ tels que $\mathfrak{R}$ soit plus fin que $\mathfrak{S}$, mais où la propriété énoncée dans *a*) est en défaut.
c) Donner un exemple de deux partitions $\mathfrak{R}$, $\mathfrak{S}$ de E telles que, pour tout $\kappa \in K$, il existe $\iota \in I$ tel que $X_\iota \subset Y_\kappa$, mais telles que $\mathfrak{R}$ ne soit pas plus fine que $\mathfrak{S}$.

§ 5

1) Montrer que si X, Y sont deux ensembles tels que $\mathfrak{P}(X) \subset \mathfrak{P}(Y)$, on a $X \subset Y$.

2) Soient E un ensemble, f une application de $\mathfrak{P}(E)$ dans lui-même, telle que la relation $X \subset Y$ entraîne $f(X) \subset f(Y)$. Soit V l'intersection des ensembles $Z \subset E$ tels que $f(Z) \subset Z$, et soit W la réunion des ensembles $Z \subset E$ tels que $Z \subset f(Z)$. Montrer que $f(V) = V$ et $f(W) = W$, et que pour tout ensemble $Z \subset E$ tel que $f(Z) = Z$, on a $V \subset Z \subset W$.

3) Soit $(X_\iota)_{\iota \in I}$ une famille d'ensembles. Montrer que si $(Y_\iota)_{\iota \in I}$ est une famille d'ensembles telle que $Y_\iota \subset X_\iota$ pour tout $\iota \in I$, on a $\prod_{\iota \in I} Y_\iota = \bigcap_{\iota \in I} \overset{-1}{\mathrm{pr}_\iota}(Y_\iota)$.

4) Soient A et B deux ensembles. Pour toute partie G de $A \times B$ soit $\tilde{G}$ le graphe de l'application $x \mapsto G\langle\{x\}\rangle$ de A dans $\mathfrak{P}(B)$. Montrer que l'application $G \mapsto \tilde{G}$ est une bijection de $\mathfrak{P}(A \times B)$ sur $(\mathfrak{P}(B))^A$.

* 5) Soit $(X_\iota)_{1 \leqslant \iota \leqslant n}$ une famille finie d'ensembles. Pour toute partie H de l'ensemble d'indices $[1, n]$, soit $P_H = \bigcup_{\iota \in H} X_\iota$ et $Q_H = \bigcap_{\iota \in H} X_\iota$. Soit $\mathfrak{F}_k$ l'ensemble des parties de $[1, n]$ ayant k éléments; montrer que l'on a :

$$\bigcup_{H \in \mathfrak{F}_k} Q_H \supset \bigcap_{H \in \mathfrak{F}_k} P_H \quad \text{si} \quad k \leqslant \tfrac{1}{2}(n+1)$$

et

$$\bigcup_{H \in \mathfrak{F}_k} Q_H \subset \bigcap_{H \in \mathfrak{F}_k} P_H \quad \text{si} \quad k \geqslant \tfrac{1}{2}(n+1) \ {}_*.$$

§ 6

1) Pour qu'un graphe G soit le graphe d'une équivalence dans un ensemble E, il faut et il suffit que l'on ait $\mathrm{pr}_1 G = \mathrm{pr}_2 G = E$, $G \circ \overset{-1}{G} \circ G = G$ et $\Delta_E \subset G$ (Δ_E étant la diagonale de $E \times E$).

2) Si G est un graphe tel que $G \circ \overset{-1}{G} \circ G = G$, montrer que $\overset{-1}{G} \circ G$ et $G \circ \overset{-1}{G}$ sont des graphes d'équivalences dans $\mathrm{pr}_1 G$ et $\mathrm{pr}_2 G$ respectivement.

3) Soient E un ensemble, A une partie de E, R la relation d'équivalence associée à l'application $X \mapsto X \cap A$ de $\mathfrak{P}(E)$ dans $\mathfrak{P}(E)$. Montrer qu'il existe une bijection canonique de $\mathfrak{P}(A)$ sur l'ensemble quotient $\mathfrak{P}(E)/R$.

4) Soit G le graphe d'une équivalence dans un ensemble E. Montrer que, si A est un graphe tel que $A \subset G$ et $\mathrm{pr}_1 A = E$ (resp. $\mathrm{pr}_2 A = E$), on a $G \circ A = G$ (resp. $A \circ G = G$); en outre, si B est un graphe quelconque, on a $(G \cap B) \circ A = G \cap (B \circ A)$ (resp. $A \circ (G \cap B) = G \cap (A \circ B)$).

5) Montrer que toute intersection de graphes d'équivalence dans un ensemble E est le graphe d'une équivalence dans E. Donner un exemple de deux équivalences dans E telles que la réunion de leurs graphes ne soit pas le graphe d'une équivalence dans E.

6) Soient G et H les graphes de deux équivalences dans un ensemble E. Pour que $G \circ H$ soit

le graphe d'une équivalence dans E, il faut et il suffit que $G \circ H = H \circ G$; le graphe $G \circ H$ est alors l'intersection de tous les graphes d'équivalences dans E qui contiennent G et H.

7) Soient E et F deux ensembles, R une relation d'équivalence dans F, f une application de E dans F. Si S est la relation d'équivalence image réciproque de R par f, et $A = f\langle E \rangle$, définir une bijection canonique de E/S sur A/R_A.

8) Soient F, G deux ensembles, R une relation d'équivalence dans F, p l'application canonique de F sur F/R, f une surjection de G sur F/R. Montrer qu'il existe un ensemble E, une surjection g de E sur F, et une surjection h de E sur G, tels que l'on ait $p \circ g = f \circ h$.

9) *a*) Si $R\{x, y\}$ est une relation quelconque, « $R\{x, y\}$ et $R\{y, x\}$ » est une relation symétrique. A quelle condition est-elle réflexive dans un ensemble E?
* *b*) Soit $R\{x, y\}$ une relation symétrique et réflexive dans un ensemble E admettant un graphe contenu dans $E \times E$. Soit $S\{x, y\}$ la relation « il existe un entier $n > 0$ et une suite $(x_i)_{0 \leqslant i \leqslant n}$ d'éléments de E telle que $x_0 = x$, $x_n = y$ et, pour tout indice i tel que $0 \leqslant i < n$, $R\{x_i, x_{i+1}\}$ ». Montrer que $S\{x, y\}$ est une relation d'équivalence dans E, et que son graphe est le plus petit des graphes d'équivalence dans E contenant le graphe de R. Les classes d'équivalence suivant S sont appelées les *composantes connexes* de E pour la relation R.
c) Soit $\mathfrak{F}$ l'ensemble des parties A de E telles que, pour tout couple d'éléments (y, z) tels que $y \in A$, $z \in E - A$, on ait « non $R\{y, z\}$ ». Pour tout $x \in E$, montrer que l'intersection des ensembles $A \in \mathfrak{F}$ tels que $x \in A$ est la composante connexe de x pour la relation R. *

10) *a*) Soit $R\{x, y\}$ une relation symétrique et réflexive dans un ensemble E. On dit que R est *intransitive d'ordre* 1 si, pour quatre éléments *distincts* x, y, z, t de E, les relations $R\{x, y\}$, $R\{x, z\}$, $R\{x, t\}$, $R\{y, z\}$ et $R\{y, t\}$ entraînent $R\{z, t\}$. On dit qu'une partie A de E est *stable* pour la relation R si, quels que soient x et y dans A, on a $R\{x, y\}$. Si a et b sont deux éléments distincts de E, tels que $R\{a, b\}$, montrer que l'ensemble $C(a, b)$ des $x \in E$ tels que $R\{a, x\}$ et $R\{b, x\}$ est stable, et que pour tout couple d'éléments distincts x, y de $C(a, b)$, on a $C(x, y) = C(a, b)$. On appelle *constituants* de E pour la relation R les ensembles $C(a, b)$ (pour tout couple (a, b) tel que $R\{a, b\}$), et les composantes connexes (exerc. 9) pour R réduites à un seul élément. Montrer que l'intersection de deux constituants distincts de E ne peut avoir plus d'un élément, et que, pour trois constituants A, B, C distincts deux à deux, l'un au moins des ensembles $A \cap B$, $B \cap C$, $C \cap A$ est vide ou les trois ensembles sont identiques.
b) Réciproquement, soit $(X_\lambda)_{\lambda \in L}$ un recouvrement d'un ensemble E, formé de parties non vides de E, et ayant les propriétés suivantes: 1° pour deux indices distincts λ, μ, $X_\lambda \cap X_\mu$ a au plus un élément; 2° pour trois indices distincts, λ, μ, ν, un au moins des trois ensembles $X_\lambda \cap X_\mu$, $X_\mu \cap X_\nu$, $X_\nu \cap X_\lambda$ est vide ou ces trois ensembles sont identiques. Soit $R\{x, y\}$ la relation « il existe $\lambda \in L$ tel que $x \in X_\lambda$ et $y \in X_\lambda$ »; montrer que R est une relation réflexive dans E, symétrique et intransitive d'ordre 1, et que les X_λ sont les constituants de E pour R.
c) * On dit de même qu'une relation $R\{x, y\}$, symétrique et réflexive dans E, est *intransitive d'ordre* $n - 3$ si, pour toute famille $(x_i)_{1 \leqslant i \leqslant n}$ d'éléments distincts de E, les relations $R\{x_i, x_j\}$ pour tout couple $(i, j) \neq (n - 1, n)$ entraînent $R\{x_{n-1}, x_n\}$. Généraliser les propriétés *a*) et *b*) aux relations intransitives d'ordre quelconque. Montrer qu'une relation intransitive d'ordre p est aussi intransitive d'ordre q pour tout $q > p$. *

CHAPITRE III

Ensembles ordonnés, cardinaux, nombres entiers

§ 1. RELATIONS D'ORDRE. ENSEMBLES ORDONNÉS

1. Définition d'une relation d'ordre

Soit R$\{x, y\}$ une relation, x et y étant des lettres distinctes. On dit que R est une *relation d'ordre par rapport aux lettres x et y* (ou *entre x et y*) si les relations

$$(\mathrm{R}\{x, y\} \text{ et } \mathrm{R}\{y, z\}) \Rightarrow \mathrm{R}\{x, z\}$$
$$(\mathrm{R}\{x, y\} \text{ et } \mathrm{R}\{y, x\}) \Rightarrow (x = y)$$
$$\mathrm{R}\{x, y\} \Rightarrow (\mathrm{R}\{x, x\} \text{ et } \mathrm{R}\{y, y\})$$

sont vraies. La première exprime que la relation R est *transitive* par rapport aux lettres x et y (II, p. 40).

Exemples

1) La *relation d'égalité* $x = y$ est une relation d'ordre.

2) La relation $\mathrm{X} \subset \mathrm{Y}$ est une relation d'ordre entre X et Y (II, p. 2, prop. 1 et 2 et axiome A1), que l'on appelle souvent *relation d'inclusion*, ou *relation* $\subset$.

3) Soit R$\{x, y\}$ une relation d'ordre entre x et y. La relation R$\{y, x\}$ est une relation d'ordre *entre x et y*, appelée relation d'ordre *opposée* à R$\{x, y\}$.

On appelle *relation d'ordre dans un ensemble* E une relation d'ordre R$\{x, y\}$ par rapport à deux lettres distinctes x, y (ne figurant pas dans le terme E de la théorie où l'on s'est placé) telle que la relation R$\{x, x\}$ soit *équivalente à* $x \in \mathrm{E}$ (autrement dit, telle que R$\{x, y\}$ soit *réflexive dans* E (II, p. 40)). Alors la relation R$\{x, y\}$ implique « $x \in \mathrm{E}$ et $y \in \mathrm{E}$ » et la relation (R$\{x, y\}$ et R$\{y, x\}$) est équivalente à « $x \in \mathrm{E}$ et $y \in \mathrm{E}$ et $x = y$ ».

Exemples. — 1) La relation d'égalité et la relation d'inclusion ne sont pas des relations d'ordre dans un ensemble, car les relations $x = x$ et $\mathrm{X} \subset \mathrm{X}$ ne sont pas collectivisantes (II, p. 6).

2) Soient R$\{x, y\}$ une relation d'ordre entre x et y, et E un ensemble tel que $x \in E$ entraîne R$\{x, x\}$ (on notera que l'ensemble vide satisfait à cette condition). La relation « R$\{x, y\}$ et $x \in E$ et $y \in E$ » est alors une relation d'ordre dans E, comme on le vérifie aussitôt; on dit que c'est la relation d'ordre *induite* par R$\{x, y\}$ dans E (cf. III, p. 5). Par abus de langage, on dira souvent « la relation S$\{x, y\}$ est une relation d'ordre entre éléments de E » au lieu de dire « la relation (S$\{x, y\}$ et $x \in E$ et $y \in E$) est une relation d'ordre dans E ». Par exemple, étant donné un ensemble A, la relation « $X \subset Y$ et $X \subset A$ et $Y \subset A$ » est une relation d'ordre entre parties de A.

3) Soient E et F des ensembles. La relation « g prolonge f » est une relation d'ordre (entre f et g) dans l'ensemble des applications de parties de E dans F.

4) Dans l'ensemble $\mathfrak{P}(\mathfrak{P}(E))$ des ensembles de parties d'un ensemble E, soit $\mathscr{P}$ l'ensemble des *partitions* de E (II, p. 29). Rappelons qu'une partition ϖ est dite *moins fine* qu'une partition ϖ' si, quel que soit $Y \in \varpi'$, il existe $X \in \varpi$ tel que $Y \subset X$ (II, p. 27). Pour toute partition $\varpi \in \mathscr{P}$, soit $\tilde{\varpi}$ le graphe de l'équivalence définie par ϖ dans E (II, p. 42), c'est-à-dire la réunion des ensembles (mutuellement disjoints) $A \times A$, où A parcourt ϖ. La relation « ϖ est moins fine que ϖ' » est équivalente à $\tilde{\varpi} \supset \tilde{\varpi}'$, comme on le voit immédiatement; c'est donc une relation d'ordre dans l'ensemble $\mathscr{P}$, entre ϖ et ϖ'.

On appelle *ordre* sur un ensemble E une correspondance $\Gamma = (G, E, E)$ ayant E comme ensemble de départ et ensemble d'arrivée et telle que la relation $(x, y) \in G$ soit une relation d'ordre dans E. Par abus de langage, on dira parfois que le graphe G de Γ est un ordre sur E. Si R$\{x, y\}$ est une relation d'ordre dans E, elle admet un graphe, qui est un ordre sur E.

PROPOSITION 1. — *Pour qu'une correspondance* Γ *entre* E *et* E *soit un ordre sur* E, *il faut et il suffit que son graphe* G *satisfasse aux conditions suivantes:*

a) *On a* $G \circ G = G$.

b) *L'ensemble* $G \cap \overset{-1}{G}$ *est la diagonale* Δ *de* $E \times E$.

En effet, la relation $((x, y) \in G$ et $(y, z) \in G) \Rightarrow ((x, z) \in G)$ s'écrit aussi $G \circ G \subset G$, et la relation

$$((x, y) \in G \text{ et } (y, x) \in G) \Leftrightarrow (x = y \text{ et } x \in E \text{ et } y \in E)$$

s'écrit $G \cap \overset{-1}{G} = \Delta$. De $G \cap \overset{-1}{G} = \Delta$, on déduit alors $\Delta \subset G$; d'où

$$G = \Delta \circ G \subset G \circ G,$$

ce qui, compte tenu de $G \circ G \subset G$, entraîne $G \circ G = G$.

2. Relations de préordre

Soit R$\{x, y\}$ une relation, x et y étant des lettres distinctes. Si R est transitive et si l'on a

$$R\{x, y\} \Rightarrow (R\{x, x\} \text{ et } R\{y, y\}),$$

R n'est pas nécessairement une relation d'ordre, car la relation (R$\{x, y\}$ et R$\{y, x\}$) n'entraîne pas nécessairement $x = y$. On dit que R$\{x, y\}$ est une *relation de préordre* entre x et y; $R\{y, x\}$ est alors une relation de préordre entre x et y, dite *opposée* à $R\{x, y\}$.

Par exemple, soit $\mathscr{R}$ l'ensemble des parties de $\mathfrak{P}(E)$ qui sont des recouvrements de E (II, p. 27). La relation « $\mathfrak{R}$ est moins fin que $\mathfrak{R}'$ » entre éléments $\mathfrak{R}$, $\mathfrak{R}'$ de $\mathscr{R}$ (II, p. 27) est transitive et réflexive, mais deux recouvrements distincts peuvent être tels que chacun soit moins fin que l'autre. Il en est par exemple ainsi lorsque $\mathfrak{R}'$ est (dans $\mathfrak{P}(E)$) réunion de $\mathfrak{R}$ et d'une partie de E contenue dans un ensemble de $\mathfrak{R}$, mais n'appartenant pas à $\mathfrak{R}$.

Mais en tout cas la relation ($R\{x, y\}$ et $R\{y, x\}$) est une *relation d'équivalence* $S\{x, y\}$ par rapport à x et y. Soient x' et y' des lettres distinctes de x, y et ne figurant pas dans R; alors $R\{x, y\}$ est *compatible* (par rapport à x et y) avec les relations d'équivalence $S\{x, x'\}$ et $S\{y, y'\}$; autrement dit (II, p. 42) la relation ($R\{x, y\}$ et $S\{x, x'\}$ et $S\{y, y'\}$) entraîne $R\{x', y'\}$.

On appelle *relation de préordre dans un ensemble* E une relation de préordre $R\{x, y\}$ telle que la relation $R\{x, x\}$ soit équivalente à $x \in E$ (les lettres x, y ne figurant pas dans le terme E); la relation $R\{x, y\}$ implique alors « $x \in E$ et $y \in E$ ».

Si $R\{x, y\}$ est une relation de préordre dans un ensemble E, la relation $S\{x, y\}$ définie ci-dessus est une relation d'équivalence dans E. Soit alors $R'\{X, Y\}$ la relation

$$X \in E/S \text{ et } Y \in E/S \text{ et } (\exists x)(\exists y)(x \in X \text{ et } y \in Y \text{ et } R\{x, y\})$$

c'est-à-dire la relation déduite de R par passage au quotient (par rapport à x et y); on a vu (II, p. 43), qu'elle est équivalente à la relation

$$X \in E/S \text{ et } Y \in E/S \text{ et } (\forall x)(\forall y)((x \in X \text{ et } y \in Y) \Rightarrow R\{x, y\}).$$

Montrons que $R'\{X, Y\}$ est une *relation d'ordre* entre éléments de E/S. En effet, la relation ($R'\{X, Y\}$ et $R'\{Y, Z\}$) est équivalente à

$$X \in E/S \text{ et } Y \in E/S \text{ et } Z \in E/S \text{ et } (\forall x)(\forall y)(\forall z)((x \in X \text{ et } y \in Y \text{ et } z \in Z) \Rightarrow (R\{x, y\} \text{ et } R\{y, z\}))$$

(I, p. 37, critères C40 et C41); comme $R\{x, y\}$ est transitive et que $Y \in E/S$ entraîne $Y \neq \varnothing$ (II, p. 41), on en déduit aussitôt que $R'\{X, Y\}$ est transitive. En second lieu, ($R'\{X, Y\}$ et $R'\{Y, X\}$) est équivalente à

$$X \in E/S \text{ et } Y \in E/S \text{ et } (\forall x)(\forall y)((x \in X \text{ et } y \in Y) \Rightarrow (R\{x, y\} \text{ et } R\{y, x\}))$$

c'est-à-dire à

$$X \in E/S \text{ et } Y \in E/S \text{ et } (\forall x)(\forall y)((x \in X \text{ et } y \in Y) \Rightarrow S\{x, y\})$$

donc elle entraîne

$$X \in E/S \text{ et } Y \in E/S \text{ et } X = Y.$$

Par ailleurs, $R\{x, y\}$ entraîne $R\{x, x\}$ et $R\{y, y\}$, d'où résulte que $R'\{X, Y\}$ entraîne chacune des relations

$$X \in E/S \text{ et } (\forall x)((x \in X) \Rightarrow R\{x, x\})$$
$$Y \in E/S \text{ et } (\forall y)((y \in Y) \Rightarrow R\{y, y\})$$

donc R'$\{X, Y\}$ entraîne (R'$\{X, X\}$ et R'$\{Y, Y\}$). Enfin, comme $x \in E$ entraîne R$\{x, x\}$, $X \in E/S$ entraîne R'$\{X, X\}$, ce qui achève de démontrer notre assertion. On dit que R'$\{X, Y\}$ est la relation d'ordre *associée* à R$\{x, y\}$.

On appelle *préordre* sur un ensemble E une correspondance $\Gamma = (G, E, E)$ ayant E comme ensemble de départ et ensemble d'arrivée, et telle que $(x, y) \in G$ soit une relation de préordre dans E; par abus de langage, on dit parfois que le graphe G de Γ est un préordre sur E. Pour qu'il en soit ainsi, il faut et il suffit que l'on ait $\Delta \subset G$ et $G \circ G \subset G$ (ce qui entraîne $G \circ G = G$). La relation d'équivalence S correspondant à la relation de préordre $(x, y) \in G$ a alors pour graphe $G \cap \overset{-1}{G}$; la relation d'ordre associée à $(x, y) \in G$ a pour graphe la partie G' de $(E/S) \times (E/S)$ qui correspond (II, p. 47) à l'image de G par l'application canonique de $E \times E$ sur $(E \times E)/(S \times S)$.

Exemple. — * Soit A un anneau ayant un élément unité. La relation $(\exists z)(z \in A \text{ et } y = zx)$ entre deux éléments x et y de A est une relation de préordre dans A; elle se lit « x est diviseur à droite de y » ou « y est multiple à gauche de x » (cf. A, I, § 8, n° 1 et A, VI, § 1).$_*$

3. Notations et terminologie

Les définitions qui vont être données dans le reste de ce paragraphe s'appliquent à une relation d'ordre (ou de préordre) quelconque R$\{x, y\}$ entre x et y, mais seront surtout utilisées dans le cas où R$\{x, y\}$ est notée $x \leqslant y$ *(par analogie avec la relation d'ordre usuelle entre entiers ou nombres réels)$_*$ (ou $x \subset y$, ou par un signe analogue); aussi les énoncerons-nous uniquement dans la notation $x \leqslant y$, laissant au lecteur le soin de les étendre à d'autres cas. Lorsque R$\{x, y\}$ est notée $x \leqslant y$, on considère que $y \geqslant x$ est synonyme de $x \leqslant y$, et ces relations se lisent « x est *inférieur à* y », ou « x est *plus petit* que y », ou « y est *supérieur* à x », ou « y est *plus grand* que x » (ou parfois « x est *au plus égal* à y », ou « y est *au moins égal* à x »). La relation $x \geqslant y$ est alors la relation de préordre (*entre* x *et* y) *opposée à* $x \leqslant y$.

Par abus de langage, on parlera souvent de la « relation $\leqslant$ » au lieu de « la relation $x \leqslant y$ »; dans ce cas « la relation $\geqslant$ » sera l'opposée de « la relation $\leqslant$ ». Observons aussi que, dans une même démonstration, on utilisera souvent le même signe $\leqslant$ pour noter plusieurs relations d'ordre distinctes, lorsqu'il n'en résulte pas de confusion.

Les conditions pour qu'une relation notée $x \leqslant y$ soit une relation d'ordre dans un ensemble E s'écrivent:

(RO_I) *La relation* « $x \leqslant y$ et $y \leqslant z$ » *entraîne* $x \leqslant z$.
(RO_{II}) *La relation* « $x \leqslant y$ et $y \leqslant x$ » *entraîne* $x = y$.
(RO_{III}) *La relation* $x \leqslant y$ *entraîne* « $x \leqslant x$ et $y \leqslant y$ ».
(RO_{IV}) *La relation* $x \leqslant x$ *est équivalente à* $x \in E$.

Si on omet la condition (RO_{II}), on obtient les conditions pour que $x \leqslant y$ soit une relation de préordre dans E.

Lorsqu'une relation d'ordre est notée $x \leqslant y$, nous écrirons $x < y$ (ou $y > x$) la relation « $x \leqslant y$ et $x \neq y$ »; ces relations se lisent « x est *strictement inférieur* à y » ou « x est *strictement plus petit* que y » ou « y est *strictement supérieur* à x » ou « y est *strictement plus grand* que x ».

L'exemple de la relation d'inclusion montre que la négation de $x \leqslant y$ (qu'on note parfois $x \nleqslant y$) *n'est pas nécessairement équivalente à* $y < x$ (cf. III, p. 14).

C58. *Soient* $\leqslant$ *une relation d'ordre,* x *et* y *deux lettres distinctes. La relation* $x \leqslant y$ *est équivalente à* « $x < y$ ou $x = y$ ». *Chacune des relations* « $x \leqslant y$ et $y < z$ », « $x < y$ et $y \leqslant z$ » *entraîne* $x < z$.

La première assertion résulte du critère

$$A \Rightarrow ((A \text{ et } (\text{non } B)) \text{ ou } B)$$

(I, p. 31, critère C24). Pour démontrer la seconde, on remarque d'abord que chacune des hypothèses entraîne $x \leqslant z$, d'après la transitivité; d'autre part, la relation ($x = z$ et $x \leqslant y$ et $y \leqslant z$) entraînerait $x = y = z$, ce qui est contraire à l'hypothèse.

Afin de rendre l'exposé plus commode, et de remplacer par des théorèmes mathématiques les critères métamathématiques, nous allons le plus souvent nous placer dans une théorie $\mathscr{T}$, comprenant les axiomes et schémas d'axiomes de la théorie des ensembles, et en outre deux constantes E et Γ satisfaisant à l'axiome:

$$\text{« } \Gamma \text{ est un ordre sur l'ensemble E » (III, p. 2).}$$

Nous noterons $x \leqslant y$ la relation $y \in \Gamma\langle x \rangle$, et nous dirons que E est un *ensemble ordonné par l'ordre* Γ (ou par la relation d'ordre $y \in \Gamma\langle x \rangle$) (IV, p. 5).

Lorsque, dans $\mathscr{T}$, Γ est un préordre sur E, on dit de même que E est un *ensemble préordonné par le préordre* Γ.

Dans certains cas (par exemple dans la définition qui suit), les théories dans lesquelles nous nous placerons seront un peu plus compliquées. Nous laisserons au lecteur le soin d'expliciter les constantes et les axiomes de ces théories.

Soient E, E′ deux ensembles ordonnés par les ordres Γ et Γ'. On appelle *isomorphisme de* E *sur* E′ (pour les ordres Γ et Γ') une application bijective f de E sur E′ telle que les relations $x \leqslant y$ et $f(x) \leqslant f(y)$ soient équivalentes (IV, p. 6).

4. Sous-ensembles ordonnés. Produit d'ensembles ordonnés

Soit E un ensemble ordonné par un ordre Γ, de graphe G. Pour toute partie A de E, $G \cap (A \times A)$ est un ordre sur A; la relation d'ordre correspondante équivaut à « $x \leqslant y$ et $x \in A$ et $y \in A$ »; nous la noterons encore $x \leqslant y$ (par abus de langage). L'ordre et la relation d'ordre ainsi définis sur A sont dits *induits* par l'ordre et la relation d'ordre donnés sur E; on dit aussi que l'ordre et la relation d'ordre sur E sont des *prolongements* de l'ordre et de la relation d'ordre qu'ils induisent sur A. Quand on considère A comme un ensemble ordonné, c'est de l'ordre induit sur A par celui de E qu'il s'agit, sauf mention expresse du contraire.

Exemples. — Les relations induites par la relation d'inclusion $X \subset Y$ sur divers ensembles de parties ont une importance considérable. En voici des exemples :

1) Soient E, F deux ensembles, $\Phi(E, F)$ l'ensemble des applications de parties de E dans F ; pour toute fonction $f \in \Phi(E, F)$, soit G_f le graphe de f, qui est une partie de $E \times F$. Si on munit $\Phi(E, F)$ de la relation d'ordre « g prolonge f » entre f et g (III, p. 2, *Exemple* 3), $f \mapsto G_f$ est un isomorphisme de l'ensemble ordonné $\Phi(E, F)$ sur un sous-ensemble de $\mathfrak{P}(E \times F)$, ordonné par la relation d'inclusion.

2) Pour toute partition ϖ d'un ensemble E, soit $\tilde{\varpi}$ le graphe de l'équivalence définie par ϖ dans E. L'application $\varpi \mapsto \tilde{\varpi}$ est un isomorphisme de l'ensemble $\mathscr{P}$ des partitions de E, ordonné par la relation « ϖ est plus fine que ϖ' » entre ϖ et ϖ' (III, p. 2, *Exemple* 4) sur un sous-ensemble de $\mathfrak{P}(E \times E)$, ordonné par la relation d'inclusion.

3) Soient E un ensemble, $\Omega \subset \mathfrak{P}(E \times E)$ l'ensemble des graphes des *préordres* sur E (III, p. 4) (ou, par abus de langage, l'ensemble des préordres sur E). La relation d'ordre $s \subset t$ entre s et t, induite sur Ω par la relation d'inclusion dans $\mathfrak{P}(E \times E)$, s'exprime en disant que « le préordre s est *plus fin* que t » (ou que « t est *moins fin* que s ») Notons $x(s)y$ et $x(t)y$ respectivement les relations de préordre $(x, y) \in s$ et $(x, y) \in t$ dans E ; dire que s est plus fin que t revient à dire que la relation $x(s)y$ *entraîne* $x(t)y$.

Soit $(E_\iota)_{\iota \in I}$ une famille d'ensembles, et, pour chaque $\iota \in I$, soient Γ_ι un ordre sur E_ι, $G_\iota \subset E_\iota \times E_\iota$ son graphe ; notons $x_\iota \leqslant y_\iota$ la relation d'ordre $(x_\iota, y_\iota) \in G_\iota$ dans E_ι. Dans l'ensemble produit $F = \prod_{\iota \in I} E_\iota$, la relation

$$(\forall \iota)((\iota \in I) \Rightarrow (x_\iota \leqslant y_\iota))$$

est une relation d'ordre entre $x = (x_\iota)$ et $y = (y_\iota)$, comme on le vérifie aisément. L'ordre et la relation d'ordre ainsi définis sur F sont appelés l'*ordre produit* des ordres Γ_ι, et le *produit des relations d'ordre* $x_\iota \leqslant y_\iota$; on écrit cette relation $x \leqslant y$, et on dit que l'ensemble F, ordonné par le produit des ordres Γ_ι, est le *produit des ensembles ordonnés* E_ι.

Il est immédiat que le graphe de l'ordre produit sur F est l'image de l'ensemble produit $\prod_{\iota \in I} G_\iota$ par l'application canonique de $\prod_{\iota \in I} (E_\iota \times E_\iota)$ sur $F \times F$ (II, p. 35).

Un exemple important de produit d'ensembles ordonnés est l'ensemble F^E des graphes des applications d'un ensemble E dans un ensemble ordonné F ; on sait qu'il existe une bijection canonique de F^E sur l'ensemble $\mathscr{F}(E; F)$ des applications de E dans F (II, p. 31) ; cette application est un isomorphisme de l'ensemble ordonné F^E sur $\mathscr{F}(E; F)$ muni de l'ordre défini par la relation « quel que soit $x \in E$, $f(x) \leqslant g(x)$ » entre deux applications f, g de E dans F (relation que l'on note $f \leqslant g$).

On notera que, dans l'ensemble ordonné $\mathscr{F}(E; F)$, la relation $f < g$ signifie

« quel que soit $x \in E$, $f(x) \leqslant g(x)$, et il existe $y \in E$ tel que $f(y) < g(y)$ »

et non « quel que soit $x \in E$, $f(x) < g(x)$ »

Pour ne pas risquer cette confusion, on évitera d'ordinaire de faire usage de la notation $f < g$ dans ce cas.

Les définitions de ce n° s'étendent sans changement aux ensembles préordonnés, en remplaçant partout « ordre » par « préordre ».

5. Applications croissantes

DÉFINITION 1. — *Soient* E *et* F *des ensembles préordonnés (par des relations toutes deux notées* $\leqslant$*). On dit qu'une application* f *de* E *dans* F *est croissante si la relation* $x \leqslant y$ *entraîne* $f(x) \leqslant f(y)$*; on dit que* f *est décroissante si la relation* $x \leqslant y$ *entraîne* $f(x) \geqslant f(y)$*. Une application de* E *dans* F *est dite monotone si elle est croissante ou si elle est décroissante.*

Une application croissante de E dans F devient décroissante (et vice versa) quand on remplace *l'un* des préordres de E ou de F par le préordre opposé. Toute fonction *constante* est à la fois croissante et décroissante; la réciproque n'est pas vraie en général.

Par exemple, si un ensemble E est ordonné par la relation d'égalité, l'application identique de E sur lui-même est à la fois croissante et décroissante, mais non constante si E a au moins deux éléments (III, p. 71, exerc. 7).

DÉFINITION 2. — *Soient* E *et* F *deux ensembles ordonnés; on dit qu'une application* f *de* E *dans* F *est strictement croissante si la relation* $x < y$ *entraîne* $f(x) < f(y)$*; on dit que* f *est strictement décroissante si la relation* $x < y$ *entraîne* $f(x) > f(y)$*. Une application de* E *dans* F *est dite strictement monotone si elle est strictement croissante ou si elle est strictement décroissante.*

Exemples. — 1) Soit E un ensemble; l'application $X \mapsto E - X$ de $\mathfrak{P}(E)$ (ordonné par inclusion) sur lui-même est strictement décroissante.

2) Soit E un ensemble ordonné. Pour tout $x \in E$, soit U_x l'ensemble des $y \in E$ tels que $y \geqslant x$. L'application $x \mapsto U_x$ est une application strictement décroissante de E dans $\mathfrak{P}(E)$ (ordonné par inclusion); on peut même remarquer que la relation $x \leqslant y$ est équivalente à $U_x \supset U_y$.

Une application monotone et injective d'un ensemble ordonné E dans un ensemble ordonné F est *strictement monotone*; la réciproque n'est pas vraie en général, puisque l'on peut avoir $f(x) = f(y)$ lorsque aucune des relations $x \leqslant y$, $x \geqslant y$ n'est vraie (cf. III, p. 14, prop. 11).

Pour qu'une application bijective f d'un ensemble ordonné E sur un ensemble ordonné E' soit un isomorphisme de E sur E' (III, p. 5), il faut et il suffit que f et son application réciproque soient croissantes.

Lorsque I est un ensemble d'indices *ordonné*, on dit qu'une *famille de parties* $(X_\iota)_{\iota \in I}$ d'un ensemble E est *croissante* si $\iota \mapsto X_\iota$ est un application croissante de I dans $\mathfrak{P}(E)$, ordonné par inclusion (autrement dit, si $\iota \leqslant \kappa$ entraîne $X_\iota \subset X_\kappa$). On définit de même une famille de parties $(X_\iota)_{\iota \in I}$ *décroissante*, *strictement croissante* ou *strictement décroissante*.

PROPOSITION 2. — *Soient* E, E' *deux ensembles ordonnés,* $u \colon E \to E'$ *et* $v \colon E' \to E$ *deux applications décroissantes, telles que pour tout* $x \in E$ *et tout* $x' \in E'$, *on ait* $v(u(x)) \geqslant x$ *et* $u(v(x')) \geqslant x'$. *Alors* $u \circ v \circ u = u$ *et* $v \circ u \circ v = v$.

En effet, la relation $v(u(x)) \geqslant x$ entraîne $u(v(u(x))) \leqslant u(x)$ puisque u est décroissante; d'autre part, on a aussi $u(v(u(x))) \geqslant u(x)$ en remplaçant x' par $u(x)$ dans l'inégalité $u(v(x')) \geqslant x'$. D'où la première égalité; la seconde s'établit de même.

6. Éléments maximaux et éléments minimaux

DÉFINITION 3. — *Soit* E *un ensemble préordonné. Un élément* $a \in E$ *est appelé élément minimal* (resp. *maximal*) *de* E *si la relation* $x \leqslant a$ (resp. $x \geqslant a$) *entraîne* $x = a$.

Tout élément minimal de E est un élément maximal pour l'ordre opposé, et vice versa.

Exemples. — 1) Soit A un ensemble; dans la partie de $\mathfrak{P}(A)$ (ordonnée par inclusion) formée des parties non vides de A, les éléments minimaux sont les parties réduites à un élément.

2) Dans l'ensemble $\Phi(E, F)$ des applications de parties de E dans F (F n'étant pas vide), ordonné par la relation « v prolonge u » entre u et v, les éléments maximaux sont les applications de E tout entier dans F.

3) * Dans l'ensemble des entiers naturels > 1, ordonné par la relation « m divise n » entre m et n, les éléments minimaux sont les nombres premiers.*

4) * L'ensemble des nombres réels n'a pas d'élément maximal ni d'élément minimal.*

7. Plus grand élément; plus petit élément

Si, dans un ensemble ordonné E, il existe un élément a tel que $a \leqslant x$ pour tout $x \in E$, c'est le *seul* élément de E ayant cette propriété; car si on a aussi $b \leqslant x$ pour tout $x \in E$, on en déduit $a \leqslant b$ et $b \leqslant a$, d'où $a = b$.

DÉFINITION 4. — *Soit* E *un ensemble ordonné. On dit qu'un élément* $a \in E$ *est le plus petit* (resp. *le plus grand*) *élément de* E *si, pour tout* $x \in E$, *on a* $a \leqslant x$ (resp. $x \leqslant a$).

Un ensemble ordonné n'admet pas nécessairement de plus petit ni de plus grand élément; si E admet un plus petit élément a, a est le plus grand élément de E pour l'ordre opposé.

Si E admet un plus petit élément a, a est l'*unique élément minimal* de E; en effet, pour tout $x \in E$ distinct de a, on a $a < x$.

Exemples. — 1) Soit $\mathfrak{S}$ une partie non vide de l'ensemble $\mathfrak{P}(E)$ des parties d'un ensemble E. Si $\mathfrak{S}$ admet un plus petit (resp. plus grand) élément A pour la relation d'inclusion, A n'est autre que l'*intersection* (resp. la *réunion*) des ensembles de $\mathfrak{S}$. Réciproquement, si l'intersection (resp. la réunion) des ensembles de $\mathfrak{S}$ appartient à $\mathfrak{S}$, c'est le plus petit (resp. plus grand) élément de $\mathfrak{S}$.

2) En particulier, $\varnothing$ est le plus petit élément et E le plus grand élément de $\mathfrak{P}(E)$. Dans l'ensemble $\Phi(E, F)$ des applications de parties de E dans F, ordonné par prolongement (III, p. 2, *Exemple* 3) l'application vide est le plus petit élément, et il

n'y a pas de plus grand élément si F n'est pas réduit à un seul élément. Enfin, la diagonale Δ de $E \times E$ est le plus petit élément de l'ensemble des graphes des équivalences sur E (ou des préordres sur E).

PROPOSITION 3. — *Soient* E *un ensemble ordonné,* E′ *l'ensemble somme de* E *et d'un ensemble* $\{a\}$ *réduit à un seul élément; il existe sur* E′ *un ordre et un seul induisant sur* E *l'ordre donné et pour lequel* a *soit le plus grand élément de* E′.

En effet, si G est le graphe de l'ordre sur E, le graphe d'un ordre répondant à la question doit être la réunion G′ de G et de l'ensemble des couples (x, a), pour $x \in E'$; inversement, il est immédiat que G′ est le graphe d'un ordre sur E′, répondant aux conditions de l'énoncé.

On dit que l'ensemble ordonné E′ est obtenu en *adjoignant à* E *un plus grand élément* a (cf. III, p. 70, exerc. 3).

On dit qu'une partie A d'un ensemble préordonné E est *cofinale* (resp. *coinitiale*) à E si, pour tout $x \in E$, il existe $y \in A$ tel que $x \leqslant y$ (resp. $y \leqslant x$). Dire qu'un ensemble ordonné a un plus grand (resp. plus petit) élément signifie donc qu'il existe une partie cofinale (resp. coinitiale) de E réduite à un seul élément.

8. Majorants; minorants

DÉFINITION 5. — *Soient* E *un ensemble préordonné et* X *une partie de* E. *On appelle minorant* (resp. *majorant*) *de* X *dans* E *tout élément* $x \in E$ *tel que, pour tout* $y \in X$, *on ait* $x \leqslant y$ (resp. $x \geqslant y$); *on dit alors que* x *minore* (resp. *majore*) X.

Tout majorant de X est un minorant de X pour l'ordre opposé, et vice versa.

Lorsque x minore X, tout élément $z \leqslant x$ minore aussi X. Un minorant de X est aussi minorant de toute partie de X. Pour qu'un ensemble ordonné X admette un plus petit élément, il faut et il suffit qu'il existe un minorant de X appartenant à X.

L'ensemble des minorants d'une partie X d'un ensemble préordonné E peut être vide: c'est le cas lorsque X = E et que E est ordonné et n'a pas de plus petit élément.

Une partie X de E dont l'ensemble des minorants (resp. des majorants) est non vide, est dite *minorée* (resp. *majorée*); une partie à la fois majorée et minorée est dite *bornée.* Lorsque X est minorée (resp. majorée, bornée), toute partie de X est minorée (resp. majorée, bornée).

Toute partie réduite à un seul élément est bornée. Mais une partie à deux éléments n'est pas nécessairement majorée ni minorée (III, p. 12).

Soient E un ensemble préordonné, et f une application d'un ensemble quelconque A dans E. On dit par abus de langage que l'application f est minorée (resp. majorée, bornée) si l'ensemble $f(A)$ est minoré (resp. majoré, borné) dans E.

9. Borne supérieure; borne inférieure

DÉFINITION 6. — *Soient* E *un ensemble ordonné,* X *une partie de* E. *On dit qu'un élément de* E *est la borne inférieure* (resp. *supérieure*) *de* X *dans* E *si c'est le plus grand* (resp. *le plus petit*) *élément de l'ensemble des minorants* (resp. *majorants*) *de* X *dans* E.

Étant donnée une partie X d'un ensemble ordonné E, on note $\sup_E X$ (resp. $\inf_E X$) ou sup X (resp. inf X) lorsque aucune confusion n'est à craindre, la borne supérieure (resp. inférieure) de X dans E, lorsque cette borne existe. La borne supérieure (resp. inférieure) d'un ensemble à deux éléments $\{x, y\}$ se note (lorsqu'elle existe) $\sup(x, y)$ (resp. $\inf(x, y)$); notations analogues pour les bornes supérieure et inférieure d'un ensemble à trois éléments, etc.

Si une partie X de E admet un plus grand élément a, a est borne supérieure de X dans E.

Si X admet une borne inférieure a dans E, a est borne supérieure de X pour l'ordre opposé sur E; ceci nous permettra, dans ce qui suit, de ne considérer le plus souvent que les propriétés des bornes supérieures.

Exemples. — 1) L'ensemble des majorants de la partie vide $\varnothing$ d'un ensemble ordonné E est évidemment E lui-même; pour que $\varnothing$ admette dans E une borne supérieure, il faut et il suffit donc que E admette un *plus petit* élément, qui est alors la borne *supérieure* de $\varnothing$.

2) Dans l'ensemble $\mathfrak{P}(E)$ des parties d'un ensemble E, ordonné par inclusion, toute partie $\mathfrak{S}$ de $\mathfrak{P}(E)$ admet une borne supérieure, qui est la *réunion* des ensembles de $\mathfrak{S}$, et une borne inférieure, qui est l'*intersection* des ensembles de $\mathfrak{S}$.

3) Soient E et F deux ensembles, et Θ une partie de l'ensemble $\Phi(E, F)$ des applications de parties de E dans F, ordonné par prolongement (III, p. 2, *Exemple* 3). Pour tout $u \in \Phi(E, F)$, soit $D(u)$ l'ensemble de définition de u. La condition d'existence d'un prolongement commun pour une famille d'applications appartenant à $\Phi(E, F)$ (II, p. 28, prop. 7) montre que, pour que Θ admette une borne supérieure dans $\Phi(E, F)$, il faut et il suffit que pour tout couple d'éléments (u, v) de Θ, on ait $u(x) = v(x)$ pour tout $x \in D(u) \cap D(v)$.

Étant donnée une application f d'un ensemble A dans un ensemble ordonné E, on dit que cette fonction admet une borne supérieure si l'image $f(A)$ admet une borne supérieure dans E; cette borne est alors appelée *borne supérieure* de f et se note $\sup_{x \in A} f(x)$. La borne inférieure de f se définit et se note d'une manière analogue.

En particulier, si une partie A de E admet une borne supérieure dans E, cette borne est la borne supérieure de l'injection canonique de A dans E, et peut donc s'écrire $\sup_{x \in A} x$.

PROPOSITION 4. — *Soient* E *un ensemble ordonné, et* A *une partie de* E *admettant à la fois une borne inférieure et une borne supérieure dans* E; *on a* $\inf A \leqslant \sup A$ *si* A *n'est pas vide; si* $A = \varnothing$, sup A *est le plus petit et* inf A *le plus grand élément de* E.

Cela résulte aussitôt des définitions.

PROPOSITION 5. — *Soient* E *un ensemble ordonné,* A *et* B *deux parties de* E *admettant toutes deux une borne supérieure* (resp. *inférieure*) *dans* E; *si* $A \subset B$, *on a* $\sup A \leqslant \sup B$ (resp. $\inf A \geqslant \inf B$).

La proposition est évidente.

COROLLAIRE. — *Soit* $(x_\iota)_{\iota \in I}$ *une famille d'éléments d'un ensemble ordonné* E, *admettant une borne supérieure dans* E; *si* J *est une partie de* I *telle que la famille* $(x_\iota)_{\iota \in J}$ *admette une borne supérieure dans* E, *on a* $\sup_{\iota \in J} x_\iota \leqslant \sup_{\iota \in I} x_\iota$.

PROPOSITION 6. — *Soient* $(x_\iota)_{\iota \in I}$, $(y_\iota)_{\iota \in I}$ *deux familles d'éléments d'un ensemble ordonné* E, *ayant même ensemble d'indices* I, *et telles que* $x_\iota \leqslant y_\iota$ *pour tout* $\iota \in I$; *si elles admettent toutes deux une borne supérieure dans* E, *on a* $\sup_{\iota \in I} x_\iota \leqslant \sup_{\iota \in I} y_\iota$.

En effet, $a = \sup_{\iota \in I} y_\iota$ est un majorant de l'ensemble des y_ι, donc $x_\iota \leqslant y_\iota \leqslant a$ pour tout ι, ce qui entraîne $\sup_{\iota \in I} x_\iota \leqslant a$.

PROPOSITION 7. — *Soient* $(x_\iota)_{\iota \in I}$ *une famille d'éléments d'un ensemble ordonné* E, $(J_\lambda)_{\lambda \in L}$ *un recouvrement de l'ensemble d'indices* I; *on suppose que chacune des sous-familles* $(x_\iota)_{\iota \in J_\lambda}$ *admette une borne supérieure dans* E. *Pour que la famille* $(x_\iota)_{\iota \in I}$ *admette une borne supérieure dans* E, *il faut et il suffit que la famille* $(\sup_{\iota \in J_\lambda} x_\iota)_{\lambda \in L}$ *admette une borne supérieure dans* E, *et on a alors*

$$\sup_{\iota \in I} x_\iota = \sup_{\lambda \in L} (\sup_{\iota \in J_\lambda} x_\iota). \tag{1}$$

Posons $b_\lambda = \sup_{\iota \in J_\lambda} x_\iota$. Supposons que $(x_\iota)_{\iota \in I}$ admette une borne supérieure a; alors $a \geqslant b_\lambda$ pour tout $\lambda \in L$ (cor. de la prop. 5); d'autre part, si $c \geqslant b_\lambda$ pour tout $\lambda \in L$, on a aussi $c \geqslant x_\iota$ pour tout $\iota \in I$, puisque $(J_\lambda)_{\lambda \in L}$ est un recouvrement de I; on a donc $c \geqslant a$, ce qui prouve que $a = \sup_{\lambda \in L} b_\lambda$. Supposons réciproquement que la famille $(b_\lambda)_{\lambda \in L}$ admette une borne supérieure a'; alors $a' \geqslant x_\iota$ pour tout $\iota \in I$; d'autre part, si $c' \geqslant x_\iota$ pour tout $\iota \in I$, on a en particulier $c' \geqslant \sup_{\iota \in J_\lambda} x_\iota = b_\lambda$ pour tout $\lambda \in L$, donc $c' \geqslant a'$, ce qui prouve que $a' = \sup_{\iota \in I} x_\iota$.

COROLLAIRE. — *Soit* $(x_{\lambda\mu})_{(\lambda, \mu) \in L \times M}$ *une famille « double » d'éléments d'un ensemble ordonné* E, *telle que, pour tout* $\mu \in M$, *la famille* $(x_{\lambda\mu})_{\lambda \in L}$ *admette une borne supérieure dans* E. *Pour que la famille* $(x_{\lambda\mu})_{(\lambda, \mu) \in L \times M}$ *admette une borne supérieure dans* E, *il faut et il suffit que la famille* $(\sup_{\lambda \in L} x_{\lambda\mu})_{\mu \in M}$ *en admette une, et on a alors*

$$\sup_{(\lambda, \mu) \in L \times M} x_{\lambda\mu} = \sup_{\mu \in M} (\sup_{\lambda \in L} x_{\lambda\mu}). \tag{2}$$

PROPOSITION 8. — *Soit* $(E_\iota)_{\iota \in I}$ *une famille d'ensembles ordonnés. Soit* A *une partie de l'ensemble ordonné produit* $E = \prod_{\iota \in I} E_\iota$, *et, pour tout* $\iota \in I$, *soit* $A_\iota = \mathrm{pr}_\iota A$. *Pour que* A *admette une borne supérieure dans* E, *il faut et il suffit que, pour tout* $\iota \in \mathrm{I}$, A_ι *admette une borne supérieure dans* E_ι, *et on a alors*

$$\sup \mathrm{A} = (\sup \mathrm{A}_\iota)_{\iota \in \mathrm{I}} = (\sup_{x \in \mathrm{A}} \mathrm{pr}_\iota\, x)_{\iota \in \mathrm{I}}.$$

En effet, supposons que, pour tout $\iota \in \mathrm{I}$, A_ι admette une borne supérieure b_ι dans E_ι. Dire que $c = (c_\iota)$ est un majorant de A signifie alors que $c_\iota \geqslant b_\iota$ pour tout $\iota \in \mathrm{I}$, donc $(b_\iota)_{\iota \in \mathrm{I}}$ est borne supérieure de A. Réciproquement, supposons que A admette une borne supérieure $a = (a_\iota)_{\iota \in \mathrm{I}}$; pour tout $\kappa \in \mathrm{I}$, a_κ est un majorant de A_κ, car si $x_\kappa \in \mathrm{A}_\kappa$, il existe $x \in \mathrm{A}$ tel que $\mathrm{pr}_\kappa\, x = x_\kappa$, par définition de A_κ; d'autre part, si a'_κ est un majorant de A_κ dans E_κ, l'élément $c' = (c'_\iota)_{\iota \in \mathrm{I}}$ tel que $c'_\iota = a_\iota$ pour $\iota \neq \kappa$ et $c'_\kappa = a'_\kappa$, est un majorant de A, ce qui entraîne $c' \geqslant a$, et par suite $a'_\kappa \geqslant a_\kappa$; a_κ est donc la borne supérieure de A_κ dans E_κ.

Soit F une partie d'un ensemble ordonné E, et soit A une partie de F. Il peut se faire que l'un des deux éléments $\sup_{\mathrm{E}} \mathrm{A}$, $\sup_{\mathrm{F}} \mathrm{A}$ existe, et non l'autre, ou qu'il existent tous deux et soient inégaux.

Exemples. — * 1) Dans l'ensemble ordonné $\mathrm{E} = \mathbf{R}$ des nombres réels, considérons l'ensemble $\mathrm{F} = \mathbf{Q}$ des nombres rationnels, et l'ensemble $\mathrm{A} \subset \mathrm{F}$ des nombres rationnels $< \sqrt{2}$; alors $\sup_{\mathrm{E}} \mathrm{A}$ existe, mais non $\sup_{\mathrm{F}} \mathrm{A}$.

3) Avec les mêmes notations que dans l'exemple 1), soit G la réunion de A et de l'ensemble $\{2\}$; on a $\mathrm{G} \subset \mathrm{F}$, et $\sup_{\mathrm{G}} \mathrm{A}$ existe, mais non $\sup_{\mathrm{F}} \mathrm{A}$.

3) Avec les mêmes notations, on a $\sup_{\mathrm{E}} \mathrm{A} = \sqrt{2}$, $\sup_{\mathrm{G}} \mathrm{A} = 2$.*

On a toutefois le résultat suivant:

PROPOSITION 9. — *Soient* E *un ensemble ordonné*, F *une partie de* E *et* A *une partie de* F. *Si* $\sup_{\mathrm{E}} \mathrm{A}$ *et* $\sup_{\mathrm{F}} \mathrm{A}$ *existent toutes deux, on a* $\sup_{\mathrm{E}} \mathrm{A} \leqslant \sup_{\mathrm{F}} \mathrm{A}$. *Si* $\sup_{\mathrm{E}} \mathrm{A}$ *existe et appartient à* F, $\sup_{\mathrm{F}} \mathrm{A}$ *existe et est égale à* $\sup_{\mathrm{E}} \mathrm{A}$.

La première assertion résulte de ce que l'ensemble M des majorants de A dans F est contenu dans l'ensemble N des majorants de A dans E, et de la prop. 5 (III, p. 10). D'autre part, si le plus petit élément de N est dans F, il appartient à M, et c'est évidemment le plus petit élément de M; cela démontre la seconde assertion.

10. Ensembles filtrants

DÉFINITION 7. — *On dit qu'un ensemble préordonné* E *est filtrant à droite* (resp. *à gauche*) *si toute partie à deux éléments de* E *est majorée* (resp. *minorée*).

Au lieu de « filtrant à droite », on dit aussi « filtrant pour la relation $\leqslant$ »; expressions analogues lorsque la relation de préordre est notée par un autre signe. Par exemple, si $\mathfrak{S}$ est un ensemble de parties d'un ensemble A, on dira que $\mathfrak{S}$ est *filtrant pour la relation* $\subset$ (resp. $\supset$) si, pour toute partie à deux éléments $\{\mathrm{X}, \mathrm{Y}\}$ de $\mathfrak{S}$, il existe $\mathrm{Z} \in \mathfrak{S}$ tel que $\mathrm{X} \subset \mathrm{Z}$ et $\mathrm{Y} \subset \mathrm{Z}$ (resp. $\mathrm{X} \supset \mathrm{Z}$ et $\mathrm{Y} \supset \mathrm{Z}$).

Par abus de langage, au lieu d' « ensemble filtrant à droite » (resp. « à gauche »), on dira aussi parfois « ensemble filtrant croissant » (resp. « décroissant »).

Exemples. — 1) Un ensemble ordonné qui admet un plus grand élément est filtrant à droite.

* 2) Dans un espace topologique, un système fondamental de voisinages d'un point est filtrant pour la relation $\supset$ (TG, I, § 1, no. 3).

3) L'ensemble des sous-modules de type fini d'un module quelconque (A, II, § 1, n° 7) est filtrant pour la relation $\subset$.*

Proposition 10. — *Dans un ensemble ordonné filtrant à droite* E, *un élément maximal a est le plus grand élément de* E.

En effet, pour tout $x \in E$, il existe par hypothèse $y \in E$ tel que $x \leqslant y$ et $a \leqslant y$, et comme a est maximal, $y = a$.

Un ensemble préordonné filtrant à droite est filtrant à gauche pour l'ordre opposé. Tout produit d'ensembles filtrants à droite est filtrant à droite. Par contre, une partie d'un ensemble filtrant à droite n'est pas nécessairement filtrante à droite. Toutefois, une partie *cofinale* F d'un ensemble filtrant à droite E est un ensemble filtrant à droite: en effet, pour tout couple d'éléments x, y de F, il existe $z \in E$ tel que $x \leqslant z$ et $y \leqslant z$, puis $t \in F$ tel que $z \leqslant t$.

11. Ensembles réticulés

Définition 8. — *On dit qu'un ensemble ordonné* E *est réticulé* (ou que E est *un réseau ordonné*, ou un *lattis*) *si toute partie à deux éléments de* E *admet une borne supérieure et une borne inférieure dans* E.

Tout produit d'ensembles réticulés est réticulé, comme il résulte de la condition d'existence d'une borne supérieure dans un produit d'ensembles ordonnés (III, p. 11, prop. 8). L'ensemble des parties d'un ensemble A, ordonné par inclusion, est réticulé, puisque la réunion et l'intersection de deux parties de A sont encore des parties de A.

Exemples. — * 1) L'ensemble des entiers $\geqslant 1$, ordonné par la relation « m divise n » entre m et n, est réticulé, la borne supérieure (resp. inférieure) de $\{m, n\}$ n'étant autre que le ppcm (resp. pgcd) de m et n (A, VII, § 1).

2) L'ensemble des sous-groupes d'un groupe G, ordonné par inclusion, est réticulé (A, I, § 4, n° 3).

3) L'ensemble des topologies sur un ensemble A, ordonné par la relation « $\mathcal{T}$ est moins fine que $\mathcal{T}'$ » entre $\mathcal{T}$ et $\mathcal{T}'$, est réticulé (TG, I, § 1, n°s 3 et 4).

4) L'ensemble $\mathcal{F}(I; \mathbf{R})$ des fonctions numériques définies dans un intervalle I de $\mathbf{R}$ est réticulé pour la relation d'ordre $f \leqslant g$ (III, p. 6), pour laquelle il est isomorphe au produit $\mathbf{R}^I$ (cf. INT, II).*

Remarque. — Un ensemble ordonné réticulé est évidemment filtrant à droite et à gauche. Mais un ensemble filtrant à droite et à gauche n'est pas nécessairement réticulé, * comme le montre l'exemple de l'ensemble des applications $x \mapsto p(x)$ de $\mathbf{R}$ dans lui-même, où p est un polynôme de $\mathbf{R}[X]$, cet ensemble étant ordonné par la relation $p \leqslant q$ (III, p. 6).*

12. Ensembles totalement ordonnés

Définition 9. — *On dit que deux éléments* x, y *d'un ensemble préordonné* E *sont comparables si la relation* « $x \leqslant y$ ou $y \leqslant x$ » *est vraie. On dit qu'un ensemble* E *est totalement ordonné s'il est ordonné et si deux éléments quelconques de* E *sont comparables. On dit alors que l'ordre sur* E *est un ordre total, et la relation d'ordre correspondante une relation d'ordre total.*

Lorsque x et y sont des éléments d'un ensemble totalement ordonné E, on a $x = y$, ou $x < y$, ou $x > y$; la négation de $x \leqslant y$ est alors $x > y$.

Pour qu'un ordre sur E soit un ordre total, il faut et il suffit que son graphe G, en plus des relations $G \circ G = G$ et $G \cap \overset{-1}{G} = \Delta$, satisfasse à la relation $G \cup \overset{-1}{G} = E \times E$.

Exemples. — 1) Toute partie d'un ensemble totalement ordonné est totalement ordonnée par l'ordre induit.

2) Soit E un ensemble ordonné quelconque. La partie vide de E est totalement ordonnée, ainsi que toute partie réduite à un élément.

3) * L'ensemble **R** des nombres réels est totalement ordonné.*

4) Si A est un ensemble ayant au moins deux éléments distincts, l'ensemble $\mathfrak{P}(A)$, ordonné par inclusion, n'est pas totalement ordonné, car si $x \neq y$, les parties $\{x\}$ et $\{y\}$ ne sont pas comparables.

Un ensemble totalement ordonné est aussi totalement ordonné pour l'ordre opposé; il est réticulé et *a fortiori* filtrant à droite et à gauche.

PROPOSITION 11. — *Toute application strictement monotone f d'un ensemble totalement ordonné* E *dans un ensemble ordonné* F *est injective; si f est strictement croissante, f est un isomorphisme de* E *sur* $f(E)$.

En effet, $x \neq y$ entraîne $x < y$ ou $x > y$, donc $f(x) < f(y)$ ou $f(x) > f(y)$, et par suite $f(x) \neq f(y)$ en tous cas. Il reste à montrer que, si f est strictement croissante, $f(x) \leqslant f(y)$ entraîne $x \leqslant y$; dans le cas contraire, on aurait $x > y$, d'où $f(x) > f(y)$.

PROPOSITION 12. — *Soient* E *un ensemble totalement ordonné,* X *une partie de* E. *Pour qu'un élément $b \in E$ soit borne supérieure de* X *dans* E, *il faut et il suffit que:* 1° *b soit un majorant de* X; 2° *pour tout $c \in E$ tel que $c < b$, il existe $x \in X$ tel que $c < x \leqslant b$.*

En effet, la seconde condition exprime qu'aucun élément $c < b$ n'est un majorant de X, c'est-à-dire que b est un élément minimal de l'ensemble M des majorants de X; mais ceci revient à dire que b est le plus petit élément de M, puisque M est totalement ordonné (III, p. 13, prop. 10).

13. Intervalles

Soient E un ensemble ordonné, a et b deux éléments de E tels que $a \leqslant b$. On appelle *intervalle fermé d'origine a et d'extrémité b*, et on note $[a, b]$, la partie de E formée des éléments x tels que $a \leqslant x \leqslant b$; on appelle *intervalle semi-ouvert à droite* (resp. *à gauche*) *d'origine a et d'extrémité b* et on note $[a, b[$ (resp. $]a, b]$) l'ensemble des $x \in E$ tels que $a \leqslant x < b$ (resp. $a < x \leqslant b$); on appelle *intervalle ouvert d'origine a et d'extrémité b*, et on note $]a, b[$, l'ensemble des $x \in E$ tels que $a < x < b$.

On notera qu'un intervalle fermé n'est jamais vide; l'intervalle $[a, a]$ est l'ensemble réduit à l'élément a. Par contre les intervalles $[a, a[$, $]a, a]$ et $]a, a[$ sont vides; un intervalle ouvert $]a, b[$ peut être vide même si $a < b$.

Soit a un élément de E. L'ensemble des $x \in E$ tels que $x \leqslant a$ (resp. $x < a$) s'appelle l'*intervalle fermé* (resp. *ouvert*) *illimité à gauche et d'extrémité a*, et se note $]\leftarrow, a]$ (resp. $]\leftarrow, a[$); l'ensemble des $x \in E$ tels que $x \geqslant a$ (resp. $x > a$) s'appelle l'*intervalle fermé* (resp. *ouvert*) *illimité à droite et d'origine a*, et se note $[a, \rightarrow[$ (resp. $]a, \rightarrow[$). Enfin, E lui-même est appelé l'*intervalle ouvert illimité dans les deux sens*, et est noté $]\leftarrow, \rightarrow[$.

Proposition 13. — *Dans un ensemble réticulé, l'intersection de deux intervalles est un intervalle.*

Considérons par exemple l'intersection de deux intervalles fermés $[a, b]$ et $[c, d]$, et posons $\alpha = \sup(a, c)$, $\beta = \inf(b, d)$. Si on a à la fois $a \leqslant x \leqslant b$ et $c \leqslant x \leqslant d$, on en déduit $\alpha \leqslant x \leqslant \beta$ et réciproquement; si on n'a pas $\alpha \leqslant \beta$, l'intersection de $[a, b]$ et $[c, d]$ est donc vide; si $\alpha \leqslant \beta$, cette intersection est $[\alpha, \beta]$. Nous laissons au lecteur le soin de faire la démonstration dans les autres cas.

§ 2. ENSEMBLES BIEN ORDONNÉS

1. Segments d'un ensemble bien ordonné

On dit qu'une relation $R\{x, y\}$ est une *relation de bon ordre entre x et y* si R est une relation d'ordre entre x et y et si, pour tout ensemble non vide E sur lequel $R\{x, y\}$ induit une relation d'ordre (c'est-à-dire tel que $x \in E$ entraîne $R\{x, x\}$; cf. III, p. 2), E, ordonné par cette relation, admet un *plus petit élément*.

On dit qu'un ensemble E ordonné par un ordre Γ est *bien ordonné* si la relation $y \in \Gamma\langle x \rangle$ est une relation de bon ordre entre x et y; on dit alors que Γ est un *bon ordre* sur E. Il revient au même de poser la définition suivante:

Définition 1. — *On dit qu'un ensemble* E *est bien ordonné s'il est ordonné et si toute partie non vide de* E *admet un plus petit élément.*

Un ensemble bien ordonné E *est totalement ordonné*, puisque toute partie $\{x, y\}$ de E possède un plus petit élément. Toute partie A de E, majorée dans E, admet une borne supérieure dans E.

Exemples. — 1) Soit $E = \{\alpha, \beta\}$ un ensemble dont les éléments sont distincts. On vérifie aussitôt que la partie $\{(\alpha, \alpha), (\beta, \beta), (\alpha, \beta)\}$ de $E \times E$ est le graphe d'un bon ordre sur E.

2) Toute partie d'un ensemble bien ordonné (en particulier la partie vide) est bien ordonnée par l'ordre induit.

3) * L'existence d'ensembles totalement ordonnés et non bien ordonnés est équivalente à l'axiome de l'infini (III, p. 34, cor. 1 et p. 80, exerc. 3).

4) Si Γ est un bon ordre sur E, l'ordre opposé à Γ n'est un bon ordre sur E que si E est fini (III, p. 80, exerc. 3). *

5) Soit E un ensemble bien ordonné; l'ensemble E_1 obtenu en adjoignant à E un plus grand élément b (III, p. 9) est bien ordonné, car pour toute partie H de E_1 non vide et non réduite à b, le plus petit élément de $H \cap E$ est aussi le plus petit élément de H.

Remarque. — * L'axiome de l'infini (III, p. 45) permet de montrer qu'il existe des ensembles bien ordonnés qui n'ont pas de plus grand élément, par exemple l'ensemble **N** des entiers naturels. *

DÉFINITION 2. — *Dans un ensemble ordonné* E, *on appelle segment de* E *toute partie* S *de* E *telle que les relations* $x \in S$, $y \in E$ *et* $y \leqslant x$ *entraînent* $y \in S$.

Il est évident que toute intersection ou toute réunion de segments de E est un segment de E; si S est un segment de E, tout segment de S est aussi un segment de E. L'ensemble E lui-même et l'ensemble vide sont des segments de E.

PROPOSITION 1. — *Dans un ensemble bien ordonné* E, *tout segment de* E *distinct de* E *est un intervalle* $]\leftarrow, a[$, *où* $a \in E$.

En effet, soit S un segment de E distinct de E. Comme $E - S$ n'est pas vide, il a un plus petit élément a; en vertu de la déf. 2, la relation $x \geqslant a$ entraîne $x \notin S$, sinon l'on aurait $a \in S$, ce qui est absurde. Donc $E - S$ est l'intervalle $[a, \rightarrow[$, et S l'intervalle $]\leftarrow, a[$.

Pour tout élément x d'un ensemble totalement ordonné E, nous noterons S_x le segment $]\leftarrow, x[$, et nous dirons que c'est le *segment d'extrémité* x.

On notera que, si E est bien ordonné et n'est pas vide, il a un plus petit élément α, et que par suite S_x est aussi l'intervalle semi-ouvert $[\alpha, x[$.

Soit E un ensemble totalement ordonné. La réunion A des S_x lorsque x parcourt E est E si E n'a pas de plus grand élément; si E possède un plus grand élément b, on a $A = E - \{b\}$.

PROPOSITION 2. — *L'ensemble* E^* *des segments d'un ensemble bien ordonné* E *est bien ordonné par inclusion; l'application* $x \mapsto S_x$ *est un isomorphisme de l'ensemble bien ordonné* E *sur l'ensemble des segments de* E *distincts de* E.

Il est clair que, si $x \in E$ et $y \in E$, la relation $x \leqslant y$ entraîne $S_x \subset S_y$ et que $x < y$ entraîne $S_x \neq S_y$; l'application $x \mapsto S_x$ est donc un isomorphisme de E sur l'ensemble S(E) des segments de E distincts de E (III, p. 14, prop. 11), et par suite S(E) est bien ordonné. En outre, E^* est isomorphe à l'ensemble bien ordonné déduit de S(E) par adjonction d'un plus grand élément.

PROPOSITION 3. — *Soit* $(X_\iota)_{\iota \in I}$ *une famille d'ensembles bien ordonnés telle que, pour tout couple d'indices* (ι, κ) *l'un des ensembles* X_ι, X_κ *soit un segment de l'autre. Alors, sur l'ensemble* $E = \bigcup_{\iota \in I} X_\iota$, *il existe un ordre et un seul qui induise sur chacun des* X_ι *l'ordre donné; muni de cet ordre,* E *est un ensemble bien ordonné. Tout segment de* X_ι *est un segment de* E; *pour tout* $x \in X_\iota$, *le segment d'extrémité* x *dans* X_ι *est égal au segment d'extrémité* x *dans* E; *tout segment de* E *est* E *ou un segment de l'un des* X_ι.

La première assertion résulte du lemme général suivant:

Lemme 1. — *Soit* $(X_\alpha)_{\alpha \in A}$ *une famille d'ensembles ordonnés, filtrante pour la relation* $\subset$ (autrement dit, telle que pour tout couple d'indices α, β il existe un indice γ tel que $X_\alpha \subset X_\gamma$ et $X_\beta \subset X_\gamma$). *On suppose que, pour tout couple d'indices* (α, β) *tel que* $X_\alpha \subset X_\beta$, *l'ordre induit sur* X_α *par celui de* X_β *est identique à l'ordre donné sur* X_α. *Dans ces conditions, sur l'ensemble* $E = \bigcup_{\alpha \in A} X_\alpha$, *il existe un ordre et un seul qui induise sur chacun des* X_α *l'ordre donné.*

En effet, soit G_α le graphe de l'ordre donné sur X_α. Si G est le graphe d'un ordre sur E induisant sur chacun des X_α l'ordre de graphe G_α, on a nécessairement $G_\alpha \subset G$ pour tout $\alpha \in A$, donc G contient la réunion $\bigcup_{\alpha \in A} G_\alpha$. D'autre part, pour tout couple (x, y) d'éléments de E, il existe par hypothèse un indice $\alpha \in A$ tel que $x \in X_\alpha$ et $y \in X_\alpha$; si $(x, y) \in G$, on a nécessairement $(x, y) \in G_\alpha$, d'où $G \subset \bigcup_{\alpha \in A} G_\alpha$. Si l'ordre cherché existe sur E, son graphe est donc nécessairement $G = \bigcup_{\alpha \in A} G_\alpha$. Reste à montrer que cet ensemble répond à la question. Comme $G_\beta \cap (X_\alpha \times X_\alpha) = G_\alpha$ lorsque $X_\alpha \subset X_\beta$, on a $G \cap (X_\alpha \times X_\alpha) = G_\alpha$ pour tout $\alpha \in A$; d'autre part, il résulte de l'hypothèse que trois éléments quelconques x, y, z de E appartiennent à un même X_α; on en conclut aussitôt que $(x, y) \in G$ est une relation d'ordre sur E, qui répond à la question.

Ce lemme étant établi, montrons que, sous les hypothèses de la prop. 3, chaque X_ι est un segment de E. En effet, si $x \in X_\iota$, $y \in E$ et $y \leqslant x$, il existe un indice κ tel que $X_\iota \subset X_\kappa$ et $y \in X_\kappa$; comme par hypothèse X_ι est un segment de X_κ, on a $y \in X_\iota$, d'où notre assertion. Le même raisonnement prouve que, pour tout $x \in X_\iota$, le segment d'extrémité x dans X_ι est identique à l'intervalle $]\leftarrow, x[$ dans E. Prouvons ensuite que E est bien ordonné: en effet, si H est une partie non vide de E, il y a un indice $\iota \in I$ tel que $H \cap X_\iota \neq \varnothing$; si a est le plus petit élément de $H \cap X_\iota$ dans X_ι, a est aussi le plus petit élément de H dans E; en effet, pour tout $x \in H$, il existe $\kappa \in I$ tel que $X_\iota \subset X_\kappa$ et $x \in X_\kappa$; on ne peut avoir $x < a$, puisque l'intervalle $]\leftarrow, a]$ est contenu dans X_ι, et par suite on a $x \geqslant a$, X_κ étant totalement ordonné.

Reste enfin à montrer qu'un segment de E distinct de E est un segment de l'un des X_ι; cela résulte aussitôt de ce qui précède, puisqu'un tel segment est de la forme $]\leftarrow, x[$ (III, p. 16, prop. 1) et que x appartient à un X_ι.

2. Le principe de récurrence transfinie

Lemme 2. — *Soient* E *un ensemble bien ordonné,* $\mathfrak{S}$ *un ensemble de segments de* E *possédant les propriétés suivantes:* 1° *toute réunion de segments appartenant à* $\mathfrak{S}$ *appartient à* $\mathfrak{S}$; 2° *si* $S_x \in \mathfrak{S}$, *on a* $S_x \cup \{x\} \in \mathfrak{S}$. *Alors, tout segment de* E *appartient à* $\mathfrak{S}$.

En effet, supposons qu'il y ait des segments de E n'appartenant pas à $\mathfrak{S}$, et soit S le plus petit d'entre eux (III, p. 16, prop. 2). Si S n'a pas de plus grand élément, S est réunion de segments de S distincts de S, et ces segments appartiennent à $\mathfrak{S}$ d'après la définition de S, donc $S \in \mathfrak{S}$, ce qui est absurde. Si au contraire S a un plus grand élément a, on a $S = S_a \cup \{a\}$, et comme S_a est un segment de S distinct de S, on a $S_a \in \mathfrak{S}$; mais on a alors aussi $S \in \mathfrak{S}$, ce qui est absurde.

Pour plus de commodité, nous nous placerons dans une théorie $\mathscr{T}$ où E est un ensemble *bien ordonné* par une relation notée $x \leqslant y$. On a alors les critères suivants:

C59 (Principe de récurrence transfinie). *Soit* R$\{x\}$ *une relation de* $\mathscr{T}$ *(x n'étant pas une constante de* $\mathscr{T}$*), telle que la relation*

$$(x \in \mathrm{E} \text{ et } (\forall y)((y \in \mathrm{E} \text{ et } y < x) \Rightarrow \mathrm{R}\{y\})) \Rightarrow \mathrm{R}\{x\}$$

soit un théorème de $\mathscr{T}$. *Dans ces conditions, la relation* $(x \in \mathrm{E}) \Rightarrow \mathrm{R}\{x\}$ *est un théorème de* $\mathscr{T}$.

En effet, soit $\mathfrak{S}$ l'ensemble des segments S de E tels que $(y \in S) \Rightarrow \mathrm{R}\{y\}$. Il est clair que toute réunion de segments appartenant à $\mathfrak{S}$ appartient à $\mathfrak{S}$. D'autre part, si $S_x \in \mathfrak{S}$, on a R$\{x\}$ d'après l'hypothèse du critère, donc $(y \in S_x \cup \{x\}) \Rightarrow \mathrm{R}\{y\}$ d'après la méthode de disjonction des cas. Alors (lemme 2), $E \in \mathfrak{S}$, ce qui prouve le critère.

Dans les utilisations de C59, la relation

$$x \in \mathrm{E} \text{ et } (\forall y)((y \in \mathrm{E} \text{ et } y < x) \Rightarrow \mathrm{R}\{y\})$$

s'appelle généralement « l'hypothèse de récurrence ».

Pour toute application g d'un segment S de E dans un ensemble F, et pour tout $x \in S$, nous désignerons, dans ce qui suit, par $g^{(x)}$ l'application du segment $S_x =]\leftarrow, x[$ de E *sur* $g(S_x)$ qui coïncide avec g dans S_x. Avec cette notation:

C60 (définition d'une application par récurrence transfinie). *Soient u une lettre,* T$\{u\}$ *un terme de la théorie* $\mathscr{T}$. *Il existe un ensemble* U *et une application f de* E *sur* U *tels que, pour tout $x \in \mathrm{E}$, on ait* $f(x) = \mathrm{T}\{f^{(x)}\}$. *En outre, l'ensemble* U *et l'application f sont déterminés de façon unique par ces conditions.*

Prouvons d'abord la propriété d'unicité. Supposons que f' et U' satisfassent aussi aux conditions du critère. Soit $\mathfrak{S}$ l'ensemble des segments S de E tels que f et f' coïncident dans S. Il est clair que toute réunion de segments appartenant à $\mathfrak{S}$ appartient à $\mathfrak{S}$. D'autre part, si $S_x \in \mathfrak{S}$, f et f' coïncident dans S_x, donc $f^{(x)} = f'^{(x)}$ et par suite $f(x) = \mathrm{T}\{f^{(x)}\} = \mathrm{T}\{f'^{(x)}\} = f'(x)$, ce qui montre que $S_x \cup \{x\} \in \mathfrak{S}$. Il en résulte que $E \in \mathfrak{S}$ (lemme 2) et par suite $f = f'$ et $U' = f'(E) = f(E) = U$.

Désignons maintenant par $\mathfrak{S}_1$ l'ensemble des segments S de E pour lesquels il existe un ensemble U_S et une application f_S de S *sur* U_S tels que, pour tout $x \in S$, on ait $f_S(x) = \mathrm{T}\{f_S^{(x)}\}$. Pour tout $S \in \mathfrak{S}_1$, f_S et U_S sont déterminés de façon unique en vertu de la première partie du raisonnement; en particulier, si S′ et S″ sont deux segments appartenant à $\mathfrak{S}_1$ et tels que $S' \subset S''$, $f_{S'}$ est l'application de S′ sur $f_{S''}(S')$ qui coïncide avec $f_{S''}$ dans S′. Il suit de cette remarque que toute réunion de segments appartenant à $\mathfrak{S}_1$ appartient à $\mathfrak{S}_1$ (II, p. 28, prop. 7). D'autre part, si $S_x \in \mathfrak{S}_1$, on définit sur $S = S_x \cup \{x\}$ une fonction f_S prolongeant f_{S_x} en posant $f_S(x) = T\{f_{S_x}\}$ (II, p. 29, prop. 8), et comme $f_S^{(x)} = f_{S_x}$, il est immédiat que $S_x \cup \{x\} \in \mathfrak{S}_1$. Donc (lemme 2), on a $E \in \mathfrak{S}_1$, ce qui achève la démonstration.

Le plus souvent, on appliquera le critère précédent au cas où il existe un ensemble F tel que, *pour toute application h d'un segment de* E *sur une partie de* F, *on ait* $T\{h\} \in F$. Alors l'ensemble U obtenu par application de C60 est une *partie de* F. En effet, avec les notations précédentes, soit $\mathfrak{S}_2$ la partie de $\mathfrak{S}_1$ formée des segments S de E tels que $U_S \subset F$. On voit aussitôt que toute réunion de segments appartenant à $\mathfrak{S}_2$ appartient à $\mathfrak{S}_2$; d'autre part, l'hypothèse sur F entraîne que, si $S_x \in \mathfrak{S}_2$, on a $S_x \cup \{x\} \in \mathfrak{S}_2$; on conclut encore à l'aide du lemme 2.

3. Le théorème de Zermelo

Lemme 3. — *Soient* E *un ensemble,* $\mathfrak{S}$ *une partie de* $\mathfrak{P}(E)$ *et p une application de* $\mathfrak{S}$ *dans* E *telle que* $p(X) \notin X$ *pour tout* $X \in \mathfrak{S}$. *Il existe alors une partie* M *de* E *et un bon ordre* Γ *sur* M *tels que* (en désignant par $x \leqslant y$ la relation $y \in \Gamma\langle x\rangle$ dans M et par S_x le segment $]\leftarrow, x[$):

1° *pour tout* $x \in M$, *on a* $S_x \in \mathfrak{S}$ *et* $p(S_x) = x$;

2° $M \notin \mathfrak{S}$.

Soit $\mathfrak{M}$ l'ensemble des parties G de $E \times E$ satisfaisant aux conditions suivantes:

a) G est le graphe d'un bon ordre sur $\mathrm{pr}_1 G = U$;

b) si on note $x \leqslant y$ la relation $(x, y) \in G$ dans U, pour tout $x \in U$ le segment S_x est tel que $S_x \in \mathfrak{S}$ et $p(S_x) = x$.

Montrons que, si G, G′ sont deux éléments de $\mathfrak{M}$, et si U et U′ désignent les premières projections de G et G′, l'un des deux ensembles U, U′ est contenu dans l'autre, et que si, par exemple, $U \subset U'$, on a $G = G' \cap (U \times U)$ (en d'autres termes, la relation d'ordre sur U est induite par la relation d'ordre sur U′) et U est un *segment* de U′.

Pour cela, considérons l'ensemble V des $x \in U \cap U'$ tels que les segments d'extrémité x soient les mêmes dans U et U′, et que les ordres induits sur ce segment par ceux de U et U′ soient identiques. Il est clair que V est un *segment* dans U et dans U′, et que les ordres induits sur V sont les mêmes; notre assertion sera prouvée si nous montrons que $V = U$ ou $V = U'$. Raisonnons par l'absurde en supposant $V \neq U$ et $V \neq U'$. Soit x le plus petit élément de $U - V$ dans U et x' le plus petit élément de $U' - V$ dans U′; on a $V = S_x$ dans U, $V = S_{x'}$ dans U′. Mais par hypothèse, on a $V \in \mathfrak{S}$ et $x = p(S_x)$, $x' = p(S_{x'})$, d'où $x = x'$; on aurait alors par définition $x \in V$, ce qui est absurde.

On peut alors appliquer à l'ensemble des $U = \mathrm{pr}_1 G$ (pour $G \in \mathfrak{M}$) la prop. 3 de III, p. 16, et on obtient ainsi un ensemble bien ordonné $M = \bigcup_{G \in \mathfrak{M}} \mathrm{pr}_1 G$; en outre l'on voit aisément que le graphe de l'ordre sur M appartient à $\mathfrak{M}$. Si on avait $M \in \mathfrak{S}$, en posant $a = p(M)$, on aurait $a \notin M$; on pourrait alors adjoindre à M l'élément a comme le plus grand élément, et l'ensemble $M' = M \cup \{a\}$ serait bien ordonné. Comme $M = S_a$ dans M', on aurait $S_a \in \mathfrak{S}$ et $p(S_a) = a$; le graphe de l'ordre sur M' appartiendrait donc à $\mathfrak{M}$, ce qui est absurde.

On notera que si $\varnothing \notin \mathfrak{S}$ (et en particulier si $\mathfrak{S}$ est vide), l'ensemble M dont l'existence est affirmée par le lemme 3 est l'ensemble vide, comme le montre la condition 1° de l'énoncé.

THÉORÈME 1 (Zermelo). — *Sur tout ensemble* E *il existe un bon ordre.*

Soit $\mathfrak{S} = \mathfrak{P}(E) - \{E\}$ l'ensemble des parties de E distinctes de E; pour tout $X \in \mathfrak{S}$, posons $p(X) = \tau_x(x \in E - X)$; comme la relation $X \in \mathfrak{S}$ entraîne $(\exists x)(x \in E - X)$, elle entraîne par définition $p(X) \in E - X$ (I, p. 32), donc $p(X) \notin X$. On peut alors appliquer le lemme 3; il existe par suite un bon ordre sur une partie M de E telle que $M \notin \mathfrak{S}$; mais la seule partie de E n'appartenant pas à $\mathfrak{S}$ est E, d'où le théorème.

4. Ensembles inductifs

DÉFINITION 3. — *On dit qu'un ensemble ordonné* E *est inductif si toute partie totalement ordonnée de* E *possède un majorant dans* E.

Exemples. — 1) Soit $\mathfrak{F}$ un ensemble de parties d'un ensemble A, ordonné par inclusion et tel que, pour tout sous-ensemble totalement ordonné $\mathfrak{G}$ de $\mathfrak{F}$, la réunion des ensembles de $\mathfrak{G}$ appartienne à $\mathfrak{F}$; alors $\mathfrak{F}$ est inductif pour la relation $\subset$, puisque la réunion des ensembles de $\mathfrak{G}$ est la borne supérieure de $\mathfrak{G}$ dans $\mathfrak{P}(A)$.

2) Un exemple important d'ensemble de parties inductif pour la relation $\subset$ est l'ensemble $\mathfrak{F}$ des graphes d'applications de parties d'un ensemble A dans un ensemble B; en effet, $\mathfrak{F}$ est une partie de $\mathfrak{P}(A \times B)$ et dire qu'une partie $\mathfrak{G}$ de $\mathfrak{F}$ est totalement ordonnée par inclusion signifie que les éléments de $\mathfrak{G}$ sont des graphes d'applications telles que, de deux quelconques de ces applications, l'une prolonge l'autre. Il s'ensuit aussitôt que la réunion des ensembles de $\mathfrak{G}$ est un élément de $\mathfrak{F}$ (II, p. 28, prop. 7). On peut donc dire encore que l'ensemble $\Phi(A, B)$ des applications de parties de A dans B est inductif pour la relation d'ordre « v prolonge u » entre u et v.

3) * Il résulte de l'axiome de l'infini (III, p. 45) que l'ensemble bien ordonné des entiers naturels n'est pas inductif pour la relation $\leqslant$.*

THÉORÈME 2. — *Tout ensemble ordonné inductif possède un élément maximal.*

Ce théorème est un cas particulier du résultat suivant:

PROPOSITION 4. — *Soit* E *un ensemble ordonné dont toute partie bien ordonné soit majorée; alors* E *admet un élément maximal.*

Disons qu'un élément $v \in E$ est un *majorant strict* d'une partie X de E si v est un majorant de X et si $v \notin X$. Soit $\mathfrak{S}$ l'ensemble des parties de E admettant un majorant strict, et pour tout $S \in \mathfrak{S}$, posons $p(S) = \tau_v(v$ est un majorant strict de $S)$; alors $p(S)$ est un majorant strict de S. Appliquant à $\mathfrak{S}$ et à p le lemme 3 (III, p. 19), on voit qu'il existe une partie M de E et un bon ordre Γ sur M satisfaisant aux conditions de ce lemme; en particulier, M n'admet pas de majorant strict dans E. En outre, l'ordre Γ est identique à l'ordre induit sur M par celui de E. En effet, dans M, la relation « $y \in \Gamma\langle x \rangle$ et $x \neq y$ » équivaut à $x \in S_y$, et comme $p(S_y) = y$ est un majorant de S_y (pour l'ordre de E), elle entraîne $x < y$ dans E. Mais cela signifie que l'injection de M dans E est une application strictement croissante (lorsque M est muni de Γ) et comme M est totalement ordonné, on en conclut que, dans M, les relations $y \in \Gamma\langle x \rangle$ et $x \leqslant y$ sont équivalentes (III, p. 14, prop. 11). Cela étant, il existe par hypothèse un majorant m de M dans E; mais comme M n'admet pas de majorant strict, m est nécessairement élément maximal dans E.

Corollaire 1. — *Soient* E *un ensemble ordonné inductif, et* a *un élément de* E; *il existe un élément maximal* m *de* E *tel que* $m \geqslant a$.

En effet, il résulte de la déf. 3 que l'ensemble F des éléments $x \geqslant a$ de E est inductif, et un élément maximal de F est aussi élément maximal de E.

Corollaire 2. — *Soit* $\mathfrak{F}$ *un ensemble de parties d'un ensemble* E *tel que, pour tout sous-ensemble* $\mathfrak{G}$ *de* $\mathfrak{F}$, *totalement ordonné par inclusion, la réunion* (resp. *l'intersection*) *des ensembles de* $\mathfrak{G}$ *appartienne à* $\mathfrak{F}$; *alors* $\mathfrak{F}$ *possède un élément maximal* (resp. *minimal*).

5. Isomorphismes d'ensembles bien ordonnés

Théorème 3. — *Soient* E *et* F *deux ensembles bien ordonnés*; *l'une au moins des deux propositions suivantes est vraie*:

1) *il existe un isomorphisme et un seul de* E *sur un segment de* F;

2) *il existe un isomorphisme et un seul de* F *sur un segment de* E.

Soit $\mathfrak{F}$ l'ensemble des applications de parties de E dans F dont chacune est définie dans un segment de E et est un isomorphisme de ce segment sur un segment de F. L'ensemble $\mathfrak{F}$, ordonné par la relation « v prolonge u » entre u et v, est *inductif.* En effet, soit $\mathfrak{G}$ une partie totalement ordonnée de $\mathfrak{F}$; la réunion S des ensembles de définition des $u \in \mathfrak{G}$ est une réunion de segments de E, donc un segment de E; si v est la borne supérieure de $\mathfrak{G}$ dans $\Phi(E, F)$ (III, p. 10, *Exemple* 2), $v(S)$ est réunion des ensembles de valeurs des $u \in \mathfrak{G}$, donc est un segment de F; enfin, pour tout couple d'éléments x, y de S, tel que $x < y$, il existe un $u \in \mathfrak{G}$ dont l'ensemble de définition contient x et y (puisque $\mathfrak{G}$ est totalement ordonnée), et comme $v(x) = u(x) < u(y) = v(y)$, v est un isomorphisme de S sur $v(S)$, ce qui démontre notre assertion. Soit alors u_0 un élément maximal de $\mathfrak{F}$ (III, p. 20, th. 2), et soit S_0 le segment de E qui est l'ensemble de définition de u_0. Si nous prouvons que l'on a, soit $S_0 = E$, soit $u_0(S_0) = F$, l'existence de l'un des isomorphismes considérés dans l'énoncé sera démontrée. Raisonnons par l'absurde, en supposant $S_0 \neq E$ et $u_0(S_0) \neq F$; il existerait alors un élément $a \in E$ et un élément $b \in F$ tels que $S_0 =]\leftarrow, a[$ et $u_0(S_0) =]\leftarrow, b[$ (III, p. 16, prop. 1); prolongeons u_0 en une application u_1 du segment $]\leftarrow, a[$ dans F, en posant $u_1(a) = b$; comme u_1 est un isomorphisme de $]\leftarrow, a]$ sur le segment $]\leftarrow, b]$, cela contredit l'hypothèse que u_0 est maximal dans $\mathfrak{F}$.

Les assertions d'unicité du th. 3 sont conséquences du lemme suivant:

Lemme 4. — *Soient* E, F *deux ensembles bien ordonnés, f, g deux applications croissantes de* E *dans* F *telles que* $f(E)$ *soit un segment de* F *et que g soit strictement croissante; on a alors* $f(x) \leqslant g(x)$ *pour tout* $x \in E$.

Raisonnons par l'absurde, en supposant que l'ensemble des $y \in E$ tels que $f(y) > g(y)$ ne soit pas vide; cet ensemble aurait alors un plus petit élément a. Pour $x < a$, on a, par définition de a, $f(x) \leqslant g(x) < g(a) < f(a)$, g étant strictement croissante. Comme $f(E)$ est un segment de F, il existe $z \in E$ tel que $g(a) = f(z)$; f étant croissante, la relation $f(z) < f(a)$ entraîne $z < a$, d'où

$$f(z) \leqslant g(z) < g(a) = f(z),$$

ce qui est absurde.

Corollaire 1. — *Le seul isomorphisme d'un ensemble bien ordonné* E *sur un segment de* E *est l'application identique de* E *sur lui-même.*

Il suffit en effet de faire F = E dans le th. 3.

Corollaire 2. — *Soient* E *et* F *deux ensembles bien ordonnés; s'il existe un isomorphisme f de* E *sur un segment* T *de* F *et un isomorphisme g de* F *sur un segment* S *de* E, *on a nécessairement* S = E, T = F *et f et g sont réciproques l'un de l'autre.*

En effet, $g \circ f$ est un isomorphisme de E sur le segment $g(T) \subset S$ de E; en vertu du cor. 1, on a nécessairement $g(T) = S = E$ et $g \circ f$ est l'application identique de E; on voit de même que $f \circ g$ est l'application identique de F, d'où le corollaire.

Corollaire 3. — *Tout sous-ensemble* A *d'un ensemble bien ordonné* E *est isomorphe à un segment de* E.

En vertu du th. 3, il suffit de prouver qu'il n'existe pas d'isomorphisme g de E sur un segment de A de la forme S_a; mais g serait alors une application strictement croissante de E dans E, telle que $g(a) \in S_a$, autrement dit $g(a) < a$; or, cette inégalité contredit le lemme 4 (où on prend pour f l'application identique).

6. Produits lexicographiques

Soit $(E_\iota)_{\iota \in I}$ une famille d'ensembles ordonnés, dont l'ensemble d'indices I soit *bien ordonné*. Considérons l'ensemble produit $E = \prod_{\iota \in I} E_\iota$, et la relation

$$\text{« } x \in E \text{ et } y \in E \text{ et pour le plus petit indice } \iota \in I \text{ tel que } \mathrm{pr}_\iota\, x \neq \mathrm{pr}_\iota\, y, \text{ on a } \mathrm{pr}_\iota\, x < \mathrm{pr}_\iota\, y \text{ »}$$

que nous noterons $R\{x, y\}$. Il est immédiat que $R\{x, x\}$ est équivalente à $x \in E$, que $R\{x, y\}$ implique ($R\{x, x\}$ et $R\{y, y\}$) et que ($R\{x, y\}$ et $R\{y, x\}$) implique $x = y$. On vérifie en outre que ($R\{x, y\}$ et $R\{y, z\}$) implique $R\{x, z\}$ (il suffit de considérer le plus petit indice $\iota \in I$ pour lequel deux des trois éléments $\mathrm{pr}_\iota x$, $\mathrm{pr}_\iota y$, $\mathrm{pr}_\iota z$ soient inégaux) ; la relation $R\{x, y\}$ est donc une *relation d'ordre sur l'ensemble produit* E. On dit que cette relation, et l'ordre qu'elle définit, sont la *relation d'ordre lexicographique* et l'*ordre lexicographique* sur E (déduits des ordres donnés sur I et sur les E_ι) ; l'ensemble E, ordonné par cette relation, est appelé le *produit lexicographique* de la famille d'ensembles ordonnés $(E_\iota)_{\iota \in I}$. Lorsque les E_ι sont *totalement ordonnés*, leur produit lexicographique est *totalement ordonné*.

§ 3. ENSEMBLES ÉQUIPOTENTS. CARDINAUX

1. Le cardinal d'un ensemble

DÉFINITION 1. — *On dit qu'un ensemble* X *est équipotent à un ensemble* Y *s'il existe une bijection de* X *sur* Y. *On note* Eq(X, Y) *la relation* « X *est équipotent à* Y ».

Il est clair que les relations Eq(X, Y) et Eq(Y, X) sont équivalentes, autrement dit, la relation Eq(X, Y) est *symétrique*; lorsqu'elle est vraie, on dit aussi que X *et* Y *sont équipotents*. D'autre part, Eq(X, X) est vraie. Enfin la relation Eq(X, Y) est *transitive*, puisque la composée de deux bijections est une bijection (II, p. 19, th. 1) ; c'est donc une *relation d'équivalence*, réflexive dans tout ensemble.

De ce qui précède résulte que, si X et Y sont équipotents, la relation $(\forall Z)(\mathrm{Eq}(X, Z) \Leftrightarrow \mathrm{Eq}(Y, Z))$ est vraie. Or, le schéma S7 (I, p. 38) fournit l'axiome suivant

$$((\forall Z)(\mathrm{Eq}(X, Z) \Leftrightarrow \mathrm{Eq}(Y, Z))) \Rightarrow (\tau_Z(\mathrm{Eq}(X, Z)) = \tau_Z(\mathrm{Eq}(Y, Z))).$$

Donc, si X et Y sont équipotents, on a

$$\tau_Z(\mathrm{Eq}(X, Z)) = \tau_Z(\mathrm{Eq}(Y, Z)).$$

Posons la définition suivante :

DÉFINITION 2. — *L'ensemble* $\tau_Z(\mathrm{Eq}(X, Z))$ *est appelé le cardinal de* X (ou la *puissance* de X) *et se note* Card (X).

Comme Eq(X, X) est vraie, Card (X) est *équipotent* à X (I, p. 33, schéma S5). Nous avons donc démontré le résultat suivant :

PROPOSITION 1. — *Pour que deux ensembles* X, Y *soient équipotents, il faut et il suffit que leurs cardinaux soient égaux.*

Exemples

1) On note 0 le cardinal Card ($\varnothing$). Le seul ensemble équipotent à $\varnothing$ étant $\varnothing$ (II, p. 10 et p. 14), on a $0 = \mathrm{Card}(\varnothing) = \varnothing$.

2) Tous les ensembles à un élément sont équipotents, car $\{(a, b)\}$ est le graphe d'une bijection de $\{a\}$ sur $\{b\}$; en particulier, ils sont équipotents à $\{\varnothing\}$. On note 1 le cardinal

$$\mathrm{Card}\,(\{\varnothing\}) = \tau_Z(\mathrm{Eq}(\{\varnothing\}, Z)).^1$$

3) On note 2 le cardinal Card $(\{\varnothing, \{\varnothing\}\})$; c'est le cardinal de tout ensemble à deux éléments dont les éléments sont différents.

4) * Un espace hilbertien de type dénombrable est équipotent à l'ensemble des nombres réels.*

2. Relation d'ordre entre cardinaux

La relation « X est équipotent à une partie de Y » est équivalente à « il existe une injection de X dans Y »; elle équivaut aussi à la relation « Card (X) est équipotent à une partie de Card (Y) » (II, p. 19, th. 1).

THÉORÈME 1. — *La relation* $R\{\mathfrak{x}, \mathfrak{y}\}$:
« $\mathfrak{x}$ et $\mathfrak{y}$ sont des cardinaux et $\mathfrak{x}$ est équipotent à une partie de $\mathfrak{y}$ »
est une relation de bon ordre (III, p. 15).

Comme $R\{\mathfrak{x}, \mathfrak{x}\}$ est vraie pour tout cardinal $\mathfrak{x}$, tout revient à voir que, pour tout ensemble E de cardinaux, la relation « $\mathfrak{x} \in E$ et $\mathfrak{y} \in E$ et $R\{\mathfrak{x}, \mathfrak{y}\}$ » est une relation de bon ordre dans E. Considérons l'ensemble $A = \bigcup_{\mathfrak{x} \in E} \mathfrak{x}$; tout cardinal $\mathfrak{x} \in E$ est donc une partie de A. Il existe sur A une relation de bon ordre (III, p. 20, th. 1) que nous noterons $x \leqslant y$, et toute partie de A est équipotente à un segment de A (III, p. 22, cor. 3). Pour tout cardinal $\mathfrak{x} \in E$, considérons l'ensemble des segments de A équipotents à $\mathfrak{x}$; cet ensemble de segments n'est pas vide, et admet donc un plus petit élément (III, p. 16, prop. 2); soit $\varphi(\mathfrak{x})$ cet élément. La relation

« $\mathfrak{x} \in E$ et $\mathfrak{y} \in E$ et $\mathfrak{x}$ est équipotent à une partie de $\mathfrak{y}$ »

est *équivalente* à

« $\mathfrak{x} \in E$ et $\mathfrak{y} \in E$ et $\varphi(\mathfrak{x}) \subset \varphi(\mathfrak{y})$ ».

En effet, elle est évidemment entraînée par cette dernière; d'autre part, si $\mathfrak{x}$ est équipotent à une partie de $\varphi(\mathfrak{y})$, on ne peut avoir $\varphi(\mathfrak{y}) \subset \varphi(\mathfrak{x})$ et $\varphi(\mathfrak{y}) \neq \varphi(\mathfrak{x})$, car alors il existerait un segment de $\varphi(\mathfrak{y})$ équipotent à $\mathfrak{x}$ (III, p. 16, cor. 3),

[1] Bien entendu, il ne faut pas confondre le *terme* mathématique *désigné* (I, p. 15) par le symbole « 1 » et le mot « *un* » du langage ordinaire. Le terme désigné par « 1 » est égal, en vertu de la définition donnée ci-dessus, au terme désigné par le symbole

$$\tau_Z((\exists u)(\exists U)(u = (U, \{\varnothing\}, Z) \text{ et } U \subset \{\varnothing\} \times Z \text{ et } (\forall x)((x \in \{\varnothing\}) \Rightarrow (\exists y)((x, y) \in U))$$
$$\text{et } (\forall x)(\forall y)(\forall y')(((x, y) \in U \text{ et } (x, y') \in U) \Rightarrow (y = y')) \text{ et } (\forall y)((y \in Z) \Rightarrow (\exists x)((x, y) \in U)))).$$

Une estimation grossière montre que le terme ainsi *désigné* est un assemblage de plusieurs dizaines de milliers de signes (chacun de ces signes étant l'un des signes τ, $\square$, $\vee$, $\neg$, $=$, $\in$).

contredisant la définition de $\varphi(\mathfrak{x})$. Comme l'ensemble des segments de A est bien ordonné par inclusion (III, p. 16, prop. 2), le théorème est démontré.

Nous noterons $\mathfrak{x} \leqslant \mathfrak{y}$ la relation $R\{\mathfrak{x}, \mathfrak{y}\}$. Pour qu'un ensemble X soit équipotent à une partie d'un ensemble Y, il faut et il suffit que Card (X) $\leqslant$ Card (Y).

Il est clair que l'on a $0 \leqslant \mathfrak{x}$ pour tout cardinal $\mathfrak{x}$, et $1 \leqslant \mathfrak{x}$ pour tout cardinal $\mathfrak{x} \neq 0$.

COROLLAIRE 1. — *Étant donnés deux ensembles, l'un est équipotent à une partie de l'autre.*

COROLLAIRE 2. — *Deux ensembles tels que chacun soit équipotent à une partie de l'autre sont équipotents.*

Remarque. — Pour tout ensemble A, il existe un ensemble dont les éléments sont les cardinaux Card (X) pour toutes les parties X de A : en effet, c'est l'ensemble des objets de la forme Card (X) pour $X \in \mathfrak{P}(A)$ (II, p. 6). Pour tout cardinal $\mathfrak{a}$, la relation « $\mathfrak{x}$ est un cardinal et $\mathfrak{x} \leqslant \mathfrak{a}$ » est donc collectivisante en $\mathfrak{x}$ (II, p. 5), puisqu'elle est équivalente à la relation « $\mathfrak{x}$ est de la forme Card (X) pour $X \subset \mathfrak{a}$ » ; l'ensemble des $\mathfrak{x}$ satisfaisant à cette relation est appelé *l'ensemble des cardinaux* $\leqslant \mathfrak{a}$.

PROPOSITION 2. — *Pour toute famille* $(\mathfrak{a}_\iota)_{\iota \in I}$ *de cardinaux, il existe un cardinal et un seul* $\mathfrak{b}$ *tel que* $\mathfrak{a}_\iota \leqslant \mathfrak{b}$ *pour tout* $\iota \in I$ *et que tout cardinal* $\mathfrak{c}$ *tel que* $\mathfrak{a}_\iota \leqslant \mathfrak{c}$ *pour tout* $\iota \in I$ *soit* $\geqslant \mathfrak{b}$.

En effet, il existe un ensemble E contenant tous les ensembles $\mathfrak{a}_\iota$ (par exemple la somme de ces ensembles (II, p. 30)), d'où $\mathfrak{a}_\iota \leqslant \mathfrak{a} = \text{Card}(E)$ pour tout $\iota \in I$. L'ensemble F des cardinaux $\leqslant \mathfrak{a}$ étant bien ordonné et tous les $\mathfrak{a}_\iota$ appartenant à F, la famille $(\mathfrak{a}_\iota)_{\iota \in I}$ admet une borne supérieure $\mathfrak{b}$ dans cet ensemble. En outre, soit $\mathfrak{c}$ un cardinal $\geqslant \mathfrak{a}_\iota$ pour tout $\iota \in I$; si on avait $\mathfrak{c} < \mathfrak{b} \leqslant \mathfrak{a}$, on aurait $\mathfrak{c} \in F$, et l'inégalité $\mathfrak{a}_\iota \leqslant \mathfrak{c}$ contredirait alors la définition de la borne supérieure de la famille $(\mathfrak{a}_\iota)$ dans l'ensemble ordonné F ; d'où la proposition.

Par abus de langage, on dit que le cardinal $\mathfrak{b}$ est la *borne supérieure* de la famille $(\mathfrak{a}_\iota)_{\iota \in I}$ de cardinaux et on le note $\sup_{\iota \in I} \mathfrak{a}_\iota$.

PROPOSITION 3. — *Soient* X *et* Y *des ensembles. S'il existe une surjection* f *de* X *sur* Y, *on a* Card (Y) $\leqslant$ Card (X).

En effet, il existe une section s associée à f (II, p. 18, prop. 8) et s est une injection de Y dans X.

3. Opérations sur les cardinaux

DÉFINITION 3. — *Soit* $(\mathfrak{a}_\iota)_{\iota \in I}$ *une famille de cardinaux. Le cardinal de l'ensemble produit* (resp. *somme*) *des ensembles* $\mathfrak{a}_\iota$ *s'appelle le produit cardinal* (resp. *la somme cardinale*) *des* $\mathfrak{a}_\iota$ *et se note* $\prod_{\iota \in I} \mathfrak{a}_\iota$ (resp. $\sum_{\iota \in I} \mathfrak{a}_\iota$).

Lorsque aucune confusion n'est à craindre, on dit simplement « produit » et

« somme » au lieu de « produit cardinal » et « somme cardinale », et on écrit $\prod_{\iota\in I} \mathfrak{a}_\iota$ au lieu de $\mathop{\mathrm{P}}\limits_{\iota\in I} \mathfrak{a}_\iota$ (cf. III, p. 80, exerc. 2).

Proposition 4. — *Soient* $(E_\iota)_{\iota\in I}$ *une famille d'ensembles*, P *son produit*, S *sa somme*, $\mathfrak{a}_\iota$ *le cardinal de* E_ι; *le cardinal de* P (resp. S) *est le produit cardinal* (resp. *la somme cardinale*) *de la famille* $(\mathfrak{a}_\iota)_{\iota\in I}$.

Il existe en effet une bijection de P (resp. S) sur l'ensemble produit des ensembles $\mathfrak{a}_\iota$ (resp. sur l'ensemble somme des $\mathfrak{a}_\iota$) (II, p. 30, prop. 10 et p. 38, cor. de la prop. 11).

Corollaire. — *Pour toute famille* $(E_\iota)_{\iota\in I}$ *d'ensembles, le cardinal de la réunion* $\bigcup_{\iota\in I} E_\iota$ *est au plus égal à la somme* $\sum_{\iota\in I} \mathrm{Card}(E_\iota)$.

En effet, il existe une application de la somme S des E_ι sur leur réunion (II, p. 30); le corollaire résulte donc des prop. 3 et 4.

Proposition 5. — a) *Soit* $(\mathfrak{a}_\iota)_{\iota\in I}$ *une famille de cardinaux, et soit* f *une bijection d'un ensemble* K *sur l'ensemble* I; *on a*

$$\sum_{\kappa\in K} \mathfrak{a}_{f(\kappa)} = \sum_{\iota\in I} \mathfrak{a}_\iota \quad et \quad \mathop{\mathrm{P}}\limits_{\kappa\in K} \mathfrak{a}_{f(\kappa)} = \mathop{\mathrm{P}}\limits_{\iota\in I} \mathfrak{a}_\iota.$$

b) *Soient* $(\mathfrak{a}_\iota)_{\iota\in I}$ *une famille de cardinaux, et* $(J_\lambda)_{\lambda\in L}$ *une partition de* I; *on a* (« associativité de la somme et du produit »)

$$\sum_{\iota\in I} \mathfrak{a}_\iota = \sum_{\lambda\in L}\Big(\sum_{\iota\in J_\lambda} \mathfrak{a}_\iota\Big)$$

$$\mathop{\mathrm{P}}\limits_{\iota\in I} \mathfrak{a}_\iota = \mathop{\mathrm{P}}\limits_{\lambda\in L}\Big(\mathop{\mathrm{P}}\limits_{\iota\in J_\lambda} \mathfrak{a}_\iota\Big).$$

c) *Soit* $((\mathfrak{a}_{\lambda\iota})_{\iota\in J_\lambda})_{\lambda\in L}$ *une famille (admettant* L *comme ensemble d'indices) de familles de cardinaux. Soit* $I = \prod_{\lambda\in L} J_\lambda$; *on a* (« distributivité du produit par rapport à la somme »)

$$\mathop{\mathrm{P}}\limits_{\lambda\in L}\Big(\sum_{\iota\in J_\lambda} \mathfrak{a}_{\lambda\iota}\Big) = \sum_{f\in I}\Big(\mathop{\mathrm{P}}\limits_{\lambda\in L} \mathfrak{a}_{\lambda, f(\lambda)}\Big).$$

Les relations de *a*) résultent des formules analogues pour la réunion et le produit d'ensembles, car le fait que f est une bijection implique que, si $(X_\iota)_{\iota\in I}$ est une famille d'ensembles mutuellement disjoints, il en est de même de la famille $(X_{f(\kappa)})_{\kappa\in K}$ (cf. II, p. 23, prop. 1 et p. 33, prop. 4).

Les relations de *b*) sont conséquences immédiates des formules d'associativité de la réunion et du produit (II, 24, prop. 2 et p. 35, prop. 7) et de la distributivité de l'intersection par rapport à la réunion (II, p. 35, prop. 8) qui prouve que, si $(X_\iota)_{\iota\in I}$ est une famille d'ensembles mutuellement disjoints, il en est de même de la famille $\big(\bigcup_{\iota\in J_\lambda} X_\iota\big)_{\lambda\in L}$.

Enfin, *c*) est conséquence de la distributivité du produit par rapport à la réunion et à l'intersection (II, p. 36, prop. 9 et p. 37, cor. 1).

Soient $\mathfrak{a}$ et $\mathfrak{b}$ deux cardinaux. Si I est un ensemble à deux éléments distincts (par exemple le cardinal 2), il existe une application f de I sur $\{\mathfrak{a}, \mathfrak{b}\}$, ce qui définit une famille de cardinaux; la somme et le produit de celle-ci ne dépendent que de $\mathfrak{a}$ et $\mathfrak{b}$ (en vertu de la prop. 5 *a*)); on appelle ces cardinaux la *somme* et le *produit* de $\mathfrak{a}$ et de $\mathfrak{b}$, et on les note $\mathfrak{a} + \mathfrak{b}$ et $\mathfrak{a}\mathfrak{b}$. On définit et note de même la somme et le produit de plusieurs cardinaux. La prop. 5 entraîne alors le corollaire suivant:

COROLLAIRE. — *Soient* $\mathfrak{a}$, $\mathfrak{b}$, $\mathfrak{c}$ *des cardinaux; on a*

(1) $$\mathfrak{a} + \mathfrak{b} = \mathfrak{b} + \mathfrak{a}, \qquad \mathfrak{a}\mathfrak{b} = \mathfrak{b}\mathfrak{a},$$

(2) $$\mathfrak{a} + (\mathfrak{b} + \mathfrak{c}) = (\mathfrak{a} + \mathfrak{b}) + \mathfrak{c}, \qquad \mathfrak{a}(\mathfrak{b}\mathfrak{c}) = (\mathfrak{a}\mathfrak{b})\mathfrak{c},$$

(3) $$\mathfrak{a}(\mathfrak{b} + \mathfrak{c}) = \mathfrak{a}\mathfrak{b} + \mathfrak{a}\mathfrak{c}.$$

4. Propriétés des cardinaux 0 et 1

PROPOSITION 6. — *Soient* $(\mathfrak{a}_\iota)_{\iota \in I}$ *une famille de cardinaux, et* J (resp. K) *une partie de* I *telle que l'on ait* $\mathfrak{a}_\iota = 0$ *pour tout* $\iota \notin J$ (resp. $\mathfrak{a}_\iota = 1$ *pour tout* $\iota \notin K$); *on a alors*

$$\sum_{\iota \in I} \mathfrak{a}_\iota = \sum_{\iota \in J} \mathfrak{a}_\iota$$

$$(\text{resp. } \mathsf{P}_{\iota \in I} \mathfrak{a}_\iota = \mathsf{P}_{\iota \in K} \mathfrak{a}_\iota).$$

C'est immédiat pour la somme, car l'ensemble somme S_I de la famille d'ensembles $(\mathfrak{a}_\iota)_{\iota \in I}$ est équipotent à la réunion de l'ensemble somme S_J de la famille $(\mathfrak{a}_\iota)_{\iota \in J}$ et de l'ensemble vide, donc équipotent à S_J. Pour le produit, cela résulte de ce que la projection pr_K de l'ensemble produit $\prod_{\iota \in I} \mathfrak{a}_\iota$ sur le produit partiel $\prod_{\in K} \mathfrak{a}_\iota$ est une bijection (II, p. 35, *Remarque* 1).

COROLLAIRE 1. — *Pour tout cardinal* $\mathfrak{a}$, *on a* $\mathfrak{a} + 0 = \mathfrak{a} . 1 = \mathfrak{a}$.

COROLLAIRE 2. — *Soient* $\mathfrak{a}$ *et* $\mathfrak{b}$ *des cardinaux, et soit* I *un ensemble équipotent à* $\mathfrak{b}$; *pour tout* $\iota \in I$, *soit* $\mathfrak{a}_\iota = \mathfrak{a}$, $\mathfrak{c}_\iota = 1$; *on a*

$$\mathfrak{a}\mathfrak{b} = \sum_{\iota \in I} \mathfrak{a}_\iota \quad \text{et} \quad \mathfrak{b} = \sum_{\iota \in I} \mathfrak{c}_\iota.$$

La seconde formule résulte de ce qu'un ensemble est réunion de l'ensemble de ses parties à un élément. La première s'en déduit par multiplication par $\mathfrak{a}$, en utilisant le cor. 1.

Proposition 7. — *Soit* $(\mathfrak{a}_\iota)_{\iota \in I}$ *une famille de cardinaux; pour que l'on ait* $\prod_{\iota \in I} \mathfrak{a}_\iota \neq 0$, *il faut et il suffit que l'on ait* $\mathfrak{a}_\iota \neq 0$ *pour tout* $\iota \in I$.

Cela ne fait que traduire la condition pour qu'un ensemble produit soit non vide (II, p. 34, cor. 2).

Proposition 8. — *Si* $\mathfrak{a}$ *et* $\mathfrak{b}$ *sont des cardinaux tels que* $\mathfrak{a} + 1 = \mathfrak{b} + 1$, *on a* $\mathfrak{a} = \mathfrak{b}$.

Soit $X = \mathfrak{a} + 1 = \mathfrak{b} + 1$. Il existe des parties A, B de X, de cardinaux $\mathfrak{a}$ et $\mathfrak{b}$, telles que les complémentaires $X - A$ et $X - B$ soient chacun réduits à un seul élément; soient u et v ces éléments. L'intersection $C = A \cap B$ a pour complémentaire dans X l'ensemble $\{u, v\}$. Si $u = v$, on a $A = B = C$, d'où $\mathfrak{a} = \mathfrak{b}$. Sinon $A = C \cup \{v\}$, $B = C \cup \{u\}$, et $\mathfrak{a} = 1 + \mathrm{Card}(C) = \mathfrak{b}$.

On se gardera de croire que $\mathfrak{a} + \mathfrak{m} = \mathfrak{b} + \mathfrak{m}$ entraîne $\mathfrak{a} = \mathfrak{b}$ pour tout cardinal $\mathfrak{m}$ (cf. III, p. 48); *nous verrons cependant qu'il en est bien ainsi lorsque $\mathfrak{m}$ est *fini* (III, p. 37, cor. 4 et p. 49, cor. 4).*

5. Exponentiation des cardinaux

Définition 4. — *Soient* $\mathfrak{a}$ *et* $\mathfrak{b}$ *des cardinaux; le cardinal de l'ensemble des applications de* $\mathfrak{b}$ *dans* $\mathfrak{a}$ *se note* $\mathfrak{a}^{\mathfrak{b}}$, *par abus de notation.*

L'abus provient de ce que cette notation désigne déjà l'ensemble des graphes fonctionnels d'applications de $\mathfrak{b}$ dans $\mathfrak{a}$ (II, p. 31) et que ce dernier ensemble n'est pas nécessairement un cardinal (III, p. 80, exerc. 2). Le contexte indiquera toujours clairement le sens qu'il faut donner à $\mathfrak{a}^{\mathfrak{b}}$.

Proposition 9. — *Soient* X *et* Y *deux ensembles,* $\mathfrak{a}$ *et* $\mathfrak{b}$ *leurs cardinaux; l'ensemble* X^Y *a pour cardinal* $\mathfrak{a}^{\mathfrak{b}}$.

En effet, il existe une bijection de X^Y sur l'ensemble des applications de $\mathfrak{b}$ dans $\mathfrak{a}$ (II, p. 31, corollaire).

Proposition 10. — *Soient* $\mathfrak{a}$ *et* $\mathfrak{b}$ *des cardinaux, et* I *un ensemble tel que* $\mathrm{Card}(I) = \mathfrak{b}$; *si* $\mathfrak{a}_\iota = \mathfrak{a}$ *pour tout* $\iota \in I$, *on a* $\mathfrak{a}^{\mathfrak{b}} = \prod_{\iota \in I} \mathfrak{a}_\iota$.

Cela résulte de la définition du produit d'une famille d'ensembles comme ensemble de graphes fonctionnels (II, p. 32).

Corollaire 1. — *Soient* $\mathfrak{a}$ *un cardinal et* $(\mathfrak{b}_\iota)_{\iota \in I}$ *une famille de cardinaux. On a*

$$\mathfrak{a}^{\sum_{\iota \in I} \mathfrak{b}_\iota} = \prod_{\iota \in I} \mathfrak{a}^{\mathfrak{b}_\iota}.$$

En effet, soit S l'ensemble somme des $\mathfrak{b}_\iota$, et posons $\mathfrak{a}_s = \mathfrak{a}$ pour tout $s \in S$. Les deux membres de l'égalité à démontrer sont alors égaux à $\prod_{s \in S} \mathfrak{a}_s$, en vertu de la prop. 10 et de la formule d'associativité du produit (III, p. 26, prop. 5 *b*)).

COROLLAIRE 2. — *Soient* $(\mathfrak{a}_\iota)_{\iota\in I}$ *une famille de cardinaux, et* $\mathfrak{b}$ *un cardinal; on a*

$$\Big(\prod_{\iota\in I} \mathfrak{a}_\iota\Big)^{\mathfrak{b}} = \prod_{\iota\in I} \mathfrak{a}_\iota^{\mathfrak{b}}.$$

En effet, posons $\mathfrak{a}_{\iota\beta} = \mathfrak{a}_\iota$ pour tout couple $(\iota, \beta) \in I \times \mathfrak{b}$. On a alors, en vertu de l'associativité du produit

$$\Big(\prod_{\iota\in I} \mathfrak{a}_\iota\Big)^{\mathfrak{b}} = \prod_{\beta\in\mathfrak{b}}\Big(\prod_{\iota\in I} \mathfrak{a}_{\iota\beta}\Big) = \prod_{\iota\in I}\Big(\prod_{\beta\in\mathfrak{b}} \mathfrak{a}_{\iota\beta}\Big) = \prod_{\iota\in I} \mathfrak{a}_\iota^{\mathfrak{b}}.$$

COROLLAIRE 3. — *Soient* $\mathfrak{a}$, $\mathfrak{b}$, $\mathfrak{c}$ *des cardinaux; on a* $\mathfrak{a}^{\mathfrak{bc}} = (\mathfrak{a}^{\mathfrak{b}})^{\mathfrak{c}}$.

En effet, posons $\mathfrak{b}_\gamma = \mathfrak{b}$ pour tout $\gamma \in \mathfrak{c}$. On a

$$\mathfrak{a}^{\mathfrak{bc}} = \mathfrak{a}^{\sum_{\gamma\in\mathfrak{c}} \mathfrak{b}_\gamma} = \prod_{\gamma\in\mathfrak{c}} \mathfrak{a}^{\mathfrak{b}_\gamma} = (\mathfrak{a}^{\mathfrak{b}})^{\mathfrak{c}},$$

en vertu du cor. 1.

PROPOSITION 11. — *Soit* $\mathfrak{a}$ *un cardinal. On a* $\mathfrak{a}^0 = 1$, $\mathfrak{a}^1 = \mathfrak{a}$, $1^{\mathfrak{a}} = 1$; *si* $\mathfrak{a} \neq 0$, *on a* $0^{\mathfrak{a}} = 0$.

En effet, il existe une application et une seule de $\varnothing$ dans un ensemble quelconque (l'application de graphe vide); l'ensemble des applications d'un ensemble à un seul élément dans un ensemble quelconque X est équipotent à X (II, p. 32); il existe une application et une seule d'un ensemble quelconque dans un ensemble à un élément; enfin, il n'existe aucune application d'un ensemble non vide dans $\varnothing$.

On notera en particulier que l'on a $0^0 = 1$.

PROPOSITION 12. — *Soient* X *un ensemble et* $\mathfrak{a}$ *son cardinal; le cardinal de l'ensemble* $\mathfrak{P}(X)$ *des parties de* X *est* $2^{\mathfrak{a}}$.

Soient α et β les éléments du cardinal 2; pour toute partie Y de X, soit f_Y l'application de X dans 2, définie par $f_Y(x) = \alpha$ pour $x \in Y$ et $f_Y(x) = \beta$ pour $x \in X - Y$; soit u l'application $Y \mapsto f_Y$ de $\mathfrak{P}(X)$ dans 2^X. Inversement, à toute application g de X dans 2, faisons correspondre la partie $\overset{-1}{g}(\alpha)$ de X, et soit v l'application $g \mapsto \overset{-1}{g}(\alpha)$ de 2^X dans $\mathfrak{P}(X)$. Il est clair que les applications $u \circ v$ et $v \circ u$ sont les applications identiques de 2^X et de $\mathfrak{P}(X)$. Donc u et v sont des bijections (II, p. 18, corollaire), ce qui montre que Card $(\mathfrak{P}(X)) = 2^{\mathfrak{a}}$.

6. Relation d'ordre et opérations entre cardinaux

PROPOSITION 13. — *Soient* $\mathfrak{a}$ *et* $\mathfrak{b}$ *des cardinaux; pour que l'on ait* $\mathfrak{a} \geqslant \mathfrak{b}$, *il faut et il suffit qu'il existe un cardinal* $\mathfrak{c}$ *tel que* $\mathfrak{a} = \mathfrak{b} + \mathfrak{c}$.

En effet, la relation $\mathfrak{a} \geqslant \mathfrak{b}$ signifie qu'il existe une partie B de $\mathfrak{a}$ équipotente à $\mathfrak{b}$ (III, p. 24), c'est-à-dire que $\mathfrak{a}$ est équipotent à l'ensemble somme de $\mathfrak{b}$ et d'un ensemble C.

Si $\mathfrak{a} \geqslant \mathfrak{b}$, il existe en général plusieurs cardinaux $\mathfrak{c}$ tels que $\mathfrak{a} = \mathfrak{b} + \mathfrak{c}$ (cf. III, p. 30); on ne peut donc en général définir une « différence » $\mathfrak{a} - \mathfrak{b}$ de deux tels cardinaux (cf. III, p. 37).

Proposition 14. — *Soient $(\mathfrak{a}_\iota)_{\iota \in I}$ et $(\mathfrak{b}_\iota)_{\iota \in I}$ deux familles de cardinaux ayant même ensemble d'indices* I, *et telles que $\mathfrak{a}_\iota \geqslant \mathfrak{b}_\iota$ pour tout $\iota \in I$; on a alors*

$$\sum_{\iota \in I} \mathfrak{a}_\iota \geqslant \sum_{\iota \in I} \mathfrak{b}_\iota \quad et \quad \prod_{\iota \in I} \mathfrak{a}_\iota \geqslant \prod_{\iota \in I} \mathfrak{b}_\iota.$$

La seconde inégalité résulte des relations d'inclusion entre produits d'ensembles (II, p. 34, cor. 3). D'autre part, si un ensemble E est réunion d'une famille $(A_\iota)_{\iota \in I}$ de parties mutuellement disjointes et si $B_\iota \subset A_\iota$ pour tout ι, les B_ι sont mutuellement disjointes et $\bigcup_\iota B_\iota \subset \bigcup_\iota A_\iota$ (II, p. 24), d'où la première inégalité.

Corollaire 1. — *Soit $(\mathfrak{a}_\iota)_{\iota \in I}$ une famille de cardinaux. Pour toute partie* J *de* I, *on a* $\sum_{\iota \in J} \mathfrak{a}_\iota \leqslant \sum_{\iota \in I} \mathfrak{a}_\iota$. *Si en outre on a $\mathfrak{a}_\iota \neq 0$ pour tout $\iota \in I - J$, on a* $\prod_{\iota \in J} \mathfrak{a}_\iota \leqslant \prod_{\iota \in I} \mathfrak{a}_\iota$.

Posons $\mathfrak{b}_\iota = \mathfrak{a}_\iota$ pour $\iota \in J$, et $\mathfrak{b}_\iota = 0$ (resp. $\mathfrak{b}_\iota = 1$) pour $\iota \in I - J$. Il suffit d'appliquer la prop. 14, en remarquant que la relation $\mathfrak{a} \neq 0$ entraîne $\mathfrak{a} \geqslant 1$.

Corollaire 2. — *Si $\mathfrak{a}$, $\mathfrak{a}'$, $\mathfrak{b}$, $\mathfrak{b}'$ sont des cardinaux tels que $\mathfrak{a} \leqslant \mathfrak{a}'$, $\mathfrak{b} \leqslant \mathfrak{b}'$ et $\mathfrak{a}' > 0$, on a $\mathfrak{a}^{\mathfrak{b}} \leqslant \mathfrak{a}'^{\mathfrak{b}'}$.*

On a en effet $\mathfrak{a}^{\mathfrak{b}} \leqslant \mathfrak{a}'^{\mathfrak{b}}$ d'après les prop. 10 (III, p. 28) et 14, et $\mathfrak{a}'^{\mathfrak{b}} \leqslant \mathfrak{a}'^{\mathfrak{b}'}$ d'après la prop. 10 et le cor. 1 de la prop. 14.

Théorème 2 (Cantor). — *Pour tout cardinal $\mathfrak{a}$, on a $2^{\mathfrak{a}} > \mathfrak{a}$.*

En effet, on a $\text{Card}(\mathfrak{P}(\mathfrak{a})) = 2^{\mathfrak{a}}$ (III, p. 29, prop. 12). L'application $x \mapsto \{x\}$ $(x \in \mathfrak{a})$ est une injection de $\mathfrak{a}$ dans $\mathfrak{P}(\mathfrak{a})$; d'où $\mathfrak{a} \leqslant 2^{\mathfrak{a}}$. Il suffit de montrer que $\mathfrak{a} \neq 2^{\mathfrak{a}}$, c'est-à-dire que, pour toute application f de $\mathfrak{a}$ dans $\mathfrak{P}(\mathfrak{a})$, l'image $f(\mathfrak{a})$ est distincte de $\mathfrak{P}(\mathfrak{a})$. Or, soit X l'ensemble des $x \in \mathfrak{a}$ tels que $x \notin f(x)$; si $x \in X$, on a $x \notin f(x)$, d'où $f(x) \neq X$; si $x \in \mathfrak{a} - X$, on a $x \in f(x)$ et $x \notin X$, donc $f(x) \neq X$. Ceci démontre que $X \notin f(\mathfrak{a})$, d'où le théorème.

Corollaire. — *Il n'existe pas d'ensemble dont tout cardinal soit élément.*

Si U était un tel ensemble, il existerait un ensemble S, somme de la famille d'ensembles $(X)_{X \in U}$, et tout cardinal serait équipotent à une partie de S. En particulier, soit $\mathfrak{s} = \text{Card}(S)$; comme $2^{\mathfrak{s}}$ est un cardinal, on aurait $2^{\mathfrak{s}} \leqslant \mathfrak{s}$, ce qui est absurde.

§ 4. ENTIERS NATURELS. ENSEMBLES FINIS

1. Définition des entiers

Définition 1. — *On dit qu'un cardinal $\mathfrak{a}$ est fini si $\mathfrak{a} \neq \mathfrak{a} + 1$; un cardinal fini s'appelle aussi un entier naturel* (ou simplement un *entier* si aucune confusion n'est à craindre.)[1] *On dit qu'un ensemble* E *est fini si* Card (E) *est un cardinal fini ; on dit alors que* Card (E) *est le nombre d'éléments de* E.

On dit qu'une famille (II, p. 14) est *finie* si son ensemble d'indices est fini.

Quand nous dirons que le nombre des objets d'un certain type est un entier m, nous entendrons que ces objets sont les éléments d'un ensemble fini dont le nombre d'éléments est m. Un ensemble dont le nombre d'éléments est m est encore appelé un *ensemble à m éléments*.

Proposition 1. — *Pour qu'un cardinal* $\mathfrak{a}$ *soit fini, il faut et il suffit que* $\mathfrak{a} + 1$ *soit fini.*

On sait en effet que les relations $\mathfrak{a} = \mathfrak{b}$ et $\mathfrak{a} + 1 = \mathfrak{b} + 1$ entre cardinaux $\mathfrak{a}$ et $\mathfrak{b}$ sont équivalentes (III, p. 28, prop. 8); les relations $\mathfrak{a} \neq \mathfrak{a} + 1$ et $\mathfrak{a} + 1 \neq (\mathfrak{a} + 1) + 1$ sont donc équivalentes.

Il est clair que $0 \neq 1$; donc 0 est un entier; on en déduit que 1 et 2 sont des entiers. Les cardinaux $2 + 1$ et $(2 + 1) + 1$ sont des entiers, que l'on note 3 et 4.

2. Inégalités entre entiers

Proposition 2. — *Soit* n *un entier. Tout cardinal* $\mathfrak{a}$ *tel que* $\mathfrak{a} \leqslant n$ *est un entier. Si* $n \neq 0$, *il existe un entier* m *et un seul tel que* $n = m + 1$, *et la relation* $a < n$ *est équivalente à* $a \leqslant m$.

Si $\mathfrak{a} \leqslant n$, il existe un cardinal $\mathfrak{b}$ tel que $n = \mathfrak{a} + \mathfrak{b}$ (III, p. 29, prop. 13). Alors $(\mathfrak{a} + 1) + \mathfrak{b} = (\mathfrak{a} + \mathfrak{b}) + 1 = n + 1$ (III, p. 27, cor. de la prop. 5), et comme $n \neq n + 1$, on a $(\mathfrak{a} + 1) + \mathfrak{b} \neq \mathfrak{a} + \mathfrak{b}$; par suite $\mathfrak{a} + 1 \neq \mathfrak{a}$, ce qui signifie que $\mathfrak{a}$ est un entier. Si $n \neq 0$, on a $n \geqslant 1$ (III, p. 25), donc il existe un cardinal m et un seul tel que $n = m + 1$ (III, p. 29, prop. 13 et p. 28, prop. 8); comme $m \leqslant n$, m est un entier un vertu de ce qui précède. Enfin, si un entier a est tel que $a < n$, on a $n = a + b$, avec $b \neq 0$ (III, p. 29, prop. 13); comme b est entier, on a $b = c + 1$ et $n = m + 1 = (a + c) + 1$. On en conclut que $m = a + c$ (III, p. 28, prop. 8), d'où $a \leqslant m$ (III, p. 29, prop. 13). Inversement, si $a \leqslant m$, on a aussi $a \leqslant m + 1 = n$, et si on avait $a = n = m + 1$, on aurait $a > m$, contrairement à l'hypothèse.

Corollaire 1. — *Toute partie d'un ensemble fini est finie.*

Corollaire 2. — *Si* X *est une partie d'un ensemble fini* E, *distincte de* E, *on a* Card (X) < Card (E).

En effet, X est contenu dans le complémentaire X′ d'une partie de E réduite à un seul élément; on a Card (X) $\leqslant$ Card (X′), et Card (E) = Card (X′) + 1, donc (prop. 2) Card (X′) < Card (E) et *a fortiori* Card (X) < Card (E).

La déf. 1 montre inversement que, si E est un ensemble tel que Card (X) < Card (E) pour toute partie X $\neq$ E de E, E est fini.

[1] La notion d'« entier » sera plus tard généralisée en Algèbre, où l'on définira les *entiers rationnels* (A, I, § 2, n° 5) et les *entiers algébriques* (AC, V, § 1, n° 1).

Corollaire 3. — *Si f est une application d'un ensemble fini* E *dans un ensemble* F, f(E) *est une partie finie de* F.

En effet, Card (f(E)) $\leqslant$ Card (E) (III, p. 25, prop. 3).

Corollaire 4. — *Soient* E *et* F *deux ensembles finis ayant le même nombre d'éléments, et f une application de* E *dans* F. *Les propriétés suivantes sont équivalentes :*

a) *f est une injection ;*

b) *f est une surjection ;*

c) *f est une bijection.*

Il suffit de prouver que *a*) et *b*) sont équivalentes. Si f est injective, on a Card (f(E)) = Card (E) = Card (F), d'où f(E) = F (cor. 2). Si f n'est pas injective, soient x, x' deux éléments de E tels que $x \neq x'$ et $f(x) = f(x')$. Alors, en posant E' = E — $\{x\}$, on a f(E') = f(E), d'où

$$\text{Card}\,(f(\mathrm{E})) \leqslant \text{Card}\,(\mathrm{E}') < \text{Card}\,(\mathrm{E})$$

en vertu du cor. 2 ; mais comme Card (F) = Card (E), on a nécessairement $f(\mathrm{E}) \neq \mathrm{F}$.

3. Le principe de récurrence

C61 (principe de récurrence). *Soit* R$\{n\}$ *une relation dans une théorie* $\mathscr{T}$ (*n n'étant pas une constante de* $\mathscr{T}$). *On suppose que la relation*

$$\mathrm{R}\{0\} \text{ et } (\forall n)((n \text{ est un entier et } \mathrm{R}\{n\}) \Rightarrow \mathrm{R}\{n+1\})$$

soit un théorème de $\mathscr{T}$. *Dans ces conditions, la relation*

$$(\forall n)((n \text{ est un entier}) \Rightarrow \mathrm{R}\{n\})$$

est un théorème de $\mathscr{T}$.

Raisonnons par l'absurde et supposons que la relation

$$(\exists n)(n \text{ est un entier et } (\text{non } \mathrm{R}\{n\}))$$

soit vraie. Soit q un entier tel que « non R$\{q\}$ » (méthode de la constante auxiliaire ; cf. I, p. 28 et p. 32). Les entiers n tels que « $n \leqslant q$ et (non R$\{n\}$) » forment un ensemble non vide bien ordonné (III, p. 25, *Remarque*) qui aurait donc un plus petit élément s. Si $s = 0$, on aurait « non R$\{0\}$ », ce qui est contraire à l'hypothèse. Si $s > 0$, on aurait $s = s' + 1$, où s' est un entier tel que $s' < s$ (III, p. 31, prop. 2). Par définition de s, on aurait donc R$\{s'\}$, mais alors l'hypothèse entraînerait que R$\{s\}$ est vraie, ce qui contredit la définition de s.

Pour appliquer le principe de récurrence, il faut en particulier démontrer la relation

$$(n \text{ est un entier et } \mathrm{R}\{n\}) \Rightarrow \mathrm{R}\{n+1\}.$$

Pour ce faire, on utilise souvent la méthode de l'hypothèse auxiliaire (I, p. 27) et c'est pourquoi la relation « n est un entier et R$\{n\}$ » (ou même R$\{n\}$) est appelée l'*hypothèse de récurrence*.

Remarque. — On utilise souvent, sous le nom de « principe de récurrence » divers critères qui se déduisent aisément de C61, et dont nous allons indiquer les plus importants :

1) Soit S{n} la relation

$$(\forall p)((n \text{ est un entier et } p \text{ est un entier et } p < n) \Rightarrow R\{p\})$$

et supposons que S{n} *entraîne* R{n}. Alors, la relation

$$(\forall n)((n \text{ est un entier}) \Rightarrow R\{n\})$$

est vraie. En effet, la relation S{0} est vraie, et par hypothèse S{n} entraîne R{n}; comme la relation $m < n + 1$ est équivalente à $m \leqslant n$ (III, p. 31, prop. 2), la relation S{$n + 1$} est équivalente à « S{n} et R{n} »; par suite, S{n} entraîne S{$n + 1$}. Le critère C61 prouve alors que la relation

$$(\forall n)((n \text{ est un entier}) \Rightarrow S\{n\})$$

est vraie, et comme S{n} entraîne R{n}, la relation

$$(\forall n)((n \text{ est un entier}) \Rightarrow R\{n\})$$

est vraie.

2) Soient k un entier, R{n} une relation telle que la relation

$$R\{k\} \text{ et } (\forall n)((n \text{ est un entier} \geqslant k \text{ et } R\{n\}) \Rightarrow R\{n + 1\})$$

sont vraie. Alors, la relation

$$(\forall n)((n \text{ est un entier} \geqslant k) \Rightarrow R\{n\})$$

est vraie (« *récurrence à partir de k* »). En effet, soit S{n} la relation « $(n \geqslant k) \Rightarrow R\{n\}$ »; alors, en utilisant la méthode de disjonction des cas, on voit que la relation S{0} est vraie; d'autre part, on vérifie aisément que la relation

$$(n \text{ est un entier et } S\{n\}) \Rightarrow S\{n + 1\}$$

est vraie. On conclut de C61 que la relation

$$(n \text{ est un entier}) \Rightarrow S\{n\}$$

est vraie, d'où notre assertion.

3) Soient a, b deux entiers tels que $a \leqslant b$, et soit R{n} une relation telle que l'on ait

$$R\{a\} \text{ et } (\forall n)((n \text{ est un entier et } a \leqslant n < b \text{ et } R\{n\}) \Rightarrow R\{n + 1\}).$$

Alors la relation

$$(\forall n)((n \text{ est un entier et } a \leqslant n \leqslant b) \Rightarrow R\{n\})$$

est vraie. On procède comme dans le cas précédent, en prenant pour S{n} la relation « $(a \leqslant n < b) \Rightarrow R\{n\}$ » (« *récurrence limitée à un intervalle* »).

4) Soient a, b deux entiers tels que $a \leqslant b$, et soit R{n} une relation telle que l'on ait

$$R\{b\} \text{ et } (\forall n)((n \text{ est un entier et } a \leqslant n < b \text{ et } R\{n + 1\}) \Rightarrow R\{n\}).$$

Alors, la relation

$$(\forall n)((n \text{ est un entier et } a \leqslant n \leqslant b) \Rightarrow \mathrm{R}\{n\})$$

est vraie. On a en effet la relation

$$(n \text{ est un entier et } a \leqslant n < b \text{ et } (\text{non } \mathrm{R}\{n\})) \Rightarrow (\text{non } \mathrm{R}\{n+1\}).$$

Si, pour un n tel que $a \leqslant n \leqslant b$, on avait (non $\mathrm{R}\{n\}$), on déduirait de 3) que l'on aurait (non $\mathrm{R}\{b\}$) contrairement à l'hypothèse; d'où le critère (« *récurrence descendante* »).

4. Parties finies d'ensembles ordonnés

PROPOSITION 3. — *Soit* E *un ensemble préordonné filtrant à droite* (resp. *un ensemble ordonné réticulé*, resp. *un ensemble totalement ordonné*). *Toute partie finie non vide de* E *est majorée* (resp. *admet une borne supérieure et une borne inférieure*, resp. *admet un plus grand et un plus petit élément*).

Démontrons la proposition par récurrence sur le nombre n d'éléments de la partie considérée. Le résultat est trivial pour $n = 1$. Soit X une partie à $n + 1$ éléments de E (avec $n \geqslant 1$), et posons $X = Y \cup \{x\}$, où Y a n éléments, donc n'est pas vide. L'hypothèse de récurrence implique qu'il existe un majorant (resp. une borne supérieure, resp. un plus grand élément) y de Y. Puisque E est filtrant à droite (resp. réticulé, resp. totalement ordonné), $\{x, y\}$ possède un majorant (resp. une borne supérieure, resp. un plus grand élément), qui est évidemment un majorant (resp. une borne supérieure, resp. un plus grand élément) de X.

COROLLAIRE 1. — *Tout ensemble fini totalement ordonné est bien ordonné et admet un plus grand élément.*

COROLLAIRE 2. — *Tout ensemble ordonné fini admet un élément maximal.*

En effet, un tel ensemble est inductif en vertu du cor. 1 (cf. III, p. 20, th. 2).

5. Propriétés de caractère fini

DÉFINITION 2. — *Soit* E *un ensemble. On dit qu'un ensemble* $\mathfrak{S}$ *de parties de* E *est de caractère fini si la relation* $X \in \mathfrak{S}$ *est équivalente à la relation « toute partie finie de* X *appartient à* $\mathfrak{S}$ *».*

On dit qu'une propriété $\mathrm{P}\{X\}$ d'une partie X d'un ensemble E est *de caractère fini* si l'ensemble des parties X de E pour lesquelles $\mathrm{P}\{X\}$ est vraie est de caractère fini.

Exemples. — 1) L'ensemble des parties totalement ordonnées d'un ensemble ordonné E est de caractère fini : en effet, pour qu'une partie X de E soit totalement ordonnée, il faut et il suffit que toute partie à deux éléments de X le soit.

2) * L'ensemble des parties libres d'un module est de caractère fini (A, II,

§ 1, n° 11). Il en est de même de l'ensemble des parties algébriquement libres d'une extension d'un corps commutatif (A, V, § 5).

3) L'ensemble des sous-modules d'un module E n'est pas de caractère fini, car une partie finie d'un sous-module de E n'est pas nécessairement un sous-module de E.*

Théorème 1. — *Tout ensemble* $\mathfrak{S}$ *de parties d'un ensemble* E, *de caractère fini, admet un élément maximal* (*quand on l'ordonne par inclusion*).

En vertu du th. 2 de III, p. 20, il suffit de prouver que $\mathfrak{S}$ est inductif; pour cela, nous montrerons que, pour toute partie $\mathfrak{G}$ de $\mathfrak{S}$, totalement ordonnée par inclusion, la réunion X des ensembles de $\mathfrak{G}$ appartient à $\mathfrak{S}$ (III, p. 21, cor. 2). Comme $\mathfrak{S}$ est de caractère fini, il suffit d'établir que toute partie finie Y de X appartient à $\mathfrak{S}$. Or, pour tout $y \in Y$, il existe un ensemble $Z_y \in \mathfrak{G}$ tel que $y \in Z_y$; comme l'ensemble des Z_y ($y \in Y$) est fini et totalement ordonné par inclusion, il admet un plus grand élément S (III, p. 34, cor. 1); autrement dit, il existe un ensemble $S \in \mathfrak{G}$ tel que $Y \subset S$. Mais comme $S \in \mathfrak{S}$ et que Y est une partie finie de S, on a $Y \in \mathfrak{S}$, puisque $\mathfrak{S}$ est de caractère fini, et ceci achève la démonstration.

§ 5. CALCUL SUR LES ENTIERS

1. Opérations sur les entiers et les ensembles finis

Proposition 1. — *Soit* $(a_\iota)_{\iota \in I}$ *une famille finie d'entiers. Les cardinaux* $\sum_{\iota \in I} a_\iota$ *et* $\prod_{\iota \in I} a_\iota$ *sont alors des entiers.*

Montrons d'abord que, si a et b sont des entiers, $a + b$ est un entier. Procédons par récurrence sur b. La proposition est vraie pour $b = 0$, car $a + 0 = a$. Si $a + b$ est entier, il en est de même de $(a + b) + 1$ (III, p. 31, prop. 1); mais $(a + b) + 1 = a + (b + 1)$ (III, p. 27, corollaire), donc $a + (b + 1)$ est entier, et par suite $a + b$ est un entier pour tout entier b.

Montrons maintenant, par récurrence sur $n = \operatorname{Card}(I)$, que $\sum_{\iota \in I} a_\iota$ est un entier. C'est évident si $n = 0$, car alors $I = \varnothing$ et $\sum_{\iota \in I} a_\iota = 0$. Si $\operatorname{Card}(I) = n + 1$, on a $I = J \cup \{k\}$, avec $\operatorname{Card}(J) = n$ et $k \notin J$; alors $\sum_{\iota \in I} a_\iota = a_k + \sum_{\iota \in J} a_\iota$ (III, p. 26, prop. 5). L'hypothèse de récurrence est que $\sum_{\iota \in J} a_\iota$ est un entier; il en est donc de même de $a_k + \sum_{\iota \in J} a_\iota$, d'après ce qui vient d'être démontré. Cela prouve que $\sum_{\iota \in I} a_\iota$ est entier pour tout n.

Comme le produit ab de deux entiers a et b est la somme d'une famille finie d'entiers égaux à a (III, p. 27, cor. 2), ab est un entier. Montrons, par récurrence sur $n = \operatorname{Card}(I)$, que $\prod_{\iota \in I} a_\iota$ est un entier. C'est vrai pour $n = 0$, car alors $\prod_{\iota \in I} a_\iota = 1$.

D'autre part, si Card (I) $= n + 1$, on a (avec les mêmes notations que ci-dessus), $\prod_{i \in I} a_i = a_k . \prod_{i \in J} a_i$ (III, p. 26, prop. 5), donc l'hypothèse de récurrence entraîne que $\prod_{i \in I} a_i$ est un entier. Par suite, $\prod_{i \in I} a_i$ est un entier pour tout n.

Corollaire 1. — *La réunion* E *d'une famille finie* $(X_i)_{i \in I}$ *d'ensembles finis est un ensemble fini.*

En effet, l'ensemble somme S de la famille (X_i) est fini. Comme il existe une application de S sur E (II, p. 30), l'ensemble E est fini (III, p. 32, cor. 3).

Corollaire 2. — *Le produit d'une famille finie d'ensembles finis est un ensemble fini.*

Corollaire 3. — *Si a et b sont des entiers, a^b est un entier.*

En effet, a^b est le produit d'une famille finie d'entiers égaux à a (III, p. 28, prop. 10).

Corollaire 4. — *L'ensemble des parties d'un ensemble fini* E *est fini.*

En effet, son cardinal est $2^{\mathrm{Card}(E)}$ (III, p. 29, prop. 12).

2. Inégalités strictes entre entiers

Proposition 2. — *Soient a et b deux entiers; pour que $a < b$, il faut et il suffit qu'il existe un entier $c > 0$ tel que $b = a + c$.*

En effet, si $a < b$, on sait qu'il existe un cardinal $c \leqslant b$ (qui est donc un entier (III, p. 31, prop. 2)) tel que $b = a + c$ (III, p. 29, prop. 13); si $a \neq b$, on a nécessairement $c \neq 0$. Inversement, si $b = a + c$ et $c \neq 0$, on a $c \geqslant 1$, donc $a < a + 1 \leqslant a + c = b$.

Proposition 3. — *Soient $(a_i)_{i \in I}$ et $(b_i)_{i \in I}$ deux familles finies d'entiers telles que $a_i \leqslant b_i$ pour tout $i \in$ I et $a_i < b_i$ pour un indice i au moins. On a alors $\sum_{i \in I} a_i < \sum_{i \in I} b_i$. Si on suppose de plus $b_i > 0$ pour tout $i \in$ I, on a $\prod_{i \in I} a_i < \prod_{i \in I} b_i$.*

Soit j un indice tel que $a_j < b_j$, et posons $J = I - \{j\}$. On a $b_j = a_j + c_j$ avec $c_j > 0$ (prop. 2), donc (III, p. 30, prop. 14)

$$\sum_{i \in I} b_i = a_j + c_j + \sum_{i \in J} b_i \geqslant c_j + a_j + \sum_{i \in J} a_i = c_j + \sum_{i \in I} a_i$$

et comme $c_j > 0$, on en déduit la première assertion (prop. 2). De même

$$\prod_{i \in I} b_i = (a_j + c_j) \prod_{i \in J} b_i = a_j . \prod_{i \in J} b_i + c_j . \prod_{i \in J} b_i \geqslant \prod_{i \in I} a_i + c_j . \prod_{i \in J} b_i;$$

or, comme c_j et tous les b_i sont $\neq 0$, le produit $c_j . \prod_{i \in J} b_i$ est $\neq 0$ (III, p. 28, prop. 7); la seconde assertion en résulte, compte tenu de la prop. 2.

Corollaire 1. — *Soient a, a' et b des entiers tels que $a < a'$ et $b > 0$; alors $a^b < a'^b$.*

Il suffit d'exprimer a^b et a'^b comme produits de familles finies d'entiers (III, p. 28, prop. 10) et d'appliquer la prop. 3, en remarquant que la relation $a < a'$ implique $a' > 0$.

Corollaire 2. — *Soient a, b et b' des entiers tels que $a > 1$ et $b < b'$; on a alors $a^b < a^{b'}$.*

En effet, il existe un entier $c > 0$ tel que $b' = b + c$ (prop. 2); comme $c \geqslant 1$, on a $a^c \geqslant a > 1$; d'où $a^{b'} = a^b a^c > a^b$.

Corollaire 3. — *Soient a, b, b' des entiers* (resp. *des entiers tels que $a > 0$*). *Pour que l'on ait $a + b = a + b'$* (resp. $ab = ab'$), *il faut et il suffit que l'on ait $b = b'$.*

En effet, si $b \neq b'$, on a par exemple $b < b'$, et la prop. 3 montre que $a + b < a + b'$ et $ab < ab'$ (si $a > 0$).

Corollaire 4. — *Si a et b sont des entiers tels que $a \leqslant b$, il existe un entier c et un seul tel que $b = a + c$.*

L'existence de c résulte de la prop. 13 de III, p. 29, et son unicité du cor. 3 ci-dessus.

L'entier c tel que $b = a + c$ (pour $a \leqslant b$) s'appelle la *différence* des entiers b et a, et se note $b - a$. On vérifie aussitôt que, si a, b, a', b' sont des entiers tels que $a \leqslant b$ et $a' \leqslant b'$, on a

$$(b - a) + (b' - a') = (b + b') - (a + a').$$

3. Intervalles dans les ensembles d'entiers

Tout ensemble d'entiers, étant un ensemble de cardinaux, est bien ordonné (III, p. 24, th. 1); en outre, pour tout entier a, la relation « x est un cardinal et $x \leqslant a$ » est collectivisante (III, p. 25, *Remarque*), et l'ensemble des x vérifiant cette relation est un ensemble d'entiers (III, p. 31, prop. 2) que l'on peut donc noter $[0, a]$.

Proposition 4. — *Soient a et b des entiers; l'application $x \mapsto a + x$ est un isomorphisme strictement croissant de l'intervalle $[0, b]$ sur l'intervalle $[a, a + b]$, et $y \mapsto y - a$ est l'isomorphisme réciproque.*

Il est clair que les relations $0 \leqslant x \leqslant b$ entraînent

$$a \leqslant a + x \leqslant a + b;$$

l'application $x \mapsto a + x$ est strictement croissante (donc injective) en raison de la prop. 3 de III, p. 36. Enfin, les relations $a \leqslant y \leqslant a + b$ entraînent $y = a + x$ avec $x \geqslant 0$ et $a + x \leqslant a + b$, d'où $x \leqslant b$ (III, p. 36, prop. 3), ce qui achève la démonstration.

PROPOSITION 5. — *Si a et b sont des entiers tels que $a \leqslant b$, l'intervalle $[a, b]$ est un ensemble fini dont le nombre d'éléments est $(b - a) + 1$.*

En vertu de la prop. 4, on peut se limiter au cas où $a = 0$. Démontrons la proposition par récurrence sur b. Elle est évidente pour $b = 0$. D'autre part, la relation $0 \leqslant x \leqslant b + 1$ équivaut à « $0 \leqslant x < b + 1$ ou $x = b + 1$ » et la relation $0 \leqslant x < b + 1$ équivaut à $0 \leqslant x \leqslant b$ (III, p. 31, prop. 2); autrement dit, l'intervalle $[0, b + 1]$ est réunion de $[0, b]$ et de $\{b + 1\}$, et ces deux ensembles ne se rencontrent pas; en vertu de l'hypothèse de récurrence, le nombre d'éléments de $[0, b + 1]$ est égal à $(b + 1) + 1$, ce qui établit la proposition.

PROPOSITION 6. — *Pour tout ensemble fini* E, *totalement ordonné, ayant n éléments ($n \geqslant 1$), il existe un isomorphisme et un seul de* E *sur l'intervalle $[1, n]$.*

Comme E et $[1, n]$ sont bien ordonnés (III, p. 34, cor. 1), et ont même nombre d'éléments (prop. 5), la proposition résulte de III, p. 21, th. 3 et p. 31, cor. 2.

4. Suites finies

On appelle *suite finie* (resp. *suite finie d'éléments d'un ensemble* E) une famille (resp. une famille d'éléments de E) dont l'ensemble d'indices est un ensemble fini I d'entiers; le nombre d'éléments de I s'appelle alors la *longueur* de la suite.

Soit $(t_i)_{i \in I}$ une suite finie de longueur n. En vertu de la prop. 6, il existe un isomorphisme f et un seul de l'intervalle $[1, n]$ sur l'ensemble d'entiers I. Pour tout $k \in [1, n]$, on dit que $t_{f(k)}$ est le *k-ème terme de la suite*; $t_{f(1)}$ (resp. $t_{f(n)}$) s'appelle le *premier* (resp. *dernier*) terme de la suite.

Soit $P\{i\}$ une relation telle que les i pour lesquels on a $P\{i\}$ forment un ensemble fini I d'entiers; une suite finie $(t_i)_{i \in I}$ se note alors souvent $(t_i)_{P\{i\}}$. Par exemple, lorsque $I = [a, b]$, on emploie souvent la notation $(t_i)_{a \leqslant i \leqslant b}$. Dans les mêmes conditions, pour désigner, par exemple, le produit d'une famille d'ensembles $(X_i)_{i \in I}$, on utilise les notations $\prod_{P\{i\}} X_i$ et $\prod_{i=a}^{b} X_i$; notations analogues pour la réunion, l'intersection, le produit cardinal, la somme cardinale, *les lois de composition en Algèbre (A, I, § 1)$_*$, etc.

5. Fonctions caractéristiques d'ensembles

Soient E un ensemble, A une partie de E. On appelle *fonction caractéristique* de la partie A de E l'application φ_A de E dans l'ensemble $\{0, 1\}$ définie par les conditions:

$$\varphi_A(x) = 1 \quad \text{pour} \quad x \in A; \qquad \varphi_A(x) = 0 \quad \text{pour} \quad x \in E - A.$$

Il est immédiat que la relation $\varphi_A = \varphi_B$ équivaut à $A = B$; on a $\varphi_E(x) = 1$

pour tout $x \in \mathrm{E}$, $\varphi_{\varnothing}(x) = 0$ pour tout $x \in \mathrm{E}$ et ce sont les seules fonctions caractéristiques constantes dans E. En outre, la proposition suivante découle aussitôt des définitions:

PROPOSITION 7. — *Pour tout couple de parties* A, B *d'un ensemble* E, *on a*

(1) $$\varphi_{\mathrm{E}-\mathrm{A}}(x) = 1 - \varphi_{\mathrm{A}}(x)$$

(2) $$\varphi_{\mathrm{A}\cap\mathrm{B}}(x) = \varphi_{\mathrm{A}}(x)\varphi_{\mathrm{B}}(x)$$

(3) $$\varphi_{\mathrm{A}\cup\mathrm{B}}(x) + \varphi_{\mathrm{A}\cap\mathrm{B}}(x) = \varphi_{\mathrm{A}}(x) + \varphi_{\mathrm{B}}(x)$$

pour tout $x \in \mathrm{E}$.

6. Division euclidienne

THÉORÈME 1. — *Soient a et b des entiers tels que $b > 0$; il existe des entiers q et r tels que $a = bq + r$ et $r < b$, et les entiers q et r sont déterminés de façon unique par ces conditions.*

Les conditions imposées sont équivalentes à $bq \leqslant a < b(q + 1)$ et $r = a - bq$ (III, p. 36, prop. 2). Tout revient donc à trouver q tel que $bq \leqslant a < b(q + 1)$; autrement dit, q doit être le plus petit entier tel que $a < b(q + 1)$, ce qui montre que q et $r = a - bq$ sont déterminés de façon unique. Pour montrer leur existence, remarquons qu'il existe des entiers p tels que $a < bp$, ne serait-ce que $a + 1$, puisque $b > 0$. Soit m le plus petit de ces entiers; on a $m \neq 0$, et on peut donc écrire $m = q + 1$ avec $q \leqslant m$ (III, p. 31, prop. 2); il en résulte que $bq \leqslant a < b(q + 1)$.

DÉFINITION 1. — *Les notations étant celles du th.* 1, *on dit que r est le reste de la division de a par b. Si $r = 0$, on dit que a est multiple de b, ou que a est divisible par b, ou que b est un diviseur de a, ou que b divise a; le nombre q s'appelle alors le quotient de a par b et se note $\frac{a}{b}$ ou a/b.*

Lorsque a n'est pas multiple de b, le nombre q s'appelle la *partie entière du quotient de a par b* (cf. TG, IV, § 8).

Dans ce chapitre, le seul fait d'écrire a/b ou $\frac{a}{b}$ impliquera que b divise a.

Les relations $a = bq$ et $q = a/b$ sont équivalentes (si $b > 0$). Tout multiple a' d'un multiple a de b est multiple de b, et l'on a $a'/b = (a'/a)(a/b)$ si $a \neq 0$. D'autre part, si c et d sont des multiples de b, $c + d$, et $c - d$ (lorsque $d \leqslant c$) sont des multiples de b, et l'on a

$$\frac{c+d}{b} = \frac{c}{b} + \frac{d}{b} \quad \text{et} \quad \frac{c-d}{b} = \frac{c}{b} - \frac{d}{b}.$$

Les entiers multiples de 2 sont dits *pairs*, les autres *impairs*; ces derniers sont de la forme $2n + 1$, d'après le th. 1.

7. Développement de base *b*

PROPOSITION 8. — *Soit b un entier > 1. Pour tout entier $k > 0$, soit E_k le produit lexicographique* (III, p. 22) *de la famille $(J_h)_{0 \leqslant h \leqslant k-1}$ d'intervalles tous identiques à $[0, b-1]$. Pour tout $r = (r_0, r_1, \ldots, r_{k-1}) \in E_k$, soit $f_k(r) = \sum_{h=0}^{k-1} r_h b^{k-h-1}$; l'application f_k est un isomorphisme de l'ensemble ordonné E_k sur l'intervalle $[0, b^k - 1]$.*

Nous démontrerons la proposition par récurrence sur k; elle découle aussitôt des définitions pour $k = 1$. Pour tout $r = (r_0, \ldots, r_{k-1}, r_k) \in E_{k+1}$, posons $\varphi(r) = (r_0, \ldots, r_{k-1}) \in E_k$; l'application $r \mapsto (\varphi(r), r_k)$ est un isomorphisme de E_{k+1} sur le produit lexicographique de E_k et de $J = [0, b-1]$, comme il résulte des définitions. On peut écrire $f_{k+1}(r) = b.f_k(\varphi(r)) + r_k$; montrons que la relation $r < r'$ dans E_{k+1} entraîne $f_{k+1}(r) < f_{k+1}(r')$. En effet, on a alors, ou bien $\varphi(r) < \varphi(r')$, ou bien $\varphi(r) = \varphi(r')$ et $r_k < r'_k$. Dans le premier cas, l'hypothèse de récurrence entraîne que $f_k(\varphi(r)) < f_k(\varphi(r'))$, donc (III, p. 31, prop. 2) $f_k(\varphi(r')) \geqslant f_k(\varphi(r)) + 1$; par suite $f_{k+1}(r') \geqslant b.f_k(\varphi(r)) + b > f_{k+1}(r)$, puisque $r_k \leqslant b - 1$ (III, p. 36, prop. 3). Si au contraire $\varphi(r) = \varphi(r')$ et $r_k < r'_k$, il est immédiat que $f_{k+1}(r) < f_{k+1}(r')$. D'autre part, l'hypothèse de récurrence montre que $f_k(\varphi(r)) \leqslant b^k - 1$, d'où $f_{k+1}(r) \leqslant b(b^k - 1) + b - 1 = b^{k+1} - 1$. On en conclut que f_{k+1} est un isomorphisme de E_{k+1} sur une partie de l'intervalle $[0, b^{k+1} - 1]$; mais comme cet intervalle et E_{k+1} ont le même nombre d'éléments b^{k+1} (III, p. 38, prop. 5), f_{k+1} est une bijection (III, p. 32, cor. 4), ce qui achève la démonstration.

Remarquons maintenant que, pour tout entier a, on a $a < b^a$: il suffit de raisonner par récurrence sur a, la proposition étant évidente pour $a = 0$, et l'hypothèse $a < b^a$ entraînant $a + 1 \leqslant b^a < b.b^a = b^{a+1}$ (III, p. 36, prop. 3 et p. 31, prop. 2). Il existe donc un plus petit entier k tel que $a < b^k$, et la prop. 8 prouve alors qu'il existe une suite finie et une seule $(r_h)_{0 \leqslant h \leqslant k-1}$ telle que $0 \leqslant r_h \leqslant b - 1$ pour $0 \leqslant h \leqslant k - 1$ et $a = \sum_{h=0}^{k-1} r_h b^{k-h-1}$; en outre, on a nécessairement $r_0 > 0$, sans quoi on déduirait de la prop. 8 que $a < b^{k-1}$. On dit que $\sum_{h=0}^{k-1} r_h b^{k-h-1}$ est le *développement de base b* du nombre entier a.

* Dans toutes les parties des mathématiques où on n'a pas en vue le calcul numérique, la prop. 8 sera surtout utile lorsqu'elle sera appliquée à un entier b *premier*. *

Lorsque l'entier b est assez petit pour que cela soit praticable, on peut représenter chaque entier $< b$ par un symbole distinctif appelé *chiffre*, les chiffres représentant 0 et 1 étant en général 0 et 1. Soient a un entier et $\sum_{h=0}^{k-1} r_h b^{k-h-1}$ son développement de base b; si l'entier k figurant dans ce développement est assez petit pour que ce soit practicable, on convient d'associer à l'entier a la succession de symboles obtenue en écrivant de gauche à droite $r_0 r_1 \ldots r_{k-2} r_{k-1}$ et en remplaçant chaque entier r_i par le chiffre qui le représente; le symbole ainsi obtenu est appelé le *symbole numérique* associé à a. On remplace alors souvent a par son symbole numérique dans les termes ou relations où il figure.

Par exemple, si C, Q, F, D sont des chiffres, les symboles numériques CQ, CQF, CQFD sont respectivement associés à $\mathrm{C}b + \mathrm{Q}$, $\mathrm{C}b^2 + \mathrm{Q}b + \mathrm{F}$, $\mathrm{C}b^3 + \mathrm{Q}b^2 + \mathrm{F}b + \mathrm{D}$.

Il résulte de la prop. 8 que le symbole numérique associé à un entier a est unique, et que, si $a < b^k$, il contient k chiffres au plus. On notera que le symbole numérique associé à l'entier b^k est formé du chiffre 1 suivi de k chiffres 0.

Ce système de représentation des entiers par des symboles numériques s'appelle le *système de numération de base* b. Dans la pratique du Calcul numérique, on utilise les systèmes suivants: a) le système de base 2 ou *système dyadique*, où les chiffres sont 0 et 1; b) le *système décimal*, dans lequel les chiffres sont $0, 1, 2, 3, 4, 5 = 4 + 1, 6 = 5 + 1, 7 = 6 + 1, 8 = 7 + 1, 9 = 8 + 1$, et où b est l'entier $9 + 1$ (dont le symbole numérique est donc 10 dans ce système).

Depuis le Moyen Age, le système décimal est traditionnellement utilisé dans le Calcul numérique, et c'est celui dont nous nous servirons lorsque nous aurons à écrire un entier explicité dans la suite de cet ouvrage. Nous renvoyons à la partie de ce Traité consacrée au Calcul numérique pour l'exposé des méthodes qui permettent d'obtenir les symboles numériques associés à la somme, la différence, le produit ou la partie entière du quotient de deux entiers donnés par leurs symboles numériques.

8. Analyse combinatoire

PROPOSITION 9 (principe des bergers). — *Soient* E *et* F *deux ensembles*, $\mathfrak{a}$ *et* $\mathfrak{b}$ *leurs cardinaux*, f *une surjection de* E *sur* F *telle que les ensembles* $\overset{-1}{f}(y)$, *pour* $y \in \mathrm{F}$, *aient tous même cardinal* $\mathfrak{c}$; *on a alors* $\mathfrak{a} = \mathfrak{b}\mathfrak{c}$.

En effet, la famille $(\overset{-1}{f}(y))_{y \in \mathrm{F}}$ est une partition de E, dont chaque élément est un ensemble de cardinal $\mathfrak{c}$; d'où la proposition (III, p. 27, cor. 2).

DÉFINITION 2. — *Soit* n *un entier; on note* $n!$ (qui se lit « factorielle n ») *le produit* $\prod_{i<n} (i + 1)$.

On a $0! = 1$ (II, p. 32) et $1! = 1$; il est clair que, pour tout entier n, $(n + 1)! = n!(n + 1)$. Cette dernière relation, jointe à la relation $0! = 1$, caractérise le terme $n!$, comme on le voit par récurrence sur n.

PROPOSITION 10. — *Soient* m *et* n *des entiers tels que* $m \leqslant n$. *Alors* $n!/(n - m)!$ *est le nombre des applications injectives d'un ensemble* A *à* m *éléments dans un ensemble* B *à* n *éléments.*

Procédons par récurrence sur le nombre $m \leqslant n$ d'éléments de A. La proposition est évidente pour $m = 0$. Supposons que $m + 1 \leqslant n$, et soient A un ensemble à $m + 1$ éléments, A′ une partie de A ayant m éléments, et $\{a\} = A - A'$. Soient F et F′ les ensembles d'applications injectives de A et A′ respectivement dans B, et soit φ l'application $f \mapsto f \mid \mathrm{A}'$ qui, à toute fonction $f \in \mathrm{F}$, fait correspondre sa restriction à A′. Pour toute fonction $f' \in \mathrm{F}'$, un élément f de $\overset{-1}{\varphi}(f')$ est déterminé de façon unique par sa valeur $f(a)$; comme f est injective, on doit avoir

$f(a) \in \mathrm{B} - f'(\mathrm{A}')$. Il en résulte $\overset{-1}{\varphi}(f')$ a même nombre d'éléments $n - m$ que $\mathrm{B} - f'(\mathrm{A}')$; le principe des bergers montre alors que F possède

$$(n-m)\,\frac{n!}{(n-m)!} = \frac{n!}{(n-m-1)!}$$

éléments, en vertu de l'hypothèse de récurrence, et cela démontre la proposition.

Corollaire. — *Le nombre de permutations d'un ensemble fini à n éléments est égal à $n!$.*

En effet, ce nombre est égal au nombre des injections de l'ensemble dans lui-même (III, p. 32, cor. 4).

Proposition 11. — *Soient* E *un ensemble fini à n éléments, et $(p_i)_{1 \leqslant i \leqslant h}$ une suite finie d'entiers telle que $\sum_{i=1}^{h} p_i = n$. Alors le nombre des recouvrements $(\mathrm{X}_i)_{1 \leqslant i \leqslant h}$ de* E *par des ensembles mutuellement disjoints tels que* Card $(\mathrm{X}_i) = p_i$ *pour $1 \leqslant i \leqslant h$, est égal à $n!/\prod_{i=1}^{h} p_i!$.*

Soient G l'ensemble des permutations de E, P l'ensemble des recouvrements $(\mathrm{X}_i)_{1 \leqslant i \leqslant h}$ satisfaisant aux conditions de l'énoncé. Comme $\sum_{i=1}^{h} p_i = n$, P n'est pas vide. Soit $(\mathrm{A}_i)_{1 \leqslant i \leqslant h}$ un élément de P. Pour toute permutation $f \in \mathrm{G}$, la famille $(f(\mathrm{A}_i))_{1 \leqslant i \leqslant h}$ appartient encore à P; désignons-la par $\varphi(f)$. Pour tout élément $(\mathrm{X}_i)_{1 \leqslant i \leqslant h}$ de P, cherchons le nombre d'éléments $f \in \mathrm{G}$ tels que $\varphi(f) = (\mathrm{X}_i)$. Pour qu'il en soit ainsi, il faut et il suffit que, pour tout indice i, on ait $f(\mathrm{A}_i) = \mathrm{X}_i$; donc l'ensemble des permutations f considérées est équipotent au produit des ensembles de bijections de A_i sur X_i (II, p. 29, prop. 8); par conséquent l'ensemble $\overset{-1}{\varphi}((\mathrm{X}_i)_{1 \leqslant i \leqslant h})$ a $\prod_{i=1}^{h} p_i!$ éléments (cor. de la prop. 10). Comme G a $n!$ éléments, il suffit d'appliquer le principe des bergers pour obtenir la prop. 11.

Corollaire 1. — *Soient* A *un ensemble à n éléments, et p un entier $\leqslant n$. Le nombre des parties à p éléments de* A *est $\dfrac{n!}{p!(n-p)!}$.*

Il suffit d'appliquer la prop. 11 au cas où $h = 2$, $p_1 = p$, $p_2 = n - p$.

Le nombre des parties à p éléments d'un ensemble à n éléments (si $p \leqslant n$) se note $\dbinom{n}{p}$ et s'appelle (pour des raisons qui apparaîtront en A, I, § 8, n° 2) le *coefficient binomial d'indices n et p*. De la relation $\dbinom{n}{p} = \dfrac{n!}{p!(n-p)!}$ résulte aussitôt que l'on a $\dbinom{n}{p} = \dbinom{n}{n-p}$.

Ceci résulte aussi du fait que, si E est un ensemble à n éléments, $X \mapsto E - X$ est une bijection de l'ensemble des parties à p éléments de E sur l'ensemble des parties à $n - p$ éléments de E.

On pose $\binom{n}{p} = 0$ pour tout couple d'entiers naturels tels que $p > n$. Avec cette convention, le nombre des parties à p éléments d'un ensemble à n éléments est $\binom{n}{p}$ pour *tout* entier naturel p.

Corollaire 2. — *Soient* E *et* F *des ensembles finis totalement ordonnés ayant respectivement p et n éléments. Le nombre des applications strictement croissantes de* E *dans* F *est alors* $\binom{n}{p}$.

En effet, une telle application est une injection de E dans F et, comme E et F sont bien ordonnés (III, p. 34, cor. 1), pour toute partie X à p éléments de F, il existe une application strictement croissante de E sur X et une seule (III, p. 21, th. 3).

Proposition 12. — *Pout tout entier n, on a* $\sum_p \binom{n}{p} = 2^n$.

En effet, si E est un ensemble à n éléments, le premier membre est le nombre des parties de E et on applique III, p. 29, prop. 12.

Proposition 13. — *Soient n et p des entiers; on a*

$$\binom{n+1}{p+1} = \binom{n}{p+1} + \binom{n}{p}.$$

Soient E un ensemble à $n + 1$ éléments, P l'ensemble des parties à $p + 1$ éléments de E, a un élément de E, et $E' = E - \{a\}$. Notons P′ (resp. P″) l'ensemble des parties à $p + 1$ éléments de E qui contiennent a (resp. qui ne contiennent pas a). L'ensemble P″ est l'ensemble des parties à $p + 1$ éléments de E′, et a donc $\binom{n}{p+1}$ éléments. L'application $X \mapsto X \cap E'$ est une bijection de P′ sur l'ensemble des parties à p éléments de E′; P′ a donc $\binom{n}{p}$ éléments. La proposition résulte de ce que P est réunion des ensembles disjoints P′ et P″.

On peut démontrer la prop. 13 par un calcul facile utilisant la formule $\binom{n}{p} = \dfrac{n!}{p!(n-p)!}$ pour $p \leqslant n$.

Proposition 14. — *Soit n un entier* >0; *le nombre* a_n (resp. b_n) *des couples* (i, j) *d'entiers tels que* $1 \leqslant i \leqslant j \leqslant n$ (resp. $1 \leqslant i < j \leqslant n$) *est* $\dfrac{n(n+1)}{2}$ $\left(\text{resp. } \dfrac{n(n-1)}{2}\right)$.

En effet, b_n est le nombre des parties à 2 éléments de $[1, n]$; donc $b_n = \frac{n!}{2!(n-2)!} = \frac{n(n-1)}{2}$. On en déduit a_n en remarquant que l'ensemble des couples (i, j) tels que $1 \leqslant i \leqslant j \leqslant n$ est la réunion de l'ensemble des couples (i, j) tels que $1 \leqslant i < j \leqslant n$ et de l'ensemble des couples (i, i) où $1 \leqslant i \leqslant n$; d'où $a_n = n + b_n = \frac{n(n+1)}{2}$.

COROLLAIRE. — *Pour tout entier $n > 0$, on a* $\sum_{i=1}^{n} i = \frac{n(n+1)}{2}$.

Dans l'ensemble A des couples d'entiers (i, j) tels que $1 \leqslant i \leqslant j \leqslant n$, notons A_k l'ensemble des couples (i, k), où $1 \leqslant i \leqslant k$ (pour un entier quelconque $k \leqslant n$); le nombre d'éléments de A_k est k; d'autre part $(A_k)_{1 \leqslant k \leqslant n}$ est une partition de A, d'où le corollaire.

PROPOSITION 15. — *Soient n et h des entiers, et E un ensemble à h éléments. Le nombre des applications u de E dans $[0, n]$ telles que $\sum_{x \in E} u(x) \leqslant n$ (resp. $\sum_{x \in E} u(x) = n$ pour $h > 0$) est $\binom{n+h}{n}$ (resp. $\binom{n+h-1}{h-1}$).*

Soit $A(h, n)$ (resp. $B(h, n)$) le nombre des applications u de E dans $[0, n]$ telles que $\sum_{x \in E} u(x) \leqslant n$ (resp. $\sum_{x \in E} u(x) = n$ pour $h > 0$). Montrons d'abord que $A(h-1, n) = B(h, n)$; en effet, soit E' une partie de E à $h - 1$ éléments, et soit $\{a\} = E - E'$; si u est une application de E dans $[0, n]$ telle que $\sum_{x \in E} u(x) = n$, sa restriction u' à E' est telle que $\sum_{x \in E'} u'(x) \leqslant n$, et en outre $u(a) = n - \sum_{x \in E'} u'(x)$. Réciproquement, toute application u' de E' dans $[0, n]$ satisfaisant à $\sum_{x \in E'} u'(x) \leqslant n$ définit une application et une seule u de E dans $[0, n]$, dont elle est la restriction, et telle que $\sum_{x \in E} u(x) = n$.

Remarquons maintenant que si $\sum_{x \in E} u(x) \leqslant n$, on a, soit $\sum_{x \in E} u(x) = n$, soit $\sum_{x \in E} u(x) \leqslant n - 1$, les deux éventualités s'excluant mutuellement. Par suite

$$A(h, n) = A(h, n-1) + B(h, n) = A(h, n-1) + A(h-1, n).$$

Comme $A(0, 0) = 1 = \binom{0}{0}$, la formule $A(h, n) = \binom{n+h}{h}$ résulte de ce qui précède et de la prop. 13 (III, p. 43), par récurrence sur $n + h$.

* Le nombre des monômes à h indéterminées $X_1^{\alpha_1} X_2^{\alpha_2} \ldots X_h^{\alpha_h}$ de degré total $\leqslant n$ est évidemment égal au nombre des applications $i \mapsto \alpha_i$ de $[1, h]$ dans $[0, n]$ telles que $\sum_{i=0}^{h} \alpha_i \leqslant n$; il est par suite égal à $\binom{n+h}{h}$ en vertu de la prop. 15; ce nombre est aussi celui des monômes à $h + 1$ indéterminées de degré total n (cf. A, IV, § 1).*

§ 6. ENSEMBLES INFINIS

1. L'ensemble des entiers naturels

DÉFINITION 1. — *On dit qu'un ensemble est infini s'il n'est pas fini.*

En particulier, un cardinal est infini s'il n'est pas un entier.

Remarquons que la relation « il existe un ensemble infini » entraîne que la relation « x est un entier » est *collectivisante* (II, p. 3); en effet, si $\mathfrak{a}$ est un cardinal infini, et n un entier quelconque, on ne peut avoir $\mathfrak{a} \leqslant n$ (III, p. 31, prop. 2); on a donc $n < \mathfrak{a}$ pour tout entier n, ce qui prouve que l'ensemble des entiers $< \mathfrak{a}$ (III, p. 25, *Remarque*) contient tous les entiers. Inversement, si la relation « x est un entier » est collectivisante, l'ensemble des entiers E est un ensemble *infini*: en effet, pour tout entier n, l'intervalle $[0, n]$ est une partie à $n + 1$ éléments de E (III, p. 38, prop. 5), donc Card (E) $\geqslant n + 1 > n$; mais dire que Card (E) $\neq n$ pour tout entier n signifie que E est infini.

Introduisons l'axiome suivant:

A4 (« axiome de l'infini »). *Il existe un ensemble infini.*

On ne sait pas déduire cet axiome des axiomes et schémas d'axiomes introduits jusqu'ici, et, bien que la question ne soit pas définitivement tranchée, il est à présumer qu'il en est indépendant.

Les remarques qui précèdent prouvent alors le théorème suivant:

THÉORÈME 1. — *La relation « x est un entier » est collectivisante.*

Nous désignerons par $\mathbf{N}$ l'ensemble des entiers (dit aussi « ensemble des entiers naturels » lorsqu'on veut éviter les confusions). Le cardinal de $\mathbf{N}$ se note aussi $\aleph_0$. Quand on considère $\mathbf{N}$ comme ensemble ordonné, il s'agit toujours de l'ordre (dit *usuel*) défini dans III, p. 24, sauf mention expresse du contraire.

DÉFINITION 2. — *On appelle suite* (resp. *suite d'éléments d'un ensemble* E) *une famille* (resp. *une famille d'éléments de* E) *dont l'ensemble d'indices est une partie de* $\mathbf{N}$; *la suite est dite infinie si son ensemble d'indices est une partie infinie de* $\mathbf{N}$.

Soit P$\{n\}$ une relation; notons I l'ensemble des entiers n tels que P$\{n\}$ soit vraie, qui est donc une partie de $\mathbf{N}$; une suite $(x_n)_{n \in \mathrm{I}}$ se note souvent $(x_n)_{\mathrm{P}\{n\}}$; on dit que x_n est le *terme d'indice* n de la suite. Une suite dont l'ensemble d'indices est l'ensemble des entiers $n \geqslant k$ se note souvent $(x_n)_{k \leqslant n}$ ou $(x_n)_{n \geqslant k}$, ou même (x_n) lorsque $k = 0$ ou $k = 1$. Dans les mêmes conditions, pour désigner, par exemple, le produit de la suite d'ensembles $(\mathrm{X}_n)_{n \in \mathrm{I}}$, on utilise les notations $\prod_{\mathrm{P}\{n\}} \mathrm{X}_n$ et $\prod_{n=k}^{\infty} \mathrm{X}_n$; notations analogues pour la réunion, l'intersection, la somme cardinale et le produit cardinal.

Toute sous-famille d'une suite est une suite, qu'on dit *extraite* de la suite considérée.

On dit que deux suites $(x_n)_{n \in I}$, $(y_n)_{n \in I}$ ayant même ensemble d'indices *ne diffèrent que par l'ordre des termes* s'il existe une permutation f de l'ensemble d'indices I telle que l'on ait $x_{f(n)} = y_n$ pour tout $n \in I$.

On appelle *suite multiple* une famille dont l'ensemble d'indices est une partie d'un produit $\mathbf{N}^p$ (p entier) (on dit encore « suite p-uple », « suite double » pour $p = 2$, « suite triple » pour $p = 3$, etc.).

Soient I un ensemble équipotent à **N**, f une bijection de **N** sur I. Pour toute famille $(x_\iota)_{\iota \in I}$ ayant I pour ensemble d'indices, la suite $n \mapsto x_{f(n)}$ est dite obtenue en *rangeant dans l'ordre défini par* f la famille $(x_\iota)_{\iota \in I}$. Les suites correspondant ainsi à deux bijections distinctes de **N** sur I ne diffèrent que par l'ordre des termes. Pour une famille finie ayant un ensemble d'indices I à n éléments, on définit de même une suite finie ayant pour ensemble d'indices $[1, n]$ ou $[0, n-1]$ en rangeant la famille dans l'ordre défini par une bijection de I sur l'un des intervalles précédents.

2. Définition d'applications par récurrence

L'ensemble **N** étant bien ordonné, on peut lui appliquer le critère C60 (III, p. 18), qui s'écrit ici (avec les mêmes notations):

C62. *Soient u une lettre,* $T\{u\}$ *un terme. Il existe un ensemble* U *et une application f de* **N** *sur* U *tels que, pour tout entier n, on ait $f(n) = T\{f^{(n)}\}$, en désignant par $f^{(n)}$ l'application de $[0, n[$ sur $f([0, n[)$ qui coïncide avec f dans $[0, n[$. L'ensemble* U *et l'application f sont alors déterminés de façon unique par cette condition.*

Nous allons en déduire le critère suivant:

C63. *Soient* $S\{v\}$ *et a deux termes. Il existe un ensemble* V *et une application f de* **N** *sur* V *tels que l'on ait $f(0) = a$ et, pour tout entier $n \geqslant 1$, $f(n) = S\{f(n-1)\}$. En outre, l'ensemble* V *et l'application f sont déterminés de façon unique par ces conditions.*

Pour déduire C63 de C62,[1] convenons, pour toute lettre u, de poser

$$D(u) = \mathscr{E}_x(x \in \mathbf{N} \text{ et } (\exists y)((x, y) \in \mathrm{pr}_1(\mathrm{pr}_1(u)))).$$

Lorsque u est une application d'une partie de **N** dans un ensemble, $D(u)$ n'est donc pas autre chose que l'ensemble de définition de u (II, p. 10). Soit $M(u)$ la borne supérieure de $D(u)$ dans **N**.[2] Soit φ l'application vide (ayant $\varnothing$ comme ensemble de départ et ensemble d'arrivée, autrement dit (II, p. 14) le triplet $(\varnothing, \varnothing, \varnothing)$); considérons la relation

$$(u = \varphi \text{ et } y = a) \text{ ou } (u \neq \varphi \text{ et } y = S\{u(M(u))\})$$

que nous désignerons par $R\{y, u\}$; enfin, soit $T\{u\}$ le terme $\tau_y(R\{y, u\})$. Appliquons

[1] On pourrait aussi démontrer C63 directement, par un raisonnement analogue à la démonstration de C60 (III, p. 18).

[2] La définition de la borne supérieure (III, p. 10) peut être formulée de telle sorte qu'elle garde un sens même pour un ensemble non majoré (elle désigne un terme du langage formalisé de la forme $\tau_x(R\{x\})$, que le lecteur explicitera sans peine).

le critère C62 au terme $T\{u\}$; comme $f^{(0)}$ est égal à φ, on a $T\{f^{(0)}\} = a$, donc $f(0) = a$; si au contraire $n > 0$, on a $D(f^{(n)}) = (0, n-1)$ et $M(f^{(n)}) = n - 1$, d'où $T\{f^{(n)}\} = S\{f^{(n)}(n-1)\} = S\{f(n-1)\}$.

Exemples

1) Supposons que a soit un élément d'un ensemble E et $S\{u\}$ le terme $g(u)$, où g est une application de E dans lui-même.[1] Alors, on voit aussitôt par récurrence sur n que, pour tout $n \in \mathbf{N}$, on a $f(n) \in E$; f est par suite une application de $\mathbf{N}$ dans E telle que $f(0) = a$ et $f(n+1) = g(f(n))$ pour tout entier n.

De même, soit h une application de $\mathbf{N} \times E$ dans E, et soit ψ l'application de $\mathbf{N} \times E$ dans lui-même définie par $\psi(n, x) = (n+1, h(n, x))$. D'après ce qui précède, il existe une application $g = (\theta, f)$ de $\mathbf{N}$ dans $\mathbf{N} \times E$ et une seule telle que $g(0) = (0, a)$ et $g(n+1) = \psi(g(n))$ pour tout n; on en conclut l'existence et l'unicité d'une application f de $\mathbf{N}$ dans E telle que $f(0) = a$ et $f(n+1) = h(n, f(n))$ pour tout entier n.

2) Soient X un ensemble, E l'ensemble des applications de X dans lui-même; soient e l'application identique de X dans lui-même, et f un élément quelconque de E. Prenons pour $S\{u\}$ le terme $f \circ u$.[2] On voit, par application de C63, qu'il existe une application de $\mathbf{N}$ dans E et une seule, notée $n \mapsto f^n$, telle que $f^0 = e$ et $f^{n+1} = f \circ f^n$. On dit que f^n est la *n-ème itérée* de l'application f.

3) Si on prend pour $S\{u\}$ le terme $\mathfrak{P}(u)$, et pour a un ensemble E, on voit de même qu'il existe une application, notée $n \mapsto \mathfrak{P}^n(E)$ de $\mathbf{N}$ dans un ensemble V(E), telle que $\mathfrak{P}^0(E) = E$, $\mathfrak{P}^1(E) = \mathfrak{P}(E)$ et $\mathfrak{P}^{n+1}(E) = \mathfrak{P}(\mathfrak{P}^n(E))$ pour tout entier n.

Remarque. — Soient E un ensemble, A une partie de E, g une application de A dans E, a un élément de A. Prenons pour $S\{u\}$ le terme $g(u)$. On peut appliquer le critère C63, qui prouve l'existence d'une application f de $\mathbf{N}$ sur un ensemble V, telle que $f(0) = a$ et $f(n+1) = g(f(n))$ pour tout entier n. Il peut se faire que $V \subset A$; sinon, soit p le plus grand entier tel que $f((0, p)) \subset A$; on a alors $f(p+1) = g(p) \notin A$ et $g(g(p))$ est un terme dont on ne peut plus rien dire. Aussi considère-t-on dans ce cas que f est définie seulement dans l'intervalle $(0, p+1)$ (« récurrence limitée »).

3. Calcul sur les cardinaux infinis

THÉORÈME 2. — *Pour tout cardinal infini* $\mathfrak{a}$, *on a* $\mathfrak{a}^2 = \mathfrak{a}$.

Nous utiliserons deux lemmes.

Lemme 1. — *Tout ensemble infini* E *contient un ensemble équipotent à* $\mathbf{N}$.

Il existe sur E une relation de bon ordre (III, p. 20, th. 1) que nous noterons $x \leqslant y$. L'hypothèse entraîne que l'ensemble bien ordonné E ne peut être isomorphe à un segment de $\mathbf{N}$ distinct de $\mathbf{N}$, car un tel segment est de la forme

[1] Si $g = (G, E, E)$, le terme $g(u)$ est le terme désigné par
$$\tau_y((u, y) \in G).$$

[2] Il s'agit ici du terme désigné par (T, X, X), T étant le terme désigné par
$$\{z \mid z \text{ est un couple et } (\exists y)((\mathrm{pr}_1 z, y) \in \mathrm{pr}_1(\mathrm{pr}_1(u)) \text{ et } (y, \mathrm{pr}_2 z) \in \mathrm{pr}_1(\mathrm{pr}_1(f)))\}.$$

$[0, n]$ (III, p. 16, prop. 1), donc est fini (III, p. 38, prop. 5). Il en résulte que $\mathbf{N}$ est isomorphe à un segment de E (III, p. 21, th. 3), d'où le lemme.

Lemme 2. — *L'ensemble* $\mathbf{N} \times \mathbf{N}$ *est équipotent à* $\mathbf{N}$.

Comme $\mathbf{N} \times \mathbf{N}$ contient l'ensemble $\{0\} \times \mathbf{N}$, équipotent à $\mathbf{N}$, on a $\mathrm{Card}(\mathbf{N}) \leqslant \mathrm{Card}(\mathbf{N} \times \mathbf{N})$. D'autre part, nous allons définir une injection f de $\mathbf{N} \times \mathbf{N}$ dans $\mathbf{N}$. Pour cela, remarquons qu'il existe une injection φ de $\mathbf{N}$ dans l'ensemble des applications de $\mathbf{N}$ dans $I = \{0, 1\}$, obtenue comme suit: si r est le plus petit entier tel que $n < 2^r$, et $\sum_{k=0}^{r-1} \varepsilon_k 2^{r-k-1}$ le développement dyadique de n (III, p. 41), $\varphi(n)$ est la suite $(u_m)_{m \in \mathbf{N}}$ telle que $u_m = \varepsilon_{r-m-1}$ pour $m < r$ et $u_m = 0$ pour $m \geqslant r$; la prop. 8 de III, p. 40 montre que φ est injective. Cela étant, pour tout couple $(n, n') \in \mathbf{N} \times \mathbf{N}$, nous définirons $f(n, n')$ de la façon suivant: si $\varphi(n) = (u_m)$ et $\varphi(n') = (v_m)$, $f(n, n')$ sera l'entier s tel que $\varphi(s) = (w_m)$, où $w_{2m} = u_m$ et $w_{2m+1} = v_m$ pour tout $m \in \mathbf{N}$; il est clair que la relation $f(n, n') = f(n_1, n'_1)$ entraîne $\varphi(n) = \varphi(n_1)$ et $\varphi(n') = \varphi(n'_1)$ donc $(n, n') = (n_1, n'_1)$, ce qui prouve que f est injective. On a par suite $\mathrm{Card}(\mathbf{N} \times \mathbf{N}) \leqslant \mathrm{Card}(\mathbf{N})$, ce qui achève de démontrer le lemme.

Ces lemmes étant établis, soit E un ensemble tel que $\mathrm{Card}(E) = \mathfrak{a}$. Soit D une partie de E équipotente à $\mathbf{N}$ (lemme 1); il existe une application bijective ψ_0 de D sur $D \times D$ (lemme 2). Soit $\mathfrak{M}$ l'ensemble des couples (X, ψ), où X est une partie de E contenant D, et ψ une application bijective de X sur $X \times X$ prolongeant ψ_0. Ordonnons l'ensemble $\mathfrak{M}$ par la relation

$$\text{« } X \subset X' \text{ et } \psi' \text{ est un prolongement de } \psi \text{ »}$$

entre (X, ψ) et (X', ψ'); on vérifie aussitôt que $\mathfrak{M}$ est un ensemble *inductif* (cf. III, p. 20, *Exemple* 2). Il existe donc dans $\mathfrak{M}$ un élément maximal (F, f) en vertu de III, p. 20, th. 2. Montrons que $\mathrm{Card}(F) = \mathfrak{a}$, ce qui démontrera le théorème. Dans le cas contraire, comme $\mathfrak{b} = \mathrm{Card}(F)$ est tel que $\mathfrak{b} = \mathfrak{b}^2$ et est infini, on a $\mathfrak{b} \leqslant 2\mathfrak{b} \leqslant 3\mathfrak{b} \leqslant \mathfrak{b}^2 = \mathfrak{b}$ (III, p. 30, prop. 14), donc $2\mathfrak{b} = \mathfrak{b}$ et $3\mathfrak{b} = \mathfrak{b}$. De l'hypothèse $\mathfrak{b} < \mathfrak{a}$, il résulte que $\mathrm{Card}(E - F) > \mathfrak{b}$, car dans le cas contraire, on aurait $\mathrm{Card}(E) \leqslant 2\mathfrak{b} = \mathfrak{b}$, et on a supposé $\mathfrak{b} < \mathrm{Card}(E)$. Il existe donc une partie $Y \subset E - F$ équipotente à F; posons $Z = F \cup Y$, et montrons qu'il existe une bijection g de Z sur $Z \times Z$ qui prolonge f. On a en effet

$$Z \times Z = (F \times F) \cup (F \times Y) \cup (Y \times F) \cup (Y \times Y).$$

et les quatre ensembles dont le second membre est réunion sont deux à deux disjoints; comme F et Y sont équipotents, on a

$$\mathrm{Card}(F \times Y) = \mathrm{Card}(Y \times F) = \mathrm{Card}(Y \times Y) = \mathfrak{b}^2 = \mathfrak{b},$$

d'où

$$\mathrm{Card}((F \times Y) \cup (Y \times F) \cup (Y \times Y)) = 3\mathfrak{b} = \mathfrak{b}.$$

Il y a donc une application bijective f_1 de Y sur l'ensemble

$$(F \times Y) \cup (Y \times F) \cup (Y \times Y);$$

l'application g de Z dans $Z \times Z$ égale à f dans F et à f_1 dans Y est alors une bijection qui prolonge f, ce qui est contraire à la définition de f.

Corollaire 1. — *Si $\mathfrak{a}$ est un cardinal infini, on a $\mathfrak{a}^n = \mathfrak{a}$ pour tout entier $n \geqslant 1$.*

C'est évident par récurrence sur n.

Corollaire 2. — *Le produit d'une famille finie $(\mathfrak{a}_i)_{i \in I}$ de cardinaux non nuls, dont le plus grand est un cardinal infini $\mathfrak{a}$, est égal à $\mathfrak{a}$.*

Soit $\mathfrak{b}$ ce produit, et soit n le nombre d'éléments de I; on a $\mathfrak{b} \leqslant \mathfrak{a}^n = \mathfrak{a}$ (III, p. 30, prop. 14); d'autre part, comme $\mathfrak{a}_i \geqslant 1$ pour tout i, on a $\mathfrak{b} \geqslant \mathfrak{a}$ (III, p. 30, prop. 14).

Corollaire 3. — *Soient $\mathfrak{a}$ un cardinal infini, et $(\mathfrak{a}_\iota)_{\iota \in I}$ une famille de cardinaux $\leqslant \mathfrak{a}$ dont l'ensemble d'indices I ait un cardinal $\leqslant \mathfrak{a}$. On a alors $\sum_{\iota \in I} \mathfrak{a}_\iota \leqslant \mathfrak{a}$; en outre, si $\mathfrak{a}_\iota = \mathfrak{a}$ pour un indice ι au moins, $\sum_{\iota \in I} \mathfrak{a}_\iota = \mathfrak{a}$.*

Soit $\mathfrak{b}$ le cardinal de I; on a alors $\sum_{\iota \in I} \mathfrak{a}_\iota \leqslant \mathfrak{a}\mathfrak{b} \leqslant \mathfrak{a}^2 = \mathfrak{a}$ (III, p. 30, prop. 14) et $\sum_{\iota \in I} \mathfrak{a}_\iota \geqslant \mathfrak{a}_\kappa$ pour tout $\kappa \in I$.

Corollaire 4. — *Si $\mathfrak{a}$ et $\mathfrak{b}$ sont deux cardinaux non nuls dont l'un est infini, on a $\mathfrak{a}\mathfrak{b} = \mathfrak{a} + \mathfrak{b} = \sup(\mathfrak{a}, \mathfrak{b})$.*

Cela résulte aussitôt des cor. 2 et 3.

4. Ensembles dénombrables

Définition 3. — *On dit qu'un ensemble est dénombrable s'il est équipotent à une partie de l'ensemble* **N** *des entiers.*

Proposition 1. — *Toute partie d'un ensemble dénombrable est dénombrable. Le produit d'une famille finie d'ensembles dénombrables est dénombrable. La réunion d'une suite d'ensembles dénombrables est dénombrable.*

La première assertion est évidente. Les autres résultent des corollaires du th. 2 (III, p. 47 et 49).

On a déjà vu (III, p. 48, lemme 1) que, pour tout cardinal infini $\mathfrak{a}$, on a $\mathrm{Card}(\mathbf{N}) \leqslant \mathfrak{a}$. On en déduit les conséquences suivantes:

Proposition 2. — *Tout ensemble infini dénombrable* E *est équipotent à* **N**.

En effet, on a $\mathrm{Card}(E) \leqslant \mathrm{Card}(\mathbf{N})$ par définition, et comme E est infini, $\mathrm{Card}(\mathbf{N}) \leqslant \mathrm{Card}(E)$.

PROPOSITION 3. — *Tout ensemble infini* E *admet une partition* $(X_\iota)_{\iota \in I}$ *formée d'ensembles infinis dénombrables* X_ι, *l'ensemble d'indices* I *étant équipotent à* E.

On a en effet Card(E) = Card(E)Card(**N**) (III, p. 49, cor. 4).

PROPOSITION 4. — *Soit* f *une application d'un ensemble* E *sur un ensemble infini* F, *telle que, pour tout* $y \in F$, $\overset{-1}{f}(y)$ *soit dénombrable. Alors* F *est équipotent à* E.

En effet, les $\overset{-1}{f}(y)$ $(y \in F)$ forment une partition de E, donc

$$\mathrm{Card}(E) \leqslant \mathrm{Card}(F)\mathrm{Card}(\mathbf{N}) = \mathrm{Card}(F);$$

on sait d'autre part que Card(F) ⩽ Card(E) (III, p. 25, prop. 3).

PROPOSITION 5. — *L'ensemble* $\mathfrak{F}(E)$ *des parties finies d'un ensemble infini* E *est équipotent à* E.

Pour tout entier n, notons $\mathfrak{F}_n$ l'ensemble des parties à n éléments de E. Pour tout $X \in \mathfrak{F}_n$, il existe une bijection de $[1, n]$ sur X, donc le cardinal de $\mathfrak{F}_n$ est au plus égal à celui de l'ensemble des applications de $[1, n]$ dans E, c'est-à-dire à $\mathrm{Card}(E^n) = \mathrm{Card}(E)$ (III, p. 49, cor. 1). Donc

$$\mathrm{Card}(\mathfrak{F}(E)) = \sum_{n \in \mathbf{N}} \mathrm{Card}(\mathfrak{F}_n) \leqslant \mathrm{Card}(E)\mathrm{Card}(\mathbf{N}) = \mathrm{Card}(E).$$

D'autre part, comme $x \mapsto \{x\}$ est une application injective de E dans $\mathfrak{F}(E)$, on a $\mathrm{Card}(E) \leqslant \mathrm{Card}(\mathfrak{F}(E))$.

COROLLAIRE. — *L'ensemble* S *des suites finies d'éléments d'un ensemble infini* E *est équipotent à* E.

En effet, S est la réunion des E^I, où I parcourt l'ensemble $\mathfrak{F}(\mathbf{N})$ des parties finies de **N**. Or, pour $I \in \mathfrak{F}(\mathbf{N})$ et $I \neq \varnothing$, E^I est équipotent à E, et $\mathfrak{F}(\mathbf{N})$ est dénombrable en vertu de la prop. 5. On a donc

$$\mathrm{Card}(E) \leqslant \mathrm{Card}(S) \leqslant \mathrm{Card}(E)\mathrm{Card}(\mathbf{N}) = \mathrm{Card}(E).$$

DÉFINITION 4. — *On dit qu'un ensemble a la puissance du continu s'il est équipotent à l'ensemble des parties de* **N**.

Un ensemble qui a la puissance du continu n'est pas dénombrable (III, p. 30, th. 2).

* Le nom de « puissance du continu » provient de ce que l'ensemble des nombres réels est équipotent à $\mathfrak{P}(\mathbf{N})$ (TG, IV, § 8).* L'*hypothèse du continu* est l'assertion que tout ensemble non dénombrable contient une partie ayant la puissance du continu; l'*hypothèse du continu généralisée* est l'assertion que, pour tout cardinal infini $\mathfrak{a}$, tout cardinal $> \mathfrak{a}$ est $\geqslant 2^{\mathfrak{a}}$. Un théorème de métamathématique (Gödel–P. Cohen) affirme que ni ces assertions, ni leurs négations, ne peuvent être démontrées dans la théorie des ensembles telle qu'elle a été définie dans cet ouvrage (II, p. 1).

5. Suites stationnaires

DÉFINITION 5. — *On dit qu'une suite* $(x_n)_{n \in \mathbf{N}}$ *d'éléments d'un ensemble* E *est stationnaire s'il existe un entier* m *tel que* $x_n = x_m$ *pour tout entier* $n \geqslant m$.

PROPOSITION 6. — *Soit* E *un ensemble ordonné. Les propositions suivantes sont équivalentes :*

a) *Toute partie non vide de* E *a un élément maximal.*

b) *Toute suite croissante* (x_n) *d'éléments de* E *est stationnaire.*

Montrons d'abord que *a*) entraîne *b*) ; en effet, soit X l'ensemble des éléments de la suite (x_n), et soit x_m un élément maximal de X; pour $n \geqslant m$, on a par hypothèse $x_n \geqslant x_m$, d'où $x_n = x_m$ par définition de x_m. Réciproquement, supposons qu'il existe une partie non vide A de E n'ayant pas d'élément maximal; pour tout $x \in A$, soit T_x l'ensemble des $y \in A$ tels que $y > x$. Par hypothèse, $T_x \neq \varnothing$ pour tout $x \in A$, donc il existe une application f de A dans A telle que $f(x) > x$ pour tout $x \in A$ (II, p. 34, prop. 6); si $a \in A$, et si la suite $(x_n)_{n \in \mathbf{N}}$ est définie par récurrence par les conditions $x_0 = a$, $x_{n+1} = f(x_n)$, il est clair que cette suite est croissante et non stationnaire.

COROLLAIRE 1. — *Pour qu'un ensemble totalement ordonné* E *soit bien ordonné, il faut et il suffit que toute suite décroissante d'éléments de* E *soit stationnaire.*

En effet, dire que E est bien ordonné revient à dire que toute partie non vide de E admet un élément minimal (III, p. 13, prop. 10), et notre assertion résulte alors de la prop. 6.

COROLLAIRE 2. — *Toute suite croissante d'éléments d'un ensemble ordonné fini est stationnaire.*

En effet, tout ensemble ordonné fini admet un élément maximal (III, p. 34, cor. 2).

On dit parfois qu'un ensemble ordonné E vérifiant les conditions équivalentes de la prop. 6 est *nœthérien* (pour la relation $\leqslant$).

PROPOSITION 7 (« principe de récurrence nœthérienne »). — *Soient* E *un ensemble nœthérien,* F *une partie de* E *ayant la propriété suivante : si* $a \in E$ *est tel que la relation* $x > a$ *entraîne* $x \in F$, *alors* $a \in F$. *Dans ces conditions, on a* $F = E$.

En effet, supposons $E \neq F$; alors $E - F$ aurait un élément maximal b. Par définition, on a $x \in F$ pour tout $x > b$; mais cela entraîne $b \in F$, ce qui est absurde.

§ 7. LIMITES PROJECTIVES ET LIMITES INDUCTIVES

1. Limites projectives

Soient I un ensemble préordonné, $(E_\alpha)_{\alpha \in I}$ une famille d'ensembles ayant I pour ensemble d'indices. Pour tout couple (α, β) d'indices de I tels que $\alpha \leqslant \beta$, soit $f_{\alpha\beta}$ une *application de* E_β *dans* E_α. On suppose que les $f_{\alpha\beta}$ vérifient les conditions suivantes :

(LP_I) *Les relations* $\alpha \leqslant \beta \leqslant \gamma$ *entraînent* $f_{\alpha\gamma} = f_{\alpha\beta} \circ f_{\beta\gamma}$.

(LP_{II}) *Pour tout* $\alpha \in I$, $f_{\alpha\alpha}$ *est l'application identique de* E_α.

Soit $G = \prod_{\alpha \in I} E_\alpha$ l'ensemble *produit* de la famille d'ensembles $(E_\alpha)_{\alpha \in I}$, et désignons par E la partie de G formée des éléments x satisfaisant à *chacune* des relations

(1) $$\mathrm{pr}_\alpha x = f_{\alpha\beta}(\mathrm{pr}_\beta x)$$

pour tout couple d'indices (α, β) tel que $\alpha \leqslant \beta$. On dit que E est *la limite projective de la famille* $(E_\alpha)_{\alpha \in I}$ *pour la famille d'applications* $(f_{\alpha\beta})$, et on écrit $E = \varprojlim (E_\alpha, f_{\alpha\beta})$ ou simplement $E = \varprojlim E_\alpha$ si aucune confusion n'en résulte. Par abus de langage, on dira que le couple $((E_\alpha), (f_{\alpha\beta}))$ (que l'on notera aussi $(E_\alpha, f_{\alpha\beta})$) est un *système projectif d'ensembles*, relatif à l'ensemble d'indices I. On dit que la *restriction* f_α à E de la projection pr_α est l'*application canonique* de E dans E_α; on a la relation

(2) $$f_\alpha = f_{\alpha\beta} \circ f_\beta$$

pour $\alpha \leqslant \beta$, ce qui ne fait que traduire les relations (1) définissant E.

Exemples. — 1) Supposons que la relation de préordre dans I soit la relation d'*égalité*. Alors les seuls couples (α, β) tels que $\alpha \leqslant \beta$ sont les couples (α, α) pour $\alpha \in I$, et comme $f_{\alpha\alpha}$ est l'application identique, la relation (1) est vérifiée pour *tout* $x \in G$; autrement dit, $\varprojlim E_\alpha$ est alors le *produit* $\prod_{\alpha \in I} E_\alpha$.

2) Supposons que I soit *filtrant à droite*, que pour tout $\alpha \in I$, E_α soit égal à un même ensemble F et que pour $\alpha \leqslant \beta$, $f_{\alpha\beta}$ soit l'application identique de F sur lui-même. Alors $E = \varprojlim E_\alpha$ n'est autre que la *diagonale* Δ du produit $G = \prod_{\alpha \in I} E_\alpha = F^I$. En effet, il est clair que tout $x \in \Delta$ vérifie les relations (1). Inversement, soit x un élément de E et montrons que pour tout couple d'indices (α, β) dans I, on a $\mathrm{pr}_\alpha x = \mathrm{pr}_\beta x$. En effet, il existe par hypothèse $\gamma \in I$ tel que $\alpha \leqslant \gamma$ et $\beta \leqslant \gamma$, donc on déduit de (1) que $\mathrm{pr}_\alpha x = f_{\alpha\gamma}(\mathrm{pr}_\gamma x) = \mathrm{pr}_\gamma x$ et de même $\mathrm{pr}_\beta x = \mathrm{pr}_\gamma x$, d'où notre assertion.

On notera que $E = \varprojlim E_\alpha$ peut être *vide* même lorsque les E_α sont tous *non vides* et que chacune des applications $f_{\alpha\beta}$ est *surjective* (III, p. 94, exerc. 4; voir III, p. 57–60).

Il est clair que pour toute partie J de I, le couple formé de la sous-famille $(E_\alpha)_{\alpha \in J}$ et de la famille $(f_{\alpha\beta})$ où $\alpha \in J$, $\beta \in J$ et $\alpha \leqslant \beta$, est encore un système projectif d'ensembles, relatif à J; on dira qu'il est obtenu par *restriction* à J de l'ensemble d'indices. Notons E et E′ les limites projectives des familles $(E_\alpha)_{\alpha \in I}$ et $(E_\alpha)_{\alpha \in J}$ respectivement; pour tout $x \in E$, l'élément

(3) $$g(x) = (f_\alpha(x))_{\alpha \in J}$$

appartient à E′ en vertu de (2); l'application $g\colon E \to E'$ ainsi définie est dite *canonique*. Si J′ est une partie de J, E″ la limite projective de la famille $(E_\alpha)_{\alpha \in J'}$, $g'\colon E' \to E''$ et $g''\colon E \to E''$ les applications canoniques, on a, par définition,

(4) $$g'' = g' \circ g.$$

2. Systèmes projectifs d'applications

PROPOSITION 1. — *Soient* I *un ensemble préordonné,* $(E_\alpha, f_{\alpha\beta})$ *un système projectif d'ensembles relatif à* I, $E = \varprojlim E_\alpha$ *sa limite projective, et pour tout* $\alpha \in I$, *soit* $f_\alpha\colon E \to E_\alpha$

l'application canonique. Pour tout $\alpha \in \mathrm{I}$, *soit* u_α *une application d'un ensemble* F *dans* E_α *telle que l'on ait*

$$f_{\alpha\beta} \circ u_\beta = u_\alpha \qquad \textit{pour } \alpha \leqslant \beta. \tag{5}$$

Dans ces conditions:

1° *Il existe une application et une seule* u *de* F *dans* E *telle que*

$$u_\alpha = f_\alpha \circ u \qquad \textit{pour tout } \alpha \in \mathrm{I}. \tag{6}$$

2° *Pour que* u *soit injective, il faut et il suffit que pour tout couple d'éléments distincts* y, z *de* F, *il existe* $\alpha \in \mathrm{I}$ *tel que* $u_\alpha(y) \neq u_\alpha(z)$.

En effet, la relation $u_\alpha = f_\alpha \circ u$ signifie que pour tout $y \in \mathrm{F}$, on a $\mathrm{pr}_\alpha(u(y)) = u_\alpha(y)$; l'élément $u(y) \in \prod_{\alpha \in \mathrm{I}} \mathrm{E}_\alpha$ est déterminé de façon unique par $u(y) = (u_\alpha(y))_{\alpha \in \mathrm{I}}$. Reste à voir que $u(y) \in \mathrm{E}$ pour tout $y \in \mathrm{F}$, autrement dit que l'on a

$$\mathrm{pr}_\alpha(u(y)) = f_{\alpha\beta}(\mathrm{pr}_\beta(u(y)))$$

pour $\alpha \leqslant \beta$; mais cela s'écrit $u_\alpha(y) = f_{\alpha\beta}(u_\beta(y))$ et résulte donc de (5). La seconde partie de la proposition découle aussitôt des définitions.

Corollaire 1. — *Soient* $(\mathrm{E}_\alpha, f_{\alpha\beta})$ *et* $(\mathrm{F}_\alpha, g_{\alpha\beta})$ *deux systèmes projectifs d'ensembles relatifs à un même ensemble d'indices* I; *soient* $\mathrm{E} = \varprojlim \mathrm{E}_\alpha$, $\mathrm{F} = \varprojlim \mathrm{F}_\alpha$, *et pour tout* $\alpha \in \mathrm{I}$, *soit* f_α (resp. g_α) *l'application canonique de* E *dans* E_α (resp. *de* F *dans* F_α). *Pour tout* $\alpha \in \mathrm{I}$, *soit* u_α *une application de* E_α *dans* F_α *telle que, pour* $\alpha \leqslant \beta$, *le diagramme*

$$\begin{array}{ccc} \mathrm{E}_\beta & \xrightarrow{u_\beta} & \mathrm{F}_\beta \\ {\scriptstyle f_{\alpha\beta}}\downarrow & & \downarrow{\scriptstyle g_{\alpha\beta}} \\ \mathrm{E}_\alpha & \xrightarrow[u_\alpha]{} & \mathrm{F}_\alpha \end{array}$$

soit commutatif.[1] *Il existe alors une application* $u\colon \mathrm{E} \to \mathrm{F}$ *et une seule telle que, pour tout* $\alpha \in \mathrm{I}$, *le diagramme*

$$\begin{array}{ccc} \mathrm{E} & \xrightarrow{u} & \mathrm{F} \\ {\scriptstyle f_\alpha}\downarrow & & \downarrow{\scriptstyle g_\alpha} \\ \mathrm{E}_\alpha & \xrightarrow[u_\alpha]{} & \mathrm{F}_\alpha \end{array}$$

soit commutatif.

Posons $v_\alpha = u_\alpha \circ f_\alpha$. Pour $\alpha \leqslant \beta$, on a, d'après (2)

$$g_{\alpha\beta} \circ v_\beta = g_{\alpha\beta} \circ u_\beta \circ f_\beta = u_\alpha \circ f_{\alpha\beta} \circ f_\beta = u_\alpha \circ f_\alpha = v_\alpha$$

et on peut donc appliquer la prop. 1 aux v_α; d'où l'existence et l'unicité d'une application $u\colon \mathrm{E} \to \mathrm{F}$ telle que

$$g_\alpha \circ u = v_\alpha = u_\alpha \circ f_\alpha$$

pour tout $\alpha \in \mathrm{I}$.

[1] Cela signifie que l'on a $u_\alpha \circ f_{\alpha\beta} = g_{\alpha\beta} \circ u_\beta$.

On dit qu'une famille d'applications $u_\alpha\colon E_\alpha \to F_\alpha$ satisfaisant aux conditions du cor. 1 est un *système projectif d'applications* de $(E_\alpha, f_{\alpha\beta})$ dans $(F_\alpha, g_{\alpha\beta})$; l'application u définie dans le cor. 1 est appelée la *limite projective* de la famille (u_α) et se note $u = \varprojlim u_\alpha$ lorsque aucune confusion n'est à craindre.

COROLLAIRE 2. — *Soient* $(E_\alpha, f_{\alpha\beta})$, $(F_\alpha, g_{\alpha\beta})$, $(G_\alpha, h_{\alpha\beta})$ *trois systèmes projectifs d'ensembles relatifs à* I ; *soient* $E = \varprojlim E_\alpha$, $F = \varprojlim F_\alpha$, $G = \varprojlim G_\alpha$, *et soit* f_α (resp. g_α, h_α) *l'application canonique de* E (resp. F, G) *dans* E_α (resp. F_α, G_α). *Si* (u_α) *et* (v_α) *sont deux systèmes projectifs d'applications,* $u_\alpha\colon E_\alpha \to F_\alpha$, $v_\alpha\colon F_\alpha \to G_\alpha$, *alors les* $v_\alpha \circ u_\alpha\colon E_\alpha \to G_\alpha$ *forment un système projectif d'applications, et l'on a*

$$\varprojlim (v_\alpha \circ u_\alpha) = (\varprojlim v_\alpha) \circ (\varprojlim u_\alpha). \tag{7}$$

En effet, si on pose $w_\alpha = v_\alpha \circ u_\alpha$, on a, pour $\alpha \leqslant \beta$

$$w_\alpha \circ f_{\alpha\beta} = v_\alpha \circ (u_\alpha \circ f_{\alpha\beta}) = v_\alpha \circ (g_{\alpha\beta} \circ u_\beta) = (h_{\alpha\beta} \circ v_\beta) \circ u_\beta = h_{\alpha\beta} \circ w_\beta$$

ce qui montre que (w_α) est un système projectif d'applications. En outre, si on pose $u = \varprojlim u_\alpha$, $v = \varprojlim v_\alpha$, on a, pour tout $\alpha \in I$

$$h_\alpha \circ (v \circ u) = (v_\alpha \circ g_\alpha) \circ u = (v_\alpha \circ u_\alpha) \circ f_\alpha$$

et en raison de l'unicité de la limite projective, on a $v \circ u = \varprojlim w_\alpha$.

Soit $(E_\alpha, f_{\alpha\beta})$ un système projectif d'ensembles, et pour tout $\alpha \in I$, soit M_α une partie de E_α. Si l'on a $f_{\alpha\beta}(M_\beta) \subset M_\alpha$ pour $\alpha \leqslant \beta$, on dit que les M_α forment un *système projectif de parties* des E_α. Soit $g_{\alpha\beta}$ l'application de M_β dans M_α (pour $\alpha \leqslant \beta$) ayant même graphe que la restriction de $f_{\alpha\beta}$ à M_β ; il est clair que $(M_\alpha, g_{\alpha\beta})$ est un système projectif d'ensembles, et l'on a

$$\varprojlim M_\alpha = (\varprojlim E_\alpha) \cap \prod_{\alpha \in I} M_\alpha. \tag{8}$$

PROPOSITION 2. — *Soient* $(E_\alpha, f_{\alpha\beta})$, $(E'_\alpha, f'_{\alpha\beta})$ *deux systèmes projectifs d'ensembles relatifs à* I, *et pour chaque* $\alpha \in I$, *soit* u_α *une application de* E_α *dans* E'_α, *les* u_α *formant un système projectif d'applications. Soit* $u = \varprojlim u_\alpha$. *Pour tout* $x' = (x'_\alpha) \in E' = \varprojlim E'_\alpha$, *les* $\overset{-1}{u}_\alpha(x'_\alpha)$ *forment un système projectif de parties des* E_α, *et l'on a* $\overset{-1}{u}(x') = \varprojlim \overset{-1}{u}_\alpha(x'_\alpha)$.

En effet, si $\alpha \leqslant \beta$ et $x_\beta \in \overset{-1}{u}_\beta(x'_\beta)$, on a

$$u_\alpha(f_{\alpha\beta}(x_\beta)) = f'_{\alpha\beta}(u_\beta(x_\beta)) = f'_{\alpha\beta}(x'_\beta) = x'_\alpha,$$

d'où la première assertion; et dire que $x = (x_\alpha) \in E = \varprojlim E_\alpha$ est tel que $u(x) = x'$ signifie par définition que $u_\alpha(x_\alpha) = x'_\alpha$ pour tout $\alpha \in I$.

COROLLAIRE. — *Si* u_α *est injective* (resp. *bijective*) *pour tout* $\alpha \in I$, *u est injective* (resp. *bijective*).

On notera qu'avec les notations de la prop. 2, les images $u_\alpha(E_\alpha)$ forment aussi un système projectif de parties des E'_α et l'on a

$$u(E) \subset \varprojlim u_\alpha(E_\alpha) \tag{9}$$

mais les deux membres de cette relation *ne sont pas nécessairement égaux* (III, p. 94, exerc. 4).

Proposition 3. — *Soient* I *un ensemble préordonné,* $(E_\alpha, f_{\alpha\beta})$ *un système projectif d'ensembles relatif à* I, $E = \varprojlim E_\alpha$ *sa limite projective. Soient* J *une partie cofinale de* I, *filtrante à droite,* E' *la limite projective du système projectif d'ensembles obtenu à partir de* $(E_\alpha, f_{\alpha\beta})$ *par restriction à* J *de l'ensemble d'indices. Alors l'application canonique g de* E *dans* E' (III, p. 52, *formule* (3)) *est bijective.*

Pour tout $\alpha \in J$, soit f'_α l'application canonique $E' \to E_\alpha$; alors, compte tenu de (2) et (5), g est l'unique application de E dans E' telle que $f_\alpha = f'_\alpha \circ g$ pour tout $\alpha \in J$ (III, p. 52, prop. 1). Vérifions le critère de la prop. 1 pour voir que g est injective: si x, y sont deux éléments distincts de E, il existe par définition un $\alpha \in I$ tel que $f_\alpha(x) \neq f_\alpha(y)$; comme J est cofinal dans I, il existe $\lambda \in I$ tel que $\alpha \leqslant \lambda$; comme $f_{\alpha\lambda}(f_\lambda(x)) \neq f_{\alpha\lambda}(f_\lambda(y))$, on a bien $f_\lambda(x) \neq f_\lambda(y)$. Montrons ensuite que g est surjective. Soit $x' = (x'_\lambda)_{\lambda \in J}$ un élément de E'. Pour tout $\alpha \in I$, il existe $\lambda \in I$ tel que $\alpha \leqslant \lambda$; montrons que l'élément $f_{\alpha\lambda}(x'_\lambda)$ ne dépend pas de l'indice $\lambda \in J$ tel que $\alpha \leqslant \lambda$. En effet si $\mu \in J$ est tel que $\alpha \leqslant \mu$, il existe $\nu \in J$ tel que $\lambda \leqslant \nu$ et $\mu \leqslant \nu$, donc $f_{\alpha\lambda}(x'_\lambda) = f_{\alpha\lambda}(f_{\lambda\nu}(x'_\nu)) = f_{\alpha\nu}(x'_\nu)$, et de même $f_{\alpha\mu}(x'_\mu) = f_{\alpha\nu}(x'_\nu)$, d'où notre assertion. Soit x_α la valeur commune des $f_{\alpha\lambda}(x'_\lambda)$ pour les $\lambda \in J$ tels que $\alpha \leqslant \lambda$, et posons $x = (x_\alpha)_{\alpha \in I}$. L'élément x appartient à E, car si $\alpha \leqslant \beta$ et si $\lambda \in J$ est tel que $\beta \leqslant \lambda$, on a $f_{\alpha\beta}(x_\beta) = f_{\alpha\beta}(f_{\beta\lambda}(x'_\lambda)) = f_{\alpha\lambda}(x'_\lambda) = x_\alpha$. Enfin, on a $x'_\lambda = f_{\lambda\lambda}(x'_\lambda)$ pour tout $\lambda \in J$, donc $x_\lambda = x'_\lambda$ pour tout $\lambda \in J$, autrement dit $f_\lambda(x) = x'_\lambda$, d'où $g(x) = x'$, ce qui achève la démonstration.

En particulier, si I admet un *plus grand élément* ω, on peut prendre $J = \{\omega\}$, et on voit que $\varprojlim E_\alpha$ s'identifie canoniquement à E_ω.

Remarques

1) Pour tout $\alpha \in I$, posons $E'_\alpha = f_\alpha(E)$; les E'_α forment un *système projectif de parties* des E_α en vertu de (2), et il est immédiat que l'on a $\varprojlim E'_\alpha = E = \varprojlim E_\alpha$; on notera que l'application $f'_{\alpha\beta}: E'_\beta \to E'_\alpha$ (pour $\alpha \leqslant \beta$) ayant même graphe que la restriction de $f_{\alpha\beta}$ à E'_β est *surjective*; en outre, on a

$$E'_\alpha = f_\alpha(E) \subset \bigcap_{\beta \geqslant \alpha} f_{\alpha\beta}(E_\beta) \tag{10}$$

pour tout $\alpha \in I$.

2) Soient I un ensemble préordonné *filtrant à droite*, $(E_\alpha, f_{\alpha\beta})$ un système projectif d'ensembles relatif à I, et pour tout $\alpha \in I$, soit $u_\alpha: F \to E_\alpha$ une application, telle que la famille (u_α) vérifie (5). Considérons le système projectif $(F_\alpha, i_{\alpha\beta})$ relatif à I, où $F_\alpha = F$ pour tout $\alpha \in I$ et $i_{\alpha\beta}$ est l'application identique de F. On sait alors

(III, p. 52, *Exemple* 2) que F s'identifie canoniquement à $\varprojlim F_\alpha$. Si on considère u_α comme application de F_α dans E_α, (u_α) est un système projectif d'applications, et l'application $u: F \to E$ définie par (6) s'identifie à la limite projective de ce système d'applications. Aussi écrit-on alors par abus de langage $u = \varprojlim u_\alpha$.

3) Soient I un ensemble ordonné, $(E_\alpha, f_{\alpha\beta})$ un système projectif d'ensembles relatif à I. Pour toute partie finie J de I, soit F_J la limite projective du système projectif (fini) obtenu à partir de $(E_\alpha, f_{\alpha\beta})$ par restriction à J de l'ensemble d'indices. Pour deux parties finies J, K de I telles que $J \subset K$, soit g_{JK} l'application canonique (3) de F_K dans F_J; la relation (4) montre que (F_J, g_{KJ}) est un *système projectif* d'ensembles relatif à l'ensemble *ordonné filtrant* (pour la relation $\subset$) $\mathfrak{F}(I)$ des parties finies de I. D'autre part, pour tout $J \in \mathfrak{F}(I)$, soit $h_J: E \to F_J$ l'application canonique (3); en vertu de (4) (et avec l'abus de langage signalé dans la *Remarque* 2), (h_J) est un *système projectif* d'applications; posons $h = \varprojlim h_J: E \to F = \varprojlim F_J$, et montrons que h est une *bijection* (dite *canonique*). En effet, soit $y = (y_J)$ un élément de F; on a par définition $y_J = (x_{\alpha,J})_{\alpha \in J}$ avec $x_{\alpha,J} \in E_\alpha$ pour tout $\alpha \in J$; si $J \subset K$, on a, par définition des g_{JK} et en raison de la relation $y_J = g_{JK}(y_K)$, $x_{\alpha,J} = x_{\alpha,K}$ pour tout $\alpha \in J$. Pour un $\alpha \in I$, il y a donc un unique élément $x_\alpha \in E_\alpha$ tel que $x_\alpha = x_{\alpha,J}$ pour tout J fini contenant α. Si $\alpha \leqslant \beta$, il y a une partie finie J de I contenant à la fois α et β, donc $x_\alpha = f_{\alpha\beta}(x_\beta)$ par définition; on en conclut que $x = (x_\alpha)$ est l'unique élément de E tel que $h(x) = y$.

3. Double limite projective

Soient I, L deux ensembles préordonnés, I × L leur produit (III, p. 7). Considérons un système projectif d'ensembles $(E_\alpha^\lambda, f_{\alpha\beta}^{\lambda\mu})$ relatif à l'ensemble d'indices I × L; on a donc

$$f_{\alpha\gamma}^{\lambda\nu} = f_{\alpha\beta}^{\lambda\mu} \circ f_{\beta\gamma}^{\mu\nu} \quad \text{pour } \alpha \leqslant \beta \leqslant \gamma \text{ et } \lambda \leqslant \mu \leqslant \nu. \tag{11}$$

Désignons par E ou $\varprojlim_{\alpha,\lambda} E_\alpha^\lambda$ la limite projective de ce système projectif.

Pour tout $\lambda \in L$, posons $g_{\alpha\beta}^\lambda = f_{\alpha\beta}^{\lambda\lambda}: E_\beta^\lambda \to E_\alpha^\lambda$; il résulte de (11) que l'on a

$$g_{\alpha\gamma}^\lambda = g_{\alpha\beta}^\lambda \circ g_{\beta\gamma}^\lambda \quad \text{pour } \alpha \leqslant \beta \leqslant \gamma, \tag{12}$$

autrement dit $(E_\alpha^\lambda, g_{\alpha\beta}^\lambda)$ est un système projectif d'ensembles relatif à I; notons $F^\lambda = \varprojlim_\alpha E_\alpha^\lambda$ sa limite projective. D'autre part, pour $\lambda \leqslant \mu$ fixés dans L, il résulte de (11) que les $h_\alpha^{\lambda\mu} = f_{\alpha\alpha}^{\lambda\mu}: E_\alpha^\mu \to E_\alpha^\lambda$ forment un système projectif d'applications; nous noterons $h^{\lambda\mu} = \varprojlim_\alpha h_\alpha^{\lambda\mu}: F^\mu \to F^\lambda$ sa limite projective. Pour $\lambda \leqslant \mu \leqslant \nu$ dans L, on a

$$h^{\lambda\nu} = h^{\lambda\mu} \circ h^{\mu\nu} \tag{13}$$

(III, p. 54, cor. 2); donc $(F^\lambda, h^{\lambda\mu})$ est un système projectif d'ensembles relatif à L. Soit $F = \varprojlim F^\lambda$ sa limite projective; nous allons définir une *bijection canonique* $F \to E$. Remarquons pour cela que F est, par définition, une partie de $\prod_{\lambda \in L} F^\lambda$, et

F^{λ} une partie de $\prod_{\alpha\in I} E_{\alpha}^{\lambda}$; donc F s'identifie canoniquement à une partie de $\prod_{(\alpha,\lambda)\in I\times L} E_{\alpha}^{\lambda} = G$ (II, p. 35, prop. 7). Pour tout $z \in G$, soit $\mathrm{pr}^{\lambda}(z)$ l'élément $(\mathrm{pr}_{\alpha}^{\lambda}(z))_{\alpha\in I}$ de $\prod_{\alpha\in I} E_{\alpha}^{\lambda}$; dire que $z \in F$ signifie que l'on a

$$\mathrm{pr}^{\lambda}(z) = h^{\lambda\mu}(\mathrm{pr}^{\mu}(z)) \quad \text{pour } \lambda \leqslant \mu \text{ dans L} \tag{14}$$

et que $\mathrm{pr}^{\lambda}(z) \in F^{\lambda}$ pour tout $\lambda \in L$, c'est-à-dire que pour $\alpha \leqslant \beta$ dans I on a

$$\mathrm{pr}_{\alpha}^{\lambda}(z) = f_{\alpha\beta}^{\lambda\lambda}(\mathrm{pr}_{\beta}^{\lambda}(z)). \tag{15}$$

Mais on a $h^{\lambda\mu}(\mathrm{pr}^{\mu}(z)) = (f_{\alpha\alpha}^{\lambda\mu}(\mathrm{pr}_{\alpha}^{\mu}(z))_{\alpha\in I}$; on déduit donc de (14) et (15) que pour $\alpha \leqslant \beta$ et $\lambda \leqslant \mu$, on a

$$\mathrm{pr}_{\alpha}^{\lambda}(z) = f_{\alpha\alpha}^{\lambda\mu}(f_{\alpha\beta}^{\mu\mu}(\mathrm{pr}_{\beta}^{\mu}(z))) = f_{\alpha\beta}^{\lambda\mu}(\mathrm{pr}_{\beta}^{\mu}(z))$$

ce qui signifie que $z \in E$; la réciproque est immédiate. Autrement dit:

PROPOSITION 4. — *Si* $(E_{\alpha}^{\lambda}, f_{\alpha\beta}^{\lambda\mu})$ *est un système projectif d'ensembles relatif à un produit* I × L *d'ensembles préordonnés, on a, à une bijection canonique près*

$$\varprojlim_{\alpha,\lambda} E_{\alpha}^{\lambda} = \varprojlim_{\lambda} (\varprojlim_{\alpha} E_{\alpha}^{\lambda}). \tag{16}$$

COROLLAIRE 1. — *Soit* $(E_{\alpha}^{\prime\lambda}, f_{\alpha\beta}^{\prime\lambda\mu})$ *un second système projectif d'ensembles relatif à* I × L, *et, pour tout* $(\alpha, \lambda) \in I \times L$, *soit* u_{α}^{λ} *une application de* E_{α}^{λ} *dans* $E_{\alpha}^{\prime\lambda}$, *les* u_{α}^{λ} *formant un système projectif d'applications. On a alors*

$$\varprojlim_{\alpha,\lambda} u_{\alpha}^{\lambda} = \varprojlim_{\lambda} (\varprojlim_{\alpha} u_{\alpha}^{\lambda}). \tag{17}$$

La vérification est analogue.

COROLLAIRE 2. — *Soit* $(E_{\alpha}^{\lambda}, f_{\alpha\beta}^{\lambda})_{\lambda\in L}$ *une famille de systèmes projectifs relatifs à* I. *Alors, si on note* $\prod_{\lambda\in L} f_{\alpha\beta}^{\lambda}$ *l'extension aux produits de la famille d'applications* $(f_{\alpha\beta}^{\lambda})_{\lambda\in L}$ (II, p. 38, déf. 2), $\left(\prod_{\lambda\in L} E_{\alpha}^{\lambda}, \prod_{\lambda\in L} f_{\alpha\beta}^{\lambda}\right)$ *est un système projectif d'ensembles relatif à* I, *et on a, à une bijection canonique près*

$$\varprojlim_{\alpha} \prod_{\lambda\in L} E_{\alpha}^{\lambda} = \prod_{\lambda\in L} (\varprojlim_{\alpha} E_{\alpha}^{\lambda}). \tag{18}$$

Il suffit de considérer le système projectif $(E_{\alpha}^{\lambda}, g_{\alpha\beta}^{\lambda\mu})$ relatif à I × L où la relation d'ordre sur L est l'égalité (III, p. 52, *Exemple* 1) et où $g_{\alpha\beta}^{\lambda\mu} = f_{\alpha\beta}^{\lambda}$ pour $\lambda = \mu$, et de lui appliquer la prop. 4.

4. Conditions pour qu'une limite projective soit non vide

Nous allons dans ce n° donner les deux conditions suffisantes pour qu'une limite projective soit non vide, qui sont le plus souvent utilisées (voir aussi III, p. 94, exerc. 5).

PROPOSITION 5. — *Soit* $(E_\alpha, f_{\alpha\beta})$ *un système projectif d'ensembles relatif à un ensemble préordonné* filtrant I, *qui admet une partie cofinale* dénombrable; *supposons en outre que les* $f_{\alpha\beta}$ *soient* surjectives. *Alors, si* $E = \varprojlim E_\alpha$, *l'application canonique* $f_\alpha: E \to E_\alpha$ *est surjective pour tout* $\alpha \in I$ (*et a fortiori,* E *n'est pas vide si aucun des* E_α *n'est vide*).

Soit (α_n) une suite d'éléments de I formant une partie cofinale de I. Comme I est filtrant, on peut définir par récurrence une suite (β_n) par les conditions $\beta_0 = \alpha_0$, $\beta_n \geqslant \beta_i$ pour $i < n$ et $\beta_n \geqslant \alpha_n$; il est clair que la suite (β_n) est croissante et forme une partie cofinale de I; tenant compte de III, p. 52, prop. 1 et des relations $f_\alpha = f_{\alpha\beta_n} \circ f_{\beta_n}$ pour $\alpha \leqslant \beta_n$, on voit qu'on est ramené à prouver la proposition lorsque $I = \mathbf{N}$. En outre, il est clair qu'il suffit de prouver que f_0 est surjective. Soit donc $x_0 \in E_0$; on définit par récurrence $x_n \in E_n$ pour $n \geqslant 1$ comme un élément de $\overset{-1}{f}_{n-1,n}(x_{n-1})$, ce qui est possible puisque ce dernier ensemble n'est pas vide par hypothèse. On prouve alors par récurrence sur $n - m$ que pour $m \leqslant n$, on a $x_m = f_{mn}(x_n)$, donc $x = (x_n)$ appartient à E.

Le second critère concerne les systèmes projectifs $(E_\alpha, f_{\alpha\beta})$ relatifs à un ensemble d'indices I, tels que pour tout $\alpha \in I$ on se soit donné un ensemble $\mathfrak{S}_\alpha$ de parties de E_α, vérifiant les conditions suivantes:

(i) *Toute intersection d'ensembles de* $\mathfrak{S}_\alpha$ *appartient à* $\mathfrak{S}_\alpha$.

Il résulte en particulier de cette condition (en considérant l'intersection de la famille vide) que $E_\alpha \in \mathfrak{S}_\alpha$.

(ii) *Si un ensemble de parties* $\mathfrak{F} \subset \mathfrak{S}_\alpha$ *est tel que toute intersection finie d'ensembles appartenant à* $\mathfrak{F}$ *soit non vide, alors* $\bigcap_{M \in \mathfrak{F}} M$ *est non vide.*

Il est clair, compte tenu de (i), que (ii) est équivalente à la condition suivante:

(ii') *Si* $\mathfrak{G} \subset \mathfrak{S}_\alpha$ *est un ensemble filtrant décroissant dont les éléments sont non vides, alors* $\bigcap_{M \in \mathfrak{G}} M$ *est non vide.*

THÉORÈME 1. — *On suppose que* I *est filtrant, que les* $\mathfrak{S}_\alpha$ *satisfont aux conditions* (i) *et* (ii), *et en outre que le système projectif* $(E_\alpha, f_{\alpha\beta})$ *possède les propriétés suivantes*:

(iii) *Pour tout couple d'indices* α, β *tels que* $\alpha \leqslant \beta$, *et tout* $x_\alpha \in E_\alpha$, *on a* $\overset{-1}{f}_{\alpha\beta}(x_\alpha) \in \mathfrak{S}_\beta$.

(iv) *Pour tout couple d'indices* α, β *tels que* $\alpha \leqslant \beta$ *et tout* $M_\beta \in \mathfrak{S}_\beta$, *on a* $f_{\alpha\beta}(M_\beta) \in \mathfrak{S}_\alpha$.

Soit $E = \varprojlim E_\alpha$, *et pour tout* $\alpha \in I$, *soit* $f_\alpha: E \to E_\alpha$ *l'application canonique. Alors*:

a) *Pour tout* $\alpha \in I$, *on a*

$$f_\alpha(E) = \bigcap_{\beta \geqslant \alpha} f_{\alpha\beta}(E_\beta). \tag{19}$$

b) *Si, pour tout* $\alpha \in I$, E_α *est non vide, alors* E *est non vide.*

Soit Σ l'ensemble des familles $\mathfrak{A} = (A_\alpha)_{\alpha \in I}$ vérifiant les conditions:

$$A_\alpha \neq \varnothing \quad \textit{et} \quad A_\alpha \in \mathfrak{S}_\alpha \quad \textit{pour tout} \quad \alpha \in I; \tag{20}$$

$$f_{\alpha\beta}(A_\beta) \subset A_\alpha \quad \textit{pour} \quad \alpha \leqslant \beta. \tag{21}$$

Pour deux éléments $\mathfrak{A} = (A_\alpha)$, $\mathfrak{A}' = (A'_\alpha)$ de Σ, la relation $\mathfrak{A} \leqslant \mathfrak{A}'$ signifiera que $A_\alpha \supset A'_\alpha$ pour tout α; il est clair que Σ est *ordonné* par cette relation.

1° Prouvons d'abord que l'ensemble ordonné Σ est *inductif*. Soient L un ensemble totalement ordonné, $\lambda \mapsto \mathfrak{A}^\lambda = (A_\alpha^\lambda)_{\alpha \in I}$ une application strictement croissante de L dans Σ. Pour tout $\alpha \in I$, posons $B_\alpha = \bigcap_{\lambda \in L} A_\alpha^\lambda$; il est immédiat que la famille $\mathfrak{B} = (B_\alpha)_{\alpha \in I}$ vérifie (21); en vertu de (i) et (ii'), elle vérifie aussi (20), donc $\mathfrak{B} \in \Sigma$, et il est clair que $\mathfrak{B}$ majore l'ensemble des $\mathfrak{A}^\lambda$.

2° Soit $\mathfrak{A} = (A_\alpha)$ un élément *maximal* de Σ; montrons que l'on a alors $A_\alpha = f_{\alpha\beta}(A_\beta)$ pour $\alpha \leqslant \beta$. En effet, soit $A'_\alpha = \bigcap_{\beta \geqslant \alpha} f_{\alpha\beta}(A_\beta)$ pour tout $\alpha \in I$; montrons que $\mathfrak{A}' = (A'_\alpha)$ appartient à Σ. Notons d'abord que pour $\alpha \leqslant \beta \leqslant \gamma$ on a $f_{\alpha\gamma}(A_\gamma) = f_{\alpha\beta}(f_{\beta\gamma}(A_\gamma)) \subset f_{\alpha\beta}(A_\beta)$ en vertu de (21); en outre on a $f_{\alpha\beta}(A_\beta) \in \mathfrak{S}_\alpha$ d'après (iv), et $f_{\alpha\beta}(A_\beta) \neq \varnothing$ par (20); les conditions (i) et (ii) montrent alors que $\mathfrak{A}'$ vérifie (20). Enfin $\mathfrak{A}'$ vérifie aussi (21): en effet, si $\alpha \leqslant \beta$, on a

$$f_{\alpha\beta}(A'_\beta) \subset \bigcap_{\gamma \geqslant \beta} f_{\alpha\beta}(f_{\beta\gamma}(A_\gamma)) = \bigcap_{\gamma \geqslant \beta} f_{\alpha\gamma}(A_\gamma);$$

d'autre part, pour tout $\delta \geqslant \alpha$, il existe un $\gamma \in I$ tel que $\gamma \geqslant \delta$ et $\gamma \geqslant \beta$, donc $f_{\alpha\gamma}(A_\gamma) \subset f_{\alpha\delta}(A_\delta)$, et par suite $\bigcap_{\gamma \geqslant \beta} f_{\alpha\gamma}(A_\gamma) = \bigcap_{\delta \geqslant \alpha} f_{\alpha\delta}(A_\delta) = A'_\alpha$, ce qui achève d'établir que $\mathfrak{A}' \in \Sigma$. Comme $A'_\alpha \subset A_\alpha$ pour tout α, l'hypothèse que $\mathfrak{A}$ est maximal dans Σ entraîne $\mathfrak{A}' = \mathfrak{A}$, ce qui prouve notre assertion.

3° Montrons maintenant que si $\mathfrak{A} = (A_\alpha)$ est un élément *maximal* de Σ, chacun des A_α est *réduit à un élément*. Soit $x_\alpha \in A_\alpha$. Pour tout $\beta \geqslant \alpha$, posons $B_\beta = A_\beta \cap \overset{-1}{f_{\alpha\beta}}(x_\alpha)$; si l'on n'a pas $\beta \geqslant \alpha$, posons $B_\beta = A_\beta$; nous allons voir que $\mathfrak{B} = (B_\beta)$ appartient à Σ. Si l'on n'a pas $\beta \geqslant \alpha$, la relation $\beta \leqslant \gamma$ entraîne $f_{\beta\gamma}(B_\gamma) \subset f_{\beta\gamma}(A_\gamma) \subset A_\beta = B_\beta$; si au contraire $\alpha \leqslant \beta \leqslant \gamma$, comme $\overset{-1}{f_{\alpha\gamma}}(x_\alpha) = \overset{-1}{f_{\beta\gamma}}(\overset{-1}{f_{\alpha\beta}}(x_\alpha))$, on a $f_{\beta\gamma}(\overset{-1}{f_{\alpha\gamma}}(x_\alpha)) \subset \overset{-1}{f_{\alpha\beta}}(x_\alpha)$, et comme $f_{\beta\gamma}(A_\gamma) \subset A_\beta$, on a encore $f_{\beta\gamma}(B_\gamma) \subset B_\beta$; la famille $\mathfrak{B}$ vérifie donc (21). Comme $A_\alpha = f_{\alpha\beta}(A_\beta)$ pour $\alpha \leqslant \beta$ d'après 2°, il est clair que $B_\beta \neq \varnothing$ pour tout $\beta \in I$; enfin, en vertu de (i) et (iii), on a $B_\beta \in \mathfrak{S}_\beta$ pour tout $\beta \in I$, ce qui achève de montrer que $\mathfrak{B} \in \Sigma$. Comme $B_\beta \subset A_\beta$ pour tout $\beta \in I$, l'hypothèse que $\mathfrak{A}$ est maximal entraîne $B_\beta = A_\beta$ pour tout β, et en particulier $A_\alpha = \{x_\alpha\}$.

4° Nous pouvons maintenant démontrer le th. 1. Prouvons d'abord *a*). On sait que $f_\alpha(E) \subset \bigcap_{\beta \geqslant \alpha} f_{\alpha\beta}(E_\beta)$. Inversement, soit $x_\alpha \in \bigcap_{\beta \geqslant \alpha} f_{\alpha\beta}(E_\beta)$. Posons $B_\beta = \overset{-1}{f_{\alpha\beta}}(x_\alpha)$ si $\beta \geqslant \alpha$, $B_\beta = E_\beta$ dans le cas contraire; par définition de x_α, les B_β ne sont pas vides et l'on a $B_\beta \in \mathfrak{S}_\beta$ pour tout $\beta \in I$ en vertu de (iii) et de (i); en outre il est immédiat que $f_{\beta\gamma}(B_\gamma) \subset B_\beta$ pour $\beta \leqslant \gamma$. On a donc $\mathfrak{B} = (B_\beta) \in \Sigma$; soit $\mathfrak{A} = (A_\beta)$ un élément maximal de Σ tel que $\mathfrak{A} \geqslant \mathfrak{B}$, élément dont l'existence résulte de 1° et de III, p. 21, cor. 1; comme, d'après 3°, A_β est de la forme $\{y_\beta\}$ pour tout $\beta \in I$, $y = (y_\beta)$ appartient à E, et $f_\alpha(y) = y_\alpha = x_\alpha$ par définition.

Prouvons enfin que *a*) entraîne *b*). On peut en effet supposer I non vide (sans quoi il n'y a rien à démontrer); l'hypothèse que les E_α sont non vides entraîne $f_{\alpha\beta}(E_\beta) \neq \varnothing$ pour $\beta \geqslant \alpha$; comme les $f_{\alpha\beta}(E_\beta)$, pour α fixé et $\beta \geqslant \alpha$, forment un ensemble filtrant décroissant de parties de E_α appartenant à $\mathfrak{S}_\alpha$, la condition (ii') prouve que $\bigcap_{\beta \geqslant \alpha} f_{\alpha\beta}(E_\beta) \neq \varnothing$. On a donc $f_\alpha(E) \neq \varnothing$ d'après *a*), et *a fortiori* $E \neq \varnothing$.

C.Q.F.D.

Remarque. — 1) Supposons que dans l'énoncé du th. 1, on remplace la condition (iii) par la condition plus faible suivante:

(iii') *Pour tout* $\alpha \in I$, *et tout ensemble non vide* $M_\alpha \in \mathfrak{S}_\alpha$, *il existe* $x_\alpha \in M_\alpha$ *tel que* $\overset{-1}{f_{\alpha\beta}}(x_\alpha) \in \mathfrak{S}_\beta$ *pour tout* $\beta \geqslant \alpha$.

Alors la conclusion *b*) du th. 1 est encore valable. En effet, les démonstrations des parties 1° et 2° du th. 1 sont inchangées; la démonstration de la partie 3° reste valable en ayant soin de prendre $x_\alpha \in A_\alpha$ tel que $\overset{-1}{f_{\alpha\beta}}(x_\alpha)$ appartienne à $\mathfrak{S}_\beta$ pour $\beta \geqslant \alpha$. Enfin, le raisonnement de 4° montre que si $\bigcap_{\beta \geqslant \alpha} f_{\alpha\beta}(E_\beta) \neq \varnothing$ et si on prend dans cet ensemble un x_α tel que $\overset{-1}{f_{\alpha\beta}}(x_\alpha) \in \mathfrak{S}_\beta$ pour $\beta \geqslant \alpha$, il existe $y \in E$ tel que $f_\alpha(y) = x_\alpha$, ce qui établit notre assertion.

Exemples

I) Si les E_α sont des ensembles *finis*, on peut appliquer le th. 1 en prenant pour $\mathfrak{S}_\alpha$ l'ensemble de *toutes* les parties de E_α. *Cet exemple sera généralisé en Topologie générale au cas où les E_α sont des espaces *compacts*, les $f_{\alpha\beta}$ des applications *continues*, et $\mathfrak{S}_\alpha$ l'ensemble des parties *fermées* de E_α (TG, I, § 9, n° 6).*

*II) Soient A un anneau, et pour chaque $\alpha \in I$, soit T_α un A-module à gauche *artinien* (A, VIII, § 2, n° 1); soit E_α un *espace homogène* sur T_α dans lequel T_α opère fidèlement (de sorte que l'on peut dire que E_α est un *espace affine* attaché à T_α (A, II, § 9, n° 1)). Pour $\beta \geqslant \alpha$, supposons que $f_{\alpha\beta}: E_\beta \to E_\alpha$ soit une *application affine* (A, II, § 9, n° 4). Prenons pour $\mathfrak{S}_\alpha$ l'ensemble formé de la partie vide et des *variétés linéaires affines* de E_α (A, II, § 9, n° 3). Alors la condition (i) est trivialement vérifiée, et la condition (ii) résulte de ce que T_α est artinien: cela entraîne en effet l'existence d'un élément minimal parmi les intersections finies d'ensembles $M \in \mathfrak{F}$, et cet élément est nécessairement égal à $\bigcap_{M \in \mathfrak{F}} M$. Enfin, comme $f_{\alpha\beta}$ est affine, les conditions (iii) et (iv) sont trivialement vérifiées.*

5. Limites inductives

Soient I un ensemble préordonné *filtrant à droite*, $(E_\alpha)_{\alpha \in I}$ une famille d'ensembles ayant I pour ensemble d'indices. Pour tout couple (α, β) d'indices de I tels que

$\alpha \leqslant \beta$, soit $f_{\beta\alpha}$ une *application de* E_α *dans* E_β. On suppose que les $f_{\beta\alpha}$ vérifient les conditions suivantes:

(LI_I) *Les relations* $\alpha \leqslant \beta \leqslant \gamma$ *entraînent* $f_{\gamma\alpha} = f_{\gamma\beta} \circ f_{\beta\alpha}$.

(LI_{II}) *Pour tout* $\alpha \in I$, $f_{\alpha\alpha}$ *est l'application identique de* E_α.

Soit G l'ensemble *somme* de la famille d'ensembles $(E_\alpha)_{\alpha \in I}$ (II, p. 30); par abus de langage, nous identifierons les E_α aux parties de G qui en sont les images canoniques, et forment une partition de G; pour tout $x \in G$, nous désignerons par $\lambda(x)$ l'unique indice $\alpha \in I$ tel que $x \in E_\alpha$. Soir $R\{x, y\}$ la relation suivante entre deux éléments x, y de G:

« il existe un élément $\gamma \in I$ tel que $\gamma \geqslant \alpha = \lambda(x)$ et $\gamma \geqslant \beta = \lambda(y)$, et pour lequel on a $f_{\gamma\alpha}(x) = f_{\gamma\beta}(y)$ »;

montrons que R est une *relation d'équivalence dans* G. Il est évident que R est symétrique et réflexive dans G; reste à voir qu'elle est transitive. Or, soient $x \in E_\alpha$, $y \in E_\beta$, $z \in E_\gamma$; supposons qu'il existe $\lambda \in I$ tel que $\lambda \geqslant \alpha$, $\lambda \geqslant \beta$, et $f_{\lambda\alpha}(x) = f_{\lambda\beta}(y)$, et $\mu \in I$ tel que $\mu \geqslant \beta$, $\mu \geqslant \gamma$ et $f_{\mu\beta}(y) = f_{\mu\gamma}(z)$. Comme I est filtrant, il existe $\nu \in I$ tel que $\nu \geqslant \lambda$ et $\nu \geqslant \mu$; en vertu de (LI_I), on a alors

$$\begin{aligned} f_{\nu\alpha}(x) &= f_{\nu\lambda}(f_{\lambda\alpha}(x)) = f_{\nu\lambda}(f_{\lambda\beta}(y)) = f_{\nu\beta}(y) \\ &= f_{\nu\mu}(f_{\mu\beta}(y)) = f_{\nu\mu}(f_{\mu\gamma}(z)) = f_{\nu\gamma}(z) \end{aligned}$$

ce qui établit notre assertion.

On dit que l'ensemble quotient $E = G/R$ est *la limite inductive de la famille* $(E_\alpha)_{\alpha \in I}$ *pour la famille d'applications* $(f_{\beta\alpha})$, et on écrit $E = \varinjlim (E_\alpha, f_{\beta\alpha})$, ou simplement $E = \varinjlim E_\alpha$ si aucune confusion n'en résulte. Par abus de langage, on dira que le couple $((E_\alpha), (f_{\beta\alpha}))$ (que l'on notera aussi $(E_\alpha, f_{\beta\alpha})$) est un *système inductif d'ensembles*, relatif à l'ensemble filtrant I.

Il est clair que E n'est pas vide si un au moins des E_α n'est pas vide. Nous désignerons par f_α la restriction à E_α de l'application canonique f de G sur $E = G/R$, et nous dirons que f_α est l'*application canonique* de E_α dans E. Pour $\alpha \leqslant \beta$, on a la relation

(22) $$f_\beta \circ f_{\beta\alpha} = f_\alpha;$$

en effet, pour tout $x \in E_\alpha$, on a $f_{\beta\beta}(f_{\beta\alpha}(x)) = f_{\beta\alpha}(x)$ en vertu de (LI_I), donc les éléments $x \in E_\alpha$ et $f_{\beta\alpha}(x) \in E_\beta$ sont congrus mod. R, ce qui démontre (22).

Exemples. — 1) Soient A, B deux ensembles, $(V_\alpha)_{\alpha \in I}$ une famille de parties de A, dont l'ensemble d'indices I est filtrant à droite, telle que la relation $\alpha \leqslant \beta$ entraîne $V_\beta \subset V_\alpha$. Désignons par E_α l'ensemble des applications de V_α dans B; pour tout couple d'indices α, β tels que $\alpha \leqslant \beta$, soit $f_{\beta\alpha}$ l'application de E_α dans E_β qui à toute fonction $u \in E_\alpha$ fait correspondre sa *restriction* $f_{\beta\alpha}(u)$ à V_β. Il est immédiat que les conditions (LI_I) et (LI_{II}) sont vérifiées; on dit que l'ensemble $E = \varinjlim E_\alpha$ est l'ensemble des *germes d'applications* des V_α dans B. *Le cas le plus fréquent est celui où (V_α) est la famille des *voisinages* d'une partie d'un espace topologique A (TG, I, § 6, nº 10).*

2) Supposons que pour tout $\alpha \in I$, E_α soit égal à un ensemble F et que pour $\alpha \leqslant \beta$, $g_{\beta\alpha}$ soit l'application identique de F sur lui-même. Alors il existe une *bijection*

canonique de $\varinjlim E_\alpha$ sur F: en effet, pour définir $\varinjlim E_\alpha$, on doit former l'ensemble G somme de la famille (E_α); G est donc réunion d'une famille (G_α) d'ensembles deux à deux disjoints, et pour tout $\alpha \in I$, il y a une bijection canonique $h_\alpha : F \to G_\alpha$. On doit ensuite considérer la relation d'équivalence R dans G, correspondant à la partition $(P_y)_{y \in F}$, où P_y est l'ensemble des $h_\alpha(y)$ lorsque α parcourt I. Il est clair que $y \mapsto P_y$ est une bijection, dont la bijection réciproque est la bijection cherchée; on identifiera F à $\varinjlim E_\alpha$ au moyen de cette bijection canonique.

Lemme 1. — *Soient* $(E_\alpha, f_{\beta\alpha})$ *un système inductif d'ensembles,* $E = \varinjlim E_\alpha$ *sa limite inductive, et pour tout* $\alpha \in I$, *soit* $f_\alpha : E_\alpha \to E$ *l'application canonique.*

(i) *Soit* $(x^{(i)})_{1 \leqslant i \leqslant n}$ *un système fini d'éléments de* E. *Il existe un* $\alpha \in I$ *et un système fini* $(x_\alpha^{(i)})_{1 \leqslant i \leqslant n}$ *d'éléments de* E_α *tels que* $x^{(i)} = f_\alpha(x_\alpha^{(i)})$ *pour* $1 \leqslant i \leqslant n$.

(ii) *Soit* $(y_\alpha^{(i)})_{1 \leqslant i \leqslant n}$ *un système fini d'éléments d'un* E_α; *si* $f_\alpha(y_\alpha^{(i)}) = f_\alpha(y_\alpha^{(j)})$ *pour tout couple d'indices* (i, j), *il existe un* $\beta \geqslant \alpha$ *tel que* $f_{\beta\alpha}(y_\alpha^{(i)}) = f_{\beta\alpha}(y_\alpha^{(j)})$ *pour tout couple* (i, j).

(i) Par définition de E, il existe pour chaque i un $\beta_i \in I$ et un élément $z_{\beta_i} \in E_{\beta_i}$ tel que $x^{(i)} = f_{\beta_i}(z_{\beta_i})$; il suffit de prendre α tel que $\alpha \geqslant \beta_i$ pour $1 \leqslant i \leqslant n$, et $x_\alpha^{(i)} = f_{\alpha\beta_i}(z_{\beta_i})$.

(ii) Par définition de E, pour tout couple (i, j) il existe $\gamma_{ij} \in I$ tel que $\gamma_{ij} \geqslant \alpha$ et que $f_{\gamma_{ij}\alpha}(y_\alpha^{(i)}) = f_{\gamma_{ij}\alpha}(y_\alpha^{(j)})$; il suffit de prendre β tel que $\beta \geqslant \gamma_{ij}$ pour tous les couples (i, j), et d'utiliser les relations $f_{\beta\alpha} = f_{\beta\gamma_{ij}} \circ f_{\gamma_{ij}\alpha}$.

6. Systèmes inductifs d'applications

Proposition 6. — *Soient* I *un ensemble préordonné filtrant à droite,* $(E_\alpha, f_{\beta\alpha})$ *un système inductif d'ensembles,* $E = \varinjlim E_\alpha$ *sa limite inductive, et pour tout* $\alpha \in I$, *soit* $f_\alpha : E_\alpha \to E$ *l'application canonique. Pour tout* $\alpha \in I$, *soit* u_α *une application de* E_α *dans un ensemble* F *telle que l'on ait*

$$u_\beta \circ f_{\beta\alpha} = u_\alpha \qquad \textit{pour } \alpha \leqslant \beta. \tag{23}$$

Dans ces conditions:

1° *Il existe une application u et une seule de* E *dans* F *telle que*

$$u_\alpha = u \circ f_\alpha \qquad \textit{pour tout } \alpha \in I. \tag{24}$$

2° *Pour que u soit surjective, il faut et il suffit que* F *soit réunion des* $u_\alpha(E_\alpha)$.

3° *Pour que u soit injective, il faut et suffit que, pour tout* $\alpha \in I$, *les relations* $x \in E_\alpha$, $y \in E_\alpha$, $u_\alpha(x) = u_\alpha(y)$ *entraînent qu'il existe* $\beta \geqslant \alpha$ *pour lequel* $f_{\beta\alpha}(x) = f_{\beta\alpha}(y)$.

1° Avec les notations du n° 5, soit v l'application de l'ensemble somme G dans F qui coïncide avec u_α dans chaque E_α (II, p. 29, prop. 8). L'hypothèse entraîne que v est compatible avec la relation d'équivalence R (II, p. 44); donc il existe une application u et une seule de $E = G/R$ dans F telle que $v = u \circ f$ (*loc. cit.*).

2° Comme E est réunion des $f_\alpha(E_\alpha)$, la relation $F = \bigcup_{\alpha \in I} u_\alpha(E_\alpha)$ est évidemment nécessaire et suffisante pour que u soit surjective.

3° En vertu du lemme 1 (III, p. 62), deux éléments quelconques de E peuvent toujours s'écrire sous la forme $f_\alpha(x)$ et $f_\alpha(y)$, où $x \in E_\alpha$ et $y \in E_\alpha$, pour un $\alpha \in I$ convenable; il résulte aussi de ce lemme que la relation $f_\alpha(x) = f_\alpha(y)$ est équivalente à l'existence de $\beta \geqslant \alpha$ tel que $f_{\beta\alpha}(x) = f_{\beta\alpha}(y)$; comme $u_\alpha(x) = u(f_\alpha(x))$ et $u_\alpha(y) = u(f_\alpha(y))$, cela achève la démonstration.

Lorsque l'application u est *bijective*, on dit parfois, par abus de langage, que F est la limite inductive de la famille (E_α).

Remarque 1). — Supposons que chacune des applications $f_{\beta\alpha}$ soit *injective*; alors chacune des applications f_α est *injective* en vertu de la définition de la relation R. On identifie alors en général E_α et $f_\alpha(E_\alpha)$, et on considère donc E comme la *réunion* des E_α. Inversement, soit $(F_\alpha)_{\alpha \in I}$ une famille croissante de parties d'un ensemble F, et supposons que F soit *réunion* de cette famille; si $j_{\beta\alpha}$ désigne l'injection canonique de F_α dans F_β pour $\alpha \leqslant \beta$, il résulte de la prop. 6 que l'on peut identifier F à la limite inductive de la famille (F_α) pour la famille d'applications $(j_{\beta\alpha})$, et les applications canoniques des F_α dans $\varinjlim F_\alpha$ aux injections canoniques des F_α dans F.

Corollaire 1. — *Soient* $(E_\alpha, f_{\beta\alpha})$ *et* $(F_\alpha, g_{\beta\alpha})$ *deux systèmes inductifs d'ensembles relatifs à un même ensemble d'indices* I; *soient* $E = \varinjlim E_\alpha$, $F = \varinjlim F_\alpha$, *et pour tout* $\alpha \in I$, *soit* f_α (resp. g_α) *l'application canonique de* E_α *dans* E (resp. *de* F_α *dans* F). *Pour tout* $\alpha \in I$, *soit* u_α *une application de* E_α *dans* F_α *telle que, pour* $\alpha \leqslant \beta$, *le diagramme*

$$\begin{array}{ccc} E_\alpha & \xrightarrow{u_\alpha} & F_\alpha \\ {\scriptstyle f_{\beta\alpha}}\downarrow & & \downarrow{\scriptstyle g_{\beta\alpha}} \\ E_\beta & \xrightarrow[u_\beta]{} & F_\beta \end{array}$$

soit commutatif. Il existe alors une application $u \colon E \to F$ *et une seule telle que, pour tout* $\alpha \in I$, *le diagramme*

$$\begin{array}{ccc} E_\alpha & \xrightarrow{u_\alpha} & F_\alpha \\ {\scriptstyle f_{\alpha}}\downarrow & & \downarrow{\scriptstyle g_{\alpha}} \\ E & \xrightarrow[u]{} & F \end{array}$$

soit commutatif.

Posons $v_\alpha = g_\alpha \circ u_\alpha$. Pour $\alpha \leqslant \beta$, on a, d'après (22),

$$v_\beta \circ f_{\beta\alpha} = g_\beta \circ u_\beta \circ f_{\beta\alpha} = g_\beta \circ g_{\beta\alpha} \circ u_\alpha = g_\alpha \circ u_\alpha = v_\alpha.$$

On peut donc appliquer la prop. 6 aux v_α, d'où l'existence et l'unicité d'une application $u \colon E \to F$ telle que

$$u \circ f_\alpha = v_\alpha = g_\alpha \circ u_\alpha$$

pour tout $\alpha \in I$.

On dit qu'une famille d'applications $u_\alpha \colon E_\alpha \to F_\alpha$ satisfaisant aux conditions du cor. 1 est un *système inductif d'applications* de $(E_\alpha, f_{\beta\alpha})$ dans $(F_\alpha, g_{\beta\alpha})$; l'application définie dans le cor. 1 est appelée la *limite inductive* de la famille (u_α) et se note $u = \varinjlim u_\alpha$ lorsque aucune confusion n'est à craindre.

COROLLAIRE 2. — *Soient* $(E_\alpha, f_{\beta\alpha})$, $(F_\alpha, g_{\beta\alpha})$, $(G_\alpha, h_{\beta\alpha})$ *trois systèmes inductifs d'ensembles relatifs à* I; *soient* $E = \varinjlim E_\alpha$, $F = \varinjlim F_\alpha$, $G = \varinjlim G_\alpha$, *et soit* f_α (resp. g_α, h_α) *l'application canonique de* E_α (resp. F_α, G_α) *dans* E (resp. F, G). *Si* (u_α) *et* (v_α) *sont deux systèmes inductifs d'applications* $u_\alpha : E_\alpha \to F_\alpha$, $v_\alpha : F_\alpha \to G_\alpha$, *alors les* $v_\alpha \circ u_\alpha : E_\alpha \to G_\alpha$ *forment un système inductif d'applications, et on a*

$$\varinjlim (v_\alpha \circ u_\alpha) = (\varinjlim v_\alpha) \circ (\varinjlim u_\alpha). \tag{25}$$

En effet, si on pose $w_\alpha = v_\alpha \circ u_\alpha$, on a pour $\alpha \leqslant \beta$

$$h_{\beta\alpha} \circ w_\alpha = (h_{\beta\alpha} \circ v_\alpha) \circ u_\alpha = (v_\beta \circ g_{\beta\alpha}) \circ u_\alpha = v_\beta \circ (u_\beta \circ f_{\beta\alpha}) = w_\beta \circ f_{\beta\alpha}$$

ce qui montre que (w_α) est un système inductif d'applications. En outre, si on pose $u = \varinjlim u_\alpha$, $v = \varinjlim v_\alpha$, on a, pour tout $\alpha \in I$,

$$(v \circ u) \circ f_\alpha = v \circ (g_\alpha \circ u_\alpha) = h_\alpha \circ (v_\alpha \circ u_\alpha)$$

et en raison de l'unicité de la limite inductive, on a $v \circ u = \varinjlim w_\alpha$.

PROPOSITION 7. — *Soient* $(E_\alpha, f_{\beta\alpha})$, $(E'_\alpha, f'_{\beta\alpha})$ *deux systèmes inductifs d'ensembles relatifs à* I, *et pour chaque* $\alpha \in I$, *soit* u_α *une application de* E_α *dans* E'_α, *les* u_α *formant un système inductif d'applications. Soit* $u = \varinjlim u_\alpha$. *Si chacune des* u_α *est injective* (resp. *surjective*), *alors u est injective* (resp. *surjective*).

Soient $E = \varinjlim E_\alpha$, $E' = \varinjlim E'_\alpha$, et $f_\alpha : E_\alpha \to E$, $f'_\alpha : E'_\alpha \to E'$ les applications canoniques. Supposons les u_α injectives; pour vérifier que u est injective, il suffit (III, p. 62, prop. 6) de vérifier que si $x \in E_\alpha$, $y \in E_\alpha$ sont tels que $f'_\alpha(u_\alpha(x)) = f'_\alpha(u_\alpha(y))$, alors il existe $\beta \geqslant \alpha$ tel que $f_{\beta\alpha}(x) = f_{\beta\alpha}(y)$. Or l'hypothèse implique (III, p. 62, lemme 1) qu'il existe $\beta \geqslant \alpha$ tel que $f'_{\beta\alpha}(u_\alpha(x)) = f'_{\beta\alpha}(u_\alpha(y))$, ce qui s'écrit aussi $u_\beta(f_{\beta\alpha}(x)) = u_\beta(f_{\beta\alpha}(y))$, et entraîne donc $f_{\beta\alpha}(x) = f_{\beta\alpha}(y)$ puisque u_β est injective.

Supposons maintenant les u_α surjectives; on a alors

$$E' = \bigcup_\alpha f'_\alpha(E'_\alpha) = \bigcup_\alpha f'_\alpha(u_\alpha(E_\alpha))$$
$$= \bigcup_\alpha u(f_\alpha(E_\alpha)) = u(\bigcup_\alpha f_\alpha(E_\alpha)) = u(E).$$

Avec les notations de la prop. 7, soit, pour tout $\alpha \in I$, M_α une partie de E_α; si l'on a $f_{\beta\alpha}(M_\alpha) \subset M_\beta$ pour $\alpha \leqslant \beta$, on dit que $(M_\alpha)_{\alpha \in I}$ est un *système inductif de parties des* E_α. Soit $g_{\beta\alpha}$ l'application de M_α dans M_β (pour $\alpha \leqslant \beta$) ayant même graphe que la restriction de $f_{\beta\alpha}$ à M_α; il est clair que $(M_\alpha, g_{\beta\alpha})$ est un système inductif d'ensembles, et la prop. 7, appliquée aux injections canoniques $j_\alpha : M_\alpha \to E_\alpha$, permet d'*identifier* $M = \varinjlim M_\alpha$ à une partie de E au moyen de l'injection $j = \varinjlim j_\alpha$.

COROLLAIRE. — *Soient* $(E_\alpha, f_{\beta\alpha})$, $(E'_\alpha, f'_{\beta\alpha})$ *deux systèmes inductifs d'ensembles,* (u_α) *un système inductif d'applications* $u_\alpha : E_\alpha \to E'_\alpha$, *et soit* $u = \varinjlim u_\alpha$.

(i) *Soit* (M_α) *un système inductif de parties des* E_α. *Alors* $(u_\alpha(M_\alpha))$ *est un système inductif de parties des* E'_α, *et on a*

$$\varinjlim u_\alpha(M_\alpha) = u(\varinjlim M_\alpha). \tag{26}$$

(ii) *Soit* $(a'_\alpha)_{\alpha\in I}$ *une famille telle que l'on ait* $a'_\alpha \in E'_\alpha$ *pour tout* $\alpha \in I$ *et* $f'_{\beta\alpha}(a'_\alpha) = a'_\beta$ *pour* $\alpha \leqslant \beta$. *Alors les ensembles* $\overset{-1}{u_\alpha}(a'_\alpha)$ *forment un système inductif de parties des* E_α, *et l'on a*

$$\varinjlim \overset{-1}{u_\alpha}(a'_\alpha) = \overset{-1}{u}(a') \tag{27}$$

en désignant par a' *l'unique élément de* $\varinjlim E'_\alpha$ *image canonique de* a'_α *pour tout* $\alpha \in I$.

(i) Il est immédiat que les $u_\alpha(M_\alpha)$ forment un système inductif de parties des E'_α, et on peut écrire $u_\alpha(M_\alpha) = v_\alpha(M_\alpha)$, où v_α est l'application de M_α sur $u_\alpha(M_\alpha)$ dont le graphe coïncide avec celui de la restriction de u_α à M_α. La relation (26) résulte alors de la prop. 7, puisque les v_α sont surjectives.

(ii) Soit $N_\alpha = \overset{-1}{u_\alpha}(a'_\alpha)$; si $\alpha \leqslant \beta$ et si $x_\alpha \in N_\alpha$, on a $u_\beta(f_{\beta\alpha}(x_\alpha)) = f'_{\beta\alpha}(u_\alpha(x_\alpha)) = f'_{\beta\alpha}(a'_\alpha) = a'_\beta$, donc $f_{\beta\alpha}(x_\alpha) \in N_\beta$, et les N_α forment un système inductif de parties des E_α. Avec les notations de la démonstration de la prop. 7, considérons un élément $x \in \varinjlim N_\alpha$; il existe donc un $\alpha \in I$ et un $x_\alpha \in N_\alpha$ tels que $x = f_\alpha(x_\alpha)$, d'où $u(x) = u(f_\alpha(x_\alpha)) = f'_\alpha(u_\alpha(x_\alpha)) = f'_\alpha(a'_\alpha) = a'$. Réciproquement, si $x \in \overset{-1}{u}(a')$ et si $x = f_\alpha(x_\alpha)$ pour un $\alpha \in I$ et un $x_\alpha \in E_\alpha$, on a $f'_\alpha(a'_\alpha) = a' = u(f_\alpha(x_\alpha)) = f'_\alpha(u_\alpha(x_\alpha))$; donc (III, p. 62, lemme 1), il existe $\beta \geqslant \alpha$ tel que $f'_{\beta\alpha}(u_\alpha(x_\alpha)) = f'_{\beta\alpha}(a'_\alpha) = a'_\beta$; ceci s'écrit aussi $u_\beta(f_{\beta\alpha}(x_\alpha)) = a'_\beta$, donc $f_{\beta\alpha}(x_\alpha) \in N_\beta$; comme $x = f_\beta(f_{\beta\alpha}(x_\alpha))$, on a bien $x \in \varinjlim N_\alpha$.

Remarque 2). — Supposons que pour tout $\alpha \in I$, $u_\alpha : E_\alpha \to E'$ soit une application telle que la famille (u_α) vérifie (23). Considérons le système inductif $(E'_\alpha, i_{\beta\alpha})$ relatif à I, où $E'_\alpha = E'$ pour tout $\alpha \in I$ et $i_{\beta\alpha}$ est l'application identique de E′. On sait alors (III, p. 61, *Exemple* 2) que E′ s'identifie canoniquement à $\varinjlim E_\alpha$. Si on considère u_α comme application de E_α dans E′, (u_α) est un système inductif d'applications, et l'application $u : E \to E'$ définie par (24) s'identifie à la limite inductive de ce système d'applications. Aussi écrit-on alors par abus de langage $u = \varinjlim u_\alpha$.

Pour toute partie J de I, filtrante à droite (pour le préordre induit), il est clair que le couple formé de la sous-famille $(E_\alpha)_{\alpha\in J}$ et de la famille $(f_{\beta\alpha})$, où $\alpha \leqslant \beta$, $\alpha \in J$ et $\beta \in J$, est encore un système inductif d'ensembles, relatif à J; on dira qu'il est obtenu par *restriction* à J de l'ensemble d'indices. Notons par E et E′ les limites inductives des familles $(E_\alpha)_{\alpha\in I}$ et $(E_\alpha)_{\alpha\in J}$ respectivement, et pour tout $\alpha \in I$, soit $f_\alpha : E_\alpha \to E$ l'application canonique; alors $(f_\alpha)_{\alpha\in J}$ est un système inductif d'applications, et par suite $g = \varinjlim f_\alpha$ est un application $E' \to E$, dite *canonique*.

En outre, si J′ est une partie filtrante de J, E″ la limite inductive de la famille $(E_\alpha)_{\alpha \in J''}$, $g' : E'' \to E'$ et $g'' : E'' \to E$ les applications canoniques, il résulte aussitôt de la prop. 6 que l'on a

(28) $$g'' = g \circ g'.$$

PROPOSITION 8. — *Soient* I *un ensemble préordonné filtrant à droite,* $(E_\alpha, f_{\beta\alpha})$ *un système inductif d'ensembles relatif à* I, $E = \varinjlim E_\alpha$ *sa limite inductive. Soient* J *une partie cofinale de* I, E′ *la limite inductive du système inductif d'ensembles obtenu à partir de* $(E_\alpha, f_{\beta\alpha})$ *par restriction à* J *de l'ensemble d'indices. Alors l'application canonique de* E′ *dans* E *est bijective.*

On sait que J est nécessairement filtrant à droite (III, p. 13). Vérifions les critères de la prop. 6 (III, p. 62) pour montre que g est bijective. La condition d'injectivité découle aussitôt de la définition et du lemme 1 (III, p. 62). Pour voir que g est surjective, remarquons que pour tout $\alpha \in J$, on a $g(E_\alpha) = f_\alpha(E_\alpha)$. Or, pour tout $\beta \in I$, il existe $\gamma \in J$ tel que $\beta \leqslant \gamma$, d'où on conclut que $g(E_\gamma) \supset g(f_{\gamma\beta}(E_\beta)) = f_\beta(E_\beta)$; E est donc bien réunion des $g(E_\alpha)$ lorsque α parcourt J.

7. Double limite inductive. Produit de limites inductives

Soient I, L deux ensembles préordonnés filtrants à droite, $I \times L$ leur produit (III, p. 7) qui est filtrant à droite. Considérons un système inductif d'ensembles $(E_\alpha^\lambda, f_{\beta\alpha}^{\mu\lambda})$ relatif à $I \times L$; on a donc

(29) $$f_{\gamma\alpha}^{\nu\lambda} = f_{\gamma\beta}^{\nu\mu} \circ f_{\beta\alpha}^{\mu\lambda} \quad \text{pour } \alpha \leqslant \beta \leqslant \gamma \text{ et } \lambda \leqslant \mu \leqslant \nu.$$

Désignons par E ou $\varinjlim_{\alpha,\lambda} E_\alpha^\lambda$ la limite inductive de ce système inductif. Pour tout $\lambda \in L$, posons $g_{\beta\alpha}^\lambda = f_{\beta\alpha}^{\lambda\lambda} : E_\alpha^\lambda \to E_\beta^\lambda$; il résulte de (29) que l'on a

(30) $$g_{\gamma\alpha}^\lambda = g_{\gamma\beta}^\lambda \circ g_{\beta\alpha}^\lambda \quad \text{pour } \alpha \leqslant \beta \leqslant \gamma ;$$

autrement dit, $(E_\alpha^\lambda, g_{\beta\alpha}^\lambda)$ est un système inductif d'ensembles relatif à I ; notons $F^\lambda = \varinjlim_\alpha E_\alpha^\lambda$ sa limite inductive. D'autre part, pour $\lambda \leqslant \mu$ fixés dans L, il résulte de (29) que les $h_\alpha^{\mu\lambda} = f_{\alpha\alpha}^{\mu\lambda} : E_\alpha^\lambda \to E_\alpha^\mu$ forment un système inductif d'applications; nous noterons $h^{\mu\lambda} = \varinjlim_\alpha h_\alpha^{\mu\lambda} : F^\lambda \to F^\mu$ sa limite inductive. Pour $\lambda \leqslant \mu \leqslant \nu$ dans L, on a alors

(31) $$h^{\nu\lambda} = h^{\nu\mu} \circ h^{\mu\lambda}$$

(III, p. 64, cor. 2) ; donc $(F^\lambda, h^{\mu\lambda})$ est un système inductif d'ensembles relatif à L. Soit $F = \varinjlim_\lambda F^\lambda$ sa limite inductive; nous allons définir une *bijection canonique* $E \to F$. Notons g_α^λ l'application canonique $E_\alpha^\lambda \to F^\lambda$, et h^λ l'application canonique $F^\lambda \to F$, et posons $u_\alpha^\lambda = h^\lambda \circ g_\alpha^\lambda$. Pour $\alpha \leqslant \beta$ et $\lambda \leqslant \mu$, on a

$$\begin{aligned} u_\beta^\mu \circ f_{\beta\alpha}^{\mu\lambda} &= h^\mu \circ g_\beta^\mu \circ f_{\beta\alpha}^{\mu\lambda} = h^\mu \circ g_\beta^\mu \circ f_{\beta\alpha}^{\mu\mu} \circ f_{\alpha\alpha}^{\mu\lambda} = h^\mu \circ g_\alpha^\mu \circ f_{\alpha\alpha}^{\mu\lambda} \\ &= h^\mu \circ h^{\mu\lambda} \circ g_\alpha^\lambda = h^\lambda \circ g_\alpha^\lambda = u_\alpha^\lambda \end{aligned}$$

en vertu de (29) et de la définition de $h^{\mu\lambda}$; les u_α^λ forment donc un système inductif d'applications relatif à $I \times L$. Posons $u = \varinjlim_{\alpha,\lambda} u_\alpha^\lambda : E \to F$, et montrons que u est bijective en appliquant les critères de III, p. 62, prop. 6. En premier lieu, F est réunion des $h^\lambda(F^\lambda)$, et chaque F^λ est réunion des $g_\alpha^\lambda(E_\alpha^\lambda)$; donc F est réunion des $h^\lambda(g_\alpha^\lambda(E_\alpha^\lambda)) = u_\alpha^\lambda(E_\alpha^\lambda)$. D'autre part, soient x, y deux éléments de E_α^λ tels que $u_\alpha^\lambda(x) = u_\alpha^\lambda(y)$, autrement dit $h^\lambda(g_\alpha^\lambda(x)) = h^\lambda(g_\alpha^\lambda(y))$; il existe alors un $\mu \geqslant \lambda$ tel que $h^{\mu\lambda}(g_\alpha^\lambda(x)) = h^{\mu\lambda}(g_\alpha^\lambda(y))$ (III, p. 62, lemme 1), c'est-à-dire $g_\alpha^\mu(f_{\alpha\alpha}^{\mu\lambda}(x)) = g_\alpha^\mu(f_{\alpha\alpha}^{\mu\lambda}(y))$; de même il existe $\beta \geqslant \alpha$ tel que $g_{\beta\alpha}^\mu(f_{\alpha\alpha}^{\mu\lambda}(x)) = g_{\beta\alpha}^\mu(f_{\alpha\alpha}^{\mu\lambda}(y))$ (III, p. 62, lemme 1), c'est-à-dire $f_{\beta\alpha}^{\mu\lambda}(x) = f_{\beta\alpha}^{\mu\lambda}(y)$; cela montre (III, p. 62, prop. 6) que u est injective. Nous avons donc démontré la proposition suivante:

PROPOSITION 9. — *Si $(E_\alpha^\lambda, f_{\beta\alpha}^{\mu\lambda})$ est un système inductif d'ensembles relatif à un produit* $I \times L$ *de deux ensembles préordonnés filtrants à droite, on a, à une bijection canonique près,*

$$\varinjlim_{\alpha,\lambda} E_\alpha^\lambda = \varinjlim_{\lambda} (\varinjlim_{\alpha} E_\alpha^\lambda). \tag{32}$$

COROLLAIRE. — *Soit $(E_\alpha'^\lambda, f_{\beta\alpha}'^{\mu\lambda})$ un second système inductif d'ensembles relatif à* $I \times L$, *et, pour chaque (α, λ) soit u_α^λ une application de E_α^λ dans $E_\alpha'^\lambda$, les u_α^λ formant un système inductif d'applications. On a alors*

$$\varinjlim_{\alpha,\lambda} u_\alpha^\lambda = \varinjlim_{\lambda} (\varinjlim_{\alpha} u_\alpha^\lambda). \tag{33}$$

Nous laissons la vérification au lecteur.

PROPOSITION 10. — *Soient $(E_\alpha, f_{\beta\alpha})$, $(E'_\alpha, f'_{\beta\alpha})$ deux systèmes inductifs d'ensembles relatifs à un même ensemble d'indices préordonné filtrant à droite* I; *soient* $E = \varinjlim E_\alpha$, $E' = \varinjlim E'_\alpha$, *et désignons par $f_\alpha : E_\alpha \to E$ et $f'_\alpha : E'_\alpha \to E'$ (pour $\alpha \in I$) les applications canoniques. Alors $(E_\alpha \times E'_\alpha, f_{\beta\alpha} \times f'_{\beta\alpha})$ est un système inductif d'ensembles, $(f_\alpha \times f'_\alpha)$ est un système inductif d'applications, et $\varinjlim (f_\alpha \times f'_\alpha)$ est un bijection*

$$\varinjlim (E_\alpha \times E'_\alpha) \to (\varinjlim E_\alpha) \times (\varinjlim E'_\alpha). \tag{34}$$

La vérification des deux premières assertions est immédiate, et pour voir que $g = \varinjlim (f_\alpha \times f'_\alpha)$ est bijective, nous allons appliquer la prop. 6 de III, p. 62. Il est clair que $E \times E'$ est réunion des $f_\alpha(E_\alpha) \times f'_\alpha(E'_\alpha)$, donc g est surjective. D'autre part, si (x, x') et (y, y') sont deux éléments de $E_\alpha \times E'_\alpha$ tels que $f_\alpha(x) = f_\alpha(y)$ et $f'_\alpha(x') = f'_\alpha(y')$, il existe (III, p. 62, lemme 1) deux éléments $\beta \geqslant \alpha$, $\gamma \geqslant \alpha$ de I tels que $f_{\beta\alpha}(x) = f_{\beta\alpha}(y)$ et $f'_{\gamma\alpha}(x') = f'_{\gamma\alpha}(y')$; comme I est filtrant, il existe un $\delta \in I$ tel que $\delta \geqslant \beta$ et $\delta \geqslant \gamma$, d'où $f_{\delta\alpha}(x) = f_{\delta\alpha}(y)$ et $f'_{\delta\alpha}(x') = f'_{\delta\alpha}(y')$, ce qui achève la démonstration.

On dit que la bijection g est *canonique*.

COROLLAIRE. — *Soient* $(F_\alpha, g_{\beta\alpha})$, $(F'_\alpha, g'_{\beta\alpha})$ *deux systèmes inductifs d'ensembles relatifs à* I, *et pour tout* $\alpha \in I$, *soient* $u_\alpha : E_\alpha \to F_\alpha$, $u'_\alpha : E'_\alpha \to F'_\alpha$ *des applications formant deux systèmes inductifs. Alors* $(u_\alpha \times u'_\alpha)$ *est un système inductif d'applications, et l'on a, à des bijections canoniques près*

$$\varinjlim (u_\alpha \times u'_\alpha) = (\varinjlim u_\alpha) \times (\varinjlim u'_\alpha). \tag{35}$$

La vérification est laissée au lecteur.

Exercices

§ 1

1) Soit E un ensemble ordonné dans lequel il existe au moins un couple d'éléments distincts et comparables. Montrer que si on désigne par R$\{x, y\}$ la relation « $x \in$ E et $y \in$ E et $x < y$ », R vérifie les deux premières conditions de III, p. 1, mais non la troisième.

2) *a*) Soient E un ensemble préordonné, S$\{x, y\}$ une relation d'équivalence dans E. On note R$\{$X, Y$\}$ la relation

« X $\in$ E/S et Y $\in$ E/S et pour tout $x \in$ X, il existe $y \in$ Y tel que $x \leqslant y$ ».

Montrer que R est une relation de préordre dans E/S, dite *quotient* de $x \leqslant y$ par S; E/S, muni de cette relation de préordre, est appelé (par abus de langage; cf. IV, p. 21) l'ensemble préordonné *quotient* de E par S.
b) Soit φ l'application canonique de E sur E/S. Montrer que toute application g de l'ensemble préordonné quotient E/S dans un ensemble préordonné F telle que $g \circ \varphi$ soit croissante, est une application croissante de E/S dans F. Pour que φ soit croissante, il faut et il suffit que S satisfasse à la condition suivante:
(C) Les relations $x \leqslant y$ et $x \equiv x'$ (mod. S) dans E entraînent qu'il existe $y' \in$ E tel que $y \equiv y'$ (mod. S) et $x' \leqslant y'$.

Lorsqu'il en est ainsi, on dit que la relation d'équivalence S est *faiblement compatible* (en x et y) avec la relation de préordre $x \leqslant y$. Toute relation d'équivalence S *compatible* (en x) avec la relation de préordre $x \leqslant y$ (II, p. 42) est *a fortiori* faiblement compatible (en x et y) avec cette relation.
c) Soient E_1, E_2 deux ensembles préordonnés. Montrer que si S_1 est la relation d'équivalence $\mathrm{pr}_1 z = \mathrm{pr}_1 z'$ dans $E_1 \times E_2$, S_1 est faiblement compatible en z et t avec la relation de préordre produit $z \leqslant t$ sur $E_1 \times E_2$ (mais en général elle n'est pas compatible avec cette relation ni en z ni en t); en outre, si φ_1 est l'application canonique de $E_1 \times E_2$ sur $(E_1 \times E_2)/S_1$, et si $\mathrm{pr}_1 = f_1 \circ \varphi_1$ est la décomposition canonique de pr_1 pour la relation d'équivalence S_1, montrer que f_1 est un isomorphisme de $(E_1 \times E_2)/S_1$ sur E_1.
d) Sous les hypothèses de *a*), on suppose que E soit un ensemble *ordonné*, et que la condition suivante soit vérifiée:
(C′) Les relations $x \leqslant y \leqslant z$ et $x \equiv z$ (mod. S) dans E impliquent $x \equiv y$ (mod. S).

Montrer alors que R$\{$X, Y$\}$ est une relation d'*ordre* entre X et Y dans E/S.
e) Donner un exemple d'un ensemble totalement ordonné E ayant 4 éléments et d'une relation d'équivalence S dans E telle que ni la condition (C) ni la condition (C′) ne soient vérifiées, bien que E/S soit un ensemble ordonné.
f) Soient E un ensemble ordonné, f une application croissante de E dans un ensemble ordonné F, et S$\{x, y\}$ la relation d'équivalence $f(x) = f(y)$ dans E. La condition (C′) est alors vérifiée. Pour que la condition (C) le soit, il faut et il suffit que les relations $x \leqslant y$ et $f(x) = f(x')$ entraînent qu'il existe $y' \in$ E tel que $x' \leqslant y'$ et $f(y) = f(y')$. Soit $f = g \circ \varphi$ la décomposition canonique de f; pour que g soit un isomorphisme de E/S sur f(E), il faut et il suffit que la condition précédente soit vérifiée et en outre que la relation $f(x) \leqslant f(y)$ entraîne qu'il existe x', y' tels que $f(x) = f(x')$, $f(y) = f(y')$ et $x' \leqslant y'$.

3) Soient I un ensemble ordonné, $(E_\iota)_{\iota \in I}$ une famille d'ensembles ordonnés non vides ayant I pour ensemble d'indices.
a) Soit F l'ensemble *somme* (II, p. 30) de la famille $(E_\iota)_{\iota \in I}$ et, pour tout $x \in$ F, soit $\lambda(x)$ l'indice ι tel que $x \in E_\iota$; soit G le graphe formé des couples $(x, y) \in$ F $\times$ F ayant la propriété suivante: $\lambda(x) < \lambda(y)$, ou $\lambda(x) = \lambda(y)$ et $x \leqslant y$ dans $E_{\lambda(x)}$. Montrer que G est le graphe d'un ordre sur F; l'ensemble F, muni de cet ordre, est appelé la *somme ordinale* de la famille $(E_\iota)_{\iota \in I}$

d'ensembles ordonnés (relativement à l'ordre sur I), et se note $\sum_{\iota \in I} E_\iota$. Montrer que la relation d'équivalence correspondant à la partition $(E_\iota)_{\iota \in I}$ de F vérifie les conditions (C) et (C') de l'exerc. 2, et que l'ensemble ordonné quotient (exerc. 2) est canoniquement isomorphe à I.
b) Si l'ensemble I est somme ordinale d'une famille $(J_\lambda)_{\lambda \in L}$ d'ensembles ordonnés, où L est ordonné, montrer que l'ensemble ordonné $\sum_{\iota \in I} E_\iota$ est canoniquement isomorphe à la somme ordinale $\sum_{\lambda \in L} F_\lambda$, où $F_\lambda = \sum_{\iota \in J_\lambda} E_\iota$ (« associativité » de la somme ordinale). Lorsque I est l'ensemble totalement ordonné $\{1, 2\}$, on écrit aussi $E_1 + E_2$ la somme ordinale de E_1 et E_2; montrer que $E_2 + E_1$ et $E_1 + E_2$ ne sont pas nécessairement isomorphes.
c) Pour qu'une somme ordinale $\sum_{\iota \in I} E_\iota$ soit un ensemble filtrant à droite, il faut et il suffit que I soit filtrant à droite et que, pour tout élément maximal ω de I, E_ω soit filtrant à droite.
d) Pour qu'une somme ordinale $\sum_{\iota \in I} E_\iota$ soit un ensemble totalement ordonné, il faut et il suffit que I et chacun des E_ι soient totalement ordonnés.
e) Pour qu'une somme ordinale $\sum_{\iota \in I} E_\iota$ soit un ensemble réticulé, il faut et il suffit que les conditions suivantes soient vérifiées:
I) L'ensemble I est réticulé, et pour tout couple (λ, μ) d'indices non comparables dans I, $E_{\sup(\lambda, \mu)}$ (resp. $E_{\inf(\lambda, \mu)}$) admet un plus petit (resp. un plus grand) élément.
II) Pour tout $\alpha \in I$ et tout couple d'éléments (x, y) de E_α tel que l'ensemble $\{x, y\}$ soit majoré (resp. minoré) dans E_α, l'ensemble $\{x, y\}$ admet une borne supérieure (resp. inférieure) dans E_α.
III) Pour tout $\alpha \in I$ tel que E_α contienne un ensemble de deux éléments non majoré (resp. non minoré) dans E_α, l'ensemble des $\lambda \in I$ tels que $\lambda > \alpha$ (resp. $\lambda < \alpha$) admet un plus petit élément (resp. un plus grand élément) β, et E_β a un plus petit élément (resp. un plus grand élément).

4) Soit E un ensemble ordonné, et soit $(E_\iota)_{\iota \in I}$ la partition de E formée par les composantes connexes de E (II, p. 52, exerc. 10) pour la relation réflexive et symétrique « $x = y$ ou x et y ne sont pas comparables ».
a) Montrer que si $\iota \neq \kappa$, $x \in E_\iota$ et $y \in E_\kappa$, x et y sont comparables et que si, par exemple, $x \leqslant y$, $y' \in E_\kappa$ et $y' \neq y$, on a aussi $x \leqslant y'$ (remarquer qu'il n'existe pas de partition de E_κ en deux ensembles A, B tels que tout élément de A soit comparable à tout élément de B).
b) Déduire de *a*) que la relation d'équivalence S correspondant à la partition (E_ι) de E est compatible (en x et en y) avec la relation d'ordre $x \leqslant y$ dans E, et que l'ensemble ordonné quotient E/S (III, p. 69, exerc. 2) est totalement ordonné.
c) Quelles sont les composantes connexes d'un ensemble ordonné $E = F \times G$, produit de deux ensembles totalement ordonnés?

5) Soit E un ensemble ordonné; on dit qu'une partie X de E est *libre* si deux éléments distincts quelconques de X sont incomparables. Soit $\mathfrak{F}$ l'ensemble des parties libres de E. Montrer que, dans $\mathfrak{F}$, la relation « quel que soit $x \in X$, il existe $y \in Y$ tel que $x \leqslant y$ » est une relation d'ordre entre X et Y, notée $X \leqslant Y$. L'application $x \mapsto \{x\}$ est un isomorphisme de E sur une partie de l'ensemble ordonné $\mathfrak{F}$. Si $X \subset Y$ pour $X \in \mathfrak{F}$ et $Y \in \mathfrak{F}$, montrer que $X \leqslant Y$. Pour que $\mathfrak{F}$ soit totalement ordonné, il faut et il suffit que E soit totalement ordonné et $\mathfrak{F}$ est alors canoniquement isomorphe à E.

6) Soient E et F deux ensembles ordonnés, et soit $\mathscr{A}(E, F)$ le sous-ensemble de l'ensemble ordonné produit F^E, formé des applications *croissantes* de E dans F.
a) Montrer que si E, F, G sont trois ensembles ordonnés, l'ensemble ordonné $\mathscr{A}(E, F \times G)$ est isomorphe à l'ensemble ordonné produit $\mathscr{A}(E, F) \times \mathscr{A}(E, G)$.
b) Montrer que si E, F, G sont trois ensembles ordonnés, l'ensemble ordonné $\mathscr{A}(E \times F, G)$ est isomorphe à l'ensemble ordonné $\mathscr{A}(E, \mathscr{A}(F, G))$.
c) On suppose que E n'est pas vide. Pour que $\mathscr{A}(E, F)$ soit réticulé, il faut et il suffit que F soit réticulé.

d) On suppose que E et F sont non vides. Pour que $\mathscr{A}$(E, F) soit totalement ordonné, il faut et il suffit que l'une des conditions suivantes soit vérifiée:
α) F est réduit à un seul élément;
β) E est réduit à un seul élément et F est totalement ordonné;
γ) E est totalement ordonné et F est un ensemble totalement ordonné ayant deux éléments.

7) Pour que toute application d'un ensemble ordonné E dans un ensemble ordonné F ayant au moins deux éléments, qui est à la fois croissante et décroissante, soit constante dans E, il faut et il suffit que E soit connexe pour la relation réflexive et symétrique « x et y sont comparables » (II, p. 52, exerc. 10); cette condition est en particulier vérifiée lorsque E est filtrant à gauche ou à droite.

8) Soient E et F deux ensembles ordonnés, f une application croissante de E dans F, g une application croissante de F dans E. Soit A (resp. B) l'ensemble des $x \in$ E (resp. des $y \in$ F) tels que $g(f(x)) = x$ (resp. $f(g(y)) = y$). Montrer que les ensembles ordonnés A et B sont canoniquement isomorphes.

* 9) Dans un ensemble réticulé E, démontrer la relation

$$\sup_j (\inf_\iota x_{\iota j}) \leqslant \inf_\iota (\sup_j x_{\iota j})$$

pour toute famille « double » finie $(x_{\iota j})$.*

10) Soient E et F deux ensembles réticulés. Pour qu'une application f de E dans F soit croissante, il faut et il suffit que, quels que soient x, y dans E, on ait

$$f(\inf(x, y)) \leqslant \inf(f(x), f(y)).$$

Donner un exemple d'application croissante f de l'ensemble ordonné produit $\mathbf{N} \times \mathbf{N}$ dans l'ensemble ordonné $\mathbf{N}$, telle que la relation $f(\inf(x, y)) = \inf(f(x), f(y))$ ne soit pas vérifiée pour au moins un couple (x, y) dans $\mathbf{N} \times \mathbf{N}$.

11) On dit qu'un ensemble réticulé E est *achevé* si toute partie de E admet une borne supérieure et une borne inférieure dans E, ce qui entraîne en particulier que E admet un plus grand et un plus petit élément.
a) Montrer que si un ensemble ordonné E est tel que toute partie de E admette une borne supérieure dans E, E est un ensemble réticulé achevé.
b) Pour qu'un produit d'ensembles ordonnés soit réticulé achevé, il faut et il suffit que chacun des ensembles facteurs le soit.
c) Pour qu'une somme ordinale (III, p. 69, exerc. 3) $\sum_{\iota \in I} E_\iota$ soit un ensemble réticulé achevé, il faut et il suffit que les conditions suivantes soient vérifiées:
I) I est un ensemble réticulé achevé.
II) Si J est une partie de I qui n'a pas de plus grand élément, et si $\sigma = \sup J$, E_σ a un plus petit élément.
III) Pour tout $\iota \in I$, toute partie de E_ι majorée dans E_ι a une borne supérieure dans E_ι.
IV) Pour tout $\iota \in I$ tel que E_ι n'admette pas de plus grand élément, l'ensemble des $\varkappa > \iota$ a un plus petit élément α et E_α admet un plus petit élément.
d) Pour que l'ensemble ordonné $\mathscr{A}$(E, F) des applications croissantes d'un ensemble ordonné E dans un ensemble ordonné F (III, p. 70, exerc. 6) soit réticulé achevé, il faut et il suffit que F soit réticulé achevé.

12) Soit Φ un ensemble d'applications d'un ensemble A dans lui-même. Soit $\mathfrak{F}$ la partie de $\mathfrak{P}$(A) formée des ensembles $X \subset A$ tels que $f(X) \subset X$ pour toute application $f \in \Phi$; montrer que $\mathfrak{F}$ est un ensemble réticulé achevé pour la relation d'inclusion.

13) Soit E un ensemble ordonné; on dit qu'une application f de E dans lui-même est une *fermeture* si elle satisfait aux conditions suivantes: 1° f est croissante; 2° pour tout $x \in$ E, on a $f(x) \geqslant x$; 3° pour tout $x \in$ E, on a $f(f(x)) = f(x)$. Soit F l'ensemble des éléments de E invariants par f.

a) Montrer que pour tout $x \in \mathrm{E}$, l'ensemble F_x des éléments $y \in \mathrm{F}$ tels que $x \leqslant y$ admet un plus petit élément égal à $f(x)$. Réciproquement, si G est une partie de E telle que, pour tout $x \in \mathrm{E}$, l'ensemble des $y \in \mathrm{G}$ tels que $x \leqslant y$ admette un plus petit élément $g(x)$, g est une fermeture, et G est l'ensemble des éléments invariants par g.
b) On suppose que E est un ensemble réticulé achevé; montrer que la borne inférieure dans E d'une partie non vide quelconque de F appartient à F.
c) Montrer que si E est *réticulé*, on a $f(\sup(x, y)) = \sup(f(x), f(y))$ pour tout couple d'éléments x, y de E.

14) Soient A et B deux ensembles, R une partie quelconque de $\mathrm{A} \times \mathrm{B}$. Pour toute partie X de A (resp. toute partie Y de B), on désigne par $\rho(\mathrm{X})$ (resp. $\sigma(\mathrm{Y})$) l'ensemble des $y \in \mathrm{B}$ (resp. des $x \in \mathrm{A}$) tels que $(x, y) \in \mathrm{R}$ pour tout $x \in \mathrm{X}$ (resp. $(x, y) \in \mathrm{R}$ pour tout $y = \mathrm{Y}$). Montrer que ρ et σ sont décroissantes, et que les applications $\mathrm{X} \mapsto \sigma(\rho(\mathrm{X}))$ et $\mathrm{Y} \mapsto \rho(\sigma(\mathrm{Y}))$ sont des fermetures (III, p. 71, exerc. 13) dans $\mathfrak{P}(\mathrm{A})$ et $\mathfrak{P}(\mathrm{B})$ respectivement (ordonnés par la relation d'inclusion).

15) *a*) Étant donné un ensemble ordonné E, pour toute partie X de E, on désigne par $\rho(\mathrm{X})$ l'ensemble des majorants de X dans E, par $\sigma(\mathrm{X})$ l'ensemble des minorants de X dans E. Montrer que, dans $\mathfrak{P}(\mathrm{E})$, l'ensemble $\tilde{\mathrm{E}}$ des X tels que $\mathrm{X} = \sigma(\rho(\mathrm{X}))$ est un ensemble réticulé achevé, et que l'application $i: x \mapsto \sigma(\{x\})$ est un isomorphisme (dit canonique) de E sur un sous-ensemble ordonné E′ de $\tilde{\mathrm{E}}$ tel que, si une famille (x_ι) d'éléments de E a une borne supérieure (resp. inférieure) dans E, l'image de cette borne supérieure (resp. inférieure) est la borne supérieure (resp. inférieure) dans $\tilde{\mathrm{E}}$ de la famille des images des x_ι. On dit que $\tilde{\mathrm{E}}$ est l'*achèvement* de l'ensemble ordonné E.
b) Montrer que pour toute partie X de E, $\sigma(\rho(\mathrm{X}))$ est la borne supérieure dans $\tilde{\mathrm{E}}$ de la partie $i(\mathrm{X})$ de $\tilde{\mathrm{E}}$. Pour toute application croissante f de E dans un ensemble réticulé achevé F, il existe une application croissante et une seule $\bar{f}$ de $\tilde{\mathrm{E}}$ dans F telle que $f = \bar{f} \circ i$ et que $\bar{f}(\sup \mathrm{Z}) = \sup(\bar{f}(\mathrm{Z}))$ pour toute partie Z de $\tilde{\mathrm{E}}$.
c) Si E est totalement ordonné, montrer que $\tilde{\mathrm{E}}$ est totalement ordonné.

¶ 16) On dit qu'un ensemble réticulé E est *distributif* s'il satisfait aux deux conditions suivantes:

(D′) $$\sup(x, \inf(y, z)) = \inf(\sup(x, y), \sup(x, z))$$
(D″) $$\inf(x, \sup(y, z)) = \sup(\inf(x, y), \inf(x, z))$$

quels que soient x, y, z dans E. Un ensemble totalement ordonné est réticulé distributif.
a) Montrer que chacune des conditions (D′), (D″) entraîne, à elle seule, la condition

(D) $$\sup(\inf(x, y), \inf(y, z), \inf(z, x)) = \inf(\sup(x, y), \sup(y, z), \sup(z, x))$$

quels que soient x, y, z dans E.
b) Montrer que la condition (D) entraîne la condition:

(M) $$\text{Si } x \geqslant z, \quad \sup(z, \inf(x, y)) = \inf(x, \sup(y, z)).$$

En déduire que (D) entraîne chacune des conditions (D′), (D″), et par suite que les trois axiomes (D), (D′) et (D″) sont équivalents (pour voir par exemple que (D) entraîne (D′), prendre la borne supérieure de x et de chacun des deux membres de (D), et utiliser (M)).
c) Montrer que chacune des conditions suivantes:

(T′) $$\inf(z, \sup(x, y)) \leqslant \sup(x, \inf(y, z))$$
(T″) $$\inf(\sup(x, y), \sup(z, \inf(x, y))) = \sup(\inf(x, y), \inf(y, z), \inf(z, x))$$

quels que soient x, y, z dans E

— est nécessaire et suffisante pour que E soit distributif. (Pour montrer que (T′) entraîne (D″), considérer l'élément $\inf(z, \sup(x, \inf(y, z)))$).

¶ 17) On dit qu'un ensemble ordonné réticulé E ayant un plus petit élément α est *relativement complémenté* si pour couple d'éléments x, y, de E tels que $x \leqslant y$, il existe un élément x' tel que

$\sup(x, x') = y$ et $\inf(x, x') = \alpha$. Un tel élément x' est appelé un *complément relatif* de x par rapport à y.

a) Montrer que l'ensemble E des sous-espaces vectoriels d'un espace vectoriel de dimension $\geqslant 2$, ordonné par la relation d'inclusion, est réticulé et relativement complémenté, mais que pour deux éléments x, y de E tels que $x \leqslant y$, il existe en général plusieurs compléments relatifs distincts de x par rapport à y.

b) Si E est distributif et relativement complémenté, montrer que, pour $x \leqslant y$ dans E, il existe un unique complément relatif de x par rapport à y. On dit que E est un *réseau booléien* s'il est distributif, relativement complémenté et en outre admet un plus grand élément ω. Pour tout $x \in$ E, soit alors x^* le complément de x par rapport à ω; l'application $x \mapsto x^*$ est un isomorphisme de E sur l'ensemble ordonné obtenu en munissant E de l'ordre opposé, et on a $(x^*)^* = x$. Pour tout ensemble A, l'ensemble $\mathfrak{P}(A)$ des parties de A, ordonné par inclusion, est un réseau booléien.

c) Si E est un réseau booléien *achevé* (III, p. 71, exerc. 11), montrer que pour toute famille (x_λ) d'éléments de E et tout $y \in$ E, on a

$$\inf(y, \sup_\lambda(x_\lambda)) = \sup_\lambda(\inf(y, x_\lambda)).$$

(Se ramener au cas où $y = \alpha$, et utiliser le fait que si $\inf(z, x_\lambda) = \alpha$ pour tout indice λ, on a $z^* \geqslant x_\lambda$ pour tout λ).

¶ *18) Soient A un ensemble ayant au moins trois éléments, $\mathscr{P}$ l'ensemble des partitions de A, ordonné par la relation « ϖ est plus fine que ϖ' » entre ϖ et ϖ' (III, p. 2, *Exemple* 4). Montrer que $\mathscr{P}$ est un ensemble réticulé achevé (III, p. 71, exerc. 11), n'est pas distributif (III, p. 72, exerc. 17),mais est relativement complémenté (pour démontrer ce dernier point, bien ordonner les ensembles appartenant à une partition).*

19) On dit qu'un ensemble ordonné E est *sans trou* s'il contient deux éléments distincts comparables et si, pour tout couple d'éléments x, y de E tels que $x < y$, l'intervalle ouvert $]x, y[$ n'est pas vide. Montrer que pour qu'une somme ordinale $\sum_{\iota \in I} E_\iota$ (exerc. 3) soit sans trou, il faut et il suffit que les conditions suivantes soient vérifiées:

I) Ou bien I contient deux éléments distincts comparables, ou bien il existe $\iota \in$ I tel que E_ι contienne deux éléments distincts comparables.

II) Chaque E_ι contenant au moins deux éléments distincts comparables est sans trou.

III) Si α, β sont deux éléments de I tels que $\alpha < \beta$ et si l'intervalle $]\alpha, \beta[$ est vide dans I, alors, ou bien E_α n'a pas d'élément maximal, ou bien E_β n'a pas d'élément minimal.

En particulier, tout somme ordinale $\sum_{\iota \in I} E_\iota$ d'ensembles sans trou est sans trou lorsque aucun E_ι n'a d'élément maximal (ou lorsque aucun des E_ι n'a d'élément minimal). Si I est sans trou, et si chacun des E_ι est sans trou ou ne contient aucun couple d'éléments distincts comparables, $\sum_{\iota \in I} E_\iota$ est sans trou.

¶ 20) On dit qu'un ensemble ordonné E est *dispersé* si aucun sous-ensemble ordonné de E n'est sans trou (exerc. 19). Tout sous-ensemble d'un ensemble dispersé est dispersé. *Tout ensemble bien ordonné ayant au moins deux éléments est dispersé.*

a) On suppose que E soit dispersé; alors, pour tout couple d'éléments x, y de E tels que $x < y$, il existe deux éléments x', y' de E tels que $x \leqslant x' < y' \leqslant y$ et que l'intervalle $]x', y'[$ soit vide. *Donner un exemple d'ensemble totalement ordonné vérifiant la condition précédente et qui n'est pas dispersé (considérer l'ensemble triadique de Cantor).*

b) Pour qu'une somme ordinale $E = \sum_{\iota \in I} E_\iota$ (où I et les E_ι sont non vides) soit dispersée, il faut et il suffit que I et chacun des E_ι soient dispersés (remarquer que E contient un sous-ensemble isomorphe à I, et que tout sous-ensemble F de E est somme ordinale des ensembles $F \cap E_\iota$ qui sont non vides; utiliser enfin l'exerc. 19).

21) Soient E un ensemble non vide totalement ordonné, $S\{x, y\}$ la relation « l'intervalle

fermé d'extrémités x, y est dispersé » (III, p. 73, exerc. 20). Montrer que S est une relation d'équivalence faiblement compatible (III, p. 69, exerc. 2) en x et y avec la relation d'ordre sur E, que les classes d'équivalence suivant S sont des ensembles dispersés, et que l'ensemble ordonné quotient E/S (III, p. 69, exerc. 2) est sans trou ou réduit à un élément. En déduire que E est isomorphe à une somme ordinale d'ensembles dispersés, dont l'ensemble d'indices est sans trou ou réduit à un seul élément.

¶ 22) *a*) Soit E un ensemble ordonné. On dit qu'une partie U de E est un ensemble *ouvert* si pour tout $x \in U$, U contient l'intervalle $[x, \rightarrow[$. On dit qu'un ensemble ouvert U est *régulier* s'il n'existe aucun ensemble ouvert $V \supset U$, distinct de U, tel que U soit cofinal dans V. Montrer que tout ensemble ouvert U est cofinal dans un et un seul ensemble ouvert régulier $\tilde{U}$.[1] L'application $U \mapsto \tilde{U}$ est croissante. Si U et V sont deux ensembles ouverts tels que $U \cap V = \varnothing$, alors on a aussi $\tilde{U} \cap \tilde{V} = \varnothing$.
b) Montrer que l'ensemble R(E) des sous-ensembles ouverts réguliers de E, ordonné par inclusion, est un réseau booléien achevé (III, p. 73, exerc. 17). Pour que R(E) soit réduit à deux éléments, il faut et il suffit que E soit non vide et *filtrant à droite*.
c) Si F est un sous-ensembles cofinal de E, montrer que l'application $U \mapsto U \cap F$ est un isomorphisme de R(E) sur R(F).
d) Si E_1 et E_2 sont deux ensembles ordonnés, tout ensemble ouvert dans $E_1 \times E_2$ est égal à un produit $U_1 \times U_2$, où U_i est ouvert dans E_i pour $i = 1, 2$; l'ensemble $R(E_1 \times E_2)$ est isomorphe à $R(E_1) \times R(E_2)$.

¶ 23) Soient E un ensemble ordonné, $R_0(E)$ l'ensemble $R(E) - \{\varnothing\}$ (exerc. 22). Pour tout $x \in E$, on désigne par $r(x)$ l'unique ensemble ouvert régulier dans lequel l'intervalle $[x, \rightarrow[$ (qui est un ensemble ouvert) est cofinal. On dit que r est l'application canonique de E dans $R_0(E)$. On munit $R_0(E)$ de la relation d'ordre *opposée* à la relation d'inclusion.
a) Montrer que l'application r est croissante et que l'image canonique $r(E)$ est cofinale dans $R_0(E)$.
b) On dit qu'un ensemble ordonné E est *afiltrant à droite* si l'application canonique $r: E \rightarrow R_0(E)$ est injective. Pour qu'il en soit ainsi, il faut et il suffit que les deux conditions suivantes soient vérifiées:

I) Si x, y sont deux éléments de E tels que $x < y$, il existe $z \in E$ tel que $x < z$ et que les intervalles $[y, \rightarrow[$ et $[z, \rightarrow[$ ne se rencontrent pas.

II) Si x, y sont deux éléments incomparables de E, ou bien il existe $x' \geqslant x$ tel que les intervalles $[x', \rightarrow[$ et $[y, \rightarrow[$ ne se rencontrent pas, ou bien il existe $y' \geqslant y$ tel que les intervalles $[x, \rightarrow[$ et $[y', \rightarrow[$ ne se rencontrent pas.
c) Montrer que pour tout ensemble ordonné E, $R_0(E)$ est afiltrant à droite et que l'application canonique de $R_0(E)$ dans $R_0(R_0(E))$ est bijective (utiliser l'exerc. 22 *a*)).

*24) *a*) On dit qu'un ensemble ordonné E est *fourchu* (à droite) si, pour tout $x \in E$, il existe y, z dans E tels que $x \leqslant y, x \leqslant z$, et que les intervalles $[y, \rightarrow[$ et $[z, \rightarrow[$ ne se rencontrent pas. Un ensemble afiltrant à droite et sans élément maximal (exerc. 23) est fourchu à droite.
b) Soit E l'ensemble des intervalles de $\mathbf{R}$, de la forme $[k.2^{-n}, (k+1)2^{-n}]$ $(0 \leqslant k < 2^n)$, ordonné par la relation $\supset$. Montrer que E est afiltrant à droite et sans élément maximal.
c) Donner un exemple d'ensemble fourchu dans lequel il n'existe aucun sous-ensemble cofinal afiltrant à droite. (Prendre le produit de l'ensemble E défini dans *b*) et d'un ensemble bien ordonné F ne contenant aucun sous-ensemble cofinal dénombrable, et utiliser l'exerc. 22.)
d) Donner un exemple d'ensemble ordonné E qui n'est pas afiltrant mais dans lequel il existe une partie cofinale afiltrante (remarquer que dans une somme ordinale $\sum_{\xi \in E} F_\xi$, il existe une partie cofinale isomorphe à E).*

[1] Cette terminologie se justifie en notant qu'il y a une topologie unique sur E pour laquelle les ensembles ouverts (resp. ouverts réguliers) sont ceux définis dans l'exerc. 22 *a*) (cf. TG, I, § 1, exerc. 2 et § 8, exerc. 20).

§ 2

1) Montrer que, dans l'ensemble des ordres sur un ensemble E, les éléments minimaux (pour la relation d'ordre « Γ est moins fin que Γ' » entre Γ et Γ') sont les ordres totaux sur E, et que pour tout ordre Γ sur E, le graphe de Γ est l'intersection des graphes des ordres totaux moins fins que Γ (appliquer III, p. 20, th. 2). En déduire que tout ensemble ordonné est isomorphe à un sous-ensemble d'un produit d'ensembles totalement ordonnés.

2) Soient E un ensemble ordonné, $\mathfrak{B}$ l'ensemble des parties de E qui sont bien ordonnées par l'ordre induit. Montrer que, dans $\mathfrak{B}$, la relation « X est un segment de Y » est une relation d'ordre entre X et Y et que, pour cette relation d'ordre, $\mathfrak{B}$ est inductif. En déduire qu'il existe des parties bien ordonnées de E qui ne sont pas strictement majorées dans E.

3) Soit E un ensemble ordonné. Montrer qu'il existe deux parties A, B de E telles que $A \cup B = E$, $A \cap B = \varnothing$, que A soit bien ordonnée et que B n'ait pas de plus petit élément (prendre par exemple pour B la réunion des parties de E n'ayant pas de plus petit élément); * donner un exemple où il y a plusieurs partitions de E en deux ensembles ayant ces propriétés. *

¶ 4) On dit qu'un ensemble ordonné F est *partiellement bien ordonné* si toute partie totalement ordonnée de F est bien ordonnée. Montrer que dans tout ensemble ordonné E, il existe une partie F partiellement bien ordonnée et cofinale à E. (Considérer sur l'ensemble $\mathfrak{F}$ des parties partiellement bien ordonnées de E la relation d'ordre « $X \subset Y$ et aucun élément de $Y - X$ n'est majoré par un élément de X » entre X et Y; montrer que $\mathfrak{F}$ est inductif pour cette relation.)

5) Soient E un ensemble ordonné, $\mathfrak{J}$ l'ensemble des parties *libres* de E, ordonné par la relation définie dans III, p. 70, exerc. 5. Montrer que, si E est inductif, $\mathfrak{J}$ admet un plus grand élément.

¶ 6) Soient E un ensemble ordonné, f une application de E dans E telle que $f(x) \geqslant x$ pour tout $x \in E$.

a) Soit $\mathfrak{G}$ l'ensemble des parties M de E ayant les propriétés suivantes: 1° la relation $x \in M$ entraîne $f(x) \in M$; 2° si une partie non vide de M admet une borne supérieure dans E, cette borne appartient à M. Pour tout élément $a \in E$, montrer que l'intersection C_a des ensembles de $\mathfrak{G}$ contenant a appartient à $\mathfrak{G}$; en outre C_a est bien ordonné, et si C_a admet une borne supérieure b dans E, on a $b \in C_a$ et $f(b) = b$; on dit que C_a est la *chaîne* de a (pour la fonction f). (Considérer l'ensemble $\mathfrak{M}$ formé de l'ensemble vide et des parties X de E contenant a, admettant une borne supérieure m dans E, et telles que l'on ait $m \notin X$ ou $f(m) > m$; appliquer convenablement à $\mathfrak{M}$ le lemme 3 de III, p. 19.)

b) Déduire de *a*) que si E est inductif, il existe un élément $b \in E$ tel que $f(b) = b$.

¶ 7) Soient E un ensemble ordonné, F l'ensemble des *fermetures* (III, p. 71, exerc. 13) dans E. On ordonne F en posant $u \leqslant v$ lorsque $u(x) \leqslant v(x)$ pour tout $x \in E$; F admet un plus petit élément e, l'application identique de E sur lui-même. Pour tout $u \in F$, on note $I(u)$ l'ensemble des éléments de E invariants par u.

a) Montrer que pour que l'on ait $u \leqslant v$ dans F, il faut et il suffit que $I(v) \subset I(u)$.

b) Montrer que si deux éléments quelconques de E admettent une borne inférieure dans E, deux éléments quelconques de F admettent une borne inférieure dans F. Si E est un ensemble réticulé achevé (III, p. 71, exerc. 11) il en est de même de F.

c) Montrer que si E est inductif (pour la relation $\leqslant$), deux éléments quelconques u, v de F admettent une borne supérieure dans F (montrer que si on pose $f(x) = v(u(x))$, et si on désigne par $w(x)$ le plus grand élément de la chaîne de x, relative à f (exerc. 6), w est une fermeture dans E, borne supérieure de u et de v).

¶ 8) On dit qu'un ensemble ordonné E est *ramifié* (à droite) si, pour tout couple d'éléments x, y de E tels que $x < y$, il existe $z > x$ tel que y et z soient incomparables. On dit que E est *complètement ramifié* (à droite) s'il est ramifié et s'il ne possède pas d'élément maximal. Tout ensemble afiltrant à droite (III, p. 74, exerc. 23) est ramifié.

a) Soient E un ensemble ordonné, a un élément de E. Montrer que l'ensemble $\mathfrak{R}_a$ des parties ramifiées de E ayant a pour plus petit élément, ordonné par inclusion, admet un élément maximal.

b) Si en outre E est fourchu (III, p. 74, exerc. 24), montrer que tout élément maximal de $\mathfrak{R}_a$ est complètement ramifié.

c) Donner un exemple d'ensemble fourchu non ramifié. L'ensemble fourchu défini dans l'exerc. 24 *c*) de III, p. 74, est complètement ramifié.

d) Soit E un ensemble dans lequel tout intervalle $]\leftarrow, x]$ est totalement ordonné. Montrer qu'il existe dans E un ensemble cofinal qui est afiltrant (III, p. 74, exerc. 22) (utiliser *b*)).

9) Pour qu'une somme ordinale $\sum_{\iota\in I} E_\iota$ (III, p. 69, exerc. 3) soit bien ordonnée, il faut et il suffit que I et chacun des E_ι soient bien ordonnés.

10) Soient I un ensemble ordonné, $(E_\iota)_{\iota\in I}$ une famille d'ensembles ordonnés qui sont tous égaux à un même ensemble ordonné E. Montrer que la somme ordinale $\sum_{\iota\in I} E_\iota$ (III, p. 69, exerc. 3) est isomorphe au produit lexicographique de la suite $(F_\lambda)_{\lambda\in\{\alpha,\beta\}}$ où l'ensemble $\{\alpha, \beta\}$ de deux éléments distincts est bien ordonné par la relation dont le graphe est $\{(\alpha, \alpha), (\alpha, \beta), (\beta, \beta)\}$ et où $F_\alpha = I$ et $F_\beta = E$; ce produit s'appelle *produit lexicographique de* E *par* I et se note E.I.

¶ * 11) Soient I un ensemble bien ordonné, $(E_\iota)_{\iota\in I}$ une famille d'ensembles ordonnés dont chacun contient au moins deux éléments distincts comparables. Pour que le produit lexicographique des E_ι soit bien ordonné, il faut et il suffit que chacun des E_ι soit bien ordonné et que I soit *fini* (si I est infini, définir dans le produit lexicographique des E_ι une suite infinie strictement décroissante). *

¶ 12) Soit I un ensemble d'indices totalement ordonné, et soit $(E_\iota)_{\iota\in I}$ une famille d'ensembles ordonnés ayant I pour ensemble d'indices. On définit sur $E = \prod_{\iota\in I} E_\iota$ la relation suivante $R\{x, y\}$: « l'ensemble des $\iota \in I$ tels que $\mathrm{pr}_\iota x \neq \mathrm{pr}_\iota y$ est bien ordonné et, pour le plus petit élément de cet ensemble, on a $\mathrm{pr}_\iota x < \mathrm{pr}_\iota y$ ». Montrer que $R\{x, y\}$ est une relation d'ordre entre x et y dans E. Si les E_ι sont totalement ordonnés, montrer que les composantes connexes de E pour la relation « x et y sont comparables » (II, p. 52, exerc. 10) sont des ensembles totalement ordonnés. On suppose que chaque E_ι a au moins deux éléments; pour que E soit totalement ordonné, il faut et il suffit que I soit bien ordonné et que les E_ι soient totalement ordonnés (utiliser l'exerc. 3 de III, p. 75); E est alors le produit lexicographique des E_ι.

13) *a*) Soit $\mathrm{Is}(\Gamma, \Gamma')$ la relation

« Γ est un ordre (sur E) et Γ' est un ordre (sur E′), et il existe un isomorphisme de E, ordonné par Γ, sur E′, ordonné par Γ' ».

Montrer que la relation $\mathrm{Is}(\Gamma, \Gamma')$ est une relation d'équivalence dans tout ensemble dont les éléments sont des ordres. Le terme $\tau_\Delta(\mathrm{Is}(\Gamma, \Delta))$ est un ordre appelé *type d'ordre* de Γ, et noté $\mathrm{Ord}(\Gamma)$, ou $\mathrm{Ord}(E)$ par abus de notation. Pour que deux ensembles ordonnés soient isomorphes, il faut et il suffit que leurs types d'ordre soient égaux.

b) Soit $R\{\lambda, \mu\}$ la relation:

« λ est un type d'ordre et μ est un type d'ordre, et il existe un isomorphisme de l'ensemble ordonné par λ sur une partie de l'ensemble ordonné par μ ».

Montrer que $R\{\lambda, \mu\}$ est une relation de préordre entre λ et μ; on la note $\lambda \prec \mu$.

c) Soient I un ensemble ordonné, $(\lambda_\iota)_{\iota\in I}$ un ensemble de types d'ordre ayant I comme ensemble d'indices. On appelle *somme ordinale* des types d'ordre λ_ι ($\iota \in I$) et on note $\sum_{\iota\in I} \lambda_\iota$ le type d'ordre de la somme ordinale (III, p. 69, exerc. 3) de la famille des ensembles ordonnés par λ_ι. Si $(E_\iota)_{\iota \in I}$ est une famille d'ensembles ordonnés, le type d'ordre de $\sum_{\iota \in I} E_\iota$ est $\sum_{\iota \in I} \mathrm{Ord}(E_\iota)$. Si I est somme ordinale d'une famille d'ensembles $(J_\kappa)_{\kappa \in K}$, montrer que l'on a

$$\sum_{\kappa \in K} \Big(\sum_{\iota \in J_\kappa} \lambda_\iota \Big) = \sum_{\iota \in I} \lambda_\iota.$$

d) Soit I un ensemble d'indices bien ordonné: on appelle *produit ordinal* d'une famille $(\lambda_\iota)_{\iota \in I}$ de types d'ordre, et on note $\mathrm{P}_{\iota \in I} \lambda_\iota$ le type d'ordre du produit lexicographique de la famille des ensembles ordonnés par λ_ι. Si $(E_\iota)_{\iota \in I}$ est un famille d'ensembles ordonnés, le type d'ordre du produit lexicographique de cette famille est $\mathrm{P}_{\iota \in I} \mathrm{Ord}(E_\iota)$. Si I est somme ordinale d'une famille d'ensembles bien ordonnés $(J_\kappa)_{\kappa \in K}$, où K est bien ordonné, montrer qu'on a $\mathrm{P}_{\kappa \in K} \Big(\mathrm{P}_{\iota \in J_\kappa} \lambda_\iota \Big) = \mathrm{P}_{\iota \in I} \lambda_\iota$.

e) On note $\lambda + \mu$ (resp. $\mu\lambda$) la somme ordinale (resp. le produit ordinal) de la famille $(\xi_\iota)_{\iota \in J}$, où $J = \{\alpha, \beta\}$ est un ensemble à deux éléments distincts, ordonné par la relation de graphe $\{(\alpha, \alpha), (\alpha, \beta), (\beta, \beta)\}$, et où $\xi_\alpha = \lambda$, $\xi_\beta = \mu$. Montrer que, si I est un ensemble bien ordonné de type d'ordre λ, et si $(\mu_\iota)_{\iota \in I}$ est une famille de types d'ordre telle que $\mu_\iota = \mu$ pour tout $\iota \in I$, on a $\sum_{\iota \in I} \mu_\iota = \mu\lambda$. On a $(\lambda + \mu) + \nu = \lambda + (\mu + \nu)$, $(\lambda\mu)\nu = \lambda(\mu\nu)$ et $\lambda(\mu + \nu) = \lambda\mu + \lambda\nu$ (mais en général $\lambda + \mu \neq \mu + \lambda$, $\lambda\mu \neq \mu\lambda$, $(\lambda + \mu)\nu \neq \lambda\nu + \mu\nu$).

f) Soient $(\lambda_\iota)_{\iota \in I}$ et $(\mu_\iota)_{\iota \in I}$ deux familles de types d'ordre ayant même ensemble d'indices ordonné I. Montrer que, si on a $\lambda_\iota \prec \mu_\iota$ pour tout $\iota \in I$, on a $\sum_{\iota \in I} \lambda_\iota \prec \sum_{\iota \in I} \mu_\iota$ et (si I est bien ordonné) $\mathrm{P}_{\iota \in I} \lambda_\iota \prec \mathrm{P}_{\iota \in I} \mu_\iota$. Si J est une partie de I, montrer que $\sum_{\iota \in J} \lambda_\iota \prec \sum_{\iota \in I} \lambda_\iota$ et (si I est bien ordonné et les λ_ι non vides) $\mathrm{P}_{\iota \in J} \lambda_\iota \prec \mathrm{P}_{\iota \in I} \lambda_\iota$.

g) On désigne par λ^* le type d'ordre de l'ensemble ordonné par l'ordre opposé à l'ordre λ; on a $(\lambda^*)^* = \lambda$, $\Big(\sum_{\iota \in I} \lambda_\iota\Big)^* = \sum_{\iota \in I^*} \lambda_\iota^*$, où I^* désigne l'ensemble I muni de l'ordre opposé à l'ordre donné initialement sur I.

¶ 14) On appelle *ordinal* le type d'ordre d'un ensemble bien ordonné (III, p. 76, exerc. 13).

a) Montrer que, si $(\lambda_\iota)_{\iota \in I}$ est une famille d'ordinaux telle que I soit bien ordonné, la somme ordinale $\sum_{\iota \in I} \lambda_\iota$ est un ordinal; *si en outre I est fini, le produit ordinal $\mathrm{P}_{\iota \in I} \lambda_\iota$ est un ordinal (III, p. 76, exerc. 11).$_*$ On désigne (par abus de langage, cf. § 3) le type d'ordre de l'ensemble vide par 0, le type d'ordre de l'ensemble à un élément par 1; montrer que l'on a

$$\alpha + 0 = 0 + \alpha = \alpha \quad \text{et} \quad \alpha.1 = 1.\alpha = \alpha$$

pour tout ordinal α.

b) Montrer que la relation « λ est un ordinal et μ est un ordinal et $\lambda \prec \mu$ » est une *relation de bon ordre*, que l'on note $\lambda \leqslant \mu$ (remarquer que, si λ et μ sont des ordinaux, la relation $\lambda \prec \mu$ est équivalente à « λ est égal au type d'ordre d'un segment de μ » (III, p. 22, cor. 3); étant donnée une famille $(\lambda_\iota)_{\iota \in I}$ d'ordinaux, considérer sur I une structure d'ensemble bien ordonné, et prendre la somme ordinale de la famille des ensembles ordonnés par les λ_ι; utiliser enfin la prop. 2 de III, p. 16).

c) Soit α un ordinal; montrer que la relation « ξ est un ordinal et $\xi \leqslant \alpha$ » est collectivisante en ξ, et que l'ensemble O_α des ordinaux $< \alpha$ est un ensemble bien ordonné tel que $\mathrm{Ord}(O_\alpha) = \alpha$. On identifie souvent α et O_α.

d) Montrer que, pour toute famille d'ordinaux $(\xi_\iota)_{\iota \in I}$, il existe un ordinal α et un seul tel que la relation « λ est un ordinal et pour tout $\iota \in I$, $\xi_\iota \leqslant \lambda$ » soit équivalente à $\alpha \leqslant \lambda$. On dit, par abus de langage, que α est la *borne supérieure* de la famille d'ordinaux $(\xi_\iota)_{\iota \in I}$ et on pose $\alpha = \sup_{\iota \in I} \xi_\iota$ (c'est le plus grand élément de la réunion de $\{\alpha\}$ et de l'ensemble des ξ_ι). La borne supérieure de l'ensemble des ordinaux $\xi < \alpha$ est α ou un ordinal β tel que $\alpha = \beta + 1$; dans ce dernier cas, on dit que β est le *prédécesseur* de α.

15) *a*) Soient α et β deux ordinaux. Montrer que l'inégalité $\alpha < \beta$ est équivalente à $\alpha + 1 \leqslant \beta$, et qu'elle entraîne les inégalités $\xi + \alpha < \xi + \beta$, $\alpha + \xi \leqslant \beta + \xi$, $\alpha\xi \leqslant \beta\xi$ pour tout ordinal ξ, et $\xi\alpha < \xi\beta$ si $\xi > 0$.
b) Déduire de *a*) qu'il n'existe pas d'ensemble dont tout ordinal soit un élément (utiliser l'exerc. 14 *d*)).
c) Soient α, β, μ trois ordinaux. Montrer que chacune des relations $\mu + \alpha < \mu + \beta$, $\alpha + \mu < \beta + \mu$ entraîne $\alpha < \beta$; il en est de même de chacune des relations $\mu\alpha < \mu\beta$, $\alpha\mu < \beta\mu$ si $\mu > 0$.
d) Montrer que la relation $\mu + \alpha = \mu + \beta$ entraîne $\alpha = \beta$; il en est de même de $\mu\alpha = \mu\beta$ si $\mu > 0$.
e) Pour que deux ordinaux α, β soient tels que $\alpha \leqslant \beta$, il faut et il suffit qu'il existe un ordinal ξ tel que $\beta = \alpha + \xi$. Cet ordinal est alors unique, et tel que $\xi \leqslant \beta$; on le note $(-\alpha) + \beta$.
f) Soient α, β, ζ trois ordinaux tels que $\zeta < \alpha\beta$. Montrer qu'il existe deux ordinaux ξ, η tels que $\zeta = \alpha\eta + \xi$ et que l'on ait $\xi < \alpha$, $\eta < \beta$ (cf. III, p. 22, cor. 3). En outre, les ordinaux ξ et η sont déterminés de façon unique par ces conditions.

¶ 16) On dit qu'un ordinal $\rho > 0$ est *indécomposable* s'il n'existe aucun couple d'ordinaux ξ, η tels que $\xi < \rho$, $\eta < \rho$ et $\xi + \eta = \rho$.
a) Pour que ρ soit indécomposable, il faut et il suffit que, pour tout ordinal ξ tel que $\xi < \rho$, on ait $\xi + \rho = \rho$.
b) Montrer que, si $\rho > 1$ est un ordinal indécomposable et si α est un ordinal >0, $\alpha\rho$ est indécomposable, et réciproquement (utiliser l'exerc. 15 *f*)).
c) Si ρ est indécomposable et $0 < \alpha < \rho$, montrer que l'on a $\rho = \alpha\xi$, où ξ est un ordinal indécomposable (utiliser l'exerc. 15 *f*)).
d) Soit $\alpha > 0$ un ordinal; montrer qu'il existe une plus grand ordinal indécomposable parmi les ordinaux indécomposables qui sont $\leqslant \alpha$ (considérer les décompositions $\alpha = \rho + \xi$, où ρ est indécomposable).
e) Si E est un ensemble quelconque d'ordinaux indécomposables, déduire de *d*) que la borne supérieure de E (III, p. 77, exerc. 14 *d*)) est un ordinal indécomposable.

¶ 17) Étant donné un ordinal α_0, on dit qu'un terme $f(\xi)$ est un ***symbole fonctionnel ordinal*** (***par rapport à*** ξ) ***défini pour*** $\xi \geqslant \alpha_0$ si la relation « ξ est un ordinal et $\xi \geqslant \alpha_0$ » entraîne la relation « $f(\xi)$ est un ordinal »; $f(\xi)$ est dit *normal* si la relation $\alpha_0 \leqslant \xi < \eta$ entraîne $f(\xi) < f(\eta)$ et si, pour toute famille $(\xi_\iota)_{\iota \in I}$ d'ordinaux $\geqslant \alpha_0$, on a $\sup_{\iota \in I} f(\xi_\iota) = f(\sup_{\iota \in I} \xi_\iota)$ (cf. III, p. 77, exerc. 14 *d*)).
a) Montrer que pour tout ordinal $\alpha > 0$, $\alpha + \xi$ et $\alpha\xi$ sont des symboles fonctionnels normaux définis pour $\xi \geqslant 0$ (utiliser l'exerc. 15 *f*)).
b) Soit $w(\xi)$ un symbole fonctionnel ordinal défini pour $\xi \geqslant \alpha_0$, tel que $w(\xi) \geqslant \xi$ et que $\alpha_0 \leqslant \xi < \eta$ entraîne $w(\xi) < w(\eta)$. Soit d'autre part $g(\xi, \eta)$ un terme tel que la relation « ξ et η sont des ordinaux $\geqslant \alpha_0$ » entraîne la relation « $g(\xi, \eta)$ est un ordinal tel que $g(\xi, \eta) > \xi$ ». Définir un terme $f(\xi, \eta)$ ayant les deux propriétés suivantes: 1° pour tout ordinal $\xi \geqslant \alpha_0$, $f(\xi, 1) = w(\xi)$; 2° pour tout ordinal $\xi \geqslant \alpha_0$ et tout ordinal $\eta > 1$, $f(\xi, \eta) = \sup_{0<\zeta<\eta} g(f(\xi, \zeta), \xi)$ (utiliser le critère C60 (III, p. 18)). Montrer que si $f_1(\xi, \eta)$ est un autre terme ayant ces propriétés, on a $f(\xi, \eta) = f_1(\xi, \eta)$ pour $\xi \geqslant \alpha_0$ et $\eta \geqslant 1$. Prouver que pour tout ordinal $\xi \geqslant \alpha_0$, $f(\xi, \eta)$ est un symbole fonctionnel normal par rapport à η (défini pour $\eta \geqslant 1$). Montrer que l'on a $f(\xi, \eta) \geqslant \xi$ pour $\eta \geqslant 1$ et $\xi \geqslant \alpha_0$, et $f(\xi, \eta) \geqslant \eta$ pour $\xi \geqslant \sup(\alpha_0, 1)$ et $\eta \geqslant 1$. En outre, pour tout couple (α, β) d'ordinaux tels que $\alpha > 0$, $\alpha \geqslant \alpha_0$ et $\beta \geqslant w(\alpha)$, il existe un ordinal ξ et un seul tel que $f(\alpha, \xi) \leqslant \beta < f(\alpha, \xi + 1)$, et on a $\xi \leqslant \beta$.
c) Si on prend $\alpha_0 = 0$, $w(\xi) = \xi + 1$, $g(\xi, \eta) = \xi + 1$, on a $f(\xi, \eta) = \xi + \eta$. Si on prend $\alpha_0 = 1$, $w(\xi) = \xi$, $g(\xi, \eta) = \xi + \eta$, on a $f(\xi, \eta) = \xi\eta$.
d) Montrer que, si les relations $\alpha_0 \leqslant \xi \leqslant \xi'$, $\alpha_0 \leqslant \eta \leqslant \eta'$ entraînent $g(\xi, \eta) \leqslant g(\xi', \eta')$, les relations $\alpha_0 \leqslant \xi \leqslant \xi'$, $1 \leqslant \eta \leqslant \eta'$ entraînent $f(\xi, \eta) \leqslant f(\xi', \eta')$. Si les relations $\alpha_0 \leqslant \xi \leqslant \xi'$ et $\alpha_0 \leqslant \eta < \eta'$ entraînent $g(\xi, \eta) < g(\xi, \eta')$ et $g(\xi, \eta) \leqslant g(\xi', \eta)$, alors les relations $\alpha_0 \leqslant \xi < \xi'$ et $\eta \geqslant 0$ entraînent $f(\xi, \eta + 1) < f(\xi', \eta + 1)$.

e) On suppose que $w(\xi) = \xi$ et que les relations $\alpha_0 \leqslant \xi \leqslant \xi'$ et $\alpha_0 \leqslant \eta < \eta'$ entraînent $g(\xi, \eta) < g(\xi, \eta')$ et $g(\xi, \eta) \leqslant g(\xi', \eta)$. On suppose en outre que, pour tout $\xi \geqslant \alpha_0$, $g(\xi, \eta)$ soit un symbole fonctionnel normal par rapport à η (défini pour $\eta \geqslant \alpha_0$) et que, pour $\xi \geqslant \alpha_0$, $\eta \geqslant \alpha_0$, $\zeta \geqslant \alpha_0$, on ait la relation d'associativité $g(g(\xi, \eta), \zeta) = g(\xi, g(\eta, \zeta))$. Montrer alors que pour $\xi \geqslant \alpha_0$, $\eta \geqslant 1$, $\zeta \geqslant 1$, on a $g(f(\xi, \eta), f(\xi, \zeta)) = f(\xi, \eta + \zeta)$ (« distributivité » de g par rapport à f) et $f(f(\xi, \eta), \zeta) = f(\xi, \eta\zeta)$ (« associativité » de f).

¶ 18) Dans le procédé de définition décrit dans l'exerc. 17 *b*), on prend $\alpha_0 = 1 + 1$ (noté 2 par abus de langage), $w(\xi) = \xi$, $g(\xi, \eta) = \xi\eta$. On pose alors $f(\xi, \eta) = \xi^{\eta}$. On pose en outre $\alpha^0 = 1$ pour tout ordinal α, $0^{\beta} = 0$ et $1^{\beta} = 1$ pour tout ordinal $\beta \geqslant 1$.
a) Montrer que pour $\alpha > 1$ et $\beta < \beta'$, on a $\alpha^{\beta} < \alpha^{\beta'}$ et que, pour tout ordinal $\alpha > 1$, α^{ξ} est un symbole fonctionnel normal par rapport à ξ. En outre, pour $0 < \alpha \leqslant \alpha'$, on a $\alpha^{\beta} \leqslant \alpha'^{\beta}$.
b) Montrer que l'on a $\alpha^{\xi}.\alpha^{\eta} = \alpha^{\xi+\eta}$ et $(\alpha^{\xi})^{\eta} = \alpha^{\xi\eta}$.
c) Montrer que si $\alpha \geqslant 2$ et $\beta \geqslant 1$, $\alpha^{\beta} \geqslant \alpha\beta$.
d) Pour tout couple d'ordinaux $\beta \geqslant 1$, $\alpha \geqslant 2$, il existe trois ordinaux ξ, γ, δ tels que $\beta = \alpha^{\xi}\gamma + \delta$ avec $0 < \gamma < \alpha$ et $\delta < \alpha^{\xi}$, et ces ordinaux sont déterminés de façon unique par ces propriétés.

* 19) Soient α, β deux ordinaux, et soient E, F deux ensembles bien ordonnés tels que $\mathrm{Ord}(E) = \alpha$, $\mathrm{Ord}(F) = \beta$. On considère, dans l'ensemble E^F des applications de F dans E, le sous-ensemble G des applications g telles que $g(y)$ soit égal au plus petit élément de E sauf pour un nombre *fini* de valeurs de y dans F. Si F* est l'ensemble ordonné obtenu en munissant F de l'ordre opposé, montrer que G est une composante connexe pour la relation « x et y sont comparables » (II, p. 52, exerc. 10) dans le produit E^{F^*} muni de l'ordre défini dans l'exerc. 12 (III, p. 76), et que G est bien ordonné; en outre, prouver que l'on a $\mathrm{Ord}(G) = \alpha^{\beta}$ (utiliser la propriété d'unicité de l'exerc. 17 *b*) de III, p. 78)).*

¶ 20) On dit qu'un ensemble X est *transitif* si la relation $x \in X$ implique $x \subset X$.
a) Si Y est un ensemble transitif, il en est de même de $Y \cup \{Y\}$. Si $(Y_\iota)_{\iota \in I}$ est une famille d'ensembles transitifs, les ensembles $\bigcup_{\iota \in I} Y_\iota$ et $\bigcap_{\iota \in I} Y_\iota$ sont transitifs.
b) On dit qu'un ensemble X est un *pseudo-ordinal* si tout ensemble transitif Y tel que $Y \subset X$ et $Y \neq X$ est un élément de X. On dit qu'un ensemble S est *décent* si la relation $x \in S$ entraîne $x \notin x$. Montrer que tout pseudo-ordinal est transitif et décent (considérer la réunion des sous-ensembles de X transitifs et décents, et utiliser *a*)). Si X est un pseudo-ordinal, il en est de même de $X \cup \{X\}$.
c) Si X et Y sont deux pseudo-ordinaux distincts, montrer que l'un d'eux est élément de l'autre (remarquer que $X \cap Y \notin X \cap Y$ et que $X \cap Y$ est transitif).
d) Soit X un ensemble transitif, et supposons que tout $x \in X$ soit un pseudo-ordinal; alors X est un pseudo-ordinal (remarquer que si $Y \neq X$ est transitif et $x \in X - Y$, la relation $y \in Y$ entraîne $y \in x$, en utilisant *c*)).
e) Montrer que $\varnothing$ est un pseudo-ordinal et que tout élément d'un pseudo-ordinal X est un pseudo-ordinal. (Considérer la réunion des sous-ensembles transitifs de X dont les éléments sont des pseudo-ordinaux et utiliser *b*) et *d*)).
f) Pour toute famille $(X_\iota)_{\iota \in I}$ de pseudo-ordinaux, l'intersection $\bigcap_{\iota \in I} X_\iota$ est le plus petit élément de cette famille (pour la relation d'inclusion). (Utiliser *d*.)) En déduire que si E est un pseudo-ordinal, la relation $x \subset y$ entre éléments de E est une relation de bon ordre.
g) Montrer que pour tout ordinal α, il existe un pseudo-ordinal E_α et un seul tel que $\mathrm{Ord}(E_\alpha) = \alpha$ (utiliser *f*) et le critère C60). En particulier, les pseudo-ordinaux ayant pour types d'ordre 0, 1, 2 = 1 + 1 et 3 = 2 + 1 sont respectivement

$$\varnothing, \quad \{\varnothing\}, \quad \{\varnothing, \{\varnothing\}\}, \quad \{\varnothing, \{\varnothing\}, \{\varnothing, \{\varnothing\}\}\}.$$

§ 3

¶ 1) Soient E et F deux ensembles, f une injection de E dans F, g une application de F dans E. Montrer qu'il existe deux parties A, B de E telles que $B = E - A$, deux parties A′, B′ de

F telles que $B' = F - A'$, de sorte que l'on ait $A' = f(A)$ et $B = g(B')$. (Soit $R = E - g(F)$, et posons $h = g \circ f$; prendre pour A l'intersection des parties M de E telle que $M \supset R \cup h(M)$.)

2) Si E et F sont des ensembles distincts, montrer que $E^F \neq F^E$. En déduire que, si E et F sont les cardinaux 2 et $4 = 2 + 2$, l'un au moins des ensembles E^F, F^E n'est pas un cardinal.

¶ 3) Soient $(\mathfrak{a}_\iota)_{\iota \in I}$, $(\mathfrak{b}_\iota)_{\iota \in I}$ deux familles de cardinaux, telles que $\mathfrak{b}_\iota \geqslant 2$ pour tout $\iota \in I$.
a) Montrer que si $\mathfrak{a}_\iota \leqslant \mathfrak{b}_\iota$ pour tout $\iota \in I$, on a

$$\sum_{\iota \in I} \mathfrak{a}_\iota \leqslant \mathrm{P}_{\iota \in I}\, \mathfrak{b}_\iota.$$

b) Montrer que si $\mathfrak{a}_\iota < \mathfrak{b}_\iota$ pour tout $\iota \in I$, on a

$$\sum_{\iota \in I} \mathfrak{a}_\iota < \mathrm{P}_{\iota \in I}\, \mathfrak{b}_\iota.$$

(Remarquer qu'un produit $\prod_{\iota \in I} E_\iota$ ne peut être réunion d'une famille $(A_\iota)_{\iota \in I}$ telle que $\mathrm{Card}(A_\iota) < \mathrm{Card}(E_\iota)$ pour tout $\iota \in I$, en observant que l'on a $\mathrm{Card}(\mathrm{pr}_\iota(A_\iota)) < \mathrm{Card}(E_\iota)$).

4) Soient E un ensemble, f une application de $\mathfrak{P}(E) - \{\varnothing\}$ dans E telle que, pour toute partie $X \neq \varnothing$ de E, on ait $f(X) \in X$ (« fonction de choix »).
a) Soit $\mathfrak{b}$ un cardinal, et soit A l'ensemble des $x \in E$ tels que $\mathrm{Card}(\overset{-1}{f}(x)) \leqslant \mathfrak{b}$. Montrer que si $\mathfrak{a} = \mathrm{Card}(A)$, on a $2^{\mathfrak{a}} \leqslant 1 + \mathfrak{a}\mathfrak{b}$ (remarquer que si $Y \subset A$ et $Y \neq \varnothing$, on a $f(Y) \in A$).
b) Soit B l'ensemble des $x \in E$ tels que pour toute partie $X \neq \varnothing$ de E appartenant à $\overset{-1}{f}(x)$, on ait $\mathrm{Card}(X) \leqslant \mathfrak{b}$. Montrer que $\mathrm{Card}(B) \leqslant \mathfrak{b}$.

5) Soit $(\lambda_\iota)_{\iota \in I}$ une famille de types d'ordre (III, p.76, exerc. 13), I étant un ensemble ordonné. Montrer que $\mathrm{Card}\left(\sum_{\iota \in I} \lambda_\iota\right) = \sum_{\iota \in I} \mathrm{Card}(\lambda_\iota)$ et (si I est bien ordonné) $\mathrm{Card}\left(\mathrm{P}_{\iota \in I}\, \lambda_\iota\right) = \mathrm{P}_{\iota \in I}\, \mathrm{Card}(\lambda_\iota)$.

6) Montrer que pour tout ensemble E, il existe $X \subset E$ tel que $X \notin E$ (utiliser III, p. 20, th. 2).

§ 4

1) *a*) Soient E un ensemble, $\mathfrak{F}(E)$ l'ensemble des parties finies de E. Montrer que $\mathfrak{F}(E)$ est la plus petite des parties $\mathfrak{G}$ de $\mathfrak{P}(E)$ satisfaisant aux conditions suivantes: 1° $\varnothing \in \mathfrak{G}$; 2° les relations $X \in \mathfrak{G}$ et $x \in E$ entraînent $X \cup \{x\} \in \mathfrak{G}$.
b) Déduire de *a*) que la réunion de deux parties finies A, B de E est finie (considérer l'ensemble des parties X de E telles que $X \cup A$ soit fini; cf. III, p. 31, cor. 1).
c) Déduire de *a*) et *b*) que pour tout ensemble fini E, $\mathfrak{P}(E)$ est un ensemble fini (considérer l'ensemble des parties X de E telles que $\mathfrak{P}(X)$ soit fini; cf. III, p. 36, cor. 4).

2) Montrer que, pour qu'un ensemble E soit fini, il faut et il suffit que toute partie non vide de $\mathfrak{P}(E)$ possède un élément maximal pour la relation d'inclusion (pour voir que la condition est suffisante, appliquer cette condition à l'ensemble $\mathfrak{F}(E)$ des parties finies de E).

3) Montrer que, si un ensemble bien ordonné E est tel que l'ensemble ordonné obtenu en munissant E de l'ordre opposé soit aussi bien ordonné, E est fini (considérer le plus grand élément x de E tel que le segment S_x soit fini).

4) Soient E un ensemble fini à $n \geqslant 2$ éléments, C une partie de $E \times E$ telle que, pour tout couple (x, y) d'éléments distincts de E, un seul des deux éléments (x, y), (y, x) appartienne à C. Montrer qu'il existe une application f de l'intervalle $[1, n]$ sur E telle que l'on ait $(f(i), f(i+1)) \in C$ pour $1 \leqslant i < n$ (raisonner par récurrence sur n).

¶ 5) Soit E un ensemble ordonné pour lequel il existe un entier k tel que k soit le plus grand nombre d'éléments des parties libres X de E (III, p. 70, exerc. 5). Montrer qu'il existe une partition de E en k ensembles totalement ordonnés par l'ordre induit « théorème de Dilworth »). On procédera en deux étapes:

a) Si E est fini et a n éléments, procéder par récurrence sur n: soit a un élément minimal de E et soit $E' = E - \{a\}$. S'il existe une partition de E' en k ensembles C_i $(1 \leqslant i \leqslant k)$ totalement ordonnés par l'ordre induit, considérer pour chaque indice i l'ensemble U_i des $x \in C_i$ qui majorent a; montrer qu'il y a au moins un indice i tel que dans $E' - U_i$ une partie libre ait au plus $k - 1$ éléments. Pour cela, on raisonnera par l'absurde, en considérant dans chaque $E' - U_i$ une partie libre S_i de k éléments, puis en prenant la réunion S des S_i et, pour chaque indice $j \leqslant k$, le plus petit élément s_j de $S \cap C_j$; on montrera que les $k + 1$ éléments a, $s_1, \ldots, s_k$ formeraient une partie libre de E.

b) Si E est quelconque, procéder par récurrence sur k, de la façon suivante. On dit qu'une partie C de E est *fortement liée* dans E si, pour toute partie finie F de E, il existe une partition de F en au plus k ensembles totalement ordonnés telle que $C \cap F$ soit contenue dans l'un d'eux. Montrer qu'il existe une partie fortement liée maximale C_0, et que dans $E - C_0$ toute partie libre a au plus $k - 1$ éléments. (Raisonner par l'absurde en supposant qu'il y ait dans $E - C_0$ une partie libre $\{a_1, \ldots, a_k\}$ de k éléments; considérer chacun des ensembles $C_0 \cup \{a_i\}$ $(1 \leqslant i \leqslant k)$, et exprimer qu'il n'est pas fortement lié, ce qui introduit pour chaque indice i une partie finie F_i de E. Considérer enfin la réunion F des F_i et utiliser le fait que C_0 est fortement liée pour obtenir une contradiction.)

¶ 6) *a*) Soient A un ensemble, $(X_i)_{1 \leqslant i \leqslant m}$, $(Y_j)_{m+1 \leqslant j \leqslant m+n}$ deux familles finies de parties de A. Soit h le plus petit entier tel que pour tout entier $r \leqslant m - h$, et toute partie $\{i_1, \ldots, i_{r+h}\}$ de $r + h$ éléments de $[1, m]$, il existe une partie $\{j_1, \ldots, j_r\}$ de r éléments de $[m + 1, m + n]$ telle que la réunion des X_{i_α} $(1 \leqslant \alpha \leqslant r + h)$ rencontre chacun des Y_{j_β} $(1 \leqslant \beta \leqslant r)$ (ce qui entraîne $m \leqslant n + h$). Montrer qu'il existe une partie finie B de A ayant au plus $n + h$ éléments, telle que tout X_i $(1 \leqslant i \leqslant m)$ et tout Y_j $(m + 1 \leqslant j \leqslant m + n)$ rencontre B. (Considérer sur l'intervalle $[1, m + n]$ la relation d'ordre dont le graphe est la réunion de la diagonale et des couples (i, j) tels que $1 \leqslant i \leqslant m$, $m + 1 \leqslant j \leqslant m + n$ et $X_i \cap Y_j \neq \varnothing$, et appliquer à cet ensemble ordonné l'exerc. 5.)

b) Soient E et F deux ensembles finis, $x \mapsto A(x)$ une application de E dans $\mathfrak{P}(F)$. Pour qu'il existe une injection f de E dans F telle que, pour tout $x \in E$, on ait $f(x) \in A(x)$, il faut et il suffit que pour toute partie H de E, on ait $\mathrm{Card}(\bigcup_{x \in H} A(x)) \geqslant \mathrm{Card}(H)$ (méthode analogue à celle de *a*), avec $h = 0$).

c) Les hypothèses étant celles de *b*), soit G une partie de F; pour qu'il y ait une injection f de E dans F telle que pour tout $x \in E$, on ait $f(x) \in A(x)$ et en outre telle que $f(E) \supset G$, il faut et il suffit que la condition de *b*) soit vérifiée, et en outre que pour toute partie L de G, le cardinal de l'ensemble des $x \in E$ tels que $A(x) \cap L \neq \varnothing$ soit $\geqslant \mathrm{Card}(L)$. (Soit $(a_i)_{1 \leqslant i \leqslant p}$ la suite des éléments distincts de G rangés dans un certain ordre, $(b_j)_{p+1 \leqslant j \leqslant p+m}$ la suite des éléments distincts de F rangés dans un certain ordre, $(c_k)_{p+m+1 \leqslant k \leqslant p+m+n}$ la suite des éléments distincts de E rangés dans un certain ordre. Considérer sur l'ensemble $[1, p + m + n]$ la relation d'ordre dont le graphe est formé de la diagonale et des couples (i, j) tels que: ou bien $1 \leqslant i \leqslant p$, $p + 1 \leqslant j \leqslant p + m$ et $a_i = b_j$, ou bien $1 \leqslant i \leqslant p$, $p + m + 1 \leqslant j \leqslant p + m + n$ et $a_i \in A(c_j)$, ou bien $p + 1 \leqslant i \leqslant p + m$, $p + m + 1 \leqslant j \leqslant p + m + n$ et $b_i \in A(c_j)$; appliquer ensuite l'exerc. 5.)

7) Dans un ensemble réticulé E, on dit qu'un élément a est *irréductible* si la relation $\sup(x, y) = a$ entraîne $x = a$ ou $y = a$.

a) Montrer que, dans un ensemble réticulé fini E, tout élément a peut s'écrire $\sup(e_1, \ldots, e_k)$, où les e_i $(1 \leqslant i \leqslant k)$ sont irréductibles.

b) Soient E un ensemble réticulé fini, J l'ensemble de ses éléments irréductibles. Pour tout $x \in E$, soit $S(x)$ l'ensemble des $y \in J$ qui sont $\leqslant x$. Montrer que l'application $x \mapsto S(x)$ est un isomorphisme de E sur une partie de $\mathfrak{P}(J)$, ordonné par inclusion, et que l'on a $S(\inf(x, y)) = S(x) \cap S(y)$.

¶ 8) *a*) Soit E un ensemble réticulé distributif (III, p. 72, exerc. 16). Si a est irréductible dans E (exerc. 7), montrer que la relation $a \leqslant \sup(x, y)$ entraîne $a \leqslant x$ ou $a \leqslant y$.
b) Soient E un ensemble réticulé distributif fini, J l'ensemble de ses éléments irréductibles, ordonné par l'ordre induit. Montrer que l'isomorphisme $x \mapsto S(x)$ de E sur une partie de $\mathfrak{P}(J)$ défini dans l'exerc. 7 *b*) est tel que $S(\sup(x, y)) = S(x) \cup S(y)$. En déduire que, si J^* est l'ensemble obtenu en munissant J de l'ordre opposé, E est isomorphe à l'ensemble ordonné $\mathscr{A}(J^*, I)$ des applications croissantes de J^* dans $I = \{0, 1\}$ (III, p. 70, exerc. 6).
c) Les hypothèses étant celles de *b*), soit P l'ensemble des éléments de J autres que le plus petit élément de E. Pour tout $x \in E$, soient $y_1, \ldots, y_k$ les éléments minimaux distincts de l'intervalle $]x, \rightarrow[$ dans E; pour chaque indice i, soit q_i un élément de P tel que $q_i \notin S(x)$ et $q_i \in S(y_i)$. Montrer que les éléments $q_1, \ldots, q_k$ sont deux à deux incomparables.
d) Inversement, soient $q_1, \ldots, q_k$ des éléments deux à deux incomparables de P. Soient

$$u = \sup(q_1, \ldots, q_k), \quad v_i = \sup_{1 \leqslant j \leqslant k, j \neq i} (q_j) \quad (1 \leqslant i \leqslant k).$$

Montrer que l'on a $v_i < u$ pour $1 \leqslant i \leqslant k$. Soient alors

$$x = \inf(v_1, \ldots, v_k) \quad \text{et} \quad y_i = \inf_{1 \leqslant j \leqslant k, j \neq i} (v_j).$$

Montrer que $x < y_i$ pour tout indice i, et en déduire qu'il existe au moins k éléments minimaux distincts dans l'intervalle $]x, \rightarrow[$.

¶ 9) On dit qu'une partie A d'un ensemble réticulé E est *coréticulée* si, pour tout couple d'éléments (x, y) de A, $\sup_E(x, y)$ et $\inf_E(x, y)$ appartiennent à A.
a) Soient $(C_i)_{1 \leqslant i \leqslant n}$ une famille finie d'ensembles totalement ordonnés, $E = \prod_{i=1}^{n} C_i$ leur produit, A un sous-ensemble coréticulé de E. Montrer qu'il ne peut exister dans A plus de n éléments irréductibles (III, p. 81, exerc. 7) et deux à deux incomparables. (Raisonner par l'absurde, en supposant qu'il y ait, dans A, $r > n$ éléments irréductibles et deux à deux incomparables a_i $(1 \leqslant i \leqslant r)$. Considérer les éléments $u = \sup(a_1, \ldots, a_r)$ et $v_i = \sup_{1 \leqslant j \leqslant r, j \neq i} (a_j)$ de A, et, en projetant sur les ensembles facteurs, montrer que l'on aurait $u = v_i$ pour un indice i, et que cela entraînerait que deux des a_i sont comparables.)
b) Réciproquement, soient F un ensemble réticulé distributif fini, P l'ensemble des éléments irréductibles de F distincts du plus petit élément de F, et supposons que le plus grand nombre d'éléments d'une partie libre (III, p. 70, exerc. 5) de P soit égal à n. Montrer que F est isomorphe à un sous-ensemble coréticulé d'un produit de n ensembles totalement ordonnés. (Appliquer l'exerc. 5 de III, p. 81, de sorte que P est réunion de n ensembles totalement ordonnés P_i sans élément commun; soit C_i l'ensemble totalement ordonné obtenu en adjoignant à P_i un plus petit élément, pour $1 \leqslant i \leqslant n$. Associer ensuite à tout $x \in F$ la famille $(x_i)_{1 \leqslant i \leqslant n}$, où x_i est la borne supérieure, dans C_i, de l'ensemble des éléments de P_i qui sont $\leqslant x$.)

¶ 10) *a*) Pour qu'un ensemble ordonné E soit isomorphe à un sous-ensemble d'un produit de n ensembles totalement ordonnés, il faut et il suffit que le graphe de l'ordre de E soit intersection de n graphes d'ordres totaux sur E. (Pour voir que la condition est nécessaire, montrer que si $F = \prod_{i=1}^{n} F_i$ est un produit de n ensembles totalement ordonnés, le graphe de l'ordre produit sur F est intersection de n graphes d'ordres lexicographiques sur F.)
b) Pour qu'un ensemble ordonné E soit isomorphe à un sous-ensemble d'un produit de deux ensembles totalement ordonnés, il faut et il suffit que l'ordre Γ de E soit tel qu'il existe un deuxième ordre Γ' sur E ayant la propriété que deux éléments distincts de E sont comparables pour un des ordres Γ, Γ' et un seul.
c) Soit A un ensemble fini de n éléments. Dans $\mathfrak{P}(A)$, on considère l'ensemble E formé des éléments $\{x\}$ et $A - \{x\}$, où x parcourt A; montrer que n est le plus petit des entiers m tels que E, ordonné par inclusion, soit isomorphe à un sous-ensemble d'un produit de m ensembles totalement ordonnés (utiliser *a*)).

¶ 11) Soient A un ensemble, $\mathfrak{R}$ une partie de l'ensemble $\mathfrak{F}(A)$ des parties finies de A; on dit que $\mathfrak{R}$ est *mobile* si elle vérifie la condition suivante:

(MO) Si X, Y sont deux éléments distincts de $\mathfrak{R}$ et si $z \in X \cap Y$, il existe une partie $Z \subset X \cup Y$ appartenant à $\mathfrak{R}$ et telle que $z \notin Z$.

On dit alors qu'une partie P de A est *pure* si elle ne contient aucun ensemble appartenant à $\mathfrak{R}$.

a) Montrer que toute partie pure de A est contenue dans une partie pure maximale de A.
b) Soit M une partie pure maximale de A; montrer que pour tout $x \in \complement M$ il existe une unique partie finie $E_M(x)$ de M telle que $E_M(x) \cup \{x\} \in \mathfrak{R}$. En outre, si $y \in E_M(x)$, l'ensemble $(M \cup \{x\}) - \{y\}$ est une partie pure maximale de A.
c) Soient M, N deux parties pures maximales de A, telles que $N \cap \complement M$ soit fini; montrer que $\text{Card}(M) = \text{Card}(N)$. (Raisonner par récurrence sur le cardinal de $N \cap \complement M$ en utilisant *b*).)
d) Soient M, N deux parties pures maximales de A, et posons $N' = N \cap \complement M$, $M' = M \cap \complement N$; montrer que l'on a $M' \subset \bigcup_{x \in N'} E_M(x)$. *En déduire que $\text{Card}(M) = \text{Card}(N)$ (on est ramené, en vertu de *c*), au cas où N' et M' sont infinis; montrer alors que $\text{Card}(M') \leqslant \text{Card}(N')$).*

§ 5

1) Démontrer la formule

$$\sum_{k=q+1}^{n-p+q+1} \binom{n-k}{p-q-1}\binom{k-1}{q} = \binom{n}{p}$$

pour $p \leqslant n$ et $q < p$ (généraliser le raisonnement de III, p. 44, corollaire).

2) Pour $n \geqslant 1$, démontrer la relation

$$\binom{n}{0} - \binom{n}{1} + \binom{n}{2} + \cdots + (-1)^n\binom{n}{n} = 0.$$

(Définir une correspondance biunivoque entre l'ensemble des parties de $[1, n]$ ayant un nombre pair d'éléments, et l'ensemble des parties de $[1, n]$ ayant un nombre impair d'éléments; distinguer deux cas suivant que n est pair ou impair.)

3) Démontrer les relations

$$\binom{n}{0}\binom{n}{p} + \binom{n}{1}\binom{n-1}{p-1} + \binom{n}{2}\binom{n-2}{p-2} + \cdots + \binom{n}{p}\binom{n-p}{0} = 2^p\binom{n}{p}$$

$$\binom{n}{0}\binom{n}{p} - \binom{n}{1}\binom{n-1}{p-1} + \binom{n}{2}\binom{n-2}{p-2} - \cdots + (-1)^p\binom{n}{p}\binom{n-p}{0} = 0.$$

(Considérer, parmi les parties à p éléments de $[1, n]$, celles qui contiennent une partie donnée à k éléments ($0 \leqslant k \leqslant p$) et utiliser l'exerc. 2 pour la seconde formule.)

4) Démontrer la prop. 15 de III, p. 41, en définissant une bijection de l'ensemble des applications u de $[1, h]$ dans $[0, n]$ telles que $\sum_{x=1}^{h} u(x) \leqslant n$ sur l'ensemble des applications strictement croissantes de $[1, h]$ dans $[1, n+h]$.

5) **a*) Soit E un ensemble réticulé distributif, et soit f une application de E dans un monoïde commutatif M (noté additivement), telle que l'on ait

$$f(x) + f(y) = f(\sup(x, y)) + f(\inf(x, y))$$

quels que soient x, y dans E. Montrer que pour toute partie finie I de E, on a

$$f(\sup(I)) + \sum_{2n \leqslant \text{Card}(I)} \Big(\sum_{H \subset I,\, \text{Card}(H) = 2n} f(\inf(H)) \Big) = \sum_{2n+1 \leqslant \text{Card}(I)} \Big(\sum_{H \subset I,\, \text{Card}(H) = 2n+1} f(\inf(H)) \Big)$$

(raisonner par récurrence sur Card (I)).*

b) En particulier, soient A un ensemble, $(B_\iota)_{\iota\in I}$ une famille finie de parties finies de A, B la réunion des B_ι. Pour toute partie H de I, on pose $B_H = \bigcap_{\iota\in H} B_\iota$; montrer que l'on a

$$\mathrm{Card}(B) + \sum_{2n \leqslant \mathrm{Card}(I)} \Big(\sum_{\mathrm{Card}(H)=2n} \mathrm{Card}(B_H) \Big) = \sum_{2n+1 \leqslant \mathrm{Card}(I)} \Big(\sum_{\mathrm{Card}(H)=2n+1} \mathrm{Card}(B_H) \Big).$$

6) Démontrer la formule

$$\binom{n+h}{h} = 1 + \binom{h}{1}\binom{n+h-1}{h} - \binom{h}{2}\binom{n+h-2}{h} + \cdots + (-1)^h \binom{h}{h}\binom{n}{h}.$$

(Si F est l'ensemble des applications u de $[1, h]$ dans $[0, n]$ telles que $\sum_{x=1}^{h} u(x) \leqslant n$, considérer, pour toute partie H de $[1, h]$, l'ensemble des $u \in F$ telles que $u(x) \geqslant 1$ pour tout $x \in H$, et utiliser l'exerc. 5.)

7) *a*) Soit $S_{n,p}$ le nombre des applications de $[1, n]$ sur $[1, p]$.
Démontrer la formule

$$S_{n,p} = p^n - \binom{p}{1}(p-1)^n + \binom{p}{2}(p-2)^n - \cdots + (-1)^{p-1}\binom{p}{p-1}.$$

(Remarquer que

$$p^n = S_{n,p} + \binom{p}{1}S_{n,p-1} + \binom{p}{2}S_{n,p-2} + \cdots + \binom{p}{p-1}$$

et utiliser l'exerc. 3 de III, p. 83.)
b) Démontrer la formule

$$S_{n,p} = p(S_{n-1,p} + S_{n-1,p-1})$$

(méthode de III, p. 43, prop. 13).
c) Démontrer les formules

$$S_{n+1,n} = \frac{n}{2}(n+1)!$$

$$S_{n+2,n} = \frac{n(3n+1)}{24}(n+2)!$$

(considérer les éléments r de $[1, n]$ dont l'image réciproque a plus d'un élément).
d) Si $P_{n,p}$ est le nombre de partitions d'un ensemble à n éléments, comprenant p parties, montrer que

$$S_{n,p} = p!P_{n,p}.$$

8) Soit p_n le nombre des permutations u d'un ensemble E à n éléments, telles que $u(x) \neq x$ pour tout $x \in E$; montrer que l'on a

$$p_n = n! - \binom{n}{1}(n-1)! + \binom{n}{2}(n-2)! - \cdots + (-1)^n$$

*et par suite que $p_n \sim \frac{1}{e} n!$ lorsque n tend vers $+\infty$ * (même méthode que dans l'exerc. 7 *a*)).

9) *a*) Soit E un ensemble à qn éléments; montrer que le nombre des partitions de E en n parties de q éléments chacune est égal à $(qn)!/(n!(q!)^n)$.
b) On suppose que $E = [1, qn]$. Montrer que le nombre de partitions de E en n parties de q éléments, dont aucune ne soit un intervalle, est égal à

$$\frac{(qn)!}{n!(q!)^n} - \frac{(qn-q+1)!}{1!(n-1)!(q!)^{n-1}} + \frac{(qn-2q+2)!}{2!(n-2)!(q!)^{n-2}} - \cdots + (-1)^n$$

(même méthode que dans les exerc. 7 et 8).

10) Soit $q_{n,k}$ le nombre des applications strictement croissantes u de $[1, k]$ dans $[1, n]$ telles

que, pour tout x pair (resp. impair), $u(x)$ soit pair (resp. impair). Montrer que l'on a $q_{n,k} = q_{n-1,k-1} + q_{n-2,k}$. En déduire la formule

$$q_{n,k} = \binom{\left[\frac{n+k}{2}\right]}{k}$$

où $\left[\frac{n+k}{2}\right]$ est la partie entière du quotient de $n + k$ par 2.

¶ 11) Soient E un ensemble à n éléments, S un ensemble de signes, somme de E et d'un ensemble réduit à un seul élément f; on suppose que f est de poids 2 et tout élément de E de poids 0 (I, p. 49, exerc. 3).

a) Soit M l'ensemble des mots significatifs de $L_0(S)$ contenant chaque élément de E une fois et une seule. Montrer que le nombre u_n des éléments de M vérifie la relation $u_{n+1} = (4n - 2)u_n$ et en déduire que l'on a

$$u_n = 2.6\ldots(4n - 6) \qquad (n \geqslant 2)$$

(« nombre de produits de n termes différents pour une loi de composition non associative »).

b) Soit x_i le i-ème des éléments de E qui figure dans un mot de M. Montrer que le nombre v_n des mots de M pour lesquels la suite (x_i) est donnée, est égal à $\frac{1}{n}\binom{2n-2}{n-1}$, et vérifie la relation

$$v_{n+1} = v_1 v_n + v_2 v_{n-1} + \cdots + v_{n-1} v_2 + v_n v_1.$$

¶ 12) a) Soient p, q deux entiers $\geqslant 1$, $n = 2p + q$, E un ensemble ayant n éléments, $N = \binom{n}{p} = \binom{n}{p+q}$. Soit $(X_i)_{1 \leqslant i \leqslant N}$ (resp. $(Y_i)_{1 \leqslant i \leqslant N}$) la suite des parties de E à p (resp. $p + q$) éléments, rangées dans un certain ordre; montrer qu'il existe une bijection φ de $(1, N)$ sur lui-même telle que $X_{\varphi(i)} \subset Y_i$ pour tout i. (Méthode analogue à celle de l'exerc. 6 de III, p. 81 : observer que pour tout $r \leqslant N$, le nombre des Y_j contenant au moins une des parties $X_1, \ldots, X_r$ est $\geqslant r$).

b) Soient h, k deux entiers $\geqslant 1$, n un entier tel que $2h + k < n$, E un ensemble ayant n éléments, $(X_i)_{1 \leqslant i \leqslant r}$ une suite de parties distinctes de E ayant toutes h éléments. Montrer qu'il existe une suite $(Y_j)_{1 \leqslant j \leqslant r+1}$ de parties distinctes de E, ayant toutes $h + k$ éléments, telles que tout Y_j contienne au moins un des X_i et que tout X_i soit contenu dans au moins un Y_j (raisonner par récurrence sur n, en utilisant a)).

¶ 13) Soient E un ensemble à $2m$ éléments, q un entier $< m$, $\mathscr{F}$ l'ensemble des parties $\mathfrak{S}$ de $\mathfrak{P}(E)$ ayant la propriété suivante : si X et Y sont deux éléments distincts de $\mathfrak{S}$, tels que $X \subset Y$, alors le nombre d'éléments de $Y - X$ est au plus $2q$.

a) Soit $\mathfrak{M} = (A_i)_{1 \leqslant i \leqslant p}$ un élément de $\mathscr{F}$ tel que $p = \operatorname{Card}(\mathfrak{M})$ soit le plus grand possible. Montrer que l'on a $m - q \leqslant \operatorname{Card}(A_i) \leqslant m + q$ pour $1 \leqslant i \leqslant p$. (Raisonner par l'absurde, en supposant qu'il existe par exemple des A_i tels que $\operatorname{Card}(A_i) < m - q$, et considérer ceux des A_i pour lesquels $\operatorname{Card}(A_i)$ a la plus petite valeur possible $m - q - s$ (avec $s \geqslant 1$) ; soient par exemple $A_1, \ldots, A_r$ ces ensembles. Soit $\mathfrak{G}$ l'ensemble des parties de E dont chacune est réunion d'un A_i $(1 \leqslant i \leqslant r)$ et d'une partie à $2q + 1$ éléments contenue dans $E - A_i$; montrer que $\mathfrak{G}$ contient au moins $r + 1$ éléments (cf. exerc. 12) et que si $B_1, \ldots, B_{r+1}$ sont $r + 1$ éléments de $\mathfrak{G}$, l'ensemble formé des parties

$$B_j \quad (1 \leqslant j \leqslant r + 1) \quad \text{et} \quad A_i \quad (r + 1 \leqslant i \leqslant p)$$

appartient à $\mathscr{F}$, contrairement à l'hypothèse.)

b) Déduire de a) que le nombre d'éléments p de tout ensemble $\mathfrak{S} \in \mathscr{F}$ satisfait à l'inégalité

$$p \leqslant \sum_{k=0}^{2q} \binom{2m}{m - q + k}.$$

c) Établir les résultats analogues à ceux de a) et b) lorsque $2m$ ou $2q$ est remplacé par un nombre impair.

¶ 14) Soient E un ensemble fini à n éléments, $(a_j)_{1 \leqslant j \leqslant n}$ la suite des éléments de E rangés dans un certain ordre, $(A_i)_{1 \leqslant i \leqslant m}$ une suite de parties de E.

a) Pour tout indice j, soit k_j le nombre des indices i tels que $a_j \in A_i$; pour tout indice i, soit $s_i = \text{Card}(A_i)$. Montrer que $\sum_{j=1}^{n} k_j = \sum_{i=1}^{m} s_i$.

b) On suppose que pour toute partie $\{x, y\}$ à deux éléments de E, il existe un indice i et un seul tel que x et y soient contenus dans A_i. Montrer que si $a_j \notin A_i$, on a $s_i \leqslant k_j$.

c) Sous les hypothèses de *b*), montrer que l'on a $m \geqslant n$. (Soit k_n le plus petit des nombres k_j; montrer qu'on peut supposer que, pour $i \leqslant k_n$, $j \leqslant k_n$ et $i \neq j$, on a $a_j \notin A_i$, et $a_n \notin A_j$ pour tout $j > k_n$.)

d) Sous les hypothèses de *b*), montrer que pour que l'on ait $m = n$, il faut et il suffit que l'on soit dans l'un des deux cas suivants: 1° $A_1 = \{a_1, a_2, \ldots, a_{n-1}\}$, $A_i = \{a_{i-1}, a_n\}$ pour $2 \leqslant i \leqslant n$; 2° $n = k(k-1) + 1$, tout A_i est un ensemble à k éléments, et tout élément de E appartient exactement à k ensembles A_i.

¶ 15) Soient E un ensemble fini, $\mathfrak{L}$ et $\mathfrak{C}$ deux parties non vides de $\mathfrak{P}(E)$ sans élément commun; on suppose que λ, h, k, l sont quatre entiers $\geqslant 1$ ayant les propriétés suivantes: 1° pour tout $A \in \mathfrak{L}$ et tout $B \in \mathfrak{C}$, $\text{Card}(A \cap B) \geqslant \lambda$; 2° pour tout $A \in \mathfrak{L}$, $\text{Card}(A) \leqslant h$; 3° pour tout $B \in \mathfrak{C}$, $\text{Card}(B) \leqslant k$; 4° pour tout $x \in E$, le nombre d'éléments de $\mathfrak{L} \cup \mathfrak{C}$ auxquels x appartient est égal à l. Montrer alors que l'on a $\text{Card}(E) \leqslant hk/\lambda$. (Soit $(a_i)_{1 \leqslant i \leqslant n}$ la suite des éléments distincts de E rangés dans un certain ordre, et pour tout i, soit r_i le nombre d'éléments de $\mathfrak{L}$ auxquels appartient a_i. Montrer que si $\text{Card}(\mathfrak{L}) = s$, $\text{Card}(\mathfrak{C}) = t$, on a $\sum_{i=1}^{n} r_i \leqslant sh$, $\sum_{i=1}^{n} (l - r_i) \leqslant tk$ et $\sum_{i=1}^{n} r_i(l - r_i) \geqslant \lambda st$). Pour que $\text{Card}(E) = hk/\lambda$, il faut et il suffit que pour tout $A \in \mathfrak{L}$ et tout $B \in \mathfrak{C}$, on ait $\text{Card}(A) = h$, $\text{Card}(B) = k$, $\text{Card}(A \cap B) = \lambda$ et qu'il existe un $r \leqslant l$ tel que pour tout $x \in E$, le nombre d'éléments de $\mathfrak{L}$ auxquels appartient x soit égal à r.

16) Soient E un ensemble fini à n éléments, $\mathfrak{D}$ une partie non vide de $\mathfrak{P}(E)$, λ, k, l trois entiers $\geqslant 1$ ayant les propriétés suivantes: 1° si A, B sont deux éléments distincts de $\mathfrak{D}$, $\text{Card}(A \cap B) = \lambda$; 2° pour tout $A \in \mathfrak{D}$, $\text{Card}(A) \leqslant k$; 3° pour tout $x \in E$, le nombre d'éléments de $\mathfrak{D}$ auxquels x appartient est égal à l. Montrer que l'on a $n(\lambda - 1) \leqslant k(k - 1)$, et que si les deux membres de cette inégalité sont égaux, on a $\lambda = k$ et $\text{Card}(\mathfrak{D}) = n$. (Étant donné $a \in E$, soit $\mathfrak{L}$ l'ensemble des $A - \{a\}$ pour les $A \in \mathfrak{D}$ telles que $a \in A$, et soit $\mathfrak{C}$ l'ensemble des $A \in \mathfrak{D}$ telles que $a \notin A$. Appliquer à $\mathfrak{L}$ et $\mathfrak{C}$ l'exerc. 15.)

¶ 17) Soient i, h, k trois entiers tels que $i \geqslant 1$, $h \geqslant i$, $k \geqslant i$. Montrer qu'il existe un entier $m_i(h, k)$ ayant les propriétés suivantes: pour tout ensemble fini E ayant au moins $m_i(h, k)$ éléments, et toute partition $(\mathfrak{X}, \mathfrak{Y})$ de l'ensemble $\mathfrak{F}_i(E)$ des parties à i éléments de E, il est impossible que toute partie à h éléments de E contienne une partie $X \in \mathfrak{X}$ et que toute partie à k éléments de E contienne une partie $Y \in \mathfrak{Y}$; en d'autres termes, si toute partie à h éléments de E contient un $X \in \mathfrak{X}$, il existe une partie A à k éléments de E telle que toute partie à i éléments de A appartienne à $\mathfrak{X}$. (Raisonner par récurrence: on montrera qu'on peut prendre $m_1(h, k) = h + k - 1$, $m_i(i, k) = k$ et $m_i(h, i) = h$, et enfin $m_i(h, k) = m_{i-1}(m_i(h - 1, k), m_i(h, k - 1)) + 1$. E étant un ensemble ayant $m_i(h, k)$ éléments, a un élément de E et $E' = E - \{a\}$, montrer que si la proposition était inexacte, toute partie à $m_i(h - 1, k)$ éléments de E' contiendrait une partie X' à $i - 1$ éléments telle que $X' \cup \{a\} \in \mathfrak{X}$, et que toute partie à $m_i(h, k - 1)$ éléments de E' contiendrait une partie Y' à $i - 1$ éléments telle que $Y' \cup \{a\} \in \mathfrak{Y}$.)

18) *a*) Soit E un ensemble ordonné fini à p éléments. Si m, n sont deux entiers tels que $mn < p$, montrer qu'il existe, ou bien une partie totalement ordonnée de E ayant m éléments, ou bien une partie libre (III, p. 70, exerc. 5) de E ayant n éléments (utiliser l'exerc. 5 de III, p. 81).

b) Soient h, k deux entiers $\geqslant 1$, et soit $r(h, k) = (h - 1)(k - 1) + 1$; soit I un ensemble fini totalement ordonné ayant au moins $r(h, k)$ éléments. Montrer que pour toute suite finie $(x_\iota)_{\iota \in I}$ d'éléments d'un ensemble totalement ordonné E, il existe, soit une partie H à h éléments de I telle que la suite $(x_\iota)_{\iota \in H}$ soit croissante, soit une partie K à k éléments de I telle que la suite $(x_\iota)_{\iota \in K}$ soit décroissante. (Utiliser *a*) appliqué à I × E).

§ 6

1) Pour qu'un ensemble E soit infini, il faut et il suffit que, pour toute application f de E dans E, il existe une partie non vide S de E telle que $S \neq E$ et $f(S) \subset S$.

2) Montrer que si $\mathfrak{a}, \mathfrak{b}, \mathfrak{c}, \mathfrak{d}$ sont quatre cardinaux tels que $\mathfrak{a} < \mathfrak{c}$ et $\mathfrak{b} < \mathfrak{d}$ on a $\mathfrak{a} + \mathfrak{b} < \mathfrak{c} + \mathfrak{d}$ et $\mathfrak{a}\mathfrak{b} < \mathfrak{c}\mathfrak{d}$ (cf. III, p. 90, exerc. 21 *c*)).

3) Si E est un ensemble infini, l'ensemble des parties de E équipotentes à E est équipotent à $\mathfrak{P}(E)$ (utiliser la prop. 3 de III, p. 50).

4) Si E est un ensemble infini, l'ensemble des partitions de E est équipotent à $\mathfrak{P}(E)$ (associer à toute partition de E une partie de E × E).

5) Si E est un ensemble infini, l'ensemble des permutations de E est équipotent à $\mathfrak{P}(E)$ (en utilisant la prop. 3 de III, p. 50, montrer que pour toute partie A de E dont le complémentaire n'est pas réduit à un élément, il existe une permutation f de E telle que A soit l'ensemble des éléments de E invariants par f).

6) Soient E, F deux ensembles infinis tels que $\mathrm{Card}(E) \leqslant \mathrm{Card}(F)$. Montrer que l'ensemble des applications de E sur F, l'ensemble des applications de E dans F et l'ensemble des applications de parties de E dans F, sont tous équipotents à $\mathfrak{P}(F)$.

7) Soient E, F deux ensembles infinis tels que $\mathrm{Card}(E) < \mathrm{Card}(F)$. Montrer que l'ensemble des parties de F équipotentes à E et l'ensemble des injections de E dans F sont tous deux équipotents à l'ensemble F^E des applications de E dans F (pour chaque application f de E dans F, considérer l'injection $x \mapsto (x, f(x))$ de E dans E × F).

8) Montrer que, sur un ensemble infini E, l'ensemble des structures d'ensemble bien ordonné (et *a fortiori* l'ensemble des ordres) est équipotent à $\mathfrak{P}(E)$ (utiliser l'exerc. 5).

9) Montrer que si, dans un ensemble bien ordonné non vide E, tout élément x distinct du plus petit élément de E, admet un prédécesseur (plus grand élément de $]\leftarrow, x[$), E est isomorphe à $\mathbf{N}$ ou à un intervalle $[0, n]$ de $\mathbf{N}$ (remarquer que tout segment $\neq E$ est fini en utilisant la prop. 6 de III, p. 51, puis utiliser le th. 3 de III, p. 21).

¶ 10) On désigne par ω ou ω_0 l'ordinal Ord($\mathbf{N}$) (III, p. 77, exerc. 14); l'ensemble des entiers est donc un ensemble bien ordonné isomorphe à l'ensemble des ordinaux $< \omega$; pour tout entier n, on désigne encore par n (par abus de langage) l'ordinal $\mathrm{Ord}([0, n[)$.

a) Montrer que, pour tout cardinal $\mathfrak{a}$, la relation

$$\text{« } \xi \text{ est un ordinal et } \mathrm{Card}(\xi) < \mathfrak{a} \text{ »}$$

est collectivisante (utiliser le th. de Zermelo). On désigne par $W(\mathfrak{a})$ l'ensemble des ordinaux ξ tels que $\mathrm{Card}(\xi) < \mathfrak{a}$.

b) Pour tout ordinal $\alpha > 0$, on définit, par récurrence transfinie, dans l'ensemble bien ordonné $O'(\alpha)$ des ordinaux $\leqslant \alpha$, une fonction f_α, par les conditions suivantes: $f_\alpha(0) = \omega_0 = \omega$, et pour tout ξ tel que $0 < \xi \leqslant \alpha$, $f_\alpha(\xi)$ est la borne supérieure (III, p. 77, exerc. 14 *d*)) de l'ensemble des ordinaux ζ tels que $\mathrm{Card}(\zeta) \leqslant \mathrm{Card}(f_\alpha(\eta))$ pour un ordinal $\eta < \xi$ au moins. Montrer que, si $0 \leqslant \eta < \xi \leqslant \alpha$, on a $\mathrm{Card}(f_\alpha(\eta)) < \mathrm{Card}(f_\alpha(\xi))$ et que si $\xi \leqslant \alpha \leqslant \beta$, on a $f_\alpha(\xi) = f_\beta(\xi)$; on pose $\omega_\alpha = f_\alpha(\alpha)$, et on dit que ω_α est l'*ordinal initial* d'indice α; on a $\omega_\alpha \geqslant \alpha$. On pose $\aleph_\alpha = \mathrm{Card}(\omega_\alpha)$, et on dit que $\aleph_\alpha$ est l'*aleph d'indice* α; en particulier $\aleph_0 = \mathrm{Card}(\mathbf{N})$.

c) Montrer que, pour tout cardinal infini $\mathfrak{a}$, la borne supérieure λ de l'ensemble d'ordinaux

W($\mathfrak{a}$) est un ordinal initial ω_α, et que l'on a $\mathfrak{a} = \aleph_\alpha$ (considérer le plus petit des ordinaux μ tels que $\omega_\mu \geqslant \lambda$); autrement dit, ω_α est le plus petit ordinal ξ tel que $\operatorname{Card}(\xi) = \aleph_\alpha$. Pour tout ordinal α, l'application $\xi \mapsto \aleph_\xi$, définie dans O'(α), est un isomorphisme de l'ensemble bien ordonné O'(α) sur l'ensemble bien ordonné des cardinaux $\leqslant \aleph_\alpha$; en particulier, $\aleph_{\alpha+1}$ est le plus petit des cardinaux $> \aleph_\alpha$. Montrer que, si α n'a pas de prédécesseur, alors, pour toute application strictement croissante $\xi \mapsto \sigma_\xi$ d'un ordinal β dans α telle que $\alpha = \sup_{\xi<\beta} \sigma_\xi$, on a $\sum_{\xi<\beta} \aleph_{\sigma_\xi} = \aleph_\alpha$.

d) Déduire de *c*) que ω_ξ est un symbole fonctionnel ordinal normal (III, p. 78, exerc. 17).

¶ 11) *a*) Montrer que l'ordinal ω est le plus petit ordinal > 0 n'ayant pas de prédécesseur, que ω est indécomposable (III, p. 78, exerc. 16) et que, pour tout ordinal $\alpha > 0$, $\alpha\omega$ est le plus petit ordinal indécomposable qui soit $> \alpha$ (remarquer que $n\omega = \omega$ pour tout entier n). En déduire que $(\alpha + 1)\omega = \alpha\omega$ pour tout $\alpha > 0$.

b) Déduire de *a*) que, pour qu'un ordinal soit indécomposable, il faut et il suffit qu'il soit de la forme ω^β (utiliser l'exerc. 18 *d*) de III, p. 79).

¶ 12) Montrer que, pour tout ordinal α, et tout ordinal $\gamma > 1$, il existe deux suites finies d'ordinaux (λ_i) et (μ_i) $(1 \leqslant i \leqslant k)$ tels que l'on ait

$$\alpha = \gamma^{\lambda_1}\mu_1 + \gamma^{\lambda_2}\mu_2 + \cdots + \gamma^{\lambda_k}\mu_k$$

ainsi que les relations $0 < \mu_i < \gamma$ pour tout i, et $\lambda_i > \lambda_{i+1}$ pour $1 \leqslant i \leqslant k - 1$ (utiliser l'exerc. 18 *d*) de III, p. 79, et l'exerc. 3 de III, p. 80, § 3). En outre, les suites (λ_i) et (μ_i) déterminées par ces conditions sont uniques. En particulier, il existe une suite finie décroissante $(\beta_j)_{1\leqslant j\leqslant m}$ et une seule telle que

$$\alpha = \omega^{\beta_1} + \omega^{\beta_2} + \cdots + \omega^{\beta_m}.$$

On désignera par $\varphi(\alpha)$ le plus grand ordinal ω^{β_1} de cette décomposition.

b) Pour tout entier n, soit $f(n) \leqslant n!$ le plus grand nombre d'éléments dans l'ensemble des ordinaux de la forme

$$\alpha_{\sigma(1)} + \alpha_{\sigma(2)} + \cdots + \alpha_{\sigma(n)},$$

où $(\alpha_i)_{1\leqslant i\leqslant n}$ est une suite de n ordinaux quelconques, et où σ parcourt l'ensemble des permutations de l'intervalle $(1, n)$. Montrer que l'on a

$$f(n) = \sup_{1\leqslant k\leqslant n-1} (k2^{k-1} + 1) f(n - k). \tag{1}$$

(Considérer d'abord le cas où tous les $\varphi(\alpha_i)$ sont égaux et montrer qu'alors le plus grand nombre possible d'ordinaux distincts de la forme voulue est égal à n; on utilisera pour cela l'exerc. 16 *a*) de III, p. 78. Raisonner ensuite par récurrence sur le nombre des ordinaux α_i pour lesquels $\varphi(\alpha_i)$ prend la plus petite valeur possible parmi l'ensemble des $\varphi(\alpha_j)$ $(1 \leqslant j \leqslant n)$).

Déduire de (1) que, pour $n \geqslant 20$, on a $f(n) = 81 f(n - 5)$.

c) Montrer que les $n!$ ordinaux $(\omega + \sigma(1))(\omega + \sigma(2))\ldots(\omega + \sigma(n))$ où σ parcourt l'ensemble des permutations de $(1, n)$, sont tous distincts.

¶ 13) *a*) Soit $w(\xi)$ un symbole fonctionnel ordinal (III, p. 78, exerc. 17) défini pour $\xi \geqslant \alpha_0$ et tel que la relation $\alpha_0 \leqslant \xi < \xi'$ entraîne $w(\xi) < w(\xi')$. Montrer que si $\xi \geqslant \alpha_0$, on a $w(\xi + \eta) \geqslant w(\xi) + \eta$ pour tout ordinal η (raisonner par l'absurde). En déduire qu'il existe α tel que $w(\xi) \geqslant \xi$ pour tout $\xi \geqslant \alpha$ (prendre pour α le plus petit ordinal indécomposable $\geqslant \alpha_0$; cf. exerc. 11 *a*)).

b) Soit $f(\xi, \eta)$ le symbole fonctionnel ordinal défini dans l'exerc. 17 *b*) de III, p. 78; on suppose que les relations $\alpha_0 \leqslant \xi \leqslant \xi'$ et $\alpha_0 \leqslant \eta \leqslant \eta'$ entraînent $g(\xi, \eta) \leqslant g(\xi', \eta')$, de sorte que les relations $\alpha_0 \leqslant \xi \leqslant \xi'$ et $1 \leqslant \eta \leqslant \eta'$ entraînent $f(\xi, \eta) \leqslant f(\xi', \eta')$ (III, p. 78, exerc. 17 *d*)). Montrer que, pour tout ordinal β, il existe au plus un nombre fini d'ordinaux η pour lesquels l'équation $f(\xi, \eta) = \beta$ a au moins une solution (remarquer que, si ξ_1 est la plus petite solution de $f(\xi, \eta_1) = \beta$ et ξ_2 la plus petite solution de $f(\xi, \eta_2) = \beta$, la relation $\eta_1 < \eta_2$ entraîne $\xi_1 > \xi_2$).

c) On appelle *ordinal critique* pour f tout ordinal infini $\gamma > \alpha_0$ tel que $f(\xi, \gamma) = \gamma$ pour tout

ξ tel que $\alpha_0 \leqslant \xi < \gamma$. Montrer qu'un ordinal critique de f n'a pas de prédécesseur. S'il existe un ensemble d'ordinaux A tel que $f(\xi, \gamma) = \gamma$ pour tout $\xi \in A$ et si γ est la borne supérieure de A, montrer que γ est ordinal critique.

d) Soit $h(\xi) = f(\xi, \xi)$ (défini pour $\xi \geqslant \alpha_0$). On définit par récurrence $\alpha_1 = \alpha_0 + 2$, $\alpha_{n+1} = h(\alpha_n)$ pour $n \geqslant 1$. Montrer que la borne supérieure de la suite (α_n) est un ordinal critique pour f.

e) Montrer que la borne supérieure de tout ensemble d'ordinaux critiques pour f est encore un ordinal critique, et que tout ordinal critique est indécomposable (remarquer que

$$f(\xi, \eta + 1) \geqslant w(\xi) + \eta \geqslant \xi + \eta$$

pour $\xi \geqslant \alpha_0$).

¶ 14) *a*) Montrer que, si $\alpha \geqslant 2$ et si β n'a pas de prédécesseur, α^β est un ordinal indécomposable (cf. III, p. 78, exerc. 16 *a*)); si α est fini et $\beta = \omega\gamma$, on a $\alpha^\beta = \omega^\gamma$; si α est infini et si π est le plus grand ordinal indécomposable qui soit $\leqslant \alpha$, montrer que $\alpha^\beta = \pi^\beta$ (utiliser l'exerc. 11 de III, p. 88).

b) Pour qu'un ordinal δ soit critique pour le symbole fonctionnel $f(\xi, \eta) = \xi\eta$, il faut et il suffit que, pour tout α tel que $1 < \alpha \leqslant \delta$, l'équation $\delta = \alpha^\xi$ admette une solution; l'unique solution ξ de cette équation est alors indécomposable (utiliser l'exerc. 13 *e*) ci-dessus, ainsi que l'exerc. 18 *d*) de III, p. 79). Inversement, pour tout $\alpha > 1$ et tout ordinal indécomposable π, α^π est ordinal critique pour $\xi\eta$ (utiliser l'exerc. 13 *c*)). En déduire que, pour que δ soit ordinal critique pour $\xi\eta$, il faut et il suffit que δ soit de la forme ω^{ω^μ} (cf. III, p. 88, exerc. 11 *b*)).

c) Pour qu'un ordinal ε soit critique pour le symbole fonctionnel $f(\xi, \eta) = \xi^\eta$, c'est-à-dire tel que $\gamma^\varepsilon = \varepsilon$ pour tout γ tel que $2 \leqslant \gamma < \varepsilon$, il suffit que l'on ait $2^\varepsilon = \varepsilon$. Montrer que le plus petit ordinal critique ε_0 pour ξ^η est dénombrable (cf. exerc. 13 *d*)).

¶ 15) Soit γ un ordinal > 1; pour tout ordinal α, on désigne par $L(\alpha)$ l'ensemble des exposants λ_i dans l'expression de α donnée dans l'exerc. 12 *a*) (III, p. 89).

a) Montrer que l'on a $\lambda_i \leqslant \alpha$ pour tout $\lambda_i \in L(\alpha)$, et qu'on ne peut avoir $\lambda_i = \alpha$ pour un de ces ordinaux que si $\alpha = 0$ ou si α est un ordinal critique pour ξ^η (exerc. 14 *c*)).

b) On définit $L_n(\alpha)$ par récurrence sur n, de sorte que $L_1(\alpha) = L(\alpha)$, et que $L_n(\alpha)$ soit la réunion des ensembles $L(\beta)$ lorsque β parcourt $L_{n-1}(\alpha)$. Montrer qu'il existe un entier n_0 tel que $L_{n+1}(\alpha) = L_n(\alpha)$ pour $n \geqslant n_0$, et que les éléments de $L_n(\alpha)$ sont alors 0 ou des ordinaux critiques pour ξ^η. (Raisonner par l'absurde en considérant pour chaque n l'ensemble $M_n(\alpha)$ des $\beta \in L_n(\alpha)$ tels que $\beta \notin L(\beta)$, et en supposant que $M_n(\alpha)$ ne soit vide pour aucun n; utiliser *a*) pour obtenir une contradiction.)

16) Tout ensemble totalement ordonné E possède une partie bien ordonnée qui lui est cofinale (III, p. 75, exerc. 2). Le plus petit des ordinaux Ord(M) pour toutes les parties bien ordonnées M de E, cofinales à E, est appelé le *caractère final* de E.

a) On dit qu'un ordinal ξ est *régulier* s'il est égal à son caractère final, *singulier* dans le cas contraire. Montrer que tout ordinal régulier infini est un ordinal initial ω_α (III, p. 87, exerc. 10). Inversement, tout ordinal intial ω_α dont l'indice α est égal à 0 ou admet un prédécesseur, est un ordinal régulier. Un ordinal initial ω_α dont l'indice n'admet pas de prédécesseur est singulier si $0 < \alpha < \omega_\alpha$; en particulier, ω_ω est le plus petit ordinal initial singulier infini.

b) On dit qu'un ordinal initial ω_α est *inaccessible* s'il est régulier et si son indice α n'a pas de prédécesseur. Montrer que si $\alpha > 0$, on a alors $\omega_\alpha = \alpha$, autrement dit α est un ordinal critique pour le symbole fonctionnel normal ω_η (exerc. 10 *d*) et 13 *c*) (III, p. 88)). Soit κ le plus petit ordinal critique pour ce symbole fonctionnel; montrer que ω_κ est singulier, de caractère final ω (cf. III, p. 88, exerc. 13 *d*)). Autrement dit, il n'existe aucun ordinal inaccessible ω_α tel que $0 < \alpha \leqslant \kappa$.[1]

c) Montrer qu'il n'existe qu'un seul ordinal régulier cofinal à un ensemble totalement ordonné E; cet ordinal est égal au caractère final de E, et si E est non vide et n'a pas de plus grand élément, c'est un ordinal initial. Si $\omega_{\bar{\alpha}}$ est le caractère final de ω_α, on a $\bar{\alpha} \leqslant \alpha$; pour que ω_α soit régulier, il faut et il suffit que $\bar{\alpha} = \alpha$.

[1] On ne sait pas démontrer, à l'heure actuelle, qu'il existe des ordinaux inaccessibles autres que ω.

d) Soient ω_α un ordinal régulier, I un ensemble d'indices bien ordonné, tel que $\mathrm{Ord}(\mathrm{I}) < \omega_\alpha$. Montrer que, pour tout famille $(\xi_\iota)_{\iota\in\mathrm{I}}$ d'ordinaux telle que $\xi_\iota < \omega_\alpha$ pour tout $\iota \in \mathrm{I}$, on a $\sum_{\iota\in\mathrm{I}} \xi_\iota < \omega_\alpha$.

17) On dit qu'un cardinal $\aleph_\alpha$ est *régulier* (resp. *singulier*) si l'ordinal initial ω_α est régulier (resp. singulier). Pour que $\aleph_\alpha$ soit régulier, il faut et il suffit que, pour toute famille $(\mathfrak{a}_\iota)_{\iota\in\mathrm{I}}$ de cardinaux telle que $\mathrm{Card}(\mathrm{I}) < \aleph_\alpha$ et $\mathfrak{a}_\iota < \aleph_\alpha$ pour tout $\iota \in \mathrm{I}$, on ait $\sum_{\iota\in\mathrm{I}} \mathfrak{a}_\iota < \aleph_\alpha$; $\aleph_\omega$ est le plus petit cardinal singulier.

¶ 18) *a*) Pour tout ordinal α et tout cardinal $\mathfrak{m} \neq 0$, on a $\aleph_{\alpha+1}^{\mathfrak{m}} = \aleph_\alpha^{\mathfrak{m}} . \aleph_{\alpha+1}$ (se borner au cas $\mathfrak{m} < \aleph_{\alpha+1}$ et considérer les applications du cardinal $\mathfrak{m}$ dans l'ordinal $\omega_{\alpha+1}$).
b) Déduire de *a*) que, pour tout ordinal γ tel que $\mathrm{Card}(\gamma) \leqslant \mathfrak{m}$, on a $\aleph_{\alpha+\gamma}^{\mathfrak{m}} = \aleph_\alpha^{\mathfrak{m}} . \aleph_{\alpha+\gamma}^{\mathrm{Card}(\gamma)}$ (raisonner par récurrence transfinie sur γ).
c) Déduire de *b*) que, pour tout ordinal α tel que $\mathrm{Card}(\alpha) \leqslant \mathfrak{m}$, on a $\aleph_\alpha^{\mathfrak{m}} = 2^{\mathfrak{m}} . \aleph_\alpha^{\mathrm{Card}(\alpha)}$.

¶ 19) *a*) Soient α et β deux ordinaux, α n'ayant pas de précécesseur, et soit $\xi \mapsto \sigma_\xi$ une application strictement croissante de l'ordinal ω_β dans l'ordinal α, telle que $\sup_{\xi<\omega_\beta} \sigma_\xi = \alpha$. Montrer que l'on a $\aleph_\alpha^{\aleph_\beta} = \prod_{\xi<\omega_\beta} \aleph_{\sigma_\xi}$. (A toute application f de l'ordinal ω_β dans l'ordinal ω_α, faire correspondre une application injective $\bar{f}$ de ω_β dans l'ensemble des ω_{σ_ξ} ($\xi < \omega_\beta$) telle que $f(\zeta) \leqslant \bar{f}(\zeta)$ pour tout $\zeta < \omega_\beta$; évaluer le cardinal de l'ensemble des applications f auxquelles correspond une même application $\bar{f}$, et remarquer que $\mathfrak{m} = \prod_{\xi<\omega_\beta} \aleph_{\sigma_\xi} \geqslant 2^{\mathrm{Card}(\omega_\beta)}$ et $\mathfrak{m} \geqslant \aleph_\alpha$ (cf. III, p. 80, exerc. 3 du § 3).)
b) Soit $\bar{\alpha}$ l'ordinal tel que $\omega_{\bar{\alpha}}$ soit le caractère final de ω_α; montrer que l'on a

$$\aleph_\alpha^{\aleph_{\bar{\alpha}}} > \aleph_\alpha$$

et que, s'il existe $\mathfrak{n}$ tel que $\aleph_\alpha = \mathfrak{n}^{\aleph_\gamma}$, on a $\gamma < \bar{\alpha}$ (utiliser *a*) et l'exerc. 3 de III, p. 80, § 3).
c) Montrer que, si $\lambda < \bar{\alpha}$, on a

$$\aleph_\alpha^{\aleph_\lambda} = \sum_{\xi<\alpha} \aleph_\xi^{\aleph_\lambda}$$

(raisonner comme dans l'exerc. 18 *a*)).

¶ 20) *a*) Pour qu'un cardinal $\mathfrak{a}$ soit régulier (exerc. 17), il faut que, pour tout cardinal $\mathfrak{b} \neq 0$, on ait $\mathfrak{a}^{\mathfrak{b}} = \mathfrak{a} . \sum_{\mathfrak{m}<\mathfrak{a}} \mathfrak{m}^{\mathfrak{b}}$ (utiliser l'exerc. 19, en considérant plusieurs cas, suivant que $\mathfrak{b}$ est fini, que $\aleph_0 \leqslant \mathfrak{b} < \mathfrak{a}$ ou que $\mathfrak{b} \geqslant \mathfrak{a}$, ainsi que l'exerc. 3 de III, p. 80, § 3). L'hypothèse du continu généralisée entraîne que la condition précédente est aussi suffisante.
b) Montrer que, si un cardinal $\mathfrak{a}$ est tel que, pour tout cardinal $\mathfrak{m}$ tel que $0 < \mathfrak{m} < \mathfrak{a}$, on ait $\mathfrak{a}^{\mathfrak{m}} = \mathfrak{a}$, $\mathfrak{a}$ est régulier (utiliser l'exerc. 3 de III, p. 80, § 3).
c) Montrer que la proposition « pour tout cardinal régulier $\mathfrak{a}$ et tout cardinal $\mathfrak{m}$ tel que $0 < \mathfrak{m} < \mathfrak{a}$, on a $\mathfrak{a} = \mathfrak{a}^{\mathfrak{m}}$ » est équivalente à l'hypothèse du continu généralisée (utiliser *a*)).

¶ 21) On dit qu'un cardinal infini $\mathfrak{a}$ est *dominant* si, pour tout couple de cardinaux $\mathfrak{m} < \mathfrak{a}$, $\mathfrak{n} < \mathfrak{a}$, on a $\mathfrak{m}^{\mathfrak{n}} < \mathfrak{a}$.
a) Pour que $\mathfrak{a}$ soit dominant, il suffit que, pour tout cardinal $\mathfrak{m} < \mathfrak{a}$, on ait $2^{\mathfrak{m}} < \mathfrak{a}$.
b) On définit par récurrence une suite $(\mathfrak{a}_n)$ de cardinaux de la façon suivante: $\mathfrak{a}_0 = \aleph_0$, $\mathfrak{a}_{n+1} = 2^{\mathfrak{a}_n}$. Montrer que la somme $\mathfrak{d}$ de la suite $(\mathfrak{a}_n)$ est un cardinal dominant; $\aleph_0$ et $\mathfrak{d}$ sont les deux plus petits cardinaux dominants.
c) Montrer que l'on a $\mathfrak{d}^{\aleph_0} = \aleph_0^{\mathfrak{d}} = 2^{\mathfrak{d}}$ (remarquer que $2^{\mathfrak{d}} \leqslant \mathfrak{d}^{\aleph_0}$); en déduire que l'on a $\mathfrak{d}^{\aleph_0} = (2^{\mathfrak{d}})^{\mathfrak{d}}$, bien que $\mathfrak{d} < 2^{\mathfrak{d}}$ et $\aleph_0 < \mathfrak{d}$.

¶ 22) On dit qu'un cardinal $\aleph_\alpha$ est *inaccessible* si l'ordinal ω_α est inaccessible (III, p. 89, exerc. 16 *b*)); on a alors $\omega_\alpha = \alpha$ si $\omega_\alpha \neq \omega_0$. On dit qu'un cardinal $\mathfrak{a}$ est *fortement inaccessible* s'il est inaccessible et dominant (exerc. 21).
a) L'hypothèse du continu généralisée entraîne que tout cardinal inaccessible est fortement inaccessible.

b) Pour qu'un cardinal $\mathfrak{a} \geqslant 3$ soit fortement inaccessible, il faut et il suffit que, pour toute famille $(\mathfrak{a}_\iota)_{\iota \in I}$ de cardinaux telle que $\text{Card}(I) < \mathfrak{a}$ et $\mathfrak{a}_\iota < \mathfrak{a}$ pour tout $\iota \in I$, on ait $\prod_{\iota \in I} \mathfrak{a}_\iota < \mathfrak{a}$.

c) Pour qu'un cardinal infini $\mathfrak{a}$ soit fortement inaccessible, il faut et il suffit qu'il soit dominant (III, p. 90, exerc. 21) et qu'il vérifie l'une des deux conditions suivantes: α) pour tout cardinal $\mathfrak{b}$ tel que $0 < \mathfrak{b} < \mathfrak{a}$, on a $\mathfrak{a}^\mathfrak{b} = \mathfrak{a}$; β) pour tout cardinal $\mathfrak{b} > 0$, on a $\mathfrak{a}^\mathfrak{b} = \mathfrak{a}.2^\mathfrak{b}$. (Utiliser les exerc. 20 et 21 de III, p. 90.)

¶ 23) Soit α un ordinal > 0; on dit qu'une application f de l'ordinal α dans lui-même est *divergente* si, pour tout ordinal $\lambda_0 < \alpha$, il existe un ordinal $\mu_0 < \alpha$ tel que la relation $\mu_0 \leqslant \xi < \alpha$ entraîne $\lambda_0 \leqslant f(\xi) < \alpha$.[1]

a) Soit φ une application strictement croissante d'un ordinal β dans α, telle que $\varphi(\sup_{\zeta<\gamma} \zeta) = \sup_{\zeta<\gamma} \varphi(\zeta)$ pour tout $\gamma < \beta$, et que $\sup_{\zeta<\beta} \varphi(\zeta) = \alpha$.[2] Pour qu'il existe une application f de α dans lui-même, divergente et telle que $f(\xi) < \xi$ pour tout ξ tel que $0 < \xi < \alpha$, il faut et il suffit qu'il existe une application de même nature de β dans lui-même.

b) Déduire de *a*) que, pour qu'il existe une application f de ω_α dans lui-même, divergente et telle que $f(\xi) < \xi$ pour $0 < \xi < \omega_\alpha$, il faut et il suffit que le caractère final de ω_α soit ω_0 (si ω_α est un ordinal régulier $> \omega_0$, définir par récurrence une suite strictement croissante (η_n) par les conditions $\eta_1 = 1$, η_{n+1} étant le plus petit ordinal ζ tel que, pour $\xi \geqslant \zeta$, $f(\xi) > \eta_n$).

c) Soit $\omega_{\bar{\alpha}}$ le caractère final de ω_α (III, p. 89, exerc. 16); montrer que, si $\bar{\alpha} > 0$ et si f est une application de ω_α dans lui-même telle que $f(\xi) < \xi$ pour tout ξ tel que $0 < \xi < \omega_\alpha$, il existe λ_0 tel que l'ensemble des solutions de l'équation $f(\xi) = \lambda_0$ ait un cardinal au moins égal à $\aleph_{\bar{\alpha}}$.

¶ 24) *a*) Soit $\mathfrak{F}$ un ensemble de parties d'un ensemble E, tel que, pour toute partie $A \in \mathfrak{F}$, on ait $\text{Card}(A) = \text{Card}(\mathfrak{F}) = \mathfrak{a} \geqslant \aleph_0$. Montrer qu'il existe dans E une partie P telle que $\text{Card}(P) = \mathfrak{a}$ et qu'aucun ensemble de $\mathfrak{F}$ ne soit contenu dans P. (Si $\mathfrak{a} = \aleph_\alpha$, définir par induction transfinie deux applications injectives $\xi \mapsto f(\xi)$, $\xi \mapsto g(\xi)$ de ω_α dans E telles que les ensembles $P = f(\omega_\alpha)$ et $Q = g(\omega_\alpha)$ ne se rencontrent pas et que chacun d'eux rencontre toute partie $A \in \mathfrak{F}$).

b) On suppose en outre que, pour toute partie $\mathfrak{G}$ de $\mathfrak{F}$ telle que $\text{Card}(\mathfrak{G}) < \mathfrak{a}$, le complémentaire dans E de la réunion des ensembles $A \in \mathfrak{G}$ ait un cardinal $\geqslant \mathfrak{a}$; montrer alors qu'il existe dans E une partie P telle que $\text{Card}(P) = \mathfrak{a}$ et que, pour tout $A \in \mathfrak{G}$, $\text{Card}(P \cap A) < \mathfrak{a}$ (méthode analogue).

¶ 25) *a*) Soit $\mathfrak{F}$ un recouvrement d'un ensemble infini E; on appelle *degré de disjonction* de $\mathfrak{F}$ le plus petit cardinal $\mathfrak{c}$ tel que $\mathfrak{c}$ soit *strictement supérieur* aux cardinaux $\text{Card}(X \cap Y)$ pour tout couple d'ensembles distincts $X \in \mathfrak{F}$ et $Y \in \mathfrak{F}$. Si $\text{Card}(E) = \mathfrak{a}$, $\text{Card}(\mathfrak{F}) = \mathfrak{b}$, montrer qu'on a $\mathfrak{b} \leqslant \mathfrak{a}^\mathfrak{c}$ (remarquer qu'une partie de E de cardinal $\mathfrak{c}$ ne peut être contenue que dans un ensemble de $\mathfrak{F}$ au plus).

b) Soient ω_α un ordinal initial, F un ensemble tel que $2 \leqslant \mathfrak{p} = \text{Card}(F) < \aleph_\alpha$; soit E l'ensemble des applications dans F des segments de ω_α distincts de ω_α; on a $\text{Card}(E) \leqslant \mathfrak{p}^{\aleph_\alpha}$. Pour toute application f de ω_α dans F, soit K_f la partie de E formée des restrictions de f aux segments de ω_α distincts de ω_α. Montrer que l'ensemble $\mathfrak{F}$ des K_f est un recouvrement de E tel que $\text{Card}(\mathfrak{F}) = \mathfrak{p}^{\aleph_\alpha}$ et dont le degré de disjonction est égal à $\aleph_\alpha$.

c) Soient E un ensemble infini de cardinal $\mathfrak{a}$, et soient $\mathfrak{c}$ et $\mathfrak{p}$ deux cardinaux > 1 tels que $\mathfrak{p} < \mathfrak{c}$, $\mathfrak{p}^\mathfrak{m} < \mathfrak{a}$ pour tout $\mathfrak{m} < \mathfrak{c}$ et $\mathfrak{a} = \sum_{\mathfrak{m}<\mathfrak{c}} \mathfrak{p}^\mathfrak{m}$. Déduire de *b*) qu'il existe un recouvrement $\mathfrak{F}$ de E formé d'ensembles de cardinal $\mathfrak{c}$, ayant un degré de disjonction égal à $\mathfrak{c}$, et tel que $\text{Card}(\mathfrak{F}) = \mathfrak{p}^\mathfrak{c}$. En particulier, si E est infini dénombrable, il existe un recouvrement $\mathfrak{F}$ de E formé d'ensembles infinis, tel que $\text{Card}(\mathfrak{F}) = 2^{\aleph_0}$ et que l'intersection de deux ensembles quelconques de $\mathfrak{F}$ soit *finie*.

[1] Si on munit l'ensemble bien ordonné O'_α des ordinaux $\leqslant \alpha$ de la topologie $\mathcal{T}_-(O'_\alpha)$ (TG, I, § 1, exerc. 5), cette condition peut encore s'écrire $\lim_{\xi \to \alpha, \xi < \alpha} f(\xi) = \alpha$.

[2] En prolongeant φ à O'_β par la condition $\varphi(\beta) = \alpha$, les conditions précédentes signifient que φ est continue lorsqu'on munit O'_α et O'_β des topologies $\mathcal{T}_-(O'_\alpha)$ et $\mathcal{T}_-(O'_\beta)$ (TG, I, § 1, exerc. 5).

¶ 26) Soient E un ensemble infini, $\mathfrak{F}$ un ensemble de parties de E tel que pour toute partie $A \in \mathfrak{F}$, on ait

$$\mathrm{Card}(A) = \mathrm{Card}(\mathfrak{F}) = \mathrm{Card}(E) = \mathfrak{a} \geqslant \aleph_0.$$

Montrer qu'il existe une partition $(B_\iota)_{\iota \in I}$ de E telle que

$$\mathrm{Card}(I) = \mathrm{Card}(B_\iota) = \mathfrak{a}$$

pour tout $\iota \in I$ et telle que $A \cap B_\iota \neq \varnothing$ pour tout $A \in \mathfrak{F}$ et tout $\iota \in I$. (Avec les notations de l'exerc. 24 *a*) (III, p. 91), considérer d'abord une application surjective f de ω_α dans $\mathfrak{F}$ telle que pour tout $A \in \mathfrak{F}$, l'ensemble des $\xi \in \omega_\alpha$ tels que $f(\xi) = A$ ait un cardinal égal à $\mathfrak{a}$. Puis définir par induction transfinie une bijection g de ω_α sur E telle que $g(\xi) \in f(\xi)$ pour tout $\xi \in \omega_\alpha$.)

¶ 27) Soient L un ensemble infini, $(E_\lambda)_{\lambda \in L}$ une famille d'ensembles. On suppose que pour tout entier $n > 0$, l'ensemble des $\lambda \in L$ tels que $\mathrm{Card}(E_\lambda) > n$ est équipotent à L. Montrer que dans le produit $E = \prod_{\lambda \in L} E_\lambda$, il existe une partie F telle que $\mathrm{Card}(F) = 2^{\mathrm{Card}(L)}$, ayant la propriété suivante: pour toute suite finie $(f_k)_{1 \leqslant k \leqslant n}$ d'éléments distincts de F, il existe $\lambda \in L$ tel que les éléments $f_k(\lambda) \in E_\lambda$ $(1 \leqslant k \leqslant n)$ soient deux à deux distincts. (Montrer d'abord qu'il existe une partition $(L_j)_{j \in \mathbf{N}}$ de L telle que $\mathrm{Card}(L_j) = \mathrm{Card}(L)$ pour tout j et $\mathrm{Card}(E_\lambda) \geqslant 2^j$ pour tout $\lambda \in L_j$. Se ramener de la sorte au cas où L est somme de la famille dénombrable des ensembles X^j $(j \geqslant 1)$, où X est un ensemble infini, et où $E_\lambda = 2^j$ pour $\lambda \in X^j$. A toute application $g \in 2^X$ de X dans 2, faire correspondre l'élément $f \in E$ tel que pour $\lambda = (x_k)_{1 \leqslant k \leqslant j} \in X^j$ on ait $f(\lambda) = (g(x_1), \ldots, g(x_j))$; montrer que l'ensemble F des $f \in E$ ainsi définis répond à la question.)

¶ 28) Soient E un ensemble infini, $(\mathfrak{X}_i)_{1 \leqslant i \leqslant m}$ une partition finie de l'ensemble $\mathfrak{F}_n(E)$ des parties de E ayant n éléments. Montrer qu'il existe un indice i et une partie infinie F de E tels que toute partie de F ayant n éléments appartienne à $\mathfrak{X}_i$. (Raisonner par récurrence sur n: pour tout $a \in E$, montrer d'abord qu'il existe un indice $j(a)$ et une partie infinie $M(a)$ de $E - \{a\}$ tels que pour toute partie A de $M(a)$ ayant $n - 1$ éléments, $\{a\} \cup A$ appartienne à $\mathfrak{X}_{j(a)}$. Former alors F en définissant une suite d'éléments a_i de E par récurrence sur i, a_1 étant arbitraire dans E, a_2 pris dans $M(a_1)$, a_3 défini à partir de $M(a_1)$ et de a_2 comme a_2 à partir de E et de a_1, et ainsi de suite. Montrer enfin que l'ensemble F des éléments d'une suite partielle (a_{i_k}) extraite convenablement de (a_i) répond à la question.)

29) *a*) Dans un ensemble ordonné E, toute réunion finie de sous-ensemble nœthériens (pour l'ordre induit) de E est un ensemble ordonné nœthérien.
b) Pour qu'un ensemble ordonné E soit nœthérien, il faut et il suffit que pour tout $a \in E$, l'intervalle $]a, \rightarrow[$ soit nœthérien.
c) Soit E un ensemble ordonné tel que l'ensemble obtenu en munissant E de l'ordre opposé soit nœthérien. Soient u une lettre, $T\{u\}$ un terme. Montrer qu'il existe un ensemble U et une application f de E sur U tels que, pour tout $x \in E$, on ait $f(x) = T\{f^{(x)}\}$, en désignant par $f^{(x)}$ l'application de $]\leftarrow, x[$ sur $f(]\leftarrow, x[)$ qui coïncide avec f dans cet intervalle; en outre U et f sont déterminés de façon unique par cette condition.
d) Soit E un ensemble ordonné nœthérien tel que toute partie finie de E admette une borne supérieure dans E. Montrer que si E admet un plus petit élément, E est un ensemble réticulé achevé (III, p. 71, exerc. 11); si au contraire E n'admet pas de plus petit élément, l'ensemble E′ obtenu en adjoignant à E un plus petit élément (III, p. 9, prop. 3) est réticulé achevé.

30) Soit E un ensemble réticulé tel que l'ensemble obtenu en munissant E de l'ordre opposé soit nœthérien. Montrer que tout élément $a \in E$ peut s'écrire $\sup(e_1, e_2, \ldots, e_n)$ où les e_i $(1 \leqslant i \leqslant n)$ sont irréductibles (III, p. 81, exerc. 7; montrer d'abord qu'il existe un élément irréductible e tel que $a = \sup(e, b)$ si a n'est pas irréductible). Généraliser à E l'exerc. 7 *b*) de III, p. 81. Généraliser de même les exerc. 8 *b*) et 9 *b*) de III, p. 82.

¶ 31) Soient A un ensemble infini, E l'ensemble des parties infinies de A, ordonné par la relation opposée à la relation d'inclusion. Montrer que E est complètement ramifié (III,

p. 76, exerc. 8) mais non afiltrant (III, p. 74, exerc. 23), et qu'il existe un sous-ensemble cofinal F de E qui est afiltrant. (Considérer d'abord l'ensemble $\mathfrak{D}(A)$ des parties infinies dénombrables de A, qui est cofinal dans E, et soit $Z = R_0(\mathfrak{D}(A))$ (III, p. 74, exerc. 23). Écrire Z sous la forme $(z_\lambda)_{\lambda \in L}$, où L est un ensemble bien ordonné et prendre pour F un ensemble de parties dénombrables X_n^λ, où λ parcourt une partie convenable de L, $n \in \mathbf{N}$, $X_m^\lambda \supset X_n^\lambda$ pour $m \leqslant n$, $X_n^\lambda - X_{n+1}^\lambda$ est infinie pour tout $n \geqslant 0$ et $\bigcap_{n \in \mathbf{Z}} X_n^\lambda = \varnothing$; on procédera par récurrence transfinie pour définir les X_n^λ, de façon que les images des X_n^λ par l'application canonique $r\colon \mathfrak{D}(A) \to Z$ (III, p. 74, exerc. 23) soient deux à deux distinctes et forment une partie cofinale de Z.)

¶ * 32) Soient (M_n), (P_n) deux suites d'ensembles finis (non tous vides), deux à deux disjoints, ayant pour ensemble d'indices l'ensemble $\mathbf{Z}$ des entiers rationnels; on pose $\alpha_n = \mathrm{Card}(M_n)$, $\beta_n = \mathrm{Card}(P_n)$. On suppose qu'il existe un entier $k > 0$ tel que, pour tout $n \in \mathbf{Z}$ et tout entier $l \geqslant 1$, on ait

$$\alpha_n + \alpha_{n+1} + \cdots + \alpha_{n+l} \leqslant \beta_{n-k} + \beta_{n-k+1} + \cdots + \beta_{n+l+k}$$

et

$$\beta_n + \beta_{n+1} + \cdots + \beta_{n+l} \leqslant \alpha_{n-k} + \alpha_{n-k+1} + \cdots + \alpha_{n+l+k}.$$

Soient M la réunion de la famille (M_n), P celle de la famille (P_n). Montrer qu'il existe une bijection φ de M sur P telle que l'on ait $\varphi(M_n) \subset \bigcup_{i=n-k-1}^{n+k+1} P_i$ et $\overset{-1}{\varphi}(P_n) \subset \bigcup_{i=n-k-1}^{n+k+1} M_i$ pour tout indice $n \in \mathbf{Z}$. (Considérer sur chaque M_n (resp. P_n) un ordre total, et prendre comme ordre sur M (resp. P) la somme ordinale (III, p. 69, exerc. 3) de la famille $(M_n)_{n \in \mathbf{Z}}$ (resp. $(P_n)_{n \in \mathbf{Z}}$); n_0 étant un indice tel que $M_{n_0} \neq \varnothing$, considérer les isomorphismes de M sur P qui transforment le plus petit élément de M_{n_0} en l'un des éléments de $\bigcup_{j=n_0-k}^{n_0+k} P_j$, et montrer que l'un de ces isomorphismes répond à la question. On considérera pour cela le plus petit δ des nombres

$$\beta_{n-k} + \beta_{n-k+1} + \cdots + \beta_{n+l+k} - (\alpha_n + \alpha_{n+1} + \cdots + \alpha_{n+l})$$

et

$$\alpha_{n-k} + \alpha_{n-k+1} + \cdots + \alpha_{n+l+k} - (\beta_n + \beta_{n+1} + \cdots + \beta_{n+l})$$

pour toutes les valeurs de $n \in \mathbf{Z}$ et de $l \geqslant 1$. Si $n \in \mathbf{Z}$ et $l \geqslant 1$ sont tels par exemple que $\beta_{n-k} + \beta_{n-k+1} + \cdots + \beta_{n+l+k} = \delta + \alpha_n + \alpha_{n+1} + \cdots \alpha_{n+l}$, on peut prendre φ tel que le plus petit élément de P_{n-k} soit l'image par φ du plus petit élément de M_n.)

¶ 33) Soient $\mathfrak{a}$, $\mathfrak{b}$ deux cardinaux tels que $\mathfrak{a} \geqslant 2$, $\mathfrak{b} \geqslant 1$, l'un au moins des deux étant infini. Soient E un ensemble, $\mathfrak{F}$ une partie de $\mathfrak{P}(E)$, telle que $\mathrm{Card}(\mathfrak{F}) > \mathfrak{a}^{\mathfrak{b}}$ et $\mathrm{Card}(X) \leqslant \mathfrak{b}$ pour tout $X \in \mathfrak{F}$. On se propose de montrer qu'il existe une partie $\mathfrak{G} \subset \mathfrak{F}$ telle que $\mathrm{Card}(\mathfrak{G}) > \mathfrak{a}^{\mathfrak{b}}$ et que deux quelconques des ensembles appartenant à $\mathfrak{G}$ aient *la même intersection*. On pourra procéder de la façon suivante:

a) Soit $\mathfrak{c}$ le plus petit des cardinaux $> \mathfrak{a}^{\mathfrak{b}}$, et soit Ω le plus petit ordinal de cardinal $\mathfrak{c}$. On considère une application injective $\nu \mapsto X(\nu)$ de Ω dans $\mathfrak{F}$, et on pose $M = \bigcup_{\nu \in \Omega} X(\nu)$; on peut supposer que $\mathrm{Card}(M) = \mathfrak{c}$, et il y a donc une bijection $\nu \mapsto x_\nu$ de Ω sur M, ordonnant M.

b) Pour tout $\nu \in \Omega$, soit ρ_ν l'ordinal type d'ordre du sous-ensemble $X(\nu)$ de M (on a $\mathrm{Card}(\rho_\nu) \geqslant \mathfrak{b}$) et soit $\mu \mapsto y_\mu^{(\nu)}$ l'unique application bijective croissante de ρ_ν sur $X(\nu)$. On note M_μ l'ensemble des $y_\mu^{(\nu)}$ lorsque ν parcourt Ω. Montrer qu'il existe au moins un ordinal μ tel que $\mathrm{Card}(M_\mu) = \mathfrak{c}$. On désigne par α le *plus petit* de ces ordinaux; la réunion des M_γ pour $\gamma < \alpha$ a un cardinal $\leqslant \mathfrak{a}^{\mathfrak{b}} < \mathfrak{c}$.

c) Montrer qu'il existe une partie $N_0 \subset \Omega$ telle que $\mathrm{Card}(N_0) = \mathfrak{c}$ et que l'application $\nu \mapsto y_\alpha^{(\nu)}$ de N_0 dans M soit injective. Montrer, par récurrence sur β, qu'il existe une partie $N_\beta \subset N_0$ de cardinal $\mathfrak{c}$ telle que l'élément $y_\lambda^{(\nu)} = z_\lambda$ soit indépendant de ν pour $\nu \in N_\beta$ et pour tout $\lambda \leqslant \beta$. Montrer que l'intersection N des N_β pour $\beta < \alpha$ a pour cardinal $\mathfrak{c}$ (considérer son complémentaire). Soit Q l'ensemble des z_λ pour $\lambda < \alpha$.

d) Pour tout $\nu \in N$, on définit par récurrence un ordinal λ_ν par la condition suivante: c'est le plus petit ordinal dans N tel que $y_\alpha^{(\lambda_\nu)}$ soit majorant strict, dans M, de la réunion des $X(\lambda_\mu)$ pour $\mu < \nu$, $\mu \in N$. Montrer que pour $\mu < \nu$ dans N, on a $X(\lambda_\mu) \cap X(\lambda_\nu) = \mathcal{Q}$.

§ 7

1) Soient I un ensemble préordonné filtrant à droite, $(J_\lambda)_{\lambda \in L}$ une famille de parties de I, ayant pour ensemble d'indices L un ensemble préordonné filtrant à droite, et telle que: 1° pour tout $\lambda \in L$, J_λ est filtrant pour la relation d'ordre induite par celle de I; 2° la relation $\lambda \leqslant \mu$ entraîne $J_\lambda \subset J_\mu$; 3° I est réunion de la famille (J_λ). Soit $(E_\alpha, f_{\alpha\beta})$ un système projectif d'ensembles ayant I pour ensemble d'indices; soit E sa limite projective, et pour tout $\lambda \in L$, soit F_λ la limite projective du système projectif obtenu par restriction à J_λ de l'ensemble d'indices. Pour $\lambda \leqslant \mu$, soit $g_{\lambda\mu}$ l'application canonique de F_μ dans F_λ (III, p. 52). Montrer que $(F_\lambda, g_{\lambda\mu})$ est un système projectif d'ensembles relatif à L, et définir une bijection canonique de $F = \varprojlim F_\lambda$ sur E.

2) Soient $(E_\alpha, f_{\alpha\beta})$ un système projectif d'ensembles relatif à un ensemble d'indices filtrant à droite, $E = \varprojlim E_\alpha$, et, pour tout α, soit $f_\alpha : E \to E_\alpha$ l'application canonique. Montrer que si toutes les applications $f_{\alpha\beta}$ sont injectives, f_α est injective.

3) Soient $(E_\alpha, f_{\alpha\beta})$, $(F_\alpha, g_{\alpha\beta})$ deux systèmes projectifs d'ensembles relatifs à un même ensemble d'indices I; pour tout $\alpha \in I$, soit u_α une application de E_α dans F_α, les u_α formant un système projectif d'applications. Soit $G_\alpha \subset E_\alpha \times F_\alpha$ le graphe de u_α; montrer que (G_α) est un système projectif de parties des $E_\alpha \times F_\alpha$ et que sa limite projective s'identifie canoniquement au graphe de $u = \varprojlim u_\alpha$.

4) Soient I un ensemble non vide ordonné filtrant à droite, n'ayant pas de plus grand élément, F l'ensemble des suites $x = (\alpha_1, \alpha_2, \ldots, \alpha_{2n-1}, \alpha_{2n})$ d'un nombre pair $\geqslant 2$ d'éléments de I, ayant les propriétés suivantes: 1° $\alpha_{2i-1} < \alpha_{2i}$ pour $1 \leqslant i \leqslant n$; 2° $\alpha_{2i-1} \not\leqslant \alpha_{2j-1}$ pour $1 \leqslant j < i \leqslant n$. L'ensemble F n'est pas vide. On pose $r(x) = \alpha_{2n-1}$, $s(x) = \alpha_{2n}$, et on dit que *n* est la *longueur* de *x*.

a) Pour tout $\alpha \in I$, soit E_α l'ensemble des $x \in F$ tels que $r(x) = \alpha$; E_α n'est pas vide. Pour $\alpha \leqslant \beta$, on définit de la façon suivante une application $f_{\alpha\beta}$ de E_β dans l'ensemble des suites finies d'éléments de I: pour $x = (\alpha_1, \ldots, \alpha_{2n-1}, \alpha_{2n}) \in E_\beta$, soit *j* le plus petit indice tel que $\alpha \leqslant \alpha_{2j-1}$; on pose $f_{\alpha\beta}(x) = (\alpha_1, \ldots, \alpha_{2j-2}, \alpha, \alpha_{2j})$. Montrer que $f_{\alpha\beta}(E_\beta) = E_\alpha$ et que $(E_\alpha, f_{\alpha\beta})$ est un système projectif d'ensembles ayant I pour ensemble d'indices.

b) Montrer que si $x_\alpha \in E_\alpha$ et $x_\beta \in E_\beta$ sont tels qu'il existe un indice $\gamma \in I$ pour lequel $\gamma \geqslant \alpha$, $\gamma \geqslant \beta$, et un $x_\gamma \in E_\gamma$ tel que $x_\alpha = f_{\alpha\gamma}(x_\gamma)$ et $x_\beta = f_{\beta\gamma}(x_\gamma)$, alors, si de plus x_α et x_β ont même longueur, on a $s(x_\alpha) = s(x_\beta)$.

c) Déduire de *b*) que si $E = \varprojlim E_\alpha$ n'est pas vide et si $y = (x_\alpha) \in E$, l'ensemble des $s(x_\alpha)$ est dénombrable et cofinal à I.

d) Soit I l'ensemble des parties finies d'un ensemble non dénombrable A, ordonné par inclusion. Montrer qu'il n'existe aucune partie dénombrable de I qui soit cofinale à I, et déduire de *c*) un exemple de système projectif $(E_\alpha, f_{\alpha\beta})$, où les E_α sont non vides et les $f_{\alpha\beta}$ surjectives, mais pour lequel $\varprojlim E_\alpha = \varnothing$.

e) Déduire de *d*) un exemple de système projectif d'applications $u_\alpha : E_\alpha \to E'_\alpha$ tel que chacune des u_α soit surjective, mais que $\varprojlim u_\alpha$ ne soit pas surjective (prendre chacun des E'_α réduit à un seul élément).

¶ 5) Soient I un ensemble préordonné filtrant à droite, $(E_\alpha)_{\alpha \in I}$ une famille d'ensembles réticulés tels que chacun des E_α, muni de la relation d'ordre opposée, soit nœthérien (III, p. 51). Pour tout couple (α, β) d'indices de I tels que $\alpha \leqslant \beta$, soit $f_{\alpha\beta} : E_\beta \to E_\alpha$ une application *croissante*, et supposons que $(E_\alpha, f_{\alpha\beta})$ soit un système projectif d'ensembles relatif à I.

Pour tout $\alpha \in I$, soit G_α une partie non vide de E_α, telle que les conditions suivantes soient vérifiées:

1° deux éléments distincts de G_α ne sont pas comparables;

2° pour $\alpha \leqslant \beta$, on a $f_{\alpha\beta}(G_\beta) = G_\alpha$;

3° pour $\alpha \leqslant \beta$ et pour tout $x_\alpha \in G_\alpha$, $\overset{-1}{f_{\alpha\beta}}(x_\alpha)$ a un plus grand élément $M_{\alpha\beta}(x_\alpha)$ dans E_β;

4° pour $\alpha \leqslant \beta$, si h_β est un élément de E_β tel qu'il existe $y_\beta \in G_\beta$ pour lequel $y_\beta \leqslant h_\beta$, alors, pour tout $x_\alpha \in G_\alpha$ tel que $x_\alpha \leqslant f_{\alpha\beta}(h_\beta)$, il existe $x_\beta \in G_\beta$ tel que $x_\beta \leqslant h_\beta$ et $x_\alpha = f_{\alpha\beta}(x_\beta)$.

Dans ces conditions, montrer que la limite projective du système projectif de parties (G_α) *n'est pas vide*. On pourra procéder de la façon suivante:

a) Soit J une partie *finie* de I; on dit qu'une famille $(x_\alpha)_{\alpha \in J}$, où $x_\alpha \in G_\alpha$ pour tout $\alpha \in J$, est *cohérente* si elle satisfait aux deux conditions suivantes: 1) si $\alpha \in J$, $\beta \in J$, $\alpha \leqslant \beta$, on a $x_\alpha = f_{\alpha\beta}(x_\beta)$; 2) pour tout élément $\gamma \in I$ majorant J, il existe $x_\gamma \in G_\gamma$ tel que $x_\alpha = f_{\alpha\gamma}(x_\gamma)$ pour tout $\alpha \in J$. Montrer que pour tout élément $\gamma \in I$ majorant J, l'ensemble $\bigcap_{\alpha \in J} \overset{-1}{f_{\alpha\gamma}}(x_\alpha)$ admet un plus grand élément égal à $\inf_{\alpha \in J}(M_{\alpha\gamma}(x_\alpha))$; en outre, l'intersection de G_γ et de $\bigcap_{\alpha \in J} \overset{-1}{f_{\alpha\gamma}}(x_\alpha)$ est l'ensemble (non vide par hypothèse) des $y_\gamma \in G_\gamma$ majorés par $\inf_{\alpha \in J}(M_{\alpha\gamma}(x_\alpha))$ (utiliser la condition 1°).

b) Soit J une partie quelconque de I; on dit qu'une famille $x_J = (x_\alpha)_{\alpha \in J}$, où $x_\alpha \in G_\alpha$ pour tout $\alpha \in J$, est *cohérente* si toute sous-famille finie de x_J est cohérente. Si $J \neq I$ et si $\beta \in I - J$, montrer qu'il existe $x_\beta \in G_\beta$ tel que la famille $x_{J \cup \{\beta\}} = (x_\alpha)_{\alpha \in J \cup \{\beta\}}$ soit cohérente. (Pour toute partie finie F de J, montrer, en utilisant *a*) et la condition 4°, que si γ est un majorant de $F \cup \{\beta\}$, $f_{\beta\gamma}(G_\gamma \cap \bigcap_{\alpha \in F} \overset{-1}{f_{\alpha\gamma}}(x_\alpha))$ est l'ensemble (non vide) des $y_\beta \in G_\beta$ majorés par $f_{\beta\gamma}(\inf_{\alpha \in F}(M_{\alpha\gamma}(x_\alpha)))$. En utilisant le fait que E_β, muni de l'ordre opposé, est nœthérien, montrer ensuite qu'il existe une partie finie F_0 de J et un majorant γ_0 de $F_0 \cup \{\beta\}$ tels que, pour toute partie finie F de J et tout majorant γ de $F \cup \{\beta\}$, on ait $f_{\beta\gamma}(\inf_{\alpha \in F}(M_{\alpha\gamma}(x_\alpha))) \geqslant f_{\beta\gamma_0}(\inf_{\alpha \in F_0}(M_{\alpha\gamma_0}(x_\alpha)))$. Prouver alors que tout élément $x_\beta \in F_\beta$ majoré par $f_{\beta\gamma_0}(\inf_{\alpha \in F}(M_{\alpha\gamma_0}(x_\alpha)))$ répond à la question.

c) Achever la démonstration en prouvant qu'il existe une famille cohérente ayant pour ensemble d'indices I tout entier. (Ordonner l'ensemble des familles cohérentes x_J par la relation « x_J est une sous-famille de x_K », et appliquer *b*) et le th. de Zorn.)

6) Soient I un ensemble préordonné filtrant à droite, $(J_\lambda)_{\lambda \in L}$ une famille de parties de I satisfaisant aux conditions de l'exerc. 1 (III, p. 94). Soit $(E_\alpha, f_{\beta\alpha})$ un système inductif d'ensembles ayant I pour ensemble d'indices; soit E sa limite inductive, et pour tout $\lambda \in L$, soit F_λ la limite inductive du système inductif obtenu par restriction à J_λ de l'ensemble d'indices. Pour $\lambda \leqslant \mu$, soit $g_{\mu\lambda}$ l'application canonique de F_λ dans F_μ (III, p. 61). Montrer que $(F_\lambda, g_{\mu\lambda})$ est un système inductif d'ensembles relatif à L et définir une bijection canonique de E sur $F = \varinjlim F_\lambda$.

7) Soient I un ensemble préordonné filtrant à droite, $(E_\alpha, f_{\beta\alpha})$ un système inductif d'ensembles relatif à I; pour tout $\alpha \in I$, soit $f_\alpha : E_\alpha \to E = \varinjlim E_\alpha$ l'application canonique. Dans chaque E_α, soit R_α la relation d'équivalence $f_\alpha(x) = f_\alpha(y)$; montrer que pour $\alpha \leqslant \beta$, l'application $f_{\beta\alpha}$ est compatible avec les relations d'équivalence R_α et R_β. Soient $E'_\alpha = E_\alpha/R_\alpha$, $f'_{\beta\alpha}$ l'application de E'_α dans E'_β obtenue à partir de $f_{\beta\alpha}$ par passage aux quotients; montrer que $f'_{\beta\alpha}$ est injective, et que $(E'_\alpha, f'_{\beta\alpha})$ est un système inductif d'ensembles; définir une bijection canonique de E sur $\varinjlim E'_\alpha$.

8) Soient $(E_\alpha, f_{\beta\alpha})$, $(F_\alpha, g_{\beta\alpha})$ deux systèmes inductifs d'ensembles relatifs à un même ensemble d'indices préordonné filtrant à droite I; pour tout $\alpha \in I$, soit u_α une application de E_α dans F_α, les u_α formant un système inductif d'applications. Soit $G_\alpha \subset E_\alpha \times F_\alpha$ le graphe de

u_α; montrer que (G_α) est un système inductif de parties des $E_\alpha \times F_\alpha$, et que sa limite inductive s'identifie canoniquement au graphe de $u = \varinjlim u_\alpha$.

9) Soit I un ensemble préordonné *quelconque*, $(E_\alpha)_{\alpha \in I}$ une famille d'ensembles ayant I pour ensemble d'indices; pour tout couple d'indices (α, β) de I tels que $\alpha \leqslant \beta$, soit $f_{\beta\alpha}$ une application de E_α dans E_β, et supposons que ces applications vérifient les conditions (LI_I) et (LI_{II}). Soit G l'ensemble somme de la famille (E_α), et (avec les notations de III, p. 61), soit $R\{x, y\}$ la relation entre deux éléments x, y de G: « on a $\lambda(x) = \alpha \leqslant \lambda(y) = \beta$ et $y = f_{\beta\alpha}(x)$ ». Soit R′ la relation d'équivalence dans G dont le graphe est le plus petit des graphes d'équivalence contenant le graphe de R (II, p. 52, exerc. 10). On dit encore que $E = G/R'$ est la *limite inductive* de la famille (E_α) pour la famille d'applications $(f_{\beta\alpha})$ et on écrit $E = \varinjlim E_\alpha$; lorsque I est filtrant, montrer que cette définition coïncide avec celle de III, p. 61. Dans le cas général, on appelle application canonique de E_α dans E et on note f_α la restriction à E_α de l'application canonique de G dans E. Supposons donnée, pour tout $\alpha \in I$, une application u_α de E_α dans un ensemble F telle que $u_\beta \circ f_{\beta\alpha} = u_\alpha$ pour $\alpha \leqslant \beta$; montrer qu'il existe une application et une seule u de E dans F telle que $u = u_\alpha \circ f_\alpha$ pour tout $\alpha \in I$.

NOTE HISTORIQUE
(Chap. III, § 5)

(N.-B. — Les chiffres romains renvoient à la bibliographie placée à la fin de cette note.)

L'évolution des idées touchant les notions de nombre entier et de nombre cardinal est inséparable de l'histoire de la théorie des ensembles et de la logique mathématique; le lecteur en trouvera l'exposé dans la note historique qui suit le chap. IV. Nous nous bornerons ici à donner quelques brèves indications sur les faits les plus saillants dans l'histoire de la numération et de l'« Analyse combinatoire ».

L'histoire et l'archéologie nous font connaître un grand nombre de « systèmes de numération »; leur but initial est d'attacher à chaque entier individuel (jusqu'à une limite qui dépend des besoins de la pratique) un nom et une représentation écrite, formés de combinaisons d'un nombre restreint de signes, s'effectuant suivant des lois plus ou moins régulières. Le procédé de beaucoup le plus fréquent consiste à décomposer les entiers en sommes d' « unités successives » $b_1, b_2, \ldots, b_n, \ldots$, dont chacune est un multiple entier de la précédente; et si en général b_n/b_{n-1} est pris égal à un même nombre b (la « base » du système, le plus souvent 10), on observe mainte exception à cette règle, comme chez les Babyloniens, où b_n/b_{n-1} est tantôt égal à 10, tantôt à 6 (I), et dans le système chronologique des Mayas, où b_n/b_{n-1} est égal à 20 sauf pour $n = 2$, et où $b_2/b_1 = 18$ (II). Quant à l'écriture correspondante, elle doit indiquer le nombre d' « unités » b_i de chaque ordre i; dans beaucoup de systèmes (comme chez les Égyptiens, les Grecs et les Romains), les multiples successifs $k.b_i$ (où k varie de 1 à $(b_{i+1}/b_i) - 1$) sont désignés par des symboles qui dépendent à la fois de k et de i. Un premier et important progrès consiste à désigner tous les nombres $k.b_i$ (pour la même valeur de k) par le même signe: c'est le principe de la « numération de position », où l'indice i est indiqué par le fait que le symbole représentant $k.b_i$ apparaît à la i-ème place dans la succession des « tranches » constituant le nombre représenté. Le premier système de cette nature se rencontre chez les Babyloniens, qui, sans doute dès 2000 avant J.-C., notent par un même signe tous les multiples $k.60^{\pm i}$ correspondant à des valeurs quelconques de l'exposant i ((I), p. 93–109). L'inconvénient d'un tel système réside bien entendu dans l'ambiguïté des symboles employés, tant que rien n'indique que les unités d'un certain ordre peuvent être absentes, en d'autres termes, tant que le système n'est pas complété par l'introduction d'un « zéro ». On voit pourtant les Babyloniens se passer d'un tel signe pendant la plus grande partie de leur histoire; ils n'emploient en effet un « zéro » que dans les 2 derniers siècles avant J.-C., et encore seulement à l'intérieur d'un nombre; jusque-là, le contexte devait seul préciser la signification du nombre considéré. Deux autres systèmes seulement utilisent systématiquement un « zéro »: celui des Mayas (en usage, semble-t-il, dès le début de l'ère chrétienne (II)), et notre système décimal actuel, qui (par l'intermédiaire des Arabes) dérive de la mathématique hindoue, où son usage est attesté dès les premiers siècles de notre ère. Il faut noter en outre que la conception du zéro comme un nombre (et non comme un simple signe de séparation) et son introduction dans les calculs, comptent aussi parmi les contributions originales des Hindous (III). Bien entendu, une fois acquis le principe de la numération de position, il était facile de l'étendre à une base quelconque; la discussion des mérites des différentes « bases » proposées depuis le XVIIe siècle relève des techniques du Calcul numérique et ne saurait être abordée ici. Bornons-nous à remarquer que l'opération qui sert de fondement à ces systèmes, la division dite « euclidienne », n'apparaît pas avant les Grecs, et remonte sans doute aux premiers Pythagoriciens, qui en firent l'outil essentiel de leur Arithmétique théorique (voir Note hist. des chap. VI–VII d'*Algèbre*).

Les problèmes généraux d'énumération, groupés sous le nom d' « Analyse combinatoire », ne paraissent pas avoir été abordés avant les derniers siècles de l'Antiquité classique: seule la formule $\binom{n}{2} = n(n-1)/2$ est attestée au IIIe siècle de notre ère. Le mathématicien hindou Bhaskara (XIIe siècle) connaît la formule générale pour $\binom{n}{p}$. Une étude plus systématique se trouve dans un manuscrit de Levi ben Gerson, au début du XIIIe siècle: il obtient la formule de récurrence permettant de calculer le nombre V_n^p des arrangements de n objets p à p, et en particulier le nombre des permutations de n objets; il énonce aussi des règles équivalentes aux relations $\binom{n}{p} = V_n^p/p!$ et $\binom{n}{n-p} = \binom{n}{p}$ ((IV), p. 64–65). Mais ce manuscrit paraît être resté ignoré des contemporains, et les résultats n'en sont que peu à peu retrouvés par les mathématiciens des siècles suivants. Parmi les progrès ultérieurs, signalons que Cardan démontre que le nombre des parties non vides d'un ensemble de n éléments est $2^n - 1$; Pascal et Fermat, fondant le calcul des probabilités, retrouvent l'expression de $\binom{n}{p}$, et Pascal est le premier à observer la relation entre ces nombres et la formule du binôme: cette dernière paraît avoir été connue des Arabes dès le XIIIe siècle, des Chinois au XIVe siècle, et elle avait été retrouvée en Occident au début du XVIe siècle, ainsi que la méthode de calcul par récurrence dite du « triangle arithmétique », que l'on attribue d'ordinaire à Pascal ((IV), p. 35–38). Enfin, Leibniz, vers 1676, obtient (sans la publier) la formule générale des « coefficients multinomiaux », retrouvée indépendamment et publiée 20 ans plus tard par de Moivre.

BIBLIOGRAPHIE

(I) O. Neugebauer, *Vorlesungen über die Geschichte der antiken Mathematik*, Bd. I: Vorgriechische Mathematik, Berlin (Springer), 1934.

(II) S. G. Morley, *The ancient Maya*, Stanford University Press, 1946.

(III) B. Data and A. N. Singh, *History of Hindu Mathematics*, t. I, Lahore (Motilal Banarsi Das), 1935.

(IV) J. Tropfke, *Geschichte der Elementar-Mathematik*, t. VI: Analysis. Analytische Geometrie, Berlin-Leipzig (de Gruyter), 1924.

CHAPITRE IV

Structures

§ 1. STRUCTURES ET ISOMORPHISMES

Le but de ce chapitre est de décrire une fois pour toutes un certain nombre de constructions formatives et de démonstrations (cf. I, p. 17 et p. 22) qui interviennent très fréquemment en mathématique.

1. Échelons

Un *schéma de construction d'échelon* est une suite $c_1, c_2, \ldots, c_m$ de couples d'entiers naturels[1] $c_i = (a_i, b_i)$ satisfaisant aux conditions suivantes:

a) Si $b_i = 0$, on a $1 \leqslant a_i \leqslant i - 1$.

b) Si $a_i \neq 0$ et $b_i \neq 0$, on a $1 \leqslant a_i \leqslant i - 1$ et $1 \leqslant b_i \leqslant i - 1$.

Ces conditions entraînent que $c_1 = (0, b_1)$ avec $b_1 > 0$. Si n est le plus grand des entiers b_i figurant dans les couples $(0, b_i)$, on dit que $c_1, c_2, \ldots, c_m$ est un schéma de construction d'échelon *sur n termes.*

Étant donnés un schéma $S = (c_1, c_2, \ldots, c_m)$ de construction d'échelon sur n termes, et n termes $E_1, \ldots, E_n$ d'une théorie $\mathcal{T}$ plus forte que la théorie des ensembles, on appelle *construction d'échelon, de schéma* S, *sur* $E_1, \ldots, E_n$, une suite $A_1, A_2, \ldots, A_m$ de m termes de $\mathcal{T}$ définis de proche en proche par les conditions suivantes:

a) Si $c_i = (0, b_i)$, A_i est le terme E_{b_i}.

b) Si $c_i = (a_i, 0)$, A_i est le terme $\mathfrak{P}(A_{a_i})$.

c) Si $c_i = (a_i, b_i)$ avec $a_i \neq 0$ et $b_i \neq 0$, A_i est le terme $A_{a_i} \times A_{b_i}$.

[1] Nous utilisons la notion d' « entier » de la même façon qu'au chap. I, c'est-à-dire au sens métamathématique de repères rangés dans un certain ordre; cet emploi n'a rien de commun avec la théorie mathématique des entiers, développée au chap. III.

Nous dirons que le dernier terme A_m de la construction d'échelon de schéma S sur $E_1, \ldots, E_n$ est *l'échelon de schéma* S *sur les ensembles de base* $E_1, \ldots, E_n$, et nous le désignerons, dans les raisonnements généraux qui vont suivre, par la notation $S(E_1, \ldots, E_n)$.

Exemple. — Étant donnés deux ensembles E, F, l'ensemble $\mathfrak{P}(\mathfrak{P}(E)) \times \mathfrak{P}(F)$ est un échelon sur E, F, de schéma

$$(0, 1), \quad (0, 2), \quad (1, 0), \quad (3, 0), \quad (2, 0), \quad (4, 5).$$

C'est aussi l'échelon sur E, F, de schéma

$$(0, 2), \quad (0, 1), \quad (1, 0), \quad (2, 0), \quad (4, 0), \quad (5, 3).$$

Plusieurs schémas distincts peuvent donc donner le même échelon sur les mêmes termes.

2. Extensions canoniques d'applications

Soit $S = (c_1, c_2, \ldots, c_m)$ un schéma de construction d'échelon sur n termes. Soient $E_1, \ldots, E_n, E'_1, \ldots, E'_n$ des ensembles (termes de $\mathscr{T}$) et soient $f_1, \ldots, f_n$ des termes de $\mathscr{T}$ tels que les relations

$$\text{« } f_i \text{ est une application de } E_i \text{ dans } E'_i \text{ »}$$

soient des théorèmes de $\mathscr{T}$ pour $1 \leqslant i \leqslant n$. Soit $A_1, \ldots, A_m$ (resp. $A'_1, \ldots, A'_m$) la construction d'échelon de schéma S sur $E_1, \ldots, E_n$ (resp. $E'_1, \ldots, E'_n$). On définit de proche en proche une suite de m termes $g_1, \ldots, g_m$ telle que g_i soit une *application de* A_i *dans* A'_i (pour $1 \leqslant i \leqslant m$), par les conditions suivantes:

a) Si $c_i = (0, b_i)$, de sorte que $A_i = E_{b_i}$, $A'_i = E'_{b_i}$, g_i est l'application f_{b_i}.

b) Si $c_i = (a_i, 0)$, de sorte que $A_i = \mathfrak{P}(A_{a_i})$, $A'_i = \mathfrak{P}(A'_{a_i})$, g_i est l'*extension canonique* $\hat{g}_{a_i}$ de g_{a_i} aux ensembles de parties (II, p. 30).

c) Si $c_i = (a_i, b_i)$ avec $a_i \neq 0$ et $b_i \neq 0$, de sorte que $A_i = A_{a_i} \times A_{b_i}$ et $A'_i = A'_{a_i} \times A'_{b_i}$, g_i est l'*extension canonique* $g_{a_i} \times g_{b_i}$ de g_{a_i} et g_{b_i} à $A_{a_i} \times A_{b_i}$ (II, p. 21).

Nous dirons que le dernier terme g_m de cette suite est l'*extension canonique, de schéma* S, *des applications* $f_1, \ldots, f_n$, et nous le désignerons par la notation $\langle f_1, \ldots, f_n \rangle^S$.

On vérifie de proche en proche les critères suivants:

CST1. *Si* f_i *est une application de* E_i *dans* E'_i, f'_i *une application de* E'_i *dans* E''_i $(1 \leqslant i \leqslant n)$, *on a, pour tout schéma de construction d'échelon* S *sur* n *termes*

$$\langle f'_1 \circ f_1, f'_2 \circ f_2, \ldots, f'_n \circ f_n \rangle^S = \langle f'_1, f'_2, \ldots, f'_n \rangle^S \circ \langle f_1, f_2, \ldots, f_n \rangle^S.$$

CST2. *Si* f_i *est injective* (resp. *surjective*) *pour* $1 \leqslant i \leqslant n$, $\langle f_1, \ldots, f_n \rangle^S$ *est injective* (resp. *surjective*).

Ce dernier critère résulte des propriétés correspondantes de l'extension $\hat{g}$ (II, p. 30, prop. 1) et de l'extension $g \times h$ (II, p. 21).

CST3. *Si* f_i *est une bijection de* E_i *sur* E'_i, *et* f_i^{-1} *la bijection réciproque,*[1] *alors* $\langle f_1, \ldots, f_n\rangle^S$ *est une bijection, et* $\langle f_1^{-1}, \ldots, f_n^{-1}\rangle^S$ *la bijection réciproque; autrement dit, on a*

$$(\langle f_1, \ldots, f_n\rangle^S)^{-1} = \langle f_1^{-1}, \ldots, f_n^{-1}\rangle^S.$$

Cela résulte aussitôt de CST1 et CST2.

3. Relations transportables

Soient $\mathcal{T}$ une théorie plus forte que la théorie des ensembles, $x_1, \ldots, x_n, s_1, \ldots, s_p$ des lettres distinctes entre elles et distinctes des constantes de $\mathcal{T}$, $A_1, \ldots, A_m$ des termes de $\mathcal{T}$ où ne figurent aucune des lettres x_i $(1 \leqslant i \leqslant n)$ et s_j $(1 \leqslant j \leqslant p)$. Soient $S_1, \ldots, S_p$ des schémas de construction d'échelon sur $n + m$ termes: nous dirons que la relation $T\{x_1, \ldots, x_n, s_1, \ldots, s_p\}$:

$$\text{« } s_1 \in S_1(x_1, \ldots, x_n, A_1, \ldots, A_m) \text{ et } s_2 \in S_2(x_1, \ldots, x_n, A_1, \ldots, A_m)$$
$$\text{et } \ldots \text{ et } s_p \in S_p(x_1, \ldots, x_n, A_1, \ldots, A_m) \text{ »}$$

est une *typification* des lettres $s_1, \ldots, s_p$.

Soit $R\{x_1, \ldots, x_n, s_1, \ldots, s_p\}$ une relation de $\mathcal{T}$, contenant certaines des lettres x_i, s_j (et éventuellement d'autres lettres). Dire que R *est transportable* (*dans* $\mathcal{T}$) *pour la typification* T, *les* x_i $(1 \leqslant i \leqslant n)$ *étant considérés comme ensembles de base principaux et les* A_h $(1 \leqslant h \leqslant m)$ *comme ensembles de base auxiliaires*, c'est dire que la condition suivante est satisfaite:

Soient $y_1, \ldots, y_n, f_1, \ldots, f_n$ des lettres distinctes entre elles, distinctes des x_i $(1 \leqslant i \leqslant n)$, des s_j $(1 \leqslant j \leqslant p)$, des constantes de $\mathcal{T}$ et de toutes les lettres figurant dans R ou dans les A_h $(1 \leqslant h \leqslant m)$. Soit d'autre part Id_h $(1 \leqslant h \leqslant m)$ l'application identique de A_h sur lui-même. Alors, la relation

(1) $$\text{« } T\{x_1, \ldots, x_n, s_1, \ldots, s_p\} \text{ et } (f_1 \text{ est une bijection de } x_1 \text{ sur } y_1)$$
$$\text{et } \ldots \text{ et } (f_n \text{ est une bijection de } x_n \text{ sur } y_n) \text{ »}$$

entraîne, dans $\mathcal{T}$, la relation

(2) $$R\{x_1, \ldots, x_n, s_1, \ldots, s_p\} \Leftrightarrow R\{y_1, \ldots, y_n, s'_1, \ldots, s'_p\}$$

où on a posé

(3) $$s'_j = \langle f_1, \ldots, f_n, \mathrm{Id}_1, \ldots, \mathrm{Id}_m\rangle^{S_j}(s_j) \qquad (1 \leqslant j \leqslant p).$$

On a une définition analogue, mais plus simple, lorsqu'il n'y a pas d'ensemble auxiliaire.

Par exemple, si $n = p = 2$, et si la typification T est

$$\text{« } s_1 \in x_1 \text{ et } s_2 \in x_1 \text{ »},$$

la relation $s_1 = s_2$ est transportable. Par contre, la relation $x_1 = x_2$ ne l'est pas. On reconnaît aisément, dans les cas usuels, si une relation est transportable (pour une certaine typification).

[1] Pour des raisons de commodité typographique, nous écrivons f^{-1} au lieu de $\overset{-1}{f}$.

4. Espèces de structure

Soit $\mathcal{T}$ une théorie plus forte que la théorie des ensembles. Une *espèce de structure* dans $\mathcal{T}$ est un texte Σ formé des assemblages suivants:

1° Un certain nombre de lettres $x_1, \ldots, x_n, s$, distinctes entre elles et distinctes des constantes de $\mathcal{T}$; $x_1, \ldots, x_n$ sont appelées les *ensembles de base principaux* de l'espèce de structure Σ.

2° Un certain nombre de termes $A_1, \ldots, A_m$ de $\mathcal{T}$, dans lesquels ne figurent aucune des lettres x_i, s, et qui sont appelés les *ensembles de base auxiliaires de* Σ; Σ peut éventuellement ne comporter aucun ensemble de base auxiliaire (mais il doit toujours y avoir au moins un ensemble de base principal).

3° Une typification $T\{x_1, x_2, \ldots, x_n, s\}$:

$$s \in S(x_1, \ldots, x_n, A_1, \ldots, A_m)$$

où S est un schéma de construction d'échelon sur $n + m$ termes (IV, p. 1). On dit que $T\{x_1, \ldots, x_n, s\}$ est la *caractérisation typique* de l'espèce de structure Σ.

4° Une relation $R\{x_1, \ldots, x_n, s\}$ qui est *transportable* (dans $\mathcal{T}$) pour la typification, les x_i étant ensembles de base principaux et les A_j ensembles de base auxiliaires (IV, p. 3). On dit que R est l'*axiome* de l'espèce de structure Σ.

On appelle *théorie de l'espèce de structure* Σ la théorie $\mathcal{T}_\Sigma$ ayant les mêmes schémas d'axiomes que $\mathcal{T}$ et dont les axiomes explicites sont ceux de $\mathcal{T}$ et l'axiome « T et R »; les constantes de $\mathcal{T}_\Sigma$ sont donc les constantes de $\mathcal{T}$ et les lettres figurant dans T ou dans R.

Soit maintenant $\mathcal{T}'$ une théorie plus forte que $\mathcal{T}$, et soient $E_1, \ldots, E_n$, U des termes de $\mathcal{T}'$. On dit que (dans la théorie $\mathcal{T}'$) U est *une structure d'espèce* Σ *sur les ensembles de base principaux* $E_1, \ldots, E_n$, *avec* $A_1, \ldots, A_m$ *pour ensembles de base auxiliaires* si la relation

$$\text{« } T\{E_1, \ldots, E_n, U\} \text{ et } R\{E_1, \ldots, E_n, U\} \text{ »}$$

est un *théorème de* $\mathcal{T}'$. Lorsqu'il en est ainsi, pour tout théorème $B\{x_1, x_2, \ldots, x_n, s\}$ de la théorie $\mathcal{T}_\Sigma$, la relation $B\{E_1, \ldots, E_n, U\}$ est un *théorème de* $\mathcal{T}'$ (I, p. 23). Dans $\mathcal{T}_\Sigma$, la constante s est appelée la *structure générique d'espèce* Σ.

On dit aussi que (dans la théorie $\mathcal{T}'$) les ensembles de base principaux $E_1, \ldots, E_n$ sont *munis de la structure* U. Il est clair que U est un élément de l'ensemble $S(E_1, \ldots, E_n, A_1, \ldots, A_m)$. L'ensemble des éléments V de $S(E_1, \ldots, E_n, A_1, \ldots, A_m)$ qui vérifient la relation $R\{E_1, \ldots, E_n, V\}$ est donc *l'ensemble des structures d'espèce* Σ *sur* $E_1, \ldots, E_n$; il peut être vide.

Exemples. — 1) Prenons pour $\mathcal{T}$ la théorie des ensembles et considérons l'espèce de structure sans ensemble de base auxiliaire, comportant un ensemble de base principal A, la caractérisation typique $s \in \mathfrak{P}(A \times A)$ et l'axiome

$$s \circ s = s \text{ et } s \cap \overset{-1}{s} = \Delta_A$$

(Δ_A diagonale de $A \times A$), qui est une relation transportable pour la typification $s \in \mathfrak{P}(A \times A)$, ainsi qu'on le vérifie aisément. Il est clair que la théorie de cette espèce de structure n'est autre que la théorie des *ensembles ordonnés* (III, p. 2 et p. 5); aussi dit-on que l'espèce de structure ainsi définie est l'*espèce de structure d'ordre* sur A. Nous avons rencontré au chap. III de nombreux exemples d'ensembles munis de structures de cette espèce.

2) Prenons pour $\mathcal{T}$ la théorie des ensembles, et considérons l'espèce de structure sans ensemble de base auxiliaire, comportant un ensemble de base principal A, la caractérisation typique $F \in \mathfrak{P}((A \times A) \times A)$, et ayant pour axiome la relation transportable

« F est un graphe fonctionnel dont $A \times A$ est l'ensemble de définition ».

Les structures de cette espèce sont des cas particuliers de ce que l'on appelle les *structures algébriques*, et la fonction dont le graphe est F (application de $A \times A$ dans A) est dite *loi de composition* d'une telle structure (A, I, § 1, n° 1).

3) $\mathcal{T}$ étant toujours la théorie des ensembles, considérons l'espèce de structure sans ensemble de base auxiliaire, comportant un ensemble de base principal A, la caractérisation typique $V \in \mathfrak{P}(\mathfrak{P}(A))$, et ayant pour axiome la relation transportable

$$(\forall V')((V' \subset V) \Rightarrow ((\bigcup_{X \in V'} X) \in V)) \text{ et } A \in V$$

$$\text{et } (\forall X)(\forall Y)((X \in V \text{ et } Y \in V) \Rightarrow ((X \cap Y) \in V)).$$

Cette espèce de structure est appelée *espèce de structure topologique*. Une structure de cette espèce est aussi appelée *topologie*, et la relation $X \in V$ s'exprime en disant que X est *ouvert* pour la topologie V (TG, I, § 1).

4) * Prenons pour $\mathcal{T}$ la théorie de l'espèce de structure de corps, qui comporte entre autres une constante K comme unique ensemble de base (principal). L'espèce de structure d'*espace vectoriel à gauche sur* K comporte K comme ensemble de base auxiliaire, un ensemble de base principal E, et a pour caractérisation typique la relation

$$V \in \mathfrak{P}((E \times E) \times E) \times \mathfrak{P}((K \times E) \times E)$$

$pr_1 V$ étant le graphe de l'addition dans E et $pr_2 V$ celui de la multiplication par un scalaire (cf. A, II, § 1, n° 1); nous n'énoncerons pas ici l'axiome de cette espèce de structure (cf. A, II, § 1, n° 1).

5) Prenons de nouveau pour $\mathcal{T}$ la théorie des ensembles; dans cette théorie, le corps **C** des nombres complexes est un terme, qui ne contient aucune lettre. L'espèce de structure de *variété analytique complexe de dimension n* comporte **C** comme ensemble de base auxiliaire, et un ensemble de base principal V; nous n'indiquerons pas ici la caractérisation typique ni l'axiome de cette espèce de structure.*

Remarques. — 1) Il arrive souvent dans les applications (comme dans l'*Exemple* 4 ci-dessus) que l'échelon $S(E_1, \ldots, E_n, A_1, \ldots, A_m)$ est un produit d'échelons

$$S_1(E_1, \ldots, A_m) \times \cdots \times S_p(E_1, \ldots, A_m).$$

On remplace souvent alors, dans la définition de Σ, la lettre s par un « multiplet » $(s_1, \ldots, s_p)$ (cf. II, p. 9).

D'autre part, l'axiome d'une espèce de structure Σ s'écrit le plus souvent comme conjonction de plusieurs relations transportables (comme dans l'*Exemple* 3 ci-dessus); on dit que ces relations sont *les axiomes* de l'espèce Σ.

2) On donne un nom aux espèces de structures les plus fréquemment utilisées en Mathématique, et aux ensembles munis de structures de ces espèces: c'est ainsi qu'un *ensemble ordonné* (III, p. 5) est un ensemble muni d'une structure d'ordre (*Exemple* 1); *nous définirons, dans la suite de ce Traité, les notions de *groupe*, de *corps*, d'*espace topologique*, de *variété différentielle*, etc., qui toutes désignent des ensembles munis de certaines structures.*

3) Par abus de langage, dans la théorie des ensembles $\mathcal{T}$, la donnée de n lettres distinctes entre elles $x_1, \ldots, x_n$ (sans caractérisation typique ni axiome) est encore considérée comme une espèce de structure Σ_0, dite espèce de *structure d'ensemble* sur les n ensembles de base principaux $x_1, \ldots, x_n$.

5. Isomorphismes et transport de structures

Soit Σ une espèce de structure dans une théorie $\mathcal{T}$, sur n ensembles de base principaux $x_1, \ldots, x_n$, avec m ensembles de base auxiliaires $A_1, \ldots, A_m$; soit S le schéma de construction d'échelon sur $n + m$ lettres qui figure dans la caractérisation typique de Σ, et soit R l'axiome de Σ. Dans une théorie $\mathcal{T}'$ plus forte que $\mathcal{T}$, soit U une structure d'espèce Σ sur des ensembles $E_1, \ldots, E_n$ (comme ensembles de base principaux) et soit U' une structure *de même espèce* sur des ensembles $E'_1, \ldots, E'_n$. Soit enfin (dans $\mathcal{T}'$) f_i une *bijection* de E_i sur E'_i ($1 \leqslant i \leqslant n$). On dit que $(f_1, \ldots, f_n)$ est un *isomorphisme* des ensembles $E_1, \ldots, E_n$, munis de la structure U, sur les ensembles $E'_1, \ldots, E'_n$ munis de la structure U', si l'on a (dans $\mathcal{T}'$)

$$\langle f_1, \ldots, f_n, \mathrm{Id}_1, \ldots, \mathrm{Id}_m \rangle^S(U) = U', \tag{4}$$

Id_h désignant l'application identique de A_h sur lui-même.

Soit f'_i la bijection réciproque de f_i ($1 \leqslant i \leqslant n$). Il résulte aussitôt de (4) et du critère CST3 (IV, p. 3) que l'on a

$$\langle f'_1, \ldots, f'_n, \mathrm{Id}_1, \ldots, \mathrm{Id}_m \rangle^S(U') = U \tag{5}$$

et par suite que $(f'_1, \ldots, f'_n)$ est un *isomorphisme* de $E'_1, \ldots, E'_n$, munis de U', sur $E_1, \ldots, E_n$, munis de U; on dit que les isomorphismes $(f_1, \ldots, f_n)$ et $(f'_1, \ldots, f'_n)$ sont *réciproques* l'un de l'autre.

On dit que $E'_1, \ldots, E'_n$, munis de U', sont *isomorphes* à $E_1, \ldots, E_n$, munis de U, s'il existe un isomorphisme de $E_1, \ldots, E_n$ sur $E'_1, \ldots, E'_n$; on dit encore dans ce cas que les structures U et U' sont *isomorphes*.

Les définitions précédentes entraînent, compte tenu de CST1, le critère suivant:

CST4. *Soient* U, U', U'' *trois structures de même espèce* Σ *sur des ensembles de base principaux* $E_1, \ldots, E_n, E'_1, \ldots, E'_n, E''_1, \ldots, E''_n$ *respectivement. Soit* f_i *une bijection de* E_i *sur* E'_i, g_i *une bijection de* E'_i *sur* E''_i ($1 \leqslant i \leqslant n$). *Si* $(f_1, \ldots, f_n)$ *et* $(g_1, \ldots, g_n)$ *sont des isomorphismes, il en est de même de* $(g_1 \circ f_1, \ldots, g_n \circ f_n)$.

On dit qu'un isomorphisme de $E_1, \ldots, E_n$ sur $E_1, \ldots, E_n$ (pour la *même* structure) est un *automorphisme* de $E_1, \ldots, E_n$. Le composé de deux automorphismes de $E_1, \ldots, E_n$ est un automorphisme. Il en est de même de l'isomorphisme réciproque d'un automorphisme; *en d'autres termes, les automorphismes de $E_1, \ldots, E_n$ forment un *groupe* (A, I, § 4, nº 1).*

Remarque. — Par abus de langage, lorsque f_i est une bijection quelconque de E_i sur E'_i ($1 \leqslant i \leqslant n$), on dit que $(f_1, \ldots, f_n)$ est un isomorphisme de $(E_1, \ldots, E_n)$ sur $(E'_1, \ldots, E'_n)$ pour l'espèce de structure d'ensemble (IV, p. 5, *Remarque* 3).

CST5. *Dans une théorie* $\mathcal{T}'$ *plus forte que* $\mathcal{T}$, *soit* U *une structure d'espèce* Σ *sur* $E_1, \ldots, E_n$, *et soit* f_i *une bijection de* E_i *sur un ensemble* E'_i ($1 \leqslant i \leqslant n$). *Il existe sur* $E'_1, \ldots, E'_n$ *une structure d'espèce* Σ *et une seule telle que* $(f_1, \ldots, f_n)$ *soit un isomorphisme de* $E_1, \ldots, E_n$ *sur* $E'_1, \ldots, E'_n$.

En effet, cette structure ne peut être autre que le terme U′ défini par la relation (4) ; reste à vérifier que ce terme est effectivement une structure d'espèce Σ, c'est-à-dire que la relation $R\{E'_1, \ldots, E'_n, U'\}$ est vraie dans $\mathcal{T}'$. Or, cela résulte de ce que $R\{x_1, \ldots, x_n, s\}$ est *transportable*, car $R\{E'_1, \ldots, E'_n, U'\}$ est équivalente, dans $\mathcal{T}'$, à la relation $R\{E_1, \ldots, E_n, U\}$ (IV, p. 3), qui est vraie dans $\mathcal{T}'$ par hypothèse.

On dit que la structure U′ est obtenue en *transportant la structure* U *aux ensembles* $E'_1, \ldots, E'_n$ *au moyen des applications bijectives* $f_1, \ldots, f_n$. Il revient donc au même de dire que deux structures de même espèce sont isomorphes ou se déduisent l'une de l'autre par transport de structure.

Il peut se faire que deux structures *quelconques* d'espèce Σ soient *nécessairement isomorphes*; on dit alors que l'espèce de structure Σ est *univalente*. *Il en est ainsi de la structure de groupe monogène infini (isomorphe à **Z**), de celle de corps premier de caractéristique 0 (isomorphe à **Q**), de la structure de corps ordonné, archimédien et complet (isomorphe à **R**), de la structure de corps connexe, localement compact, commutatif et algébriquement clos (isomorphe à **C**), enfin de la structure de corps connexe, localement compact et non commutatif (isomorphe au corps des quaternions **H**). Pour certaines de ces espèces de structure, comme celle de corps premier de caractéristique 0, ou celle de corps ordonné, archimédien et complet, il n'y a même aucun automorphisme autre que l'application identique; mais il y a de tels automorphismes pour les autres exemples donnés ci-dessus (par exemple la symétrie $x \mapsto -x$ dans **Z**).*

On observera que les espèces de structure précédentes sont essentiellement celles qui sont à la base de la Mathématique classique. Par contre, *l'espèce de structure de groupe, l'espèce de structure d'ensemble ordonné, l'espèce de structure topologique, ne sont pas univalentes.*

6. Déduction de structures

Soit Σ une espèce de structure dans une théorie $\mathcal{T}$, sur n ensembles de base principaux $x_1, \ldots, x_n$, avec m ensembles de base auxiliaires $A_1, \ldots, A_m$; soit s la structure générique de Σ. Soit T un schéma de construction d'échelon sur $n + m$ termes. On dit qu'un terme $V\{x_1, \ldots, x_n, s\}$ qui ne contient aucune lettre autre que les constantes de $\mathcal{T}_\Sigma$, est *intrinsèque* pour s, de type $T(x_1, \ldots, x_n, A_1, \ldots, A_m)$ s'il satisfait aux conditions suivantes:

1° la relation

$$V\{x_1, \ldots, x_n, s\} \in T(x_1, \ldots, x_n, A_1, \ldots, A_m)$$

est un théorème de $\mathcal{T}_\Sigma$;

2° soit $\mathcal{T}'_\Sigma$ la théorie obtenue en adjoignant aux axiomes de $\mathcal{T}_\Sigma$ les axiomes « f_i est une bijection de x_i sur y_i » ($1 \leqslant i \leqslant n$) (les lettres y_i et f_i étant distinctes des constantes de $\mathcal{T}_\Sigma$ et distinctes entre elles, pour $1 \leqslant i \leqslant n$); si s' est la structure obtenue en transportant s par $(f_1, \ldots, f_n)$ (IV, p. 7), alors

$$V\{y_1, \ldots, y_n, s'\} = \langle f_1, \ldots, f_n, \mathrm{Id}_1, \ldots, \mathrm{Id}_m \rangle^{\mathrm{T}}(V\{x_1, \ldots, x_n, s\})$$

est un théorème de $\mathcal{T}'_\Sigma$.

La plupart des termes que l'on est amené à définir dans la théorie d'une espèce de structure sont des termes intrinsèques.

Soit maintenant Θ une seconde espèce de structure dans la théorie $\mathcal{T}$, sur r ensembles de base principaux $u_1, \ldots, u_r$, avec p ensembles de base auxiliaires $B_1, \ldots, B_p$; soit

$$t \in T(u_1, \ldots, u_r, B_1, \ldots, B_p)$$

la caractérisation typique de Θ (IV, p. 4). On appelle *procédé de déduction d'une structure d'espèce* Θ *à partir d'une structure d'espèce* Σ, un système de $r + 1$ termes $P, U_1, \ldots, U_r$, *intrinsèques pour* s, et tels que P soit *une structure d'espèce* Θ *sur* $U_1, \ldots, U_r$, *dans la théorie* $\mathcal{T}_\Sigma$. Par abus de langage, on dira souvent que le seul terme P est le procédé de déduction.

Soit $\mathcal{T}'$ une théorie plus forte que $\mathcal{T}$. Si, dans $\mathcal{T}'$, $\mathcal{S}$ est une structure d'espèce Σ sur $E_1, \ldots, E_n$, alors $P\{E_1, \ldots, E_n, \mathcal{S}\}$ est une structure d'espèce Θ sur les r ensembles $F_j = U_j\{E_1, \ldots, E_n, \mathcal{S}\}$ $(1 \leqslant j \leqslant r)$, dite *déduite de* $\mathcal{S}$ *par le procédé* P, ou *subordonnée à* $\mathcal{S}$. L'hypothèse que les termes $P, U_1, \ldots, U_r$ sont intrinsèques pour s, entraîne en outre le critère suivant:

CST6. *Soit* $(g_1, \ldots, g_n)$ *un isomorphisme de* $E_1, \ldots, E_n$, *munis d'une structure* $\mathcal{S}$ *d'espèce* Σ, *sur* $E'_1, \ldots, E'_n$, *munis d'une structure* $\mathcal{S}'$ *de même espèce. Si* U_j *est de type* $\mathfrak{P}(T_j)$, *posons*

$$h_j = \langle g_1, \ldots, g_n, \mathrm{Id}_1, \ldots, \mathrm{Id}_m \rangle^{T_j} \quad (1 \leqslant j \leqslant r),$$

et soit $F'_j = U_j\{E'_1, \ldots, E'_n, \mathcal{S}'\}$ $(1 \leqslant j \leqslant r)$; $(h_1, \ldots, h_r)$ *est alors un isomorphisme de* $F_1, \ldots, F_r$ *sur* $F'_1, \ldots, F'_r$ *quand on munit respectivement ces systèmes d'ensembles des structures d'espèce* Θ *déduites de* $\mathcal{S}$ *et* $\mathcal{S}'$ *par le procédé* P.

Il est clair que les termes $x_1, \ldots, x_n$ sont intrinsèques pour s; dans de nombreux cas, les termes $U_1, \ldots, U_r$ sont certaines des lettres $x_1, \ldots, x_n$; on dit alors que la structure d'espèce Θ déduite de s par le procédé P est *sous-jacente* à s.

Exemples. — *1) L'espèce de structure de *groupe topologique* comporte un seul ensemble de base principal A, ne comporte aucun ensemble de base auxiliaire, et la structure générique correspondante est un couple (s_1, s_2) (s_1 étant le graphe de la loi de composition sur A, et s_2 l'ensemble des ensembles ouverts de la topologie de A; cf. TG, III, § 1). Chacun des termes s_1, s_2 est un procédé de déduction, fournissant respectivement la *structure de groupe* et la *topologie* sous-jacentes à la structure de groupe topologique (s_1, s_2).

De même, d'une structure d'espace vectoriel on déduit une structure de groupe commutatif sous-jacente. D'une structure d'anneau on déduit une structure de groupe commutatif et une structure de monoïde (multiplicatif) sous-jacentes. D'une structure de variété différentielle on déduit une topologie sous-jacente, etc.

2) L'espèce de structure d'espace vectoriel sur **C** (resp. sur **R**) comporte un ensemble de base principal E, un ensemble de base auxiliaire égal à **C** (resp. **R**) et a pour caractérisation typique

$$s_1 \in \mathfrak{P}((E \times E) \times E) \text{ et } s_2 \in \mathfrak{P}((\mathbf{C} \times E) \times E)$$

(resp.

$$s_1 \in \mathfrak{P}((E \times E) \times E) \text{ et } s_2 \in \mathfrak{P}((\mathbf{R} \times E) \times E).)$$

Le couple $(s_1, s_2 \cap ((\mathbf{R} \times E) \times E))$ est un procédé de déduction d'une structure d'espace vectoriel sur $\mathbf{R}$ à partir d'une structure d'espace vectoriel sur $\mathbf{C}$ (« restriction à $\mathbf{R}$ du corps des scalaires »; cf. A, II, § 1, n° 13).*

3) Supposons que Θ ait *mêmes* ensembles de base (principaux et auxiliaires) que Σ, et *même* caractérisation typique. Si en outre l'axiome de Σ *implique* (dans $\mathcal{T}$) celui de Θ, il est clair que le terme s est un procédé de déduction d'une structure d'espèce Θ à partir d'une structure d'espèce Σ. On dit alors que Θ est *moins riche* que Σ, ou que Σ est *plus riche* que Θ. Toute structure d'espèce Σ, dans une théorie $\mathcal{T}'$ plus forte que $\mathcal{T}$, est aussi alors une structure d'espèce Θ. Par exemple, l'espèce de structure d'ensemble *totalement ordonné* (obtenu en prenant pour axiome la conjonction de l'axiome des structures d'ordre (IV, p. 4, *Exemple* 1) et de la relation $s \cup \overset{-1}{s} = A \times A$) est plus riche que l'espèce de structure d'ordre. *L'espèce de structure de groupe commutatif est plus riche que l'espèce de structure de groupe. L'espèce de structure d'espace compact est plus riche que l'espèce de structure topologique, etc.*

* 4) Si Σ et Θ sont toutes deux l'espèce de structure de groupe (resp. d'anneau), on définit en Algèbre (A, I, § 1, n° 5) un procédé de déduction associant à toute structure de groupe (resp. d'anneau) la structure de groupe (resp. d'anneau) sur son *centre*. Si Σ est l'espèce de structure d'espace vectoriel sur un corps commutatif K, Θ l'espèce de structure d'algèbre sur K, on définit en A, III, §§ 5 et 7, des procédés de déduction associant à tout espace vectoriel sur K son *algèbre tensorielle* ou son *algèbre extérieure*. On rencontrera de nombreux autres exemples par la suite.*

Remarque. — Lorsque P est un « multiplet » $(P_1, \ldots, P_q)$, on dit aussi que les termes $P_1, \ldots, P_q$ constituent un procédé de déduction d'une structure d'espèce Θ à partir d'une structure d'espèce Σ.

7. Espèces de structure équivalentes

Dans une même théorie $\mathcal{T}$, soient Σ et Θ deux espèces de structure ayant les *mêmes* ensembles de base principaux $x_1, \ldots, x_n$. Soient s, t les structures génériques d'espèce Σ et Θ. Supposons que les conditions suivantes soient remplies:

1° On a un procédé de déduction $P\{x_1, \ldots, x_n, s\}$ d'une structure d'espèce Θ sur $x_1, \ldots, x_n$ à partir d'une structure d'espèce Σ sur $x_1, \ldots, x_n$.

2° On a un procédé de déduction $Q\{x_1, \ldots, x_n, t\}$ d'une structure d'espèce Σ sur $x_1, \ldots, x_n$ à partir d'une structure d'espèce Θ sur $x_1, \ldots, x_n$.

3° La relation

$$Q\{x_1, \ldots, x_n, P\{x_1, \ldots, x_n, s\}\} = s$$

est un théorème de $\mathcal{T}_\Sigma$, et la relation

$$P\{x_1, \ldots, x_n, Q\{x_1, \ldots, x_n, t\}\} = t$$

est un théorème de $\mathcal{T}_\Theta$.

On dit alors que les espèces de structure Σ et Θ sont *équivalentes par l'intermédiaire des procédés de déduction* P *et* Q. Dans ce cas, pour tout théorème $B\{x_1, \ldots, x_n, s\}$ de la théorie $\mathcal{T}_\Sigma$, la relation $B\{x_1, \ldots, x_n, Q\}$ est un théorème de la théorie $\mathcal{T}_\Theta$ (I, p. 24); et inversement, pour tout théorème $C\{x_1, \ldots, x_n, t\}$ de la théorie $\mathcal{T}_\Theta$, la relation $C\{x_1, \ldots, x_n, P\}$ est un théorème de $\mathcal{T}_\Sigma$.

Si U est une structure d'espèce Σ, on dit que la structure déduite de U par le procédé P est *équivalente* à U. Le critère CST6 entraîne le suivant:

CST7. *Soient $\mathscr{S}$, $\mathscr{S}'$ deux structures d'espèce Σ sur des ensembles de base principaux $(E_1, \ldots, E_n)$, $(E'_1, \ldots, E'_n)$ respectivement. Soient $\mathscr{S}_0$, $\mathscr{S}'_0$ les structures d'espèce Θ équivalentes respectivement à $\mathscr{S}$ et $\mathscr{S}'$. Pour que $(g_1, \ldots, g_n)$ soit un isomorphisme pour les structures $\mathscr{S}_0$ et $\mathscr{S}'_0$, il faut et il suffit que $(g_1, \ldots, g_n)$ soit un isomorphisme pour les structures $\mathscr{S}$ et $\mathscr{S}'$.*

Pratiquement, on ne fera pas de distinction entre les théories $\mathscr{T}_\Sigma$ et $\mathscr{T}_\Theta$ de deux espèces de structures équivalentes.

Exemples. — 1) *Soit Σ l'espèce de structure de groupe commutatif (A, I, § 4, n° 2) ; elle comporte un seul ensemble de base (principal) A, et sa structure générique une seule lettre F; la caractérisation typique de Σ est $F \in \mathfrak{P}((A \times A) \times A)$, et nous désignerons par $R\{A, F\}$ l'axiome de Σ. Cet axiome implique en particulier que F est un graphe fonctionnel (la « loi de composition » du groupe, cf. IV, p. 5, *Exemple* 2). On définit alors dans $\mathscr{T}_\Sigma$ (où $\mathscr{T}$ désigne la théorie des ensembles) un terme $M\{A, F\}$, qui est un graphe fonctionnel dans $\mathfrak{P}((\mathbf{Z} \times A) \times A)$ et vérifie la relation suivant $B\{M, A, F\}$:

$$(\forall x)(\forall y)(\forall n)((x \in A \text{ et } y \in A \text{ et } n \in \mathbf{Z}) \Rightarrow (M(n, F(x, y)) = F(M(n, x), M(n, y))))$$
$$\text{et } (\forall x)(\forall m)(\forall n)((x \in A \text{ et } m \in \mathbf{Z} \text{ et } n \in \mathbf{Z}) \Rightarrow (M(m + n, x) = F(M(m, x), M(n, x))))$$
$$\text{et } (\forall x)(\forall m)(\forall n)((x \in A \text{ et } m \in \mathbf{Z} \text{ et } n \in \mathbf{Z}) \Rightarrow (M(m, M(n, x)) = M(mn, x)))$$
$$\text{et } (\forall x)((x \in A) \Rightarrow (M(1, x) = x)).$$

(« multiplication d'un élément de A par un entier »; cf. A, I, § 3, n° 1).

Considérons alors l'espèce de structure Θ de **Z**-*module* (A, II, § 1, n° 1), ayant un seul ensemble de base principal A, avec **Z** pour ensemble auxiliaire, et dont la structure générique comporte deux lettres, G, L, avec la caractérisation typique

$$G \in \mathfrak{P}((A \times A) \times A) \text{ et } L \in \mathfrak{P}((\mathbf{Z} \times A) \times A)$$

et l'axiome

$$\text{« } R\{A, G\} \text{ et (L est un graphe fonctionnel) et } B\{L, A, G\} \text{ ».}$$

On vérifie aussitôt que les termes F, M constituent un procédé de déduction d'une structure d'espèce Θ à partir d'une structure d'espèce Σ, et le terme G un procédé de déduction d'une structure d'espèce Σ à partir d'une structure d'espèce Θ; en outre, la condition 3° ci-dessus est trivialement vérifiée. On peut donc dire que l'espèce de structure de groupe commutatif et celle de **Z**-module sont équivalentes.

2) Soient Σ l'espèce de structure topologique (IV, p. 5, *Exemple* 3), A l'ensemble de base et V la structure générique de Σ. Considérons la relation

$$x \in A \text{ et } X \subset A \text{ et } (\forall U)((U \in V \text{ et } x \in U) \Rightarrow (X \cap U \neq \varnothing)).$$

Elle admet un graphe $P \subset \mathfrak{P}(A) \times A$ par rapport au couple (X, a); $P\{A, V\}$ est un terme que l'on appelle « l'ensemble des couples (X, a) tels que x soit *adhérent* à X pour la topologie V ». On démontre (cf. TG, I, § 1) que les relations suivantes sont des théorèmes de $\mathscr{T}_\Sigma$:

$$P(\varnothing) = \varnothing$$
$$(\forall Y)((Y \subset A) \Rightarrow (Y \subset P(Y)))$$
$$(\forall Y)((Y \subset A) \Rightarrow (P(P(Y)) = P(Y)))$$
$$(\forall Y)(\forall Z)((Y \subset A \text{ et } Z \subset A) \Rightarrow (P(Y \cup Z) = P(Y) \cup P(Z))).$$

Considérons alors l'espèce de structure Θ, ayant un seul ensemble de base (principal) A, dont la structure générique comporte une seule lettre W, qui a pour caractérisation typique $W \in \mathfrak{P}(\mathfrak{P}(A) \times A)$ et pour axiome

$$W(\varnothing) = \varnothing \text{ et } (\forall Y)((Y \subset A) \Rightarrow (Y \subset W(Y)))$$
$$\text{et } (\forall Y)((Y \subset A) \Rightarrow (W(W(Y)) = W(Y)))$$
$$\text{et } (\forall Y)(\forall Z)((Y \subset A \text{ et } Z \subset A) \Rightarrow (W(Y \cup Z) = W(Y) \cup W(Z))).$$

Considérons d'autre part la relation

$$U \subset A \text{ et } (\forall x)((x \in U) \Rightarrow (x \notin W(A - U))).$$

L'ensemble des $U \in \mathfrak{P}(A)$ vérifiant cette relation est une partie $Q\{A, W\}$ de $\mathfrak{P}(A)$. On démontre alors (TG, I, § 1, exerc. 9) que les relations suivantes sont des théorèmes de $\mathcal{T}_\Theta$:

$$A \in Q$$

$$(\forall M)((M \subset Q) \Rightarrow ((\bigcup_{X \in M} X) \in Q))$$

$$(\forall X)(\forall Y)((X \in Q \text{ et } Y \in Q) \Rightarrow ((X \cap Y) \in Q)).$$

Cela prouve que les termes $P\{A, V\}$ et $Q\{A, W\}$ vérifient les conditions 1° et 2° ci-dessus; on voit aussi qu'ils satisfont à la condition 3°. Les espèces de structure Σ et Θ sont donc équivalentes; aussi considère-t-on toute structure d'espèce Θ comme une topologie, savoir celle qui lui correspond par le procédé de déduction $Q\{A, W\}$.$_*$

§ 2. MORPHISMES ET STRUCTURES DÉRIVÉES

1. Morphismes

Pour simplifier, nous supposerons, dans ce paragraphe et le suivant, que les espèces de structure dont il est question ne comportent qu'*un seul* ensemble de base (nécessairement principal); le lecteur étendra sans peine les définitions et résultats au cas général.

Soient Σ une espèce de structure dans une théorie $\mathcal{T}$ plus forte que la théorie des ensembles, x, y, s, t quatre lettres distinctes entre elles et distinctes des constantes de Σ; rappelons que la notation $\mathcal{F}(x; y)$ désigne l'ensemble des applications de x dans y (II, p. 31). Supposons donné un terme $\sigma\{x, y, s, t\}$ de $\mathcal{T}$, vérifiant les conditions suivantes:

(MO_I) *La relation*

« s est une structure d'espèce Σ sur x et t est une structure d'espèce Σ sur y » *entraîne, dans $\mathcal{T}$, la relation $\sigma\{x, y, s, t\} \subset \mathcal{F}(x; y)$.*

(MO_{II}) *Si, dans une théorie $\mathcal{T}'$ plus forte que $\mathcal{T}$,* E, E′, E″ *sont trois ensembles munis de structures $\mathcal{S}, \mathcal{S}', \mathcal{S}''$ d'espèce Σ, les relations $f \in \sigma\{E, E', \mathcal{S}, \mathcal{S}'\}$ et $g \in \sigma\{E', E'', \mathcal{S}', \mathcal{S}''\}$ entraînent la relation $g \circ f \in \sigma\{E, E'', \mathcal{S}, \mathcal{S}''\}$.*

(MO_{III}) *Étant donnés, dans une théorie $\mathcal{T}'$ plus forte que $\mathcal{T}$, deux ensembles* E, E′ *munis de structures $\mathcal{S}, \mathcal{S}'$ d'espèce Σ, pour qu'une bijection f de* E *sur* E′ *soit un isomorphisme, il faut et il suffit que l'on ait $f \in \sigma\{E, E', \mathcal{S}, \mathcal{S}'\}$ et $\overset{-1}{f} \in \sigma\{E', E, \mathcal{S}', \mathcal{S}\}$.*

Lorsque Σ et σ sont donnés, on exprime la relation $f \in \sigma\{x, y, s, t\}$ en disant que f est un *morphisme* (ou un *σ-morphisme*) *de x, muni de s, dans y, muni de t*; si (dans une théorie $\mathcal{T}'$ plus forte que $\mathcal{T}$) E, E′ sont deux ensembles munis de structures $\mathcal{S}, \mathcal{S}'$ d'espèce Σ, le terme $\sigma\{E, E', \mathcal{S}, \mathcal{S}'\}$ est *l'ensemble des σ-morphismes de* E *dans* E′.

Exemples. — 1) Prenons pour Σ l'espèce de structure d'ordre et pour $\sigma\{x, y, s, t\}$ l'ensemble des applications f de x dans y telles que la relation $(u, v) \in s$ entraîne

$(f(u), f(v)) \in t$. Avec les notations de III, p. 4, cela signifie encore que $u \leqslant v$ entraîne $f(u) \leqslant f(v)$, c'est-à-dire que f est *croissante* (III, p. 7). La vérification des axiomes (MO_I), (MO_{II}) et (MO_{III}) est immédiate.

2) Prenons pour Σ une espèce de structure algébrique comportant une seule loi de composition (interne) (IV, p. 5, *Exemple* 2). Soient A, A′ deux ensembles munis de structures d'espèce Σ, et soient p, p' les lois de composition de ces deux structures. Considérons les applications f de A dans A′ telles que l'on ait $p'(f(x), f(y)) = f(p(x, y))$ pour $x \in A$ et $y \in A$; ces applications vérifient (MO_I), (MO_{II}) et (MO_{III}); on les appelle *homomorphismes* de A dans A′.

3) Prenons pour Σ l'espèce de structure topologique (IV, p. 5, *Exemple* 3). Soient A, A′ deux ensembles munis de topologies V, V′ respectivement; considérons les applications f de A dans A′ telles que la relation $X' \in V'$ entraîne $\overset{-1}{f}(X') \in V$ (autrement dit, l'image réciproque par f de tout ensemble ouvert pour V′ doit être ouvert pour V); on dit que ces applications, qui satisfont à (MO_I), (MO_{II}) et (MO_{III}), sont les *applications continues* de A dans A′ pour les topologies V et V′, (cf. TG, I, § 2).

Remarque. — Pour une espèce de structure donnée Σ, on a souvent l'occasion de définir divers termes $\sigma\{x, y, s, t\}$ qui satisfont aux conditions (MO_I), (MO_{II}) et (MO_{III}). Par exemple, pour l'espèce Σ de structure topologique, on dit (avec les notations de l'exemple précédent) qu'une application f de A dans A′ est *ouverte* si la relation $X \in V$ entraîne $f(X) \in V'$ (autrement dit, si l'image par f de tout ensemble ouvert est un ensemble ouvert). On constate aisément que les applications ouvertes satisfont aussi aux conditions (MO_I), (MO_{II}) et (MO_{III}) pour l'espèce Σ; *en outre, on peut montrer qu'une application continue n'est pas nécessairement ouverte, et qu'une application ouverte n'est pas nécessairement continue.* La donnée d'une espèce de structure *n'implique donc pas* une notion de morphisme bien déterminée.

Pour les structures d'ordre, les structures algébriques et les structures topologiques, il sera toujours sous-entendu que les morphismes sont ceux qui ont été définis dans les exemples ci-dessus, sauf mention expresse du contraire.

La condition (MO_{III}) et la caractérisation des bijections (II, p. 18, corollaire) entraînent le critère suivant:

CST8. *Soient* E, E′ *deux ensembles munis chacun d'une structure d'espèce* Σ. *Soit* f *un* σ*-morphisme de* E *dans* E′, g *un* σ*-morphisme de* E′ *dans* E. *Si* $g \circ f$ *est l'application identique de* E *sur lui-même, et* $f \circ g$ *l'application identique de* E′ *sur lui-même,* f *est un isomorphisme de* E *sur* E′, *et* g *est l'isomorphisme réciproque.*

On notera qu'une bijection de E sur E′ peut être un σ-morphisme sans que son application réciproque soit un σ-morphisme. *Par exemple, une application bijective d'un espace topologique A dans un espace topologique A′ peut être continue sans que son application réciproque le soit (TG, I, § 2, n° 1, *Remarque* 3).*

Remarque. — Lorsqu'une espèce de structure Σ comporte plusieurs ensembles de base principaux $x_1, \ldots, x_n$, et des ensembles de base auxiliaires $A_1, \ldots, A_m$, un σ-morphisme est un système $(f_1, \ldots, f_n)$, où f_i est une application de x_i dans y_i $(1 \leqslant i \leqslant n)$, ces systèmes d'applications vérifiant des conditions analogues à (MO_{II}) et (MO_{III}), que le lecteur énoncera aisément.

2. Structures plus fines

Dans tout le reste de ce paragraphe, nous supposerons données une espèce de structure Σ et une notion de σ-morphisme relative à cette espèce de structure;

toutes les notions qui vont être introduites dépendent, non seulement de Σ, *mais aussi de la notion de* σ*-morphisme envisagée.* Nous dirons d'ordinaire « morphisme » pour « σ-morphisme ».

Soient E un ensemble, $\mathscr{S}_1$ et $\mathscr{S}_2$ deux structures d'espèce Σ sur E. On dit que la structure $\mathscr{S}_1$ est *plus fine* que $\mathscr{S}_2$ (ou que $\mathscr{S}_2$ est *moins fine* que $\mathscr{S}_1$) si l'application identique de E, muni de $\mathscr{S}_1$, sur E, muni de $\mathscr{S}_2$, est un morphisme.

Si cela est nécessaire pour éviter des confusions, on dira que $\mathscr{S}_1$ est plus fine que $\mathscr{S}_2$ *relativement à la notion de* σ*-morphisme considérée*; de même pour toutes les notions qui vont être définies dans ce paragraphe.

Supposons que $\mathscr{S}_1$ soit plus fine que $\mathscr{S}_2$; si E' est un ensemble muni d'une structure $\mathscr{S}'$ d'espèce Σ, et si f est un morphisme de E, muni de $\mathscr{S}_2$, dans E', muni de $\mathscr{S}'$, alors f est aussi un morphisme de E, muni de $\mathscr{S}_1$, dans E', muni de $\mathscr{S}'$: cela résulte de la définition précédente et de ($\mathrm{MO_{II}}$). De même, si g est un morphisme de E', muni de $\mathscr{S}'$, dans E, muni de $\mathscr{S}_1$, g est aussi un morphisme de E', muni de $\mathscr{S}'$, dans E, muni de $\mathscr{S}_2$.

En termes plus imagés, *plus* une structure (d'espèce Σ) sur E est fine, *plus* il y a de morphismes dont E est l'ensemble de départ, et *moins* il y a de morphismes dont E est l'ensemble d'arrivée.

La relation « $\mathscr{S}_1$ est moins fine que $\mathscr{S}_2$ » est une *relation d'ordre* entre $\mathscr{S}_1$ et $\mathscr{S}_2$ dans l'ensemble des structures d'espèce Σ sur E: elle est en effet réflexive d'après ($\mathrm{MO_{III}}$), transitive d'après ($\mathrm{MO_{II}}$), et si une structure d'espèce Σ est à la fois plus fine et moins fine qu'une autre, elle lui est identique en vertu de ($\mathrm{MO_{III}}$). Conformément aux définitions générales (III, p. 13), on dit que deux structures d'espèce Σ sur E sont *comparables* si l'une est plus fine que l'autre; on dit qu'une structure est *strictement plus fine* (resp. *strictement moins fine*) qu'une autre si elle est *plus fine* (resp. *moins fine*) que cette dernière et en est distincte.

Exemples. — 1) Pour qu'une structure d'ordre de graphe s sur un ensemble A soit plus fine qu'une structure d'ordre de graphe s', il faut et il suffit que $s \subset s'$. Autrement dit, la relation $x \leqslant y$ pour s entraîne $x \leqslant y$ pour s'; on retrouve la définition donnée dans III, p. 6, *Exemple* 3.

2) Considérons deux structures algébriques F, F' de même espèce Σ sur un ensemble A, F et F' étant les graphes des lois de composition de ces deux structures. D'après la définition des morphismes dans ce cas (IV, p. 12, *Exemple* 2), dire que F est plus fine que F' signifie que $F \subset F'$. Mais comme F et F' sont des graphes fonctionnels ayant tous deux le même ensemble de définition $A \times A$, on a nécessairement $F = F'$. Autrement dit, deux structures *comparables* d'espèce Σ sont nécessairement *identiques*.

3) Soient V, V' deux topologies sur un même ensemble A. Dire que V est plus fine que V' signifie, en vertu de la définition des morphismes (IV, p. 12, *Exemple* 3) que $V' \subset V$; en d'autres termes, toute partie de A qui est un ensemble ouvert pour V' est aussi un ensemble ouvert pour V (ou, de façon plus imagée, plus une topologie est fine, plus il y a d'ensembles ouverts).

Remarque. — Nous venons de voir un exemple (*Exemple* 2) où deux structures comparables de même espèce Σ sont nécessairement identiques. On rencontre de nombreux exemples de telles structures: structures d'ordre total, *topologies d'espace compact, structures d'espace de Fréchet (les morphismes étant les applications linéaires continues), topologies définies par une valeur absolue (ou une valuation) sur un corps, etc.*

Pour une telle espèce de structure Σ, un morphisme f de E dans E′ qui est une application *bijective* est un *isomorphisme*: car en transportant par f la structure $\mathscr{S}$ de E, on obtient une structure d'espèce Σ plus fine que la structure $\mathscr{S}'$ de E′, donc qui est nécessairement identique à cette dernière.

3. Structures initiales

Considérons une famille $(A_\iota)_{\iota \in I}$ d'ensembles, dont chacun est muni d'une structure $\mathscr{S}_\iota$ d'espèce Σ. Soit d'autre part E un ensemble, et, pour chaque $\iota \in I$, soit f_ι une application *de* E *dans* A_ι. On dit qu'une structure $\mathscr{I}$ d'espèce Σ sur E est *structure initiale pour la famille* $(A_\iota, \mathscr{S}_\iota, f_\iota)_{\iota \in I}$ si elle possède la propriété suivante:

(IN) Quels que soient l'ensemble E′, la structure $\mathscr{S}'$ d'espèce Σ sur E′ et l'application g *de* E′ *dans* E, la relation

« g est un morphisme de E′ dans E »

est *équivalente* à la relation

« quel que soit $\iota \in I$, $f_\iota \circ g$ est un morphisme de E′ dans A_ι ».

CST9. *S'il existe, sur* E, *une structure initiale pour la famille* $(A_\iota, \mathscr{S}_\iota, f_\iota)_{\iota \in I}$ *elle est la moins fine des structures d'espèce* Σ *sur* E *pour lesquelles chacune des applications* f_ι *est un morphisme, et par suite est unique.*

En effet, soit $\mathscr{I}$ une structure initiale sur E, et $\mathscr{S}$ une structure d'espèce Σ sur E, pour laquelle chacune des f_ι est un morphisme. Désignant par i l'application identique de E, muni de $\mathscr{S}$, sur E, muni de $\mathscr{I}$, on peut encore dire que $f_\iota \circ i$ est un morphisme pour tout $\iota \in I$; la condition (IN) montre que i est un morphisme, ce qui signifie (IV, p. 13) que $\mathscr{S}$ est *plus fine* que $\mathscr{I}$. D'autre part, en appliquant (IN) au cas où g est l'application identique de E (muni de $\mathscr{I}$) sur lui-même, on voit (en vertu de (MO_{III})) que chacune des f_ι est un morphisme de E dans A_ι, ce qui prouve le critère.

Il peut se faire qu'il existe une structure d'espèce Σ sur E qui soit la moins fine de toutes les structures d'espèce Σ pour lesquelles les f_ι sont des morphismes, mais que cette structure ne soit pas la structure initiale pour $(A_\iota, \mathscr{S}_\iota, f_\iota)$ (IV, p. 30, exerc. 6).

On a le *critère de transitivité* suivant:

CST10. *Soient* E *un ensemble,* $(A_\iota)_{\iota \in I}$ *une famille d'ensembles, et pour chaque* $\iota \in I$, *soit* $\mathscr{S}_\iota$ *une structure d'espèce* Σ *sur* A_ι. *Soit* $(J_\lambda)_{\lambda \in L}$ *une partition de* I, *et soit* $(B_\lambda)_{\lambda \in L}$ *une famille d'ensembles ayant* L *comme ensemble d'indices. Enfin, pour tout* $\lambda \in L$, *soit* h_λ *une application de* E *dans* B_λ; *pour tout* $\lambda \in L$ *et tout* $\iota \in J_\lambda$, *soit* $g_{\lambda\iota}$ *une application de* B_λ *dans* A_ι; *on pose alors* $f_\iota = g_{\lambda\iota} \circ h_\lambda$ (fig. 1). *On suppose que, pour tout* $\lambda \in L$, *il existe une structure initiale* $\mathscr{S}'_\lambda$ *sur* B_λ, *pour la famille* $(A_\iota, \mathscr{S}_\iota, g_{\lambda\iota})_{\iota \in J_\lambda}$. *Dans ces conditions, les propositions suivantes sont équivalentes:*

a) *il existe une structure initiale* $\mathscr{I}$ *sur* E *pour la famille* $(A_\iota, \mathscr{S}_\iota, f_\iota)_{\iota \in I}$;

b) il existe une structure initiale $\mathscr{I}'$ sur E *pour la famille* $(B_\lambda, \mathscr{S}'_\lambda, h_\lambda)_{\lambda\in L}$.
En outre, ces propositions entraînent que $\mathscr{I} = \mathscr{I}'$.

En effet, soit F un ensemble muni d'une structure d'espèce Σ, et soit u une application de F dans E. Remarquons que, par définition, la relation

« $h_\lambda \circ u$ est un morphisme de F dans B_λ »

est équivalente à la relation

« quel que soit $\iota \in J_\lambda$, $g_{\lambda\iota} \circ h_\lambda \circ u = f_\iota \circ u$ est un morphisme de F dans A_ι ».

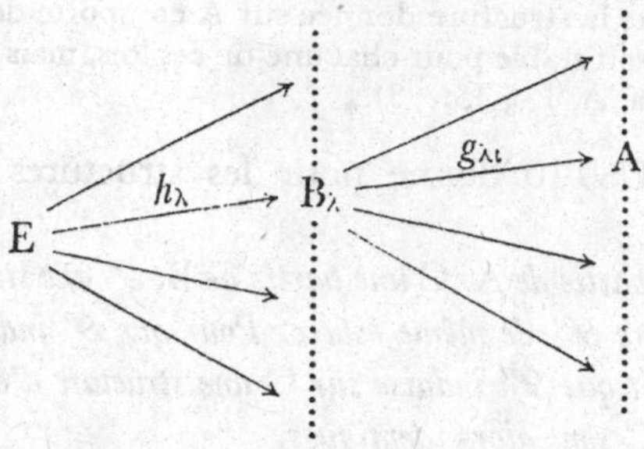

Fig. 1

La relation

(1) « quel que soit $\lambda \in L$, $h_\lambda \circ u$ est un morphisme de F dans B_λ »
est donc équivalente à la relation

(2) « quel que soit $\iota \in I$, $f_\iota \circ u$ est un morphisme de F dans A_ι ».

Or, dire que $\mathscr{I}'$ est structure initiale pour la famille $(B_\lambda, \mathscr{S}'_\lambda, h_\lambda)_{\lambda\in L}$ signifie que la relation (1) est équivalente à la relation

« u est un morphisme de F dans E muni de $\mathscr{I}'$ »;

et dire que $\mathscr{I}$ est structure initiale pour la famille $(A_\iota, \mathscr{S}_\iota, f_\iota)_{\iota\in I}$ signifie que la relation (2) est équivalente à la relation

« u est un morphisme de F dans E muni de $\mathscr{I}$ »;

d'où le critère, compte tenu de la propriété d'unicité de la structure initiale.

4. Exemples de structures initiales

I: *Image réciproque d'une structure.* — Lorsque I est un ensemble à un seul élément, la structure initiale pour le seul triplet $(A, \mathscr{S}, f)$ est appelée (lorsqu'elle existe) *image réciproque par f de la structure* $\mathscr{S}$.

Une topologie admet toujours une image réciproque par une application quelconque f; mais il n'en est pas ainsi pour une structure d'ordre ou une structure algébrique.

II: *Structure induite.* — Soient A un ensemble muni d'une structure $\mathscr{S}$ d'espèce Σ, B une partie de A, j l'injection canonique de B dans A. On appelle *structure induite* par $\mathscr{S}$ sur B l'image réciproque (si elle existe) de la structure $\mathscr{S}$ par l'injection j.

Une structure d'ordre induit une structure de même espèce sur toute partie de l'ensemble où elle est définie; il n'en est pas de même d'une structure d'ensemble ordonné filtrant. *Une topologie induit une topologie sur toute partie de l'ensemble où elle est définie; mais une topologie d'espace compact n'induit pas en général une topologie d'espace compact. Sur une partie quelconque B d'un ensemble A muni d'une structure algébrique, cette structure n'induit pas en général une structure de même espèce; lorsque la structure donnée sur A comporte des lois de composition, il est nécessaire que B soit stable pour chacune de ces lois, mais cette condition n'est pas toujours suffisante (cf. A, I, § 4, n° 3).*

Le critère général CST10 donne pour les structures induites le *critère de transitivité*:

CST11. *Soient* B *une partie de* A, C *une partie de* B, $\mathscr{S}$ *une structure d'espèce* Σ *sur* A, *induisant sur* B *une structure* $\mathscr{S}'$ *de même espèce. Pour que* $\mathscr{S}$ *induise sur* C *une structure d'espèce* Σ, *il faut et il suffit que* $\mathscr{S}'$ *induise sur* C *une structure d'espèce* Σ, *et les structures induites par* $\mathscr{S}$ *et* $\mathscr{S}'$ *sur* C *sont alors identiques.*

CST12. *Soient* A, A' *deux ensembles munis de structures* $\mathscr{S}$, $\mathscr{S}'$ *d'espèce* Σ, B *une partie de* A, B' *une partie de* A'. *On suppose que* $\mathscr{S}$ (resp. $\mathscr{S}'$) *induit une structure d'espèce* Σ *sur* B (resp. B'). *Alors, si f est un morphisme de* A *dans* A', *tel que* $f(B) \subset B'$, *l'application g de* B *dans* B', *qui coïncide avec f dans* B, *est un morphisme* (*pour les structures induites par* $\mathscr{S}$ *et* $\mathscr{S}'$).

En effet, soit j (resp. j') l'injection canonique de B (resp. B') dans A (resp. A'). Par définition, on a $f \circ j = j' \circ g$; comme f et j sont des morphismes, il en est de même de $f \circ j$ en vertu de (MO_{II}); mais alors, $j' \circ g$ étant un morphisme, il en est de même de g, par définition de la structure induite.

III: *Structure produit.* — Soit $(A_\iota)_{\iota \in I}$ une famille d'ensembles, et sur chaque ensemble A_ι, soit $\mathscr{S}_\iota$ une structure d'espèce Σ; soit $E = \prod_{\iota \in I} A_\iota$ *l'ensemble produit* de la famille $(A_\iota)_{\iota \in I}$ (II, p. 32), et soit pr_ι la projection de E sur A_ι. On appelle *structure produit* des structures $\mathscr{S}_\iota$ la structure initiale (si elle existe) pour la famille $(A_\iota, \mathscr{S}_\iota, pr_\iota)_{\iota \in I}$.

Une famille de structures d'ordre admet toujours une structure produit, mais non une famille de structures d'ordre total. *Une famille de structures de groupe admet toujours une structure produit, mais non une famille de structures de corps. Une famille de topologies admet toujours une structure produit, mais non une famille de topologies d'espace localement compact. Pour cette dernière espèce de structure, on notera qu'il y a une structure produit de même espèce sur tout produit d'une famille *finie* d'espaces localement compacts, mais pas toujours sur un produit d'une famille *infinie* de tels espaces (cf. TG, I, § 9, n° 7, prop. 14).*

Le critère CST10 donne pour les structures produits le *critère d'associativité*:

CST13. *Soit* $(A_\iota)_{\iota \in I}$ *une famille d'ensembles, et pour chaque* $\iota \in I$, *soit* $\mathcal{S}_\iota$ *une structure d'espèce* Σ *sur* A_ι. *Soit* $(J_\lambda)_{\lambda \in L}$ *une partition de* I. *On suppose que sur chaque produit partiel* $B_\lambda = \prod_{\iota \in J_\lambda} A_\iota$ *la famille* $(\mathcal{S}_\iota)_{\iota \in J_\lambda}$ *admette une structure produit* $\mathcal{S}'_\lambda$. *Alors, pour que la famille* $(\mathcal{S}_\iota)_{\iota \in I}$ *admette une structure produit* $\mathcal{S}$, *il faut et il suffit que la famille* $(\mathcal{S}'_\lambda)_{\lambda \in L}$ *admette une structure produit* $\mathcal{S}'$, *et l'application canonique de* $E = \prod_{\iota \in I} A_\iota$ *muni de* $\mathcal{S}$, *sur* $F = \prod_{\lambda \in L} B_\lambda$ *muni de* $\mathcal{S}'$ (II, p. 35) *est un isomorphisme.*

Une autre application de CST10 donne le critère suivant, relatif aux structures induites par une structure produit:

CST14. *Soit* $(A_\iota)_{\iota \in I}$ *une famille d'ensembles, et pour chaque* $\iota \in I$, *soit* $\mathcal{S}_\iota$ *une structure d'espèce* Σ *sur* A_ι. *Pour chaque* $\iota \in I$, *soit* B_ι *une partie de* A_ι. *On suppose que chaque* $\mathcal{S}_\iota$ *induise sur* B_ι *une structure* $\mathcal{S}'_\iota$ *et que sur le produit* $E = \prod_{\iota \in I} A_\iota$ *il existe une structure* $\mathcal{S}_0$ *produit de la famille* $(\mathcal{S}_\iota)$. *Dans ces conditions, les propositions suivantes sont équivalentes:*

a) *sur l'ensemble* $B = \prod_{\iota \in I} B_\iota \subset E$ *il existe une structure* $\mathcal{S}$ *induite par* $\mathcal{S}_0$;

b) *sur l'ensemble* B, *il existe une structure* $\mathcal{S}'$ *produit de la famille de structures* $(\mathcal{S}'_\iota)$.

En outre, ces propositions entraînent que $\mathcal{S} = \mathcal{S}'$.

En effet, soient j_ι l'injection canonique de B_ι dans A_ι, j l'injection canonique de B dans E, p_ι la projection de E sur A_ι, p'_ι la projection de B sur B_ι; on a $p_\iota \circ j = j_\iota \circ p'_\iota$ pour tout $\iota \in I$. D'après CST10, $\mathcal{S}$ est la structure initiale pour la famille $(A_\iota, \mathcal{S}_\iota, p_\iota \circ j)_{\iota \in I}$ et $\mathcal{S}'$ est la structure initiale pour la famille $(A_\iota, \mathcal{S}_\iota, j_\iota \circ p'_\iota)_{\iota \in I}$. D'où le critère.

Les notions d'image réciproque et de structure produit sont liées par le critère suivant:

CST15. *Soit* $(A_\iota)_{\iota \in I}$ *une famille d'ensembles, et pour chaque* $\iota \in I$, *soient* $\mathcal{S}_\iota$ *une structure d'espèce* Σ *sur* A_ι, *et* f_ι *une application d'un ensemble* E *dans* A_ι. *On suppose qu'il existe sur l'ensemble produit* $A = \prod_{\iota \in I} A_\iota$ *une structure produit* $\mathcal{S}$ *de la famille* $(\mathcal{S}_\iota)$. *Alors, pour qu'il existe une structure initiale pour la famille* $(A_\iota, \mathcal{S}_\iota, f_\iota)_{\iota \in I}$, *il faut et il suffit qu'il existe une structure image réciproque de* $\mathcal{S}$ *par l'application* $x \mapsto f(x) = (f_\iota(x))$ *de* E *dans* A, *et ces deux structures sont identiques.*

Comme $f_\iota = \mathrm{pr}_\iota \circ f$, ce critère est un cas particulier de CST10.

Remarque. — Soit $(\mathcal{S}_\lambda)_{\lambda \in L}$ une famille de structures d'espèce Σ sur un *même* ensemble A; désignons par A_λ l'ensemble A muni de la structure $\mathcal{S}_\lambda$, et par Id_λ l'application identique de A dans A_λ. Soient B l'ensemble produit $A^L = \prod_{\lambda \in L} A_\lambda$, Δ la diagonale de ce produit (II, p. 33), et h l'application diagonale de A sur Δ, $h(x)$ étant donc l'élément $(x_\lambda)_{\lambda \in L}$ tel que $x_\lambda = x$ pour tout $\lambda \in L$. Supposons qu'il existe sur B la structure produit $\mathcal{S}'$ de la famille $(\mathcal{S}_\lambda)$; comme h est injective, le critère CST15 montre que, pour qu'il existe une structure initiale $\mathcal{S}$ pour la famille $(A_\lambda, \mathcal{S}_\lambda, \mathrm{Id}_\lambda)_{\lambda \in L}$, il faut et il suffit qu'il existe sur Δ une structure $\mathcal{S}''$ induite par $\mathcal{S}'$; $\mathcal{S}''$ est alors transportée de $\mathscr{S}$ par h. En particulier, lorsque toutes les structures $\mathscr{S}_\lambda$ sont identiques, h est un *isomorphisme* de A (muni de cette structure) sur Δ.

On a aussi le critère suivant:

CST16. *Soient* $(A_\iota)_{\iota\in I}$, $(B_\iota)_{\iota\in I}$ *deux familles d'ensembles ayant même ensemble d'indices. Pour tout* $\iota \in I$, *soient* $\mathscr{S}_\iota$ *une structure d'espèce* Σ *sur* A_ι, $\mathscr{S}'_\iota$ *une structure d'espèce* Σ *sur* B_ι. *Supposons qu'il existe sur* $A = \prod_{\iota\in I} A_\iota$ (resp. $B = \prod_{\iota\in I} B_\iota$) *la structure produit* $\mathscr{S}$ (resp. $\mathscr{S}'$) *de la famille* $(\mathscr{S}_\iota)$ (resp. $(\mathscr{S}'_\iota)$). *Enfin, pour tout* $\iota \in I$, *soit* f_ι *un morphisme de* A_ι *dans* B_ι; *alors, l'application* $f = (f_\iota)_{\iota\in I}$ *est un morphisme de* A *dans* B.

En effet, soit p_ι (resp. q_ι) la projection de A sur A_ι (resp. de B sur B_ι); on a $q_\iota \circ f = f_\iota \circ p_\iota$. Comme f_ι et p_ι sont des morphismes (critère CST9), il en est de même de $f_\iota \circ p_\iota$ d'après (MO_{II}), donc f est un morphisme en vertu de la condition (IN).

Remarque. — Pour la plupart des structures usuelles, la condition énoncée dans CST16 est non seulement suffisante, mais aussi nécessaire pour que f soit un morphisme (cf. IV, p. 30, exerc. 7). Il en est ainsi en particulier dans les circonstances suivantes (qui sont vérifiées, par exemple, lorsque Σ est l'espèce de structure d'ordre, *ou l'espèce de structure de groupe ou l'espèce de structure topologique*, etc.; cf. IV, p. 30, exerc. 8):

Il existe une famille $(a_\iota)_{\iota\in I}$ telle que $a_\iota \in A_\iota$ pour tout $\iota \in I$ et telle que, si on pose $r_\iota(x_\iota) = (y_\kappa)$, avec $y_\iota = x_\iota$, $y_\kappa = a_\kappa$ pour $\kappa \neq \iota$, chacune des applications r_ι soit un *morphisme* de A_ι dans A.

En effet, si $f = (f_\iota)$ est un morphisme de A dans B, on peut écrire $f_\iota = q_\iota \circ f \circ r_\iota$ pour tout $\iota \in I$, et il suffit d'appliquer (MO_{II}).

On notera que r_ι est un morphisme lorsque la condition suivante est vérifiée:

a) Pour tout ensemble E muni d'une structure d'espèce Σ, l'application constante $z \mapsto a_\iota$ est un morphisme de E dans A_ι. En effet, pour tout $\kappa \in I$, $p_\kappa \circ r_\iota$ est alors un morphisme de A_ι dans A_κ, puisque cette application est l'identité pour $\kappa = \iota$, et une application constante $z \mapsto a_\kappa$ pour $\kappa \neq \iota$; par définition de la structure produit, r_ι est donc un morphisme de A_ι dans A.

Les exemples cités ci-dessus vérifient, non seulement *a*), mais aussi la condition:

b) sur chaque ensemble $A'_\iota = A_\iota \times \prod_{\kappa\neq\iota} \{a_\kappa\}$, la structure $\mathscr{S}$ induit une structure d'espèce Σ.

Soit p'_ι la restriction de p_ι à A'_ι; lorsque les conditions *a*) et *b*) sont vérifiées, p'_ι est un *isomorphisme* de A'_ι sur A_ι. En effet, comme $p'_\iota = p_\iota \circ j_\iota$, où j_ι est l'injection canonique de A'_ι dans A, p'_ι est un morphisme en vertu de (MO_{II}). D'autre part, on a $r_\iota = j_\iota \circ \overset{-1}{p'_\iota}$, donc $\overset{-1}{p'_\iota}$ est un morphisme de A_ι dans A'_ι en vertu de la définition de la structure induite.

On a enfin le critère suivant, qui caractérise les morphismes dans de nombreux cas:

CST17. *Soient* A *et* B *deux ensembles, munis de structures* $\mathscr{S}_A$, $\mathscr{S}_B$ *de même espèce* Σ. *On suppose qu'il existe sur* $A \times B$ *la structure* $\mathscr{S}_{A\times B}$, *produit de* $\mathscr{S}_A$ *et de* $\mathscr{S}_B$. *Soient* f *une application de* A *dans* B, F *son graphe,* π *l'application bijective* $x \mapsto (x, f(x))$ *de* A *sur* F. *Pour que* f *soit un morphisme de* A *dans* B, *il faut et il suffit qu'il existe sur* F *une structure d'espèce* Σ *induite par* $\mathscr{S}_{A\times B}$, *et que lorsqu'on munit* F *de cette structure,* π *soit un isomorphisme de* A *sur* F.

La condition est suffisante; en effet, si j est l'injection canonique de F dans $A \times B$, on peut écrire $f = pr_2 \circ j \circ \pi$, et f est alors par hypothèse le composé de trois morphismes.

Montrons que la condition est nécessaire; désignons par $\mathscr{S}_F$ la structure d'espèce Σ transportée de $\mathscr{S}_A$ par la bijection π (IV, p. 7); tout revient à prouver que $\mathscr{S}_F$ est induite sur F par $\mathscr{S}_{A \times B}$. Pour cela, remarquons d'abord que j est un morphisme de F dans $A \times B$: il suffit en effet, par définition de la structure $\mathscr{S}_F$, de prouver que $j \circ \pi$ est un morphisme de A dans $A \times B$; mais $j \circ \pi$ n'est autre que l'application $x \mapsto (x, f(x))$ de A dans $A \times B$, qui est un morphisme en vertu de l'hypothèse sur f et de la définition de la structure produit. Reste à montrer que si E est un ensemble muni d'une structure d'espèce Σ, g une application de E dans F telle que $j \circ g$ soit un morphisme de E dans $A \times B$, alors g est un morphisme, ou, ce qui revient au même, que $g_1 = \pi^{-1} \circ g$ est un morphisme de E dans A; mais comme $g_1 = \mathrm{pr}_1 \circ (j \circ g)$, cela résulte de l'hypothèse et de la définition de la structure produit.

5. Structures finales

Considérons une famille $(A_\iota)_{\iota \in I}$ d'ensembles, dont chacun est muni d'une structure $\mathscr{S}_\iota$ d'espèce Σ. Soit d'autre part E un ensemble, et, pour chaque $\iota \in I$, soit g_ι une application *de* A_ι *dans* E. On dit qu'une structure $\mathscr{F}$ d'espèce Σ sur E est *structure finale pour la famille* $(A_\iota, \mathscr{S}_\iota, g_\iota)_{\iota \in I}$ si elle possède la propriété suivante:

(FI) Quels que soient l'ensemble E', la structure $\mathscr{S}'$ d'espèce Σ sur E', et l'application f *de* E *dans* E', la relation

« f est un morphisme de E dans E' »

est *équivalente* à la relation

« quel que soit $\iota \in I$, $f \circ g_\iota$ est un morphisme de A_ι dans E' ».

CST18. *S'il existe sur* E *une structure finale pour la famille* $(A_\iota, \mathscr{S}_\iota, g_\iota)_{\iota \in I}$, *elle est la plus fine des structures d'espèce* Σ *sur* E *pour lesquelles chacune des applications* g_ι *est un morphisme, et par suite est unique.*

En effet, soient $\mathscr{F}$ une structure finale sur E, et $\mathscr{S}$ une structure d'espèce Σ sur E, pour laquelle chacune des g_ι soit un morphisme. Désignant par i l'application identique de E, muni de $\mathscr{F}$, sur E, muni de $\mathscr{S}$, on peut encore dire que $i \circ g_\iota$ est un morphisme pour tout $\iota \in I$; la condition (FI) montre que i est un morphisme, ce qui signifie (IV, p. 13) que $\mathscr{S}$ est *moins fine* que $\mathscr{F}$. D'autre part, en appliquant (FI) au cas où f est l'application identique de E (muni de $\mathscr{F}$) sur lui-même, on voit (en vertu de (MO_{III})) que chacune des g_ι est un morphisme de A_ι dans E, ce qui prouve le critère.

Il peut se faire qu'il existe une structure d'espèce Σ sur E qui soit la plus fine de toutes les structures d'espèce Σ pour lesquelles les g_ι sont des morphismes, mais que cette structure ne soit pas structure finale pour $(A_\iota, \mathscr{S}_\iota, g_\iota)$ (IV, p. 30, exerc. 6).

On a le *critère de transitivité* suivant:

CST19. *Soient* E *un ensemble,* $(A_\iota)_{\iota \in I}$ *une famille d'ensembles, et pour chaque* $\iota \in I$, *soit* $\mathscr{S}_\iota$ *une structure d'espèce* Σ *sur* A_ι. *Soit* $(J_\lambda)_{\lambda \in L}$ *une partition de* I, *et soit* $(B_\lambda)_{\lambda \in L}$ *une famille d'ensembles ayant* L *comme ensemble d'indices. Enfin, pour tout* $\lambda \in L$, *soit* h_λ *une application de* B_λ *dans* E; *pour tout* $\lambda \in L$ *et tout* $\iota \in J_\lambda$, *soit* $g_{\iota\lambda}$ *une application de* A_ι *dans* B_λ; *on pose alors* $f_\iota = h_\lambda \circ g_{\iota\lambda}$ (fig. 2). *On suppose que, pour tout* $\lambda \in L$, *il existe une structure finale* $\mathscr{S}'_\lambda$ *sur* B_λ, *pour la famille* $(A_\iota, \mathscr{S}_\iota, g_{\iota\lambda})_{\iota \in J_\lambda}$. *Dans ces conditions, les propositions suivantes sont équivalentes :*

a) il existe une structure finale $\mathscr{F}$ *sur* E *pour la famille* $(A_\iota, \mathscr{S}_\iota, f_\iota)_{\iota \in I}$;

b) il existe une structure finale $\mathscr{F}'$ *sur* E *pour la famille* $(B_\lambda, \mathscr{S}'_\lambda, h_\lambda)_{\lambda \in L}$.

En outre, ces propositions entraînent que $\mathscr{F} = \mathscr{F}'$.

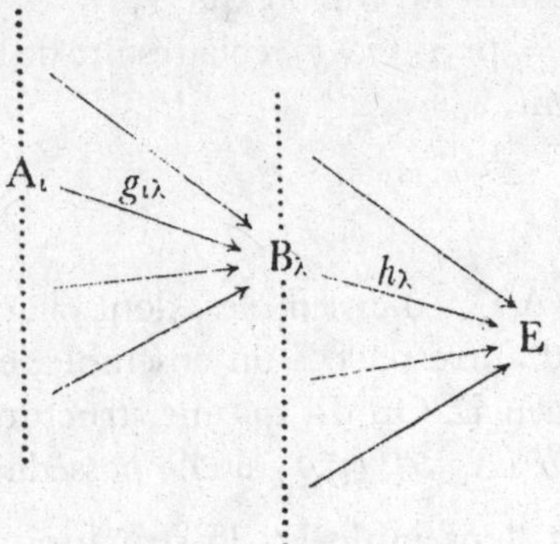

Fig. 2

En effet, soit F un ensemble muni d'une structure d'espèce Σ, et soit u une application de E dans F. Par définition, la relation

« $u \circ h_\lambda$ est un morphisme de B_λ dans F »

est équivalente à la relation

« quel que soit $\iota \in J_\lambda$, $u \circ h_\lambda \circ g_{\iota\lambda} = u \circ f_\iota$ est un morphisme de A_ι dans F ».

La relation

(3) « quel que soit $\lambda \in L$, $u \circ h_\lambda$ est un morphisme de B_λ dans F »

est donc équivalente à la relation

(4) « quel que soit $\iota \in I$, $u \circ f_\iota$ est un morphisme de A_ι dans F ».

Or, dire que $\mathscr{F}'$ est structure finale pour la famille $(B_\lambda, \mathscr{S}'_\lambda, h_\lambda)_{\lambda \in L}$ signifie que la relation (3) est équivalente à la relation

« u est un morphisme de E (muni de $\mathscr{F}'$) dans F » et dire que $\mathscr{F}$ est structure finale pour la famille $(A_\iota, \mathscr{S}_\iota, f_\iota)_{\iota \in I}$ signifie que la relation (4) est équivalente à la relation

« u est un morphisme de E (muni de $\mathscr{F}$) dans F »;

d'où le critère, compte tenu de la propriété d'unicité de la structure finale.

6. Exemples de structures finales

I: *Image directe d'une structure.* — Lorsque I est un ensemble à un seul élément, la structure finale pour le seul triplet $(A, \mathscr{S}, f)$ est appelée (lorsqu'elle existe) *image directe par* f *de la structure* $\mathscr{S}$.

II: *Structure quotient.* — Soient A un ensemble muni d'une structure $\mathscr{S}$ d'espèce Σ, R une relation d'équivalence dans A, et soit φ l'application canonique de A sur l'ensemble quotient $E = A/R$ (II, p. 41). On appelle *structure quotient* de $\mathscr{S}$ par la relation R l'image directe (si elle existe) de la structure $\mathscr{S}$ par l'application φ.

* En général, une structure d'ordre ou une structure algébrique n'admettent pas de structure quotient pour une relation d'équivalence quelconque (cf. III, p. 69, exerc. 2). Par contre une topologie admet toujours une structure quotient pour une relation d'équivalence arbitraire, mais il n'en est pas de même d'une structure d'espace topologique séparé. *

Soient A, B deux ensembles munis respectivement de structures $\mathscr{S}$, $\mathscr{S}'$ d'espèce Σ, et soit f un morphisme de A dans B. Soient R la relation d'équivalence $f(x) = f(y)$, φ l'application canonique de A sur A/R, et j l'injection canonique de $f(A)$ dans B. Supposons que $\mathscr{S}$ admette une structure quotient $\mathscr{S}_0$ par R, et que $\mathscr{S}'$ induise une structure $\mathscr{S}'_0$ sur $f(A)$. Alors, dans la *décomposition canonique* $f = j \circ g \circ \varphi$ de f (II, p. 44), la bijection g de A/R sur $f(A)$, associée à f, est un *morphisme* (mais non nécessairement un isomorphisme), lorsqu'on munit A/R de $\mathscr{S}_0$ et $f(A)$ de $\mathscr{S}'_0$. En effet, $j \circ g$ est un morphisme de A/R dans B, par définition de la structure quotient, et g un morphisme de A/R sur $f(A)$, par définition de la structure induite.

CST20. *Soient* A, A' *deux ensembles munis de structures* $\mathscr{S}$, $\mathscr{S}'$ *d'espèce* Σ, R *une relation d'équivalence dans* A, R' *une relation d'équivalence dans* A'. *On suppose qu'il existe une structure quotient* $\mathscr{S}_0$ *de* $\mathscr{S}$ *par* R, *et une structure quotient* $\mathscr{S}'_0$ *de* $\mathscr{S}'$ *par* R'. *Alors, si* f *est un morphisme de* A *dans* A', *compatible avec les relations* R *et* R' (II, p. 44), *et* g *l'application obtenue par passage aux quotients,* g *est un morphisme de* A/R *dans* A'/R'.

En effet, si φ est l'application canonique de A sur A/R, φ' l'application canonique de A' sur A'/R', on a $g \circ \varphi = \varphi' \circ f$; comme φ' et f sont des morphismes, il en est de même de $\varphi' \circ f$ en vertu de (MO_{II}); mais alors, $g \circ \varphi$ étant un morphisme, il en est de même de g, par définition de la structure quotient.

Le critère de transitivité CST19 donne en particulier le critère suivant:

CST21. *Soient* A *un ensemble muni d'une structure* $\mathscr{S}$ *d'espèce* Σ, R *une relation d'équivalence dans* A, *telle qu'il existe sur* A/R *une structure quotient* $\mathscr{S}'$ *de* $\mathscr{S}$ *par* R. *Soit* S *une relation d'équivalence dans* A, *moins fine que* R, *et soit* S/R *la relation d'équivalence dans* A/R, *quotient de* S *par* R (II, p. 46). *Pour qu'il existe sur* (A/R)/(S/R) *une structure quotient* $\mathscr{S}''$ *de* $\mathscr{S}'$ *par* S/R, *il faut et il suffit qu'il existe sur* A/S *une structure quotient* $\mathscr{S}_0$ *de* $\mathscr{S}$ *par* S, *et l'application canonique de* A/S (*muni de* $\mathscr{S}_0$) *sur* (A/R)(S/R) (*muni de* $\mathscr{S}''$) *est alors un isomorphisme.*

En effet, soient φ l'application canonique de A sur A/R, ψ celle de A/R sur (A/R)/(S/R). En vertu de CST19, dire que $\mathscr{S}''$ est structure quotient de $\mathscr{S}'$ par S/R équivaut à dire que $\mathscr{S}''$ est structure finale pour le triplet (A, $\mathscr{S}$, $\psi \circ \varphi$). Le critère résulte alors de ce que la relation $\psi(\varphi(x)) = \psi(\varphi(y))$ est équivalente à S.

Remarque. — Soient A un ensemble muni d'une structure $\mathscr{S}$ d'espèce Σ, R une relation d'équivalence dans A telle qu'il existe sur E = A/R une structure quotient $\mathscr{S}'$ de $\mathscr{S}$ par R. Soit φ l'application canonique de A sur E; en général, il n'existe pas de *section* s associée à φ (II, p. 18) qui soit un *morphisme* de E dans A. Supposons qu'une telle section s existe, et en outre qu'il existe une structure $\mathscr{S}''$ induite par $\mathscr{S}$ sur s(E); alors, en désignant par j l'injection canonique de s(E) dans A, et en posant $s = j \circ f$, l'application bijective f est un *isomorphisme* de E sur s(E). En effet, f est un morphisme par définition de la structure induite, et $g = \varphi \circ j$ est un morphisme de s(E) sur E en raison de ($\mathrm{MO_{II}}$); comme $g \circ f$ est l'application identique de E et $f \circ g$ l'application identique de s(E), la conclusion résulte du critère CST8.

§ 3. APPLICATIONS UNIVERSELLES

1. Ensembles et applications universels

Soit $\mathscr{T}$ une théorie plus forte que la théorie des ensembles, et soit E un terme de $\mathscr{T}$. Soit Σ une espèce de structure dans $\mathscr{T}$ (que nous supposons toujours, pour simplifier, définie sur un seul ensemble de base (principal)); pour abréger, nous dirons « Σ-ensemble » pour « ensemble muni d'une structure d'espèce Σ ». Nous supposons en outre qu'on ait défini, pour l'espèce Σ, une notion de σ-morphisme (IV, p. 11) (comme au § 2, nous dirons « morphisme » au lieu de « σ-morphisme »). Enfin, l'espèce Σ étant définie sur l'ensemble de base x, et ayant s comme structure générique (IV, p. 4), supposons défini, dans $\mathscr{T}_\Sigma$, un terme $\alpha\{x, s\}$ vérifiant les conditions suivantes:

($\mathrm{QM_I}$) *La relation* $\alpha\{x, s\} \subset \mathscr{F}(\mathrm{E}; x)$ *est vraie dans* $\mathscr{T}_\Sigma$.

($\mathrm{QM_{II}}$) *Si, dans une théorie* $\mathscr{T}'$ *plus forte que* $\mathscr{T}$, F, F' *sont deux ensembles munis de structures* $\mathscr{S}$, $\mathscr{S}'$ *d'espèce* Σ, *et si* f *est un morphisme de* F *dans* F', *alors la relation* $\varphi \in \alpha\{\mathrm{F}, \mathscr{S}\}$ *entraîne* $f \circ \varphi \in \alpha\{\mathrm{F}', \mathscr{S}'\}$.

Nous exprimerons la relation $\varphi \in \alpha\{x, s\}$ en disant que φ *est une* α*-application de* E *dans* x (*muni de* s).

Ceci posé, on dit qu'un Σ-ensemble $\mathrm{F_E}$ et une α-application φ_E de E dans $\mathrm{F_E}$ sont *universels* si la condition suivante est remplie:

(AU) *Pour toute α-application φ de* E *dans un Σ-ensemble* F, *il existe un morphisme et un seul f de* F_E *dans* F *tel que* $\varphi = f \circ \varphi_E$.

On dit encore dans ce cas que le couple (F_E, φ_E) est *solution du problème d'application universelle* pour E (relativement à la donnée de Σ, σ et α).

Soient (F'_E, φ'_E) et (F''_E, φ''_E) deux solutions du problème d'application universelle pour E. La condition (AU) montre qu'il existe alors un morphisme unique f_1 de F'_E dans F''_E et un morphisme unique f_2 de F''_E dans F'_E tels que $\varphi''_E = f_1 \circ \varphi'_E$ et $\varphi'_E = f_2 \circ \varphi''_E$. On a donc

$$\varphi'_E = f_2 \circ f_1 \circ \varphi'_E \quad \text{et} \quad \varphi''_E = f_1 \circ f_2 \circ \varphi''_E.$$

Par application de (AU) au cas où $F = F'_E$ et $\varphi = \varphi'_E$, il en résulte que $f_2 \circ f_1$ est l'application identique de F'_E; de même $f_1 \circ f_2$ est l'application identique de F''_E. Par suite (IV, p. 12, critère CST8), f_1 est un *isomorphisme* de F'_E sur F''_E, et f_2 en est l'isomorphisme réciproque. On exprime encore ce résultat en disant qu'une solution du problème d'application universelle pour E est *unique à un isomorphisme unique près*.

Pour vérifier qu'un couple (F_E, φ_E) est solution du problème d'application universelle pour E, il est souvent commode de vérifier les deux conditions suivantes:

(AU'_I) *Pour tout Σ-ensemble* F *et toute α-application φ de* E *dans* F, *il existe un morphisme f de* F_E *dans* F *tel que* $\varphi = f \circ \varphi_E$.

(AU'_{II}) *Pour tout Σ-ensemble* F, *deux morphismes de* F_E *dans* F *qui coïncident dans* $\varphi_E(E)$ *sont égaux.*

En effet, si ces deux conditions sont réalisées, le morphisme f dont l'existence est assurée par (AU'_I) est unique d'après (AU'_{II}). Réciproquement, il est clair que (AU) entraîne (AU'_I); de plus, si f et f' sont deux morphismes de F_E dans F qui coïncident dans $\varphi_E(E)$, on a $f \circ \varphi_E = f' \circ \varphi_E$, d'où $f = f'$ en appliquant (AU) à la α-application $f \circ \varphi_E$.

2. Existence d'applications universelles

Un problème d'application universelle n'a pas nécessairement de solution (IV, p. 31, exerc. 1). Nous allons toutefois montrer que les conditions suivantes entraînement l'existence d'une solution:

(CU_I) *Sur tout produit d'une famille de Σ-ensembles, il existe une structure produit d'espèce* Σ (IV, p. 16).

(CU_{II}) *Soit* $(F_\iota)_{\iota \in I}$ *une famille de Σ-ensembles, et pour tout $\iota \in$ I, soit φ_ι une α-application de* E *dans* F_ι. *Alors l'application* $(\varphi_\iota)_{\iota \in I}$ *de* E *dans* $\prod_{\iota \in I} F_\iota$ *(muni de la structure produit) est une α-application.*

Nous dirons qu'une partie G d'un Σ-ensemble F est Σ-*permise* si la structure de F induit une structure d'espèce Σ sur G (IV, p. 16).

(CU_{III}) *Il existe un cardinal* $\mathfrak{a}$ *possédant les propriétés suivantes: pour tout Σ-ensemble*

F *et toute* α*-application* φ *de* E *dans* F, *il existe une partie* Σ*-permise* G *de* F *contenant* $\varphi(E)$, *de cardinal* $\leqslant \mathfrak{a}$, *telle que l'application de* E *dans* G *qui a même graphe que* φ *soit une* α*-application, et que deux morphismes de* G *dans un* Σ*-ensemble, qui coïncident dans* $\varphi(E)$, *soient égaux.*

CST22. *Si les conditions* (CU_I) *à* (CU_{III}) *sont vérifiées, le problème d'application universelle pour* E *admet une solution.*

Montrons d'abord que s'il existe un couple (F_E, φ_E) vérifiant (AU'_I), il existe aussi une solution du problème d'application universelle pour E. En effet, il existe, d'après (CU_{III}), une partie Σ-permise F'_E de F_E contenant $\varphi_E(E)$, telle que l'application φ'_E de E dans F'_E, qui a même graphe que φ_E, soit une α-application, et que deux morphismes de F'_E dans un Σ-ensemble, qui coïncident dans $\varphi_E(E)$, soient égaux. Soit j l'injection canonique de F'_E dans F_E, de sorte que $\varphi_E = j \circ \varphi'_E$; pour tout morphisme f de F_E dans un Σ-ensemble F, $f \circ j$ est un morphisme de F'_E dans F, et l'on a $f \circ \varphi_E = (f \circ j) \circ \varphi'_E$. Il est clair alors que (F'_E, φ'_E) vérifient (AU'_I) et (AU'_{II}).

Reste donc à prouver l'existence d'un couple (F_E, φ_E) vérifiant (AU'_I). Soit $s \in S(x)$ la caractérisation typique de l'espèce de structure Σ, et considérons la partie L de l'ensemble produit

$$\mathfrak{P}(\mathfrak{a}) \times S(\mathfrak{a}) \times \mathfrak{P}(E \times \mathfrak{a})$$

formée des triplets $\lambda = (X, V, P)$ ayant la propriété suivante:
« V est une structure d'espèce Σ sur $X \subset \mathfrak{a}$, et P est le graphe d'une α-application de E dans X (pour la structure V) »
(on notera que l'on a $S(X) \subset S(\mathfrak{a})$, comme on le voit aisément en raisonnant de proche en proche sur la longueur du schéma de construction d'échelon S). Pour tout $\lambda = (X, V, P) \in L$, nous noterons X_λ l'ensemble X muni de la structure V, et φ_λ l'application de E dans X_λ, de graphe P.

Soit alors F_E le Σ-ensemble produit des X_λ (qui existe d'après (CU_I)), et soit φ_E l'application $x \mapsto (\varphi_\lambda(x))$ de E dans F_E, qui est une α-application en vertu de (CU_{II}). Montrons que (F_E, φ_E) vérifie (AU'_I). En effet, étant donnée une α-application φ de E dans un Σ-ensemble F, soit G une partie de F vérifiant les conditions énoncées dans (CU_{III}); soient j l'injection canonique de G dans F, et ψ l'application de E dans G qui a même graphe de φ, de sorte que $\varphi = j \circ \psi$. Il résulte de (CU_{III}) que ψ est une α-application de E dans G. Comme $\mathrm{Card}(G) \leqslant \mathfrak{a}$, il y a une partie G′ de $\mathfrak{a}$ équipotente à G. Soit g une bijection de G sur G′; si on transporte par g la structure d'espèce Σ de G, il existe par définition un $\lambda \in L$ tel que G′ (muni de cette structure transportée) soit égal à X_λ et que $g \circ \psi = \varphi_\lambda$. Alors $f = j \circ g^{-1} \circ \mathrm{pr}_\lambda$ est un morphisme de F_E dans F tel que $\varphi = f \circ \varphi_E$, ce qui achève la démonstration.

CST23. *Soit* (F_E, φ_E) *une solution du problème d'application universelle pour* E. *Pour que* φ_E *soit une injection de* E *dans* F_E, *il faut et il suffit que, pour tout couple d'éléments distincts* x, y *de* E, *il existe une* α*-application* φ *de* E *dans un* Σ*-ensemble* F, *telle que* $\varphi(x) \neq \varphi(y)$.

Comme φ_E est une α-application, le critère résulte aussitôt des définitions.

On dit encore dans ce cas que les α-applications *séparent* les éléments de E. On ne fait alors d'ordinaire aucune distinction, dans le langage, entre les éléments de E et leurs images par φ_E; avec cette convention, si (F_E, φ_E) est une solution du problème d'application universelle, toute α-application de E dans un Σ-ensemble F *se prolonge en un morphisme de* F_E *dans* F *et un seul.*

3. Exemples d'applications universelles

*Les exemples qui suivent seront, pour la plupart, traités en détail dans la suite de cet ouvrage.

I. *Structures algébriques libres.* — Soient E un ensemble, Σ une espèce de structure algébrique définie par une ou plusieurs lois de composition; nous prendrons comme morphismes les homomorphismes (pour toutes les lois envisagées), et les α-applications seront les applications *quelconques* de E dans un Σ-ensemble (autrement dit, $\alpha\{x, s\{ = \mathscr{F}(E; x)$). Toutes les espèces de structure algébrique usuelles vérifient (CU_{III}); à l'exception de la structure de corps, elles vérifient aussi (CU_I), et (CU_{II}) est ici une conséquence triviale de (CU_I).

Comme en général il existe des structures d'espèce Σ définies sur des ensembles ayant au moins deux éléments, les α-applications séparent les éléments de E, et on considère donc E comme plongé dans F_E. On dit que F_E est le Σ-ensemble *libre* engendré par E; c'est ainsi qu'on parle en Algèbre de *monoïde libre* (A, I, § 7, n° 2), de *groupe libre* (A, I, § 7, n° 5), de *module libre* (A, II, § 1, n° 11), d'*algèbre libre* (A, III, § 2, n° 7).

II. *Anneaux et corps de fractions.* — Soient E un anneau commutatif, et S une partie multiplicative de E, ne contenant pas 0. Nous prendrons pour Σ l'espèce de structure d'anneau commutatif, et pour morphismes les homomorphismes (pour la structure d'anneau). Les α-applications seront les homomorphismes φ de E dans un anneau commutatif A tels que $\varphi(S)$ ne contienne que des éléments *inversibles* dans A. On vérifie immédiatement les conditions (QM_{II}), (CU_I) à (CU_{III}) (avec $a = \mathrm{Card}(E)\mathrm{Card}(\mathbf{N})$); le problème d'application universelle a donc toujours une solution (F_E, φ_E), mais en général φ_E n'est pas injective. Le cas le plus fréquent est celui où E est un anneau intègre; en ce cas, φ_E est injective. Si en outre on prend alors $S = E - \{0\}$, F_E est un corps commutatif, appelé *corps des fractions* de E (A, I, § 9, n° 2); voir (AC, II, § 2).

III. *Produit tensoriel de deux modules.* — Soit E le produit $A \times B$ de deux modules sur un anneau commutatif C. Prenons pour Σ l'espèce de structure de C-module, pour morphismes les applications linéaires, pour α-applications les applications *bilinéaires* de $A \times B$ dans un C-module. La condition (QM_{II}) est évidemment vérifiée, ainsi que les conditions (CU$_{\text{I}}$) à (CU$_{\text{III}}$) (avec $\mathfrak{a} = \text{Card}(E)\text{Card}(C)\text{Card}(\mathbf{N})$). Le C-module universel F_E correspondant au couple (A, B) est appelé le *produit tensoriel* de A par B et noté $A \otimes B$; l'application universelle φ_E est notée $(x, y) \mapsto x \otimes y$; elle est bilinéaire, mais n'est pas injective en général (cf. A, II, § 3, n° 5).

IV. *Extension de l'anneau d'opérateurs d'un module.* — Soient A un anneau commutatif, B un sous-anneau de A, E un B-module. L'espèce Σ est l'espèce de structure de A-module, les morphismes sont les applications A-*linéaires*, et les α-applications sont les applications B-*linéaires* de E dans un A-module. On dit que le A-module universel F_E correspondant au B-module E est obtenu par *extension à* A de l'anneau d'opérateurs B de E (A, II, § 5, n° 1).

V. *Complétion d'un espace uniforme.* — Soit E un espace uniforme; prenons pour Σ l'espèce de structure d'espace uniforme séparé et complet, pour morphismes les applications uniformément continues, pour α-applications les applications uniformément continues de E dans un espace uniforme séparé et complet. Les parties Σ-permises d'un espace uniforme séparé et complet sont ici les parties *fermées* pour la topologie de l'espace, et les conditions (QM$_{\text{II}}$) et (CU$_{\text{I}}$) à (CU$_{\text{III}}$) sont vérifiées en prenant $\mathfrak{a} = 2^{2^{\text{Card}(E)}}$. L'espace uniforme séparé et complet F_E n'est autre (à un isomorphisme près) que le *séparé complété* de l'espace uniforme E (TG, II, § 3, n° 7).

VI. *Compactification de Stone-Čech.* — Soit E un espace complètement régulier; Σ est l'espèce de structure d'espace compact, les morphismes étant les applications continues (d'un espace compact dans un espace compact), les α-applications les applications continues de E dans un espace compact. Les parties Σ-permises sont encore ici les ensembles *fermés*, et on vérifie aisément les conditions (QM$_{\text{II}}$), (CU$_{\text{I}}$) à (CU$_{\text{III}}$) (avec le même cardinal que dans l'*Exemple* V). L'espace compact F_E est (à un isomorphisme près) le « compactifié de Stone-Čech » obtenu en complétant E pour la structure uniforme la moins fine rendant uniformément continues les applications continues de E dans $[0, 1]$ (TG, IX, § 1, n° 6); l'application φ_E est injective, car deux points distincts de E peuvent être séparés par une application continue de E dans $[0, 1]$.

VII. *Groupes topologiques libres.* — Soient E un espace complètement régulier, Σ l'espèce de structure de groupe topologique séparé, les morphismes étant les homomorphismes continus; enfin, prenons comme α-applications les applications continues de E dans un groupe topologique séparé. On vérifie aisément les conditions (QM$_{\text{II}}$), (CU$_{\text{I}}$) à (CU$_{\text{III}}$) avec $\mathfrak{a} = \text{Card}(E)\text{Card}(\mathbf{N})$. Le groupe topologique séparé F_E solution du problème d'application universelle pour E est appelé le *groupe topologique libre engendré par l'espace* E; comme deux points distincts de E peuvent être séparés par une application continue de E dans le groupe topologique séparé $\mathbf{R}$, l'application φ_E est injective; on peut montrer que φ_E est un homéomorphisme de E sur le sous-espace $\varphi_E(E)$ de F_E.[1] Au lieu de prendre

[1] Voir P. Samuel, On universal mappings and free topological groups, *Bull. Amer. Math. Soc.*, t. LIV (1948), p. 591–598.

pour Σ l'espèce de structure de groupe topologique séparé, on pourrait aussi prendre des espèces de structures telles que celles de groupe commutatif topologique séparé, de groupe compact, d'anneau topologique séparé, d'espace vectoriel topologique séparé (sur un corps topologique considéré comme ensemble de base auxiliaire), etc.

VIII. *Fonctions presque périodiques sur un groupe topologique.* — Soit E un groupe topologique; prenons pour Σ l'espèce de structure de groupe compact, les morphismes étant les homomorphismes continus, les α-applications étant les homomorphismes continus de E dans un groupe compact. Les conditions (QM_{II}), (CU_{I}) à (CU_{III}) sont vérifiées avec $\mathfrak{a} = 2^{2^{\mathrm{Card}(E)}}$. On dit que le groupe compact F_E, solution du problème d'application universelle pour E, est le *groupe compact associé à* E; l'application φ_E n'est pas nécessairement injective. Toute fonction numérique continue dans E de la forme $g \circ \varphi_E$, où g est une fonction numérique continue dans F_E, est appelée *fonction presque périodique* dans E.

IX. *Variété d'Albanese.* — Soient E une variété algébrique, Σ l'espèce de structure de variété abélienne sur le même corps de base que E (variété algébrique complète, munie d'une loi de groupe algébrique, nécessairement commutative); les morphismes sont les applications rationnelles d'une variété abélienne dans une autre (qui sont nécessairement composées d'un homomorphisme et d'une translation); les α-applications sont les applications rationnelles de E dans une variété abélienne. La condition (CU_{I}) n'est pas vérifiée, mais le problème d'application universelle admet une solution F_E, dite *variété d'Albanese* de E; en général, l'application rationnelle φ_E correspondante n'est pas injective. *

Exercices

§ 1

1) Soit S l'ensemble des signes P, X, $x_1, \ldots, x_n$, les lettres x_i étant de poids 0, P de poids 1 et X de poids 2. Soit T un mot équilibré de $L_0(S)$ (I, p. 42); on dira qu'un tel mot est un *type d'échelon* sur $x_1, \ldots, x_n$.

Soient maintenant $E_1, \ldots, E_n$ n termes d'une théorie plus forte que la théorie des ensembles. Pour tout type d'échelon T sur $x_1, \ldots, x_n$, on définit un terme $T(E_1, \ldots, E_n)$ de la façon suivante:

1° si T est une lettre x_i, $T(E_1, \ldots, E_n)$ est l'ensemble E_i;

2° si T est de la forme PU, $T(E_1, \ldots, E_n)$ est l'ensemble $\mathfrak{P}(U(E_1, \ldots, E_n))$;

3° Si T est de la forme XUV, $T(E_1, \ldots, E_n)$ est l'ensemble

$$U(E_1, \ldots, E_n) \times V(E_1, \ldots, E_n).$$

Montrer que, pour tout type d'échelon T sur $x_1, \ldots, x_n$, $T(E_1, \ldots, E_n)$ est un échelon sur les termes $E_1, \ldots, E_n$, et réciproquement (raisonner par récurrence sur la longueur du type d'échelon ou du schéma de construction d'échelon); on dit que $T(E_1, \ldots, E_n)$ est la *réalisation du type d'échelon* T sur les termes $E_1, \ldots, E_n$. De façon plus précise, tout échelon sur n lettres distinctes peut s'écrire *d'une manière et d'une seule* sous la forme $T(x_1, \ldots, x_n)$, où T est un type d'échelon.

Montrer de même comment on peut associer à un type d'échelon T sur n lettres, et à n applications $f_1, \ldots, f_n$ une extension canonique de ces applications. En déduire que si deux schémas de construction d'échelon S, S' sur n lettres sont tels que $S(x_1, \ldots, x_n) = S'(x_1, \ldots, x_n)$ ($x_1, \ldots, x_n$ lettres distinctes), on a $\langle f_1, \ldots, f_n \rangle^S = \langle f_1, \ldots, f_n \rangle^{S'}$.

§ 2

1) Soit S l'ensemble des signes P, P^-, X, X^-, $x_1, \ldots, x_n$ les lettres x_i étant de poids 0, P et P^- de poids 1, X et X^- de poids 2. Pour tout mot A de $L_0(S)$ (I, p. 42) on définit la *variance* de A de la façon suivante: chacune des lettres x_i ainsi que les signes P, X ont pour variance 0, les signes P^-, X^- ont pour variance 1; la variance de A est la somme (dans le corps $\mathbf{F}_2$) des variances des signes qui y figurent (autrement dit, elle est 0 s'il y a un nombre *pair* de ces signes ayant la variance 1, et 1 dans le cas contraire).

On appelle *type d'échelon signé* un mot équilibré A de $L_0(S)$ (I, p. 42) qui vérifie l'une des conditions suivantes:

1° A est une des lettres x_i;

2° Si A est de la forme $fA_1A_2\ldots A_p$ (I, p. 45, cor. 2), où f est l'un des signes P, P^-, X, X^-, p est égal à 1 ou 2 et les A_i ($1 \leqslant i \leqslant p$) sont des mots équilibrés, alors chacun des A_i est un type d'échelon signé; en outre, si $f =$ X, A_1 et A_2 ont pour variance 0, et si $f = X^-$, A_1 et A_2 ont pour variance 1.

Un type d'échelon signé est dit *covariant* s'il est de variance 0, *contravariant* s'il est de variance 1. Si, dans un type d'échelon signé A, on remplace P^- et X^- par P et X respectivement, on obtient un type d'échelon A* (IV, § 1, exerc. 1); toute réalisation du type d'échelon A* sur n termes $E_1, \ldots, E_n$ est dite *réalisation du type d'échelon signé* A sur $E_1, \ldots, E_n$, et notée $A(E_1, \ldots, E_n)$.

Soient $E_1, \ldots, E_n, E'_1, \ldots, E'_n$ des ensembles, f_i une application de E_i dans E'_i ($1 \leqslant i \leqslant n$). Montrer qu'à chaque type d'échelon signé S sur $x_1, \ldots, x_n$, on peut associer une application $\{f_1, \ldots, f_n\}^S$ ayant les propriétés suivantes:

1° Si S est covariant (resp. contravariant), $\{f_1, \ldots, f_n\}^S$ est une application de $S(E_1, \ldots, E_n)$ dans $S(E'_1, \ldots, E'_n)$ (resp. de $S(E'_1, \ldots, E'_n)$ dans $S(E_1, \ldots, E_n)$).

2° Si S est une lettre x_i, $\{f_1, \ldots, f_n\}^S$ est f_i.
3° Si S est PT (resp. P^-T), et si $g = \{f_1, \ldots, f_n\}^T$ est une application de F dans F', $\{f_1, \ldots, f_n\}^S$ est l'extension de g aux ensembles de parties (resp. l'extension réciproque de g aux ensembles de parties).
4° Si S est XTU ou X^-TU, si $\{f_1, \ldots, f_n\}^T$ est une application g de F dans F' et $\{f_1, \ldots, f_n\}^U$ une application h de G dans G', $\{f_1, \ldots, f_n\}^S$ est l'extension $g \times h$, application de F × G dans F' × G'.

L'application $\{f_1, \ldots, f_n\}^S$ est appelée *l'extension canonique signée* de $f_1, \ldots, f_n$, correspondant au type d'échelon signé S. Lorsque S est un type d'échelon (autrement dit, lorsque P^- et X^- ne figurent pas dans S), l'extension canonique signée $\{f_1, \ldots, f_n\}^S$ est égale à $\langle f_1, \ldots, f_n\rangle^S$.

Montrer que, si f_i est une application de E_i dans E'_i, f'_i une application de E'_i dans E''_i $(1 \leqslant i \leqslant n)$, on a, pour un type d'échelon signé covariant S

$$\{f'_1 \circ f_1, \ldots, f'_n \circ f_n\}^S = \{f'_1, \ldots, f'_n\}^S \circ \{f_1, \ldots, f_n\}^S$$

et, pour un type d'échelon signé contravariant S

$$\{f'_1 \circ f_1, \ldots, f'_n \circ f_n\}^S = \{f_1, \ldots, f_n\}^S \circ \{f'_1, \ldots, f'_n\}^S.$$

En déduire que si f_i est une bijection de E_i sur E'_i, f'_i la bijection réciproque $(1 \leqslant i \leqslant n)$, $\{f_1, \ldots, f_n\}^S$ est une bijection et $\{f'_1, \ldots, f'_n\}^S$ la bijection réciproque. En outre, si S* est le type d'échelon (non signé) correspondant au type d'échelon signé S, $\{f_1, \ldots, f_n\}^S$ est égale à $\langle f_1, \ldots, f_n\rangle^{S^*}$ ou à $\langle f'_1, \ldots, f'_n\rangle^{S^*}$ suivant que S est covariant ou contravariant.

2) Soit S un type d'échelon signé sur $n + m$ lettres (exerc. 1). Soit Σ une espèce de structure ayant $x_1, \ldots, x_n$ pour ensembles de base principaux, $A_1, \ldots, A_m$ pour ensembles de base auxiliaires, et dont la caractérisation typique est de la forme $s \in \mathfrak{P}(S(x_1, \ldots, x_n, A_1, \ldots, A_m))$. Montrer qu'on peut définir une notion de σ-morphisme pour cette espèce de structure, de la façon suivante: étant donnés n ensembles $E_1, \ldots, E_n$ munis d'une structure U d'espèce Σ, n ensembles $E'_1, \ldots, E'_n$ munis d'une structure U' d'espèce Σ, et une application f_i de E_i dans E'_i pour $1 \leqslant i \leqslant n$, on dit que $(f_1, \ldots, f_n)$ est un σ-morphisme si les applications f_i vérifient les conditions suivantes:
1° si S est un type d'échelon covariant

$$\{f_1, \ldots, f_n, \mathrm{Id}_1, \ldots, \mathrm{Id}_m\}^S\langle U\rangle \subset U';$$

2° si S est un type d'échelon contravariant

$$\{f_1, \ldots, f_n, \mathrm{Id}_1, \ldots, \mathrm{Id}_m\}^S\langle U'\rangle \subset U.$$

Montrer qu'en choisissant convenablement les variances, on peut retrouver de cette manière la définition des morphismes pour les structures d'ordre, les structures algébriques et les structures topologiques.

3) Soient A, B, C trois ensembles munis de structures de même espèce Σ, f un morphisme *surjectif* de A dans B, g une morphisme de B dans C. Montrer que si $g \circ f$ est un isomorphisme de A sur C, g et f sont des isomorphismes.

4) Soient A, B, C, D quatre ensembles munis de structures de même espèce Σ, f un morphisme de A dans B, g un morphisme de B dans C, h un morphisme de C dans D. Montrer que si $g \circ f$ et $h \circ g$ sont des isomorphismes, f, g et h sont des isomorphismes (cf. II, p. 50, exerc. 9).

5) Soient A, B deux ensembles munis de structures $\mathscr{S}$, $\mathscr{S}'$ de même espèce Σ. Soient f un morphisme de A dans B, g un morphisme de B dans A. Soit M (resp. N) l'ensemble des $x \in A$ (resp. $y \in B$) tels que $g(f(x)) = x$ (resp. $f(g(y)) = y$). On suppose que $\mathscr{S}$ (resp. $\mathscr{S}'$) induise sur M (resp. N) une structure d'espèce Σ. Montrer que M et N, munis de ces structures, sont isomorphes.

6) *Soit Σ l'espèce de structure ayant un ensemble de base principal A et un ensemble auxiliaire k, dont la structure générique (F, H) a pour caractérisation typique

$$F \in \mathfrak{P}((A \times A) \times A) \times \mathfrak{P}((A \times A) \times A) \times \mathfrak{P}((k \times A) \times A) \text{ et } H \in \mathfrak{P}(A)$$

et dont l'axiome est le suivant (que l'on pourra écrire de façon plus explicite) : « F est une structure de k-algèbre commutative, ayant un élément unité, et H est un idéal irréductible de l'algèbre A » (on rappelle qu'un idéal irréductible d'une k-algèbre A est un idéal $\mathfrak{a}$ tel que, pour tout couple d'idéaux $\mathfrak{b}$, $\mathfrak{c}$ de A vérifiant $\mathfrak{b} \cap \mathfrak{c} = \mathfrak{a}$, on ait $\mathfrak{b} = \mathfrak{a}$ ou $\mathfrak{c} = \mathfrak{a}$) (A, II, § 2, exerc. 16). Si A, A' sont deux ensembles munis respectivement de structures (F, H), (F', H') d'espèce Σ, on définit les σ-morphismes de A dans A' comme les homomorphismes de k-algèbres f, transformant l'élément unité en élément unité et tels que $f(H) \subset H'$. Donner un exemple de famille $(\mathscr{S}_\lambda)$ de structures d'espèce Σ sur un ensemble A, telle qu'il existe une borne supérieure de cette famille de structures (dans l'ensemble ordonné de structures d'espèce Σ sur A), mais que cette borne supérieure ne soit pas structure initiale pour la famille $(A_\lambda, \mathscr{S}_\lambda, \mathrm{Id}_\lambda)$, où A_λ est l'ensemble A muni de la structure $\mathscr{S}_\lambda$ et Id_λ l'application identique de A dans A_λ. (Considérer un anneau de polynômes $A = k[T]$. Les idéaux irréductibles de A sont alors les puissances des idéaux maximaux (AC, VII, § 2, exerc. 6). Si F est la structure de k-algèbre de A, considérer les deux structures d'espèce Σ, $(F, \mathfrak{p}_1)$ et $(F, \mathfrak{p}_2)$, où $\mathfrak{p}_1$, $\mathfrak{p}_2$ sont des idéaux maximaux distincts de A; montrer que la borne supérieure de ces deux structures est (F, (0)), mais que ce n'est pas la structure initiale pour la famille considérée; pour le voir, on considérera la sous-k-algèbre $B = k + (\mathfrak{p}_1 \cap \mathfrak{p}_2)$ de A, dans laquelle $\mathfrak{p}_1 \cap \mathfrak{p}_2$ est un idéal maximal, et l'injection $B \to A$). En déduire de même un exemple d'espèce de structure Σ', de famille $(\mathscr{S}'_\lambda)$ de structures d'espèce Σ' sur un ensemble A', telle qu'il existe une borne inférieure de cette famille de structures, mais que cette borne inférieure ne soit pas structure finale. (Considérer sur le dual de A (en tant qu'espace vectoriel) la structure de k-cogèbre linéairement compacte déduite de la structure de k-algèbre de A par transposition (A, III, § 11, n° 1) et définir aussi par transposition l'espèce de structure Σ').*

7) *Soit Σ l'espèce de structure ayant un ensemble de base principal A, avec $\mathbf{R}$ pour ensemble auxiliaire, dont la structure générique comporte deux lettres V, φ, avec la caractérisation typique

$$V \in \mathfrak{P}(\mathfrak{P}(A)) \text{ et } \varphi \in \mathfrak{P}(\mathbf{R} \times A)$$

et dont les axiomes sont les suivants: 1° l'axiome R{V} de l'espèce de structure topologique (IV, p. 5, *Exemple* 3); 2° la relation:
« il existe $a > 0$ tel que φ soit le graphe fonctionnel d'une application injective continue (pour la topologie V) de l'intervalle $[0, a]$ dans A ».

Si A, A' sont deux ensembles munis respectivement de structures (V, φ), (V', φ') d'espèce Σ, on définit les σ-morphismes de A dans A' comme les applications f continues (pour V, V') dont le graphe F est tel que $F \circ \varphi \subset \varphi'$. Montrer que cette notion de σ-morphisme peut être définie par le procédé de l'exerc. 2 (IV, p. 29) et qu'il existe une structure produit sur le produit de deux ensembles A_1, A_2 munis de structures quelconques d'espèce Σ. Mais donner un exemple où l'image directe par la première projection pr_1 de la structure produit sur $A_1 \times A_2$ n'est pas la structure donnée initialement sur A_1 (prendre pour A_1 un espace homéomorphe à $\mathbf{R}$).*

8) Soit Σ l'espèce de structure ayant un seul ensemble de base (principal) A, dont la structure générique (V, a, b) comporte trois lettres, avec la caractérisation typique

$$V \in \mathfrak{P}(\mathfrak{P}(A)) \text{ et } a \in A \text{ et } b \in A$$

et dont l'axiome est la relation

$$R\{V\} \text{ et } a \neq b$$

où R{V} est l'axiome de l'espèce de structure topologique (IV, p. 5, *Exemple* 3). Si A, A' sont deux ensembles munis respectivement de structures (V, a, b), (V', a', b'), on définit les σ-morphismes de A dans A' comme les applications f continues (pour V, V') et telles que $f(a) = a'$ et $f(b) = b'$. Montrer qu'en remplaçant Σ par une espèce de structure équivalente cette notion de σ-morphisme peut s'obtenir par le procédé de l'exerc. 2 (IV, p. 29). Montrer que pour deux ensembles A, B munis de structures $\mathscr{S}$, $\mathscr{S}'$ d'espèce Σ, il existe une structure produit sur $A \times B$, et que l'image directe de cette structure par pr_1 (resp. pr_2) est $\mathscr{S}$ (resp. $\mathscr{S}'$) ; * mais donner un exemple où il n'existe pas de section associée à pr_1 et qui soit un σ-morphisme de A dans $A \times B$ (prendre pour A un espace connexe, pour B un espace discret).*

9) *Soit Σ l'espèce de structure de corps. Montrer qu'on définit une notion de σ-morphisme pour cette espèce de structure en prenant comme morphismes d'un corps K dans un corps K', d'une part les homomorphismes f de K dans K' au sens de l'*Exemple* 2 de IV, p. 12, et en outre l'application f_0 de K dans K' telle que $f_0(0) = 0$, $f_0(x) = 1$ pour tout $x \neq 0$ dans K. Montrer que, pour cette notion de morphisme, on a les propriétés suivantes: pour tout corps K (de caractéristique quelconque) la structure de corps de K induit une structure de corps (isomorphe à celle de $\mathbf{F}_2$) sur l'ensemble $\{0, 1\}$; en outre si R est la relation d'équivalence dont les classes d'équivalence sont $\{0\}$ et $K^* = K - \{0\}$, il existe une structure quotient (isomorphe à la structure de $\mathbf{F}_2$) de la structure de corps de K par la relation R.*

* 10) Soit Σ l'espèce de structure de corps ordonné, archimédien et complet. Pour tout ensemble A muni d'une structure d'espèce Σ, soit φ_A l'unique isomorphisme de A sur $\mathbf{R}$. Si A, B sont deux ensembles munis de structures d'espèce Σ, montrer qu'on peut prendre pour morphismes de A dans B les applications f de A dans B telles que $\varphi_B(f(x)) \geqslant \varphi_A(x)$ pour tout $x \in A$. Pour cette notion de morphisme, montrer qu'il y a des morphismes bijectifs qui ne sont pas des isomorphismes, bien que l'espèce de structure Σ soit univalente.*

11) Soit Σ une espèce de structure (dans une théorie $\mathscr{T}$) ne comportant qu'un seul ensemble de base; soient $s \in F(x)$ la caractérisation typique, $R\{x, s\}$ l'axiome de Σ. On désigne par $A(x)$ l'ensemble des structures d'espèce Σ sur x. Soit $\sigma\{x, y, s, t\}$ un terme vérifiant les conditions (MO_I), (MO_{II}) et la condition suivante:

(MO'_{III}) Étant donnés, dans une théorie $\mathscr{T}'$ plus forte que $\mathscr{T}$, deux ensembles E, E' munis de structures $\mathscr{S}$, $\mathscr{S}'$ d'espèce Σ, pour tout isomorphisme f de E sur E', on a $f \in \sigma\{E, E', \mathscr{S}, \mathscr{S}'\}$.

a) Soit Id_x l'application identique de x sur lui-même. Montrer que la relation $Q\{x, s, t\}$:

$$\text{« } s \in A(x) \text{ et } t \in A(x) \text{ et } Id_x \in \sigma\{x, x, s, t\} \cap \sigma\{x, x, t, s\} \text{ »}$$

est une relation d'équivalence entre s et t dans $A(x)$. Soient $B(x)$ l'ensemble quotient $A(x)/Q$, φ_x l'application canonique de $A(x)$ sur $B(x)$. On suppose la relation $s' \in B(x)$ transportable et on désigne par Θ l'espèce de structure ayant pour caractérisation typique $s' \in \mathfrak{P}(F(x))$ et pour axiome $s' \in B(x)$.

b) Soit $\bar{\sigma}\{x, y, s', t'\}$ l'ensemble des applications $f \in \mathscr{F}(x; y)$ vérifiant la relation suivante:

« $s' \in B(x)$ et $t' \in B(y)$ et il existe $s \in A(x)$ et $t \in A(y)$
tels que $s' = \varphi_x(s)$ et $t' = \varphi_y(t)$ et $f \in \sigma\{x, y, s, t\}$ ».

Montrer que, pour l'espèce de structure Θ, le terme $\bar{\sigma}$ vérifie les conditions (MO_I), (MO_{II}) et (MO_{III}) et que l'on a

$$\sigma\{x, y, s, t\} \subset \bar{\sigma}\{x, y, \varphi_x(s), \varphi_y(t)\}.$$

§ 3

1) *Soient E un espace topologique, Σ l'une des espèces de structures définies dans les exerc. 7 et 8 de IV, p. 30; on prend pour morphismes ceux définis dans ces mêmes exercices, et pour α-applications les applications continues de E dans un Σ-ensemble. Montrer que le problème d'application universelle pour E (relatif aux définitions précédentes) n'admet pas en général de solution.*

2) *Soient E un corps commutatif, Σ l'espèce de structure de corps commutatif algébriquement clos; on prend pour morphismes les homomorphismes, pour α-applications les homomorphismes de E dans un corps commutatif algébriquement clos. Montrer que la clôture algébrique F_E de E, et l'injection canonique de E dans F_E (A, V, § 4) vérifient (AU'_I), mais qu'il n'existe pas en général de solution du problème d'application universelle pour E.*

3) Soient Σ une espèce de structure, $(A_\iota)_{\iota \in I}$ une famille d'ensembles, et pour chaque $\iota \in I$, soit $\mathscr{S}_\iota$ une structure d'espèce Σ sur A_ι. Soit E l'ensemble somme de la famille $(A_\iota)_{\iota \in I}$, A_ι étant considéré comme sous-ensemble de E.

On suppose donnée une notion de σ-morphisme pour l'espèce de structure Σ, et on définit une α-application comme une application φ de E dans un Σ-ensemble F, telle que pour tout $\iota \in I$, la restriction de φ à A_ι soit un morphisme de A_ι dans F.

Montrer que s'il existe une solution (F_E, φ_E) au problème d'application universelle pour E, la structure d'espèce Σ sur F_E est *structure finale* pour la famille $(A_\iota, \mathscr{S}_\iota, \varphi_\iota)_{\iota \in I}$, φ_ι désignant la restriction de φ_E à A_ι.

En outre, soit F un ensemble, et pour chaque $\iota \in I$, soit f_ι une application de A_ι dans F. S'il existe sur F une structure finale d'espèce Σ pour la famille $(A_\iota, \mathscr{S}_\iota, f_\iota)_{\iota \in I}$, on peut écrire $f_\iota = f \circ \varphi_\iota$, où f est un morphisme de F_E dans F, et la structure de F est l'*image directe* par f de la structure de F_E.

Applications aux cas suivants:

*1° Σ est une espèce de structure algébrique, les morphismes étant les homomorphismes, et les conditions (CU_I) à (CU_{III}) étant vérifiées; il en est ainsi pour les structures de monoïde, de groupe, de module, d'algèbre, etc. Le Σ-ensemble F_E est appelé *produit libre* des A_ι dans le cas des groupes, *somme directe* dans le cas des modules, *composé direct* dans le cas des algèbres.

2° Σ est l'espèce de structure de groupe topologique, ou d'espace vectoriel topologique. Les conditions (CU_I) à (CU_{III}) sont alors vérifiées; dans le cas des espaces vectoriels topologiques localement convexes, F_E est appelé *somme directe topologique des* A_ι.*

NOTE HISTORIQUE

(*Chapitres 1 à 4*)

« Aliquot selectos homines rem intra quinquennium absolvere posse puto »

LEIBNIZ ((XII b), t. VII, p. 187)

(N.-B. — Les chiffres romains renvoient à la bibliographie placée à la fin de cette note.)

L'étude de ce que l'on a coutume d'appeler les « fondements des Mathématiques », qui s'est poursuivie sans relâche depuis le début du XIXe siècle, n'a pu être menée à bien que grâce à un effort parallèle de systématisation de la Logique, tout au moins dans celles de ses parties qui régissent l'enchaînement des propositions mathématiques. Aussi ne peut-on dissocier l'histoire de la Théorie des ensembles et de la formalisation des mathématiques de celle de la « Logique mathématique ». Mais la logique traditionnelle, comme celle des philosophes modernes, couvre en principe un champ d'applications beaucoup plus vaste que la Mathématique. Le lecteur ne doit donc pas s'attendre à trouver dans ce qui suit une histoire de la Logique, même sous une forme très sommaire; nous nous sommes bornés autant que possible à ne retracer l'évolution de la Logique que dans la mesure où elle a réagi sur celle de la Mathématique. C'est ainsi que nous ne dirons rien des logiques non classiques (logiques à plus de deux valeurs, logiques modales); à plus forte raison ne pourrons-nous aborder l'historique des controverses qui, des Sophistes à l'École de Vienne, n'ont cessé de diviser les philosophes quant à la possibilité et à la manière d'appliquer la Logique aux objets du monde sensible ou aux concepts de l'esprit humain.

Qu'il y ait eu une mathématique préhellénique fort développée, c'est ce qui ne saurait aujourd'hui être mis en doute. Non seulement les notions (déjà fort abstraites) de nombre entier et de mesure des grandeurs sont-elles couramment utilisées dans les documents les plus anciens qui nous soient parvenus d'Égypte ou de Chaldée, mais l'algèbre babylonienne, par l'élégance et la sûreté de ses méthodes, ne saurait se concevoir comme une simple collection de problèmes résolus par tâtonnements empiriques. Et, si on ne rencontre dans les textes rien qui ressemble à une « démonstration » au sens formel du mot, on est en droit de penser que la découverte de tels procédés de résolution, dont la généralité transparaît sous les applications numériques particulières, n'a pu s'effectuer sans un minimum d'enchaînements logiques (peut-être pas entièrement conscients, mais plutôt du genre de ceux sur lesquels s'appuie un algébriste moderne lorsqu'il entreprend un calcul, avant d'en « mettre en forme » tous les détails) ((I), p. 203 sqq.).

L'originalité essentielle des Grecs consiste précisément en un effort conscient pour ranger les démonstrations mathématiques en une succession telle que le passage d'un chaînon au suivant ne laisse aucune place au doute et contraigne l'assentiment universel. Que les mathématiciens grecs se soient servis au cours de leurs recherches, tout comme les modernes, de raisonnements « heuristiques » plutôt que probants, c'est ce que démontrerait par exemple (s'il en était besoin) le « traité de la méthode » d'Archimède (IV *bis*) ; on notera aussi, chez celui-ci, des allusions à des résultats « trouvés, mais non démontrés » par des mathématiciens antérieurs.[1] Mais, dès les premiers textes détaillés qui nous soient connus (et qui datent du milieu du ve siècle), le « canon » idéal d'un texte mathématique est bien fixé. Il trouvera sa réalisation la plus achevée chez les grands classiques, Euclide, Archimède et Apollonius ; la notion de démonstration, chez ces auteurs, ne diffère en rien de la nôtre.

Nous n'avons aucun texte nous permettant de suivre les premiers pas de cette « méthode déductive », qui nous apparaît déjà proche de la perfection au moment même où nous en constatons l'existence. On peut seulement penser qu'elle s'inscrit assez naturellement dans la perpétuelle recherche d'« explications » du monde, qui caractérise la pensée grecque et qui est si visible déjà chez les philosophes ioniens du viie siècle ; en outre, la tradition est unanime à attribuer le développement et la mise au point de la méthode à l'école pythagoricienne, à une époque qui se situe entre la fin du vi[e] et le milieu du ve siècle.

C'est sur cette mathématique « déductive », pleinement consciente de ses buts et de ses méthodes, que va s'exercer la réflexion philosophique et mathématique des âges suivants. Nous verrons d'une part s'édifier peu à peu la Logique « formelle » sur le modèle des mathématiques, pour aboutir à la création des langages formalisés ; d'autre part, principalement à partir du début du xixe siècle, on s'interrogera de plus en plus sur les concepts de base de la Mathématique, et on s'efforcera d'en éclaircir la nature, surtout après l'avènement de la Théorie des ensembles.

La formalisation de la Logique

L'impression générale qui semble résulter des textes (fort lacunaires) que nous possédons sur la pensée philosophique grecque du ve siècle, est qu'elle est dominée par un effort de plus en plus conscient pour étendre à tout le champ de la pensée humaine les procédés d'articulation du discours mis en œuvre avec tant de succès

[1] Notamment Démocrite, à qui Archimède attribue la découverte de la formule donnant le volume d'une pyramide ((IV *bis*), p. 13). Cette allusion est à rapprocher d'un fragment célèbre attribué à Démocrite (mais d'authenticité contestée), où il déclare : « *personne ne m'a jamais surpassé dans la construction de figures au moyen de preuves, pas même les « harpédonaptes » égyptiens, comme on les appelle* » (H. Diels, *Die Fragmente der Vorsokratiker*. 2te Aufl., t. I, p. 439 et t. II. 1, p. 727–728, Berlin (Weidmann), 1906–07). La remarque d'Archimède et le fait qu'on n'a jamais trouvé de démonstration (au sens classique) dans les textes égyptiens qui nous sont parvenus, conduisent à penser que les « preuves » auxquelles fait allusion Démocrite n'étaient plus considérées commes telles à l'époque classique, et ne le seraient pas non plus aujourd'hui.

par la rhétorique et la mathématique contemporaines — en d'autres termes, pour créer la Logique au sens le plus général de ce mot. Le ton des écrits philosophiques subit à cette époque un brusque changement: alors qu'au VIIe ou au VIe siècle les philosophes affirment ou vaticinent (ou tout au plus ébauchent de vagues raisonnements, fondés sur de tout aussi vagues analogies), à partir de Parménide et surtout de Zénon, ils argumentent, et cherchent à dégager des principes généraux qui puissent servir de base à leur dialectique: c'est chez Parménide qu'on trouve la première affirmation du principe du tiers exclu, et les démonstrations « par l'absurde » de Zénon d'Elée sont restées célèbres. Mais Zénon écrit au milieu du Ve siècle; et, quelles que soient les incertitudes de notre documentation,[1] il est très vraisemblable qu'à cette époque, les mathématiciens, dans leur propre sphère, se servaient couramment de ces principes.

Comme nous l'avons dit plus haut, il ne nous appartient pas de retracer les innombrables difficultés qui surgissent à chaque pas dans la gestation de cette Logique, et les polémiques qui en résultent, des Eléates à Platon et Aristote, en passant par les Sophistes; relevons seulement ici le rôle que jouent dans cette évolution la culture assidue de l'art oratoire et l'analyse du langage qui en est un corollaire, développements que l'on s'accorde à attribuer principalement aux Sophistes du Ve siècle. D'autre part, si l'influence des mathématiques n'est pas toujours reconnue explicitement, elle n'en est pas moins manifeste, en particulier dans les écrits de Platon et d'Aristote. On a pu dire que Platon était presque obsédé par les mathématiques; sans être lui-même un inventeur dans ce domaine, il s'est, à partir d'une certaine époque de sa vie, mis au courant des découvertes des mathématiciens contemporains (dont beaucoup étaient ses amis ou ses élèves), et n'a plus cessé de s'y intéresser de la manière la plus directe, allant jusqu'à suggérer de nouvelles directions de recherche; aussi est-ce constamment que, sous sa plume, les mathématiques viennent servir d'illustration ou de modèle (et même parfois alimenter, comme chez les Pythagoriciens, son penchant vers le mysticisme). Quant à son élève Aristote, il n'a pu manquer de recevoir le minimum de formation mathématique qui était exigé des élèves de l'Académie, et on a fait un volume des passages de son œuvre qui se rapportent aux mathématiques ou y font allusion (II *bis*); mais il ne semble jamais avoir fait grand effort pour garder le contact avec le mouvement mathématique de son époque, et il ne cite dans ce domaine que des résultats qui avaient été vulgarisés depuis longtemps. Ce décalage ne fera d'ailleurs que s'accentuer chez la plupart des philosophes postérieurs, dont beaucoup, faute de préparation technique, s'imagineront en toute bonne foi parler des mathématiques en connaissance de cause, alors qu'ils ne feront que se référer à un stade depuis longtemps dépassé dans l'évolution de celles-ci.

[1] Le plus bel exemple classique de raisonnement par l'absurde en mathématiques est la démonstration de l'irrationalité de $\sqrt{2}$, à laquelle Aristote fait plusieurs fois allusion; mais les érudits modernes ne sont pas parvenus à dater cette découverte avec quelque précision, certains la plaçant au début et d'autres tout à la fin du Ve siècle (voir Note hist. de TG, IV, et les références citées à ce propos).

L'aboutissement de cette période, en ce qui concerne la Logique, est l'œuvre monumentale d'Aristote (II), dont le grand mérite est d'avoir réussi à systématiser et codifier pour la première fois des procédés de raisonnement restés vagues ou informulés chez ses prédécesseurs.[1] Il nous faut surtout retenir ici, pour notre objet, la thèse générale de cette œuvre, savoir qu'il est possible de réduire tout raisonnement correct à l'application systématique d'un petit nombre de règles immuables, indépendantes de la nature particulière des objets dont il est question (indépendance clairement mise en évidence par la notation des concepts ou des propositions à l'aide de lettres — vraisemblablement empruntée par Aristote aux mathématiciens). Mais Aristote concentre à peu près exclusivement son attention sur un type particulier de relations et d'enchaînements logiques, constituant ce qu'il appelle le « syllogisme »: il s'agit essentiellement de relations que nous traduirions à l'heure actuelle sous la forme $A \subset B$ ou $A \cap B \neq \varnothing$ en langage de théorie des ensembles,[2] et de la manière d'enchaîner ces relations ou leurs négations, au moyen du schéma

$$(A \subset B \text{ et } B \subset C) \Rightarrow (A \subset C).$$

Aristote était encore trop averti des mathématiques de son époque pour ne pas s'être aperçu que les schémas de ce genre n'étaient pas suffisants pour rendre compte de toutes les opérations logiques des mathématiciens, ni à plus forte raison des autres applications de la Logique ((II), An. Pr. I, 35; (II *bis*), p. 25–26).[3] Du moins l'étude approfondie des diverses formes de « syllogisme » à laquelle il se livre (et qui est presque entièrement consacrée à l'élucidation des perpétuelles difficultés que soulève l'ambiguïté ou l'obscurité des termes sur lesquels porte le raisonnement) lui donne-t-elle entre autres l'occasion de formuler des règles pour prendre la négation d'une proposition ((II), An. Pr. I, 46). C'est aussi à Aristote

[1] Malgré la simplicité et l'« évidence » que paraissent présenter pour nous les règles logiques formulées par Aristote, il n'est que de les replacer dans leur cadre historique pour apprécier les difficultés qui s'opposaient à une conception précise de ces règles, et l'effort qu'a dû déployer Aristote pour y parvenir: Platon, dans ses dialogues, où il s'adresse à un public cultivé, laisse encore ses personnages s'embrouiller sur des questions aussi élémentaires que les rapports entre la négation de $A \subset B$ et la relation $A \cap B = \varnothing$ (en langage moderne), quitte à faire apparaître par la suite la réponse correcte (cf. R. Robinson, Plato's consciousness of fallacy, *Mind*, t. LI (1942), p. 97–114).

[2] Les énoncés correspondants d'Aristote sont « Tout A est B » et « Quelque A est B »; dans ces notations A (le « sujet ») et B (le « prédicat ») remplacent des concepts, et dire que « Tout A est un B » signifie que l'on peut attribuer le concept B à tout être auquel on peut attribuer le concept A (A est le concept « homme » et B le concept « mortel » dans l'exemple classique). L'interprétation que nous en donnons consiste à considérer les ensembles d'êtres auxquels s'appliquent respectivement les concepts A et B; c'est le point de vue dit « de l'extension », déjà connu d'Aristote. Mais ce dernier considère surtout la relation « Tout A est B » d'un autre point de vue, dit « de la compréhension », où B est envisagé comme un des concepts qui constituent en quelque sorte le concept plus complexe A, ou, comme dit Aristote, lui « appartiennent ». Au premier abord, les deux points de vue paraissent aussi naturels l'un que l'autre, mais le point de vue « de la compréhension » a été une source constante de difficultés dans le développement de la Logique (il paraît plus éloigné de l'intuition que le premier, et entraîne assez facilement à des erreurs, notamment dans les schémas où interviennent des négations; cf. (XII *bis*), p. 21–32).

[3] Pour une discussion critique du syllogisme et de ses insuffisances, voir par exemple ((XII *bis*), p. 432–441) ou ((XXXII), p. 44–50).

que revient le mérite d'avoir distingué avec une grande netteté le rôle des propositions « universelles » de celui des propositions « particulières », première ébauche des quantificateurs.[1] Mais on sait trop comment l'influence de ses écrits (souvent interprétés de façon étroite et inintelligente), qui reste encore très sensible jusque bien avant dans le XIXe siècle, devait encourager les philosophes dans leur négligence de l'étude des mathématiques, et bloquer les progrès de la Logique formelle.[2]

Toutefois cette dernière continue à progresser dans l'Antiquité, au sein des écoles mégarique et stoïcienne, rivales des Péripatéticiens. Nos renseignements sur ces doctrines sont malheureusement tous de seconde main, souvent transmis par des adversaires ou de médiocres commentateurs. Le progrès essentiel accompli par ces logiciens consiste, semble-t-il, en la fondation d'un « calcul propositionnel » au sens où on l'entend aujourd'hui: au lieu de se borner, comme Aristote, aux propositions de la forme particulière $A \subset B$, ils énoncent des règles concernant des propositions entièrement *indéterminées*. En outre, ils avaient analysé les rapports logiques entre ces règles de façon si approfondie qu'ils savaient les déduire toutes de cinq d'entre elles, posées comme « indémontrables », par des procédés très semblables à ceux que nous avons décrits au chap. I, §§ 2 et 3 (V). Malheureusement leur influence fut assez éphémère, et leurs résultats devaient sombrer dans l'oubli jusqu'au jour où ils furent redécouverts par les logiciens du XIXe siècle. Le maître incontesté, en Logique, reste Aristote jusqu'au XVIIe siècle; on sait en particulier que les philosophes scolastiques sont entièrement sous son influence, et si leur contribution à la logique formelle est loin d'être négligeable (VI), elle ne comporte aucun progrès de premier plan par rapport à l'acquit des philosophes de l'Antiquité.

Il convient d'ailleurs de noter ici qu'il ne semble pas que les travaux d'Aristote ou de ses successeurs aient en un retentissement notable sur les mathématiques. Les mathématiciens grecs poursuivent leurs recherches dans la voie ouverte par les Pythagoriciens et leurs successeurs du IVe siècle (Théodore, Théétète, Eudoxe) sans se soucier apparemment de logique formelle dans la présentation de leurs résultats: constatation qui ne doit guère étonner quand on compare la souplesse et la précision acquises, dès cette époque, par le raisonnement mathématique, à l'état fort rudimentaire de la logique aristotélicienne. Et lorsque la logique va dépasser ce stade, ce sont encore les nouvelles acquisitions des mathématiques qui la guideront dans son évolution.

Avec le développement de l'algèbre, on ne pouvait en effet manquer d'être frappé par l'analogie entre les règles de la Logique formelle et les règles de l'algèbre, les unes comme les autres ayant le caractère commun de s'appliquer à des objets (propositions ou nombres) non précisés. Et lorsqu'au XVIIe siècle la

[1] L'absence de véritables quantificateurs (au sens moderne) jusqu'à la fin du XIXe siècle, a été une des causes de la stagnation de la Logique formelle.

[2] On cite le cas d'un universitaire éminent qui, dans une conférence faite à Princeton en présence de Gödel, aurait dit que rien de nouveau ne s'était fait en Logique depuis Aristote!

notation algébrique a pris sa forme définitive entre les mains de Viète et de Descartes, on voit presque aussitôt apparaître divers essais d'une écriture symbolique destinée à représenter les opérations logiques; mais, avant Leibniz, ces tentatives, comme par exemple celle d'Hérigone (1644) pour noter les démonstrations de la Géométrie élémentaire, ou celle de Pell (1659) pour noter celles de l'Arithmétique, restent très superficielles et ne conduisent à aucun progrès dans l'analyse du raisonnement mathématique.

Avec Leibniz, on est en présence d'un philosophe qui est aussi un mathématicien de premier plan, et qui va savoir tirer de son expérience mathématique le germe des idées qui feront sortir la logique formelle de l'impasse scolastique.[1] Esprit universel s'il en fut jamais, source inépuisable d'idées originales et fécondes, Leibniz devait s'intéresser d'autant plus à la Logique qu'elle s'insérait au cœur même de ses grands projets de formalisation du langage et de la pensée, auxquels il ne cessa de travailler toute sa vie. Rompu dès son enfance à la logique scolastique, il avait été séduit par l'idée (remontant à Raymond Lulle) d'une méthode qui résoudrait tous les concepts humains en concepts primitifs, constituant un « Alphabet des pensées humaines », et les recombinerait de façon quasi mécanique pour obtenir toutes les propositions vraies ((XII *b*), t. VII, p. 185; cf. (XII *bis*), chap. II).

Très jeune aussi, il avait conçu une autre idée beaucoup plus originale, celle de l'utilité des notations symboliques comme « fil d'Ariane » de la pensée:[2] « *La véritable methode* », dit-il, « *nous doit fournir un* filum Ariadnes, *c'est-à-dire un certain moyen sensible et grossier, qui conduise l'esprit comme sont les lignes tracées en geometrie et les formes des operations qu'on prescrit aux apprentifs en Arithmetique. Sans cela nostre esprit ne sçauroit faire un long chemin sans s'egarer.* » ((XII *b*), t. VII, p. 22; cf. (XII *bis*), p. 90). Peu au courant des mathématiques de son époque jusque vers sa 25e année, c'est d'abord sous forme de « langue universelle » qu'il présente ses projets ((XII *bis*), chap. III); mais dès qu'il entre en contact avec l'Algèbre, il l'adopte pour modèle de sa « Caractéristique universelle ». Il entend par là une sorte de langage symbolique, capable d'exprimer sans ambiguïté toutes les pensées

[1] Bien que Descartes et (à un moindre degré) Pascal aient consacré une partie de leur œuvre philosophique aux fondements des mathématiques, leur contribution aux progrès de la Logique formelle est négligeable. Sans doute faut-il en voir la raison dans la tendance fondamentale de leur pensée, l'effort d'émancipation de la tutelle scolastique, qui les portait à rejeter tout ce qui pouvait s'y rattacher, et en premier lieu la Logique formelle. De fait, dans ses *Réflexions sur l'esprit géométrique*, Pascal, comme il le reconnaît lui-même, se borne essentiellement à couler en formules bien frappées les principes connus des démonstrations euclidiennes (par exemple, le fameux précepte: « *Substituer toujours mentalement les définitions à la place des définis* » ((XI), t. IX, p. 280) était essentiellement connu d'Aristote ((II), Top., VI, 4; (II *bis*), p. 87)). Quant à Descartes, les règles de raisonnement qu'il pose sont avant tout des préceptes psychologiques (assez vagues) et non des critères logiques; comme le lui reproche Leibniz ((XII *bis*), p. 94 et 202–203), elles n'ont par suite qu'une portée subjective.

[2] Bien entendu, l'intérêt d'un tel symbolisme n'avait pas échappé aux prédécesseurs de Leibniz en ce qui concerne les mathématiques, et Descartes, par exemple, recommande de remplacer des figures entières « *par des signes très courts* » (XVIe Règle pour la direction de l'esprit; (X), t. X, p. 454). Mais personne avant Leibniz n'avait insisté avec autant de vigueur sur la portée universelle de ce principe.

humaines, de renforcer notre pouvoir de déduction, d'éviter les erreurs par un effort d'attention tout mécanique, enfin construit de telle sorte que « *les chimeres, que celuy même qui les avance n'entend pas, ne pourront pas estre écrites en ces caracteres* » ((XII *a*), t. I, p. 187). Dans les innombrables passages de ses écrits où Leibniz fait allusion à ce projet grandiose et aux progrès qu'entraînerait sa réalisation (cf. (XII *bis*), chap. IV et VI), on voit avec quelle clarté il concevait la notion de langage formalisé, pure combinaison de signes dont seul importe l'enchaînement[1] de sorte qu'une machine serait capable de fournir tous les théorèmes,[2] et que toutes les controverses se résoudraient par un simple calcul ((XII *b*), t. VII, p. 198–203). Si ces espoirs peuvent paraître démesurés, il n'en est pas moins vrai que c'est à cette tendance constante de la pensée de Leibniz qu'il faut rattacher une bonne part de son œuvre mathématique, à commencer par ses travaux sur le symbolisme du Calcul infinitésimal (voir Note hist. de FVR, III); il en était lui-même parfaitement conscient, et reliait explicitement aussi à sa « Caractéristique » ses idées sur la notation indicielle et les déterminants (XII *a*), t. II, 240; cf. (XII *bis*), p. 481–487) et son ébauche de « Calcul géométrique » (voir Note hist. de A, III; cf. (XII *bis*), chap. IX). Mais dans son esprit, la pièce essentielle devait en être la Logique symbolique, ou, comme il dit, un « Calculus ratiocinator », et s'il ne parvint pas à créer ce calcul, du moins le voyons-nous s'y essayer à trois reprises au moins. Dans une première tentative, il a l'idée d'associer à chaque terme « primitif » un nombre premier, tout terme composé de plusieurs termes primitifs étant représenté par le produit des nombres premiers correspondants[3]; il cherche à traduire dans ce système les règles usuelles du syllogisme, mais se heurte à des complications considérables causées par la négation (qu'il essaie, assez naturellement, de représenter par le changement de signe) et abandonne rapidement cette voie ((XII *c*), p. 42–96; cf. (XII *bis*), p. 326–344). Dans des essais ultérieurs, il cherche à donner à la logique aristotélicienne une forme plus algébrique; tantôt il conserve la notation AB pour la conjonction de deux concepts, tantôt il utilise la notation A + B[4]; il observe (en notation multiplicative) la loi d'idempotence AA = A, remarque qu'on peut remplacer la proposition « tout A est B » par l'égalité A = AB et qu'on peut retrouver à partir de là la plupart des règles d'Aristote par un pur calcul algébrique ((XII *c*), p. 229–237 et 356–399; cf. (XII *bis*), p. 345–364); il a aussi l'idée du concept vide (« non Ens »), et reconnaît par exemple l'équivalence des propositions « tout A est B » et « A.(non B) n'est pas » (*loc. cit.*). En outre, il remarque

[1] Il est frappant de le voir citer comme exemples de raisonnement « en forme », « *un compte de receveur* » ou même un texte judiciaire ((XII *b*), t. IV, p. 295).

[2] On sait que cette conception d'une « machine logique » est utilisée de nos jours en métamathématique, où elle rend de grands services ((XLVIII), chap. XIII).

[3] L'idée a été reprise avec succès par Gödel dans ses travaux de métamathématique, sous une forme légèrement différente (cf. (XLIV *a*) et (XLVIII), p. 254).

[4] Leibniz ne cherche à introduire dans son calcul la disjonction que dans quelques fragments (où il la note A + B) et ne semble pas avoir réussi à manier simultanément cette opération et la conjonction de façon satisfaisante ((XII *bis*), p. 363).

que son calcul logique s'applique non seulement à la logique des concepts, mais aussi à celle des propositions ((XII *c*), p. 377). Il paraît donc très proche du « calcul booléien ».

Malheureusement, il semble qu'il n'ait pas réussi à se dégager complètement de l'influence scolastique; non seulement il se propose à peu près uniquement pour but de son calcul la transcription, dans ses notations, des règles du syllogisme,[1] mais il va jusqu'à sacrifier ses idées les plus heureuses au désir de retrouver intégralement les règles d'Aristote, même celles qui étaient incompatibles avec la notion d'ensemble vide.[2]

Les travaux de Leibniz restèrent en grande partie inédits jusqu'au début du XXe siècle, et n'eurent que peu d'influence directe. Pendant tout le XVIIIe et le début du XIXe siècle, divers auteurs (de Segner, J. Lambert, Ploucquet, Holland, De Castillon, Gergonne) ébauchent des tentatives semblables à celles de Leibniz, sans jamais dépasser sensiblement le point où s'était arrêté celui-ci; leurs travaux n'eurent qu'un très faible retentissement, ce qui fait que la plupart d'entre eux ignorent tout des résultats de leurs prédécesseurs.[3] C'est d'ailleurs dans les mêmes conditions qu'écrit G. Boole, qui doit être considéré comme le véritable créateur de la logique symbolique moderne (XVI). Son idée maîtresse consiste à se placer systématiquement au point de vue de l'« extension », donc à calculer directement sur les ensembles, en notant xy l'intersection de deux ensembles, et $x + y$ leur réunion lorsque x et y n'ont pas d'élément commun. Il introduit en outre un « univers » noté 1 (ensemble de tous les objets) et l'ensemble vide noté 0, et il écrit $1 - x$ le complémentaire de x. Comme l'avait fait Leibniz, il interprète la relation d'inclusion par la relation $xy = x$ (d'où il tire sans peine la justification des règles du syllogisme classique) et ses notations pour la réunion et le complémentaire donnent à son système une souplesse qui avait manqué à ses devanciers.[4] En outre, en associant à toute proposition l'ensemble des « cas » où elle est vérifiée, il interprète la relation d'implication comme une inclusion, et son calcul des ensembles lui donne de cette façon les règles du « calcul propositionnel ».

Dans la seconde moitié du XIXe siècle, le système de Boole sert de base aux travaux d'une active école de logiciens, qui l'améliorent et le complètent sur divers points. C'est ainsi que Jevons (1864) élargit le sens de l'opération de

[1] Leibniz savait fort bien que la logique aristotélicienne était insuffisante pour traduire formellement les textes mathématiques, mais, malgré quelques tentatives, il ne parvint jamais à l'améliorer à cet égard ((XII *bis*), p. 435 et 560).

[2] Il s'agit des règles dites « de conversion » basées sur le postulat que « Tout A est un B » entraîne « Quelque A est un B », ce qui suppose naturellement que A n'est pas vide.

[3] L'influence de Kant, à partir du milieu du XVIIIe siècle, entre sans doute pour une part dans le peu d'intérêt suscité par la logique formelle à cette époque; il estime que « *nous n'avons besoin d'aucune invention nouvelle en logique* », la forme donnée à celle-ci par Aristote étant suffisante pour toutes les applications qu'on en peut faire (*Werke*, t. VIII, Berlin (B. Cassirer), 1923, p. 340). Sur les conceptions dogmatiques de Kant à propos des mathématiques et de la logique, on pourra consulter l'article de L. COUTURAT, *Revue de Métaph. et de Morale*, t. XII (1904), p. 321–383.

[4] Notons en particulier que Boole utilise la distributivité de l'intersection par rapport à la réunion, qui paraît avoir été remarquée pour la première fois par J. Lambert.

réunion $x + y$ en l'étendant au cas où x et y sont quelconques; A. de Morgan en 1858 et C. S. Peirce en 1867 démontrent les relation de dualité

$$(\complement A) \cap (\complement B) = \complement(A \cup B), \qquad (\complement A) \cup (\complement B) = \complement(A \cap B);^{1}$$

De Morgan aborde aussi, en 1860, l'étude des relations, définissant l'inversion et la composition des relations binaires (c'est-à-dire les opérations qui correspondent aux opérations $\overset{-1}{G}$ et $G_1 \circ G_2$ sur les graphes).[2] Tous ces travaux se trouvent systématiquement exposés et développés dans le massif et prolixe ouvrage de Schröder (XXIII). Mais il est assez curieux de noter que les logiciens dont nous venons de parler ne paraissent guère s'intéresser à l'application de leurs résultats aux mathématiques, et que, tout au contraire, Boole et Schröder notamment semblent avoir pour but principal de développer l'algèbre « booléienne » en calquant ses méthodes et ses problèmes sur l'algèbre classique (souvent de façon assez artificielle). Il faut sans doute voir les raisons de cette attitude dans le fait que le calcul booléien manquait encore de commodité pour transcrire la plupart des raisonnements mathématiques,[3] et ne fournissait ainsi qu'une réponse très partielle au grand rêve de Leibniz. La construction de formalismes mieux adaptés aux mathématiques — dont l'introduction des variables et des quantificateurs, due indépendamment à Frege (XXIV) et C. S. Peirce (XXII *b*)), constitue l'étape capitale — fut l'œuvre de logiciens et de mathématiciens qui, à la différence des précédents, avaient avant tout en vue les applications aux fondements des mathématiques.

Le projet de Frege ((XXIV *b*) et *c*)) était de fonder l'arithmétique sur une logique formalisée en une « écriture des concepts » (Begriffschrift) et nous reviendrons plus loin sur la façon dont il définit les entiers naturels. Ses ouvrages se caractérisent par une précision et une minutie extrêmes dans l'analyse des concepts; c'est en raison de cette tendance qu'il introduit mainte distinction qui s'est révélée d'une grande importance en logique moderne: par exemple, c'est lui qui le premier distingue entre l'énoncé d'une proposition et l'assertion que cette proposition est vraie, entre la relation d'appartenance et celle d'inclusion, entre un objet x et l'ensemble $\{x\}$ réduit à ce seul objet, etc. Sa logique formalisée, qui comporte non seulement des « variables » au sens utilisé en mathématiques, mais

[1] Il faut noter que des énoncés équivalents à ces règles se trouvent déjà chez certains philosophes scolastiques ((VI), p. 67 sqq.).

[2] Toutefois, la notion de produit « cartésien » de deux ensembles quelconques ne paraît explicitement introduite que par G. Cantor ((XXV), p. 286); c'est aussi Cantor qui définit le premier l'exponentiation A^B (*loc. cit.*, p. 287); la notion générale de produit infini est due à A. N. Whitehead (*Amer. Journ. of Math.*, t. XXIV, (1902), p. 369). L'utilisation des graphes de relations est assez récente; si l'on excepte bien entendu le cas classique des fonctions numériques de variables réelles, elle semble apparaître pour la première fois chez les géomètres italiens, notamment C. Segre, dans leur étude des correspondances algébriques.

[3] Pour chaque relation obtenue à partir d'une ou de plusieurs relations données par application de nos quantificateurs, il faudrait, dans ce calcul, introduite une notation *ad hoc*, du type des notations $\overset{-1}{G}$ et $G_1 \circ G_2$ (cf. par exemple (XXII *b*)).

aussi des « variables propositionnelles » représentant des relations indéterminées, et susceptibles de quantification, devait plus tard (à travers l'œuvre de Russell et Whitehead) fournir l'outil fondamental de la métamathématique. Malheureusement, les symboles qu'il adopte sont peu suggestifs, d'une effroyable complexité typographique et fort éloignés de la pratique des mathématiciens; ce qui eut pour effet d'en détourner ces derniers et de réduire considérablement l'influence de Frege sur ses contemporains.

Le but de Peano était à la fois plus vaste et plus terre à terre; il s'agissait de publier un « Formulaire de mathématiques », écrit entièrement en langage formalisé et contenant, non seulement la logique mathématique, mais tous les résultats des branches des mathématiques les plus importantes. La rapidité avec laquelle il parvint à réaliser cet ambitieux projet, aidé d'une pléiade de collaborateurs enthousiastes (Vailati, Pieri, Padoa, Vacca, Vivanti, Fano, Burali-Forti) témoigne de l'excellence du symbolisme qu'il avait adopté: suivant de près la pratique courante des mathématiciens, et introduisant de nombreux symboles abréviateurs bien choisis, son langage reste en outre assez aisément lisible, grâce notamment à un ingénieux système de remplacement des parenthèses par des points de séparation (XXIX *c*)). Bien des notations dues à Peano sont aujourd'hui adoptées par la plupart des mathématiciens: citons $\in$, $\supset$ (mais, contrairement à l'usage actuel, au sens de « est contenu » ou « implique »)[1], $\cup$, $\cap$, $A - B$ (ensemble des différences $a - b$, où $a \in A$ et $b \in B$). D'autre part, c'est dans le « Formulaire » qu'on trouve pour la première fois une analyse poussée de la notion générale de fonction, de celles d'image directe[2] et d'image réciproque, et la remarque qu'une suite n'est qu'une fonction définie dans **N**. Mais la quantification, chez Peano, est soumise à des restrictions gênantes (on ne peut en principe quantifier, dans son système, que des relations de la forme $A \Rightarrow B$, $A \Leftrightarrow B$ ou $A = B$). En outre, le zèle presque fanatique de certains de ses disciples prêtait aisément le flanc au ridicule; la critique, souvent injuste, de H. Poincaré en particulier, porta un coup sensible à l'école de Peano et fit obstacle à la diffusion de ses doctrines dans le monde mathématique.

Avec Frege et Peano sont acquis les éléments essentiels des langages formalisés utilisés aujourd'hui. Le plus répandu est sans doute celui forgé par Russell et Whitehead dans leur grand ouvrage « *Principia Mathematica* », qui associe heureusement la précision de Frege et la commodité de Peano (XXXVII). La plupart des langages formalisés actuels ne s'en distinguent que par des modifications d'importance secondaire, visant à en simplifier l'emploi. Parmi les plus ingénieuses, citons l'écriture « fonctionnelle » des relations (par exemple $\in xy$ au lieu de $x \in y$), imaginée par Lukasiewicz, grâce à laquelle on peut supprimer totalement les parenthèses; mais la plus intéressante est sans doute l'introduction

[1] Cela indique bien à quel point était enracinée, même chez lui, la vieille habitude de penser « en compréhension » plutôt qu'« en extension ».

[2] L'introduction de celle-ci semble due à Dedekind, dans son ouvrage « Was sind und was sollen die Zahlen », dont nous parlerons plus loin ((XXVI), t. III, p. 348).

par Hilbert du symbole τ, qui permet de considérer comme des signes abréviateurs les quantificateurs $\exists$ et $\forall$, d'éviter l'introduction du symbole fonctionnel « universel » ι de Peano et Russell (qui ne s'applique qu'à des relations fonctionnelles), et enfin dispense de formuler l'axiome de choix dans la théorie des ensembles ((XXXI), p. 183).[1]

La notion de vérité en mathématique

Les mathématiciens ont toujours été persuadés qu'ils démontrent des « vérités » ou des « propositions vraies »; une telle conviction ne peut évidemnent être que d'ordre sentimental ou métaphysique, et ce n'est pas en se plaçant sur le terrain de la mathématique qu'on peut la justifier, ni même lui donner un sens qui n'en fasse pas une tautologie. L'histoire du concept de vérité en mathématique relève donc de l'histoire de la philosophie et non de celle des mathématiques; mais l'évolution de ce concept a eu une influence indéniable sur celle des mathématiques, et à ce titre nous ne pouvons la passer sous silence.

Observons d'abord qu'il est aussi rare de voir un mathématicien en possession d'une forte culture philosophique que de voir un philosophe qui ait des connaissances étendues en mathématique; les vues des mathématiciens sur les questions d'ordre philosophique, même quand ces questions ont trait à leur science, sont le plus souvent des opinions reçues de seconde ou de troisième main, provenant de sources de valeur douteuse. Mais, justement de ce fait, ce sont ces opinions moyennes qui intéressent l'historien des mathématiques, au moins autant que les vues originales de penseurs tels que Descartes ou Leibniz (pour en citer deux qui ont été aussi des mathématiciens de premier ordre), Platon (qui s'est du moins tenu au courant des mathématiques de son époque), Aristote ou Kant (dont on ne pourrait en dire autant).

La notion traditionnelle de vérité mathématique est celle qui remonte à la Renaissance. Dans cette conception, il n'y a pas grande différence entre les objets dont traitent les mathématiciens et ceux dont traitent les sciences de la nature; les uns et les autres sont connaissables, et l'homme a prise sur eux à la fois par l'intuition et le raisonnement; il n'y a lieu de mettre en doute ni l'intuition ni le raisonnement, qui ne sont faillibles que si on ne les emploie pas comme il faut. « *Il faudrait* », dit Pascal, « *avoir tout à fait l'esprit faux pour mal raisonner sur des principes si gros qu'il est presque impossible qu'ils échappent* » ((XI), t. XII, p. 9). Descartes, dans son poêle, se convainc qu'« *il n'y a eu que les seuls Mathématiciens qui ont pu trouver quelques démonstrations, c'est-à-dire quelques raisons certaines et évidentes* » ((X), t. VI, p. 19), et cela (si l'on s'en tient à son récit) bien avant d'avoir bâti une métaphysique dans laquelle « *cela même* », dit-il, « *que j'ai tantôt pris pour règle, à savoir que les choses que nous concevons très clairement et très distinctement sont toutes*

[1] On prendra garde que ce que Hilbert désigne par $\tau_x(A)$ à cet endroit est noté $\tau_x(\text{non } A)$ au chap. I.

vraies, n'est assuré qu'à cause que Dieu est ou existe et qu'il est un être parfait » ((X), t. VI, p. 38). Si Leibniz objecte à Descartes qu'on ne voit pas à quoi on reconnaît qu'une idée est « claire et distincte »,[1] il considère, lui aussi, les axiomes comme des conséquences évidentes et inéluctables des définitions, dès que l'on en comprend les termes.[2] Il ne faut pas oublier d'ailleurs que, dans le langage de cette époque, les mathématiques comprennent bien des sciences que nous ne reconnaissons plus comme telles, et parfois jusqu'à l'art de l'ingénieur; et dans la confiance qu'elles inspirent, le surprenant succès de leurs applications à la « philosophie naturelle », aux « arts mécaniques », à la navigation, entre pour une grande part.

Dans cette manière de voir, les axiomes ne sont pas plus susceptibles d'être discutés ou mis en doute que les règles du raisonnement; tout au plus peut-on laisser à chacun le choix, suivant ses préférences, de raisonner « à la manière des anciens » ou de laisser libre cours à son intuition. Le choix du point de départ est aussi question de préférence individuelle, et on voit apparaître de nombreuses « éditions » d'Euclide où la solide charpente logique des *Éléments* est étrangement travestie; on donne du calcul infinitésimal, de la mécanique rationnelle, des exposés prétendument déductifs dont les bases sont singulièrement mal assises; et Spinoza était peut-être de bonne foi en donnant son *Éthique* pour démontrée à la manière des géomètres « more geometrico demonstrata ». Si l'on a peine à trouver, au XVIIe siècle, deux mathématiciens d'accord sur quelque question que ce soit, si les polémiques sont quotidiennes, interminables et acrimonieuses, la notion de vérité n'en reste pas moins hors de cause. « *N'y ayant qu'une vérité de chaque chose* », dit Descartes, « *quiconque la trouve en sait autant qu'on peut en savoir* » ((X), t. VI, p. 21).

Bien qu'aucun texte mathématique grec de haute époque ne se soit conservé sur ces questions, il est probable que le point de vue des mathématiciens grecs sur ce sujet a été beaucoup plus nuancé. C'est à l'expérience seulement que les règles de raisonnement ont pu s'élaborer au point d'inspirer une complète confiance; avant qu'elles pussent être considérées comme au-dessus de toute discussion, il a fallu nécessairement passer par bien des tàtonnements et des paralogismes. Ce serait

[1] « *Ceux qui nous ont donné des méthodes* » dit-il à ce propos « *donnent sans doute de beaux préceptes, mais non pas le moyen de les observer* » ((XII *b*), t. VII, p. 21). Et ailleurs, raillant les règles cartésiennes, il les compare aux recettes des alchimistes: « *Prends ce qu'il faut, opère comme tu le dois, et tu obtiendras ce que tu souhaites!* » ((XII *b*), t. IV, p. 329).

[2] Sur ce point, Leibniz est encore sous l'influence scolastique; il pense toujours aux propositions comme établissant un rapport de « sujet » à « prédicat » entre concepts. Dès que l'on a résolu les concepts en concepts « primitifs » (ce qui, nous l'avons vu, est une de ses idées fondamentales), tout se ramène, pour Leibniz, à vérifier des relations d'« inclusion » au moyen de ce qu'il appelle les « axiomes identiques » (essentiellement les propositions $A = A$ et $A \subset A$) et du principe de « substitution des équivalents » (si $A = B$, on peut partout remplacer A par B, notre schéma S6 de I, p. 38) ((XII *bis*), p. 184–206). Il est intéressant à ce propos de remarquer que, conformément à son désir de tout ramener à la Logique et de « démontrer tout ce qui est démontrable », Leibniz démontre la symétrie et la transitivité de la relation d'égalité, à partir de l'axiome $A = A$ et du principe de substitution des équivalents, obtenant ainsi essentiellement les démonstrations que nous avons données dans I, p. 39–40 ((XII *a*), t. VII, p. 77–78).

méconnaître aussi l'esprit critique des Grecs, leur goût pour la discussion et pour la sophistique, que d'imaginer que les « axiomes » mêmes que Pascal jugeait les plus évidents (et que, suivant une légende répandue par sa sœur, il aurait, avec un instinct infaillible, découverts de lui-même dans son enfance) n'ont pas fait l'objet de longues discussions. Dans un domaine qui n'est pas celui de la géométrie proprement dite, les paradoxes des Eléates nous ont conservé quelque trace de telles polémiques; et Archimède, lorsqu'il fait observer ((IV), p. 265) que ses prédécesseurs se sont servi en plusieurs circonstances de l'axiome auquel nous avons l'habitude de donner son nom, ajoute que ce qui est démontré au moyen de cet axiome « *a été admis non moins que ce qui est démontré sans lui* », et qu'il lui suffit que ses propres résultats soient admis au même titre. Platon, conformément à ses vues métaphysiques, présente la mathématique comme un moyen d'accès à une « vérité en soi », et les objets dont elle traite comme ayant une existence propre dans le monde des idées; il n'en caractérise pas moins avec précision la méthode mathématique dans un passage célèbre de la *République*: « *Ceux qui s'occupent de géométrie et d'arithmétique... supposent le pair et l'impair, trois espèces d'angles; ils les traitent comme choses connues; une fois cela supposé, ils estiment qu'ils n'ont plus à en rendre compte ni à eux-mêmes ni aux autres,* [le regardant] *comme clair à chacun; et, partant de là, ils procèdent par ordre, pour en arriver d'un commun accord au but que leur recherche s'était proposé* » (Livre VI, 510 *c–e*). Ce qui constitue la démonstration, c'est donc d'abord un point de départ présentant quelque arbitraire (bien que « clair à chacun »), et au-delà duquel, dit-il un peu plus loin, on ne cherche pas à remonter; ensuite, une démarche qui parcourt par ordre une suite d'étapes intermédiaires; enfin, à chaque pas, le consentement de l'interlocuteur garantissant la correction du raisonnement. Il faut ajouter qu'une fois les axiomes posés, aucun nouvel appel à l'intuition n'est en principe admis: Proclus, citant Géminus, rappelle que « *nous avons appris des pionniers mêmes de cette science, à ne tenir aucun compte de conclusions simplement plausibles lorsqu'il s'agit des raisonnements qui doivent faire partie de notre doctrine géométrique* » ((III), t. I, p. 203).

C'est donc à l'expérience et au feu de la critique qu'ont dû s'élaborer les règles du raisonnement mathématique; et, s'il est vrai, comme on l'a soutenu d'une manière plausible,[1] que le Livre VIII d'Euclide nous a conservé une partie de l'arithmétique d'Archytas, il n'est pas surprenant d'y voir la raideur de raisonnement quelque peu pédantesque qui ne manque pas d'apparaître dans toute école mathématique où l'on découvre ou croit découvrir la « rigueur ». Mais, une fois entrées dans la pratique des mathématiciens, il ne semble pas que ces règles de raisonnement aient jamais été mises en doute jusqu'à une époque toute récente; si, chez Aristote et les Stoïciens, certaines de ces règles sont déduites d'autres par des schémas de raisonnement, les règles primitives sont toujours admises comme évidentes. De même, après être remontés jusqu'aux « hypothèses », « axiomes »,

[1] Cf. B. L. van der WAERDEN, Die Arithmetik der Pythagoreer, *Math. Ann.*, t. CXX (1947), p. 127–153.

« postulats » qui leur parurent fournir un fondement solide à la science de leur époque (tels par exemple qu'ils ont dû se présenter dans les premiers « Éléments », que la tradition attribue à Hippocrate de Chio, vers 450 av. J.-C.), les mathématiciens grecs de la période classique semblent avoir consacré leurs efforts à la découverte de nouveaux résultats plutôt qu'à une critique de ces fondements qui, à cette époque, n'aurait pu manquer d'être stérile; et, toute préoccupation métaphysique mise à part, c'est de cet accord général entre mathématiciens sur les bases de leur science que témoigne le texte de Platon cité ci-dessus.

D'autre part, les mathématiciens grecs ne semblent pas avoir cru pouvoir élucider les « notions premières » qui leur servent de point de départ, ligne droite, surface, rapport des grandeurs; s'ils en donnent des « définitions », c'est visiblement par acquit de conscience et sans se faire d'illusions sur la portée de celles-ci. Il va sans dire qu'en revanche, sur les définitions autres que celles des « notions premières » (définitions souvent dites « nominales », et jouant le même rôle que nos « symboles abréviateurs »), les mathématiciens et philosophes grecs ont eu des idées parfaitement claires. C'est à ce propos qu'intervient explicitement, pour la première fois sans doute, la question d'« existence » en mathématique. Aristote ne manque pas d'observer qu'une définition n'entraîne pas l'existence de la chose définie, et qu'il faut là-dessus, soit un postulat, soit une démonstration. Sans doute son observation était-elle dérivée de la pratique des mathématiciens; en tout cas Euclide prend soin de postuler l'existence du cercle, et de démontrer celle du triangle équilatéral, des parallèles, du carré, etc. à mesure qu'il les introduit dans ses raisonnements ((III), Livre I); ces démonstrations sont des « constructions »; autrement dit, il exhibe, en s'appuyant sur les axiomes, des objets mathématiques dont il démontre qu'ils satisfont aux définitions qu'il s'agit de justifier.

Nous voyons ainsi la mathématique grecque, à l'époque classique, aboutir à une sorte de certitude empirique (quelles qu'en puissent être les bases métaphysiques chez tel ou tel philosophe); si on ne conçoit pas qu'on puisse mettre en question les règles du raisonnement, le succès de la science grecque, et le sentiment que l'on a de l'inopportunité d'une révision critique, sont pour beaucoup dans la confiance qu'inspirent les axiomes proprement dits, confiance qui est plutôt de l'ordre de celle (presque illimitée, elle aussi) qu'on attachait au siècle dernier aux principes de la physique théorique. C'est d'ailleurs ce que suggère l'adage de l'école « *nihil est in intellectu quod non prius fuerit in sensu* », contre lequel justement s'élève Descartes, comme ne donnant pas de base assez ferme à ce que Descartes entendait tirer de l'usage de la raison.

Il faut descendre jusqu'au début du XIXe siècle pour voir les mathématiciens revenir de l'arrogance d'un Descartes (sans parler de celle d'un Kant, ou de celle d'un Hegel, ce dernier quelque peu en retard, comme il convient, sur la science de son époque),[1] à une position aussi nuancée que celle des Grecs. Le premier

[1] Dans sa dissertation inaugurale, il « démontre » qu'il ne peut exister que sept planètes, l'année même où on en découvrait une huitième.

coup porté aux conceptions classiques est l'édification de la géométrie non-euclidienne hyperbolique par Gauss, Lobatschevsky et Bolyai au début du siècle. Nous n'entreprendrons pas de retracer ici en détail la genèse de cette découverte, aboutissement de nombreuses tentatives infructueuses pour démontrer le postulat des parallèles (voir Note hist. de A, IX). Sur le moment, son effet sur les principes des mathématiques n'est peut-être pas aussi profond qu'on le dit parfois. Elle oblige simplement à abandonner les prétentions du siècle précédent à la « vérité absolue » de la géométrie euclidienne, et à plus forte raison, le point de vue leibnizien des définitions impliquant les axiomes; ces derniers n'apparaissent plus du tout comme « évidents », mais bien comme des hypothèses dont il s'agit de voir si elles sont adaptées à la représentation mathématique du monde sensible. Gauss et Lobatschevsky croient que le débat entre les diverses géométries possibles peut être tranché par l'expérience ((XV), p. 76). C'est aussi le point de vue de Riemann, dont la célèbre Leçon inaugurale « *Sur les hypothèses qui servent de fondement à la géométrie* » a pour but de fournir un cadre mathématique général aux divers phénomènes naturels: « *Reste à résoudre* », dit-il, « *la question de savoir en quelle mesure et jusqu'à quel point ces hypothèses se trouvent confirmées par l'expérience* » ((XIX), p. 284). Mais c'est là un problème qui visiblement n'a plus rien à faire avec la Mathématique; et aucun des auteurs précédents ne semble mettre en doute que, même si une « géométrie » ne correspond pas à la réalité expérimentale, ses théorèmes n'en continuent pas moins à être des « vérités mathématiques ».[1]

Toutefois, s'il en est ainsi, ce n'est certes plus à une confiance illimitée en l'« intuition géométrique » classique qu'il faut attribuer une telle conviction; la description que Riemann cherche à donner des « multiplicités *n* fois étendues », objet de son travail, ne s'appuie sur des considérations « intuitives »[2] que pour arriver à justifier l'introduction des « coordonnées locales »; à partir de ce moment, il se sent apparemment en terrain solide, savoir celui de l'Analyse. Mais cette dernière est fondée en définitive sur le concept de nombre réel, resté jusque-là de nature très intuitive; et les progrès de la théorie des fonctions conduisaient à cet égard à des résultats bien troublants: avec les recherches de Riemann lui-même sur l'intégration, et plus encore avec les exemples de courbes sans tangente, construits par Bolzano et Weierstrass, c'est toute la pathologie des mathématiques qui commençait. Depuis un siècle, nous avons vu tant de monstres de cette espèce que nous sommes un peu blasés, et qu'il faut accumuler les caractères tératologiques les plus biscornus pour arriver encore à nous étonner. Mais l'effet produit sur la plupart des mathématiciens de XIXe siècle allait du dégoût à la consternation:

[1] Cf. les arguments de Poincaré en faveur de la « simplicité » et de la « commodité » de la géométrie euclidienne ((XXXIII *a*), p. 67), ainsi que l'analyse par laquelle, un peu plus loin, il arrive à la conclusion que l'expérience ne fournit pas de critère absolu pour le choix d'une géométrie plutôt qu'une autre comme cadre des phénomènes naturels.

[2] Encore ce mot n'est-il justifié que pour $n \leqslant 3$; pour de plus grandes valeurs de n, il s'agit en réalité d'un raisonnement par analogie.

« Comment », se demande H. Poincaré, *« l'intuition peut-elle nous tromper à ce point? »* ((XXXIII *b*), p. 19); et Hermite (non sans une pointe d'humour dont les commentateurs de cette phrase célèbre ne semblent pas tous s'être aperçus) déclare qu'il se *« détourne avec effroi et horreur de cette plaie lamentable des fonctions continues qui n'ont point de dérivée »* ((XXVII), t. II, p. 318). Le plus grave était qu'on ne pouvait plus mettre ces phénomènes, si contraires au sens commun, sur le compte de notions mal élucidées, comme au temps des « indivisibles », puisqu'ils survenaient après la réforme de Bolzano, Abel et Cauchy, qui avait permis de fonder la notion de limite de façon aussi rigoureuse que la théorie des proportions. C'est donc bien au caractère grossier et incomplet de notre intuition géométrique qu'il fallait s'en prendre, et on comprend que depuis lors elle soit restée discréditée à juste titre en tant que moyen de preuve.

Cette constatation devait inéluctablement réagir sur les mathématiques classiques, à commencer par la géométrie. Quelque respect que l'on témoignât à la construction axiomatique d'Euclide, on n'avait pas été sans y relever plus d'une imperfection, et cela dès l'antiquité. C'est le postulat des parallèles qui avait été l'objet du plus grand nombre de critiques et de tentatives de démonstration; mais les continuateurs et commentateurs d'Euclide avaient aussi cherché à démontrer d'autres postulats (notamment celui de l'égalité des angles droits) ou reconnu l'insuffisance de certaines définitions, comme celles de la droite ou du plan. Au XVIe siècle, Clavius, un éditeur des *Élements*, note l'absence d'un postulat garantissant l'existence de la quatrième proportionnelle; de son côté, Leibniz remarque qu'Euclide utilise l'intuition géométrique sans le mentionner explicitement, par exemple lorsqu'il admet (*Éléments*, Livre I, prop. 1) que deux cercles dont chacun passe par le centre de l'autre ont un point commun ((XII *b*), t. VII, p. 166). Gauss (qui lui-même ne se privait pas de se servir de telles considérations topologiques) attire l'attention sur le rôle joué dans les constructions euclidiennes par la notion d'un point (ou d'une droite) situé « entre » deux autres, notion qui n'est cependant pas définie ((XIV), t. VIII, p. 222). Enfin, l'usage des déplacements — notamment dans les « cas d'égalité des triangles » — longtemps admis comme allant de soi,[1] devait bientôt apparaître à la critique du XIXe siècle comme reposant aussi sur des axiomes non formulés. On aboutit ainsi, dans la période de 1860 à 1885, à diverses révisions partielles des débuts de la géométrie (Helmholtz, Méray, Houël) tendant à remédier à certaines de ces lacunes. Mais c'est seulement chez M. Pasch (XXVIII) que l'abandon de tout appel à l'intuition est un programme nettement formulé et suivi avec une parfaite rigueur. Le succès de son entreprise lui valut bientôt de nombreux émules qui, principalement entre 1890 et 1910, donnent des présentations assez variées des axiomes de la géométrie euclidienne. Les plus célèbres de ces ouvrages furent celui de Peano, écrit dans

[1] Il faut noter cependant que, dès le XVIe siècle, un commentateur d'Euclide, J. Peletier, proteste contre ce moyen de démonstration, en termes voisins de ceux des critiques modernes ((III), t. I, p. 249).

son langage symbolique (XXIX *b*), et surtout les « *Grundlagen der Geometrie* » de Hilbert (XXX), parus en 1899, livre qui, par la lucidité et la profondeur de l'exposé, devait aussitôt devenir, à juste titre, la charte de l'axiomatique moderne, jusqu'à faire oublier ses devanciers. C'est qu'en effet, non content d'y donner un système complet d'axiomes pour la géométrie euclidienne, Hilbert classe ces axiomes en divers groupements de nature différente, et s'attache à déterminer la portée exacte de chacun de ces groupes d'axiomes, non seulement en développant les conséquences logiques de chacun d'eux isolément, mais encore en discutant les diverses « géométries » obtenues lorsqu'on supprime ou modifie certains de ces axiomes (géométries dont celles de Lobatschevsky et de Riemann n'apparaissent plus que comme des cas particuliers[1]) ; il met ainsi clairement en relief, dans un domaine considéré jusque-là comme un des plus proches de la réalité sensible, la liberté dont dispose le mathématicien dans le choix de ses postulats. Malgré le désarroi causé chez plus d'un philosophe par ces « métagéométries » aux propriétés étranges, la thèse des « *Grundlagen* » fut rapidement adoptée de façon à peu près unanime par les mathématiciens; H. Poincaré, pourtant peu suspect de partialité en faveur du formalisme, reconnaît en 1902 que les axiomes de la géométrie sont des conventions, pour laquelle la notion de « vérité », telle qu'on l'entend d'habitude, n'a plus de sens ((XXXIII *a*), p. 66–67). La « vérité mathématique » réside ainsi uniquement dans la déduction logique à partir des prémisses posées arbitrairement par les axiomes. Comme on le verra plus loin, la validité des règles de raisonnement suivant lesquelles s'opèrent ces déductions devait elle-même bientôt être remise en question, amenant ainsi une refonte complète des conceptions de base des mathématiques.

Objets, modèles, structures

A) *Objets et structures mathématiques.* — De l'Antiquité au XIXe siècle, il y a un commun accord sur ce que sont les objets principaux du mathématicien; ce sont ceux-là mêmes que mentionne Platon dans le passage cité plus haut : les nombres, les grandeurs et les figures. Si, au début, il faut y joindre les objets et phénomènes dont s'occupent la Mécanique, l'Astronomie, l'Optique et la Musique, ces disciplines « mathématiques » sont toujours nettement séparées, chez les Grecs, de l'Arithmétique et de la Géométrie, et à partir de la Renaissance elles accèdent assez vite au rang de sciences indépendantes.

Quelles que soient les nuances philosophiques dont se colore la conception des objets mathématiques chez tel ou tel mathématicien ou philosophe, il y a au moins un point sur lequel il y a unanimité; c'est que ces objets nous sont *donnés* et qu'il n'est pas en notre pouvoir de leur attribuer des propriétés arbitraires, de

[1] Celle qui semble avoir le plus frappé les contemporains est la géométrie « non-archimédienne », c'est-à-dire la géométrie ayant pour corps de base un corps ordonné non archimédien (commutatif ou non), qui (dans le cas commutatif) avait été introduite quelques années auparavant par Veronese (*Fondamenti di geometria*, Padova, 1891).

même qu'un physicien ne peut changer un phénomène naturel. A vrai dire, il entre sans doute pour une part dans ces vues des réactions d'ordre psychologique, qu'il ne nous appartient pas d'approfondir, mais que connaît bien tout mathématicien lorsqu'il s'épuise en vains efforts pour saisir une démonstration qui semble se dérober sans cesse. De là à assimiler cette résistance aux obstacles que nous oppose le monde sensible, il n'y a qu'un pas; et même aujourd'hui, plus d'un, qui affiche un intransigeant formalisme, souscrirait volontiers, dans son for intérieur, à cet aveu d'Hermite: « *Je crois que les nombres et les fonctions de l'Analyse ne sont pas le produit arbitraire de notre esprit; je pense qu'ils existent en dehors de nous, avec le même caractère de nécessité que les choses de la réalité objective, et nous les rencontrons ou les découvrons, et les étudions, comme les physiciens, les chimistes et les zoologistes* » ((XXVII), t. II, p. 398).

Il n'est pas question, dans la conception classique des mathématiques, de s'écarter de l'étude des nombres et des figures; mais cette doctrine officielle, à laquelle tout mathématicien se croit tenu d'apporter son adhésion verbale, ne laisse pas de constituer peu à peu une gêne intolérable, à mesure que s'accumulent les idées nouvelles. L'embarras des algébristes devant les nombres négatifs ne cesse guère que lorsque la Géométrie analytique en donne une « interprétation » commode; mais, en plein XVIIIe siècle encore, d'Alembert (pourtant « positiviste » convaincu), discutant de la question dans l'*Encyclopédie* (XIII), perd courage tout à coup après une colonne d'explications assez confuses, et se contente de conclure que « *les règles des opérations algébriques sur les quantités négatives sont admises généralement par tout le monde et reçues généralement comme exactes, quelque idée qu'on attache d'ailleurs à ces quantités* ». Pour les nombres imaginaires, le scandale est bien plus grand encore; car si ce sont des racines « impossibles » et si (jusque vers 1800) on ne voit aucun moyen de les « interpréter », comment peut-on sans contradiction parler de ces êtres indéfinissables, et surtout pourquoi les introduire? D'Alembert ici garde un silence prudent et ne pose même pas ces questions, sans doute parce qu'il reconnaît qu'il ne pourrait y répondre autrement que ne le faisait naïvement A. Girard un siècle plus tôt (IX): « *On pourroit dire: à quoy sert ces solutions qui sont impossibles? Je réponds: pour trois choses, pour la certitude de la reigle générale, et qu'il n'y a point d'autres solutions, et pour son utilité.* »

En Analyse, la situation, au XVIIIe siècle, n'est guère meilleure. C'est une heureuse circonstance que la Géométrie analytique soit apparue, comme à point nommé, pour donner une « représentation » sous forme de figure géométrique, de la grande création du XVIIe siècle, la notion de fonction, et aider ainsi puissamment (chez Fermat, Pascal ou Barrow) à la naissance du Calcul infinitésimal (cf. Note hist. de FVR, III). Mais on sait par contre à quelles controverses philosophico-mathématiques devaient donner lieu les notions d'infiniment petit et d'indivisible. Et si d'Alembert est ici plus heureux, et reconnaît que dans la « métaphysique » du Calcul infinitésimal il n'y a rien d'autre que la notion de limite, il ne peut, pas plus que ses contemporains, comprendre le sens véritable des développements en séries divergentes, et expliquer le paradoxe de résultats exacts obtenus au bout de calculs sur des expressions dépourvues de toute interprétation numérique. Enfin, même dans le domaine de la « certitude géométrique », le cadre euclidien éclate: lorsque Stirling en 1717, n'hésite pas à dire qu'une certaine courbe a un « point double imaginaire à l'infini »,[1] il serait certes bien en peine de rattacher un tel « objet » aux notions communément reçues; et Poncelet, qui, au début du XIXe siècle, donne un développement considérable à de telles idées en fondant la géométrie projective, se contente encore d'invoquer comme justification un « principe de continuité » tout métaphysique.

On conçoit que, dans ces conditions (et au moment même où, paradoxalement, on proclame avec le plus de force la « vérité absolue » des mathématiques), la notion de démonstration semble s'estomper de plus en plus au cours du XVIIIe siècle, puisqu'on est hors d'état de fixer, à la manière des Grecs, les notions sur lesquelles on raisonne, et leurs propriétés fondamentales. Le retour vers la rigueur, qui se déclenche au début du XIXe siècle, apporte quelque amélioration à cet état de choses, mais n'arrête pas pour autant le flot des notions nouvelles: on voit ainsi apparaître en Algèbre les imaginaires de Galois, les nombres idéaux de Kummer, que suivent vecteurs et quaternions, espaces n-dimensionnels, multivecteurs et tenseurs, sans parler de l'algèbre booléienne. Sans doute un des grands progrès (qui permet justement le retour à la rigueur, sans rien perdre des conquêtes des âges précédents) est la possibilité de donner des « modèles » de ces nouvelles notions en termes plus classiques: les nombres idéaux ou les imaginaires de Galois s'interprètent par la théorie des congruences, la géométrie n-dimensionnelle n'apparaît (si l'on veut) que comme un pur langage pour exprimer des résultats d'algèbre « à n variables »; et pour les nombres imaginaires classiques — dont la représentation géométrique par les points d'un plan marque le début de cet épanouissement de l'Algèbre — on a bientôt le choix entre ce « modèle » géométrique et une interprétation en termes de congruences (cf. Note hist. de A, V). Mais les mathématiciens commencent enfin à sentir nettement que c'est là lutter contre la pente naturelle où les entraînent leurs travaux, et qu'il doit être légitime, en mathématiques, de raisonner sur des objets qui n'ont aucune « interprétation » sensible: « *Il n'est pas de l'essence de la mathématique* », dit Boole en 1854, « *de s'occuper des idées de nombre et de quantité* » ((XVI *b*), p. 13).[2]

[1] J. STIRLING, *Lineae tertii ordinis Newtonianae...* (1717).

[2] Leibniz, à cet égard, apparaît encore comme un précurseur: « *la Mathématique universelle* » dit-il, « *est, pour ainsi dire, la Logique de l'imagination* », et doit traiter « *de tout ce qui, dans le domaine de l'imagination, est susceptible de détermination exacte* » ((XII *c*), p. 348; cf. (XII *bis*), p. 290–291); et pour lui, la pièce maîtresse de la Mathématique ainsi conçue est ce qu'il appelle la « Combinatoire » ou « Art des formules », par quoi il entend essentiellement la science des relations abstraites entre les objets mathématiques. Mais alors que jusque-là les relations considérées en mathématiques étaient presque exclusivement des relations de grandeur (égalité, inégalité, proportion) Leibniz conçoit bien d'autres types de relations qui, à son avis, auraient dû être étudiées systématiquement par les mathématiciens, comme la relation d'inclusion, ou ce qu'il appelle la relation de « détermination » univoque ou plurivoque (c'est-à-dire les notions d'application et de correspondance) ((XII *bis*), p. 307–310).

La même préoccupation conduit Grassmann, dans son « *Ausdehnungslehre* » de 1844, à présenter son calcul sous une forme d'où les notions de nombre ou d'être géométrique sont tout d'abord exclues.[1] Et un peu plus tard, Riemann, dans sa Leçon inaugurale, prend soin au début de ne pas parler de « points », mais bien de « déterminations » (Bestimmungsweise), dans sa description des « multiplicités *n* fois étendues », et souligne que, dans une telle multiplicité, les « relations métriques » (Massverhältnisse) « *ne peuvent s'étudier que pour des grandeurs abstraites et se représenter que par des formules; sous certaines conditions, on peut cependant les décomposer en relations dont chacune prise isolément est susceptible d'une représentation géométrique, et par là il est possible d'exprimer les résultats de calcul sous forme géométrique* » ((XIX), p. 276).

A partir de ce moment, l'élargissement de la méthode axiomatique est un fait acquis. Si, pendant quelque temps encore, on croit utile de contrôler, quand il se peut, les résultats « abstraits » par l'intuition géométrique, du moins est-il admis que les objets « classiques » ne sont plus les seuls dont le mathématicien puisse légitimement faire l'étude. C'est que — justement à cause des multiples « interprétations » ou « modèles » possibles — on a reconnu que la « nature » des objets mathématiques est au fond secondaire, et qu'il importe assez peu, par exemple, que l'on présente un résultat comme théorème de géométrie « pure », ou comme un théorème d'algèbre par le truchement de la géométrie analytique. En d'autres termes, l'essence des mathématiques — cette notion fuyante qu'on n'avait pu jusqu'alors exprimer que sous des noms vagues tels que « *reigle générale* » ou « *métaphysique* » — apparaît comme l'étude des *relations* entre des objets qui ne sont plus (volontairement) connus et décrits que par *quelques-unes* de leurs propriétés, celles précisément que l'on met comme axiomes à la base de leur théorie. C'est ce qu'avait déjà clairement vu Boole en 1847, quand il écrivait que la mathématique traite « *des opérations considérées en elles-mêmes, indépendamment des matières diverses auxquelles elles peuvent être appliquées* » ((XVI *a*), p. 3). Hankel, en 1867, inaugurant l'axiomatisation de l'algèbre, défend une mathématique « *purement intellectuelle, une pure théorie des formes, qui a pour objet, non la combinaison des grandeurs, ou de leurs images, les nombres, mais des choses de la pensée* (« Gedankendinge ») *auxquelles il peut*

Beaucoup d'autres idées modernes apparaissent sous sa plume à ce propos: il remarque que les diverses relations d'équivalence de la géométrie classique ont en commun les propriétés de symétrie et de transitivité; il conçoit aussi la notion de relation compatible avec une relation d'équivalence, et note expressément qu'une relation quelconque n'a pas nécessairement cette propriété ((XII *bis*), p. 313–315). Bien entendu, il préconise là comme partout l'usage d'un langage formalisé, et introduit même un signe destiné à noter une relation indéterminée ((XII *bis*), p. 301).

[1] Il faut reconnaître que son langage, d'allure très philosophique, n'était guère fait pour séduire la plupart des mathématiciens, qui se sentent mal à l'aise devant une formule telle que la suivante: « *La mathématique pure est la science de l'être particulier en tant qu'il est né dans la pensée* » (Die Wissenschaft des *besonderen* Seins als eines durch das Denken *gewordenen*). Mais le contexte fait voir que Grassmann entendait par là de façon assez nette la mathématique axiomatique au sens moderne (sauf qu'il suit assez curieusement Leibniz en considérant que les bases de cette « science formelle », comme il dit, sont les définitions et non les axiomes); en tout cas, il insiste, comme Boole, sur le fait que « *le nom de science des grandeurs ne convient pas à l'ensemble des mathématiques* » ((XVII), t. I_1, p. 22–23).

correspondre des objets ou relations effectives, bien qu'une telle correspondance ne soit pas nécessaire » ((XX), p. 10). Cantor, en 1883, fait écho à cette revendication d'une « libre mathématique », en proclamant, que « *la mathématique est entièrement libre dans son développement, et ses concepts ne sont liés que par la nécessité d'être non contradictoires, et coordonnés aux concepts antérieurement introduits par des définitions précises* » ((XXV), p. 182). Enfin, la révision de la géométrie euclidienne achève de répandre et de populariser ces idées. Pasch lui-même, pourtant encore attaché à une certaine « réalité » des êtres géométriques, reconnaît que la géométrie est en fait indépendante de leur signification, et consiste purement en l'étude de leurs relations ((XXVIII), p. 90); conception que Hilbert pousse à son terme logique en soulignant que les noms mêmes des notions de base d'une théorie mathématique peuvent être choisis à volonté,[1] et que Poincaré exprime en disant que les axiomes sont des « définitions déguisées », renversant ainsi complètement le point de vue scolastique.

On serait donc tenté de dire que la notion moderne de « structure » est acquise en substance vers 1900; en fait, il faudra encore une trentaine d'années d'apprentissage pour qu'elle apparaisse en pleine lumière. Il n'est sans doute pas difficile de reconnaître des structures de même espèce lorsqu'elles sont de nature assez simple; pour la structure de groupe, par exemple, ce point est atteint dès le milieu du XIXe siècle. Mais au même moment, on voit encore Hankel lutter — sans y parvenir tout à fait — pour dégager les idées générales de corps et d'extension, qu'il n'arrive à exprimer que sous forme d'un « principe de permanence » à demi métaphysique (XX), et qui seront seulement formulées de façon définitive par Steinitz 40 ans plus tard. Surtout il a été assez difficile, en cette matière, de se libérer de l'impression que les objets mathématiques nous sont « donnés » *avec leur structure*; et seule une assez longue pratique de l'Analyse fonctionnelle a pu familiariser les mathématiciens modernes avec l'idée que, par exemple, il y a plusieurs topologies « naturelles » sur les nombres rationnels, et plusieurs mesures sur la droite numérique. Avec cette dissociation s'est finalement réalisé le passage à la définition générale des structures, telle qu'elle a été donnée dans ce Livre.

B) *Modèles et isomorphismes* — On aura remarqué à plusieurs reprises l'intervention de la notion de « modèle » ou d'« interprétation » d'une théorie mathématique à l'aide d'une autre. Ce n'est pas là une idée récente, et on peut sans doute y voir une manifestation sans cesse renaissante d'un sentiment profond de l'unité des diverses « sciences mathématiques ». S'il faut tenir pour authentique la traditionnelle maxime « *Toutes choses sont nombres* » des premiers Pythagoriciens,

[1] Suivant une anecdote célèbre, Hilbert exprimait volontiers cette idée en disant que l'on pouvait remplacer les mots « point » « droite » et « plan » par « table », « chaise » et « verre à bière » sans rien changer à la géométrie. Il est curieux de trouver déjà chez d'Alembert une anticipation de cette boutade: « *On peut donner aux mots tels sens qu'on veut* » écrit-il dans l'*Encyclopédie* ((XIII), article DEFINITION); « [on pourrait] *faire à la rigueur des éléments de Géométrie exacts(mais ridicules) en appelant triangle ce qu'on appelle ordinairement cercle* ».

on peut la considérer comme la trace d'une première tentative pour ramener la géométrie et l'algèbre de l'époque à l'arithmétique. Bien que la découverte des irrationnelles semblât clore pour toujours cette voie, la réaction qu'elle déclencha dans les mathématiques grecques fut un second essai de synthèse prenant cette fois la géométrie pour base, et y englobant entre autres les méthodes de résolution des équations algébriques héritées des Babyloniens.[1] On sait que cette conception devait subsister jusqu'à la réforme fondamentale de R. Bombelli et de Descartes, assimilant toute mesure de grandeur à une mesure de longueur (autrement dit, à un nombre réel; cf. Note hist. de TG, IV). Mais avec la création de la géométrie analytique par Descartes et Fermat, la tendance est de nouveau renversée, et une fusion bien plus étroite de la géométrie et de l'algèbre est obtenue, mais cette fois au profit de l'algèbre. Du coup, d'ailleurs, Descartes va plus loin, et conçoit l'unité essentielle de « *toutes ces sciences qu'on nomme communément Mathématiques... Encore que leurs objets soient différents* », dit-il, « *elles ne laissent pas de s'accorder toutes, en ce qu'elles n'y considèrent autre chose que les divers rapports ou proportions qui s'y trouvent* » ((X), t. VI, p. 19–20).[2] Toutefois, ce point de vue tendait seulement à faire de l'Algèbre la science mathématique fondamentale; conclusion contre laquelle proteste vigoureusement Leibniz, qui lui aussi, on l'a vu, conçoit une « Mathématique universelle », mais sur un plan bien plus vaste et déjà tout proche des idées modernes. Précisant l'« accord » dont parlait Descartes, il entrevoit en effet, pour la première fois, la notion générale d'isomorphie (qu'il appelle « similitude »), et la possibilité d'« identifier » des relations ou opérations isomorphes; il en donne comme exemple l'addition et la multiplication ((XII *bis*), p. 301–303). Mais ces vues audacieuses restèrent sans écho chez les contemporains, et il faut attendre l'élargissement de l'Algèbre qui s'effectue vers le milieu du XIXe siècle pour voir s'amorcer la réalisation des rêves leibniziens. Nous avons déjà souligné que c'est à ce moment que les « modèles » se multiplient et qu'on s'habitue à passer d'une théorie à une autre par simple changement de langage; l'exemple le plus frappant en est peut-être la dualité en géométrie projective, où la pratique, fréquente à l'époque, d'imprimer face à face, sur deux colonnes, les théorèmes « duaux » l'un de l'autre, est sans doute pour beaucoup dans la prise de conscience de la notion d'isomorphie. D'un point de vue plus technique, il est certain que la notion de groupes isomorphes est connue de Gauss pour les groupes commutatifs, de Galois pour les groupes de permutations (cf. Notes hist. de A, I et A, III); elle est acquise de façon générale pour des groupes quelconques

[1] L'arithmétique reste toutefois en dehors de cette synthèse; et on sait qu'Euclide, après avoir développé la théorie générale des proportions entre grandeurs quelconques, développe indépendamment la théorie des nombres rationnels, au lieu de les considérer comme cas particuliers de rapports de grandeurs.

[2] Il est assez curieux, à ce propos, de voir Descartes rapprocher de l'arithmétique et des « *combinaisons de nombres* », les « *arts... où l'ordre règne davantage, comme sont ceux des artisans qui font de la toile ou des tapis, ou ceux des femmes qui brodent ou font de la dentelle* » ((X), t. X, p. 403) comme par une anticipation des études modernes sur la symétrie et ses rapports avec la notion de groupe (cf. H. Weyl, *Symmetry*, Princeton Univ. Press, 1952).

vers le milieu du XIXe siècle.[1] Par la suite, avec chaque nouvelle théorie axiomatique, on se trouva naturellement amené à définir une notion d'isomorphisme; mais c'est seulement avec la notion moderne de structure que l'on a finalement reconnu que toute structure porte en elle une notion d'isomorphisme, et qu'il n'est pas besoin d'en donner une définition particulière pour chaque espèce de structure.

C) *L'arithmétisation des mathématiques classiques.* — L'usage de plus en plus répandu de la notion de « modèle » allait aussi permettre au XIXe siècle de réaliser l'unification des mathématiques rêvée par les Pythagoriciens. Au début du siècle, le nombre entier et la grandeur continue paraissaient toujours aussi inconciliables que dans l'antiquité; les nombres réels restaient liés à la notion de grandeur géométrique (tout au moins à celle de longueur), et c'est à cette dernière qu'on avait fait appel pour les « modèles » des nombres négatifs et des nombres imaginaires. Même le nombre rationnel était traditionnellement rattaché à l'idée du « partage » d'une grandeur en parties égales; seuls les entiers restaient à part, comme des « *produits exclusifs de notre esprit* » ainsi que dit Gauss en 1832, en les opposant à la notion d'espace ((XIV), t. VIII, p. 201). Les premiers efforts pour rapprocher l'Arithmétique de l'Analyse portèrent d'abord sur les nombres rationnels (positifs et négatifs) et sont dûs à Martin Ohm (1822); ils furent repris vers 1860 par plusieurs auteurs, notamment Grassmann, Hankel et Weierstrass (dans ses cours non publiés); c'est à ce dernier que paraît due l'idée d'obtenir un « modèle » des nombres rationnels positifs ou des nombres entiers négatifs en considérant des classes de couples d'entiers naturels. Mais le pas le plus important restait à faire, à savoir trouver un « modèle » des nombres irrationnels dans la théorie des nombres rationnels; vers 1870, c'était devenu un problème urgent, vu la nécessité, après la découverte des phénomènes « pathologiques » en Analyse, d'éliminer toute trace d'intuition géométrique et de la notion vague de « grandeur » dans la définition des nombres réels. On sait que ce problème fut résolu vers cette époque, à peu près simultanément par Cantor, Dedekind, Méray et Weierstrass, et suivant des méthodes assez différentes (voir Note hist. de TG, IV).

A partir de ce moment, les entiers sont devenus le fondement de toutes les mathématiques classiques. En outre, les « modèles » fondés sur l'Arithmétique acquièrent encore plus d'importance avec l'extension de la méthode axiomatique et la conception des objets mathématiques comme libres créations de l'esprit. Il subsistait en effet une restriction à cette liberté revendiquée par Cantor, la question d'« existence » qui avait déjà préoccupé les Grecs, et qui se posait ici de façon bien plus pressante, puisque précisément tout appel à une représentation intuitive était maintenant abandonné. Nous verrons plus loin de quel maelström philosophico-mathématique la notion d'« existence » devait être le centre dans

[1] Le mot même d'« isomorphisme » est introduit dans la théorie des groupes vers la même époque; mais au début, il sert à désigner aussi les homomorphismes surjectifs, qualifiés d'« isomorphismes mériédriques », alors que les isomorphismes proprement dits sont appelés « isomorphismes holoédriques »; cette terminologie restera en usage jusqu'aux travaux d'E. Noether.

les premières années du xxe siècle. Mais au xixe siècle on n'en est pas encore là, et démontrer l'existence d'un objet mathématique ayant des propriétés données, c'est simplement, comme pour Euclide, « construire » un objet ayant les propriétés indiquées. C'est à quoi servaient précisément les « modèles » arithmétiques : une fois les nombres réels « interprétés » en termes d'entiers, les nombres complexes et la géométrie euclidienne l'étaient aussi, grâce à la Géométrie analytique, et il en était de même de tous les êtres algébriques nouveaux introduits depuis le début du siècle ; enfin — découverte qui avait eu un grand retentissement — Beltrami et Klein avaient même obtenu des « modèles » euclidiens des géométries non-euclidiennes de Lobatschevsky et de Riemann, et par suite « arithmétisé » (et par là complètement justifié) ces théories qui au premier abord avaient suscité tant de méfiance.

D) *L'axiomatisation de l'arithmétique.* — Il était dans la ligne de cette évolution que l'on se tournât ensuite vers les fondements de l'arithmétique elle-même, et de fait c'est ce que l'on constate aux environs de 1880. Il ne semble pas qu'avant le xixe siècle on ait cherché à définir l'addition et la multiplication des entiers naturels autrement que par un appel direct à l'intuition ; Leibniz est le seul qui, fidèle à ses principes, signale expressément que des « vérités » aussi « évidentes » que $2 + 2 = 4$ n'en sont pas moins susceptibles de démonstration si on réfléchit aux définitions des nombres qui y figurent ((XII *b*), t. IV, p. 403 ; cf. (XII *bis*), p. 203) ; et il ne considérait nullement la commutativité de l'addition et de la multiplication comme allant de soi.[1] Mais il ne pousse pas plus loin ses réflexions à ce sujet, et vers le milieu du xixe siècle, aucun progrès n'avait encore été fait dans ce sens : Weierstrass lui-même, dont les cours contribuèrent beaucoup à répandre le point de vue « arithmétisant », ne paraît pas avoir ressenti le besoin d'une clarification logique de la théorie des entiers. Les premiers pas dans cette direction semblent dûs à Grassmann, qui, en 1861 ((XVII), t. II_2, p. 295) donne une définition de l'addition et de la multiplication des entiers, et démontre leurs propriétés fondamentales (commutativité, associativité, distributivité) en n'utilisant que l'opération $x \mapsto x + 1$ et le principe de récurrence. Ce dernier avait été clairement conçu et employé pour la première fois au xviie siècle par B. Pascal ((XI) t. III, p. 456) [2] — encore qu'on en trouve dans l'Antiquité des applications plus ou moins conscientes — et était couramment utilisé par les mathématiciens depuis la seconde moitié du xviie siècle. Mais ce n'est qu'en 1888 que Dedekind ((XXVI), t. III, p. 359–361) énonce un système complet d'axiomes pour l'arithmétique (système reproduit 3 ans plus tard par Peano et connu d'ordinaire sous son nom (XXIX *a*)), qui comprenait en particulier une formulation précise du principe de récurrence (que Grassmann emploie encore sans l'énoncer explicitement).

[1] Comme exemple d'opérations non commutatives, il indique la soustraction, la division et l'exponentiation ((XII *b*), t. VII, p. 31) ; il avait même un moment essayé d'introduire de telles opérations dans son calcul logique ((XII *bis*), p. 353).

[2] Voir H. Freudenthal, Zur Geschichte der vollständigen Induktion, *Arch. Int. Hist. Sci.*, t. XXIII (1953), p. 17.

Avec cette axiomatisation, il semblait que l'on eût atteint les fondements définitifs des mathématiques. En fait, au moment même où l'on formulait clairement les axioms de l'arithmétique, celle-ci, pour beaucoup de mathématiciens (à commencer par Dedekind et Peano eux-mêmes) était déjà déchue de ce rôle de science primordiale, en faveur de la dernière venue des théories mathématiques, la théorie des ensembles; et les controverses qui allaient se dérouler autour de la notion d'entier ne peuvent être isolées de la grande « crise des fondements » des années 1900–1930.

La théorie des ensembles.

On peut dire que de tout temps, mathématiciens et philosophes ont utilisé des raisonnements de théorie des ensembles de façon plus ou moins consciente; mais dans l'histoire de leurs conceptions à ce sujet, il faut nettement séparer toutes les questions liées à l'idée de nombre cardinal (et en particulier à la notion d'infini) de celles qui ne font intervenir que les notions d'appartenance et d'inclusion. Ces dernières sont des plus intuitives et ne paraissent jamais avoir soulevé de controverses: c'est sur elles qu'on peut le plus facilement fonder une théorie du syllogisme (comme devaient le montrer Leibniz et Euler), ou des axiomes comme « le tout est plus grand que la partie », sans parler de ce qui, en géométrie, concerne les intersections de courbes et de surfaces. Jusqu'à la fin du XIXe siècle, on ne fait non plus aucune difficulté pour parler de l'ensemble (ou « classe » chez certains auteurs) des objets possédant telle ou telle propriété donnée[1]; et la « définition » célèbre donnée par Cantor (« *Par ensemble on entend un groupement en un tout d'objets bien distincts de notre intuition ou de notre pensée* » (XXV), p. 282) ne soulèvera, au moment de sa publication, à peu près aucune objection.[2] Il en est tout autrement dès qu'à la notion d'ensemble viennent se mêler celles de nombre ou de grandeur. La question de la divisibilité indéfinie de l'étendue (sans doute posée dès les premiers Pythagoriciens) devait, comme on sait, conduire à des difficultés philosophiques considérables: des Eléates à Bolzano et Cantor, mathématiciens et philosophes se heurteront sans succès au paradoxe de la grandeur finie composée d'une infinité de points dépourvus de grandeur. Il serait sans intérêt pour nous de retracer, même sommairement, les polémiques interminables et passionnées que suscite ce problème, qui constituait un terrain particulièrement favorable aux divagations métaphysiques ou théologiques; notons seulement le point de vue auquel, dès l'Antiquité, s'arrêtent la plupart des mathématiciens. Il consiste essentiellement à refuser le débat, faute de pouvoir le

[1] Nous avons vu plus haut que Boole n'hésite même pas à introduire dans son calcul logique l'« Univers », l'ensemble de tous les objets; il ne semble pas qu'à l'époque on ait critiqué cette conception, bien qu'elle soit rejetée par Aristote, qui donne une démonstration, assez obscure, visant à en prouver l'absurdité ((II), Met. B., 3, 998 *b*).

[2] Frege semble être un des rares mathématiciens contemporains qui, non sans raison, se soit élevé contre le vague de semblables « définitions » ((XXIV *c*), t. I, p. 2).

trancher de façon irréfutable — attitude que nous retrouverons chez les formalistes modernes: de même que ces derniers s'arrangent pour éliminer toute intervention d'ensembles « paradoxaux » (voir ci-dessous, IV, pp. 63–64) les mathématiciens classiques évitent soigneusement d'introduire dans leurs raisonnements l'« infini actuel » (c'est-à-dire des ensembles comportant une infinité d'objets conçus comme existant simultanément, au moins dans la pensée), et se contentent de l'« infini potentiel », c'est-à-dire de la possibilité d'augmenter toute grandeur donnée (ou de la diminuer s'il s'agit d'une grandeur « continue »).[1] Si ce point de vue comportait une certaine dose d'hypocrisie,[2] il permettait toutefois de développer la plus grande partie de la mathématique classique (y compris la théorie des proportions et plus tard le Calcul infinitésimal)[3]; il paraissait même un excellent garde-fou, surtout après les querelles suscitées par les infiniment petits, et était devenu un dogme à peu près universellement admis jusque bien avant dans le XIXe siècle.

Un premier germe de la notion générale d'équipotence apparaît dans une remarque de Galilée ((VIII), t. VIII, p. 78–80): il observe que l'application $n \mapsto n^2$ établit une correspondance biunivoque entre les entiers naturels et leurs carrés et par suite que l'axiome « le tout est plus grand que la partie » ne saurait s'appliquer aux ensembles infinis. Mais bien loin d'inaugurer une étude rationnelle des ensembles infinis, cette remarque ne paraît avoir eu d'autre effet que de renforcer la méfiance vis-à-vis de l'infini actuel; c'est déjà la conclusion de Galilée lui-même, et Cauchy, en 1833, ne le cite que pour approuver son attitude.

Les nécessités de l'Analyse — et particulièrement l'étude approfondie des

[1] Un exemple typique de cette conception est l'énoncé d'Euclide: « *Pour toute quantité donnée de nombres premiers, il y en a un plus grand* » que nous exprimons aujourd'hui en disant que l'ensemble des nombres premiers est infini.

[2] Classiquement, on a évidemment le droit de dire qu'un point appartient à une droite, mais tirer de là la conclusion qu'une droite est « composée de points » serait violer le tabou de l'infini actuel, et Aristote consacre de long développements à justifier cette interdiction. C'est vraisemblablement pour échapper à toute objection de ce genre qu'au XIXe siècle, beaucoup de mathématiciens évitent de parler d'ensembles, et raisonnent systématiquement « en compréhension »; par exemple, Galois ne parle pas de corps de nombres, mais seulement des propriétés communes à tous les éléments d'un tel corps. Même Pasch et Hilbert, dans leurs présentations axiomatiques de la géométrie euclidienne, s'abstiennent encore de dire que les droites et plans sont des ensembles de points; Peano est le seul qui utilise librement le langage de la théorie des ensembles en géométrie élémentaire.

[3] Il faut voir sans doute la raison de ce fait dans la circonstance que les ensembles envisagés dans les mathématiques classiques appartiennent à un petit nombre de types simples, et peuvent pour la plupart être complètement décrits par un nombre fini de « paramètres » numériques, si bien que leur considération se ramène en définitive à celle d'un ensemble fini de nombres (il en est ainsi par exemple des courbes et surfaces algébriques, qui pendant longtemps sont à peu près seules à constituer les « figures » de la géométrie classique). Avant que les progrès de l'Analyse n'imposent, au XIXe siècle, la considération de parties arbitraires de la droite ou de $\mathbf{R}^n$, on ne trouve que rarement des ensembles qui s'écartent des types précédents; par exemple, Leibniz, toujours original, envisage comme « lieu géométrique » le disque fermé privé de son centre, ou (par un curieux pressentiment de la théorie des idéaux) considère qu'en arithmétique un entier est « le genre » de l'ensemble de ses multiples, et remarque que l'ensemble des multiples de 6 est l'intersection de l'ensemble des multiples de 2 et de l'ensemble des multiples de 3 ((XII *b*), t. VII, p. 292). A partir du début du XIXe siècle, on se familiarise, en algèbre et en théorie des nombres, avec les ensembles de ce dernier type, comme les classes de formes quadratiques, introduites par Gauss, ou les corps et idéaux, définis par Dedekind avant la révolution cantorienne.

fonctions de variables réelles, qui se poursuit durant tout le XIXe siècle — sont à l'origine de ce qui allait devenir la théorie moderne des ensembles. Lorsque Bolzano, en 1817, démontre l'existence de la borne inférieure d'un ensemble minoré dans **R**, il raisonne encore, comme la plupart de ses contemporains, « en compréhension », parlant non pas d'un ensemble quelconque de nombres réels, mais d'une propriété arbitraire de ces derniers. Mais quand, 30 ans plus tard, il rédige ses « Paradoxien des Unendlichen » (XVIII) (publiés en 1851, trois ans après sa mort), il n'hésite pas à revendiquer le droit à l'existence pour l'« infini actuel » et à parler d'ensembles arbitraires. Il définit, dans ce travail, la notion générale d'équipotence de deux ensembles, et démontre que deux intervalles compacts dans **R** non réduits à un point sont équipotents; il observe aussi que la différence caractéristique entre ensembles finis et ensembles infinis consiste en ce qu'un ensemble infini E est équipotent à un sous-ensemble distinct de E, mais il ne donne aucune démonstration convaincante de cette assertion. Le ton général de cet ouvrage est d'ailleurs beaucoup plus philosophique que mathématique, et faute de dissocier de façon suffisamment nette la notion de puissance d'un ensemble de celle de grandeur ou d'ordre d'infinitude, Bolzano échoue dans ses tentatives pour former des ensembles infinis de puissances de plus en plus grandes, et se laisse entraîner à cette occasion à mêler à ses raisonnements des considérations sur les séries divergentes qui sont totalement dépourvues de sens.

C'est au génie de G. Cantor qu'est due la création de la théorie des ensembles telle qu'on l'entend aujourd'hui. Lui aussi part de l'Analyse, et ses travaux sur les séries trigonométriques, inspirés par ceux de Riemann, l'amènent naturellement, en 1872, à un premier essai de classification des ensembles « exceptionnels » qui se présentent dans cette théorie,[1] au moyen de la notion d'« ensembles dérivés » successifs, qu'il introduit à cette occasion. C'est sans doute à propos de ces recherches, et aussi de sa méthode pour définir les nombres réels, que Cantor commence à s'intéresser aux problèmes d'équipotence, car en 1873 il remarque que l'ensemble des nombres rationnels (ou l'ensemble des nombres algébriques) est dénombrable; et dans sa correspondance avec Dedekind, qui débute vers cette date (XXV *bis*), on le voit poser la question de l'équipotence entre l'ensemble des entiers et l'ensemble des nombres réels, qu'il parvient à résoudre par la négative quelques semaines plus tard. Puis, dès 1874, c'est le problème de la dimension qui le préoccupe, et pendant trois ans, il cherche en vain à établir l'impossibilité d'une correspondance biunivoque entre **R** et $\mathbf{R}^n$ ($n > 1$), avant d'arriver, à sa propre stupéfaction,[2] à définir une telle correspondance. En possession de ces résultats aussi nouveaux que surprenants, il se consacre entièrement à la théorie des ensembles. Dans une série de 6 mémoires publiés aux *Mathematische Annalen* entre 1878 et 1881, il aborde à la fois les problèmes d'équipotence, la théorie des

[1] Il s'agit des ensembles $E \subset \mathbf{R}$ tels que, si une série trigonométrique $\sum_{-\infty}^{+\infty} c_n e^{nix}$ converge vers 0 sauf aux points de E, on ait nécessairement $c_n = 0$ pour tout n ((XXV), p. 99).

[2] « *Je le vois, mais je ne le crois pas* » écrit-il à Dedekind ((XXV *bis*), p. 34; en français dans le texte).

ensembles totalement ordonnés, les propriétés topologiques de $\mathbf{R}$ et de $\mathbf{R}^n$ et le problème de la mesure; et il est admirable de voir avec quelle netteté se dégagent peu à peu, entre ses mains, ces notions qui paraissaient si inextricablement enchevêtrées dans la conception classique du « continu ». Dès 1880, il a l'idée d'itérer « transfiniment » la formation des « ensembles dérivés »; mais cette idée ne prend corps que deux ans plus tard, avec l'introduction des ensembles bien ordonnés, une des découvertes les plus originales de Cantor, grâce à laquelle il peut aborder une étude détaillée des nombres cardinaux et formuler le « problème du continu » (XXV).

Il était impossible que des conceptions aussi hardies, renversant une tradition deux fois millénaire, et conduisant à des résultats aussi inattendus et d'apparence si paradoxale, fussent acceptées sans résistance. De fait, parmi les mathématiciens alors influents en Allemagne, Weierstrass fut le seul à suivre avec quelque faveur les travaux de Cantor (son ancien élève); ce dernier devait se heurter par contre à l'opposition irréductible de Schwarz et surtout de Kronecker.[1] C'est, semble-t-il, autant la tension constante engendrée par l'opposition à ses idées, que ses efforts infructueux pour démontrer l'hypothèse du continu, qui amenèrent chez Cantor les premiers symptômes d'une maladie nerveuse dont sa productivité mathématique devait se ressentir.[2] Il ne reprit vraiment intérêt à la théorie des ensembles que vers 1887, et ses dernières publications datent de 1895–97; il y développe surtout la théorie des ensembles totalement ordonnés et le calcul des ordinaux. Il avait aussi démontré en 1890 l'inégalité $\mathfrak{m} < 2^{\mathfrak{m}}$; cependant, non seulement le problème du continu restait sans réponse, mais il subsistait dans la théorie des cardinaux une lacune plus sérieuse, car Cantor n'avait pu établir l'existence d'une relation de bon ordre entre cardinaux quelconques. Cette lacune devait être comblée, d'une part par le théorème de F. Bernstein (1897) montrant que les relations $\mathfrak{a} \leqslant \mathfrak{b}$ et $\mathfrak{b} \leqslant \mathfrak{a}$ entraînent $\mathfrak{a} = \mathfrak{b}$,[3] et surtout par le théorème de Zermelo (XXXVI *a*) prouvant l'existence d'un bon ordre sur tout ensemble — théorème conjecturé dès 1883 par Cantor ((XXV), p. 169).

Cependant Dedekind, dès le début, n'avait cessé de suivre avec un intérêt soutenu les recherches de Cantor; mais alors que ce dernier concentrait son attention sur les ensembles infinis et leur classification, Dedekind poursuivait ses propres réflexions sur la notion de nombre (qui l'avaient déjà conduit à sa définition des nombres irrationnels par les « coupures »). Dans son opuscule *Was sind und was sollen die Zahlen*, publié en 1888, mais dont l'essentiel date de 1872–78 ((XXVI), t. III, p. 335), il montre comment la notion d'entier naturel (sur la-

[1] Les contemporains de Kronecker ont fait de fréquentes allusions à sa position doctrinale sur les fondements des mathématiques; il est à présumer qu'il s'est exprimé plus explicitement dans les contacts personnels que dans ses publications (où, en ce qui concerne le rôle des entiers naturels, il ne fait que reprendre des remarques sur l'« arithmétisation », assez banales vers 1880) (cf. H. Weber, Leopold Kronecker, *Math. Ann.*, t. XLIII, (1893), p. 1–25, en particulier p. 14–15).

[2] Sur cette période de la vie de Cantor, voir A. Schoenflies, *Acta Math.*, t. L (1928), p. 1–23.

[3] Ce théorème avait déjà été obtenu par Dedekind en 1887, mais sa démonstration ne fut pas publiée ((XXVI), t. III, p. 447).

quelle, on l'a vu, avait fini par reposer toute la Mathématique classique) pouvait elle-même être dérivée des notions fondamentales de la théorie des ensembles. Développant (sans doute le premier de façon explicite) les propriétés élémentaires des applications quelconques d'un ensemble dans un autre (négligées jusque-là par Cantor, qui ne s'intéressait qu'aux correspondances biunivoques), il introduit, pour tout application f d'un ensemble E dans lui-même, la notion de « chaîne » d'un élément $a \in E$ relativement à f, savoir l'intersection des ensembles $K \subset E$ tels que $a \in K$ et $f(K) \subset K$.[1] Il prend ensuite comme *définition* d'un ensemble infini E le fait qu'il existe une application injective φ de E dans E telle que $\varphi(E) \neq E$[2]; si en outre il existe une telle application φ et un élément $a \notin \varphi(E)$ pour lequel E soit la chaîne de a, Dedekind dit que E est « simplement infini », remarque que les « axiomes de Peano » sont alors vérifiés et montre (avant Peano) comment à partir de là s'obtiennent tous les théorèmes élémentaires d'arithmétique. Seul manque à son exposé l'axiome de l'infini, que Dedekind (à la suite de Bolzano) croit pouvoir démontrer en considérant le « monde des pensées » humaines (« Gedankenwelt ») comme un ensemble.[3]

D'un autre côté, Dedekind avait été amené par ses travaux d'arithmétique (et notamment la théorie des idéaux) à envisager la notion d'ensemble ordonné sous un aspect plus général que Cantor. Alors que ce dernier se borne exclusivement aux ensembles totalement ordonnés,[4] Dedekind aborde le cas général, et fait notamment une étude approfondie des ensembles réticulés ((XXVI), t. II, p. 236–271). Ces travaux ne furent guère remarqués à l'époque; bien que leurs résultats, retrouvés par divers auteurs, aient fait l'objet de nombreuses publications depuis 1935, leur importance historique tient bien moins aux possibilités d'application, assez minces sans doute, de cette théorie, qu'au fait qu'ils ont

[1] C'est sur une notion très analogue que repose la seconde démonstration donnée par Zermelo de son théorème ((XXXVI *b*); voir III, p. 75, exerc. 6).

[2] Nous avons vu que Bolzano avait déjà noté cette caractérisation des ensembles infinis, mais son travail (assez peu répandu, semble-t-il, dans les milieux mathématiques) était inconnu de Dedekind au moment où celui-ci écrivait « Was sind und was sollen die Zahlen ».

[3] Une autre méthode pour définir la notion d'entier naturel et pour en établir les propriétés fondamentales avait été proposée par Frege en 1884 (XXIV *b*). Il cherche tout d'abord à donner à la notion de cardinal d'un ensemble un sens plus précis que Cantor; à cette époque ce dernier n'avait défini que les notions d'ensembles équipotents et d'ensemble ayant une puissance au plus égale à celle d'un autre, et la définition de « nombre cardinal » qu'il devait donner plus tard ((XXV), p. 282) est aussi obscure et inutilisable que la définition de la droite chez Euclide. Frege, toujours soucieux de précision, a l'idée de prendre comme définition du cardinal d'un ensemble A l'ensemble de tous les ensembles équipotents à A ((XXIV *b*), § 68); puis, ayant défini $\varphi(\mathfrak{a}) = \mathfrak{a} + 1$ pour tout cardinal (§ 76), il se place dans l'ensemble C de tous les cardinaux, et définit la relation « $\mathfrak{b}$ est un φ-successeur de $\mathfrak{a}$ » comme signifiant que $\mathfrak{b}$ appartient à l'intersection de tous les ensembles $X \subset C$ tels que $\varphi(\mathfrak{a}) \in X$ et $\varphi(X) \subset X$ (§ 79). Enfin, il définit un entier naturel comme un φ-successeur de 0 (§ 83; toutes ces définitions sont bien entendu exprimées par Frege dans son langage de la « logique des concepts »). Malheureusement, cette construction devait se révéler défectueuse, l'ensemble C et l'ensemble des ensembles équipotents à un ensemble A étant « paradoxaux » (voir ci-dessous).

[4] Il est curieux de noter que, parmi ces derniers, Cantor ne voulut jamais admettre l'existence des groupes ordonnés « non archimédiens » parce qu'ils introduisaient la notion d'« infiniment petit actuel » ((XXV), p. 156 et 172). De telles relations d'ordre s'étaient naturellement présentées dans les recherches de Du Bois-Reymond sur les ordres d'infinitude (cf. Note hist. de FVR, VI) et furent étudiées de façon systématique par Veronese (*Fundamenta di geometria*, Padova, 1891).

constitué un des premiers exemples de construction axiomatique soignée. Par contre, les premiers résultats de Cantor sur les ensembles dénombrables ou ayant la puissance du continu devaient rapidement avoir de multiples et importantes applications jusque dans les questions les plus classiques de l'Analyse[1] (sans parler naturellement des parties de l'œuvre cantorienne qui inauguraient la Topologie générale et la théorie de la mesure; voir là-dessus les Notes historiques de TG et INT). En outre, dès les dernières années du XIXᵉ siècle apparaissent les premières utilisations du principe d'induction transfinie, devenu, surtout après la démonstration du théorème de Zermelo, un outil indispensable dans toutes les parties des mathématiques modernes. Kuratowski devait, en 1922, donner une version souvent plus maniable de ce principe, évitant l'utilisation des ensembles bien ordonnés ((XL), p. 89); c'est sous cette forme, retrouvée plus tard par Zorn (XLV), qu'il est principalement employé à l'époque actuelle.[2]

Vers la fin du XIXᵉ siècle, les conceptions essentielles de Cantor avaient donc gain de cause.[3] Nous avons vu que, vers cette même époque, la formalisation des mathématiques s'achève et que l'emploi de la méthode axiomatique est à peu près universellement admis. En d'autres termes, le travail intense des années 1875–1895 avait mis les mathématiciens en possession de l'essentiel des matières exposées dans ce Livre. Cependant, c'est à cette même époque que s'ouvrait une « crise des fondements » d'une rare violence, qui allait secouer le monde mathématique pendant plus de 30 ans, et sembler par moments compromettre, non seulement toutes ces acquisitions récentes, mais même les parties les plus classiques de la Mathématique.

Les paradoxes de la théorie des ensembles et la crise des fondements

Les premiers ensembles « paradoxaux » apparurent dans la théorie des cardinaux et des ordinaux. En 1897, Burali-Forti remarque que l'on ne peut considérer qu'il existe un ensemble formé de *tous les ordinaux*, car cet ensemble serait bien ordonné, et par suite isomorphe à un de ses segments distincts de lui-même, ce qui est absurde.[4] En 1899, Cantor observe (dans une lettre à Dedekind) que l'on ne peut non plus dire que les cardinaux forment un ensemble, ni parler

[1] Dès 1874, Weierstrass avait signalé, dans une lettre à Du Bois-Reymond, une application aux fonctions de variable réelle du théorème de Cantor sur la possibilité de ranger les nombres rationnels en une suite (*Acta Math.*, t. XXX (1924), p. 206).

[2] De ce fait, l'intérêt qui s'attachait aux ordinaux de Cantor a beaucoup décru; d'une façon générale, d'ailleurs, beaucoup des résultats de Cantor et de ses successeurs sur l'arithmétique des ordinaux et les cardinaux non dénombrables sont jusqu'ici restés assez isolés.

[3] La consécration officielle de la théorie des ensembles se manifeste dès le premier Congrès international des mathématiciens (Zurich, 1897), où Hadamard et Hurwitz en signalent d'importantes applications à l'Analyse. L'influence grandissante de Hilbert à cette époque contribua beaucoup à répandre les idées de Cantor, surtout en Allemagne.

[4] C. Burali-Forti, Sopra un teorema del Sig. G. Cantor, *Atti Acad. Torino*, t. XXXII (1896–97), p. 229–237. Cette remarque avait déjà été faite par Cantor en 1896 (dans une lettre à Hilbert, non publiée).

de « l'ensemble de tous les ensembles » sans aboutir à une contradiction (l'ensemble des parties de ce dernier « ensemble » Ω serait équipotent à une partie de Ω, ce qui est contraire à l'inégalité $\mathfrak{m} < 2^{\mathfrak{m}}$) ((XXV), p. 444–448). En 1905 enfin, Russell, analysant la démonstration de cette inégalité, montre que le raisonnement qui l'établit prouve (sans faire appel à la théorie des cardinaux) que la notion de « l'ensemble des ensembles qui ne sont pas éléments d'eux-mêmes » est, elle aussi, contradictoire (XXXVII).[1]

On pouvait penser que de telles « antinomies » ne se manifesteraient que dans des régions périphériques des mathématiques, caractérisées par la considération d'ensembles d'une « grandeur » inaccessible à l'intuition. Mais d'autres « paradoxes » devaient bientôt menacer les parties les plus classiques des mathématiques. Berry et Russell (XXXVII), simplifiant un raisonnement de J. Richard (XXXIV), observent en effet que l'ensemble des entiers dont la définition peut s'exprimer en moins de seize mots français est fini, mais qu'il est cependant contradictoire de définir un entier comme « le plus petit entier qui n'est pas définissable en moins de seize mots français », car cette définition ne comporte que quinze mots.

Bien que de tels raisonnements, si éloignés de l'usage courant des mathématiciens, aient pu paraître à beaucoup d'entre eux comme des sortes de calembours, ils n'en indiquaient pas moins la nécessité d'une révision des bases des mathématiques, destinée à éliminer les « paradoxes » de cette nature. Mais s'il y avait unanimité sur l'urgence de cette révision, des divergences radicales devaient bientôt surgir touchant la manière de la réaliser. Pour un premier groupe de mathématiciens, soit « idéalistes », soit « formalistes »,[2] la situation créée par les « paradoxes » de la théorie des ensembles est très analogue à celle qui résultait, en géométrie, de la découverte des géométries non-euclidiennes ou des courbes « pathologiques » (comme les courbes sans tangente); elle doit conduire à une conclusion semblable, mais plus générale, savoir qu'il est vain de chercher à fonder une théorie mathématique *quelconque* par un appel (explicite ou non) à l'« intuition ». On peut résumer cette position avec les mots mêmes du principal adversaire de l'école formaliste: « *Le formaliste* », dit Brouwer ((XXXVIII *a*), p. 83), « *soutient que la raison humaine n'a pas à sa disposition d'images exactes des lignes droites ou des nombres supérieurs à dix, par exemple... Il est vrai que de certaines relations entre entités mathématiques, que nous prenons comme axiomes, nous déduisons d'autres relations d'après des règles fixes, avec la conviction que de cette façon nous dérivons des*

[1] Le raisonnement de Russell est à rapprocher des paradoxes antiques dont le type est le célèbre « Menteur », sujet d'innombrables commentaires dans la Logique formelle classique: il s'agit de savoir si l'homme qui dit « Je mens » dit ou non la vérité en prononçant ces paroles (cf. A. Rüstow, *Der Lügner*, Diss. Erlangen, 1910).

[2] Les divergences entre ces deux écoles sont surtout d'ordre philosophique, et nous ne pouvons ici entrer dans plus de détails à ce sujet; l'essentiel est qu'elles se rejoignent sur le terrain proprement mathématique. Par exemple, Hadamard, représentant typique des « idéalistes », adopte, en ce qui concerne la validité des raisonnements de théorie des ensembles, un point de vue très voisin des formalistes, mais sans l'exprimer sous une forme axiomatique ((XXXV), p. 271).

vérités d'autres vérités par un raisonnement logique... [Mais] *pour le formaliste, l'exactitude mathématique ne réside que dans le développement de la suite des relations, et est indépendante de la signification que l'on pourrait vouloir donner à ces relations ou aux entités qu'elles relient.* »

Il s'agit donc, pour le formaliste, de donner à la théorie des ensembles une base axiomatique tout à fait analogue à celle de la géométrie élémentaire, où on ne s'occupe pas de savoir ce que sont les « choses » que l'on appelle « ensembles », ni ce que signifie la relation $x \in y$, mais où on énumère les conditions imposées à cette dernière relation; bien entendu, cela doit être fait de façon à inclure, autant que possible, tous les résultats de la théorie de Cantor, tout en rendant impossible l'existence des ensembles « paradoxaux ». Le premier exemple d'une telle axiomatisation fut donné par Zermelo en 1908 (XXXVI *c*); il évite les ensembles « trop grands » par l'introduction d'un « axiome de sélection (Aussonderung) », une propriété $P\{x\}$ ne déterminant un ensemble formé des éléments qui la possèdent que si $P\{x\}$ entraîne déjà une relation de la forme $x \in A$.[1] Mais l'élimination des paradoxes analogues au « paradoxe de Richard » ne pouvait se faire qu'en restreignant le sens attaché à la notion de « propriété »; là-dessus, Zermelo se contente de décrire de façon fort vague un type de propriétés qu'il appelle « *definit* », et d'indiquer qu'il faut se limiter à ces dernières dans l'application de l'axiome de sélection. Ce point fut précisé par Skolem (XXXIX) et Fraenkel (XLI)[2]; comme l'observèrent ceux-ci, son élucidation exige qu'on se place dans un système complètement formalisé (comme celui décrit dans les chap. I et II de ce Livre), où les notions de « propriété » et de « relation » ont perdu toute « signification » et sont devenues de simples désignations pour des assemblages formés suivant des règles explicites. Cela nécessite bien entendu qu'on fasse entrer dans le système les règles de Logique utilisées, ce qui n'était pas encore le cas dans le système de Zermelo-Fraenkel; à cela près, c'est essentiellement ce dernier système qui a été décrit aux chap. I et II.

D'autres axiomatisations de la théorie des ensembles ont été proposées par la suite. Citons principalement celle de von Neumann (XLIII *a*) et *b*)) qui, plus que le système de Zermelo-Fraenkel, se rapproche de la conception primitive de Cantor: ce dernier, pour éviter les ensembles paradoxaux, avait déjà proposé ((XXV), p. 445–448), dans sa correspondance avec Dedekind, de distinguer deux sortes d'ensembles, les « multiplicités » (« Vielheiten ») et les « ensembles » (« Mengen ») proprement dits, les seconds se caractérisant en ce qu'ils peuvent

[1] Par exemple, le paradoxe de Russell ne deviendrait valable dans le système de Zermelo que si l'on y démontrait la relation $(\exists z)((x \notin x) \Rightarrow (x \in z))$; bien entendu, une telle démonstration, si l'on venait à l'obtenir, aurait pour conséquence immédiate la nécessité d'une modification substantielle du système en question.

[2] Skolem (XXXIX) et Fraenkel (XLI) ont aussi remarqué que les axiomes de Zermelo ne permettaient pas de démontrer, par exemple, l'existence de cardinaux non dénombrables $\mathfrak{m}$ tels que, pour tout cardinal $\mathfrak{n} < \mathfrak{m}$, on ait $2^{\mathfrak{n}} < \mathfrak{m}$. On a vu (III, p. 90, exerc. 21) qu'en renforçant l'axiome de sélection (schéma S8, II, p. 4), on peut démontrer l'existence de tels cardinaux; l'axiome ainsi introduit est une variante de ceux proposés par Skolem et Fraenkel.

être pensés comme un seul objet. C'est cette idée que précise von Neumann en distinguant deux types d'objets, les « ensembles » et les « classes »; dans son système (à peu près complètement formalisé), les classes se distinguent des ensembles en ce qu'elles ne peuvent être placées à gauche du signe $\in$. Un des avantages d'un tel système est qu'il réhabilite la notion de « classe universelle » utilisée par les logiciens du XIXe siècle (qui naturellement n'est pas un ensemble); signalons aussi que le système de von Neumann évite (pour la théorie des ensembles) l'introduction de schémas d'axiomes, remplacés par des axiomes convenables (ce qui en rend l'étude logique plus facile). Des variantes du système de von Neumann ont été données par Bernays et Gödel (XLIV *b*).

L'élimination des paradoxes semble bien obtenue par les systèmes précédents, mais au prix de restrictions qui ne peuvent manquer de paraître très arbitraires. A la décharge du système de Zermelo-Fraenkel, on peut dire qu'il se borne à formuler des interdictions qui ne font que sanctionner la pratique courante dans les applications de la notion d'ensemble aux diverses théories mathématiques. Les systèmes de von Neumann et de Gödel sont plus éloignés des conceptions usuelles; en revanche, il n'est pas exclu qu'il soit plus aisé d'insérer certaines théories mathématiques encore à leur début dans le cadre fourni par de tels systèmes plutôt que dans le cadre plus étroit du système de Zermelo-Fraenkel.

On ne saurait certes affirmer qu'aucune de ces solutions donne l'impression d'être définitive. Si elles satisfont les formalistes, c'est que ces derniers refusent de prendre en considération les réactions psychologiques individuelles de chaque mathématicien; ils estiment qu'un langage formalisé a rempli sa tâche lorsqu'il peut transcrire les raisonnements mathématiques sous une forme dépourvue d'ambiguïté, et servir ainsi de véhicule à la pensée mathématique; libre à chacun, diraient-ils, de penser ce qu'il voudra sur la « nature » des êtres mathématiques ou la « vérité » des théorèmes qu'il utilise, pourvu que ses raisonnements puissent être transcrits dans le langage commun.[1]

En d'autres termes, du point de vue philosophique, l'attitude des formalistes consiste à se désintéresser du problème posé par les « paradoxes », en abandonnant la position platonicienne qui visait à attribuer aux notions mathématiques un « contenu » intellectuel commun à tous les mathématiciens. Beaucoup de mathématiciens reculent devant cette rupture avec la tradition. Russell, par exemple, cherche à éviter les paradoxes en analysant leur structure de façon plus approfondie. Reprenant une idée émise d'abord par J. Richard (dans l'article (XXXIV) où il exposait son « paradoxe ») et développée ensuite par H. Poincaré (XXXIII *c*), Russell et Whitehead observent que les définitions des ensembles paradoxaux

[1] Hilbert, toutefois, paraît avoir toujours cru à une « vérité » mathématique objective ((XXX), p. 315 et 323). Même des formalistes qui, comme H. Curry, ont une position très voisine de celle que nous venons de résumer, repoussent avec une sorte d'indignation l'idée que les mathématiques pourraient être considérées comme un simple jeu, et veulent absolument y voir une « science objective » (H. Curry, *Outlines of a formalist philosophy of mathematics*, Amsterdam (North Holland Publ. Co.), 1951, p. 57).

violent toutes le principe suivant, dit « principe du cercle vicieux »: « Un élément dont la définition implique la totalité des éléments d'un ensemble, ne peut appartenir à cet ensemble » ((XXXVII), t. I, p. 40). Aussi est-ce cet énoncé qui sert de base aux *Principia*, et c'est pour le respecter qu'est développée dans cet ouvrage la « théorie des types ». Comme celle de Frege dont elle est inspirée, la logique de Russell et Whitehead (beaucoup plus vaste que la logique mathématique utilisée au chap. I de ce Livre) possède des « variables propositionnelles »; la théorie des types procède à un classement entre ces diverses variables, dont les grandes lignes sont les suivantes. Partant d'un « domaine d'individus » non précisés et qui peuvent être qualifiés d'« objets d'ordre 0 », les relations où les variables (*libres ou liées*) sont des individus, sont dites « objets du premier ordre »; et de façon générale, les relations où les variables sont des objets d'ordre $\leqslant n$ (une au moins étant d'ordre n) sont dites « objets d'ordre $n + 1$ ».[1] Un ensemble d'objets d'ordre n ne peut alors être défini que par une relation d'ordre $n + 1$, condition qui permet d'éliminer sans peine les ensembles paradoxaux.[2] Mais le principe de la « hiérarchie des types » est si restrictif qu'en y adhérant strictement on aboutirait à une mathématique d'une inextricable complexité.[3] Pour échapper à cette conséquence, Russell et Whitehead sont contraints d'introduire un « axiome de réductibilité » affirmant l'existence, pour toute relation entre « individus », d'une relation *du premier ordre*, qui lui soit équivalente; condition tout aussi arbitraire que les axiomes des formalistes, et qui réduit considérablement l'intérêt de la construction des *Principia*. Aussi le système de Russell et Whitehead a-t-il eu plus de succès chez les logiciens que chez les mathématiciens; il n'est d'ailleurs pas entièrement formalisé,[4] et il en résulte de nombreuses obscurités de détail. Divers efforts ont été faits pour simplifier et clarifier ce système (Ramsey, Chwistek, Quine, Rosser); tendant à utiliser des langages de plus en plus complètement formalisés, ces auteurs remplacent les règles des *Principia* (qui avaient encore un certain fondement intuitif) par des restrictions ne tenant compte que de l'écriture des assemblages considérés; non seulement ces règles paraissent alors tout aussi gratuites que les interdictions formulées dans les systèmes de Zermelo-

[1] Ce n'est là en réalité que le début de la classification des « types », dont on ne saurait rendre compte fidèlement sans entrer dans de très longs développements; le lecteur désireux d'explications plus détaillées pourra se reporter notamment à l'introduction du t. II des *Principia Mathematica* (XXXVII).

[2] Dans le système de Russell et Whitehead, la relation $x \in x$ ne peut donc être écrite légitimement, au contraire du système de Zermelo-Fraenkel, par exemple (cf. II, p. 3).

[3] Par exemple, l'égalité n'est pas une notion primitive dans le système des *Principia*: deux objets a, b sont égaux si pour *toute* propriété $P\{x\}$, $P\{a\}$ et $P\{b\}$ sont des propositions équivalentes. Mais cette définition n'a pas de sens en théorie des types: il faudrait, pour lui en donner un, spécifier au moins l'« ordre » de P, et on serait ainsi amené à distinguer une infinité de relations d'égalité! Zermelo avait d'ailleurs remarqué, dès 1908 (XXXVI *b*), que de nombreuses définitions des mathématiques classiques (par exemple celle de la borne inférieure d'un ensemble dans $\mathbf{R}$) ne respectent pas le « principe du cercle vicieux », et que l'adoption de ce principe risquait donc de jeter l'interdit sur des parties importantes des théories mathématiques les plus traditionnelles.

[4] Russell et Whitehead (comme déjà Frege) s'en tiennent à la position classique touchant les formules mathématiques, qui doivent toujours pour eux avoir un « sens » se rapportant à une activité sous-jacente de la pensée.

Fraenkel ou de von Neumann, mais, étant plus éloignées de la pratique des mathématiciens, elles ont, dans plusieurs cas, conduit à des conséquences inacceptables, que n'avait pas prévues l'auteur (comme la paradoxe de Burali-Forti, ou la négation de l'axiome de choix).

Pour les mathématiciens des écoles précédentes, il s'agit avant tout de ne renoncer à aucune part de l'héritage du passé: « *Du paradis que Cantor a créé pour nous* », dit Hilbert ((XXX), p. 274), « *nul ne doit pouvoir nous chasser.* » Pour ce faire, ils sont disposés à accepter des limitations aux raisonnements mathématiques, peu essentielles parce que conformes à l'usage, mais qui ne paraissent pas imposées par nos habitudes mentales et l'intuition de la notion d'ensemble. Tout leur semble préférable à l'intrusion de la psychologie dans les critères de validité des mathématiques; et plutôt que de « *faire entrer en ligne de compte les propriétés de nos cerveaux* », comme dit Hadamard ((XXXV), p. 370), ils se résignent à imposer au domaine mathématique des bornes en grande partie arbitraires pourvu qu'elles enferment la Mathématique classique et ne risquent pas d'entraver les progrès ultérieurs.

Toute différente est l'attitude des mathématiciens se rattachant à la tendance dont il nous reste à parler. Si les formalistes acceptent de renoncer au contrôle des « yeux de l'esprit » en ce qui concerne le raisonnement mathématique, les mathématiciens que l'on a appelé « empiristes », « réalistes » ou « intuitionnistes » se refusent à cette abdication; il leur faut une sorte de certitude intérieure garantissant l'« existence » des objets mathématiques dont ils s'occupent. Tant qu'il ne s'agissait que de renoncer à l'intuition spatiale, il n'y avait pas eu d'objection sérieuse, puisque les « modèles » arithmétiques permettaient de se retrancher derrière la notion intuitive des entiers. Mais des oppositions irréductibles se manifestent lorsqu'il est question de ramener la notion d'entier à celle (beaucoup moins précise intuitivement) d'ensemble, puis d'imposer au maniement des ensembles des barrières sans fondement intuitif. Le premier en date de ces opposants (et celui qui, par l'autorité de son génie, devait exercer le plus d'influence) fut H. Poincaré; ayant admis, non seulement le point de vue axiomatique touchant la géométrie et l'arithmétisation de l'Analyse, mais aussi une bonne partie de la théorie de Cantor (qu'il fut un des premiers à appliquer avec fruit dans ses travaux), il se refuse par contre à concevoir que l'arithmétique puisse, elle aussi, être justiciable d'un traitement axiomatique; le principe d'induction complète lui paraît en particulier une intuition fondamentale de notre esprit, où il est impossible de voir une pure convention[1] (XXXIII *c*). Hostile par principe aux langages formalisés, dont il contestait l'utilité, il confond constamment la notion d'entier dans les mathématiques formalisées, et

[1] Poincaré va jusqu'à dire en substance qu'il est impossible de définir une structure vérifiant tous les axiomes de Peano, à l'exception du principe d'induction complète (XXXIII *a*); l'exemple (dû à Padoa) des entiers avec l'application $x \mapsto x + 2$ remplaçant $x \mapsto x + 1$ montre que cette assertion est inexacte. Il est curieux de la trouver déjà chez Frege, presque dans les mêmes termes ((XXIV *b*), p. 21 *e*).

l'utilisation des entiers dans la théorie de la démonstration, qui s'ébauchait alors, et dont nous parlerons plus loin; sans doute était-il difficile à cette époque de faire aussi nettement qu'aujourd'hui — après 50 années d'études et de discussion — cette distinction qu'avaient pourtant bien sentie un Hilbert ou un Russell.

Les critiques de cette nature se multiplient après l'introduction de l'axiome de choix par Zermelo en 1904 (XXXVI *a*). Son utilisation dans mainte démonstration antérieure d'Analyse ou de théorie des ensembles était jusque-là passée à peu près inaperçue[1]; c'est en suivant une idée suggérée par Erhard Schmidt que Zermelo, énonçant explicitement cet axiome (d'ailleurs sous les deux formes données dans E, R, § 4, n° 10) en déduisit de façon ingénieuse une démonstration satisfaisante (que nous avons essentiellement reproduite dans III, p. 19) de l'existence d'un bon ordre sur tout ensemble. Venant en même temps que les « paradoxes », il semble que ce nouveau mode de raisonnement, par son allure insolite, ait jeté la confusion chez beaucoup de mathématiciens; il n'est que de voir les étranges malentendus qui surgissent à ce propos, dans le tome suivant des *Mathematische Annalen*, sous la plume de mathématiciens aussi familiers avec les méthodes cantoriennes que Schoenflies et F. Bernstein. Les critiques d'E. Borel, publiées dans ce même volume, sont plus substantielles et se rattachent nettement au point de vue exprimé par H. Poincaré sur les entiers; elles sont développées et discutées dans un échange de lettres entre E. Borel, Baire, Hadamard et Lebesgue, resté classique dans la tradition mathématique française (XXXV). Borel commence par nier la validité de l'axiome de choix parce qu'il comporte en général une infinité non dénombrable de choix, ce qui est inconcevable pour l'intuition. Mais Hadamard et Lebesgue observent que l'infinité dénombrable de choix *arbitraires* successifs n'est pas plus intuitive, puisqu'elle comporte une infinité d'opérations, qu'il est impossible de concevoir comme s'effectuant réellement. Pour Lebesgue, qui élargit le débat, tout revient à savoir ce qu'on entend quand on dit qu'un être mathématique « existe »; il faut, pour lui, qu'on « nomme » explicitement une propriété le définissant de façon unique (une propriété « fonctionnelle », dirions-nous); pour une fonction comme celle qui sert à Zermelo dans son raisonnement, c'est ce que Lebesgue appelle une « loi » de choix; si, continue-t-il, on ne satisfait pas à cette exigence, et qu'on se borne à « penser » à cette fonction au lieu de la « nommer », est-on sûr qu'au cours du raisonnement on pense toujours à la même ((XXXV), p. 267)? D'ailleurs, ceci amène Lebesgue à de nouveaux doutes; déjà la question du choix d'un seul élément dans un ensemble lui paraît soulever des difficultés: il faut qu'on soit sûr qu'un tel élément « existe »,

[1] En 1890, Peano, démontrant son théorème sur l'existence des intégrales des équations différentielles, remarque qu'il serait naturellement amené à « *appliquer une infinité de fois une loi arbitraire avec laquelle à une classe on fait correspondre un individu de cette classe* »; mais il ajoute aussitôt qu'un tel raisonnement est inadmissible à ses yeux (*Math. Ann.*, t. XXXVII (1890), p. 210). En 1902, B. Levi avait remarqué que ce même raisonnement était implicitement utilisé par F. Bernstein dans une démonstration de théorie des cardinaux (*Ist. Lombardo Sci. Lett. Rend.* (2), t. XXXV (1902), p. 863).

c'est-à-dire qu'on puisse « nommer » au moins un des éléments de l'ensemble[1]. Peut-on alors parler d'« existence » d'un ensemble dont on ne sait pas « nommer » chaque élément? Déjà Baire n'hésite pas à nier l'« existence » de l'ensemble des parties d'un ensemble infini donné (*loc. cit.*, p. 263–264); en vain Hadamard observe-t-il que ces exigences conduisent à renoncer même à parler de l'ensemble des nombres réels: c'est bien à cette conclusion que finit par se rallier E. Borel. Mis à part le fait que le dénombrable semble avoir acquis droit de cité, on est à peu près revenu à la position classique des adversaires de l'« infini actuel ».

Toutes ces objections n'avaient rien de très systématique; il était réservé à Brouwer et à son école d'entreprendre une refonte complète des mathématiques guidée par des principes semblables, mais encore bien plus radicaux. Nous ne saurions ici entreprendre de résumer une doctrine aussi complexe que l'intuitionnisme, qui participe autant de la psychologie que des mathématiques, et nous nous bornerons à en indiquer quelques-uns des traits les plus frappants, renvoyant pour plus de détails aux travaux de Brouwer lui-même (XXXVIII) et à l'exposé de Heyting (XLVI). Pour Brouwer, la Mathématique est identique à la partie « exacte » de notre pensée, basée sur l'intuition première de la suite des entiers naturels, et qu'il est impossible de traduire sans mutilations en un système formel. Elle n'est d'ailleurs « exacte » que dans l'esprit des mathématiciens, et il est chimérique d'espérer forger un instrument de communication entre eux qui ne soit pas sujet à toutes les imperfections et ambiguïtés du langage; on peut, tout au plus, espérer éveiller chez l'interlocuteur un état d'esprit favorable par des descriptions plus ou moins vagues ((XLVI), p. 11–13). La mathématique intuitionniste n'attache guère plus d'importance à la logique qu'au langage: une démonstration n'est pas concluante en vertu de règles logiques fixées une fois pour toutes, mais en raison de l'« évidence immédiate » de chacun de ses chaînons. Cette « évidence » doit en outre être interprétée de façon encore plus restrictive que par E. Borel et ses partisans: c'est ainsi qu'en mathématique intuitionniste, on ne peut dire qu'une relation de la forme « R ou (non R) » est vraie (principe du tiers exclu), à moins que, pour tout système de valeurs données aux variables figurant dans R, on ne puisse démontrer que l'une des deux propositions R, « non R » est vraie; par exemple, de l'équation $ab = 0$ entre deux nombres réels, on ne peut conclure « $a = 0$ ou $b = 0$ », car il est facile de former des exemples explicites de nombres réels a, b pour lesquels on a $ab = 0$ sans que l'on sache, à l'heure actuelle, démontrer aucune des deux propositions $a = 0$, $b = 0$ ((XLVI), p. 21).

[1] Le prétendu « choix » d'un élément dans un ensemble n'a en fait rien à voir avec l'axiome de choix; il s'agit d'une simple façon de parler, et partout où on s'exprime de cette manière, on ne fait en réalité qu'utiliser la méthode de la constante auxiliaire (I, p. 28), qui ne repose que sur les règles logiques les plus élémentaires (où le signe τ n'intervient pas). Bien entendu, l'application de cette méthode à un ensemble A exige que l'on ait démontré que $A \neq \varnothing$; c'est sur ce point que porte l'argumentation de Lebesgue, car une telle démonstration n'est valable pour lui que si précisément on a « nommé » un élément de A. Par exemple, Lebesgue ne considère pas comme valable le raisonnement de Cantor prouvant l'existence des nombres transcendants; cette existence n'est prouvée pour lui que parce qu'il est possible de « nommer » des nombres transcendants, tels que les nombres de Liouville ou les nombres e ou π.

On ne s'étonnera pas si, à partir de tels principes, les mathématiciens intuitionnistes aboutissent à des résultats fort différents des théorèmes classiques. Toute une partie de ces derniers disparaît, par exemple la plupart des théorèmes « existentiels » en Analyse (comme les théorèmes de Bolzano et de Weierstrass pour les fonctions numériques); si une fonction d'une variable réelle « existe » au sens intuitionniste, elle est *ipso facto* continue; une suite bornée monotone de nombres réels n'a pas nécessairement de limite. D'autre part, beaucoup de notions classiques se ramifient, pour l'intuitionniste, en plusieurs notions fondamentalement distinctes: il y a ainsi deux notions de convergence (pour une suite de nombres réels) et huit de dénombrabilité. Il va sans dire que l'induction transfinie et ses applications à l'Analyse moderne sont (comme la plus grande partie de la théorie de Cantor) condamnées sans appel.

C'est seulement de cette façon, selon Brouwer, que les propositions mathématiques peuvent acquérir un « contenu »; les raisonnements formalistes qui vont au-delà de ce qu'admet l'intuitionnisme sont jugés sans valeur, puisque l'on ne peut plus leur donner un « sens » auquel la notion intuitive de « vérité » pourrait s'appliquer. Il est clair que de pareils jugements ne peuvent reposer que sur une notion préalable de « vérité », de nature psychologique ou métaphysique. C'est dire pratiquement qu'ils échappent à toute discussion.

Il n'est pas douteux que les vigoureuses attaques venues du camp intuitionniste n'aient forcé quelque temps non seulement les écoles mathématiques d'avant-garde, mais même les partisans de la mathématique traditionnelle, à se mettre sur la défensive. Un mathématicien célèbre a reconnu avoir été impressionné par ces attaques au point d'avoir volontairement renfermé ses travaux dans des branches des mathématiques jugées « sûres ». Mais de tels cas ont dû être peu fréquents. L'école intuitionniste, dont le souvenir n'est sans doute destiné à subsister qu'à titre de curiosité historique, aura du moins rendu le service d'avoir obligé ses adversaires, c'est-à-dire en définitive l'immense majorité des mathématiciens, à préciser leurs positions et à prendre plus clairement conscience des raisons (les unes d'ordre logique, les autres d'ordre sentimental) de leur confiance dans la mathématique.

La métamathématique

L'absence de contradiction a de tout temps été considérée comme une condition *sine qua non* de toute mathématique, et dès l'époque d'Aristote, la logique était assez développée pour qu'on sût parfaitement que d'une théorie contradictoire, on peut déduire n'importe quoi. Les preuves d'« existence », considérées comme indispensables depuis l'Antiquité, n'avaient visiblement pas d'autre but que de garantir que l'introduction d'un nouveau concept ne risquait pas d'entraîner contradiction, particulièrement quand ce concept était trop compliqué pour tomber immédiatement sous l'« intuition ». Nous avons vu comment cette exigence était devenue plus impérieuse avec l'avènement du point de vue axiomatique au XIXe siècle, et comment la construction de « modèles » arithmétiques y avait répondu. Mais l'arithmétique elle-même pouvait-elle être contradictoire ? Question qu'on n'aurait sans doute pas songé à se poser avant la fin du XIXe siècle, tant les entiers paraissaient appartenir à ce qu'il y a de plus sûr dans notre intuition ; mais après les « paradoxes » tout semblait remis en question, et on comprend que le sentiment d'insécurité qu'ils avaient créé ait conduit les mathématiciens, vers 1900, à se pencher avec plus d'attention sur le problème de la non-contradiction de l'arithmétique, afin de sauver au moins du naufrage les mathématiques classiques. Aussi ce problème est-il le second de ceux qu'énumérait Hilbert dans sa célèbre conférence au Congrès international de 1900 ((XXXI), p. 229–301). Ce faisant, il posait un principe nouveau qui devait avoir un grand retentissement : alors que dans la logique traditionnelle la non-contradiction d'un concept ne faisait que le rendre « possible », elle équivaut pour Hilbert (tout au moins pour les concepts mathématiques définis axiomatiquement) à *l'existence* de ce concept. Cela impliquait apparemment la nécessité de démontrer *a priori* la non-contradiction d'une théorie mathématique avant même de pouvoir la développer de façon légitime ; c'est bien ainsi que l'entend H. Poincaré qui, pour battre en brèche le formalisme, reprend à son compte l'idée de Hilbert, en soulignant avec un malin plaisir à quel point les formalistes étaient loin à cette époque de pouvoir la réaliser ((XXXIII *c*), p. 163). Nous verrons plus loin comment Hilbert devait relever le défi ; mais auparavant il nous faut noter ici que, sous l'influence de son autorité et de celle de Poincaré, les exigences posées par ce dernier devaient pendant longtemps être acceptées sans réserve aussi bien par les formalistes que par leurs adversaires. Une conséquence fut la croyance, très répandue aussi chez les formalistes, que la théorie de la démonstration de Hilbert faisait partie intégrante de la mathématique, dont elle constituait les indispensables prolégomènes. Nous avons dit dans l'Introduction pourquoi ce dogme ne nous paraît pas justifié[1], et nous considérons que l'intervention de la métamathématique dans l'exposé de la logique et des mathématiques peut et doit être réduite à la partie très élémentaire qui traite du maniement des symboles abréviateurs et des critères déductifs. Il ne s'agit pas ainsi, contrairement à ce que prétend Poincaré, de « revendiquer la liberté de la contradiction », mais bien plutôt de considérer, avec Hadamard, que l'absence de contradiction, lors même qu'elle ne se démontre pas, se constate ((XXXV), p. 270).

Il nous reste à donner une brève esquisse historique des efforts de Hilbert et de son école ; bien que la théorie de la démonstration ne soit pas abordée

[1] En pure doctrine formaliste, les mots « il existe » dans un texte formalisé n'ont pas plus de « signification » que les autres, et il n'y a pas à considérer d'autre type d'« existence » dans les démonstrations formalisées.

dans ce Traité, il n'est pas sans intérêt de retracer sommairement, non seulement l'évolution qui devait finalement conduire au résultat négatif de Gödel et justifier *a posteriori* le scepticisme d'Hadamard, mais aussi tous les progrès qui en ont découlé, touchant la connaissance du mécanisme des raisonnements mathématiques, et qui font de la métamathématique moderne une science autonome d'un intérêt incontestable.

Dès 1904, dans une conférence au Congrès international ((XXX), p. 247–261), Hilbert s'attaque au problème de la non-contradition de l'arithmétique. Il constate d'abord qu'il ne peut être question de la démontrer en ayant recours à un modèle,[1] et indique à grands traits le principe d'une autre méthode: il propose de considérer les propositions vraies de l'arithmétique formalisée comme des assemblages de signes sans signification, et de prouver qu'en utilisant les règles gouvernant la formation et l'enchaînement de ces assemblages, on ne peut jamais obtenir un assemblage qui soit une proposition vraie et dont la négation soit aussi une proposition vraie. Il ébauche même une démonstration de cette nature pour un formalisme moins étendu que celui de l'arithmétique; mais, comme l'observe peu après H. Poincaré ((XXXIII *c*), p. 185), cette démonstration fait essentiellement usage du principe de récurrence, et paraît donc reposer sur un cercle vicieux. Hilbert ne répondit pas immédiatement à cette critique, et une quinzaine d'années s'écoula sans que personne tentât de développer ses idées; c'est en 1917 seulement que (mû par le désir de répondre aux attaques des intuitionnistes) il s'attelle de nouveau au problème des fondements des mathématiques, dont il ne cessera désormais de s'occuper jusqu'à la fin de sa carrière scientifique. Dans ses travaux sur ce sujet, qui s'échelonnent de 1920 à 1930 environ, et auxquels participe activement toute une école de jeunes mathématiciens (Ackermann, Bernays, Herbrand, von Neumann), Hilbert dégage peu à peu les principes de sa « théorie de la démonstration » de façon plus précise: reconnaissant implicitement le bien-fondé de la critique de Poincaré, il admet qu'en métamathématique, les raisonnements arithmétiques utilisés ne peuvent se fonder que sur notre intuition des entiers (et non sur l'arithmétique formalisée); pour ce faire, il paraît essentiel de restreindre ces raisonnements à des « procédés finis » (« finite Prozesse ») d'un type admis par les intuitionnistes; par exemple, une démonstration par l'absurde ne peut prouver l'existence métamathématique d'un assemblage ou d'une suite d'assemblages, il faut en donner une loi de construction explicite.[2] D'autre part Hilbert élargit dans deux directions son programme initial: non seulement il aborde la non-contradiction de l'arithmétique, mais il aspire aussi à démontrer la non-contradiction de la théorie des nombres réels et

[1] Les « modèles » fournis par les définitions de Dedekind ou de Frege ne feraient que déplacer la question, en la ramenant à la non-contradiction de la Théorie des ensembles, problème sans aucun doute plus difficile que la non-contradiction de l'Arithmétique, et qui devait le paraître bien davantage encore à une époque où aucune tentative sérieuse pour éviter les « paradoxes » n'avait été proposée.

[2] Pour une description détaillée et précise des procédés finis admis en métamathématique, on pourra consulter, par exemple, la thèse de J. Herbrand (XLII).

même celle de la théorie des ensembles[1]; en outre, aux problèmes de non-contradiction viennent s'ajouter ceux d'indépendance des axiomes, de catégoricité et de décision. Nous allons passer rapidement en revue ces diverses questions et signaler les principales recherches qu'elles ont suscitées.

Démontrer *l'indépendance* d'un système de propositions $A_1, A_2, \ldots, A_n$ consiste à montrer que, pour chaque indice i, A_i n'est pas un théorème dans la théorie $\mathcal{T}_i$ obtenue en prenant comme axiomes les A_j d'indice $j \neq i$. Ce point sera établi si on connaît une théorie non contradictoire $\mathcal{T}_i'$ dans laquelle les A_j $(j \neq i)$ sont des théorèmes, ainsi que « non A_i »; on peut ainsi considérer le problème sous deux aspects suivant que l'on admet ou non que certaines théories (comme l'arithmétique ou la théorie des ensembles) sont non contradictoires. Dans le second cas, on a affaire à un problème de non-contradiction « absolue ». Au contraire, le premier type de problèmes se résout comme les problèmes de non-contradiction « relative », par construction de « modèles » appropriés, et de nombreuses démonstrations de cette nature ont été imaginées, bien avant que la mathématique n'eût pris un aspect complètement formalisé: il suffit de rappeler les modèles de la géométrie non-euclidienne, les questions d'indépendance des axiomes de la géométrie élémentaire traitées par Hilbert dans les « *Grundlagen der Geometrie* » (XXX), ainsi que les travaux de Steinitz sur l'axiomatisation de l'Algèbre et ceux de Hausdorff et de ses successeurs sur celle de la Topologie.

Une théorie $\mathcal{T}$ est dite *catégorique* si, pour toute proposition A de $\mathcal{T}$ (ne contenant aucune lettre autre que les constantes de $\mathcal{T}$), l'une des deux propositions A, (non A), est un théorème de $\mathcal{T}$.[2] Si l'on met à part certains formalismes très rudimentaires, dont on prouve aisément la catégoricité ((XXXII), p. 35; cf. I, p. 50, exerc. 7), les résultats obtenus dans cette voie sont essentiellement négatifs; le premier en date est dû à K. Gödel (XLIV *a*) qui a montré que, si $\mathcal{T}$ est non contradictoire et si les axiomes de l'arithmétique formalisée sont des théorèmes de $\mathcal{T}$, alors $\mathcal{T}$ n'est pas catégorique. L'idée fondamentale de son ingénieuse méthode consiste à établir une correspondance biunivoque (bien entendu, au moyen de « procédés finis ») entre les énoncés métamathématiques et certaines propositions de l'arithmétique formalisée; nous nous bornerons à en esquisser les grandes lignes.[3] A chaque assemblage A qui est un terme ou une relation de $\mathcal{T}$, on commence par associer (par un procédé de construction explicite, applicable quasi mécaniquement) un entier $g(A)$, de façon biunivoque. De même, à chaque démonstration D de $\mathcal{T}$ (considérée comme succession d'assemblages; cf. I, p. 22) on peut associer un entier $h(D)$ de façon biunivoque. Enfin, on peut donner un procédé de construction

[1] Lorsqu'on parle de la non-contradiction de la théorie des nombres réels, on suppose que celle-ci est définie axiomatiquement, sans utiliser la théorie des ensembles (ou tout au moins en s'abstenant de faire usage de certains axiomes de cette dernière, comme l'axiome de choix ou l'axiome de l'ensemble des parties).

[2] On exprime souvent cela en disant que si A n'est pas un théorème de $\mathcal{T}$, la théorie $\mathcal{T}'$ obtenu en ajoutant A aux axiomes de $\mathcal{T}$ est contradictoire.

[3] Pour plus de détails, voir (XLIV *a*) ou ((XLVIII), p. 181–258).

explicite d'une relation $P\{x, y, z\}$ de $\mathscr{T}$,[1] telle que, dans $\mathscr{T}$, $P\{x, y, z\}$ entraîne que x, y, z sont des entiers, et vérifie les deux conditions suivantes:

1° si D est une démonstration de $A\{\lambda\}$, où $A\{x\}$ est une relation de $\mathscr{T}$, et λ est un entier explicité (c'est-à-dire un terme de $\mathscr{T}$ qui est un entier), alors $P\{\lambda, g(A\{x\}), h(D)\}$ est un théorème de $\mathscr{T}$;

2° si l'entier explicité μ n'est pas de la forme $h(D)$, ou si $\mu = h(D)$ et si D n'est pas une démonstration de $A\{\lambda\}$, alors (non $P\{\lambda, g(A\{x\}), \mu\}$) est un théorème de $\mathscr{T}$.

Soit alors $S\{x\}$ la relation (non$(\exists z)P\{x, x, z\}$), et soit $\gamma = g(S\{x\})$, qui est un terme de $\mathscr{T}$. Si $\mathscr{T}$ n'est pas contradictoire il n'y a *aucune démonstration* de la proposition $S\{\gamma\}$ dans $\mathscr{T}$. En effet, si D était une telle démonstration, $P\{\gamma, g(S\{x\}), h(D)\}$ serait un théorème de $\mathscr{T}$; mais cette relation n'est autre que $P\{\gamma, \gamma, h(D)\}$, et par suite $(\exists z)P\{\gamma, \gamma, z\}$ serait aussi un théorème de $\mathscr{T}$; comme cette dernière relation est équivalente à (non $S\{\gamma\}$), $\mathscr{T}$ serait contradictoire. D'autre part, ce qui vient d'être dit montre que pour tout entier explicité μ, (non $P\{\gamma, \gamma, \mu\}$) est un théorème de $\mathscr{T}$. Il en résulte qu'il n'y a *aucune démonstration*, dans $\mathscr{T}$, de (non $S\{\gamma\}$), car cette dernière relation est équivalente à $(\exists z)P\{\gamma, \gamma, z\}$ et l'existence d'un entier μ tel que $P\{\gamma, \gamma, \mu\}$ entraînerait que $\mathscr{T}$ est contradictoire, en vertu de ce qui précède.[2] Ce théorème métamathématique de Gödel a été généralisé ultérieurement dans diverses directions ((XLVIII), chap. XI).[3]

[1] La description détaillée de $g(A)$, $h(D)$ et $P\{x, y, z\}$ est fort longue et minutieuse, et l'écriture de $P\{x, y, z\}$ exigerait un nombre de signes tellement grand qu'elle est pratiquement impossible: c'est le genre de difficultés dont nous avons parlé dans l'Introduction, mais aucun mathématicien ne pense que cela diminue en rien la valeur de ces constructions.

[2] En fait, cette dernière partie du raisonnement suppose un peu plus que la non-contradiction de $\mathscr{T}$, savoir ce que l'on appelle la « ω-non-contradiction » de $\mathscr{T}$: cela signifie qu'il n'y a pas de relation $R\{x\}$ dans $\mathscr{T}$ telle que $R\{x\}$ entraîne $x \in \mathbf{N}$ et que, pour chaque entier *explicité* μ, $R\{\mu\}$ soit un théorème de $\mathscr{T}$, bien que $(\exists x)(x \in \mathbf{N}$ et (non $R\{x\}))$ soit aussi un théorème de $\mathscr{T}$. Rosser a d'ailleurs montré qu'on peut modifier le raisonnement de Gödel de façon à ne supposer que la non-contradiction de $\mathscr{T}$ ((XLVIII), p. 208).

[3] On notera l'analogie du raisonnement du Gödel avec le sophisme du menteur; la proposition $S\{\gamma\}$ affirme sa propre fausseté, quand on l'interprète en termes métamathématiques! On remarquera aussi que la proposition

$$(\forall z)((z \in \mathbf{N}) \Rightarrow (\text{non } P\{\gamma, \gamma, z\}))$$

est intuitivement vraie, puisque l'on a une démonstration dans $\mathscr{T}$ de non $P\{\gamma, \gamma, \mu\}$ pour tout entier *explicité* μ; et cependant cette proposition n'est pas démontrable dans $\mathscr{T}$. Cette situation est à rapprocher d'un résultat obtenu antérieurement par Löwenheim et Skolem (voir (XXXIX)): ce dernier définit métamathématiquement une relation entre deux *entiers naturels* x, y qui, si on l'écrit $x \in y$, satisfait aux axiomes de von Neumann pour la théorie des ensembles. D'où à première vue un nouveau « paradoxe », puisque dans ce « modèle » tous les ensembles infinis seraient dénombrables, contrairement à l'inégalité de Cantor $\mathfrak{m} < 2^{\mathfrak{m}}$. Mais en fait, la « relation » définie par Skolem ne peut être écrite dans la théorie formalisée des ensembles, pas plus que le « théorème » affirmant que l'ensemble des parties d'un ensemble infini n'a qu'une infinité dénombrable d'« éléments ». Au fond, ce « paradoxe » n'est qu'une forme plus subtile de la remarque banale que l'on n'écrira jamais qu'un nombre fini d'assemblages d'une théorie formalisée, et qu'il est donc absurde de concevoir un ensemble non dénombrable de termes de la théorie; remarque voisine de celle qui avait déjà conduit au « paradoxe de Richard ». De pareils raisonnements prouvent que la formalisation de la théorie des ensembles est indispensable si on veut conserver l'essentiel de la construction cantorienne. Les mathématiciens paraissent d'accord pour en conclure aussi qu'il n'y a guère qu'une concordance superficielle entre nos conceptions « intuitives » de la notion d'ensemble ou d'entier, et les formalismes qui sont supposés en rendre compte; le désaccord commence lorsqu'il est question de choisir entre les unes et les autres.

La relation S{y} de $\mathcal{T}$ dont on montre ainsi qu'il n'existe aucune démonstration dans $\mathcal{T}$ de cette relation ni de sa négation est visiblement fabriquée pour les besoins de la cause et ne se rattache de façon naturelle à aucun problème mathématique. Beaucoup plus intéressant est le fait que si $\mathcal{T}$ désigne la théorie des ensembles (avec le système d'axiomes de von Neumann-Bernays), *ni l'hypothèse du continu ni sa négation ne sont démontrables dans* $\mathcal{T}$. Ce remarquable résultat a été établi en deux étapes: en 1940, Gödel prouva que la théorie obtenue en adjoignant à $\mathcal{T}$ l'hypothèse du continu $2^{\aleph_0} = \aleph_1$ n'était pas contradictoire (XLIV *b*); puis, plus récemment, P. Cohen a démontré qu'il en est de même lorsqu'on adjoint à $\mathcal{T}$ la relation $2^{\aleph_0} = \aleph_2$ (ou $2^{\aleph_0} = \aleph_n$ pour un entier $n > 1$ quelconque) (XLIX).

Le problème de la *décision* (« Entscheidungsproblem ») est sans doute le plus ambitieux de tous ceux que se pose la métamathématique: il s'agit de savoir si, pour un langage formalisé donné, on peut imaginer un « procédé universel » quasi mécanique qui, appliqué à n'importe quelle relation du formalisme considéré, indique en un nombre fini d'opérations si cette relation est vraie ou non. La solution de ce problème faisait déjà partie en substance des grands desseins de Leibniz, et il semble qu'un moment l'école de Hilbert ait cru sa réalisation toute proche. Il est de fait que l'on peut décrire de tels procédés pour des formalismes comportant peu de signes primitifs et d'axiomes ((XLVIII), p. 136–141; cf. I, p. 50, exerc. 7). Mais les efforts faits pour préciser le problème de la décision, en délimitant exactement ce qu'il faut entendre par « procédé universel » n'ont jusqu'ici abouti qu'à des résultats négatifs ((XLVIII), p. 432–439). D'ailleurs, la solution du problème de la décision pour une théorie $\mathcal{T}$ permet aussitôt de savoir si $\mathcal{T}$ est ou non contradictoire, puisqu'il suffit d'appliquer le « procédé universel » à une relation de $\mathcal{T}$ et à sa négation; et nous allons voir qu'il est exclu qu'on puisse résoudre la question de cette manière pour les théories mathématiques usuelles.[1]

C'est en effet dans la question de la non-contradiction des théories mathématiques — l'origine et le cœur même de la Métamathématique — que les résultats se sont révélés les plus décevants. Pendant les années 1920–1930, Hilbert et son école avaient développé des méthodes nouvelles pour aborder ces problèmes; après avoir démontré la non-contradiction de formalismes partiels, couvrant une partie de l'arithmétique (cf. (XLII), (XLIII *c*)), ils croyaient toucher au but et démontrer, non seulement la non-contradiction de l'arithmétique, mais aussi celle de la théorie des ensembles, lorsque Gödel, s'appuyant sur la non-catégoricité de l'arithmétique, en déduisit l'impossibilité de démontrer,

[1] On distinguera soigneusement le problème de la décision de la croyance, partagée par de nombreux mathématiciens, et souvent exprimée avec vigueur par Hilbert en particulier, que pour toute proposition mathématique, on finira un jour par savoir si elle est vraie, fausse ou indécidable. C'est là un pur acte de foi, dont la critique échappe à notre discussion.

par les « procédés finis » de Hilbert, la non-contradiction de toute théorie $\mathcal{T}$ contenant cette dernière.[1]

Le théorème de Gödel ne ferme cependant pas entièrement la porte aux tentatives de démonstration de non-contradiction, pourvu que l'on abandonne (tout au moins partiellement) les restrictions de Hilbert touchant les « procédés finis ». C'est ainsi que Gentzen, en 1936 (XLVII), parvint à démontrer la non-contradiction de l'arithmétique formalisée, en utilisant « intuitivement » l'induction transfinie jusqu'à l'ordinal dénombrable ε_0 (III, p. 89, exerc. 14).[2] La valeur de « certitude » que l'on peut attribuer à un tel raisonnement est sans doute moins probante que pour ceux qui satisfont aux exigences initiales de Hilbert, et est essentiellement affaire de psychologie personnelle pour chaque mathématicien; il n'en reste pas moins vrai que de semblables « démonstrations » utilisant l'induction transfinie « intuitive » jusqu'à un ordinal donné, seraient considérées comme un important progrès si elles s'appliquaient, par exemple, à la théorie des nombres réels ou à une partie substantielle de la théorie des ensembles.

[1] Avec les notations introduites ci-dessus, le résultat précis de Gödel est le suivant. Dire que $\mathcal{T}$ n'est pas contradictoire signifie qu'il n'y a pas de démonstration, dans $\mathcal{T}$, de la relation $0 \neq 0$; cela entraîne par suite, pour tout entier explicité μ, que (non $P\{0, g(x \neq x), \mu\}$) est un théorème de $\mathcal{T}$. Considérons alors la proposition $(\forall z)((z \in \mathbf{N}) \Rightarrow$ non $P\{0, g(x \neq x), z\})$, que nous désignerons par C; en « traduisant » en arithmétique formalisée le raisonnement (reproduit plus haut) par lequel on montre métamathématiquement que « si $\mathcal{T}$ est non contradictoire, il n'y a pas de démonstration de $S\{\gamma\}$ dans $\mathcal{T}$ », on peut établir que C $\Rightarrow$ (non $(\exists z)(P\{\gamma, \gamma, z\})$) est un théorème de $\mathcal{T}$, autrement dit, que C $\Rightarrow S\{\gamma\}$ est un théorème de $\mathcal{T}$. Il en résulte que, si $\mathcal{T}$ n'est pas contradictoire, C *n'est pas un théorème de* $\mathcal{T}$, puisque dans ces conditions $S\{\gamma\}$ n'est pas un théorème de $\mathcal{T}$. C'est là l'énoncé exact du théorème de Gödel.

[2] Gentzen associe à chaque démonstration D de l'arithmétique formalisée un ordinal $\alpha(D) < \varepsilon_0$; d'autre part, il décrit un procédé qui, à partir de toute démonstration D aboutissant à une contradiction, fournit une démonstration D' aboutissant aussi à une contradiction et telle que $\alpha(D') < \alpha(D)$; la théorie des ensembles bien ordonnés permet de conclure à l'inexistence d'une telle démonstration D (type de raisonnement qui étend la classique « descente infinie » de la théorie des nombres).

BIBLIOGRAPHIE

(I) O. Neugebauer, *Vorlesungen über die Geschichte der antiken Mathematik*, Bd. I: Vorgrieschische Mathematik, Berlin (Springer), 1934.

(II) *The works of Aristotle*, translated under the editorship of W. D. Ross, Oxford, 1928 sqq.

(II *bis*) T. L. Heath, *Mathematics in Aristotle*, Oxford (Clarendon Press), 1949.

(III) T. L. Heath, *The thirteen books of Euclid's Elements...*, 3 vol., Cambridge, 1908.

(IV) *Archimedis Opera Omnia*, 3 vol., éd. J. L. Heiberg, 2e éd., 1913–15.

(IV *bis*) T. L. Heath, *The method of Archimedes*, Cambridge, 1912.

(V) J. M. Bochenski, *Ancient formal logic*, Studies in Logic, Amsterdam (North Holland Publ. Co.), 1951.

(VI) P. Böhner, *Medieval logic, an outline of its development from 1250 to ca. 1400*, Chicago, 1952.

(VII) D. Francisci Maurolyci, *Abbatis Messanensis, Mathematici Celeberrimi, Arithmeticorum Libri Duo*, Venise, 1575.

(VIII) Galileo Galilei, *Opere*, Ristampa della Edizione Nazionale, 20 vol., Firenze (Barbara), 1929–39.

(IX) A. Girard, *Invention nouvelle en l'Algèbre*, 1629 (nouv. éd. Bierens de Haan, 1884).

(X) R. Descartes, *Œuvres*, éd. Ch. Adam et P. Tannery, 11 vol., Paris (L. Cerf), 1897–1909.

(XI) B. Pascal, *Œuvres*, éd. Brunschvicg, 14 vol., Paris (Hachette), 1904–14.

(XII) G. W. Leibniz: *a*) *Mathematische Schriften*, éd. C. I. Gerhardt, 7 vol., Berlin-Halle (Asher-Schmidt), 1849–63; *b*) *Philosophische Schriften*, éd. C. I. Gerhardt, 7 vol., Berlin, 1840–90; *c*) *Opuscules et fragments inédits*, éd. L. Couturat, Paris (Alcan), 1903.

(XII *bis*) L. Couturat, *La logique de Leibniz d'après des documents inédits*, Paris (Alcan), 1901.

(XIII) D'Alembert, *Encyclopédie*, Paris, 1751–65, articles « Négatif », « Imaginaire », « Définition ».

(XIV) C. F. Gauss, *Werke*, 12 vol., Göttingen, 1870–1927.

(XV) N. Lobatschevsky, *Pangeometrie*, Ostwald's Klassiker, nº 130, Leipzig (Engelmann), 1902.

(XVI) G. Boole: *a*) *The mathematical analysis of logic*, Cambridge–London, 1847 (= *Collected logical works*, éd. P. Jourdain, Chicago–London, 1916, t. I); *b*) *An investigation of the laws of thought*, Cambridge–London, 1854 (= *Collected logical works*, t. II).

(XVII) H. Grassmann, *Gesammelte Werke*, 6 vol., Leipzig (Teubner), 1894.

(XVIII) B. Bolzano, *Paradoxien des Unendlichen*, Leipzig, 1851.

(XIX) B. Riemann, *Gesammelte mathematische Werke*, 2e éd., Leipzig (Teubner), 1892.

(XX) H. Hankel, *Theorie der complexen Zahlensysteme*, Leipzig (Voss), 1867.

(XXI) A. de Morgan: *a*) On the syllogism (III), *Trans. Camb. Phil. Soc.*, t. X (1858), p. 173–230; *b*) On the syllogism (IV) and on the logic of relations, *Trans. Camb. Phil. Soc.*, t. X (1860), p. 331–358.

(XXII) C. S. Peirce: *a*) Upon the logic of mathematics, *Proc. Amer. Acad. Arts and Sci.*, t. VII (1865–68), p. 402–412; *b*) On the algebra of logic, *Amer. Journ. of Math.*, t. III (1880), p. 49–57; *c*) On the algebra of logic, *Amer. Journ. of Math.*, t. VII (1884), p. 190–202.

(XXIII) E. Schröder, *Vorlesungen über die Algebra der Logik*, 3 vol., Leipzig (Teubner), 1890.

(XXIV) G. Frege, *a*) *Begriffschrift eine der arithmetischen nachgebildete Formelsprache des reinen Denkens*, Halle, 1879; *b*) *Die Grundlagen der Arithmetik*, 2nd ed. with an English translation by J. L. Austin, New York, 1950; *c*) *Grundgesetze der Arithmetik, begriffschriftlich abgeleitet*, 2 vol., Iena, 1893–1903.

(XXV) G. Cantor, *Gesammelte Abhandlungen*, Berlin (Springer), 1932.

(XXV *bis*) G. Cantor, R. Dedekind, *Briefwechsel*, éd. J. Cavaillès-E. Noether, *Actual. Scient. et Ind.*, n° 518, Paris (Hermann), 1937.

(XXVI) R. Dedekind, *Gesammelte mathematische Werke*, 3 vol., Braunschweig (Vieweg), 1932.

(XXVII) C. Hermite, T. Stieltjes, *Correspondance*, 2 vol., Paris (Gauthier-Villars), 1905.

(XXVIII) M. Pasch und M. Dehn, *Vorlesungen über neuere Geometrie*, 2te Aufl., Berlin (Springer), 1926.

(XXIX) G. Peano: *a*) *Arithmeticas principia, novo methodo exposita*, Turin, 1889; *b*) *I principii di Geometria, logicamente espositi*, Turin, 1889; *c*) *Formulaire de Mathématiques*, 5 vol., Turin, 1895–1905.

(XXX) D. Hilbert, *Grundlagen der Geometrie*, 7te Aufl., Leipzig-Berlin (Teubner), 1930.

(XXXI) D. Hilbert, *Gesammelte Abhandlungen*, t. III, Berlin (Springer), 1935.

(XXXII) D. Hilbert, W. Ackermann, *Grundzüge der theoretischen Logik*, 3te Aufl., Berlin (Springer), 1949.

(XXXIII) H. Poincaré: *a*) *Science et hypothèse*, Paris (Flammarion), 1906; *b*) *La valeur de la Science*, Paris (Flammarion), 1905; *c*) *Science et méthode*, Paris (Flammarion), 1920.

(XXXIV) J. Richard, Les principes des Mathématiques et le problème des ensembles, *Rev. Gén. des Sci. pures et appl.*, t. XVI (1905), p. 541–543.

(XXXV) R. Baire, E. Borel, J. Hadamard, H. Lebesgue, Cinq lettres sur la théorie des ensembles, *Bull. Soc. Math. de France*, t. XXXIII (1905), p. 261–273.

(XXXVI) E. Zermelo: *a*) Beweis dass jede Menge wohlgeordnet werden kann, *Math. Ann.*, t. LIX (1904), p. 514–516; *b*) Neuer Beweis für die Möglichkeit einer Wohlordnung, *Math. Ann.*, t. LXV (1908), p. 107–128; *c*) Untersuchung über die Grundlagen der Mengenlehre, *Math. Ann.* t. LXV (1908), p. 261–281.

(XXXVII) B. Russell and A. N. Whitehead, *Principia Mathematica*, 3 vol., Cambridge, 1910–13.

(XXXVIII) L. E. J. Brouwer: *a*) Intuitionism and formalism, *Bull. Amer. Math. Soc.*, t. XX (1913), p. 81–96; *b*) Zur Begründung des intuitionistischen Mathematik, *Math. Ann.*, t. XCIII (1925), p. 244–257, t. XCV (1926), p. 453–473, t. XCVI (1926), p. 451–458.

(XXXIX) T. Skolem, Einige Bemerkungen zur axiomatischen Begründung der Mengenlehre, *Wiss. Vorträge, 5. Kongress Skand. Math.*, Helsingfors, 1922.

(XL) K. Kuratowski, Une méthode d'élimination des nombres transfinis des raisonnements mathématiques, *Fund. Math.*, t. V (1922), p. 76–108.

(XLI) A. Fraenkel: *a*) Zu den Grundlagen der Cantor-Zermeloschen Mengenlehre, *Math. Ann.*, t. LXXXVI (1922), p. 230–237; *b*) *Zehn Vorlesungen über die Grundlegung der Mengenlehre*, Wiss. und Hypothese, vol. 31, Leipzig-Berlin, 1927; *c*) *Einleitung in die Mengenlehre*, 3te Aufl., Berlin (Springer), 1928.

(XLII) J. Herbrand, Recherches sur la théorie de la démonstration, *Trav. Soc. Sci. et Lett. Varsovie*, cl. II (1930), p. 33–160.

(XLIII) J. von Neumann: *a*) Eine Axiomatisierung der Mengenlehre, *J. de Crelle*, t. CLIV (1925), p. 219–240; *b*) Die Axiomatisierung der Mengenlehre, *Math. Zeitschr.*, t. XXVII (1928), p. 669–752; *c*) Zur Hilbertschen Beweistheorie, *Math. Zeitschr.*, t. XXVI (1927), p. 1–46.

(XLIV) K. Gödel: *a*) Über formal unentscheidbare Sätze der Principia Mathematica und verwandter Systeme, *Monatsh. für Math. u. Phys.*, t. XXXVIII (1931), p. 173–198; *b*) *The consistency of the axiom of choice and of the generalized continuum hypothesis*, Ann. of Math. Studies, n° 3, Princeton, 1940.

(XLV) M. Zorn, A remark on method in transfinite algebra, *Bull. Amer. Math. Soc.*, t. XLI (1935), p. 667–670.

(XLVI) A. Heyting, *Mathematische Grundlagenforschung. Intuitionismus. Beweistheorie*, Erg. der Math., Bd. 3, Berlin (Springer), 1934.

(XLVII) G. Gentzen, *Die gegenwartige Lage in der mathematischen Grundlagenforschung. Neue Fassung des Widerspruchsfreiheitsbeweises für die reine Zahlentheorie*, Forschungen zur Logik..., Heft 4, Leipzig (Hirzel), 1938.

(XLVIII) S. Kleene, *Introduction to metamathematics*, New-York, 1952.

(XLIX) P. J. Cohen, The independence of the continuum hypothesis, *Proc. Nat. Acad. of Sci. U.S.A.*, t. L (1963), p. 1143–1148 et t. LI (1964), p. 105–110.

INDEX DES NOTATIONS

INDEX TERMINOLOGIQUE

TABLE DES MATIÈRES

Fascicule de résultats

INTRODUCTION

Le lecteur trouvera dans le présent fascicule la plupart des définitions et des résultats de théorie des ensembles qui seront utilisés dans la suite de cet ouvrage; il n'y trouvera aucune démonstration. En ce qui concerne les notions et termes introduits ci-dessous sans qu'il en soit donné de définition, il pourra se borner à leur attribuer leur sens usuel, ce qui n'offre aucun inconvénient pour la lecture du reste de ce traité, et rend presque immédiates la plupart des propositions énoncées dans ce fascicule. La lecture du Livre de Théorie des Ensembles est indispensable pour les lecteurs désireux de savoir comment on peut surmonter les difficultés logiques que crée la présence de ces termes non définis [1], et pour ceux qui veulent connaître les démonstrations des théorèmes plus difficiles énoncés aux §§ 6 et 7 de ce fascicule (théorème de Zorn et ses conséquences).

§ 1. ÉLÉMENTS ET PARTIES D'UN ENSEMBLE

1. Un *ensemble* est formé d'*éléments* susceptibles de posséder certaines *propriétés* et d'avoir entre eux, ou avec des éléments d'autres ensembles, certaines *relations*.

2. Ensembles et éléments sont désignés dans les raisonnements par des symboles graphiques, qui sont en général des lettres (de divers alphabets) ou des com-

[1] Le lecteur ne manquera pas d'observer que le point de vue « naïf », qui est adopté dans ce fascicule pour exposer les principes de la théorie des ensembles, est en opposition directe avec le point de vue « formaliste » adopté dans le livre de Théorie des ensembles dont ce fascicule est le résumé; bien entendu, cette opposition est voulue, et correspond aux buts différents en vue desquels sont écrites ces deux parties de notre ouvrage; nous renvoyons à E, I, p. 7–13 pour des explications plus détaillées sur ce point.

binaisons de lettres et d'autres signes; les relations entre éléments d'un ou plusieurs ensembles se notent en insérant les symboles qui désignent ces éléments dans un schéma caractéristique de la relation envisagée[1]; de même pour les propriétés.

Une lettre peut désigner, soit un élément *déterminé*, soit un élément *arbitraire* (dit aussi *variable* ou *argument*) d'un ensemble. Quand, dans une relation, on remplace un élément arbitraire par un élément déterminé (du même ensemble), on dit qu'on lui donne pour *valeur* cet élément déterminé.

Pour indiquer les éléments qui figurent dans une relation (qu'on n'écrit pas explicitement), on représente cette relation par une notation telle que $R\{x, y, z\}$ (si x, y, z sont les éléments qui interviennent dans la relation considérée).

3. On dit qu'une relation ou une propriété, dans laquelle interviennent des éléments arbitraires[2], est une *identité*, si elle devient une proposition vraie de quelque manière qu'on donne une valeur à ces éléments. Si R et S désignent deux relations (ou propriétés) on dit que R *entraîne* S lorsque S est vraie chaque fois qu'on fixe les éléments arbitraires qui entrent dans ces relations de manière que R soit vraie; on dit que R et S sont *équivalentes* lorsque chacune de ces relations entraîne l'autre.

4. Soit $R\{x, y, z\}$ une relation entre des variables x, y, z; la phrase « quel que soit x, $R\{x, y, z\}$ » (ou « pour tout x, $R\{x, y, z\}$ ») se note $(\forall x)R\{x, y, z\}$; c'est une relation *entre* y et z, qui sera considérée comme vraie, pour un système de valeurs données à ces dernières variables, si R est vraie pour ces valeurs de y et z et *toute* valeur donnée à x. La phrase « il existe x tel que $R\{x, y, z\}$ », qui se note $(\exists x)R\{x, y, z\}$, est également une relation entre y et z, qui sera considérée comme vraie, pour un système de valeurs données à y et z, si, ces valeurs étant ainsi fixées, on peut donner à x *au moins une* valeur pour laquelle R soit vraie. De même pour une relation entre des variables en nombre quelconque.

La *négation* de R se note $\overline{R}$ ou « non R »; la négation de « quel que soit x, R » est « il existe x tel que $\overline{R}$ »; celle de « il existe x tel que R » est « quel que soit x, $\overline{R}$ ».

5. Si R, S, désignent deux relations, on convient que « R et S » est *une seule* relation, qu'on considère comme vraie chaque fois que R, S sont vraies *toutes deux*; de même, « R ou S » est une relation qu'on considère comme vraie chaque fois que *l'une au moins* des relations R, S est vraie (et en particulier chaque fois qu'elles sont toutes deux vraies; le « ou » n'a donc pas ici le sens disjonctif qu'il possède parfois dans le langage ordinaire). La négation de « R et S » est « $\overline{R}$ ou $\overline{S}$ »; celle de « R ou S » est « $\overline{R}$ et $\overline{S}$ ».

[1] Lorsque le symbole qui désigne un élément est une combinaison de plusieurs signes, et qu'on doit l'insérer dans une relation à la place d'une seule lettre, il y a lieu le plus souvent, pour éviter des confusions possibles, de le mettre entre parenthèses ou entre crochets.

[2] Il faut bien remarquer que, lorsqu'on parle d'une *propriété d'un élément* d'un ensemble E, cela ne signifie nullement que la propriété soit vraie pour *tout* élément de E, mais simplement qu'elle *a un sens* pour *tout* élément de E, est éventuellement vraie pour certains de ces éléments, et fausse pour les autres. De même pour les relations.

6. En écrivant deux symboles de part et d'autre du signe « $=$ » (qui se lit « égale »), on a une relation dite relation d'*égalité*, qui signifie que ces deux symboles représentent le *même* élément; la négation de cette relation s'obtient en écrivant les mêmes symboles de part et d'autre du signe « $\neq$ » (qui se lit « différent de »).

7. Étant donné un ensemble E, et une *propriété* d'un élément de E, ceux des éléments de E qui possèdent cette propriété forment un nouvel ensemble, qu'on appelle *partie* ou *sous-ensemble* de E. Deux propriétés *équivalentes* définissent ainsi la *même* partie de E, et réciproquement.

Soit A une partie de E; x étant un élément de E, la propriété « x appartient à A » (c'est-à-dire « x est élément de A ») s'écrit « $x \in A$ »; l'ensemble des éléments qui possèdent cette propriété n'est évidemment autre que A.

La négation de cette propriété se note « $x \notin A$ » et se lit « x n'appartient pas à A »; l'ensemble des éléments de E possédant cette propriété s'appelle *complémentaire* de A et se note $\complement A$ ou $E - A$.

8. Certaines propriétés, par exemple $x = x$, sont vraies pour *tous* les éléments de E; deux quelconques de ces propriétés sont équivalentes; la partie qu'elles définissent n'est autre que l'ensemble E lui-même.

Inversement, certaines propriétés, par exemple $x \neq x$, ne sont vraies pour *aucun* élément de E; deux quelconques de ces propriétés sont encore équivalentes; la partie qu'elles définissent est appelée la *partie vide* de E, et désignée par la notation $\varnothing$.

On notera que E et $\varnothing$ sont *complémentaires* l'un de l'autre.

9. Soit a un élément déterminé de E; certaines propriétés ne sont vraies que pour le *seul* élément a, par exemple $x = a$; deux quelconques de ces propriétés sont équivalentes; on désigne par $\{a\}$ la partie qu'elles définissent, et on dit que c'est la partie *réduite au seul élément a*.

10. On appelle *ensemble des parties* d'un ensemble E, et on désigne par $\mathfrak{P}(E)$, l'ensemble dont les éléments sont les *parties* de E. On a $\varnothing \in \mathfrak{P}(E)$, $E \in \mathfrak{P}(E)$; et, quel que soit $x \in E$, $\{x\} \in \mathfrak{P}(E)$. Si x désigne un élément de E, X un élément de $\mathfrak{P}(E)$, la relation « $x \in X$ » entre x et X est dite *relation d'appartenance*.

11. Soient x et y deux éléments de E, X un élément de $\mathfrak{P}(E)$; la relation d'égalité « $x = y$ » est *équivalente* à la relation « pour tout X tel que $x \in X$, on a $y \in X$ ».

12. Soient X, Y deux parties d'un ensemble E; si la propriété $x \in X$ entraîne la propriété $x \in Y$, autrement dit, si tout élément de X appartient aussi à Y, on dit que X *est contenu dans* Y, ou que Y *contient* X, ou que X *est une partie de* Y; cette relation entre X et Y s'appelle relation d'*inclusion* (de X dans Y) et se note « $X \subset Y$ » ou « $Y \supset X$ »; sa négation se note « $Y \not\subset Y$ » ou « $Y \not\supset X$ ».

Quelle que soit la partie X de E, on a $\varnothing \subset X$, et $X \subset E$. La relation d'appartenance « $x \in X$ » est équivalente à « $\{x\} \subset X$ ».

La relation « $X \subset Y$ et $Y \subset Z$ » entraîne « $X \subset Z$ ».

La relation « $X \subset Y$ » n'exclut pas que l'on ait « $X = Y$ »; la relation « $X \subset Y$ et $Y \subset X$ » est équivalente à « $X = Y$ ».

13. Soient X et Y deux parties quelconques de E; l'ensemble des éléments qui possèdent la propriété « $x \in X$ ou $x \in Y$ » se note $X \cup Y$ et s'appelle la *réunion* de X et Y; l'ensemble des éléments qui possèdent la propriété « $x \in X$ et $x \in Y$ » se note $X \cap Y$ et s'appelle l'*intersection* de X et Y.

On définit de la même façon la réunion ou l'intersection de plusieurs parties de E.

Si x, y, z sont trois éléments de E, la réunion $\{x\} \cup \{y\} \cup \{z\}$ se note aussi $\{x, y, z\}$. De même pour des éléments (individuellement nommés) en nombre quelconque.

Soient X et Y deux parties de E; suivant que $X \cap Y \neq \varnothing$ ou que $X \cap Y = \varnothing$, on dit que X et Y *se rencontrent* ou sont *disjointes*.

14. Dans l'énoncé des propositions qui suivent, X, Y, Z désignent des parties quelconques d'un même ensemble E.

a) On a

$$\varnothing = \complement E, \qquad E = \complement \varnothing.$$

b) Quel que soit X, on a

(1) $$\complement(\complement X) = X;$$

(2) $$X \cup X = X, \qquad X \cap X = X;$$

(3) $$X \cup (\complement X) = E, \qquad X \cap (\complement X) = \varnothing;$$

(4) $$X \cup \varnothing = X, \qquad X \cap E = X;$$

(5) $$X \cup E = E, \qquad X \cap \varnothing = \varnothing.$$

c) Quels que soient X, Y, on a

(6) $$X \cup Y = Y \cup X, \qquad X \cap Y = Y \cap X \quad \text{(commutativité)};$$

(7) $$X \subset X \cup Y, \qquad X \cap Y \subset X;$$

(8) $$\complement(X \cup Y) = (\complement X) \cap (\complement Y), \qquad \complement(X \cap Y) = (\complement X) \cup (\complement Y).$$

d) Les relations

$$X \subset Y, \qquad \complement X \supset \complement Y, \qquad X \cup Y = Y, \qquad X \cap Y = X$$

sont *équivalentes*.

e) Les relations

$$X \cap Y = \varnothing, \qquad X \subset \complement Y, \qquad Y \subset \complement X$$

sont *équivalentes*.

f) Les relations

$$X \cup Y = E, \qquad \complement X \subset Y, \qquad \complement Y \subset X$$

sont *équivalentes*.

g) Quels que soient X, Y, Z on a (associativité et distributivité)

(9) $$X \cup (Y \cup Z) = (X \cup Y) \cup Z = X \cup Y \cup Z,$$
$$X \cap (Y \cap Z) = (X \cap Y) \cap Z = X \cap Y \cap Z;$$

(10) $$X \cup (Y \cap Z) = (X \cup Y) \cap (X \cup Z),$$
$$X \cap (Y \cup Z) = (X \cap Y) \cup (X \cap Z).$$

h) La relation $X \subset Y$ entraîne les relations

$$X \cup Z \subset Y \cup Z \quad \text{et} \quad X \cap Z \subset Y \cap Z.$$

i) La relation « $Z \subset X$ et $Z \subset Y$ » est équivalente à $Z \subset X \cap Y$; la relation « $X \subset Z$ et $Y \subset Z$ » est équivalente à « $X \cup Y \subset Z$ ».

15. D'après les identités (8), si une partie A de E se déduit d'autres parties X, Y, Z de E par application, dans n'importe quel ordre, des *seules* opérations $\complement$, $\cup$, $\cap$, on obtiendra le complémentaire $\complement A$ en remplaçant les parties X, Y, Z par leurs complémentaires, et les opérations $\cup$, $\cap$, par $\cap$, $\cup$, respectivement, l'ordre des opérations étant respecté; c'est la *règle de dualité*. Étant donnée une égalité $A = B$ entre parties de la forme précédente, considérons l'égalité équivalente $\complement A = \complement B$; si on remplace $\complement A$ et $\complement B$ par les expressions que fournit l'application de la règle de dualité, puis si, dans ces expressions, on remplace $\complement X$, $\complement Y$, $\complement Z$ par X, Y, Z et vice versa, on obtient une égalité dite *duale* de $A = B$; on peut opérer de même sur une relation d'inclusion $A \subset B$, mais il faut avoir soin de remplacer le signe « $\subset$ » par « $\supset$ ».

Les identités affectées ci-dessus du même numéro sont duales l'une de l'autre.

16. Dans certaines questions, on considère une partie déterminée A d'un ensemble E; si X est une autre partie arbitraire de E, on appelle alors *trace* de X sur A l'ensemble $A \cap X$, qu'on note souvent aussi X_A, et qu'on considère toujours, dans ce cas, comme une partie de A. Quelles que soient les parties X, Y de E, on a

$$(X \cup Y)_A = X_A \cup Y_A; \qquad (X \cap Y)_A = X_A \cap Y_A$$

et

$$\complement_A X_A = (\complement_E X)_A$$

($\complement_E X$ désigne le complémentaire de X pris par rapport à E, $\complement_A X_A$ le complémentaire de X_A pris par rapport à A).

Si $\mathfrak{S}$ désigne un *ensemble de parties* de E, on appelle de même *trace* de $\mathfrak{S}$ sur A l'ensemble $\mathfrak{S}_A$ des traces sur A des ensembles de $\mathfrak{S}$.

§ 2. FONCTIONS

1. Soient E et F deux ensembles, distincts ou non. Une relation entre une variable x de E et une variable y de F est dite *relation fonctionnelle en y*, si, *quel*

que soit $x \in$ E, il existe un élément y de F *et un seul, qui soit dans la relation considérée avec x.*

On donne le nom de *fonction* à l'opération qui associe ainsi à tout élément $x \in$ E l'élément $y \in$ F qui se trouve dans la relation donnée avec x; on dit que y est la *valeur* de la fonction pour l'élément x, et que la fonction est *déterminée* par la relation fonctionnelle considérée. Deux relations fonctionnelles *équivalentes* déterminent la *même* fonction. On dit qu'une telle fonction « prend ses valeurs dans F » et qu'elle est « définie dans (ou sur) E », ou encore que c'est une « fonction d'un argument (ou d'une variable) parcourant E »; plus brièvement, on dit aussi que c'est une *application de* E *dans* F. Au lieu de dire: « Soit f une application de E dans F », on dira aussi: « Soit f: E $\rightarrow$ F une application » (ou même: « Soit f: E $\rightarrow$ F » si cela n'entraîne pas confusion).

Pour décrire une situation où figurent plusieurs applications, on fera aussi usage de *diagrammes* tels que

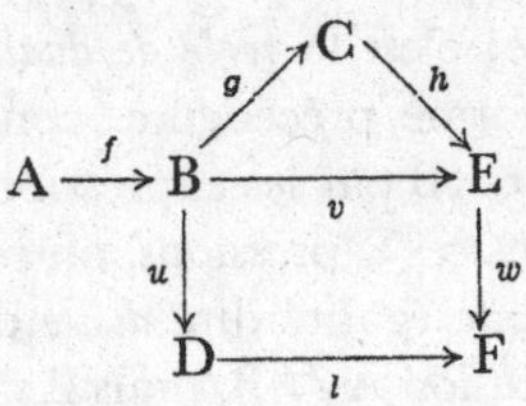

où la lettre accolée à une flèche désigne une application de l'ensemble origine de cette flèche dans l'ensemble extrémité.

Lorsqu'une relation de la forme $y = \langle x \rangle$ (où $\langle x \rangle$ désigne une combinaison de signes dans laquelle peut figurer x) est une relation fonctionnelle en y, on désignera parfois la fonction qu'elle détermine par la notation $x \mapsto \langle x \rangle$, ou même simplement par $\langle x \rangle$, ce qui est un abus de langage très fréquent (c'est ainsi qu'on parlera de la fonction $\sin x$ dans $\mathbf{R}$). Par exemple, si X, Y sont deux parties d'un ensemble E, la relation $Y = \complement X$ est fonctionnelle en Y, et on désigne par $X \mapsto \complement X$ l'application de $\mathfrak{P}(E)$ dans lui-même qu'elle détermine.

2. Les applications d'un ensemble E dans un ensemble F sont les *éléments* d'un nouvel ensemble, *l'ensemble des applications de* E *dans* F, noté $\mathcal{F}(E; F)$. Si f est un élément quelconque de cet ensemble, on désigne souvent par $f(x)$ la valeur de f pour l'élément x de E; dans certains cas, on préfère employer la notation f_x, dite notation *indicielle* (l'ensemble E est alors appelé l'ensemble des *indices*). La relation « $y = f(x)$ » est une relation fonctionnelle en y, qui détermine f.

La relation d'égalité « $f = g$ » entre applications de E dans F est équivalente à la relation « quel que soit $x \in$ E, $f(x) = g(x)$ ».

3. Une fonction définie dans un ensemble E, et prenant une même valeur a pour tout élément x de E, est dite *constante* dans E; elle est déterminée par la relation fonctionnelle $y = a$.

L'application de E dans E qui fait correspondre à tout élément x de E cet élément lui-même, est appelée application *identique* et se note Id_E; elle est déterminée par la relation fonctionnelle $y = x$.

Si A est une partie quelconque de E, l'application de A dans E qui, à tout élément x de A, fait correspondre x considéré comme élément de E, s'appelle application *canonique* de A dans E.

Soit f une application d'un ensemble E dans lui-même; on dit qu'un élément $x \in E$ est *invariant par f*, si $f(x) = x$.

On dit que x est *invariant* par un ensemble d'applications de E dans E lorsqu'il est invariant par chacune d'elles.

4. Soient f une application de E dans F, et X une partie quelconque de E. On appelle *image de* X par f, ou encore *ensemble des valeurs prises par f sur* X, la partie Y de F formée des éléments y qui possèdent la propriété:

$$\text{« il existe } x \in E \text{ tel que } x \in X \text{ et } y = f(x) \text{ ».}$$

On définit ainsi une relation entre X et Y, qui est fonctionnelle en Y, et détermine donc une application de $\mathfrak{P}(E)$ dans $\mathfrak{P}(F)$, qu'on appelle *extension de f aux ensembles de parties*; par abus de langage on la note encore f, et on écrit $Y = f(X)$.

Quels que soient f et x, on a

$$f(\varnothing) = \varnothing \quad \text{et} \quad f(\{x\}) = \{f(x)\}.$$

Par abus de langage la *valeur* $f(x)$ de f pour x s'appelle aussi *image de x par f*.

Si y est un élément de F, la propriété « $y \in f(E)$ » s'énonce encore en disant que « *y est de la forme* $f(x)$ ».

Par abus de langage, l'image $f(E)$ de E par f s'appelle parfois *l'image de f*.

Si on a $f(E) = F$, c'est-à-dire si, quel que soit $y \in F$, il existe $x \in E$ tel que $y = f(x)$, on dit que f est une application de E *sur* F. On dit aussi que f est une *application surjective*, ou *une surjection*.

Soient x un élément et X une partie quelconques de E. Au lieu de dire que $f(x)$ est la valeur de f pour x, et $f(X)$ l'image de X par f, on dit parfois que f *transforme* x en $f(x)$ et X en $f(X)$; $f(x)$ et $f(X)$ sont alors appelés les *transformés* par f de x et X respectivement. On utilise surtout ce langage lorsque f est une application de E *sur* F; dans ce cas on dit aussi que f est une *transformation de* E *en* F.

Si f est une application de E dans lui-même, on dit qu'une partie X de E est *stable par f* si $f(X) \subset X$. On dit que X est *stable* par un ensemble d'applications de E dans E lorsque X est stable par chacune de ces applications.

5. Soit f une application de E dans F; on a les propositions suivantes, où X et Y désignent des parties arbitraires de E:

a) La relation $X \subset Y$ entraîne $f(X) \subset f(Y)$.

b) La propriété $X \neq \varnothing$ est équivalente à $f(X) \neq \varnothing$.

c) Quels que soient X, Y, on a

$$f(X \cup Y) = f(X) \cup f(Y), \tag{11}$$

$$f(X \cap Y) \subset f(X) \cap f(Y). \tag{12}$$

6. Soient f une application de E dans F, et Y une partie quelconque de F. On appelle *image réciproque de* Y *par* f la partie X de E formée des éléments x qui possèdent la propriété:

$$f(x) \in Y.$$

On définit ainsi une relation entre X et Y, qui est fonctionnelle en X, et détermine donc une application de $\mathfrak{P}(F)$ dans $\mathfrak{P}(E)$, qu'on appelle *extension réciproque de f aux ensembles de parties*, et qu'on note $\overset{-1}{f}$; on écrit donc $X = \overset{-1}{f}(Y)$.

En particulier, si y est un élément de F, $\overset{-1}{f}(\{y\})$ sera l'ensemble des $x \in E$ tels que $f(x) = y$; les relations « $f(x) = y$ » et « $x \in \overset{-1}{f}(\{y\})$ » sont équivalentes. Par abus de langage on écrit aussi $\overset{-1}{f}(y)$ au lieu de $\overset{-1}{f}(\{y\})$.

La *trace* X_A d'une partie X de E sur une partie déterminée A n'est autre que l'image réciproque de X par l'application canonique de A dans E (nº 3).

7. Soit f une application de E dans F; on a les propositions suivantes, où X et Y désignent des parties arbitraires de F:

a) La relation $X \subset Y$ entraîne $\overset{-1}{f}(X) \subset \overset{-1}{f}(Y)$.

b) Quels que soient X, Y, on a

$$\overset{-1}{f}(X \cup Y) = \overset{-1}{f}(X) \cup \overset{-1}{f}(Y), \tag{13}$$

$$\overset{-1}{f}(X \cap Y) = \overset{-1}{f}(X) \cap \overset{-1}{f}(Y), \tag{14}$$

$$\overset{-1}{f}(\complement X) = \complement \overset{-1}{f}(X). \tag{15}$$

On notera la différence entre les formules (12) et (14); (14) ne serait pas vraie quels que soient X et Y, si on remplaçait $\overset{-1}{f}$ par une application quelconque de F dans E. De même, il n'y a pas d'analogue à la relation (15) pour l'extension d'une application quelconque.

On a de plus $\overset{-1}{f}(\varnothing) = \varnothing$; mais ici, on peut avoir $\overset{-1}{f}(X) = \varnothing$ pour une partie non vide X de F; pour que $X \neq \varnothing$ entraîne $\overset{-1}{f}(X) \neq \varnothing$, il faut et il suffit que f soit une application de E *sur* F.

8. Si une application f de E dans F est telle que, pour tout $y \in F$, il existe *au plus un* $x \in E$ tel que $y = f(x)$ (autrement dit, que l'ensemble $\overset{-1}{f}(\{y\})$ soit vide ou

réduit à un seul élément), on dit que f est une application *injective* ou *une injection*. On a alors, quelles que soient les parties X, Y de E,

(16) $$f(X \cap Y) = f(X) \cap f(Y).$$

9. Si une application f de E dans F est telle que, pour tout $y \in F$, *il existe un* $x \in E$ *et un seul tel que* $y = f(x)$ (autrement dit, que $\overset{-1}{f}(\{y\})$ soit réduit à un seul élément), on dit que f est une *application bijective*, ou une *bijection*. Une telle application peut être caractérisée comme étant à la fois surjective et injective.

Lorsque f est une application bijective de E sur F, la relation $y = f(x)$ est non seulement fonctionnelle en y, mais aussi *fonctionnelle en* x. En tant que relation fonctionnelle en x, elle détermine une application bijective de F sur E, qu'on appelle *l'application réciproque* de f.

On notera que *l'extension de l'application réciproque* de f est alors identique à *l'extension réciproque* de f.

Soit g l'application réciproque de f; les relations « $y = f(x)$ » et « $x = g(y)$ » sont *équivalentes*; l'application réciproque de g est f. Lorsque f est une application bijective de E sur F, on a, non seulement la relation (16), mais aussi, quelle que soit la partie X de E,

$$f(\complement X) = \complement f(X).$$

De plus, l'extension de f est une application bijective de $\mathfrak{P}(E)$ sur $\mathfrak{P}(F)$.

On dit qu'une application bijective de E sur F et son application réciproque *réalisent une correspondance biunivoque* entre E et F, ou que E et F *sont mis en correspondance biunivoque* par ces applications.

Une application bijective d'un ensemble E sur lui-même se nomme *permutation* de E; l'application identique est une permutation. Si une permutation est identique à son application réciproque, on dit qu'elle est *involutive*; il en est ainsi, par exemple, de l'application $X \mapsto \complement X$ de $\mathfrak{P}(E)$ sur lui-même.

10. Dans les propositions suivantes, X désigne une partie arbitraire de E, Y une partie arbitraire de F, f une application de E dans F:

a) On a

(17) $$\overset{-1}{f}(Y) = \overset{-1}{f}(Y \cap f(E)),$$

(18) $$X \subset \overset{-1}{f}(f(X)),$$

(19) $$f(\overset{-1}{f}(Y)) \subset Y.$$

b) Les propriétés « quel que soit Y, $f(\overset{-1}{f}(Y)) = Y$ » et « f est une application *surjective* » sont équivalentes.

c) Les propriétés « quel que soit X, $\overset{-1}{f}(f(X)) = X$ » et « f est une application *injective* » sont équivalentes.

d) Les propriétés « quels que soient X, Y, $\overset{-1}{f}(f(X)) = X$ et $f(\overset{-1}{f}(Y)) = Y$ » et « f est une application *bijective* de E sur F » sont équivalentes.

11. Soient E, F, G, trois ensembles, distincts ou non; soit f une application de E dans F, et g une application de F dans G. L'application de E dans G, dont la valeur, en un élément quelconque x de E, est $g(f(x))$, s'appelle *l'application composée de g et f* (ou fonction composée de g et f), et se note $g \circ f$, ou simplement gf lorsqu'il n'y a pas ambiguïté.

L'égalité $h = g \circ f$ s'appelle une *factorisation* de h.

On observera que, si G est distinct de E, on ne peut pas parler de l'application composée *de f et g*, et que la notation $f \circ g$ n'a aucun sens; si G est identique à E, $f \circ g$ et $g \circ f$ ne sont éléments d'un même ensemble que si F est lui aussi identique à E; et même dans ce cas, on a en général $f \circ g \neq g \circ f$; l'*ordre* dans lequel on compose les applications f et g est donc essentiel.

Soient φ l'application composée de g et f, X une partie quelconque de E et Z une partie quelconque de G; on a

$$\varphi(X) = g(f(X)), \tag{20}$$

$$\overset{-1}{\varphi}(Z) = \overset{-1}{f}(\overset{-1}{g}(Z)). \tag{21}$$

Si f est une application *bijective* de E sur F, et g une application *bijective* de F sur G, $g \circ f$ est une application *bijective* de E sur G.

Soit h une application de G dans un ensemble H; on a

$$h \circ (g \circ f) = (h \circ g) \circ f;$$

cette application de E dans H se note encore $h \circ g \circ f$, et on dit qu'elle est *composée* des trois applications h, g, f prises dans cet ordre. On définit de même la composition de plus de trois applications (voir A, I, § 1, n°s 2 et 3).

Si f est une application de E dans lui-même, on appelle *itérées* de f les applications f^n (n entier $\geqslant 1$) de E dans lui-même, définies par récurrence sur n au moyen des relations $f^1 = f$, $f^n = f^{n-1} \circ f$; on dit que f^n est la *n-ème itérée* de f. On a $f^{m+n} = f^m \circ f^n$.

12. En général, l'application composée $\overset{-1}{f} \circ f$ de l'extension réciproque et de l'extension d'une application f, n'est pas l'application identique de $\mathfrak{P}(E)$ sur lui-même; de même, $f \circ \overset{-1}{f}$ n'est pas en général l'application identique de $\mathfrak{P}(F)$ sur lui-même. Ces deux propriétés n'ont lieu simultanément que lorsque f est une *application bijective* de E *sur* F.

De plus, dans ce cas, si on désigne par g l'application réciproque de f, les applications composées $g \circ f$ et $f \circ g$ sont respectivement l'application identique de E sur E et l'application identique de F sur F.

Réciproquement, si f est une application de E dans F, et g une application de F dans E, telles que $g \circ f$ soit une permutation de E, et $f \circ g$ une permutation de F, f est une application bijective de E sur F, et g une application bijective de F sur E. Si en outre $g \circ f$ est l'application identique de E sur E, g est l'application réciproque de f.

13. Soient f une application de E dans F, et A une partie quelconque de E; l'application de A dans F, dont la valeur en un élément quelconque x de A est $f(x)$, s'appelle la *restriction de f à la partie* A et se note $f|A$; elle n'est autre que la composée de f et de l'application canonique de A dans E. Si deux applications f, g de E dans F ont même restriction à A, on dit encore qu'elles *coïncident dans* A. Inversement, on dit que f est un *prolongement* de $f|A$ à E.

14. Une application d'un ensemble E *sur* un ensemble F est encore appelée *représentation paramétrique de* F *au moyen de* E; on dit alors que E est l'*ensemble des paramètres* de cette représentation, et ses éléments prennent le nom de *paramètres*.

Une *famille d'éléments* d'un ensemble F est, par définition, une partie de F munie d'une représentation paramétrique; autrement dit, la donnée d'une famille d'éléments de F équivaut à celle d'une application d'un ensemble quelconque E dans F. L'image de E par cette application est appelée *ensemble des éléments de la famille*; on remarquera que deux familles distinctes d'éléments de F peuvent avoir la même partie de F comme ensemble de leurs éléments.

A toute partie A d'un ensemble F, on peut toujours faire correspondre une famille d'éléments dont l'ensemble des éléments soit A; il suffit de considérer la famille définie par l'application *canonique* de A dans F.

Une famille d'éléments de F étant définie par une application $\iota \mapsto x_\iota$ d'un ensemble I dans F, on la désignera par la notation $(x_\iota)_{\iota \in I}$, ou simplement (x_ι) s'il n'y a pas de confusion possible sur l'ensemble des indices.

Si J est une partie de I, la famille $(x_\iota)_{\iota \in J}$ prend le nom de *sous-famille* de la famille $(x_\iota)_{\iota \in I}$ correspondant à J; elle est définie par la restriction à J de l'application $\iota \mapsto x_\iota$.

§ 3. PRODUIT DE PLUSIEURS ENSEMBLES

1. Soient E et F deux ensembles *distincts ou non*. Les *couples* (x, y) dont le premier élément x est un élément quelconque de E, et le second y un élément quelconque de F, sont les éléments d'un nouvel ensemble, qu'on appelle l'*ensemble produit de* E *par* F, et qu'on note $E \times F$; E et F sont dits les *ensembles facteurs* de $E \times F$. Deux couples ne sont considérés comme identiques que s'ils ont respectivement même premier et même second élément; autrement dit, la relation « $(x, y) = (x', y')$ » est *équivalente* à la relation « $x = x'$ et $y = y'$ ». Si z est un élément quelconque de $E \times F$, la relation « x est premier élément du couple z » est une relation fonctionnelle en x; elle détermine une application de $E \times F$ dans E, qu'on nomme *première coordonnée*, ou encore *première projection*, et qu'on désigne par la notation pr_1; au lieu de dire « x est premier élément du couple z », on dit aussi « x est la première coordonnée de z », « x est la première projection de z »,

« $x = \mathrm{pr}_1(z)$ ». On définit de même la *seconde coordonnée*, ou *seconde projection*, qui est une application de E × F dans F, et qu'on désigne par pr_2.

La relation « $x = \mathrm{pr}_1(z)$ et $y = \mathrm{pr}_2(z)$ » est équivalente à « $z = (x, y)$ ».

L'extension de la fonction pr_1 aux ensembles de parties se note encore de la même manière, conformément aux conventions générales, et se nomme encore *première projection* (on n'emploie plus ici le terme « coordonnée »). De même pour l'extension de la seconde projection.

2. Une relation R entre un élément x de E et un élément y de F est une propriété du couple (x, y), et définit par suite une partie du produit E × F, appelée *graphe* de R; inversement, toute partie A de E × F est le graphe de la relation $(x, y) \in A$ entre x et y.

Soient A une partie de E et B une partie de F; on note A × B la partie de E × F définie par la relation « $x \in A$ et $y \in B$ » entre x et y.

3. Dans les propositions suivantes, X, X′ désignent des parties quelconques de E; Y, Y′ des parties quelconques de F; Z une partie quelconque de E × F.

a) La relation « $X \times Y = \varnothing$ est *équivalente* à « $X = \varnothing$ ou $Y = \varnothing$ ».

b) Si $X \times Y \neq \varnothing$, la relation « $X \times Y \subset X' \times Y'$ » est *équivalente* à « $X \subset X'$ et $Y \subset Y'$ ».

c) Quels que soient X, X′, Y, on a

(22) $$(X \times Y) \cup (X' \times Y) = (X \cup X') \times Y.$$

d) Quels que soient X, X′, Y, Y′, on a

(23) $$(X \times Y) \cap (X' \times Y') = (X \cap X') \times (Y \cap Y').$$

e) Quels que soient X, Y, on a

(24) $$\overset{-1}{\mathrm{pr}_1}(X) = X \times F, \qquad \overset{-1}{\mathrm{pr}_2}(Y) = E \times Y.$$

f) Si $Y \neq \varnothing$, on a, quel que soit X,

(25) $$\mathrm{pr}_1(X \times Y) = X.$$

g) Quel que soit Z, on a

(26) $$Z \subset \mathrm{pr}_1(Z) \times \mathrm{pr}_2(Z).$$

h) Soit a un élément de E; l'application $(a, y) \mapsto y$ de l'ensemble $\{a\} \times F$ *sur* F (c'est-à-dire la restriction à la partie $\{a\} \times F$ de la fonction pr_2) est *bijective*.

4. L'application

(27) $$(x, y) \mapsto (y, x)$$

est une application *bijective* de E × F sur F × E, qu'on nomme application *canonique*. Dans le cas où E et F sont identiques, l'application (27) prend le nom de *symétrie canonique*; elle est alors *involutive*. Les éléments (x, y) de E × E invariants par cette symétrie sont ceux qui possèdent la propriété $x = y$; l'ensemble Δ de ces éléments est appelée *diagonale* de $E \times E$. L'application

$$x \mapsto (x, x)$$

est une application *bijective* de E *sur* Δ dite *application diagonale* de E dans $E \times E$.

Si Z désigne une partie quelconque de $E \times F$, on notera $\overset{-1}{Z}$ l'image de Z par l'application canonique de $E \times F$ sur $F \times E$. Soient X une partie quelconque de E, Y une partie quelconque de F; on a $\overset{-1}{\widehat{X \times Y}} = Y \times X$.

Si une relation R entre x et y, considérée comme propriété du couple (x, y), définit une partie A de $E \times F$, la *même* relation, considérée comme propriété du couple (y, x), définit la partie $\overset{-1}{A}$ de $F \times E$; R est équivalente à chacune des relations $(x, y) \in A$, $(y, x) \in \overset{-1}{A}$. Si E et F sont identiques, la relation R, et la partie A correspondante, sont dites *symétriques* lorsque $A = \overset{-1}{A}$. La diagonale Δ (définie par la relation d'égalité) est symétrique; si Z est une partie quelconque de $E \times E$, $Z \cup \overset{-1}{Z}$ et $Z \cap \overset{-1}{Z}$ sont symétriques.

5. Soient A une partie d'un ensemble E, et f une application de A dans un ensemble F; la relation entre un élément x de E et un élément y de F, qui s'énonce

$$\text{« } x \in A \quad \text{et} \quad y = f(x) \text{ »}$$

définit une partie de $E \times F$, qu'on appelle *graphe* de la fonction f. Si B est une partie de E contenant A, et g un *prolongement* (§ 2, nº 13) de f à B, le graphe de f est *contenu* dans le graphe de g.

Réciproquement, soit C une partie de $E \times F$ telle que, pour tout $x \in E$, il existe *au plus un* $y \in F$ tel que $(x, y) \in C$; la relation $(x, y) \in C$ entre un élément x de *l'ensemble* $pr_1(C)$ et un élément y de F, est une relation fonctionnelle en y, qui détermine une application de $pr_1(C)$ dans F, dont le graphe est C.

L'ensemble des parties C de $E \times F$ ayant la propriété « quel que soit $x \in E$, il existe au plus un $y \in F$ tel que $(x, y) \in C$ » (ensemble qui est une partie de $\mathfrak{P}(E \times F)$), peut donc être mis en correspondance biunivoque avec *l'ensemble des applications d'une partie quelconque de* E *dans* F.

Soient f une application injective de E dans F, g l'application réciproque de f, considérée comme bijection de E sur $f(E)$; si C est le graphe de f, le graphe de g est $\overset{-1}{C}$.

6. Lorsque f est une application de E dans F, et C son graphe dans $E \times F$, la relation « $y = f(x)$ » est équivalente à « $(x, y) \in C$ »; la relation « $y \in f(X)$ » est équivalente à « il existe x tel que $x \in X$ et $(x, y) \in C$ ».

Soient maintenant K une partie *quelconque* de $E \times F$, et X une partie quelconque de E. Désignons par K(X) la partie de F formée des éléments y qui satisfont à la relation « il existe x tel que $x \in X$ et $(x, y) \in K$ »; cette relation est donc équivalente à

$$« y \in K(X) ».$$

On dit que l'application $X \mapsto K(X)$ de $\mathfrak{P}(E)$ dans $\mathfrak{P}(F)$ est *définie par la partie* K de $E \times F$. On remarquera que $K(X)$ n'est autre que la seconde projection de l'ensemble $K \cap (X \times F)$. Lorsque K est le graphe d'une application f de E dans F, l'application $X \mapsto K(X)$ est identique à l'extension de f aux ensembles de parties.

7. Si $K \subset E \times F$, $x \mapsto K(\{x\})$ est une application de E dans $\mathfrak{P}(F)$, dont la valeur $K(\{x\})$ (qu'on note aussi $K(x)$ par abus de langage) est appelée *coupe de* K *suivant* x. La relation $(x, y) \in K$ est équivalente à $y \in K(x)$.

Réciproquement, *toute* application $x \mapsto \Phi(x)$ de E dans $\mathfrak{P}(F)$ peut s'obtenir de cette manière; car la relation $y \in \Phi(x)$ définit une partie K de $E \times F$, et $\Phi(x)$ n'est autre que la coupe de K suivant x. L'ensemble $\mathfrak{P}(E \times F)$ et l'ensemble des applications de E dans $\mathfrak{P}(F)$ sont ainsi mis en correspondance biunivoque.

8. Toute application $X \mapsto K(X)$ définie par une partie K de $E \times F$ possède les propriétés suivantes, qui généralisent celles de l'extension d'une application de E dans F (§ 2, n°s 4 et 5):

a) $K(\varnothing) = \varnothing$;

b) « $X \subset Y$ » entraîne « $K(X) \subset K(Y)$ ».

c) Quels que soient X, Y,

$$K(X \cup Y) = K(X) \cup K(Y), \tag{28}$$

$$K(X \cap Y) \subset K(X) \cap K(Y). \tag{29}$$

Si K et K' sont deux parties de $E \times F$ telles que $K \subset K'$, on a $K(X) \subset K'(X)$ pour tout $X \subset E$; en particulier $K(x) \subset K'(x)$ quel que soit $x \in E$. Réciproquement, si $K(x) \subset K'(x)$ quel que soit $x \in E$, on a $K \subset K'$.

9. Une relation entre un élément de E et un élément de F définit une partie K de $E \times F$ et une partie $\overset{-1}{K}$ de $F \times E$, et par suite une application $X \mapsto K(X)$ de $\mathfrak{P}(E)$ dans $\mathfrak{P}(F)$ et une application $Y \mapsto \overset{-1}{K}(Y)$ de $\mathfrak{P}(F)$ dans $\mathfrak{P}(E)$.

Lorsque K est le graphe d'une application f de E dans F, l'application $Y \mapsto \overset{-1}{K}(Y)$ n'est autre que l'extension réciproque de f.

Il faut remarquer que les relations (18) et (19) ne se généralisent pas aux applications $X \mapsto K(X)$ et $Y \mapsto \overset{-1}{K}(Y)$ lorsque K est une partie quelconque de $E \times F$.

10. Soient E, F, G, trois ensembles distincts ou non, A une partie de $E \times F$, B une partie de $F \times G$. Les éléments (x, z) de $E \times G$ qui possèdent la propriété

$$« \text{il existe } y \in F \text{ tel que } (x, y) \in A \text{ et } (y, z) \in B »$$

forment une partie de $E \times G$, qu'on appelle l'ensemble *composé de* B *et* A, et qu'on note $B \circ A$, ou simplement BA quand aucune confusion n'est à craindre. Ici encore, l'ordre dans lequel on compose deux ensembles est essentiel.

L'application $X \mapsto BA(X)$ de $\mathfrak{P}(E)$ dans $\mathfrak{P}(G)$ est composée de $Y \mapsto B(Y)$ et de $X \mapsto A(X)$; autrement dit, quel que soit $X \subset E$, on a

$$BA(X) = B(A(X)). \tag{30}$$

Soient H un ensemble distinct ou non de E, F, G, et C une partie de $G \times H$. On a $C \circ (B \circ A) = (C \circ B) \circ A$; cet ensemble se note aussi $C \circ B \circ A$ (ou simplement CBA) et s'appelle le *composé* de C, B, A pris dans cet ordre.

Soient f une application de E dans F, g une application de F dans G; si A et B sont respectivement les graphes de f et g, le composé BA est le graphe de l'application composée $g \circ f$.

11. On a

$$\overset{-1}{\widehat{(B \circ A)}} = \overset{-1}{A} \circ \overset{-1}{B}. \tag{31}$$

Soient A, A' deux parties de $E \times F$, B, B' deux parties de $F \times G$; la relation « $A \subset A'$ et $B \subset B'$ » entraîne « $B \circ A \subset B' \circ A'$ ».

Soient A une partie de $E \times F$, Δ la diagonale de $E \times E$, Δ' celle de $F \times F$; on a

$$A \circ \Delta = \Delta' \circ A = A. \tag{32}$$

12. Soient maintenant E, F, G trois ensembles distincts ou non; leur *ensemble produit* $E \times F \times G$ est l'ensemble des *triplets* (x, y, z), où $x \in E$, $y \in F$, $z \in G$; la relation $(x, y, z) = (x', y', z')$ est équivalente à « $x = x'$ et $y = y'$ et $z = z'$ ». Les trois applications

$$(x, y, z) \mapsto x, \qquad (x, y, z) \mapsto y, \qquad (x, y, z) \mapsto z$$

de $E \times F \times G$ dans E, F, G respectivement, sont appelées *première*, *seconde* et *troisième coordonnée* (ou *projection*); on appelle de même par exemple *projection d'indices* (1, 2), et on note $pr_{1,2}$, l'application

$$(x, y, z) \mapsto (x, y)$$

de $E \times F \times G$ dans $E \times F$.

Les définitions et propositions des n°s 2, 3, 4 se généralisent aisément au produit de trois ensembles.

En outre, on peut substituer à la considération du produit $E \times F \times G$ de trois ensembles, celle du produit $(E \times F) \times G$, obtenu par double application de l'opération « produit de deux ensembles ». En effet,

$$(x, y, z) \mapsto ((x, y), z)$$

est une application *bijective* de $E \times F \times G$ sur $(E \times F) \times G$, qu'on nomme encore application *canonique*; on définit de même des applications *bijectives* (dites aussi *canoniques*) de $E \times F \times G$ sur l'ensemble $E \times (F \times G)$, et tous les ensembles qu'on déduit de $E \times F \times G$, $(E \times F) \times G$, $E \times (F \times G)$ par permutation des trois lettres E, F, G.

On a des définitions et propriétés analogues pour le produit de plus de trois ensembles.

13. Lorsqu'une fonction f, prenant ses valeurs dans un ensemble quelconque E′, est définie dans un produit de trois ensembles E, F, G, on dit aussi que c'est une fonction de *trois arguments*, dont chacun parcourt l'un des ensembles E, F, G; la valeur de f pour l'élément (x, y, z) de $E \times F \times G$ se note $f(x, y, z)$.

Soit a un élément quelconque de E; $(y,z) \mapsto f(a, y, z)$ est une application de $F \times G$ dans E′; on dit que c'est une *application* (ou *fonction*) *partielle engendrée par* f, et correspondant à la valeur a de x; c'est aussi l'application composée de f et de l'application $(y,z) \mapsto (a, y, z)$ de $F \times G$ dans $E \times F \times G$. On la note $f(a, ., .)$.

De même, si b est un élément de F,

$$z \mapsto f(a, b, z)$$

est une application de G dans E′, qui prend encore le nom d'application partielle engendrée par f, et correspondant aux valeurs a, b de x, y; on la note $f(a, b, .)$.

Inversement, soit g une application de E dans E′; alors

$$(x, y, z) \mapsto g(x)$$

est une application h de $E \times F \times G$ dans E′, telle que toute application partielle de E dans E′, engendrée par h pour des valeurs quelconques de y et z, soit identique à g; on exprime souvent ce fait en disant qu'on peut toujours envisager une fonction d'un argument x comme fonction de tous les arguments qu'on a besoin de considérer à un moment donné, et parmi lesquels figure naturellement x.

14. Soient f, g, h trois applications, respectivement de E dans E′, de F dans F′, de G dans G′; l'application

$$(x, y, z) \mapsto (f(x), g(y), h(z))$$

de $E \times F \times G$ dans $E' \times F' \times G'$ se note (f, g, h) ou $f \times g \times h$ et s'appelle *extension de* f, g, h *aux ensembles produits*. Si f, g, h, sont *toutes trois* injectives, (resp. surjectives, bijectives), $f \times g \times h$ est injective (resp. surjective, bijective).

On n'a envisagé, dans ce numéro et le précédent, que le cas de *trois* ensembles, uniquement pour fixer les idées; des considérations analogues valent pour plusieurs ensembles en nombre fini quelconque.

§ 4. RÉUNION, INTERSECTION, PRODUIT D'UNE FAMILLE D'ENSEMBLES

1. Dans ce paragraphe, nous considérons une famille $(X_\iota)_{\iota \in I}$ de *parties* d'un ensemble E, où l'ensemble d'indices I est quelconque; on désignera par $\mathfrak{F}$ *l'ensemble des parties de* E *appartenant à la famille* (partie de $\mathfrak{P}(E)$).

Lorsque I est fini, la considération de la famille (X_ι) revient à celle de plusieurs parties de E, distinctes ou non, en nombre égal à celui des éléments de I; par exemple, trois parties quelconques X_1, X_2, X_3 de E forment une famille de parties de E, l'ensemble I étant ici formé des nombres 1, 2, 3.

2. Soit J une partie quelconque de I, et considérons l'ensemble des éléments x ayant la propriété:

$$\text{« il existe } \iota \in J \text{ tel que } x \in X_\iota \text{ ».}$$

Cet ensemble s'appelle *réunion de la famille d'ensembles* $(X_\iota)_{\iota \in J}$, et se note $\bigcup_{\iota \in J} X_\iota$.

On peut encore formuler cette définition de la manière suivante: à l'application $\iota \mapsto X_\iota$ de I dans $\mathfrak{P}(E)$ correspond une partie C bien déterminée de $I \times E$ telle que $X_\iota = C(\iota)$ (§ 3, n° 7); on a $\bigcup_{\iota \in J} X_\iota = C(J)$.

En particulier

(33) $$\bigcup_{\iota \in \varnothing} X_\iota = C(\varnothing) = \varnothing.$$

Lorsque J = I, on écrit souvent $\bigcup_\iota X_\iota$, ou simplement $\bigcup X_\iota$, au lieu de $\bigcup_{\iota \in I} X_\iota$.

La réunion $\bigcup_\iota X_\iota$ *ne dépend que de l'ensemble* $\mathfrak{F}$; autrement dit, elle est la même pour deux familles correspondant à la même partie $\mathfrak{F}$ de $\mathfrak{P}(E)$; en particulier, elle est égale à la réunion de la famille définie par l'application canonique de $\mathfrak{F}$ dans $\mathfrak{P}(E)$, et on peut donc l'écrire $\bigcup_{X \in \mathfrak{F}} X$; on dit aussi que c'est la *réunion des ensembles appartenant à* $\mathfrak{F}$.

Lorsque I est un ensemble dont les éléments sont explicitement désignés, par exemple les nombres 1, 2, 3, on a $\bigcup_{\iota \in I} X_\iota = X_1 \cup X_2 \cup X_3$, ce qui justifie le nom de réunion, donné en général à l'ensemble $\bigcup_\iota X_\iota$.

3. Quel que soit $J \subset I$, on a $\bigcup_{\iota \in J} X_\iota \subset \bigcup_{\iota \in I} X_\iota$. En particulier, quel que soit $\kappa \in I$, $X_\kappa \subset \bigcup_\iota X_\iota$; inversement, si Y est une partie de E telle que $X_\iota \subset Y$ quel que soit $\iota \in I$, on a $\bigcup_\iota X_\iota \subset Y$. Plus généralement, si (Y_ι) est une seconde famille de parties de E correspondant au même ensemble d'indices I, et si $X_\iota \subset Y_\iota$ quel que soit ι, on a $\bigcup_\iota X_\iota \subset \bigcup_\iota Y_\iota$.

Soit F un second ensemble, et $X \mapsto K(X)$ l'application de $\mathfrak{P}(E)$ dans $\mathfrak{P}(F)$ définie par une partie K de $E \times F$; on a

(34) $$K(\bigcup_{\iota \in I} X_\iota) = \bigcup_{\iota \in I} K(X_\iota).$$

Soit maintenant L un autre ensemble d'indices, et $(J_\lambda)_{\lambda \in L}$ une famille de parties de I; on a

(35) $$\bigcup_{\iota \in \bigcup_{\lambda \in L} J_\lambda} X_\iota = \bigcup_{\lambda \in L} (\bigcup_{\iota \in J_\lambda} X_\iota).$$

C'est la formule générale dite d'*associativité* de la réunion; quand I et L sont des ensembles à éléments explicitement désignés, on retrouve des relations connues (voir § 1, n° 14); si L seul est dans ce cas, et est formé, par exemple, des nombres 1 et 2,

$$\bigcup_{\iota \in J_1 \cup J_2} X_\iota = \Big(\bigcup_{\iota \in J_1} X_\iota\Big) \cup \Big(\bigcup_{\iota \in J_2} X_\iota\Big). \tag{36}$$

Soient $(X_\iota)_{\iota \in I}$ et $(Y_\kappa)_{\kappa \in K}$ deux familles quelconques de parties de E; on a

$$\Big(\bigcup_{\iota \in I} X_\iota\Big) \cap \Big(\bigcup_{\kappa \in K} Y_\kappa\Big) = \bigcup_{(\iota, \kappa) \in I \times K} (X_\iota \cap Y_\kappa), \tag{37}$$

formule dite de *distributivité*; elle comprend la seconde formule (10) comme cas particulier.

Si $(X_\iota)_{\iota \in I}$ est une famille de parties de E, $(Y_\kappa)_{\kappa \in K}$ une famille de parties de F, on a

$$\Big(\bigcup_{\iota \in I} X_\iota\Big) \times \Big(\bigcup_{\kappa \in K} Y_\kappa\Big) = \bigcup_{(\iota, \kappa) \in I \times K} (X_\iota \times Y_\kappa). \tag{38}$$

4. Une famille $(X_\iota)_{\iota \in I}$ de parties de E constitue un *recouvrement* d'une partie A de E, si $A \subset \bigcup_{\iota \in I} X_\iota$; en particulier si (X_ι) est un recouvrement de E, on a $\bigcup_{\iota \in I} X_\iota = E$.

On appelle *partition* de E un recouvrement (X_ι) de E tel que $X_\iota \cap X_\kappa = \varnothing$ pour tout couple d'indices *différents* (ι, κ) de I (on exprime encore cette dernière condition en disant que les X_ι sont *mutuellement disjoints*, ou *deux à deux sans élément commun*).

Si de plus $X_\iota \neq \varnothing$ pour tout $\iota \in I$, alors $\iota \mapsto X_\iota$ est une application *bijective* de I sur l'ensemble $\mathfrak{F}$ des parties de la partition. La donnée de $\mathfrak{F}$ détermine dans ce cas la famille, à une correspondance biunivoque près des ensembles d'indices; en particulier, on peut parler indifféremment d'une partition en ensembles non vides comme d'un *ensemble* ou comme d'une *famille* de parties.

5. Soit $(X_\iota)_{\iota \in I}$ une famille quelconque de parties d'un ensemble E; dans le produit $I \times E$, considérons, pour chaque $\iota \in I$, la partie $X'_\iota = \{\iota\} \times X_\iota$; l'ensemble $S = \bigcup_{\iota \in I} X'_\iota$ est appelé la *somme* de la familly $(X_\iota)_{\iota \in I}$. Il est clair que la famille $(X'_\iota)_{\iota \in I}$ est une partition de S et que, pour tout $\iota \in I$, l'application $x_\iota \mapsto (\iota, x_\iota)$ est une bijection de X_ι sur X'_ι. Par abus de langage, on appelera souvent somme de la famille $(X_\iota)_{\iota \in I}$ un ensemble en correspondance biunivoque avec S, et on identifiera les X_ι aux parties de cet ensemble qui leur correspondent.

On dit souvent que l'ensemble somme de deux ensembles E et F est obtenu par *adjonction* à E de l'ensemble F.

6. Avec les notations du n° 2, l'ensemble des éléments x de E ayant la propriété

« quel que soit $\iota \in J$, $x \in X_\iota$ »

s'appelle *l'intersection de la famille d'ensembles* $(X_\iota)_{\iota\in J}$, et se note $\bigcap_{\iota\in J} X_\iota$; lorsque $J = I$, on écrit souvent $\bigcap_\iota X_\iota$, ou simplement $\bigcap X_\iota$, au lieu de $\bigcap_{\iota\in I} X_\iota$.

On a

$$\complement(\bigcup_{\iota\in J} X_\iota) = \bigcap_{\iota\in J} (\complement X_\iota). \tag{39}$$

En particulier, si $J = \varnothing$,

$$\bigcap_{\iota\in\varnothing} X_\iota = E. \tag{40}$$

L'intersection $\bigcap X_\iota$ ne dépend que de l'ensemble $\mathfrak{F}$, et peut s'écrire $\bigcap_{X\in\mathfrak{F}} X$; lorsque I est, par exemple, formé des nombres 1, 2, 3, on a $\bigcap_\iota X_\iota = X_1 \cap X_2 \cap X_3$.

7. La formule (39) permet de généraliser la *règle de dualité*: si une partie A de E se déduit d'autres parties X, Y, Z, et de familles (X_ι), (Y_κ), (Z_λ) de parties de E, par application, dans n'importe quel ordre, des *seules* opérations $\complement$, $\cup$, $\cap$, $\bigcup$, $\bigcap$, on obtiendra le complémentaire $\complement A$ en remplaçant les parties X, Y, Z, X_ι, Y_κ, Z_λ par leurs complémentaires, et les opérations $\cup$, $\cap$, $\bigcup$, $\bigcap$ par $\cap$, $\cup$, $\bigcap$, $\bigcup$ respectivement, l'ordre des opérations étant respecté; bien entendu, on ne modifiera rien aux opérations d'intersection et de réunion appliquées à des parties des ensembles d'*indices*, qui peuvent se trouver souscrites aux signes $\bigcup$ et $\bigcap$.

On définit comme au § 1, n° 15, la *duale* d'une relation $A = B$ ou $A \subset B$, A et B étant des parties de E de la forme précédente.

8. Quel que soit $J \subset I$, on a $\bigcap_{\iota\in I} X_\iota \subset \bigcap_{\iota\in J} X_\iota$. En particulier, quel que soit $\kappa \in I$, $\bigcap_\iota X_\iota \subset X_\kappa$; inversement, si $Y \subset X_\iota$ quel que soit ι, $Y \subset \bigcap_\iota X_\iota$.

Plus généralement, si (Y_ι) est une seconde famille de parties de E correspondant au même ensemble d'indices I, et si $X_\iota \subset Y_\iota$ quel que soit ι, on a

$$\bigcap_\iota X_\iota \subset \bigcap_\iota Y_\iota.$$

La *réunion* des ensembles X_ι est l'*intersection* des ensembles Y tels que $X_\iota \subset Y$ quel que soit ι; et l'*intersection* des X_ι est la *réunion* des Z tels que $X_\iota \supset Z$ quel que soit ι.

Les formules suivantes sont duales de (35) et (37) respectivement:

$$\bigcap_{\iota\in\bigcup_{\lambda\in L} J_\lambda} X_\iota = \bigcap_{\lambda\in L} (\bigcap_{\iota\in J_\lambda} X_\iota) \quad \text{(associativité)}. \tag{41}$$

$$(\bigcap_{\iota\in I} X_\iota) \cup (\bigcap_{\kappa\in K} Y_\kappa) = \bigcap_{(\iota,\kappa)\in I\times K} (X_\iota \cup Y_\kappa) \quad \text{(distributivité)}. \tag{42}$$

Si $(X_\iota)_{\iota\in I}$ est une famille de parties de E, $(Y_\kappa)_{\kappa\in K}$ une famille de parties de F,

$$(\bigcap_{\iota\in I} X_\iota) \times (\bigcap_{\kappa\in K} Y_\kappa) = \bigcap_{(\iota,\kappa)\in I\times K} (X_\iota \times Y_\kappa). \tag{43}$$

De plus, si (X_ι) et (Y_ι) sont respectivement une famille de parties de E et une famille de parties de F correspondant au *même* ensemble d'indices I,

$$(44) \qquad (\bigcap_{\iota\in I} X_\iota) \times (\bigcap_{\iota\in I} Y_\iota) = \bigcap_{\iota\in I} (X_\iota \times Y_\iota).$$

La formule (34) n'a pas de duale; on a seulement en général

$$(45) \qquad K(\bigcap_{\iota\in I} X_\iota) \subset \bigcap_{\iota\in I} K(X_\iota).$$

L'égalité n'a lieu pour toute famille (X_ι) que lorsque $X \mapsto K(X)$ est l'*extension réciproque* d'une application d'une partie de F dans E; par suite, si f est une *application de* F *dans* E, on a

$$(46) \qquad \overset{-1}{f}(\bigcap_{\iota\in J} X_\iota) = \bigcap_{\iota\in J} \overset{-1}{f}(X_\iota),$$

formule qui généralise (14).

9. Soient E un ensemble quelconque, I un ensemble d'indices quelconque; l'ensemble des *familles* $(x_\iota)_{\iota\in I}$ *d'éléments* de E, qui ont pour ensemble d'indices I, se note E^I, et l'opération qui fait passer de E à E^I s'appelle *exponentiation*; E^I est donc en correspondance biunivoque avec l'ensemble des applications de I dans E (qu'on note souvent, pour cette raison, E^I, par un abus de langage), et aussi, en considérant les graphes de ces applications, avec une partie de $\mathfrak{P}(I \times E)$. Les ensembles E^J correspondant aux parties J de l'ensemble I peuvent donc être considérés comme des parties d'un même ensemble, en correspondance biunivoque avec une partie de $\mathfrak{P}(I \times E)$.

Soit maintenant $(X_\iota)_{\iota\in I}$ une *famille de parties* de E, correspondant au même ensemble d'indices I, et soit J une partie quelconque de I; la propriété

« quel que soit $\iota \in J$, $x_\iota \in X_\iota$ »

de la famille $(x_\iota)_{\iota\in J}$, définit une partie de E^J, qu'on appelle *produit de la famille d'ensembles* $(X_\iota)_{\iota\in J}$, et qu'on note $\prod_{\iota\in J} X_\iota$ (ou simplement $\prod_\iota X_\iota$ lorsque J = I). Les ensembles X_ι sont dits *ensembles facteurs*. On notera que $\prod_{\iota\in\varnothing} X_\iota$ est un ensemble à un seul élément (correspondant à la partie vide de I × E). Si $X_\iota = E$ quel que soit $\iota \in J$, $\prod_{\iota\in J} X_\iota = E^J$.

Lorsque I est, par exemple, formé des trois nombres 1, 2, 3, $\prod_{\iota\in J} X_\iota$ est en correspondance biunivoque avec l'ensemble $X_1 \times X_2 \times X_3$.

10. R$\{x, y\}$ étant une relation entre un élément x d'un ensemble E et un élément y d'un ensemble F, il y a *équivalence* entre les propositions suivantes:

« quel que soit x, il existe y tel que R$\{x, y\}$ »

et

« il existe une application f de E dans F telle que, pour tout x, on ait R$\{x, f(x)\}$ ».

L'affirmation de cette équivalence est désignée sous le nom d'*axiome de choix* (ou *axiome de Zermelo*). Nous signalerons parfois que la démonstration de tel théorème en dépend ou non.

L'axiome de choix est une proposition *équivalente* à la proposition suivante:

$$\text{« Si, pour tout } \iota \in I,\ X_\iota \neq \varnothing, \text{ on a } \prod_{\iota \in I} X_\iota \neq \varnothing \text{ ».}$$

11. Dans ce numéro et le suivant, on considère un ensemble produit non vide $\prod_{\iota \in I} A_\iota$, (A_ι) étant une famille quelconque de parties (non vides) de E.

Soit J une partie de I; l'application

$$(x_\iota)_{\iota \in I} \mapsto (x_\iota)_{\iota \in J}$$

de $\prod_{\iota \in I} A_\iota$ *sur* $\prod_{\iota \in J} A_\iota$ s'appelle *projection* de $\prod_{\iota \in I} A_\iota$ sur $\prod_{\iota \in J} A_\iota$, et se note pr_J; en particulier, on note pr_κ et on appelle aussi *coordonnée d'indice* κ l'application $(x_\iota)_{\iota \in I} \mapsto x_\kappa$ de $\prod_{\iota \in I} A_\iota$ sur A_κ.

Si z est un élément de $\prod_\iota A_\iota$, on a donc $z = (\mathrm{pr}_\iota(z))_{\iota \in I}$.

Soient J_1, J_2 deux ensembles formant une *partition* de I;

$$z \mapsto (\mathrm{pr}_{J_1}(z), \mathrm{pr}_{J_2}(z))$$

est une application *bijective* de $\prod_{\iota \in I} A_\iota$ sur $\prod_{\iota \in J_1} A_\iota \times \prod_{\iota \in J_2} A_\iota$.

Plus généralement, si $(J_\lambda)_{\lambda \in L}$ est une *partition* quelconque de l'ensemble I, l'application $z \mapsto (\mathrm{pr}_{J_\lambda}(z))_{\lambda \in L}$ est une application bijective (dite *canonique*) de $\prod_{\iota \in I} A_\iota$ sur le produit $\prod_{\lambda \in L} \big(\prod_{\iota \in J_\lambda} A_\iota\big)$; on exprime encore ce fait en disant que le produit d'une famille d'ensembles est *associatif*.

12. Les propositions suivantes généralisent celles du § 3, nº 3; (X_ι), (Y_ι) désignent des familles de parties de E telles que $X_\iota \subset A_\iota$ et $Y_\iota \subset A_\iota$ quel que soit $\iota \in I$; Z désigne une partie quelconque de $\prod_\iota A_\iota$.

a) Si $\prod_\iota X_\iota \neq \varnothing$, la relation « $\prod_\iota X_\iota \subset \prod_\iota Y_\iota$ » est *équivalente* à « quel que soit $\iota \in I$, $X_\iota \subset Y_\iota$ ».

b) On a $\overset{-1}{\mathrm{pr}}_\kappa(X_\kappa) = \prod_\iota Y_\iota$, où $Y_\kappa = X_\kappa$ et $Y_\iota = A_\iota$ pour $\iota \neq \kappa$. D'où

$$\prod_{\iota \in I} X_\iota = \bigcap_{\iota \in I} \overset{-1}{\mathrm{pr}}_\iota(X_\iota). \tag{47}$$

c) Si $\prod_{\iota \neq \kappa} X_\iota \neq \varnothing$,

$$\mathrm{pr}_\kappa\big(\prod_\iota X_\iota\big) = X_\kappa. \tag{48}$$

d) Quel que soit Z, on a

(49) $$Z \subset \prod_\iota \mathrm{pr}_\iota(Z).$$

e) Soient (J_1, J_2) une partition de I en deux ensembles, $(a_\iota)_{\iota \in J_1}$ une famille d'éléments de E, $(X_\iota)_{\iota \in J_2}$ une famille de parties de E, telles que $a_\iota \in A_\iota$ quel que soit $\iota \in J_1$, $X_\iota \subset A_\iota$ quel que soit $\iota \in J_2$; le produit $\prod_{\iota \in I} Y_\iota$, où $Y_\iota = \{a_\iota\}$ si $\iota \in J_1$, et $Y_\iota = X_\iota$ si $\iota \in J_2$, peut être mis en correspondance biunivoque avec $\prod_{\iota \in J_2} X_\iota$ par projection sur ce dernier ensemble.

13. Soit $(A_\iota)_{\iota \in I}$ une famille de parties d'un ensemble F, et soit f une application d'un ensemble E dans le produit $\prod_{\iota \in I} A_\iota$. Si on pose $f_\iota(x) = \mathrm{pr}_\iota(f(x))$, f_ι est une application de E dans A_ι, et f n'est autre que l'application $x \mapsto (f_\iota(x))$. Inversement, si, pour chaque indice ι, f_ι est une application de E dans A_ι, $x \mapsto (f_\iota(x))$ est une application de E dans $\prod_\iota A_\iota$, qu'on note (f_ι) (par un abus de notation, puisque ce symbole désigne aussi la famille des applications f_ι). On définit ainsi une application bijective (dite *canonique*) de l'ensemble $(\prod_{\iota \in I} A_\iota)^E$ sur l'ensemble $\prod_{\iota \in I} (A_\iota^E)$.

14. Soient E, F, G trois ensembles. Pour toute application f de $F \times G$ dans E, et pour tout $y \in G$, $y \mapsto f(.\,, y)$ est une application de G dans E^F. Inversement, pour toute application g de G dans E^F, il existe une application f de $F \times G$ dans E et une seule telle que $f(.\,, y) = g(y)$ pour tout $y \in G$. On définit ainsi une application bijective (dite *canonique*) de l'ensemble $E^{F \times G}$ sur l'ensemble $(E^F)^G$.

15. Soit $(A_\iota)_{\iota \in I}$ une famille de parties d'un ensemble E. Pour tout $\iota \in I$, soit f_ι une application de A_ι dans un ensemble F, telle que, pour tout couple d'indices (ι, κ), f_ι et f_κ coïncident dans $A_\iota \cap A_\kappa$. Dans ces conditions, si $A = \bigcup_{\iota \in I} A_\iota$, il existe une application et une seule f de A dans F telle que la *restriction* de f à chacun des A_ι soit égale à f_ι. En particulier, si $A_\iota \cap A_\kappa = \varnothing$ pour tout couple d'indices distincts, on voit que les ensembles F^A et $\prod_{\iota \in I} F^{A_\iota}$ sont ainsi mis en correspondance biunivoque (dite *canonique*).

§ 5. RELATIONS D'ÉQUIVALENCE; ENSEMBLE QUOTIENT

1. Soit $(A_\iota)_{\iota \in I}$ une *partition* d'un ensemble E; la relation R$\{x, y\}$ entre deux éléments x, y de E

« il existe $\iota \in I$ tel que $x \in A_\iota$ et $y \in A_\iota$ »

satisfait aux conditions suivantes:

a) R$\{x, x\}$ est une *identité* (*réflexivité* de la relation R).

b) R$\{x, y\}$ et R$\{y, x\}$ sont *équivalentes* (*symétrie* de la relation R).

c) La relation « R{x, y} et R{y, z} » *entraîne* R{x, z} (*transitivité* de la relation R).

Si C désigne la partie de E × E définie par la relation R, les conditions *a*), *b*), *c*) sont respectivement équivalentes aux conditions suivantes: *a'*) $\Delta \subset C$; *b'*) $\overset{-1}{C} = C$; *c'*) $C \circ C \subset C$. De *a'*) et *c'*) résulte $C \circ C = C$.

2. Réciproquement, soient R{x, y} une relation *réflexive*, *symétrique* et *transitive*, et C son graphe dans E × E. L'image $\mathfrak{F}$ de E par l'application $x \mapsto C(x)$ de E dans $\mathfrak{P}(E)$, est une *partition* de E, et la relation « il existe une partie $X \in \mathfrak{F}$ telle que $x \in X$ et $y \in X$ » est *équivalente* à R{x, y}.

Toute relation R satisfaisant aux conditions *a*), *b*), *c*) est dite *relation d'équivalence* dans E; la partition $\mathfrak{F}$ qu'elle définit, considérée comme sous-ensemble de $\mathfrak{P}(E)$, est appelée *ensemble quotient de* E *par la relation* R, et se note E/R; ses éléments sont appelés *classes d'équivalence suivant* R. L'application $x \mapsto C(x)$ de E *sur* E/R qui, à tout élément x de E, fait correspondre la classe d'équivalence à laquelle appartient x, est dite *application canonique* de E sur E/R.

La relation d'*égalité* $x = y$ est une relation d'équivalence; l'application canonique de E sur l'ensemble quotient correspondant n'est autre que $x \mapsto \{x\}$; elle est *bijective*.

Lorsque R est une relation d'équivalence, la notation

$$\text{« } x \equiv y (\text{mod. R}) \text{ »}$$

est parfois employée comme synonyme de R{x, y}. Elle se lit « *x équivalent à y modulo* R (ou *suivant* R) ».

3. Dans un ensemble produit E × F, la relation « $\mathrm{pr}_1(z) = \mathrm{pr}_1(z')$ » est une relation d'équivalence R, et l'ensemble quotient (E × F)/R peut être mis en correspondance biunivoque avec E (ce qui est à l'origine de la dénomination d'*ensemble quotient*).

Plus généralement, soit f une application d'un ensemble E dans un ensemble F; la relation « $f(x) = f(y)$ » est une relation d'équivalence dans E; si on la désigne par R, l'application $z \mapsto \overset{-1}{f}(z)$ (où $\overset{-1}{f}(z)$ est considéré comme un élément de E/R), est une *application bijective* de $f(E)$ *sur* E/R.

On en déduit que f peut être considérée comme *composée* des trois applications suivantes, la composition ayant lieu dans l'ordre indiqué:

1° l'injection *canonique* dans F de la partie $f(E)$ de cet ensemble;

2° l'application *bijective* de E/R sur $f(E)$, dont l'application réciproque est définie ci-dessus;

3° la surjection *canonique* de E sur E/R.

Cette décomposition d'une application est dite *décomposition canonique* ou *factorisation canonique*.

4. Toute relation d'équivalence R dans un ensemble E peut être définie à l'aide d'une application comme au n° précédent: car, si C est le graphe de R, la relation « $C(x) = C(y)$ » est équivalente à R{x, y}.

5. Soient R une relation d'équivalence dans un ensemble E, et A une partie de E; la relation R$\{x, y\}$ entre deux éléments x, y *de* A, est une relation d'équivalence dans A; on dit qu'elle est *induite* par R dans A, et on la note R_A. Soient f l'application canonique de E sur E/R, g celle de A sur A/R_A. En faisant correspondre l'un à l'autre un élément de E/R et un élément de A/R_A s'ils sont images, par f et g respectivement, d'un même élément de E, on définit une correspondance *biunivoque* entre l'image $f(A)$ de A par f et le quotient A/R_A. En désignant par φ l'application canonique de A dans E, cette correspondance est réalisée par l'application

$$z \mapsto f(\varphi(\overset{-1}{g}(z)))$$

et son application réciproque, dites, elles aussi, *canoniques*.

6. On dit qu'une partie A de E est *saturée* pour la relation d'équivalence R, si pour tout $x \in A$, la classe d'équivalence de x suivant R est contenue dans A; autrement dit, les ensembles saturés pour R sont les *réunions de classes d'équivalence suivant* R. Si f est l'application canonique de E sur E/R, on peut encore dire qu'un ensemble est saturé s'il est de la forme $\overset{-1}{f}(X)$, où X est une partie de E/R.

Soit A une partie de E; l'intersection des ensembles saturés contenant A est l'ensemble $\overset{-1}{f}(f(A))$, qu'on peut aussi définir comme la réunion des classes d'équivalence des éléments de A et qu'on appelle le *saturé* de A (pour R).

7. Soit P$\{x, y, z\}$ une relation où intervient un élément x de E. On dit que P est *compatible* (en x) *avec la relation d'équivalence* R, si la relation

$$\text{« } P\{x, y, z\} \text{ et } x \equiv x' \pmod{R} \text{ »}$$

entraîne P$\{x', y, z\}$. Soit f l'application canonique de E sur E/R et t un élément de E/R; la relation « il existe $x \in \overset{-1}{f}(t)$ tel que P$\{x,y,z\}$ » est alors équivalente à « quel que soit $x \in \overset{-1}{f}(t)$, P$\{x, y, z\}$ »; c'est une relation entre t, y, z qu'on dit *déduite* de P par *passage au quotient* (pour x); en la désignant par P'$\{t, y, z\}$, P$\{x, y, z\}$ est équivalente à P'$\{f(x), y, z\}$.

Définitions analogues pour une relation où interviennent des arguments en nombre quelconque, et pour le cas où cette relation est compatible avec R pour *plusieurs* de ses arguments. Par exemple, A étant une partie de E, dire que « $x \in A$ » est compatible (en x) avec R, équivaut à dire que A est saturé pour R; φ étant une application de E dans un ensemble F, dire que la relation fonctionnelle « $y = \varphi(x)$ » est compatible (en x) avec R, c'est dire que la fonction φ reste constante sur chaque classe d'équivalence suivant R; par passage au quotient, on en déduit alors une relation entre y et un élément t de E/R, relation qui est fonctionnelle en y et détermine donc une application φ' de E/R dans F, satisfaisant à l'identité

$$\varphi(x) = \varphi'(f(x)).$$

8. Soient R une relation d'équivalence dans un ensemble E, S une relation

d'équivalence dans un ensemble F, et f une application de E dans F. On dit que f est *compatible avec* R *et* S, si la relation $x \equiv x'$ (mod. R) *entraîne* $f(x) \equiv f(x')$(mod. S); si g est l'application canonique de F sur F/S, la fonction composée $g \circ f$ a la même valeur pour tous les éléments d'une classe d'équivalence z suivant R; si on désigne cette valeur par $h(z)$, h est une application de E/R dans F/S; on dit qu'elle est *déduite* de f par *passage aux quotients*.

9. Soient R une relation d'équivalence dans E, S une relation d'équivalence dans E/R: si f est l'application canonique de E sur E/R, « $f(x) \equiv f(y)$ (mod. S) » est une relation d'équivalence T dans E; une classe d'équivalence suivant T est donc la réunion, dans E, des classes d'équivalence suivant R, équivalentes entre elles suivant S; et « $x \equiv y$ (mod. R) » entraîne « $x \equiv y$ (mod. T) ». Si g et φ sont les applications canonique de E/R sur (E/R)/S et de E sur E/T, respectivement, on obtient une correspondance biunivoque (dite *canonique*) entre (E/R)/S et E/T, en faisant correspondre l'un à l'autre un élément de (E/R)/S et un élément de E/T s'ils sont images, par $g \circ f$ et par φ respectivement, d'un même élément de E.

Réciproquement, soient R et T deux relations d'équivalence dans E, telles que « $x \equiv y$ (mod. R) » entraîne « $x \equiv y$ (mod. T) ». Alors T est compatible (au sens du n° 7) avec R, à la fois en x et en y; et, par passage au quotient E/R (pour x et y), on déduit de T une relation d'équivalence S dans E/R. Si f désigne encore l'application canonique de E sur E/R, la relation « $f(x) \equiv f(y)$ (mod. S) » est équivalente à « $x \equiv y$ (mod. T) ». On dit que S est la relation *quotient* de T par R, et on la note T/R. D'après ce qui précède, il existe une correspondance biunivoque (la correspondance canonique) entre (E/R)/(T/R) et E/T.

10. Soient maintenant E, F deux ensembles quelconques (distincts ou non), R$\{x, y\}$ une relation d'équivalence dans E, S$\{z, t\}$ une relation d'équivalence dans F. La relation « R$\{x, y\}$ et S$\{z, t\}$ » entre les éléments (x, z) et (y, t) de l'ensemble produit E × F, est une relation d'équivalence dans E × F, qu'on appelle *produit de* R *par* S et qu'on désigne par la notation R × S; toute classe d'équivalence suivant R × S est le produit d'une classe d'équivalence suivant R par une classe d'équivalence suivant S. Si u désigne un élément de E/R, et v un élément de F/S,

$$(u, v) \mapsto u \times v$$

est une *application bijective* (dite *canonique*) de (E/R) × (F/S) *sur* (E × F)/(R × S).

§ 6. ENSEMBLES ORDONNÉS

1. On dit qu'une relation $\omega\{x, y\}$ entre deux éléments d'un ensemble E est une *relation d'ordre* entre x et y dans E, si elle satisfait aux deux conditions suivantes:

a) La relation « $\omega\{x, y\}$ et $\omega\{y, z\}$ » *entraîne* $\omega\{x, z\}$ (transitivité).

b) La relation « $\omega\{x, y\}$ et $\omega\{y, x\}$ » est *équivalente* à « $x = y$ ».

La condition *b*) entraîne la réflexivité de la relation ω.

Soit C la partie de E × E définie par la relation ω{*x*, *y*}, en tant que propriété du couple (*x*, *y*); les conditions *a*) et *b*) sont respectivement équivalentes aux suivantes: *a'*) $C \circ C \subset C$; *b'*) $C \cap \overset{-1}{C} = \Delta$. Ces propriétés entraînent d'ailleurs $C \circ C = C$.

Lorsqu'on considère une relation d'ordre particulière dans un ensemble E, on dit que E est *ordonné* par cette relation, et que cette relation définit sur E une *structure d'ensemble ordonné* (cf. § 8) ou *structure d'ordre* (ou simplement un *ordre*).

Si ω{*x*, *y*} est une relation d'ordre entre *x* et *y* dans E, il en est de même de ω{*y*, *x*}; ces deux relations d'ordre sont dites *opposées*, ainsi que les structures d'ordre qu'elles définissent.

Soit ω{*x*, *y*} une relation d'ordre dans E, et A une partie quelconque de E; la relation ω{*x*, *y*}, entre deux éléments *x*, *y de* A, est une relation d'ordre dans A; l'ordre qu'elle définit sur A est dit *induit* par l'ordre défini par ω{*x*, *y*} sur E. On dit que l'ordre considéré sur E est un *prolongement* de l'ordre qu'il induit sur A.

On dit qu'une relation *réflexive* et *transitive* ω{*x*, *y*} entre deux éléments de E est une *relation de préordre* dans E et on dit que E est *préordonné* par cette relation; la relation « ω{*x*, *y*} et ω{*y*, *x*} » est une *relation d'équivalence* R dans E, et ω{*x*, *y*} est compatible, en *x* et en *y*, avec cette relation; par passage au quotient (pour *x* et *y*), ω{*x*, *y*} donne, dans l'ensemble E/R, une *relation d'ordre* qui est dite *associée* à ω{*x*, *y*}.

2. La relation d'inclusion « $Y \subset X$ » est une relation d'ordre dans l'ensemble des parties 𝔓(E) d'un ensemble quelconque.

Si E et F sont deux ensembles, distincts ou non, la relation « *g* est un prolongement de *f* » est une relation d'ordre dans l'ensemble des applications d'une partie quelconque de E dans F.

L'ensemble **N** des entiers positifs[1] est ordonné par la relation « $x \leqslant y$ ».

3. Par analogie avec ce dernier exemple, on convient souvent, lorsqu'un ensemble E est ordonné par une relation ω{*x*, *y*}, de noter $x \leqslant y$, ou $y \geqslant x$, la relation ω{*x*, *y*}; ces relations se lisent respectivement « *x* est *inférieur* à *y* » et « *y* est *supérieur* à *x* ». Dans ce cas, les relations « $x < y$ » et « $y > x$ » (qui se lisent « *x* est *strictement inférieur* à *y* » ou « *y* est *strictement supérieur* à *x* ») sont par définition équivalentes à « $x \leqslant y$ et $x \neq y$ ».

La relation « $x \leqslant y$ » est *équivalente* à « $x < y$ ou $x = y$ ». La relation « $x \leqslant y$ et $y < z$ » *entraîne* « $x < z$ »; de même, « $x < y$ et $y \leqslant z$ » *entraîne* « $x < z$ ».

4. Une partie X d'un ensemble E, ordonné par une relation « $x \leqslant y$ », est dite *totalement ordonné* par cette relation si, quels que soient $x \in X$ et $y \in X$, on a

[1] Conformément à l'esprit de ce fascicule, nous y supposons connue la théorie des entiers. Mais il ne faudrait pas croire que cette théorie soit nécessaire à l'édification de la théorie des ensembles; en se reportant au Livre de Théorie des ensembles, le lecteur verra au contraire qu'on peut, à partir des résultats de la théorie des ensembles, définir les entiers et en démontrer toutes les propriétés connues. Dans notre terminologie, 0 appartient à **N**, et est donc considéré comme positif; les entiers positifs et ≠0 sont dits *strictement positifs*.

$x \leqslant y$ ou $y \leqslant x$ (ou encore si on a, soit $x < y$, soit $x = y$, soit $x > y$, ces trois relations s'excluant mutuellement).

La partie vide d'un ensemble ordonné est toujours totalement ordonnée. L'ensemble E tout entier peut être lui-même totalement ordonné; c'est le cas de l'ensemble **N** pour la relation $x \leqslant y$.

Toute partie d'un ensemble totalement ordonné est aussi totalement ordonnée par l'ordre induit.

Dans un ensemble *ordonné* E, si a et b sont deux éléments tels que $a \leqslant b$, on appelle *intervalle fermé d'origine a et d'extrémité b*, et on note $[a, b]$, la partie de E formée des éléments x tels que $a \leqslant x \leqslant b$; si $a < b$, on appelle intervalle *semi-ouvert à droite* (resp. *à gauche*) d'origine a et d'extrémité b, et on note $[a, b[$ (resp. $]a, b]$), l'ensemble des éléments x tels que $a \leqslant x < b$ (resp. $a < x \leqslant b$); enfin on appelle intervalle *ouvert* d'origine a et d'extrémité b, et on note $]a, b[$, l'ensemble des x tels que $a < x < b$.

L'ensemble des x tels que $x \leqslant a$ (resp. $x < a$) s'appelle intervalle *fermé* (resp. *ouvert*) *illimité à gauche* et d'extrémité a, et se note $]\leftarrow, a]$ (resp. $]\leftarrow, a[$); de même, l'ensemble des x tels que $x \geqslant a$ (resp. $x > a$) se nomme intervalle *fermé* (resp. *ouvert*) *illimité à droite* et d'origine a, et se note $[a, \rightarrow[$ (resp. $]a, \rightarrow[$). Enfin, on considère E lui-même comme un intervalle *ouvert illimité dans les deux sens*, et on le note $]\leftarrow, \rightarrow[$.

5. Si X est une partie d'un ensemble ordonné E, il existe au plus un élément a de X tel que pour tout $x \in$ X, on ait $a \leqslant x$; lorsqu'il existe un élément a ayant cette propriété, on dit que c'est *le plus petit élément de* X. De même, il existe au plus un élément $b \in$ X tel que pour tout $x \in$ X on ait $x \leqslant b$; si un tel élément existe, on dit que c'est *le plus grand élément de* X.

Dans un ensemble *totalement ordonné* E, tout ensemble *fini* non vide possède un plus grand et un plus petit élément.

On dit qu'un ensemble ordonné dans lequel toute partie non vide admet un plus petit élément est *bien ordonné*. L'ensemble **N** des entiers positifs est bien ordonné; pour qu'une partie de **N** ait un plus grand élément, il faut et il suffit qu'elle soit finie et non vide. On démontre, en utilisant l'axiome de choix, que sur tout ensemble il existe une structure d'ensemble bien ordonné (*théorème de Zermelo*).

Dans l'ensemble des parties $\mathfrak{P}$(E) d'un ensemble quelconque, ordonné par la relation d'inclusion, pour qu'une partie $\mathfrak{F}$ (ensemble de parties de E) possède un plus petit élément, il faut et il suffit que l'intersection des ensembles de $\mathfrak{F}$ appartienne à $\mathfrak{F}$, dont cette intersection est alors le plus petit élément; de même, pour que $\mathfrak{F}$ ait un plus grand élément, il faut et il suffit que la réunion des ensembles de $\mathfrak{F}$ appartienne à $\mathfrak{F}$, dont cette réunion est alors le plus grand élément.

On dit qu'une partie X d'un ensemble préordonné E est *cofinale* (resp. *coïnitiale*) à E si, pour tout $y \in$ E, il existe $x \in$ X tel que $y \leqslant x$ (resp. $x \leqslant y$). Dire qu'un ensemble ordonné E a un plus grand (resp. plus petit) élément signifie qu'il existe une partie cofinale (resp. coïnitiale) de E réduite à un seul élément.

6. Soit X une partie d'un ensemble préordonné E; tout élément $x \in X$, pour lequel il n'existe aucun élément $z \in X$ tel que $z < x$, est appelé élément *minimal* de X; tout $y \in X$ pour lequel il n'existe aucun élément $z \in X$ tel que $z > y$ est appelé élément *maximal* de X. L'ensemble des éléments maximaux (ou l'ensemble des éléments minimaux) peut être vide; il peut aussi être infini; si X est ordonné et a un plus petit élément a, c'est le *seul* élément minimal de X; de même si X est ordonné et a un plus grand élément b, c'est le *seul* élément maximal de X.

7. Soit X une partie d'un ensemble préordonné E; si un élément $x \in E$ est tel que, pour tout $z \in X$, on ait $z \leqslant x$, on dit que *x majore* X, ou que x est un *majorant* de X; si $y \in E$ est tel que, pour tout $z \in X$, on ait $z \geqslant y$, on dit que *y minore* X, ou que y est un *minorant* de X.

L'ensemble des majorants (ou l'ensemble des minorants) d'une partie X peut être vide. Une partie X dont l'ensemble des majorants (resp. minorants) n'est pas vide est dite *majorée* (resp. *minorée*). Un ensemble à la fois majoré et minoré est dit *borné*. Tout élément supérieur à un majorant de X est encore un majorant de X; tout élément inférieur à un minorant de X est un minorant de X.

Si X est ordonné et si l'ensemble des majorants d'une partie X a un plus petit élément a, on dit que a est *la borne supérieure* de X; de même, si l'ensemble des minorants de X a un plus grand élément b, on l'appelle *la borne inférieure* de X; si ces bornes existent, elles sont uniques d'aprés leur définition; on les note $\sup_E X$ ou $\sup X$ (resp. $\inf_E X$ ou $\inf X$). Si X a un plus grand élément, c'est sa borne supérieure; s'il a un plus petit élément, c'est sa borne inférieure. Réciproquement, si la borne supérieure (resp. inférieure) de X existe et appartient à X, c'est le plus grand (resp. le plus petit) élément de cet ensemble.

Soit f une application d'un ensemble A dans E. On dit que f est *majorée* (resp. *minorée*, *bornée*) si $f(A)$ est une partie majorée (resp. minorée, bornée) de E; si $f(A)$ admet une borne supérieure (resp. inférieure) dans E, cette borne est appelée *borne supérieure* (resp. *inférieure*) *de* f et se note $\sup_{x \in A} f(x)$ (resp. $\inf_{x \in A} f(x)$).

8. Un ensemble préordonné E tel que toute partie *finie* non vide de E soit *majorée* (resp. *minorée*) est appelé ensemble *filtrant à droite* (resp. *filtrant à gauche*).

Un ensemble ordonné E tel que toute partie *finie* non vide de E possède une borne supérieure et une borne inférieure, est dit *ensemble réticulé*, ou *réseau ordonné* (ou *lattis*).

L'ensemble des parties d'un ensemble quelconque, ordonné par inclusion, est un réseau; tout ensemble totalement ordonné est un réseau.

9. Un ensemble ordonné E est dit *inductif* s'il vérifie la condition suivante: *toute partie totalement ordonnée de* E *possède un majorant.*

L'ensemble $\mathfrak{P}(E)$, ordonné par inclusion, est un ensemble inductif; il en est de même de l'ensemble des applications d'une partie quelconque d'un ensemble E dans un ensemble F, quand on l'ordonne par la relation « g est un prolongement de f ».

Une partie quelconque d'un ensemble inductif n'est pas en général un ensemble inductif; mais, si a est un élément quelconque d'un ensemble inductif E, la partie de E formée des éléments x tels que $x \geqslant a$ est encore un ensemble inductif.

10. On démontre à l'aide de l'axiome de choix, la proposition suivante, qui sera désignée sous le nom de *théorème de Zorn*:

Tout ensemble ordonné inductif possède au moins un élément maximal.

11. Dans l'ensemble des parties $\mathfrak{P}(E)$ d'un ensemble quelconque E, ordonné par inclusion, la borne supérieure d'un ensemble $\mathfrak{F}$ de parties de E est la *réunion* des ensembles de $\mathfrak{F}$. L'application du théorème de Zorn donne le résultat suivant:

Si $\mathfrak{F}$ est un ensemble de parties d'un ensemble E, *tel que, pour tout sous-ensemble $\mathfrak{G}$ de $\mathfrak{F}$, totalement ordonné par la relation d'inclusion, la réunion des ensembles de $\mathfrak{G}$ appartienne à $\mathfrak{F}$, alors $\mathfrak{F}$ possède au moins un élément maximal* (c'est-à-dire ici une partie de E appartenant à $\mathfrak{F}$, et qui n'est contenue dans aucune autre partie de E appartenant à $\mathfrak{F}$).

On dit qu'un ensemble $\mathfrak{F}$ de parties d'un ensemble E est *de caractère fini* si la propriété « $X \in \mathfrak{F}$ » est *équivalente* à la propriété « toute partie *finie* de X appartient à $\mathfrak{F}$ ». Cette définition permet d'énoncer le théorème suivant:

Tout ensemble de parties de E *de caractère fini possède au moins un élément maximal.*

12. Une application f d'une partie A d'un ensemble pré ordonné E, dans un ensemble préordonné F, est dite *croissante* (resp. *décroissante*) si la relation $x \leqslant y$ entre éléments de A entraîne $f(x) \leqslant f(y)$ (resp. $f(x) \geqslant f(y)$); toute fonction constante dans A est donc à la fois croissante et décroissante; la réciproque est vraie si A est un ensemble *filtrant* (à droite ou à gauche).

L'application f est dite *strictement croissante* (resp. *strictement décroissante*) si la relation $x < y$ entraîne $f(x) < f(y)$ (resp. $f(x) > f(y)$).

Si E est *totalement ordonné*, toute application *strictement croissante* (ou *strictement décroissante*) d'un partie A de E dans un ensemble ordonné F, est *injective*.

Si I est un ensemble d'indices *ordonné*, une famille $(X_\iota)_{\iota \in I}$ de parties d'un ensemble E est dite *croissante* (resp. *décroissante*) si $\iota \mapsto X_\iota$ est une application croissante (resp. décroissante) de I dans $\mathfrak{P}(E)$ ordonné par inclusion.

13. Soient I un ensemble préordonné filtrant à droite, $(E_\alpha)_{\alpha \in I}$ une famille d'ensembles ayant I pour ensemble d'indices. Pour tout couple (α, β) d'indices de I tels que $\alpha \leqslant \beta$, soit $f_{\beta\alpha}$ une application *de* E_α *dans* E_β. On suppose que les relations $\alpha \leqslant \beta \leqslant \gamma$ entraînent $f_{\gamma\alpha} = f_{\gamma\beta} \circ f_{\beta\alpha}$ et que, pour tout $\alpha \in I$, $f_{\alpha\alpha}$ soit l'application identique de E_α.

Soit F l'ensemble somme de la famille d'ensembles $(E_\alpha)_{\alpha \in I}$; par abus de langage, nous identifions les E_α aux parties correspondantes de F. Étant donnés deux éléments x et y de F, soit $R\{x, y\}$ la relation suivante (où α et β désignent les éléments de I tels que $x \in E_\alpha$ et $y \in E_\beta$):

$$\text{il existe un } \gamma \in I \text{ tel que } \gamma \geqslant \alpha,\ \gamma \geqslant \beta, \text{ et } f_{\gamma\alpha}(x) = f_{\gamma\beta}(y).$$

Alors, R est une relation d'équivalence sur F. Soient E l'ensemble quotient F/R et f l'application canonique: $F \to F/R$. On dit que E est *la limite inductive de la famille* $(E_\alpha)_{\alpha \in I}$ *pour la famille d'applications* $(f_{\beta\alpha})$, et la restriction f_α de f à E_α s'appelle *l'application canonique de* E_α *dans* E. Pour $\alpha \leqslant \beta$, on a $f_\beta \circ f_{\beta\alpha} = f_\alpha$. On écrit $E = \varinjlim (E_\alpha, f_{\beta\alpha})$, ou simplement $E = \varinjlim E_\alpha$ si aucune confusion n'en résulte. Par abus de langage, on dira encore que le couple $((E_\alpha), (f_{\beta\alpha}))$ est un *système inductif d'ensembles relatif à* I.

Si les $f_{\beta\alpha}$ sont injectives, les f_α sont injectives. On identifie alors en général E_α et $f_\alpha(E_\alpha)$, et on considère donc E comme la *réunion* des E_α. Inversement, si un ensemble E′ est réunion d'une famille $(E'_\alpha)_{\alpha \in I}$ de parties telles que la relation $\alpha \leqslant \beta$ entraîne $E'_\alpha \subset E'_\beta$, et si (pour $\alpha \leqslant \beta$) on désigne par $j_{\beta\alpha}$ l'injection canonique de E'_α dans E'_β, on peut identifier E′ à $\varinjlim (E'_\alpha, j_{\beta\alpha})$ et les applications canoniques des E'_α dans $\varinjlim (E'_\alpha, j_{\beta\alpha})$ aux injections canoniques des E'_α dans E′.

Plus généralement, soient $(E_\alpha, f_{\beta\alpha})$ un système inductif d'ensembles relatif à I, et, pour tout $\alpha \in I$, soit g_α une application de E_α dans un ensemble E′, telle que la relation $\alpha \leqslant \beta$ entraîne $g_\beta \circ f_{\beta\alpha} = g_\alpha$. Alors, il existe une application g et une seule de $E = \varinjlim E_\alpha$ dans E′ telle que $g_\alpha = g \circ f_\alpha$ pour tout $\alpha \in I$. Pour que g soit surjective, il faut et il suffit que E′ soit réunion des $g_\alpha(E_\alpha)$. Pour que g soit injective, il faut et il suffit que, pour tout $\alpha \in I$, les relations $x \in E_\alpha$, $y \in E_\alpha$, $g_\alpha(x) = g_\alpha(y)$ entraînent qu'il existe $\beta \geqslant \alpha$ pour lequel $f_{\beta\alpha}(x) = f_{\beta\alpha}(y)$. Lorsque g est bijective, on identifie parfois E′ et la limite inductive des E_α.

Soient $(A_\alpha, \varphi_{\beta\alpha})$ et $(B_\alpha, \psi_{\beta\alpha})$ deux systèmes inductifs d'ensembles relatifs à un même ensemble d'indices I; soient $A = \varinjlim (A_\alpha, \varphi_{\beta\alpha})$, $B = \varinjlim (B_\alpha, \psi_{\beta\alpha})$, et, pour tout $\alpha \in I$, soit φ_α (resp. ψ_α) l'application canonique de A_α dans A (resp. de B_α dans B). Pour tout $\alpha \in I$, soit u_α une application de A_α dans B_α telle que, pour $\alpha \leqslant \beta$, on ait $u_\beta \circ \varphi_{\beta\alpha} = \psi_{\beta\alpha} \circ u_\alpha$. On dit que (u_α) est un *système inductif d'applications de* $(A_\alpha, \varphi_{\beta\alpha})$ *dans* $(B_\alpha, \psi_{\beta\alpha})$. Dans ces conditions, il existe une application $u: A \to B$ est une seule telle que, pour tout $\alpha \in I$, on ait $u \circ \varphi_\alpha = \psi_\alpha \circ u_\alpha$. On dit que u est la *limite inductive* des u_α et on écrit $u = \varinjlim u_\alpha$ lorqu'aucune confusion n'est à craindre. Soient $(C_\alpha, \theta_{\beta\alpha})$ un troisième système inductif d'ensembles relatif à I, (v_α) un système inductif d'applications de $(B_\alpha, \psi_{\beta\alpha})$ dans $(C_\alpha, \theta_{\beta\alpha})$, et $v = \varinjlim v_\alpha$. Alors, on a $\varinjlim (v_\alpha \circ u_\alpha) = v \circ u$.

Conservant les notations précédentes, soient $D_\alpha = A_\alpha \times B_\alpha$, et $\omega_{\beta\alpha} = \varphi_{\beta\alpha} \times \psi_{\beta\alpha}$. La famille $(D_\alpha, \omega_{\beta\alpha})$ est alors un système inductif d'ensembles. Soient $D = \varinjlim (D_\alpha, \omega_{\beta\alpha})$, ω_α l'application canonique de D_α dans D, $D' = A \times B$, et $\omega'_\alpha = \varphi_\alpha \times \psi_\alpha$. Il existe alors une bijection $f: D \to D'$ et une seule (dite *canonique*) telle que $f \circ \omega_\alpha = \omega'_\alpha$ pour tout $\alpha \in I$. On identifie en général le produit D′ des limites inductives à la limite inductive D des produits D_α.

Soit J une partie cofinale de I. Alors J est un ensemble filtrant à droite. Si $((E_\alpha)_{\alpha \in I}, (f_{\beta\alpha})_{\alpha \in I, \beta \in I})$ est un système inductif d'ensembles relatif à I, de limite inductive E, $((E_\alpha)_{\alpha \in J}, (f_{\beta\alpha})_{\alpha \in J, \beta \in J})$ est un système inductif d'ensembles relatif à J; soient E′ sa limite inductive, et f'_α l'application canonique de E_α dans E′ pour $\alpha \in J$. Il existe une application $g: E' \to E$ et une seule telle que $g(f'_\alpha(x)) = f_\alpha(x)$ pour $\alpha \in J$ et $x \in E_\alpha$ (f_α désignant l'application canonique de E_α dans E). Cette application est une bijection par laquelle on identifie d'ordinaire E′ et E.

14. Soient I un ensemble préordonné filtrant à droite, $(E_\alpha)_{\alpha \in I}$ une famille d'ensembles ayant I pour ensemble d'indices. Pour tout couple (α, β) d'indices de I tels que $\alpha \leqslant \beta$, soit $f_{\alpha\beta}$ une application *de* E_β *dans* E_α. On suppose que les relations $\alpha \leqslant \beta \leqslant \gamma$ entraînent $f_{\alpha\gamma} = f_{\alpha\beta} \circ f_{\beta\gamma}$ et que pour tout $\alpha \in I$, $f_{\alpha\alpha}$ soit l'application identique de E_α.

Soit G l'ensemble produit de la famille d'ensembles $(E_\alpha)_{\alpha \in I}$. Soit E la partie de G formée des éléments x satisfaisant à chacune des relations $\mathrm{pr}_\alpha x = f_{\alpha\beta}(\mathrm{pr}_\beta x)$ pour tout couple d'indices (α, β) tels que $\alpha \leqslant \beta$. On dit que E est la *limite projective de la famille* $(E_\alpha)_{\alpha \in I}$ *pour la famille d'applications* $f_{\alpha\beta}$, et la restriction f_α de pr_α à E s'appelle *l'application canonique de* E *dans* E_α. Pour $\alpha \leqslant \beta$, on a $f_\alpha = f_{\alpha\beta} \circ f_\beta$. On écrit $E = \varprojlim (E_\alpha, f_{\alpha\beta})$, ou simplement $E = \varprojlim E_\alpha$ si aucune confusion n'est à craindre. Par abus de langage, on dira encore que le couple $((E_\alpha), (f_{\alpha\beta}))$ est un *système projectif d'ensembles relatif à* I.

On notera que E peut être vide même si les E_α sont non vides et si toutes les applications $f_{\alpha\beta}$ sont surjectives.

Pour tout $\alpha \in I$, soit g_α une application d'un ensemble E′ dans E_α, telle que la relation $\alpha \leqslant \beta$ entraîne $f_{\alpha\beta} \circ g_\beta = g_\alpha$. Alors, il existe une application g et une seule de E′ dans E telle que $g_\alpha = f_\alpha \circ g$ pour tout $\alpha \in I$. Pour que g soit injective, il faut et il suffit que, pour tout couple d'éléments distincts x', y' de E′, il existe $\alpha \in I$ tel que $g_\alpha(x') \neq g_\alpha(y')$.

Soient $(A_\alpha, \varphi_{\alpha\beta})$ et $(B_\alpha, \psi_{\alpha\beta})$ deux systèmes projectifs d'ensembles relatifs à un même ensemble d'indices I; soient $A = \varprojlim (A_\alpha, \varphi_{\alpha\beta})$, $B = \varprojlim (B_\alpha, \psi_{\alpha\beta})$, et, pour tout $\alpha \in I$, soit φ_α (resp. ψ_α) l'application canonique de A dans A_α (resp. de B dans B_α). Pour tout $\alpha \in I$, soit u_α une application de A_α dans B_α telle que, pour $\alpha \leqslant \beta$, on ait $\psi_{\alpha\beta} \circ u_\beta = u_\alpha \circ \varphi_{\alpha\beta}$. On dit que (u_α) est un *système projectif d'applications de* $(A_\alpha, \varphi_{\alpha\beta})$ *dans* $(B_\alpha, \psi_{\alpha\beta})$. Dans ces conditions, il existe une application $u: A \to B$ et une seule telle que, pour tout $\alpha \in I$, on ait $\psi_\alpha \circ u = u_\alpha \circ \varphi_\alpha$. On dit que u est la *limite projective* des u_α et on écrit $u = \varprojlim u_\alpha$ lorsqu'aucune confusion n'est à craindre. Soient $(C_\alpha, \theta_{\alpha\beta})$ un troisième système projectif d'ensembles relatif à I, (v_α) un système projectif d'applications de $(B_\alpha, \psi_{\alpha\beta})$ dans $(C_\alpha, \theta_{\alpha\beta})$, et $v = \varprojlim v_\alpha$. Alors, on a $\varprojlim (v_\alpha \circ u_\alpha) = v \circ u$.

Soit J une partie cofinale de I. Si $((E_\alpha)_{\alpha \in I}, (f_{\alpha\beta})_{\alpha \in I, \beta \in I})$ est un système projectif d'ensembles relatif à I, de limite projective E, $((E_\alpha)_{\alpha \in J}, (f_{\alpha\beta})_{\alpha \in J, \beta \in J})$ est un système projectif d'ensembles relatif à J; soit E′ sa limite projective. Pour $x \in E$, soit $g(x) = (f_\alpha(x))_{\alpha \in J} \in E'$ (f_α désignant l'application canonique de E dans E_α). Alors, g est une bijection de E sur E′, par laquelle on identifie d'ordinaire E′ et E.

§ 7. PUISSANCES. ENSEMBLES DÉNOMBRABLES

1. Deux ensembles E, F sont dits *équipotents* s'ils peuvent être mis en correspondance biunivoque.

Deux ensembles équipotents à un même troisième sont équipotents.

Si E et F sont équipotents, $\mathfrak{P}(E)$ et $\mathfrak{P}(F)$ sont équipotents.

Si E et F, E′ et F′, E″ et F″ sont respectivement équipotents, $E \times E' \times E''$ et $F \times F' \times F''$ sont équipotents; cette proposition s'étend à un produit d'un nombre quelconque d'ensembles.

2. Soient X et Y deux parties d'un ensemble E; la relation « X et Y sont équipotents » est une *relation d'équivalence* dans $\mathfrak{P}(E)$; la classe d'équivalence (suivant cette relation) à laquelle appartient X s'appelle la *puissance*[1] de X, et l'ensemble de ces classes (ensemble quotient de $\mathfrak{P}(E)$ par la relation précédente) l'*ensemble des puissances* des parties de E.

Si E et F sont deux ensembles distincts, la relation « X et Y sont équipotents » entre une partie X de E et une partie Y de F, s'exprime encore en disant que la puissance de X et la puissance de Y sont *équivalentes*; on définit ainsi une correspondance *biunivoque* entre une partie de l'ensemble des puissances des parties de E, et une partie de l'ensemble des puissances des parties de F.

3. Soient E, F deux ensembles quelconques, distincts ou non; soient $\mathfrak{a}$ un élément de l'ensemble des puissances des parties de E, $\mathfrak{b}$ un élément de l'ensemble des puissances des parties de F; on dit que $\mathfrak{a}$ est *inférieure* à $\mathfrak{b}$, ou que $\mathfrak{b}$ est *supérieure* à $\mathfrak{a}$, s'il existe une application injective d'une partie $X \subset E$ de puissance $\mathfrak{a}$ dans une partie $Y \subset F$ de puissance $\mathfrak{b}$; on dit que $\mathfrak{a}$ est *strictement inférieure* à $\mathfrak{b}$, ou que $\mathfrak{b}$ est *strictement supérieure* à $\mathfrak{a}$, si en outre $\mathfrak{a}$ et $\mathfrak{b}$ ne sont pas des puissances équivalentes.

Si $\mathfrak{a}$ et $\mathfrak{b}$ sont équivalentes, $\mathfrak{a}$ est à la fois supérieure et inférieure à $\mathfrak{b}$; réciproquement, on démontre que *si* $\mathfrak{a}$ *est à la fois supérieure et inférieure à* $\mathfrak{b}$, $\mathfrak{a}$ *et* $\mathfrak{b}$ *sont équivalentes*. Il en résulte en particulier que l'ensemble des puissances des parties d'un ensemble E est *ordonné* par la relation « $\mathfrak{a}$ inférieure à $\mathfrak{b}$ »; quand on parle de cet ensemble comme d'un ensemble ordonné, c'est toujours de l'ordre défini par cette relation qu'il est question.

[1] Dans la Théorie des ensembles formalisée (cf. E.III, p. 23) on définit la notion de *cardinal* d'un ensemble, qu'on appelle aussi, par abus de langage, la *puissance* de cet ensemble. Cet abus de langage n'entraîne cependant pas de confusion, car pour que deux parties d'un ensemble aient même puissance (au sens défini ci-dessus), il faut et il suffit qu'elles aient même cardinal; de même, pour que la puissance d'une partie A d'un ensemble E soit inférieure à celle d'une partie B d'un ensemble F (n° 3) il faut et il suffit que le cardinal de A soit inférieur à celui de B; enfin, si la puissance de A est somme (n° 5) des puissances d'une famille (A_ι) de parties de E, le cardinal de A est somme des cardinaux des A_ι.

En outre, en utilisant le théorème de Zorn (et par suite l'axiome de choix), on démontre que *l'ensemble des puissances des parties d'un ensemble* E *est bien ordonné.*

4. La puissance d'un ensemble E est *strictement inférieure* à celle de l'ensemble $\mathfrak{P}(E)$.

Si f est une application d'un ensemble E dans un ensemble F, la puissance de l'image $f(X)$ d'une partie quelconque X de E, est *inférieure* à la puissance de X.

5. Soit $(X_\iota)_{\iota \in I}$ une famille de parties d'un ensemble E, telle que $\iota \neq \kappa$ entraîne $X_\iota \cap X_\kappa = \varnothing$; soit $(Y_\iota)_{\iota \in I}$ une famille de parties d'un ensemble F, correspondant au même ensemble d'indices I, et telle que la puissance de Y_ι soit *inférieure* à celle de X_ι, quel que soit $\iota \in I$; alors, la puissance de la réunion $\bigcup_{\iota \in J} Y_\iota$ est *inférieure* à celle de $\bigcup_{\iota \in J} X_\iota$, quelle que soit la partie J de I.

Si en outre $\iota \neq \varkappa$ entraîne $Y_\iota \cap Y_\kappa = \varnothing$, et si X_ι et Y_ι sont *équipotents* quel que soit ι, alors $\bigcup_{\iota \in J} X_\iota$ est *équipotent* à $\bigcup_{\iota \in J} Y_\iota$.

En particulier, si F est identique à E, on voit que la puissance de la réunion d'un ensemble de parties de E *sans élément commun deux à deux*, ne dépend que des puissances de ces parties; on dit que c'est la *somme* de ces puissances (fonction qui n'est donc définie pour une famille $(\mathfrak{a}_\iota)$ d'éléments de l'ensemble des puissances que lorsqu'on peut trouver une famille (X_ι) de parties de E deux à deux sans élément commun et telle que X_ι ait pour puissance $\mathfrak{a}_\iota$).

Si $(X_\iota)_{\iota \in I}$ et $(Y_\iota)_{\iota \in I}$ sont des familles de parties de E et F respectivement, correspondant au même ensemble d'indices, et telles que X_ι et Y_ι soient *équipotents* quel que soit ι, les produits $\prod_\iota X_\iota$ et $\prod_\iota Y_\iota$ sont *équipotents.*

6. L'ensemble **N** des entiers positifs peut être considéré comme l'ensemble des puissances des *parties finies* d'un ensemble *infini*; la relation d'ordre « $x \leqslant y$ » dans **N** n'est autre que la relation ordonnant cet ensemble de puissances; et la *somme* de deux entiers positifs est une fonction identique à la somme de deux puissances telle qu'elle vient d'être définie.

7. On dit qu'un ensemble est *dénombrable* s'il est équipotent à une partie de l'ensemble **N** des entiers positifs. Tout ensemble *fini* est donc dénombrable; si n est le nombre de ses éléments, il est équipotent à l'intervalle $[0, n-1]$ de l'ensemble **N**. Tout ensemble *infini dénombrable* est *équipotent* à **N**; en particulier, toute partie infinie de **N** a même puissance que **N**.

Si E est un ensemble *infini*, il existe une *partition* de E formée d'ensembles *infinis dénombrables*; en particulier, tout ensemble infini a une puissance *supérieure* à celle de **N**.

Si E est un ensemble *infini*, les ensembles $E \times E$ et $E \times \mathbf{N}$ sont *equipotents a* E; l'ensemble des *parties finies* de E est *équipotent à* E. En particulier, $\mathbf{N} \times \mathbf{N}$ est un ensemble *infini dénombrable.*

8. On appelle *suite d'éléments* d'un ensemble E une famille d'éléments de E dont l'ensemble d'indices est l'ensemble **N** des entiers positifs ou une partie de **N**;

une suite dont l'ensemble des indices est **N** se note donc $(x_n)_{n \in \mathbf{N}}$, ou plus simplement (x_n) quand aucune confusion n'est à craindre et on dit encore que c'est la suite de *terme général* x_n; l'élément x_n est aussi appelé *terme d'indice n* de la suite. L'ensemble des éléments d'une suite est dénombrable.

Une suite est dite *infinie* ou *finie* suivant que l'ensemble des indices est une partie infinie ou finie de **N**. L'ensemble des éléments d'une suite finie est fini.

Toute sous-famille d'une suite est une suite, qu'on dit *extraite* de la suite donnée; toute suite extraite d'une suite finie est une suite finie.

On appelle *suite double* (ou suite *à deux indices*) une famille d'éléments dont l'ensemble d'indices est $\mathbf{N} \times \mathbf{N}$, ou une partie de $\mathbf{N} \times \mathbf{N}$; une suite double dont l'ensemble d'indices est $\mathbf{N} \times \mathbf{N}$ se note $(x_{m,n})$, ou plus simplement (x_{mn}) si cela ne prête pas à confusion. On définit de même des suites à plus de deux indices.

On dit que deux suites (x_n), (y_n) *ne diffèrent que par l'ordre des termes* s'il existe une permutation f de l'ensemble des indices telle que $y_n = x_{f(n)}$ quel que soit n.

A une famille d'éléments $(x_\iota)_{\iota \in I}$ dont l'ensemble d'indices I est infini dénombrable, on peut associer une suite infinie de la manière suivante: il existe une application bijective $n \mapsto f(n)$ de **N** sur I; en posant $y_n = x_{f(n)}$, on dit que la suite (y_n) s'obtient en *rangeant dans l'ordre défini par f* la famille (x_ι). Les suites correspondant ainsi à deux applications bijectives distinctes de **N** sur I ne diffèrent que par l'ordre des termes.

En opérant de même lorsque I est un ensemble *fini*, on obtient une *suite finie* associée à la famille (x_ι).

9. La réunion, l'intersection ou le produit d'une famille $(X_\iota)_{\iota \in I}$ de parties d'un ensemble E, sont dits *dénombrables* si I est un ensemble dénombrable, *finis* si I est fini.

Si I est *dénombrable*, et si la puissance de X_ι est *inférieure* à une puissance infinie donnée $\mathfrak{a}$, quel que soit ι, la puissance de la réunion $\bigcup_\iota X_\iota$ est *inférieure* à $\mathfrak{a}$; si en outre un des X_ι au moins est de puissance $\mathfrak{a}$, $\bigcup_\iota X_\iota$ est aussi de puissance $\mathfrak{a}$. En particulier, toute réunion dénombrable d'ensembles de puissance $\mathfrak{a}$ est de puissance $\mathfrak{a}$; toute réunion dénombrable d'ensembles dénombrables est un ensemble dénombrable.

§ 8. ÉCHELLES D'ENSEMBLES ET STRUCTURES

1. Étant donnés, par exemple, trois ensembles *distincts* E, F, G, on en peut former d'autres en prenant leurs ensembles des parties, ou en faisant le produit d'un de ces ensembles par lui-même, ou enfin en faisant le produit de deux de ces ensembles, pris dans un certain ordre. On obtient ainsi *douze* nouveaux ensembles; si on les joint aux trois ensembles E, F, G, on peut recommencer sur ces quinze ensembles les mêmes opérations, en écartant celles qui donnent des ensembles déjà

obtenus; et ainsi de suite. D'une façon générale, on dit d'un quelconque des ensembles obtenus par ce procédé (suivant un schéma explicite) qu'il fait partie de *l'échelle des ensembles ayant pour base* E, F, G.

Soient, par exemple, M, N, P trois des ensembles de cette échelle, et $R\{x, y, z\}$ une relation entre des éléments appartenant respectivement à chacun de ces ensembles; R définit une partie de M × N × P, donc (par une correspondance canonique) une partie de (M × N) × P, et enfin un élément de

$$\mathfrak{P}((M \times N) \times P);$$

ainsi la donnée d'une *relation* entre éléments de plusieurs ensembles d'une même échelle, revient à celle d'un *élément* d'un autre ensemble de cette échelle. De même, la donnée d'une application de M dans N, par exemple, revient (en considérant le graphe de cette application) à celle d'une partie de M × N, c'est-à-dire à celle d'un élément de l'ensemble $\mathfrak{P}(M \times N)$, qui est encore dans l'échelle. Enfin, la donnée de deux éléments (par exemple) de M, revient à celle d'un seul élément de l'ensemble produit M × M.

Ainsi, la donnée d'un certain nombre d'éléments d'ensembles d'une échelle, de relations entre des éléments de ces ensembles, d'applications de parties de certains de ces ensembles dans d'autres, revient en dernière analyse à la donnée d'*un seul élément* d'un des ensembles de l'échelle.

2. On a dit ci-dessus (§ 6) que la donnée d'un élément C de l'ensemble $\mathfrak{P}(E \times E)$ définit une *structure d'ensemble ordonné* sur E si on a les propriétés:

$$a)\ C \circ C \subset C; \qquad b)\ C \cap \overset{-1}{C} = \Delta.$$

D'une façon générale, considérons un ensemble M d'une échelle, dont la base est formée, par exemple, de trois ensembles E, F, G; donnons-nous un certain nombre de propriétés explicitement énoncées d'un élément de M, et soit T l'intersection des parties de M définies par ces propriétés; on dit qu'un élément σ de T définit sur E, F, G une *structure* de l'*espèce* T; les structures d'espèce T sont donc caractérisées par le schéma de formation de M à partir de E, F, G, et par les propriétés définissant T, qu'on appelle les *axiomes* de ces structures; on donne un nom spécifique à toutes les structures de même espèce. Toute proposition qui est une conséquence de la proposition « $\sigma \in T$ » (c'est-à-dire des axiomes définissant T) est dite appartenir à la *théorie* des structures d'espèce T; par exemple, les propositions énoncées au § 6 appartiennent à la théorie des structures d'ensemble ordonné.

On remarquera que, dans ce dernier exemple, les axiomes peuvent s'énoncer pour un ensemble de base E absolument quelconque; aussi donne-t-on le même nom aux structures satisfaisant à ces axiomes, indépendamment de l'ensemble sur lequel elles sont définies; et les propositions déduites de ces axiomes sont valables dans un ensemble quelconque, puisque pour les formuler, il n'est pas besoin de faire intervenir les particularités de l'ensemble E. Ces remarques s'appliquent chaque fois qu'on énonce des axiomes de cette nature.[1]

Le plus souvent, quand on utilise une échelle ayant une base composée de plusieurs ensembles E, F, G, l'un de ces ensembles, E par exemple, joue dans les structures qu'on considère un rôle prépondérant; aussi dit-on, par abus de langage, que ces structures sont définies sur l'ensemble E, les ensembles F et G étant considérés comme ensembles auxiliaires.

Enfin, pour faciliter le langage, on donne souvent un nom particulier à un ensemble qu'on a muni d'une structure d'une espèce déterminée; c'est ainsi qu'on parle d'*ensemble ordonné*, et qu'on définit dans la suite de ce Traité, les notions de *groupe*, *anneau*, *corps*, *espace topologique*, *espace uniforme*, *variété différentielle* etc., mots qui désignent tous des ensembles munis de certaines structures.

3. Considérons des structures d'une même espèce T, où T est une partie d'un ensemble M d'une échelle d'ensembles; si on ajoute de nouveaux « axiomes » à ceux qui définissent T, le système d'axiomes obtenu définit une partie U de M, contenue dans T; on dit que les structures d'espèce U sont *plus riches* que les structures d'espèce T. Par exemple, les structures d'ensemble *totalement ordonné* sont plus riches que les structures d'ensemble ordonné, l'élément C de $\mathfrak{P}(E \times E)$ qui définit une telle structure satisfaisant à l'axiome supplémentaire $C \cup \overset{-1}{C} = E \times E$.

4. Soient M, M′ deux ensembles d'une même échelle, de base E, F, G par exemple; soient T une partie de M, T′ une partie de M′, définies respectivement par certains axiomes explicitement énoncés. Chaque fois qu'on aura défini explicitement une *application bijective de* T *sur* T′, on considérera que deux éléments $\sigma \in T$, $\sigma' \in T'$, qui se correspondent par cette application, définissent la *même* structure sur E, F, G; et on dit que les systèmes d'axiomes qui définissent T et T′ sont *équivalents*.

Un exemple de cette circonstance est fourni par les structures *topologiques*, qui peuvent être définies par plusieurs systèmes d'axiomes équivalents, dont deux sont particulièrement utiles (voir TG, I, § 1).

5. Soient E, F, G trois ensembles, et supposons données des applications *bijectives* de E, F, G respectivement sur trois autres ensembles E′, F′, G′. Comme on sait définir les *extensions* d'applications bijectives aux ensembles de parties (§ 2, nº 9) et aux ensembles produits (§ 3, nº 14), on définira de proche en proche l'*extension* des applications bijectives données à deux ensembles M, M′ construits respectivement suivant le *même* schéma, dans l'échelle d'ensembles ayant pour base E, F, G, et dans celle ayant pour base E′, F′, G′. Soit f l'application bijective de M sur M′ ainsi obtenue. Si σ est une structure sur E, F, G, élément d'une partie

[1] Le lecteur notera que les indications données dans ce paragraphe restent assez vagues; elles ne sont là qu'à titre heuristique et il ne semble guère possible d'énoncer des définitions générales et précises concernant les structures, en dehors du cadre de la Mathématique formelle (voir E, IV, §1).

T de M, on dira que $f(\sigma)$ est la structure obtenue en *transportant* la structure σ sur E′, F′, G′, au moyen des applications bijectives de E sur E′, de F sur F′ et de G sur G′. Toute proposition relative à la structure σ sur E, F, G donne de même (en utilisant des extensions convenables) une proposition relative à la structure $f(\sigma)$ sur E′, F′, G′.

Inversement, étant données une structure σ sur E, F, G, et une structure σ' sur E′, F′, G′, on dira qu'elles sont *isomorphes* (ou qu'il y a *isomorphie* entre ces structures) si σ' peut être obtenue en *transportant* σ par des applications bijectives de E sur E′, de F sur F′ et de G sur G′ respectivement; ces applications sont alors dites constituer un *isomorphisme* de σ sur σ'.

Lorsqu'il s'agit de structures sur un seul ensemble E, l'application bijective de E sur E′ qui transporte σ sur σ' est encore appelée un *isomorphisme de l'ensemble* E, *muni de la structure* σ, *sur l'ensemble* E′, *muni de la structure* σ'.

C'est aussi à cette application qu'on donne le nom d'isomorphisme lorsque F et G sont deux ensembles auxiliaires, et que les applications bijectives concernant ces deux ensembles sont les applications *identiques* de F et G sur eux-mêmes.

Un isomorphisme d'un ensemble E, muni d'une structure σ, sur lui-même, prend le nom d'*automorphisme.*

Il est souvent commode, lorsqu'il existe un isomorphisme f d'un ensemble E, muni d'une structure σ, sur un ensemble E′, muni d'une structure σ', *d'identifier* E et E′, c'est-à-dire de donner le *même nom* à un élément d'un ensemble M de l'échelle de base E, et à l'élément qui en est l'image par l'extension convenable de f à l'ensemble M.

6. Lorsqu'on énonce un système d'axiomes définissant une partie T d'un ensemble M d'une échelle d'ensembles, il peut arriver que l'ensemble T soit vide; on dit alors que les axiomes sont *contradictoires.*

7. Il peut arriver qu'un système d'axiomes définissant une structure sur un ensemble puisse s'énoncer pour un ensemble quelconque, mais que si on considère deux structures satisfaisant à ces axiomes, et définies sur deux ensembles distincts E, F, il résulte des axiomes que ces structures (si elles existent) sont nécessairement *isomorphes* (ce qui entraîne en particulier que E et F sont *équipotents*). On dit dans ce cas que la théorie des structures satisfaisant à ces axiomes est *univalente*; lorsqu'on n'est pas dans ce cas, on dit qu'elle est *multivalente.*

La théorie des nombres entiers, celle des nombres réels, la géométrie euclidienne classique, sont des théories univalentes; la théorie des ensembles ordonnés, la théorie des groupes, la topologie, la théorie des variétés différentielles, sont des théories multivalentes. L'étude des théories multivalentes est le trait le plus frappant qui distingue la mathématique moderne de la mathématique classique.

INDEX DES NOTATIONS

INDEX TERMINOLOGIQUE

TABLE DES MATIÈRES

Nouveau tirage, Imprimerie Boisseau, Toulouse
Dépôt légal deuxième trimestre 1970